Win-Q

컨테이너크레인
운전기능사 필기

KB199781

시대에듀

합격에 윙크[Win-Q]하다

Win-Q

[컨테이너크레인운전기능사] 필기

Always with you

사람이 길에서 우연하게 만나거나 함께 살아가는 것만이 인연은 아니라고 생각합니다.

책을 펴내는 출판사와 그 책을 읽는 독자의 만남도 소중한 인연입니다.

시대에듀는 항상 독자의 마음을 헤아리기 위해 노력하고 있습니다.

늘 독자와 함께하겠습니다.

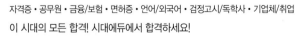

컨테이너크레인 운전 분야의 전문가를 향한 첫 발걸음!

'시간을 덜 들이면서도 시험을 좀 더 효율적으로 대비하는 방법은 없을까?'
'짧은 시간 안에 시험을 준비할 수 있는 방법은 없을까?'

자격증 시험을 앞둔 수험생들이라면 누구나 한 번쯤 들었을 법한 생각이다. 실제로도 많은 자격증 관련 카페에 빈번하게 올라오는 질문이기도 하다. 이런 질문들에 대해 대체적으로 출제경향 파악 → 핵심이론 요약 → 관련 문제 반복숙지의 과정을 거쳐 시험을 대비하라는 답변이 꾸준히 올라오고 있다.

윙크 시리즈는 위와 같은 질문과 답변을 바탕으로 기획되어 발간된 도서이다.
윙크(Win-Q) 컨테이너크레인운전기능사는 PART 01 핵심이론과 PART 02 실전모의고사, PART 03 과년도 + 최근 기출복원문제로 구성되었다. PART 01을 통해 이론을 탄탄하게 공부하고 PART 02, 03의 문제풀이를 통해 실전연습을 할 수 있게 하였다.

컨테이너크레인운전기능사는 2012년 신설된 자격증이다. 컨테이너크레인 운전자는 컨테이너, 일반화물을 본선, 야드, 섀시 등의 장소로 운반하는 작업과 작업 전 · 중 · 후의 장비점검, 유지보수 및 관리를 통하여 하역장비의 안전운전을 수행하는 직무를 담당한다. 항만물류산업의 발전과 기기의 첨단화 · 대형화 등에 따라 전문인력의 수요가 증가할 것을 예상해 볼 때 컨테이너크레인운전기능사 자격증의 향후 전망은 밝다고 할 수 있다.

자격증 시험의 목적은 높은 점수를 받아 합격하는 것이라기보다는 합격 그 자체에 있다고 할 것이다. 다시 말해 60점만 넘으면 어떤 시험이든 합격이 가능하다.
수험생 여러분들의 건승을 기원한다.

편저자 씀

시험안내

개 요

항만을 통한 컨테이너 화물의 증가에 따라 기계화 의존도가 증가되어 왔으며, 항만물류산업은 항만의 물류 병목현상을 해소하여 컨테이너 생산성이 요구된다. 이에 따라 컨테이너크레인의 첨단화와 대형화에 따른 운영 및 운전관리에 전문가 양성을 하고자 국가기술자격을 제정하였다.

진로 및 전망

❶ 항만물류산업은 수출입화물을 처리하기 위해 기계화된 하역장비를 설치하여 적화, 양화, 상하차, 이동, 보관 등의 작업을 수행하는 것으로 항만, 컨테이너터미널, 일반 부두 등에 진출할 수 있다.

❷ 컨테이너크레인 운전자격은 안전과 관련성이 높은 자격으로 컨테이너크레인의 첨단화, 대형화에 따른 운영, 운전 및 관리에 전문지식이 필요한 업무로 향후 전망이 매우 밝다.

시험일정

구 분	필기원서접수 (인터넷)	필기시험	필기합격 (예정자)발표	실기원서접수	실기시험	최종 합격자 발표일
제2회	3월 중순	3월 하순	4월 중순	4월 하순	6월 초순	6월 하순
제4회	8월 중순	9월 초순	9월 하순	9월 하순	11월 초순	12월 초순

※ 상기 시험일정은 시행처의 사정에 따라 변경될 수 있으니, www.q-net.or.kr에서 확인하시기 바랍니다.

시험요강

❶ 시행처 : 한국산업인력공단

❷ 시험과목
　㉠ 필기 : 컨테이너크레인 일반, 기계장치, 전기장치, 유압장치, 컨테이너터미널 실무, 안전관리
　㉡ 실기 : 컨테이너크레인 운전 실무

❸ 검정방법
　㉠ 필기 : 전 과목 혼합, 객관식 60문항(60분)
　㉡ 실기 : 작업형(15분 정도)

❹ 합격기준(필기 · 실기) : 100점을 만점으로 하여 60점 이상

검정현황

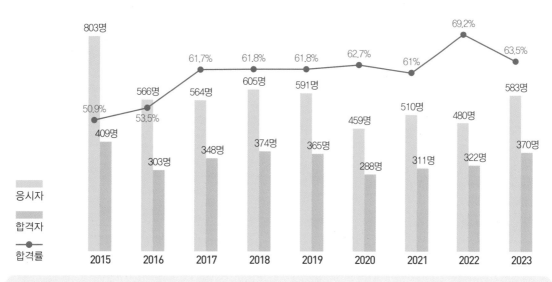

필기시험

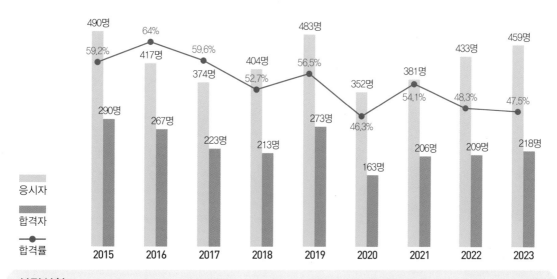

실기시험

시험안내

출제기준

필기 과목명	주요항목	세부항목	세세항목
컨테이너크레인 일반, 기계장치, 전기장치, 유압장치, 컨테이너터미널 실무, 안전관리	컨테이너크레인 일반	컨테이너크레인 장비	• 컨테이너크레인 • 트랜스퍼크레인 • 기타 컨테이너 관련 하역장비
	기계장치	기계장치	• 주행, 횡행장치 • 권상, 기복장치 • 기타 기계장치
		안전장치	• 스톰 앵커 및 타이다운 • 레일 클램프 • 기타 안전장치
		컨테이너크레인 운전실	• 운전실 구조 • 운전실 기타 장치
		와이어로프	• 와이어로프 규격 및 종류 • 와이어로프 관리 및 폐기 기준
	전기장치	전기 일반	• 전기기초 • 전기장치
		제어시스템	• 회로 및 PLC • 주행, 횡행제어 • 권상, 기복제어 • 헤드 블록, 스프레더제어 • 기타 관리 시스템 제어

출제비율

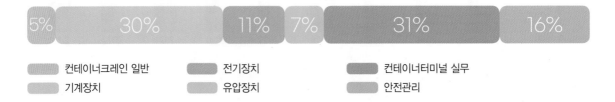

5%	30%	11%	7%	31%	16%

컨테이너크레인 일반   전기장치   컨테이너터미널 실무

기계장치   유압장치   안전관리

필기 과목명	주요항목	세부항목	세세항목
컨테이너크레인 일반, 기계장치, 전기장치, 유압장치, 컨테이너터미널 실무, 안전관리	유압장치	유압 일반	• 유압 기초 • 유압기호
		유압장치	• 유압장치 구성 • 유압제어 밸브 • 기타 부속장치
	컨테이너터미널 실무	항만 및 선박	• 항만의 기능 • 하역시스템 • 선박의 종류 및 구조
		컨테이너	• 컨테이너의 종류 • 컨테이너 구조 및 마킹
		컨테이너터미널	• 컨테이너터미널 기능 및 시설 • 컨테이너터미널 운용시스템
		컨테이너 작업	• 컨테이너 양 · 적화작업 • 컨테이너 래싱 • 신호체계 • 컨테이너 야드 트레일러 작업 • 컨테이너 적재시스템
	안전관리	산업안전	• 안전보호구, 작업장 안전수칙 등 • 비상시 응급조치
		컨테이너 작업안전	• 컨테이너크레인 안전수칙 • 컨테이너터미널 안전수칙 • 위험물 취급 안전

CBT 응시 요령

기능사 종목 전면 CBT 시행에 따른
CBT 완전 정복!

"CBT 가상 체험 서비스 제공"
한국산업인력공단
(http://www.q-net.or.kr) 참고

01   수험자 정보 확인

시험장 감독위원이 컴퓨터에 나온 수험자 정보와 신분증이 일치하는지를 확인하는 단계입니다. 수험번호, 성명, 생년월일, 응시종목, 좌석번호를 확인합니다.

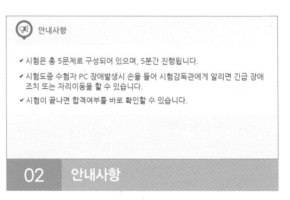

02   안내사항

시험에 관한 안내사항을 확인합니다.

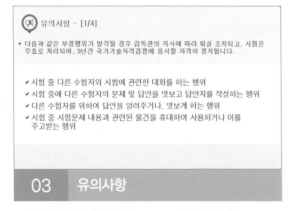

03   유의사항

부정행위에 관한 유의사항이므로 꼼꼼히 확인합니다.

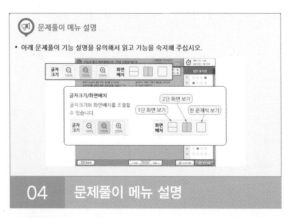

04   문제풀이 메뉴 설명

문제풀이 메뉴의 기능에 관한 설명을 유의해서 읽고 기능을 숙지해 주세요.

05 시험 준비 완료

시험 안내사항 및 문제풀이 연습까지 모두 마친 수험자는 시험 준비 완료 버튼을 클릭한 후 잠시 대기합니다.

06 시험 화면

시험 화면이 뜨면 수험번호와 수험자명을 확인하고, 글자크기 및 화면배치를 조절한 후 시험을 시작합니다.

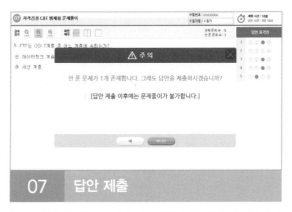

07 답안 제출

[답안 제출] 버튼을 클릭하면 답안 제출 승인 알림창이 나옵니다. 시험을 마치려면 [예] 버튼을 클릭하고 시험을 계속 진행하려면 [아니오] 버튼을 클릭하면 됩니다. 답안 제출은 실수 방지를 위해 두 번의 확인 과정을 거칩니다. [예] 버튼을 누르면 답안 제출이 완료되며 득점 및 합격여부 등을 확인할 수 있습니다.

CBT 완전 정복 Tip

내 시험에만 집중할 것
CBT 시험은 같은 고사장이라도 각기 다른 시험이 진행되고 있으니 자신의 시험에만 집중하면 됩니다.

이상이 있을 경우 조용히 손을 들 것
컴퓨터로 진행되는 시험이기 때문에 프로그램상의 문제가 있을 수 있습니다. 이때 조용히 손을 들어 감독관에게 문제점을 알리며, 큰 소리를 내는 등 다른 사람에게 피해를 주는 일이 없도록 합니다.

연습 용지를 요청할 것
응시자의 요청에 한해 연습 용지를 제공하고 있습니다. 필요시 연습 용지를 요청하며 미리 시험에 관련된 내용을 적어놓지 않도록 합니다. 연습 용지는 시험이 종료되면 회수되므로 들고 나가지 않도록 유의합니다.

답안 제출은 신중하게 할 것
답안은 제한 시간 내에 언제든 제출할 수 있지만 한 번 제출하게 되면 더 이상의 문제풀이가 불가합니다. 안 푼 문제가 있는지 또는 맞게 표기하였는지 다시 한 번 확인합니다.

구성 및 특징

필수적으로 학습해야 하는 중요한 이론들을 각 과목별로 분류하여 수록하였습니다.
시험과 관계없는 두꺼운 기본서의 복잡한 이론은 이제 그만! 시험에 꼭 나오는 이론을 중심으로 효과적으로 공부하십시오.

CHAPTER 01 컨테이너크레인 일반

제1절 컨테이너 하역장비

핵심이론 01 | 컨테이너크레인의 개념

(1) 컨테이너크레인(Container Crane)의 개요

① Quayside Crane, Quayside Gantry Crane 또는 Gantry Crane(GC)으로 불리고 있으나, 우리나라 KS 규격으로 표시된 이름은 컨테이너크레인(Container Crane ; C/C)이다.

② 컨테이너크레인은 격자구조의 Boom이 있는 Box Girder의 전형적인 A-Frame으로 선박과 부두 사이로 컨테이너를 싣고 내리는 가장 핵심적인 하역장비이다.

③ 컨테이너크레인은 운송물을 본선에서 육지로 혹은 육지에서 본선으로 신속, 정확, 안전하게 운반할 수 있는 장비이다.

(2) 컨테이너크레인의 장단점

① 다른 운송수단에 비해 운반물의 움직임이 간단하고, 짧은 시간에 많은 화물을 취급할 수 있다.

② 운반물이 공중에서 이동하므로 이송경로나 운반물을 취급하는 위치의 자유도가 높다.

③ 지상에서 이동을 위한 통로가 필요 없으므로 운반물 가치의 효율이 좋다.

④ 와이어로프를 이용한 운송방식이기 때문에 운반물에 진동이 발생할 우려가 있다.

⑤ 원활하고 안전한 운전을 위해서는 숙련이 필요하다. 이러한 작업을 반복하여 실시해야 하므로 내구성 및 인장력으로 탁월해야 하는 난제가 있다.

⑥ 동작에 필요한 강도를 유지하기 위해서는 구조가 간단하면서 효율성이 좋아야 한다.

⑦ 유지보수를 위해 구조를 간단하게 설계하는 것이 바람직하다.

10년간 자주 출제된 문제

1-1. 컨테이너크레인에 대한 설명으로 옳지 않은 것은?

① 전형적인 A-Frame으로 선박과 부두 사이로 컨테이너를 싣고 내리는 가장 핵심적인 하역장비이다.

② 우리나라 KS 규격으로 표시된 이름은 컨테이너크레인(Container Crane ; C/C)이다.

③ 와이어로프를 이용한 운송방식이기 때문에 운반물 진동의 발생이 없고, 운반물거치의 효율이 좋다.

④ 다른 운송수단에 비하여 운반물의 유지기가 간단하고 짧은 시간에 많...

1-2. 컨테이너크...

① 유지보수를 고...
좋다.

② 짧은 시간 동...

③ 다른 운송수단...
이 있다.

④ 동작에 필요한...
율성이 좋아야...

해설

1-1
와이어로프를 이용...
우려가 있다.

1-2
컨테이너크레인은...
단하고 짧은 시간...

실전모의고사

실전모의고사에 자세한 해설을 수록하여 핵심이론에서 학습한 중요 개념과 내용을 한 번 더 확인할 수 있도록 하였습니다. 과년도 기출문제를 기본으로 한 실전모의고사를 통해 실제 시험의 유형과 패턴을 익히면서 조금 더 효과적으로 학습할 수 있습니다.

제 1 회 실전모의고사

01 컨테이너크레인에 대한 설명으로 옳지 않은 것은?

① 컨테이너크레인이 설치된 곳은 부두안벽(Apron)이다.

② 트랜스퍼크레인이 설치된 곳은 컨테이너 야드(CY)이다.

③ 트랜스퍼크레인은 디젤엔진을 기동하여 전기를 발생시켜 동작한다.

④ 컨테이너크레인에 사용되는 브레이크는 밴드식 브레이크가 널리 사용된다.

해설
일반적인 브레이크 종류에는 밴드식 브레이크, 전기식 브레이크, 유압식 브레이크 등이 있으나, 컨테이너크레인에는 유압 브레이크가 널리 사용된다.

02 컨테이너크레인의 주요 크기 및 거리에 대한 설명으로 옳지 않은 것은?

① 트롤리 횡행거리란 트롤리가 움직일 수 있는 거리이다.

② Span은 바다 측 레일 중심에서 육지 측 레일 중심까지의 거리이다.

③ 양정이란 컨테이너를 매달고 붐 위를 주행하는 이동체이다.

④ 정격속도란 정격하중에서 각 동작별 최고속도이다.

해설
양정이란 호이스트 기구의 수직 이동이다. 컨테이너를 매달고 붐 위를 주행하는 이동체는 트롤리이다.

03 컨테이너크레인의 주요 용어에 대한 설명으로 옳지 않은 것은?

① 양정이란 스프레더로 화물을 들어 올릴 수 있는 최대높이를 말한다.

② 주행속도란 장비의 최고주행속도를 말하며 분당 주행거리로 표시된다.

③ 횡행속도란 스프레더의 들어 올림 최고속도로서 부하 시와 무부하 시로 구분하여 분당 올림거리로 표시한다.

④ 장비가 안전한 조건하에서 발휘할 수 있는 최대의 기능을 수치화하여 그 장비의 공칭으로 사용한다.

해설
③은 권상속도에 대한 설명이다. 횡행속도란 트롤리의 주행최고속도를 말하며, 분당 주행거리로 표시하고, 부하 시와 무부하 시로 구분한다. 예컨대 무부하 시 60[m/min], 정격부하 시 30[m/min]으로 표현한다.

2014년 제2회 과년도 기출문제

01 보통꼬임 와이어로프의 특성으로 틀린 것은?

① 접촉 길이가 짧아 소선의 마모가 쉽다.
② 킹크(Kink)가 발생하지 않는다.
③ 하중을 걸었을 때 자전에 대한 저항성이 작다.
④ 취급이 용이하여 선박, 육상에 많이 사용한다.

해설
보통꼬임 와이어로프의 특징
• 보통꼬임은 스트랜드의 꼬임 방향과 로프의 꼬임 방향이 서로 반대인 것이다.
• 소선의 외부 접촉 길이가 짧아 비교적 마모에 약하나, 킹크(Kink)가 생기는 것이 적다.
• 로프의 변형이나 하중을 걸었을 때 자전에 대한 저항성이 크고 취급이 용이하여 기계, 건설, 선박, 수산 분야 등 다양하게 사용된다.

02 틸팅 디바이스(Tilting Device)에 대한 설명으로 틀린 것은?

① 트림(Trime) : 스프레더가 길이 방향으로 기울어지는 동작
② 리스트(List) : 스프레더가 폭 방향으로 기울어지는 동작
③ 스큐(Skew) : 스프레더가 수평상태에서 시계 정방향/역방향으로 돌아가는 동작
④ 텔레스코픽(Telescopic) : 컨테이너의 크기에 따라 스프레더가 회전하는 동작

해설
텔레스코픽(Telescopic) : 컨테이너의 길이에 따라 스프레더의 길이를 알맞게 조정하는 기능의 명칭

03 그림에서 각 구조물의 명칭이 옳지 않은 것은?

① 기계실(Machinery House)
② 포 스테이(Fore Stay)
③ 실빔(Sill Beam)
④ 붐(Boo…

해설
③은 포털 빔…
는 역할을 한…

04 트랜스퍼크…

① 컨테이…
다 타이…
② 트랜스…
필요에…
③ 트랜스…
에 경유…
고 있다…
④ 트랜스…
택되고…

기존 터미널에…
으나, 최근 개…
부분의 자동화…
레일식의 RM…

220 ■ PART 03 과년도 + 최근 기출복원문제

과년도 기출문제

지금까지 출제된 과년도 기출문제를 수록하였습니다. 각 문제에는 자세한 해설이 추가되어 핵심이론만으로는 아쉬운 내용을 보충 학습하고 출제경향의 변화를 확인할 수 있습니다.

2024년 제2회 최근 기출복원문제

01 컨테이너크레인의 스프레더에 대한 설명으로 틀린 것은?

① 스프레더의 각 코너(4곳)에 부착된 랜딩 핀(Landing Pin)이 최소 1개 이상 착상되면 트위스트 록 장치가 작동된다.
② 일반적으로 20, 40, 45[ft] 컨테이너의 하역에 사용된다.
③ 플리퍼(Flipper) 등을 사용함으로써 보다 정확하게 컨테이너를 잡을 수 있다.
④ 트위스트 록 핀(Twist Lock Pin)은 마모나 크랙 유무를 정기적으로 점검하여야 한다.

해설
트위스트 록
컨테이너의 4곳의 코너 게스트(Corner Guest)에 콘(Cone)을 끼워 90°로 회전하여 잠금과 풀림 상태를 확인하는 기능으로 작동 방법은 Solenoid Valve로써 하며, 컨테이너 낙하를 방지하기 위해 최소한의 유압(감압)변조정 2[kg/cm²]로 설정하여 스프레더 내에 안전장치를 내장하여 컨테이너의 낙하를 방지할 수 있게 하였다.

02 컨테이너크레인에서 호이스트 와이어로프의 길이를 일정범위 내에서 조정하여 스프레더를 중심축에서 앞뒤, 좌우 방향으로 조정하여 컨테이너를 원활히 잡을 수 있도록 해주는 장치는?

① 로프 텐셔너
② 트림/리스트/스큐 조정장치
③ 스프레더 케이블 릴 장치
④ 로프 슬랙 감지장치

해설
Trim, Skew, List(트림, 스큐, 리스트) 조정장치는 Tilting Device(틸팅 디바이스)에 해당한다.

03 와이어로프의 특성에 대한 설명으로 가장 거리가 먼 것은?

① 보통 꼬임(Ordinary Lay)은 스트랜드의 꼬임과 로프의 꼬임이 반대방향이다.
② 보통 꼬임(Ordinary Lay)은 외부 소선의 접촉 길이가 짧아 소선의 마모가 쉽다.
③ 랭 꼬임(Lang's Lay)은 마모에 대한 내구성은 좋으나 킹크(Kink)가 발생하기 쉽다.
④ 같은 굵기의 와이어로프인 경우 소선이 가늘고 많으면 유연성이 없어져 취급하기 어렵다.

해설
④ 같은 굵기의 와이어로프일지라도 소선이 가늘고 수가 많으면 유연성이 좋고 더 강하다.

04 컨테이너를 전용으로 취급하는 크레인으로 부두 안벽의 레일 상에 설치되어 있는 하역장비는?

① Reach Stacker
② RTGC
③ Container Crane
④ Transfer Crane

해설
① Reach Stacker : 컨테이너 야적장 등에서 컨테이너를 적재 또는 양하하는 데 사용하는 이동식 장비
② RTGC : 트랜스퍼크레인의 일종으로 타이어식 갠트리크레인 (Rubber Tired Gantry Crane)
④ Transfer Crane : 터미널 야드에서 트레일러 섀시 위에 상 · 하 차작업을 하는 장비

정답 1 ① 2 ② 3 ④ 4 ③

2024년 제2회 최근 기출복원문제 ■ 403

최근 기출복원문제

최근에 출제된 기출문제를 복원하여 가장 최신의 출제경향을 파악하고 새롭게 출제된 문제의 유형을 익혀 처음 보는 문제들도 모두 맞힐 수 있도록 하였습니다.

최신 기출문제 출제경향

- 3상 유도전동기의 회전속도제어법
- 컨테이너크레인의 형태별 분류
- 스테인리스 스틸 컨테이너
- 스프레더의 주요 동작
- 디지털량과 아날로그량

- 컨테이너터미널의 일반안전수칙
- 유압모터의 장단점
- 유압장치의 소음 발생원인과 해결방안
- 스프레더의 주요 동작
- 하역장구의 제한하중
- 컨테이너크레인 제어시스템
- 배선용 차단기의 기능과 특징

2017년	2018년	2019년	2020년
3회	3회	2회	2회

- 마스터 컨트롤러의 조작
- 유압장치에서 비정상 소음이 나는 원인
- IMO CODE
- 선박의 부두 접안예정시간
- 컨테이너크레인의 보기(Bogie) 장치
- 안전보건표지의 종류

- 트림 동작
- 컨테이너 마킹
- 클램프의 종류
- 컨테이너크레인의 운전실 좌우 조작반
- 컨테이너크레인의 안전장치 중 계류장치
- 배선용 차단기의 기능
- 위험화물의 분류

- 시퀀스제어기기 문자기호
- 기호의 명칭
- 윤활제의 구비조건
- 붐 호이스트 장치의 특징
- 전동기 분해 순서
- 도체와 저항의 관계
- 공유압 기호

- 스프레더의 주요 동작
- 배선용 차단기의 기능
- 유압모터의 장점
- 컨테이너의 본선 적부계획 시 고려해야 할 기본사항
- 기동전동기의 구비조건
- 직류 전동기의 구성요소
- 컨테이너크레인의 제어장치

2021년 2회 **2022년 2회** **2023년 2회** **2024년 2회**

- 쿨롱의 법칙
- 컨테이너터미널 내 차량운행
- 정전 작업 전 조치사항
- 지정보세구역의 정의
- 물류 관련 하역기기 및 하역 용어
- 컨테이너터미널 반입 시 교환 서류
- 와이어로프의 폐기기준

- 로프텐셔너의 주요 동작
- 타이다운의 기능
- PLC의 구성요소
- 컨테이너크레인의 안전 운전
- 컨테이너터미널의 주요 시설 및 기능
- 직류와 교류의 차이점
- 유압 작동유의 구비조건
- 오일탱크의 구성품
- 정전기 발생 요인

D-20 스터디 플래너

20일 완성!

D-20	D-19	D-18	D-17
✄ 시험가이드 및 빨간키 훑어보기	✄ CHAPTER 01 컨테이너크레인 일반 1. 컨테이너 하역장비	✄ CHAPTER 02 기계장치 1. 안전장치 ~ 2. 주요장치	✄ CHAPTER 02 기계장치 3. 와이어로프 ~ 4. 운전장치

D-16	D-15	D-14	D-13
✄ CHAPTER 03 전기 및 제어시스템 1. 전기기초 ~ 2. 제어시스템	✄ CHAPTER 04 유압시스템 1. 유압기본 ~ 3. 유압회로	✄ CHAPTER 05 터미널 실무 1. 항만 및 선박 ~ 4. 컨테이너 운송경로	✄ CHAPTER 06 안전관리 1. 안전 및 보건 ~ 2. 작업안전

D-12	D-11	D-10	D-9
제1회 실전모의고사 풀이	제2회 실전모의고사 풀이	제3회, 제4회 실전모의고사 풀이	제5회 실전모의고사 풀이

D-8	D-7	D-6	D-5
2014~2015년 과년도 기출문제 풀이	2016년 과년도 기출문제 풀이	2017~2018년 과년도 기출복원문제 풀이	2019~2020년 과년도 기출복원문제 풀이

D-4	D-3	D-2	D-1
2021~2022년 과년도 기출복원문제 풀이	2023년 과년도 기출복원문제 풀이	2024년 최근 기출복원문제 풀이	기출문제 오답정리 및 복습

이론을 한 번 정독하고, 기출문제 위주로 공부하시는 걸 추천합니다.

컨테이너크레인운전기능사 필기 합격했습니다~!

자격증을 따려고 마음먹었을 때 서점에 들러 어떤 책이 있나 살펴봤는데 Win-Q 컨테이너크레인 필기 책이 있더라구요.

기능사 시험은 아시다시피 100점 중에 60점만 맞아도 합격하는 시험이잖아요?

문제도 4지선다이기 때문에 모르는 문제가 나와도 유추해서 풀 수 있는 문제가 더러 있죠. 그리고 문제은행식으로 나오는 문제들은 또 나오는 경우도 많기 때문에 이론을 한 번 정독하고 기출문제 위주로 공부하시는 걸 추천합니다.

일단 출제비율이 가장 높은 과목부터 공부하시는 걸 추천합니다. 저는 기계장치와 터미널 실무, 안전관리 쪽에서 많은 문제가 출제되니까 먼저 출제비중이 높은 이론부터 정독했습니다. 그리고 나머지 과목들은 이론 뒤에 있는 모의고사와 기출문제 위주로 공부했습니다.

제가 느끼기에는 문제집에 있는 모의고사보다는 기출문제가 더 쉬웠습니다. 그래서 기출문제를 계속 반복해서 봤고 틀린 문제는 다시 풀고 오답노트를 써 가며 공부했습니다. 모의고사는 너무 어려워서 몇 개 안 풀었는데, 이게 제가 했던 실수 같습니다. 막상 시험장에 가서 시험을 쳐 보니까 난이도가 기출문제와 모의고사를 반반 섞어 놓은 것 같았습니다. 기출문제에 나왔던 문제들과 다르게 어려웠던 문제들이 많아서 걱정했습니다만 그래도 이론과 기출문제를 계속 반복했더니 충분히 풀 수 있었습니다.

다른 문제집들은 이론만 쭉~ 있고, 기출문제는 뒷부분에 있는 경우가 많아서 이론을 공부하다 보면 어느 순간 전에 공부했던 걸 금방 잊어버리기 십상인데, 이 문제집은 이론이 있으면 해당 이론에 맞는 기출문제를 풀어 볼 수 있어서 어떤 유형으로 문제가 나올지 쉽게 알 수 있어서 정말 도움이 많이 되었습니다.

제가 추천드리는 공부법은 3이론 무한기출입니다.

첫 이론을 정독해서 보시고 기출문제 한 회를 풀어보세요. 그리고 두 번째 이론은 술술 보시고 기출문제를 푸세요. 마지막 세 번째 이론을 보시면 기출문제에 나오는 용어들이 어느 정도 눈에 익었을 겁니다. 또 기출문제에 안 나오는 것들이 있다면 과감히 버리세요. 그런 거는 제쳐 두시고 풀어 봤던 기출문제 중에 많이 나오는 과목이나 유형을 확인하셔서 집중적으로 보시면 됩니다.

이렇게 3회독을 하셨다면 무한기출을 돌리시면 됩니다. 기출 보다가 또 모르는 게 있으면 그 파트 이론을 보시면서 확실히 암기하고, 기출 반복! 더 안전하게 하시려면 모의고사도 많이 풀어 보시면 분명 합격 가능합니다.

저는 78점으로 합격했습니다. 감사합니다!

2019년 2회 컨테이너크레인운전기능사 합격자 김O춘

이 책의 목차

빨간키

#합격비법 핵심 요약집   #최다 빈출키워드   #시험장 필수 아이템

▌ **컨테이너크레인(Container Crane)의 개요**

- Quayside Crane, Quayside Gantry Crane 또는 Gantry Crane(GC)으로 불리기도 함
- 격자구조의 Boom이 있는 Box Girder의 전형적인 A-Frame으로 선박과 부두 사이로 컨테이너를 싣고 내리는 가장 핵심적인 하역장비
- 운송물을 본선에서 육지로 혹은 육지에서 본선으로 신속, 정확, 안전하게 운반할 수 있는 장비

▌ **컨테이너크레인의 종류**

- 크레인의 형태에 따라 A형 구조(A-frame Type), 수정 A형 구조, 2중 중첩식 A형 구조, 롱 백 리치형, 롱 스팬 형, 로우 프로파일형 등
- 컨테이너크레인의 크기에 따라 피더 형식, 파나막스 형식, 포스트 파나막스 형식 등
- 크레인 고도제한에 따라 이중 중첩식, 로우 프로파일형, 이중 붐 래치 등

▌ **트랜스퍼크레인(Transfer Crane)**

교각형의 기둥과 일정한 간격을 가지고 설치된 두 개의 주행로 하부에 이동할 수 있는 바퀴를 가지고 기둥의 상하로 컨테이너를 이동하여 적재 및 섀시, 트레일러 등에 상·하차를 수행하는 야드크레인

▌ **트랜스퍼크레인의 종류**

RTGC(Rubber Tired Gantry Crane), RMGC(Rail Mounted Gantry Crane)

▌ **OHBC(Over Head Bridge Crane)**

야드에 교량 형식의 구조물에 Crane을 설치하여 컨테이너를 양·적하하는 장비

▌ RMGC, RTGC 및 OHBC 장비 일반사양 비교

구 분	RMGC	RTGC	OHBC
스 팬	• 14~16열, 1 over 5 – 템즈포트, 9열, 1 over 5	• 6~7열, 1 over 3, 4 – 98년 이후, 7열, 1 over 5추세	• 13열 • 1 over 8
갠트리 이동속도	• Noell사 : 152[m/min] • 가와사키 NKK사 : 180[m/min]	• Shiusawa MHI사 • 말레이시아 Morris사 : 135[m/min]	Keppel/Mitusi사 : 120[m/min]
장 점	• 자동화 용이 • 일관 통합 이송 적합 • 신속한 컨테이너 오르내림	• 소형, 경량 • 연약지반 사용 가능 • 저가의 장비 가격	• 고단적에 적합 • 고속주행, 정밀제어 • 토지비용, 인건비가 비싼 경우 적용
단 점	매우 낮은 공극률의 지반 필요	설계 및 조종 기능의 복잡성	• 고가 레일 설치 비용 • 수출·입 화물 비중이 큰 경우 효율성 저하

▌ 포크 리프트(Fork Lift)

마스트(Mast : 하중을 상하로 이동)를 갖추고 이동 장소 간의 화물 운송이 가능한 산업차량

▌ 리치 스태커

야드 내(터미널 내의 야드, 보세장치장, 내륙기지)에서 컨테이너의 적재 및 위치 이동, 교체 등에 사용되는 장비

▌ 스트래들 캐리어

주 프레임 내에서 컨테이너를 올리고 운반하는 장비로 해상 컨테이너 운반용으로 컨테이너의 적재 및 위치 이동, 교체 등에 사용됨

▌ 톱 핸들러

야드 내에서 공 컨테이너(Empty Container)를 적치 또는 하역하는 장비

▌ 야드 섀시(Yard Chassis)

• 컨테이너 터미널 내에서 야드 트랙터에 견인되어 부두(안벽)와 컨테이너 야드 간에 컨테이너를 적재·운송하는 장비
• 운행속도는 저속용으로서 도로 주행용 로드 섀시에 비하여 완충장치 등이 단순

▌ 주요 약어

약 어	의 미
AGV	Automatic Guided Vehicle
ATC	Auto Transfer Crane
BTC	브리지형크레인(Bridge Type Crane)
C/C	컨테이너크레인(Container Crane)
C/B	컨베이어 벨트(Conveyor Belt)
C/Y	컨테이너 야드(Container Yard)
E/H	엠프티 핸들러(Empty Handler)
LLC	수평인입식 크레인(Level Luffing Crane)
OHBC	천장크레인(Over Head Bridge Crane)
R/C	로드 섀시(Road Chassis)
RMGC	레일식 갠트리크레인(Rail Mounted Gantry Crane)
R/S	리치 스태커(Reach Stacker)
R/T	로드 트랙터(Road Tractor)
RTGC	타이어식 갠트리크레인(Rubber Tired Gantry Crane)
S/C	스트래들 캐리어(Straddle Carrier)
S/L	쉽로더(Shiploader)
S/R	스태커 리클레이머(Stacker Reclaimer)
T/C	트랜스퍼크레인(Transfer Crane)
T/L	탑 리프터(Top Lifter)
U/L	언로더(Unloader)
Y/C	야드 섀시(Yard Chassis)
Y/T	야드 트랙터(Yard Tractor)
TEU	Twenty-foot Equivalent Unit(컨테이너 수량을 20[ft] 길이 상당으로 환산하여 사용하는 단위, 40[ft] 컨테이너의 경우 2[TEU])
FEU	Forty-foot Equivalent Unit(컨테이너 수량을 40[ft] 길이 상당으로 환산하여 사용하는 단위, 40[ft] 컨테이너의 경우 1[FEU])
Van	컨테이너의 길이에 관계없이 1개의 컨테이너 단위
ODCY	항만 밖에 있는 컨테이너 야드(Off Dock Container Yard)

▌ 로드 섀시(Road Chassis)

주로 일반도로에서 사용되고 컨테이너 터미널에서 컨테이너를 적재·운송하며 운행속도는 고속용에 적합하도록 제작됨

▌ 야드 트랙터(Yard Tractor)

컨테이너 터미널 내에서 야드 섀시를 견인하여 부두(안벽)와 컨테이너 야드 간에 컨테이너를 적재·운송하는 장비

▌ 로드 트랙터(Road Tractor)

주로 일반도로에서 사용되며 로드 섀시를 견인하여 컨테이너를 적재·운송

▌ AGV(Automated Guided Vehicle)

자동화터미널에서 사용되며 주로 안벽과 야드 사이에서 무인으로 컨테이너를 운반하는 장비

▌ ATC(Automated Transfer Crane)

트랜스퍼크레인의 일종으로 자동화터미널에서 AGV 등으로부터 운반된 컨테이너를 무인으로 야드에 적재 또는 AGV 등에 적재·반출하여 주는 장비

▮ 정지용 핀(Storm Anchor)

스톰 앵커는 크레인이 작업을 하지 않고 계류되어 있을 때 바람에 의해 밀리지 않도록 하기 위한 것으로 일주방지장치라고도 함

▮ 타이다운(Tie-down, 전도방지장치)

폭풍 시 크레인이 전도되지 않고 견딜 수 있도록 전도를 방지하는 것으로서, 전도방지장치라고도 부름

▮ 주행장치 구성

주행장치는 부두 안벽을 중심으로 크레인을 좌·우측으로 이동하는 장치로서 4개의 레그(Leg)로 구성

▮ 횡행장치

- 기계실 내에 설치되어 있으며, 트롤리(Trolley) 횡행 방향 전·후진을 구동하는 장치
- 작동원리는 모터의 정회전과 역회전을 이용하여 양쪽 방향으로 와이어로프 드럼에 의한 와이어로프를 이용하여 구동
- 운송물을 권상으로 하여 트롤리를 육지와 본선 간의 이송, 즉 적하, 양하를 하기 위한 장치
- 트롤리는 크레인의 아웃리치-가이드(스팬)-백 리치에 설치된 레일 위를 이동할 수 있음

▮ 트롤리의 종류

- 와이어로프 트롤리(컨테이너크레인)
- 맨 트롤리(트랜스퍼크레인)
- 크랩 트롤리(천장크레인)
- 세미로프 트롤리(갠트리크레인)

▌ 유압 실린더의 역할

- 운전 중에 트롤리 와이어로프의 처짐 방지
- 작업 시 트롤리 와이어로프에 텐션을 주고, 로프의 신장을 흡수하여 트롤리가 원활하고 안전한 운전이 되도록 함
- 붐이 기립할 때 로프의 길이 변화를 흡수하여 트롤리 와이어로프의 파손 및 절단을 방지함

▌ 주 권상장치(Hoisting)

지상에 있는 인양물의 권상과 권하를 주목적으로 설치된 장치

▌ 안전작업

- 바이패스(By-pass) : 트위스트 록이 작동하지 않을 때 바이패스(By-pass)를 사용할 수 있는 제어방식을 채택
- 로드셀(Load Cell) : 로드셀은 스프레더에 걸리는 중량을 측정하고 운전자가 작업 중량을 볼 수 있도록 운전실 전면 좌측에 표시기를 부착

▌ 붐 래치 장치의 확인장치

- 훅이 걸렸는지 확인하는 리밋 스위치
- 훅이 올라가고 내려가는 것을 확인하는 리밋 스위치
- 붐 권상단 검출 리밋 스위치가 포함되어 있음

▌ 안티 스내그(Anti-snag) 조정장치

스내그 하중으로부터 운동에너지를 흡수하여 크레인에 미칠 충격을 최소화하기 위한 장치

▌ 안티 스웨이(Anti-sway) 장치

주 호이스트 로프에 매달려 있는 헤드 블록, 스프레더 및 컨테이너의 흔들림을 감쇄시키기 위한 장치

▌ 와이어로프의 안전율

와이어로프의 종류	안전율
권상용 와이어로프, 지브의 기복용 와이어로프, 호이스트 로프	5.0
붐 신축용 또는 지지로프, 지브의 지지용 와이어로프, 보조로프 및 고정용 와이어로프	4.0

▌ 훅의 줄걸이 방법

- 눈걸이 : 모든 줄걸이 작업은 눈걸이를 원칙으로 한다.
- 반걸이 : 미끄러지기 쉬우므로 엄금한다.
- 짝감기걸이 : 가는 와이어로프일 때(14[mm] 이하) 사용하는 줄걸이 방법이다.
- 짝감아걸이 나머지돌림 : 4가닥 걸이로서 꺾어 돌림을 할 때 사용한다.
- 어깨걸이 : 굵은 와이어로프일 때(16[mm] 이상) 사용한다.
- 어깨걸이 나머지 돌림 : 4가닥 걸이로서 꺾어 돌림을 할 때 사용하는 줄걸이 방법이다.

▌ 와이어로프의 꼬임법

- 로프의 꼬임과 스트랜드의 꼬임의 관계에 따른 구분 : 보통꼬임, 랭꼬임
- 와이어로프의 꼬임 방향에 따른 구분 : S꼬임, Z꼬임
- 소선의 종류에 따른 구분 : E종, A종

▌ 레일 클램프

- 레일 클램프는 작업 시 컨테이너크레인을 정위치에 고정시킬 뿐만 아니라 돌풍으로 인해 컨테이너크레인이 레일 방향으로 미끄러지는 것을 방지하는 장치이다.
- 스프링식, 유압식이 많이 사용되어 왔고, 최근에는 쐐기형 레일 클램프가 많이 사용되고 있다.

▌ 로프텐셔너

트롤리 운전 시 발생하는 와이어로프 처짐현상을 잡아주는 역할

▌ 와이어로프 직경에 따른 클립 수

로프직경[mm]	클립 수
16 이하	4개
16 초과 28 이하	5개
28 초과	6개 이상

▍ 와이어로프를 선정할 때 주의해야 할 사항

- 용도에 따라 손상이 적게 생기는 것을 선정한다.
- 하중을 고려한 강도를 갖는 로프를 선정한다.
- 심강(Core)은 사용 용도에 따라 결정한다.
- 사용 환경상 부식이 우려되는 곳에서는 도금로프를 사용해야 한다.

▍ 와이어로프용 윤활유의 구비조건

- 유막을 형성하는 힘이 커야 한다.
- 로프에 잘 스며들도록 침투력이 있어야 한다.
- 내산화성이 커야 한다.
- 사용 조건하에서 녹지 않아야 한다.

▍ 와이어로프 손상 방지를 위해 주의해야 할 사항

- 올바른 각도로 매달아 과하중이 되지 않도록 한다.
- 권상, 권하 작업 시 항상 적당한 받침을 댄다.
- 불탄 짐은 가급적 피하도록 한다.
- 하중을 매달 경우에는 가급적 한 줄로 매다는 것은 피한다.
- 삐뚤어진 것은 고쳐서 항상 기름을 칠해둔다.

▍ 컨테이너 본선 작업 시 신호수

신호는 가장 안전하고, 잘 보이는 곳에서 한 사람이 기준 신호요령에 따라 신호하고 무전기를 사용해야 한다.

CHAPTER 03 전기 및 제어시스템

▌ 전류의 3대 작용

- 발열작용 : 도체 안의 저항에 전류가 흐르면 열이 발생(전구, 예열플러그, 전열기 등)
- 화학작용 : 전해액에 전류가 흐르면 화학작용이 발생(축전지, 전기도금 등)
- 자기작용 : 전선이나 코일에 전류가 흐르면 그 주위의 공간에 자기현상 발생(전동기, 발전기, 경음기 등)

▌ 전기회로의 측정 계기

- 전류테스터 : 전류량 측정
- 저항측정기 : 저항값 측정
- 메가테스터 : 절연저항 측정(절연저항의 단위는 [MΩ])
- 멀티테스터 : 전압 및 저항 측정
- 오실로스코프 : 시간에 따른 입력전압의 변화를 화면에 출력하는 장치

▌ 옴의 법칙

$$I = \frac{V}{R}[\text{A}], \quad V = I \cdot R[\text{V}], \quad R = \frac{V}{I}[\Omega]$$

▌ 줄의 법칙

저항 $R[\Omega]$ 인 도체에 $I[\text{A}]$ 의 전류가 $t[\text{sec}]$ 동안 흐르면 열 발생

▌ 제벡 효과(열전 효과)

서로 다른 두 종류의 금속을 접합하여 접합점을 다른 온도로 유지하면 열기전력이 생겨 일정한 방향으로 전류가 흐르는 현상 → 열전 온도계, 열전형 계기에 이용

▌ 펠티에 효과

제벡 효과의 역현상으로, 서로 다른 두 종류의 금속을 접속하여 전류를 흘리면 접합부에서 열의 발생 또는 흡수가
일어나는 현상 → 흡열은 전자냉동, 발열은 전자 온풍기에 이용

▌ 패러데이의 법칙

전기 분해에 의해 전극에 석출되는 물질의 양은 전해액 속을 통과한 총전기량(전하량)에 비례

▌ 정류소자의 특성

• 맥동률 : 정류된 직류 전류(전압) 속에 포함되는 교류성분의 정도
• 정류 효율 : 직류 출력전류에 대한 교류 입력전류의 비

▌ 쿨롱의 법칙

두 점전하 사이에 작용하는 정전기력의 크기는 두 전하(전기량)의 곱에 비례하고, 전하 사이의 거리의 제곱에
반비례

$$F = \frac{1}{4\pi\varepsilon_0} \frac{Q_1 Q_2}{r^2} [\text{N}]$$

▌ 앙페르의 오른 나사 법칙

전류에 의한 자장의 방향을 결정하는 법칙으로, 도선에 전류가 흐르면 그 주위에 자장이 생기고 전류의 방향과
자장의 방향은 각각 오른 나사의 진행방향과 회전방향에 일치

▌ 비오-사바르의 법칙 : 전류에 의한 자장의 세기를 결정

$$\Delta H = \frac{I \cdot \Delta l}{4\pi r^2} \cdot \sin\theta [\text{AT/m}]$$

▌ 플레밍의 왼손 법칙

자장 안에 놓인 도선에 전류가 흐를 때 도선이 받는 힘의 방향을 알 수 있는 법칙(전동기의 원리)

▌ 자기회로와 전기회로의 비교

자기회로	전기회로	자기회로	전기회로
기자력 $F = N \cdot I \, [\text{AT}]$	기전력 $E \, [\text{V}]$	자기저항률 $\dfrac{1}{\mu}$	고유저항 ρ
자속 $\phi = \dfrac{F}{R} \, [\text{Wb}]$	전류 $I = \dfrac{E}{R} \, [\text{A}]$	투자율 μ	도전율 σ
자기저항 $R = \dfrac{F}{\phi} = \dfrac{l}{\mu A} \, [\text{AT/Wb}]$	전기저항 $R = \dfrac{E}{I} = \rho \dfrac{l}{A} \, [\Omega]$	자위강하 $\phi R (HI)$	전압강하 $I \cdot R$

▌ 각 도체에 작용하는 힘

- 직선도체에 작용하는 힘 $F = BIl\sin\theta \, [\text{N}]$
- 사각형 코일에 작용하는 힘 $T = BIAN\cos\theta \, [\text{N} \cdot \text{m}]$
- 평행도체 사이에 작용하는 힘 $F = \dfrac{2I_1 \cdot I_2}{r} \times 10^{-7} \, [\text{N/m}]$

▌ 플레밍의 오른손 법칙

도체가 운동하여 자속을 끊었을 때 기전력의 방향을 알 수 있는 법칙(발전기의 원리)

▌ 패러데이의 전자유도 법칙

전자유도에 의해서 생기는 기전력의 크기는 코일을 쇄교하는 자속의 변화율과 코일의 권수의 곱에 비례

$$V = N \frac{\Delta \phi}{\Delta t} \, [\text{V}]$$

▌ 렌츠의 법칙–역기전력의 법칙

전자유도에 의하여 생긴 기전력의 방향은 그 유도전류가 만든 자속이 항상 원래의 자속의 증가 또는 감소를 방해하는 방향

$$V = -L \frac{\Delta I}{\Delta t} \, [\text{V}]$$

▌맴돌이 전류손실

$$P_e = \theta (B_m f t)^2 [\mathrm{W}]$$

▌파형률, 파고율

$$\text{파형률} = \frac{\text{실효값}}{\text{평균값}}, \ \text{파고율} = \frac{\text{최댓값}}{\text{실효값}}$$

▌역률(Power Factor)

전원에서 공급된 전력이 부하에서 유효하게 이용되는 비율로서 $\cos\theta$로 나타낸 것

▌직류전동기의 종류

- 직권전동기
- 분권전동기
- 복권전동기
- 타여자전동기

▌유도전동기의 분류

- 입력되는 교류 전원의 종류에 따른 분류 : 3상, 단상
- 3상 유도전동기에서 회전자의 형태에 따른 분류 : 농형, 권선형

▌ 전동기의 소손 원인

- 전기적인 원인 : 과부하, 결상, 층간단락, 선간단락, 권선지락, 순간과전압의 유압
- 기계적인 원인 : 구속, 전동기의 회전자가 고정자에 닿는 경우, 축 베어링의 마모나 윤활유의 부족

▌ 제동법

- 발전제동 : 제동 시 전원으로 분리한 후 직류전원을 연결하는 제동법
- 역상제동(플러킹) : 회전방향과 반대방향의 토크를 발생시켜 급속제동
- 회생제동 : 외력에 의해 동기속도 이상으로 회전시켜 발생된 전원으로 제동
- 단상제동 : 2차 저항이 클 때 전원에 단상전원을 연결하여 제동 토크 발생(권선형)

▌ 단상 유도전동기

고정자권선에 단상전류를 흘리면 교번자계가 발생하고 회전자 권선에 회전력이 발생

▌ 단상 유도전동기의 종류(기동장치에 의한 분류)

- 분상 기동형
- 콘덴서 기동형
- 영구콘덴서형
- 셰이딩 코일형
- 반발 기동형

▌ **파스칼의 원리**

밀폐된 용기 내에 있는 정지 유체의 일부에 압력을 가했을 때 유체 내 어느 부분의 압력도 가해진 만큼 증가한다는 원리

▌ **베르누이의 정리**

유체의 속도와 압력 사이에는 속도가 빠를수록 압력은 낮아지는 항상 일정한 관계가 있다는 원리

▌ **유압 펌프의 종류**

- 기어 펌프
- 베인 펌프
- 피스톤 펌프

▌ **압력제어 밸브(일의 크기 제어)**

- 릴리프 밸브
- 리듀싱 밸브(감압 밸브)
- 시퀀스 밸브
- 언로더 밸브(무부하 밸브)
- 카운터 밸런스 밸브(역류 가능)

▌유량 제어 밸브(일의 속도 제어)

- 스로틀 밸브(교축 밸브)
- 오리피스 밸브
- 일방향 유량 제어 밸브
- 압력보상 유량 제어 밸브(가장 많이 사용), 디바이더 밸브(분류밸브), 슬로 리턴 밸브

▌공·유압 변환기 사용상의 주의점

- 수직 방향으로 설치
- 액추에이터보다 높은 위치에 설치
- 열의 발생이 있는 곳에서 사용 금지

▌어큐뮬레이터의 용도

- 에너지 축적용
- 펌프의 맥동 흡수용
- 충격 압력의 완충용
- 유체 이송용

▌유압유 노화 촉진의 원인

- 유온이 80[℃] 이상으로 높을 때
- 다른 오일과 혼합하여 사용할 때
- 유압유에 수분이 혼입되었을 때

▌유압유가 과열되는 원인

- 효율 불량, 노화, 냉각기 성능 불량, 유압유 부족
- 점도 불량, 안전밸브의 작동 압력이 너무 낮을 때

▌유압유의 온도가 상승하는 원인

- 높은 열을 갖는 물체에 유압유가 접촉했을 때
- 과부하 상태로 연속해서 작업했을 때
- 오일 냉각기가 불량할 때
- 높은 태양열이 작용할 때
- 캐비테이션(공동) 현상이 발생했을 때
- 유압손실이 클 때

▌카운터 밸런스 회로

실린더의 부하가 급히 감소하더라도 피스톤이 급진하거나 자중 낙하하는 것을 방지하기 위해 실린더 기름 탱크의 귀환 쪽에 일정한 배압을 유지하는 회로

▌시퀀스 회로

유압으로 구동되고 있는 기계의 조작을 순서에 따라 자동적으로 행하게 하는 회로

CHAPTER 05 터미널 실무

▌ 항 만

항만법상 선박의 출입, 사람의 승선·하선, 화물의 하역·보관 및 처리, 해양친수활동 등을 위한 시설과 화물의 조립·가공·포장·제조 등 부가가치 창출을 위한 시설이 갖추어진 곳

▌ 선 박

- 상법에서 선박이란 상행위나 그 밖의 영리를 목적으로 항해하는 선박을 말한다.
- 선박법에서 선박이란 수상 또는 수중에서 항행용으로 사용하거나 사용할 수 있는 배 종류를 말하며 다음과 같이 분류할 수 있다.
  - 기선 : 기관을 사용하여 추진하는 선박(선체 밖에 기관을 붙인 선박으로서 그 기관을 선체로부터 분리할 수 있는 선박 및 기관과 돛을 모두 사용하는 경우로서 주로 기관을 사용하는 선박을 포함)과 수면비행선박(표면효과 작용을 이용하여 수면에 근접하여 비행하는 선박)
  - 범선 : 돛을 사용하여 추진하는 선박(기관과 돛을 모두 사용하는 경우로서 주로 돛을 사용하는 것)
  - 부선 : 자력항행능력이 없어 다른 선박에 의하여 끌리거나 밀려서 항행되는 선박

▌ Ro-Ro선

본선의 선미나 수미를 통하여 트랙터나 포크 리프트(Fork Lift) 등에 의해 컨테이너의 적하 및 양하가 이루어지도록 건조된 선박

▌ Lo-Lo선

컨테이너를 크레인 등을 사용하여 하역하고 화물창구(Hatch Opening)를 통하여 상하로 올리고 내리게 하는 방식의 선박

▌ 컨테이너 이용 시 장단점

장 점	단 점
• 신속한 선하증권의 발급으로 금리 절약 • 생산능률의 향상 • 운송비, 항만하역비, 포장비의 절약 • 보험료의 절약 • 안전한 수송	• 선박 컨테이너터미널 기지 설비 등에 대한 투자가 큼 • 재래화물은 20[ft] 컨테이너 이하의 양이 많아 빈 컨테이너 회송 혹은 컨테이너 보관 장소에 문제가 있음

▌ 컨테이너 터미널

Container Terminal(C. T.)은 부두에 위치하여 컨테이너 선박의 안전한 운항, 접안, 하역, 하역준비 등을 수행하며, 각종 관련 기기를 관리·보관할 수 있는 시설과 조직을 갖춘 장소이다.

▌ Apron(에이프런)

• 부두 안벽에 접한 부분으로 일정한 폭으로 나란히 뻗어 있는 공간에 컨테이너크레인이 설치되어 있어 컨테이너의 적·양하가 이루어지는 곳

• 안벽에 따라 전체에 걸쳐서 활용할 수 있도록 임시로 하치하거나, 크레인이 통과주행할 수 있도록 레일을 설치한 곳

▌ Container Yard(CY : 컨테이너 장치장)

• 적재된 컨테이너를 인수, 인도, 보관하는 야적장

• 넓은 의미로서는 마샬링 야드, 에이프런, CFS 등을 포함

▌ 섀시 방식(Chassis System)

육상의 갠트리크레인이나 선상의 크레인으로 컨테이너선에서 직접 섀시 위에 컨테이너를 적재하여 적재된 상태로 대기시켜 필요할 때 수송이 가능하도록 하는 방식으로 보조 하역기기가 필요 없음

■ **스트래들 캐리어 방식(Straddle Carrier System)**

컨테이너선에서 크레인으로 에이프런에 컨테이너를 직접 내리고 스트래들 캐리어로 운반하는 방식

■ **트랜스테이너 방식(Transtainer System)**

컨테이너선에서 야드의 섀시에 탑재한 컨테이너를 마샬링 야드로 이동시켜 트랜스퍼크레인으로 CY장치하는 방식

■ **래싱(Lashing)**

컨테이너 래싱용 고리, 로프, 밴드 또는 그물 등을 사용하여 화물을 고정시킴

■ **하역시스템**

하역작업에 필요한 시간, 노력, 경비 등을 최소화하고 총체적인 물류 기능의 향상을 도모하여 물류비의 절감은 물론이고 물류 활동이 신속하고 정확하게 이루어지도록 체계화하는 것

■ **항만하역의 작업 단계**

선내작업 > 부선양적작업 > 육상작업 > 예부선 운송작업

▌ **사고(Accident)**

인간이 어떠한 목적을 수행하려고 행동하는 과정에서 갑자기 자신의 의지에 반하는 예측불허의 사태로 인하여 행동이 일시적 또는 영구적으로 정지되는 것

▌ **재해(Injury)**

인간이 개체로서 또는 집단으로서 어떤 의도를 수행하는 과정에서 돌연히 인간 자신의 의지에 반하여 일시 또는 영구히 그 의도하는 행동을 정지시키게 하는 현상(Event)

▌ **재해율**

• 연천인율 = (연간재해자수/평균 근로자수) × 1,000
• 도수율 = (재해발생건수/연근로시간수) × 1,000,000
• 강도율 = (근로손실일수/연근로시간수) × 1,000

▌ **재해의 원인**

직접원인 **(1차 원인)**	**불안전상태(물적원인)**	• 물 자체의 결함, 안전방호장치 결함, 복장 보호구의 결함, 작업환경의 결함 • 생산공정의 결함, 경계표시설비의 결함
	불안전행동(인적원인)	• 위험장소 접근, 안전장치 기능 제거, 복장 보호구의 잘못 사용 • 기계기구의 잘못 사용, 운전 중인 기계 장치 손질, 불안전한 속도 조작 • 불안전한 상태 방치, 불안전한 자세 동작, 위험물 취급 부주의
	천재지변	불가항력
간접원인	**인간적 원인**	개인적 결함(2차 원인)
	기술적 원인	
	관리적 원인	사회적 환경, 유전적 요인

▌ 안전표지

작업자가 판단이나 행동에 실수를 하지 않도록 시각적으로 안전명령이나 지시를 하여 안전확보를 위해 표시하는 것

▌ 안전표지의 구분

- 금지표지
- 경고표지
- 지시표지
- 안내표지

▌ 금지표지

출입금지, 보행금지, 차량통행금지, 사용금지, 탑승금지, 금연, 화기금지, 물체이동금지

▌ 경고표지

인화성 물질 경고, 산화성 물질 경고, 폭발성 물질 경고, 급성독성 물질 경고, 부식성 물질 경고, 방사성 물질 경고, 고압전기 경고, 매달린 물체 경고, 낙하물 경고, 고온 경고, 저온 경고, 몸균형 상실 경고, 레이저 광선 경고, 발암성 · 변이원성 · 생식독성 · 전신독성 · 호흡기과민성물질 경고, 위험장소 경고

▌ 지시표지

보안경 착용, 방독마스크 착용, 방진마스크 착용, 보안면 착용, 안전모 착용, 귀마개 착용, 안전화 착용, 안전장갑 착용, 안전복 착용

▌ 안내표지

녹십자 표지, 응급구호 표지, 들것, 세안장치, 비상용 기구, 비상구, 좌측 비상구, 우측 비상구

▌화재의 분류

분 류	A급 화재	B급 화재	C급 화재	D급 화재
명 칭	일반 화재	유류 화재	전기 화재	금속 화재
가연물	목재, 종이, 섬유, 석탄	유류	전기기기, 기계, 배선	Mg분, Na분
소화 효과	냉각 효과	질식 효과	질식, 냉각	질식 효과
적응 소화제	• 물 소화기 • 강화액 소화기 (산, 알칼리 소화기)	• 포말 소화기 • CO_2 소화기 • 분말 소화기(증발성 액체 소화기) • 할론 1211 • 할론 1301	• 유기성 소화기 • CO_2 소화기 • 분말 소화기 • 할론 1211 • 할론 1301	• 건조사 • 팽창 질식 • 팽창 진주암

▌소화 방법

• 제거 효과 : 가연물의 제거

• 질식 효과(희석) : 산소 공급을 차단

• 냉각 효과 : 냉각에 의한 온도저하

• 억제 효과 : 연속적 관계의 차단

▌화물 적재 시의 조치

• 편하중이 생기지 않도록 적재한다.

• 화물의 붕괴 또는 낙하로 인한 근로자의 위험을 방지하기 위하여 화물에 로프를 건다.

• 운전자의 시야를 가리지 않도록 화물을 적재한다.

▌안전장치의 종류

• 권과방지 장치

• 과부하 방지 장치

• 비상정지 장치

• 브레이크 장치

• 해지 장치

▌위험물

일반적으로 화재 또는 폭발을 일으킬 위험성이 있거나, 인간의 건강에 유해하든지 인간의 안전을 위협할 우려가 있는 물질

▌ 감전에 영향을 주는 요인

- 1차적 감전위험 요인 : 통전전류의 세기, 통전경로, 통전시간, 통전전원의 종류
- 2차적 감전위험 요인 : 전압, 인체의 조건, 계절

※ 피부의 전기저항은 습도, 접촉 면적, 인가전압, 인가시간에 따라 달라진다.

▌ 감전 시 인체에 나타나는 증상

감전 쇼크 등에 의하여 호흡이 정지되었을 경우, 혈액 중의 산소 함유량은 감소하기 시작하여 약 1분 이내에 산소 결핍으로 인한 증세가 나타난다. 호흡정지 상태가 3~5분간 계속되면 기능이 마비된다.

▌ 위험물 안전관리자의 업무

- 선사로부터 위험물 적화목록을 인수하여 위험물 등급에 따라 직상차 또는 장치 화물별로 분류 조치하여야 함
- 목록에 위험물 표시, 장치 위치, 직반출 표시가 정확히 표시되었는지를 확인하여야 함
- 하역작업 전 작업근로자에게 위험물 종류별 취급요령, 응급 처리요령, 안전장구 및 소화기구 사용법 등 취급상 주의사항을 교육시켜야 함

교육은 우리 자신의 무지를 점차 발견해 가는 과정이다.

– 윌 듀란트 –

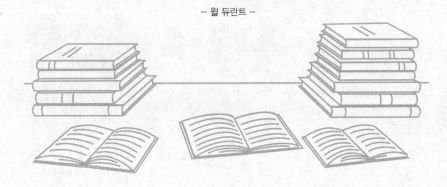

Win-Q

PART 01

핵심이론

#출제 포인트 분석　　　　#자주 출제된 문제　　　　#합격 보장 필수이론

CHAPTER 01

컨테이너크레인 일반

제1절 컨테이너 하역장비

핵심이론 01 │ 컨테이너크레인의 개념

(1) 컨테이너크레인(Container Crane)의 개요

① Quayside Crane, Quayside Gantry Crane 또는 Gantry Crane(GC)으로 불리고 있으나, 우리나라 KS 규격으로 표시된 이름은 컨테이너크레인(Container Crane ; C/C)이다.

② 컨테이너크레인은 격자구조의 Boom이 있는 Box Girder의 전형적인 A-Frame으로 선박과 부두 사이로 컨테이너를 싣고 내리는 가장 핵심적인 하역장비이다.

③ 컨테이너크레인은 운송물을 본선에서 육지로 혹은 육지에서 본선으로 신속, 정확, 안전하게 운반할 수 있는 장비이다.

(2) 컨테이너크레인의 장단점

① 다른 운송수단에 비해 운반물의 움직임이 간단하고, 짧은 시간에 많은 화물을 취급할 수 있다.

② 운반물이 공중에서 이동하므로 이송경로나 운반물을 취급하는 위치의 자유도가 높다.

③ 지상에서 이동을 위한 통로가 필요 없으므로 운반물거치의 효율이 좋다.

④ 와이어로프를 이용한 운송방식이기 때문에 운반물에 진동이 발생할 우려가 있다.

⑤ 원활하고 안전한 운전을 위해서는 숙련이 필요하다. 이러한 작업을 반복하여 실시해야 하므로 내구성 및 인장력에서 탁월해야 하는 난제가 있다.

⑥ 동작에 필요한 강도를 유지하기 위해서는 구조가 간단하면서 효율성이 좋아야 한다.

⑦ 유지보수를 위해 구조를 간단하게 설계하는 것이 바람직하다.

10년간 자주 출제된 문제

1-1. 컨테이너크레인에 대한 설명으로 옳지 않은 것은?

① 전형적인 A-Frame으로 선박과 부두 사이로 컨테이너를 싣고 내리는 가장 핵심적인 하역장비이다.

② 우리나라 KS 규격으로 표시된 이름은 컨테이너크레인(Container Crane ; C/C)이다.

③ 와이어로프를 이용한 운송방식이기 때문에 운반물 진동의 발생이 없고, 운반물거치의 효율이 좋다.

④ 다른 운송수단에 비하여 운반물의 유지기기가 간단하고, 짧은 시간에 많은 화물을 취급할 수 있다.

1-2. 컨테이너크레인의 특성으로 옳지 않은 것은?

① 유지보수를 고려하여 가급적 간단한 구조로 설계하는 것이 좋다.

② 짧은 시간 동안에 많은 화물을 취급할 수 있다.

③ 다른 운송수단에 비해 운반물의 움직임이 복잡하다는 단점이 있다.

④ 동작에 필요한 강도 유지를 위해서는 구조가 간단하면서 효율성이 좋아야 한다.

|해설|

1-1
와이어로프를 이용한 운송방식이기 때문에 운반물 진동의 발생 우려가 있다.

1-2
컨테이너크레인은 다른 운송수단에 비해 운반물의 움직임이 간단하고 짧은 시간에 많은 화물을 취급할 수 있는 장점이 있다.

정답 1-1 ③ 1-2 ③

핵심이론 02 | 컨테이너크레인의 종류

(1) 컨테이너크레인

컨테이너 하역용으로 특별히 설계된 크레인을 말하며, 에이프런에서 선박과 평행하여 주행한다. 작업 시에 붐(Boom)이 선박상에 돌출하면 이 붐을 따라서 트롤리(Trolley)가 횡행하여 트롤리의 하부에 있는 스프레더(Spreader)에 의하여 컨테이너를 취급한다. 컨테이너화할 수 없는 대형화물도 취급할 수 있는데 이 경우에는 스프레더를 떼고 특수한 기구를 사용하여 하역한다.

① 크레인의 형태에 따라 A형 구조(A-frame Type), 수정 A형 구조, 2중 중첩식 A형 구조, 롱 백 리치형, 롱 스팬형, 로우 프로파일형 등이 있다.

② 컨테이너크레인의 크기에 따라 피더 형식, 파나막스 형식, 포스트 파나막스 형식 등이 있다.

③ 크레인 고도제한에 따라 이중 중첩식, 로우 프로파일형, 이중 붐 래치 등이 있다.

🔍 **더 알아보기!**

Spreader의 종류
Single Spreader, Twin Spreader(20′), Tandem Spreader (20′×4), Bundle-System(40′) 등이 있다.

(2) 트랜스퍼크레인(Transfer Crane)

① 교각형의 기둥과 일정한 간격을 가지고 설치된 두 개의 주행로 하부에 이동할 수 있는 바퀴를 가지고 기둥의 상하로 컨테이너를 이동하여 적재 및 섀시, 트레일러 등에 상·하차를 수행하는 야드크레인이다.

② 종 류

㉠ RTGC(Rubber Tired Gantry Crane) : 기존의 터미널에서 많이 사용하는 크레인이다.

㉡ RMGC(Rail Mounted Gantry Crane) : 최근에 개발되는 터미널에서 사용하는 크레인으로 자동화 장비가 쓰이고 있다.

(3) OHBC(Over Head Bridge Crane)

야드에 교량 형식의 구조물에 Crane을 설치하여 컨테이너를 양·적하하는 장비이다.

(4) 스트래들 캐리어

① 주 프레임 내에서 컨테이너를 올리고 운반하는 장비이다.

② 주 프레임 내에 컨테이너를 운반하면서 컨테이너 열을 횡단(2단 적재 1단 통과 또는 3단 적재 1단 통과)할 수 있다.

③ 다른 장치(Tractor)를 통하지 않고 Yard에서 컨테이너를 자유자재로 운반할 수 있는 장비이다.

🔍 **더 알아보기!**

갠트리크레인(Gantry Crane)
- 크레인은 일반적으로 상부가 회전하는 선회형크레인과 비회전식인 갠트리형크레인으로 나눌 수 있다.
- 선회형크레인은 작업을 회전 형태로 하는데 반하여, 갠트리크레인은 크레인의 하부 구조가 문(門)형태 또는 다리(橋)형태로서 작업을 붐(Boom) 또는 거더(Girder)에 설치된 레일을 주행하는 트롤리(Trolley : 운반대차)를 이용하여 직선방향으로 하는 크레인의 총칭이다.
- 종류로는 컨테이너크레인, 트랜스퍼크레인(레일식, 타이어식, 철송용 등), 언로더(석탄, 광석용 등), BTC(Bridge Type Crane : 철강재 취급) 등이 있다.

10년간 자주 출제된 문제

컨테이너크레인에 대한 설명으로 옳지 않은 것은?

① 크레인의 형태에 따라 A형 구조(A-frame Type), 수정 A형 구조, 2중 중첩식 A형 구조, 롱 백 리치형, 롱 스팬형, 로우 프로파일형 등이 있다.

② A형 구조의 크기는 컨테이너 선박의 열 단위로 13열, 수정 A형 구조는 16열은 약 45[m], 18열은 약 50[m]이다.

③ 2중 중첩식 A형 구조는 붐에 붐 힌지(Boom Hinge)를 설치하여 붐이 이중으로 젖혀지도록 한 구조이다.

④ 수정 A형 구조는 빠른 시간 내에 아웃리치 붐(Out Reach Boom)을 올리고 내릴 수 있다.

|해설|

빠른 시간 내에 아웃리치 붐(Out Reach Boom)을 올리고 내릴 수 있는 것은 2중 중첩식 A형 구조이다. 또 계류 시에 풍압의 영향을 적게 받고, 빠른 시간 내에 아웃리치 붐을 올리고 내릴 수 있으며, 비행고도를 확보할 수 있다.

정답 ④

(1) 컨테이너크레인의 주요 용어

① 주행(Traveling) : 크레인 전체가 안벽에서 좌우측으로 이동하는 동작

② 횡행(Traversing) : 트롤리대차가 전용선에서 Yard로 전후 이동, 즉 양화 시에는 선박에서 육상의 트레일러 섀시까지, 적화 시에는 트레일러 섀시에서 선박까지 이동

③ Hoist : 스프레더가 상하로 이동하는 동작

④ 정격하중 : 권상하중에서 권상장치의 중량을 제외한 하중

⑤ 호이스팅하중 : 크레인의 구조 및 재료에 따라 가할 수 있는 최대하중

⑥ 사이클 타임(Cycle Time) : 작업의 시작부터 완료까지의 시간

⑦ 정격속도(Rated Speed) : 정격하중에서의 최고속도 (각 동작별)

⑧ Trolley : 운전실과 스프레더를 매달고 횡행하는 이동체

⑨ Spreader : 컨테이너를 집어서 이동하는 구조물

⑩ Tie Down : 바람이 불 때 크레인의 전도(뒤집힘)를 방지하는 장치

⑪ Rail Clamp : 작업 중 크레인의 폭주(일주)방지 장치

⑫ Anchor : 작업의 종료 혹은 장시간의 작업대기 중일 때나, 돌풍 또는 해일 등 비상사태 때 크레인을 보호하는 장치로 Stowage Pin이라고도 함(작업 중에는 사용하지 않음)

⑬ Rope Tension, Rope Take up : Boom 수평 시 트롤리 와이어로프에 긴장시켜 운전을 용이하게 하고 기복 시 Cylinder로 늘어나는 로프를 보상하는 장치

⑭ 경전장치(Tilting Device) : 스프레더를 전후, 좌우로 기울이는 장치로서 Boom 선단에 있는 경우와 Girder 후부에 있는 경우가 있다.

⑮ Head Block : 스프레더를 작동할 수 있는 유압장치가 설치되어 있고, 스프레더를 쉽고 빠르게 탈·부착할 수 있게 한 장치이다.

⑯ Boom Latch : Boom 기립 시 안전과 Boom 와이어의 보호를 위해 Hook을 이용하여 Boom을 걸어둘 수 있는 장치

(2) 컨테이너크레인의 주요 크기 및 거리

① 스프레더 형식 : 20, 35, 40, 45[ft]

② Span : 바다측 레일 중심에서 육지측 레일 중심까지의 거리

> 🔍 **더 알아보기!**
>
> 트롤리 스팬 : 좌측 트롤리 레일 중심에서 우측 트롤리 레일 중심까지의 거리(7[m])

③ 트롤리 횡행거리 : 트롤리가 움직일 수 있는 거리

ㄱ 아웃리치(Out Reach) : 스프레더가 바다측으로 최대로 진행되었을 때, 바다측 레일 중심에서 스프레더 중심까지의 거리[13열(35[m]), 16열(45[m]), 18열(50[m]), 20열(55[m]), 22열(60[m])]

ㄴ 백리치(Back Reach) : 트롤리가 육지측 붐으로 최대로 나갔을 때, 육지측 레일 중심에서 스프레더 중심까지의 거리(약 15[m])

④ Total Moving Distance : 스프레더가 움직일 수 있는 최대거리, Out Reach, Span, Back Reach를 합한 거리

⑤ 양정(바다측) : 호이스트 기구의 수직이동 거리. 즉, 최고 위치의 스프레더 상한 Limit S/W의 위치로부터 스프레더가 본선 홀드 바닥까지 최대로 내려갈 수 있는 거리

⑥ 총양정 : 최고 위치의 스프레더 착상면으로부터 스프레더가 본선 홀드 바닥까지 최대로 내려갈 수 있는 거리

⑦ 버퍼 간 거리 : 크레인의 좌측 Buffer에서 반대쪽 우측 Buffer까지의 거리(27[m] 이내)

⑧ Gantry Opening : 좌우측 Portal Front Leg 사이의 공간 거리(최소 거리 : 40[ft](15[m]), 45[ft](16.5[m]), 50[ft](18[m]))

⑨ Wheel Base : 레일 방향으로 앞보기 중심에서 뒤보기 중심까지의 거리(약 15~17[m])

⑩ 트롤리 휠 베이스 : 앞쪽 트롤리 휠 중심부터 뒤쪽 휠 중심까지의 거리(6~7[m])

⑪ Total Length : 크레인의 Boom 상단 끝부분에서 Back Reach 제일 끝부분까지의 거리

⑫ Total Height : 레일상면으로부터 크레인의 제일 위 선단까지의 거리

[컨테이너크레인의 크기에 따른 제원]

항 목	피더 형식	파나막스 형식	포스트 파나막스 형식
처리능력	13열 미만	13~16열	16~22열
정격하중	40톤	40~50톤	40~50톤
스프레더 형식 (ISO)	20, 35, 40, 45	20, 35, 40, 45	20, 35, 40, 45
인양 높이	20[m]	30.5[m]	35[m]
스팬 거리	14~30[m]	30.5[m]	30.5[m]
아웃 리치 거리	30[m]	42[m]	65[m]
백 리치 거리	10[m] 이하	15[m] 이하	25[m]
호이스트 정격속도	35[m]	60[m]	120[m]
호이스트 무부하속도	70[m]	130[m]	200[m]
트롤리 속도	120[m]	180[m]	220[m]
갠트리 속도	45[m]	45[m]	45[m]
붐 호이스트 속도	5[min/way]	5[min/way]	5[min/way]
운전 시 최대풍속	최대 16[m/sec]		
계류 시 최대풍속	최대 70[m/sec]		

컨테이너크레인의 주요 용어에 대한 설명으로 옳지 않은 것은?

① 주행이란 트롤리를 해상측 또는 육상측으로 이동시키는 것이다.

② 호이스팅하중이란 크레인의 구조 및 재료에 따라 가할 수 있는 최대 하중이다.

③ 정격하중이란 권상하중에서 권상장치의 중량을 뺀 하중이다.

④ 아웃리치란 해상측 레일 중심에서 트롤리가 해상측으로 최대로 나갈 수 있는 거리이다.

|해설|

주행이란 컨테이너크레인 전체가 이동하는 것이고, 횡행은 트롤리를 해상측 또는 육상측으로 이동시키는 것이다.

정답 ①

핵심이론 04 | 트랜스퍼크레인(Transfer Crane)

(1) 트랜스퍼크레인의 개념

① 컨테이너 야드에 설치되어 야드에 운반된 컨테이너를 적재 또는 반출하는 데 사용되는 장비로서 야드에 많은 양의 컨테이너를 적재할 수 있어 컨테이너 야드의 활용도가 높은 장비이다.

② 교각형 기둥과 일정한 간격을 가지고 설치된 두 개의 주행로 하부에 이동할 수 있는 바퀴를 가지고 기둥의 상하로 컨테이너를 이동하여 적재 및 섀시, 트레일러 등에 상·하차를 수행하는 야드크레인이다.

　㉠ 상차 : 적재되어 있는 야드에서 트레일러 섀시까지 이동

　㉡ 하차 : 적재되어 있는 섀시에서 야드까지 이동

③ 레일식인 RMGC(Rail Mounted Gantry Crane)와 타이어식인 RTGC(Rubber Tired Gantry Crane) 등의 종류가 있고, 이 외에도 무인자동화용과 철송용 트랜스퍼크레인도 있다.

④ 기존 터미널에는 RTGC를 주로 사용하였으나, 최근 개발되는 터미널에서는 야드 부분의 자동화가 용이하고 유가 상승으로 에너지 절감이 가능한 레일식의 RMGC를 많이 사용하고 있다.

(2) 트랜스퍼크레인의 종류

① RTGC(Rubber Tired Gantry Crane)

　㉠ 고무바퀴가 장착된 야드크레인으로 스팬이 6개의 컨테이너열과 1개의 트럭차선에 이르며, 4단 혹은 5단 장치작업이 가능하다.

　㉡ 기동성이 뛰어나 적재 장소가 산재해 있을 경우 이용하기 적당하며, 물동량 증가에 따라 추가 투입이 가능하다.

　㉢ 동력은 엔진에서 전기(발전기)를 이용한다.

② RMGC(Rail Mounted Gantry Crane)

　㉠ 레일 위에 고정되어 있어 주행 및 정지를 정확하게 할 수 있고, 자동화가 용이하며, 고속으로 인한 높은 생산성, 다열 다단적으로 장치능력을 증대, 전력 사용으로 친환경적이다.

　㉡ 컨테이너의 적재 블록을 자유로이 바꿀 수가 없기 때문에 RTGC에 비해 작업의 탄력성은 떨어진다.

　㉢ 동력은 전기(한전)를 이용한다.

(3) 주요 구조 및 구성품

① 주행장치(구조물, 휠/레일식 또는 타이어/타이어식 포함), 실빔, 포탈 레그, 거더, 트롤리, 헤드 블록, 스프레더, 전기실, 운전실, 인양장치, 트롤리 주행장치, 레일 클램프(레일식), 앵커 핀 및 타이다운, 케이블 릴(레일식), 엔진 및 발전기(타이어식) 등

② 크기는 4단 6열, 5단 6열이 있다.

③ 1960년 미국의 파세코(PACECO)社가 처음 개발했다.

🔍 더 알아보기!

자동화 컨테이너 터미널에서 운용이 가능한 야드 장비

RTGC(Rubber Tyred Gantry Crane), RMGC(Rail Mounted Gantry Crane), ASC(Automated Stacking Crane), OHBC 등이 있으며 RMGC는 대부분의 Positioning Technology가 고정변수이기 때문에 자동화가 비교적 용이하다. 특히 Anti-Sway 기술을 RMGC에 적용하는 예가 증가하고 있다.

[RMGC, RTGC 및 OHBC 장비 일반사양 비교표]

구 분	RMGC	RTGC	OHBC
스 팬	• 14~16열, $\frac{1}{5}$ • 템즈포트, 9열, $\frac{1}{5}$	• 6~7열, $\frac{1}{3}$, 4 • 98년 이후, 7열, $\frac{1}{5}$ 추세	• 13열 $\frac{1}{8}$
갠트리 이동 속도	• Noell사 : 152[m/min] • 가와사키 NKK사 : 180[m/min]	• Shiusawa MHI사 • 말레이시아 Morris사 : 135[m/min]	• Keppel/ Mitusi사 : 120[m/min]
장 점	• 자동화용이 • 일관 통합 이송 적합 • 신속한 컨테이너 오르내림	• 소형, 경량 • 연약 지반 사용 가능 • 저가의 장비 가격	• 고단적에 적합 • 고속주행, 정밀제어 • 토지비용, 인건비가 비싼 경우 적용
단 점	매우 낮은 공극률의 지반 필요	설계 및 조종 기능의 복잡성	• 고가 레일 설치 비용 • 수출·입 화물 비중이 큰 경우 효율성 저하

10년간 자주 출제된 문제

트랜스퍼크레인의 설명으로 옳지 않은 것은?

① 컨테이너 터미널 야드에 설치된다.

② 트랜스퍼크레인의 상차는 적재되어 있는 야드에서 트레일러 섀시까지의 이동이다.

③ 크기는 4단 5열, 5단 6열 등이 있다.

④ RMGC는 동력을 자가발전 전기를 이용한다.

|해설|

자가발전 전기를 이용하는 것은 RTGC이다.

정답 ④

핵심이론 05 | 기타 컨테이너 하역장비

(1) 포크 리프트(Fork Lift)

① 마스트(Mast, 하중을 상하로 이동)를 갖추고 이동 장소 간의 화물 운송이 가능한 산업차량이다.

② 포크를 이용하여 화물을 취급, 운반하는 장비로서 주로 컨테이너 부두에서 컨테이너에 화물을 반출 또는 반입하는 장비이다.

(2) 리치 스태커(Reach Stacker)

① 야드 내(터미널 내의 야드, 보세장치장, 내륙기지)에서 컨테이너의 적재 및 위치 이동, 교체 등에 사용되는 장비이다.

② 신축형 붐을 이용하여 5단 적재도 가능하고, Full Container를 취급할 수 있는 장비이다.

③ 주로 소규모 컨테이너 처리 부두에서 가장 많이 이용된다.

(3) 스트래들 캐리어(Straddle Carrier)

① 주 프레임 내에서 컨테이너를 올리고 운반하는 장비이다.

② 주 프레임 내에 컨테이너를 운반하면서 컨테이너 열을 횡단(2단 적재 일단통과 또는 3단 적재 1단 통과)할 수 있다.

③ 다른 장치(Tractor)를 통하지 않고 Yard에 컨테이너를 자유자재로 이동 및 적재가 가능한 장비이다.

④ 해상 컨테이너 운반용으로 컨테이너의 적재 및 위치 이동, 교체 등에 사용된다.

(4) 탑 핸들러(Top Handler)

야드 내에서 공 컨테이너(Empty Container)를 적치 또는 하역하는 장비이다.

(5) 야드 섀시(Yard Chassis)

① 컨테이너크레인에 의해 하역된 컨테이너를 야드크레인인 트랜스퍼크레인이 취급할 수 있도록 이송하는 중간 운송장비로 야드 트랙터에 의해 견인되어 이동된다.

② 컨테이너 터미널 내에서 야드 트랙터에 견인되어 부두(안벽)와 컨테이너 야드 간에 컨테이너를 적재 운송하는 장비이다.

③ 운행속도는 저속용으로서 도로 주행용 로드 섀시에 비하여 완충장치 등이 단순하다.

④ 섀시 상부의 네 모서리 및 중앙부에 컨테이너를 고정하는 잠금쇠(Twist Lock) 대신에 컨테이너 작업을 신속하게 하기 위한 컨테이너 가이드 장치를 구비하고 있다.

⑤ 랜딩장치(Landing Leg, 트랙터 분리 시 앞부분의 다리 역할)는 높이 조절이 안 되는 고정식(Landing Gear 없음)이며 부두 내에서만 사용하기 때문에 자동차로 등록할 필요는 없고 대신에 항만법에 의한 항만시설장비로서 설치신고 후 사용이 가능하다.

(6) 로드 섀시(Road Chassis)

① 주로 일반도로에서 사용되고 컨테이너 터미널에서 컨테이너를 적재 운송하며 운행속도는 고속용에 적합하도록 제작된다.

② 야드 섀시와 달리 네 모서리 및 중앙부에 컨테이너를 고정하는 잠금쇠(Twist Lock)가 구비되며 랜딩장치(Landing Leg)는 랜딩기어(Landing Gear)를 이용하여 지면과 높이를 조절할 수 있도록 되어 있다.

③ 로드 섀시는 항만하역장비가 아니므로 자동차관리법에 의하여 자동차로 등록 후 사용한다.

(7) 야드 트랙터(Yard Tractor)

① 컨테이너 터미널 내에서 야드 섀시를 견인하여 부두(안벽)와 컨테이너 야드 간에 컨테이너를 적재 운송하는 장비이다.

② 타 장비(트랜스퍼크레인, 리치 스태커, 스트래들 캐리
　어 등) 섀시에 적재된 컨테이너를 엔진의 견인력으로
　섀시를 야드 내에 운반하는 장비이다.

③ 통상의 트랙터와 다른 점은 작업의 간소화를 위해 운
　전사가 하차하지 않아도 유압으로 섀시의 전각을 들어
　올려 주행할 수 있는 이점이 있다.

④ 운행속도는 50[km/hr] 이하의 저속용이며 하역작업
　특성상 단시간에 일정 속도에 도달하여야 하기 때문에
　가속도가 높은 고출력의 엔진을 사용한다.

⑤ 야드 섀시와 같이 부두 내에서만 사용하기 때문에 자
　동차로 등록할 필요는 없고, 항만법에 의한 항만시설
　장비로서 설치신고 후 사용이 가능하다.

(8) 로드 트랙터(Road Tractor)

① 주로 일반도로에서 사용되며 로드 섀시를 견인하여
　컨테이너를 적재 운송한다.

② 운행속도는 일반도로 주행을 위한 고속용이다.

③ 로드 섀시와 같이 항만하역장비가 아니므로 자동차관
　리법에 의하여 자동차로 등록 후 사용한다.

(9) AGV(Automated Guided Vehicle)

자동화터미널에서 사용되며 주로 안벽과 야드 사이에서
무인으로 컨테이너를 운반하는 장비이다.

(10) ATC(Automated Transfer Crane)

트랜스퍼크레인의 일종으로 자동화터미널에서 AGV 등
으로부터 운반된 컨테이너를 무인으로 야드에 적재 또는
AGV 등에 적재·반출하여 주는 장비이다.

🔍 **더 알아보기!**

주요 약어
- AGV : Automatic Guided Vehicle
- ATC : Auto Transfer Crane
- BTC : 브리지형크레인(Bridge Type Crane)
- C/C : 컨테이너크레인(Container Crane)
- C/B : 컨베이어 벨트(Conveyor Belt)
- C/Y : 컨테이너 야드(Container Yard)
- E/H : 엠프티 핸들러(Empty Handler)
- LLC : 수평인입식 크레인(Level Luffing Crane)
- OHBC : 천장크레인(Over Head Bridge Crane)
- R/C : 로드 섀시(Road Chassis)
- RMGC : 레일식 갠트리크레인(Rail Mounted Gantry Crane)
- R/S : 리치 스태커(Reach Stacker)
- R/T : 로드 트랙터(Road Tractor)
- RTGC : 타이어식 갠트리크레인(Rubber Tired Gantry Crane)
- S/C : 스트래들 캐리어(Straddle Carrier)
- S/L : 쉽로더(Shiploader)
- S/R : 스태커 리클레이머(Stacker Reclaimer)
- T/C : 트랜스퍼크레인(Transfer Crane)
- T/L : 탑 리프터(Top Lifter)
- U/L : 언로더(Unloader)
- Y/C : 야드 섀시(Yard Chassis)
- Y/T : 야드 트랙터(Yard Tractor)
- TEU : Twenty-foot Equivalent Unit(컨테이너 수량을 20[ft] 길이 상당으로 환산하여 사용하는 단위, 40[ft] 컨테이너의 경우 2[TEU])
- FEU : Forty-foot Equivalent Unit(컨테이너 수량을 40[ft] 길이 상당으로 환산하여 사용하는 단위(40[ft] 컨테이너의 경우 1[FEU])
- Van : 컨테이너의 길이에 관계없이 1개의 컨테이너 단위
- C/Y : 컨테이너 야드(Container Yard)
- ODCY : 항만 밖에 있는 컨테이너 야드(Off Dock Container Yard)

🔍 **더 알아보기!**

TEU(Twenty-foot Equivalent Units) : 길이 20[ft], 높이 8[ft], 폭 8[ft]짜리 컨테이너 1개를 말한다.

5-1. 컨테이너 하역장비의 연결이 옳지 않은 것은?

① 선내의 하역기계 – 마스트크레인
② 부두크레인 – 리클레이머(Reclaimer)
③ 특수하역기계 – 연속식 언로더(Continuous Ship Unloader)
④ 컨테이너 하역기계 – 컨테이너크레인(Container Crane)

5-2. 야드 트랙터(Yard Tractor)에 대한 설명으로 틀린 것은?

① 50[km/hr] 이하의 저속용이며, 가속도가 높은 고출력의 엔진을 사용한다.
② 작업의 간소화를 위해 운전사가 하차하지 않아도 유압으로 섀시의 전각을 들어올려 주행할 수 있다.
③ 항만하역장비가 아니므로 자동차관리법에 의하여 자동차로 등록 후 사용한다.
④ 부두와 컨테이너 야드 간에 컨테이너를 적재 운송하는 장비이다.

|해설|

5-1
하역기계의 종류
• 선내의 하역기계 : 마스트크레인
• 부두크레인
  – 고정크레인 : 데릭크레인(Derrick Crane), 시어포스트크레인, 해머헤드크레인(Hammer Head Crane)
  – 이동크레인 : 문형(門型) 크레인(Portal Crane), 반문형크레인(Semi Portal Crane), 포크 리프트(Fork Lift, Fork-lift Truck : 적재 및 운반용)
• 대선크레인 : 부(浮)크레인(Floating Crane)
• 특수하역기계 : 연속식 언로더(Continuous Ship Unloader), 언로더(Unloader), 컨베이어(Conveyor), 브리지 트래블크레인(Bridge Travelling Crane), 골리앗크레인(Goliath Crane), 지브크레인(Jib Crane), 스태커(Stacker), 리클레이머(Reclaimer)
• 컨테이너 하역기계 : 컨테이너크레인(Container Crane), 트랜스퍼크레인(Transfer Crane), 갠트리크레인(Gantry Crane), 스트래들 캐리어(Straddle Carrier)

5-2
야드 트랙터는 야드 섀시와 마찬가지로 부두 내에서만 사용하기 때문에 자동차로 등록할 필요가 없고, 항만법에 의한 항만시설 장비로서 설치신고 후 사용이 가능하다.

정답 5-1 ② 5-2 ③

제1절 안전장치

핵심이론 01 | 정지용 핀, 타이다운(전도 방지장치)

(1) 정지용 핀(Storm Anchor)

① 스톰 앵커는 크레인이 작업을 하지 않고 계류되어 있을 때 바람에 의해 밀리지 않도록 하기 위한 것으로 일주(폭주, 구름)방지장치라고도 한다.

② 양쪽의 레일(육지 쪽 및 바다 쪽)에 각각 1조씩 2개조가 실 빔(Sill Beam) 중앙의 레일 클램프(Rail Clamp) 지주에 설치되어 있다.

③ 조작은 크레인을 지정된 위치에 정지시키고 핀에 연결된 수동조작 레버의 핀을 풀어서 레버를 들어 올리면, 계류 앵커의 소켓 안으로 정지용 핀이 들어간다. 이때 앵커 고정용 핀을 빼고 앵커를 삽입한 후 조작 레버가 자체중량에 의하여 내려가지 않도록 끼워둔다.

④ 주행장치와 인터록(Interlock : 연계장치)하기 위하여 앵커의 풀림을 확인하는 근접 리밋 스위치(Proximity Limit Switch)가 설치되어 있다.

⑤ 작업을 하기 전에 정지 핀을 풀고 운전 중에는 앵커가 낙하하지 않도록 원위치를 확인해야 한다.

⑥ 작업 후 또는 운전기사가 잠시라도 자리를 비우고 크레인을 떠나는 경우에는 반드시 정지용 핀을 이용하여 크레인을 계류시켜야 한다.

> **🔍 더 알아보기!**
> 컨테이너크레인을 고정하는 수단은 Stowage Pin, Tie Down, 레일 클램프 3가지로 나눌 수 있다.

(2) 타이다운(Tie Down : 전도 방지장치)

① 타이다운이란 폭풍 시에 크레인이 전도되지 않고 견딜 수 있도록 전도를 방지하는 것으로서, 전도 방지장치라고도 부른다.

② 크레인의 각 다리 부분에 두 줄씩으로 하여 모두 8줄을 부착하고 있으며, 초속 50[m]의 풍속에도 견디도록 장치되어 있다.

③ 크레인의 다리 부분에 아이 플레이트(Eye Plate)와 주행로 지면에 매설된 기초금속에 턴버클을 서로 연결하고 크레인 계류 시에는 보기 측면에 준비된 스패너(Spanner)로서 턴버클을 조여서 고정시킨다.

> **🔍 더 알아보기!**
> • 정지용 핀 : 크레인의 수평이동 방지
> • 타이다운 : 크레인의 수직력 방지

10년간 자주 출제된 문제

컨테이너의 계류장치에 대한 설명으로 옳지 않은 것은?

① 컨테이너크레인을 고정하는 수단은 Stowage Pin, Tie Down, 레일 클램프 3가지로 나눌 수 있다.

② Tie Down은 컨테이너크레인의 운용 중에 사용을 할 수 있는 장치이다.

③ 레일 클램프는 컨테이너크레인이 운용 중에도 사용할 수 있는 장치로 자동차에 비유하면 브레이크와 같은 기능을 하는 장치이다.

④ 정지용 핀은 크레인의 수평이동 방지를, 타이다운은 크레인의 수직력을 방지한다.

|해설|

Stowage Pin, Tie Down은 컨테이너 작업 종료 후 고정시켜 주는 장치로 실제 컨테이너크레인의 운용 중에 사용을 할 수 없는 장치이다.

정답 ②

(1) 레일 클램프

① 레일 클램프는 작업 시 컨테이너크레인을 정위치에 고정시킬 뿐만 아니라 돌풍으로 인해 컨테이너크레인이 레일 방향으로 미끄러지는 것을 방지하는 장치이다.

② 옥외의 크레인 본체를 주행 레일에 체결하여 고정시키는 안전장치이다.

③ 레일 클램프는 컨테이너크레인이 운용 중에도 사용할 수 있는 장치로 자동차에 비유하면 브레이크와 같은 기능을 하는 장치이다.

④ 레일 클램프의 동작 방법은 주행운전과 연동하고 있으며 주행 레버를 좌·우측으로 동작하면 레일 클램프의 유압 전동기가 작동하여 클램프가 동작하며 풀림 리밋 스위치 감지 후 주행운전 조건이 되도록 하였다. 주행 동작이 완료되면 자동으로 클램프 잠김 상태로 된다.

⑤ 스프링식, 유압식이 많이 사용되어 왔고, 최근에는 쐐기형 레일 클램프가 많이 사용되고 있다.

⑥ 스프링식, 유압식 레일 클램프

  ㉠ 컨테이너크레인이 정지된 상태에서도 레일이 항상 최대 클램핑력에 의해 고정되어 있어 레일 클램프나 레일에도 많은 무리를 주게 되어 수명이 단축된다.

  ㉡ 장시간 사용으로 인해 스프링력의 저하, 유압유의 누유 등은 예상치 못한 강한 돌풍이 불 경우에 컨테이너크레인이 밀려 큰 피해를 줄 수 있는 단점이 있다.

  ㉢ 언제나 일정한 힘으로 패드를 눌러 항상 클램핑된 상태를 유지하고 있어 레일과 패드의 손상이 우려되는 구조이다.

⑦ 쐐기형 레일 클램프

  ㉠ 롤러와 쐐기에 의해 제동력이 발휘되는 레일 클램프이다.

  ㉡ 컨테이너크레인에 풍하중이 작용할 때에만 클램핑력을 발휘할 수 있는 구조이다.

(2) 폭주방지장치(Anchor)

① Anchor는 폭주방지장치로 작업 종료 또는 장시간 대기 중일 때, 기상이변으로 크레인 폭주에 의해 생기는 사고를 방지하기 위한 장치이다.

② 바다 및 육지 쪽 실 빔의 중앙 각 1조를 설치하여 크레인을 보호할 수 있게 되어 있다.

③ 앵커의 동작방법은 크레인을 지정된 계류위치에 정차시키고 수동조작레버를 들어 올리면, 이때 앵커 고정용 핀을 뺀 후 삽입할 수 있도록 설계되어 있다.

④ Anchor는 주행로 지면에 설치된 소켓에 삽입되어 폭풍 및 돌풍에 의한 크레인의 폭주를 방지하는 장치로서 49[m/sec]의 풍속에 견딜 수 있게 설계되어 있다.

⑤ 주행운전 조건을 만족시키기 위해 앵커 풀림용 리밋 스위치가 설치되어 있으며 풀림 확인 후 앵커가 낙하하지 않도록 고정용 핀을 끼워 두어야 한다.

⑥ 고정용 핀을 끼워 두지 않으면 앵커 하중에 의하여 자동으로 소켓에 앵커가 들어가도록 설계되어 있다.

10년간 자주 출제된 문제

컨테이너 계류장치 중 Anchor에 대한 설명으로 옳지 않은 것은?

① Anchor는 폭주방지장치로 작업 종료 또는 장시간 대기 중일 때, 기상이변으로 크레인 폭주에 의해 생기는 사고를 방지하기 위한 장치이다.

② 주행로 지면에 설치된 소켓에 앵커를 삽입하여 폭풍 및 돌풍에 의한 크레인의 전도를 방지하는 장치이다.

③ 바다 및 육지 쪽 실 빔의 중앙 각 1조를 설치하여 크레인을 보호할 수 있게 되어 있다.

④ 앵커의 동작 방법은 크레인을 지정된 계류 위치에 정차시키고 수동조작레버를 들어 올리면, 이때 앵커 고정용 핀을 뺀 후 삽입할 수 있도록 설계되어 있다.

|해설|

Anchor는 주행로 지면에 설치된 소켓에 삽입되어 폭풍 및 돌풍에 의한 크레인의 폭주를 방지하는 장치로서 49[m/sec]의 풍속에 견딜 수 있게 설계되어 있다.

정답 ②

핵심이론 01 주행장치(Gantry)

(1) 주행장치 구성

① 주행장치는 부두 안벽을 중심으로 크레인을 좌우측으로 이동하는 장치로서 4개의 레그(Leg)로 구성되어 있다.

② 바다 및 육지 쪽의 각 다리에 8개의 차륜이 있으며 다리당 4대의 전동기로서 8개의 차륜을 구동하도록 한다.

(2) 운전장치 및 방법

① 구동장치는 크레인 자체의 주행을 하며, 크레인의 다리마다 차륜이 붙어 있어서 운전실에서 조작이 가능하다.

② 운전 방법은 운전실의 마스터 컨트롤러(MCS)를 우측으로 동작하면 우측으로 이동, 좌측으로 동작하면 좌측으로 크레인이 이동한다.

③ 주행운전은 운전석의 MCS나 현장 조작반의 PBS로 운전이 가능하고, 현장 조작반에서의 운전은 정상적인 상태에서는 사용하지 않는 것이 좋다.

④ 속도지령과 가감속 램프는 PLC와 속도제어기의 전송에 의해 이루어지고, 최대속도는 전동기 1,750[m]에서 45[m/min]으로 이동한다.

⑤ 케이블 릴은 감거나 푸는 전동기(Store Motor or Pull Motor)로 구성된다.

⑥ 케이블 릴 전동기는 케이블을 감거나 풀어주는 역할을 담당하고, 주행정지 후 케이블 전동기와 배선제거작업은 케이블의 장력 확인을 위하여 시간 지연이 필요하다.

(3) 안전장치

① 주행장치는 레일 클램프 및 폭주방지 장치와 연동하고 있어서 양쪽의 풀림 확인 센서를 감지해야 주행운전을 할 수 있다. 따라서 주행장치에 설치된 각종 잠금 장치를 해제해야 운전이 가능하다.

② 크레인이 좌우측으로 이동할 때 주위 작업원에게 크레인 이동을 알리는 사이렌과 경광등이 작동되며, 또 옆의 크레인과 충돌을 방지할 수 있는 충돌방지 센서가 부착되어 이동 중에 발생되는 위험한 요소를 운전자에게 알려주는 기능도 있다.

③ 크레인의 주행동작 시 발생되는 위상과 케이블 릴의 위상을 맞추어 동작하므로, 주행운전속도에 비례하여 케이블 릴이 동작하게 되며 수전 전원을 공급하는 케이블의 장력을 검출할 수 있는 장력 측정용 리밋 스위치(LS)가 부착되어 안전한 크레인 운전이 되도록 한다.

10년간 자주 출제된 문제

컨테이너크레인의 주행장치에 대한 설명으로 옳지 않은 것은?

① 주행장치는 2개의 레그(Leg)로 구성되어 있다.
② 구동장치는 크레인 자체의 주행을 하며, 크레인의 다리마다 차륜이 있다.
③ 구동장치는 다리 1개당 6개 또는 8개의 차륜이 있다.
④ 주행장치는 레일 클램프 및 폭주방지 장치와 연동하고 있다.

|해설|

주행장치는 부두 안벽을 중심으로 크레인을 좌우측으로 이동하는 장치로서 4개의 레그(Leg)로 구성되어 있다.

정답 ①

핵심이론 02 | 횡행장치

(1) 횡행장치의 작동원리

① 횡행장치는 기계실 내에 설치되어 있으며, 트롤리
(Trolley) 횡행방향 전·후진을 구동하는 장치이다.

② 작동원리는 모터의 정회전과 역회전을 이용하여 양쪽
방향으로 와이어로프 드럼에 의한 와이어로프를 이용
하여 구동한다.

③ 운송물을 권상으로 하여 트롤리를 육지와 본선 간의
이송, 즉 적·양하를 하기 위한 장치이다.

④ 트롤리는 크레인의 아웃리치-가이드(스팬)-백 리치
에 설치된 레일 위를 이동할 수 있다.

(2) 횡행장치의 구조

① 강판 및 형광의 용접물로서 4개의 차륜으로 받쳐져
있다.

② 하부에는 주권상(호이스트)을 할 수 있는 스프레더를
와이어로프로서 매달고 있어 운송물을 들어 올릴 수가
있다.

(3) 트롤리 운전

① 주행운전과 연동할 수 있고 화물의 중량과 관계없이
속도를 가감할 수가 있다.

② 주행운전과 같이 마스터 컨트롤러(MCS)의 편향 각도
에 따라 변속된다.

③ 전동기에 부착된 인코더(Encoder)에 의해 거리를 측
정하여 감속구간이 자동으로 제어될 수 있다.

🔍 더 알아보기!
트롤리의 종류
• 와이어로프 트롤리(컨테이너크레인)
• 맨 트롤리(트랜스퍼크레인)
• 크랩 트롤리(천장크레인)
• 세미로프 트롤리(갠트리크레인)

(4) 횡행 동작의 검출 센서

① 로터리 리밋 스위치와 인코더 펄스(Pulse) 수를 가감
함으로써 PLC의 고속 카운터 유닛에 펄스값을 인식할
수 있도록 되어 있다.

② 인코드는 원점에서 가감할 수 있도록 인코드 리셋 리
밋 스위치가 내장되어 있다.

③ 검출센서는 이동한 거리를 측정하므로 하드웨어
(Hardware) 센서 검출 방법과 소프트웨어(Software)
검출 방법을 병행할 수 있다.

④ 트롤리의 속도에 따라 감속 구간이 설정되므로 불필요한
저속 운전을 피하여 운전효율 및 안전을 확보할 수 있다.

(5) 유압 실린더의 역할

① 유압 실린더는 운전 중에 트롤리 와이어로프의 처짐을
방지한다.

② 유압 실린더는 작업 시 트롤리의 와이어로프에 텐션을
주고, 로프의 신장을 흡수하여 트롤리가 원활하고 안
전한 운전이 되도록 한다.

③ 붐이 기립할 때 로프의 길이 변화를 흡수하여 트롤리
와이어로프의 파손 및 절단을 방지하여 준다.

🔍 더 알아보기!
호이스트나 트롤리의 로프는 길이에 대하여 약 250[mm] 이상
처짐을 방지하여야 한다.

(6) 타이 빔

① 바다 쪽에 설치되어 있고 이는 횡행로프 한 줄에 세
개의 시브와 한 개의 유압 실린더로 구성되어 있다.

② 세 개의 시브 중 중앙의 시브는 유압 실린더에 부하를
연결하여 유압압력으로 끌어올려 횡행로프에 장력을
건다.

횡행장치에 대한 설명으로 옳지 않은 것은?

① 횡행장치는 기계실 내에 설치되어 있다.
② 트롤리 하부에 설치된 스프레더에 운송물을 매달아 전동기의 속도제어로 운전한다.
③ 트롤리의 횡행방향 전·후진을 구동하는 장치이다.
④ 작동원리는 모터의 정회전만을 이용하여 와이어로프로 구동한다.

|해설|

④ 작동원리는 모터의 정회전과 역회전을 이용해 양쪽방향으로 와이어로프 드럼에 의한 와이어로프를 이용하여 구동한다.

정답 ④

핵심이론 03 | 권상·권하장치(Hoist)

(1) 주 권상장치(Hoisting)

① 이 장치는 지상에 있는 인양물의 권상과 권하를 주목적으로 설치된 장치이다.
② 주 권상장치는 2개의 주 권상 모터를 작동시켜서 모터의 정회전과 역회전에 의하여 양쪽 방향으로 와이어로프 드럼을 회전시켜 헤드 블록(Head Block)에 정착된 스프레더와 함께 화물을 장착하여 권상, 권하를 임의로 할 수 있게 한 장치이다.
③ 구동부는 기계실 내에 설치되어 있다.
④ 붐 상단에서 트랙터 섀시(Tractor Chassis) 또는 본선의 홀드까지 이동하는 일을 한다.
⑤ 스프레더의 화물 중량을 측정할 수 있도록 상부에 로드셀(Load Cell)이 설치되어 있다.

(2) 조 작

① 호이스트 장치는 운전실에서 조작할 수 있다.
② 마스터 컨트롤러(MCS)를 당기면 권상 동작이 되고, 밀면 권하 동작이 된다.
③ 권상은 인코더 및 리밋 스위치(LS)에 의해 속도에 비례하여 감속구간 거리를 자동으로 제어하도록 구성되어 있다.

(3) 권하(호이스트 다운) 동작

① 바다(Outreach) 쪽 : 본선의 홀드 깊이에 따라 권하거리가 달라지므로 리밋 스위치(LS)로 제어하는 것이 불가능하다. 따라서 인코더의 저속구간 지정값을 운전자가 임의로 설정할 수 있도록 해야 한다.
② 육지 쪽 : 안전한 하역작업과 트랙터 섀시를 보호하기 위해 지면에서 5[m] 정도로 지정값을 고정한다.

(4) 안전작업

① 바이패스(By-pass) : 트위스트 록이 작동하지 않을 때 바이패스(By-pass)를 사용할 수 있는 제어방식을 채택하고 있고 바이패스 스위치 사용 시 스프레더가 컨테이너에 착상되어 있지 않아도 트위스트 록 장치가 작동한다.

② 로드셀(Load Cell) : 로드셀은 스프레더에 걸리는 중량을 측정하고 운전자가 작업 중량을 볼 수 있도록 운전실 전면 좌측에 표시기를 부착한다.

10년간 자주 출제된 문제

3-1. 권상장치에 대한 설명으로 옳지 않은 것은?

① 주 권상장치(Hoisting)는 지상에 있는 인양물의 권상과 권하를 주목적으로 설치된 장치이다.
② 권상장치는 붐 상단에서 트랙터 섀시(Tractor Chassis) 또는 본선의 홀드까지 이동하는 일을 담당한다.
③ 모터의 정회전과 역회전에 의한 원리로 권상, 권하를 한다.
④ 호이스트는 로드셀(Load Cell)에 의해 속도에 비례하여 감속구간 거리를 자동으로 제어되도록 구성되어 있다.

3-2. 권상·권하장치(Hoist)에 대한 설명으로 옳지 않은 것은?

① 주 권상장치는 붐 상단에서 트랙터 섀시 또는 본선의 홀드까지 이동하는 일을 한다.
② 마스터 컨트롤러(MCS)를 당기면 권하 동작이 되고, 밀면 권상 동작이 된다.
③ 육지 쪽에서의 권하 동작은 안전한 하역작업과 트랙터 섀시를 보호를 위해 지면에서 5[m] 정도로 지지값을 고정한다.
④ 주 권상장치는 지상에 있는 인양물의 권상과 권하를 주목적으로 설치된 장치이다.

|해설|

3-1
호이스트는 인코더 및 LS에 의해 속도에 비례하여 감속구간 거리를 자동으로 제어하도록 구성되어 있다.

3-2
주 권상장치의 마스터 컨트롤러(MCS)를 당기면 권상 동작이 되고, 밀면 권하 동작이 된다.

정답 3-1 ④ 3-2 ②

핵심이론 04 | 붐 호이스트 장치(Boom Hoist)

(1) 붐 동작

① 본선이 작업을 하지 않을 때, 부두 안벽에 접안할 때 컨테이너 선박의 마스트와 크레인의 충돌을 방지하기 위해 붐을 올리고 있어야 한다.
② 붐의 조작은 기계실에 설치된 전동기의 정·역회전과 감속기와 연결된 와이어 드럼의 로프를 이용하며, 붐 운전실에 설치된 조작반으로 동작한다.

(2) 권상, 권하 운전

① 붐 권상(호이스트) 운전 시 스프레더는 권상 상한 리밋 스위치(LS)에서 최소한 3[m] 이하에 있어야 한다.
② 붐의 속도는 저속, 고속, 저속의 순서대로 자동으로 속도를 변환하여 권상된다.
③ 붐 호이스트 상승의 누름 버튼 스위치(PBS)를 동작하면 표시등이 점등되어 붐은 저속으로 권하를 시작한다.
④ 횡행(트롤리)은 계류위치에 있는지, 또 붐 힌지를 넘어 충분히 육지 쪽에 있는 것을 확인한 후 붐 호이스트 누름 버튼 스위치를 동작하면 표시등이 점등된다.

(3) 붐 래치 장치

① 붐 작업을 중단할 때 붐을 훅에 고정시키고 붐 부양용 와이어로프에 하중을 주지 않게 하는 장치이다.
② 바다 쪽에 있는 2조의 붐 래치 빔 선단에 각 1조의 훅을 장치하여 유압 혹은 와이어 드럼에 의하여 작동시킨다.

🔍 **더 알아보기!**

붐 래치 장치의 확인장치
• 훅이 걸렸는지 확인하는 리밋 스위치
• 훅이 올라가고 내려가는 것을 확인하는 리밋 스위치
• 붐 권상단 검출 리밋 스위치

4-1. 붐 호이스트 장치에 대한 설명으로 옳지 않은 것은?

① 붐의 속도는 저속, 고속, 저속의 순서대로 자동으로 속도를 변환하여 호이스트된다.

② 작업을 하지 않을 때에는 붐을 내려서 본선 접안 대기를 한다.

③ 기계실에 설치된 전동기의 정·역회전과 감속기에 연결된 와이어 드럼의 로프를 이용하여 붐을 내리고 올릴 수 있다.

④ 붐 호이스트 상승의 누름 버튼 스위치(PBS)를 동작하면 표시등이 점등되어 붐은 저속으로 권하를 시작한다.

4-2. 붐 호이스트 운전 시 스프레더는 권상 상한 리밋 스위치에서 최소 몇 [m] 이하에 있어야 하는가?

① 3[m]　　　　② 5[m]
③ 7[m]　　　　④ 9[m]

|해설|

4-1
본선이 부두 안벽에 접안할 때 컨테이너 선박의 마스트와 크레인의 추돌을 방지하기 위해 붐을 올리고 있어야 하며, 작업을 하지 않을 때에는 붐을 올려서 본선 접안 대기를 한다.

4-2
붐 권상(호이스트) 운전 시 스프레더는 권상 상한 리밋 스위치(LS)에서 최소 3[m] 이하에 있어야 한다.

정답 4-1 ②　4-2 ①

핵심이론 05 | 틸팅 디바이스 – 경전 장치(Tilting Device)

(1) 개 념

① 백리치 끝단부에 설치되어 있다.

② 작업 중 스프레더가 외란 혹은 화물의 편중 등으로 인하여 좌우 양쪽 중 어느 한쪽으로 기울어지는 것을 방지하는 장치이다.

③ 실린더로 호이스트 로프를 당겨서 시브의 위치를 변경하면 호이스트 로프가 조정되어 화물의 기울어짐을 방지한다.

④ 이 기능은 트림(Trim), 리스트(List), 스큐(Skew) 등의 동작을 수행한다.

　㉠ 트림 동작 : 스프레더를 좌우(수평, 가로) 방향으로 기울이는 것

　㉡ 리스트 동작 : 스프레더를 전후(수직, 세로) 방향으로 기울이는 것

　㉢ 스큐 동작 : 스프레더를 시계 또는 반시계 방향으로 회전하는 것

⑤ 컨테이너에 놓인 상태에 따라 스프레더를 기울일 수 있는 장치이다.

(2) 안티 스내그(Anti-snag) 조정장치

① 스내그 하중으로부터 운동에너지를 흡수하여 크레인에 미칠 충격을 최소화하기 위한 장치이다.

② 안티 스내그 동작은 거더 뒤쪽에 설치된 4개의 유압 실린더와 유압 유닛 및 스내그 블록에 의해 스내그 부하가 발생하여 스내그 블록의 안전밸브가 열려 각 실린더가 수축되면서 와이어로프의 인장을 일시적으로 느슨하게 해 주게 된다.

③ 안전밸브가 열림과 동시에 PLC[프로그래머블 로직 컨트롤러(Programmable Logic Controllers)] 중앙처리 장치(Central Processing Unit)에 전달하여 일시적으로 권상동작을 정지시켜 크레인의 충격을 최소화하고 호이스트 와이어를 보호하도록 되어 있다.

(3) 안티 스웨이(Anti-sway) 장치

① 주 호이스트 로프에 매달려 있는 헤드 블록, 스프레더 및 컨테이너의 흔들림을 감쇄시키기 위한 장치이다.

② 안티 스웨이 로프가 경유하는 시브를 여러 개 설치함으로써 안티 스웨이 로프의 수평 분력을 증가시키는 한편 컨테이너가 흔들릴 때 발생하는 안티 스웨이 로프의 길이 변화량을 증가시켜 줌으로써 궁극적으로 안티 스웨이 드럼에 의해 발휘되는 컨테이너 흔들림 감쇄 성능을 향상시킨다.

10년간 자주 출제된 문제

5-1. 틸팅 디바이스에 대한 설명으로 옳지 않은 것은?

① 틸팅 디바이스는 작업 중 스프레더가 화물의 편중 등으로 어느 한쪽으로 기울어지는 것을 방지하는 장치이다.
② 스프레더의 틸팅조작을 하는 경우에는 스프레더가 아래에 있도록 한다.
③ 본선의 트림이나 리스트가 발생하면 스프레더도 본선과 비슷한 각도로 맞추어야 작업이 용이하다.
④ 섀시가 틀어져 있으면 스큐를 조종하여 맞추어야 한다.

5-2. 컨테이너크레인에 대한 설명으로 옳지 않은 것은?

① 주행장치는 보기 또는 갠트리 장치로 불리고 있다.
② 틸팅 디바이스란 컨테이너의 놓인 상태에 따라 스프레더를 기울일 수 있는 장치이다.
③ 안티 스내그는 스프레더가 권상 시 홀드, 셀 가이드 등에 걸리면 동작한다.
④ 안티 스웨이 장치는 붐 호이스트의 흔들림을 제어하는 장치이다.

|해설|

5-1
② 스프레더의 틸팅조작을 하는 경우에는 스프레더가 꼭 공중에 있도록 한다.

5-2
안티 스웨이 장치는 헤드 블록과 스프레더의 흔들림을 제어하는 장치이다.

정답 5-1 ② 5-2 ④

핵심이론 06 | 헤드 블록(Head Block)

(1) 개 념

① 헤드 블록은 스프레더를 달아매는 리프팅 빔이다.

② 작업 중 스프레더가 고장이나 사고로 파손되었을 경우 수리시간의 단축 또는 정상적인 스프레더와 교환을 해야 할 때 탈·부착이 용이하게 하기 위함이다.

③ 헤드 블록의 아랫면에는 스프레더 윗면의 소켓을 잡는 수동식 연결핀이 4개가 있고, 윗면에는 스프레더 급전용 케이블을 연결한다.

(2) 기 타

① 헤드 블록과 스프레더는 4개의 수동식 트위스트를 록으로 연결하였으며 스프레더 전원용과 작동유를 보내는 유압 장치가 부착되어 있다.

② 헤드 블록과 스프레더의 유압접속을 위한 Metal Connecter와 전기 접속을 위한 Self Seal Coupling이 붙은 고압 고무호스가 스프레더의 탈·부착을 용이하게 한다.

③ 헤드 블록과 스프레더의 정확한 부착 여부를 검출하는 리밋 스위치가 장착되어 있다.

10년간 자주 출제된 문제

헤드 블록(Head Block)에 설치된 장치가 아닌 것은?

① 유압장치
② 스프레더
③ 안티 스웨이 시스템
④ 트위스트 록

|해설|

작업 중 스프레더의 고장 혹은 사고로 인하여 파손되었을 경우 수리시간 단축을 위해 정상적인 스프레더와 교환을 해야 할 때 탈·부착이 용이하게 하기 위함이다. 헤드 블록에는 유압장치, 트위스트 록, 제어신호, 안티 스웨이 시스템, 케이블탭 등의 장치가 설치되어 있다.

정답 ②

핵심이론 07 | 스프레더(Spreader)

(1) 개 념

① 컨테이너 취급 장치로 Lifting Beam의 일종이다.

② 컨테이너를 견고하게 붙잡기 위해 네 모퉁이에 Twist Lock이 설치되어 있다.

③ 모든 컨테이너 규격(20[ft], 40[ft] 등)을 취급할 수 있도록 길이 방향으로 조절이 가능하며, 비규격 화물 또한 취급이 가능하다.

(2) 기능(장치)

① 트위스트 록 : 컨테이너 4곳의 코너 게스트(Corner Guest)에 콘(Cone)을 끼워 90°로 회전하여 잠금과 풀림 상태를 확인하는 기능으로 스프레더 내에 안전장치를 내장하여 컨테이너의 낙하를 방지할 수 있게 하였다.

② 플리퍼(Flipper) 기능 : 컨테이너를 잘 집을 수 있도록 네 모서리에 안내판 역할의 기능, 즉 스프레더를 컨테이너에 근접시킬 때 트위스트 록이 컨테이너의 코너 게스트에 잘 삽입될 수 있도록 안내 역할을 한다. 또 운전실에는 표시등이 점등되어 플리퍼의 상승 또는 하강상태를 알려주어 운전에 도움을 준다.

ㄱ 플리퍼 업 : 플리퍼가 올라가 있는 상태(홀드에 들어갈 때나 다른 컨테이너 옆에 붙이기 위한 상태)

ㄴ 플리퍼 다운 : 플리퍼가 내려가 있는 상태(빈 스프레더가 컨테이너를 집기 전의 상태)

③ 텔레스코픽(Telescopic) 기능 : 컨테이너(20, 40, 45[ft] 등)에 따라 스프레더를 알맞은 크기로 조정할 수 있도록 늘이고 줄이는 기능이다. 또 운전실의 운전 조작반에는 컨테이너 종류별로 표시등이 점등하여 운전자가 식별이 가능하도록 되어 있다.

🔍 더 알아보기!

스프레더의 동력

스프레더의 동력은 전동기를 구동하여 유압 유닛(HYD Unit)에 장착된 유압 펌프를 구동시켜 유체에너지를 기계에너지로 변환하여 트위스트 록, 플리퍼, 텔레스코픽을 동작하는 3가지 기능을 가지고 있다.

(3) 스프레더의 운전

① 스프레더의 기능은 운전석이나 현장 조작반에서 조작이 가능하다.

② 현장 조작반에서의 조작은 유지보수 목적으로 사용되며, 이 경우 트롤리는 주차 위치에 있어야 한다.

③ 운전자는 운전석 또는 현장 조작반의 "펌프 기동" 또는 "펌프 정지" PBS를 조작하여 스프레더를 작동할 수 있다.

10년간 자주 출제된 문제

스프레더(Spreader)의 주요 동작에 대한 설명으로 옳지 않은 것은?

① 플리퍼 업
② 트위스트 록
③ 플리퍼 다운
④ 안티 스웨이

|해설|

스프레더의 주요 동작에는 트위스트 록/언록, 플리퍼 업/다운(Flipper Up/Down), 텔레스코픽 신축(Telescopic Extension/Retraction)이 있다.

정답 ④

핵심이론 08 | 트롤리 및 로프텐셔너

(1) 트롤리(Trolley)

① 트롤리(Trolley)는 횡행장치에 의하여 구동이 된다.

② 트롤리용 와이어로프 드럼을 별도로 장치하고, 이 와이어 드럼을 회전시켜 트롤리 프레임 양쪽에 고정되어 있는 와이어로프를 풀고 감음으로써 트롤리를 이동시킨다.

③ 호이스트로 트롤리를 육상에서 선박으로 이송 또는 선박에서 육지 쪽으로 이동하여 적·양화를 하기 위한 장치이다.

④ 트롤리 프레임(Trolley Frame)은 강판 및 형광의 용접 구조물로서 4개의 차륜으로 받쳐 서 있으며, 트롤리 거더(Girder) 및 붐에 설치된 횡행 레일 위로 이동한다.

⑤ 헤드 블록, 스프레더 및 하중은 트롤리 프레임 상에 설치된 8개의 시브에 걸려 있는 주 권상 와이어로프에 의하여 들어 올려진다.

⑥ 운전실은 트롤리 프레임 아랫면에 있는 트롤리와 같이 횡행하게 된다.

(2) 로프텐셔너

① 개 념

  ㉠ 트롤리 운전 시 발생하는 와이어로프 처짐현상을 잡아주는 역할을 한다.

  ㉡ 트롤리 운전을 원활히 하기 위한 것으로, 와이어로프 트롤리 방식에서 설치되어 있다.

  ㉢ 트롤리 와이어로프가 자중에 의해 느슨하게 처지게 되면, 트롤리 와이어로프에 긴장을 주어 트롤리 운전을 원활하게 하는 장치이다.

  ㉣ 트롤리 프레임이 정지하고 있는 동안 트롤리용 와이어로프가 자중에 의해 처지는 것을 방지한다.

② 구조 및 작용

  ㉠ 3개의 시브로 구성되어 바다측 타이 빔의 중앙(스팬 쪽)에 설치되어 있다.

  ㉡ 유압 실린더 피스톤 로드의 상하운동에 의해 로프를 긴장 및 이완시킨다.

  ㉢ 하부의 두 시브는 고정이고 상부의 시브는 유압실린더에 의해 상하 운동을 하게 된다.

10년간 자주 출제된 문제

트롤리(Trolley)에 대한 설명으로 옳지 않은 것은?

① 트롤리 프레임(Trolley Frame)은 4개의 차륜으로 받쳐 있고, 트롤리 거더(Girder) 및 붐에 설치된 횡행 레일 위로 이동한다.

② 트롤리(Trolley)는 권상장치에 의하여 구동된다.

③ 트롤리의 이동은 트롤리용 와이어로프 드럼을 회전시켜 트롤리 프레임 양쪽에 고정되어 있는 와이어로프를 풀고 감음으로써 한다.

④ 헤드 블록, 스프레더 및 하중은 트롤리 프레임 상에 설치된 8개의 시브에 걸려 있는 주 권상 와이어로프에 의하여 들어 올려진다.

|해설|

② 트롤리(Trolley)는 횡행장치에 의하여 구동이 된다.

정답 ②

핵심이론 **09** | 기타 동작

(1) 트림(Trim) 동작

① 개 념
- ㉠ 본선 혹은 컨테이너가 가로방향으로 기울어지는 것을 말한다.
- ㉡ 본선 혹은 컨테이너가 오른쪽 또는 왼쪽의 한쪽은 올라가 있고 다른 한쪽은 내려간 상태이다.
- ㉢ 트림의 동작 상태는 Trim(+ : 오른쪽으로 기울어짐), Trim(− : 왼쪽으로 기울어짐)으로 표시된다.

② 정 정
- ㉠ 오른쪽과 왼쪽의 유압실린더 각 두 개가 동일하게 작동을 하여 컨테이너를 바로잡을 수 있다.
- ㉡ 스프레더의 트림 동작은 운전실 조작반의 스위치 및 거더 뒤쪽에 설치되어 있는 네 개의 유압 실린더에 의하여 작동된다.

(2) 리스트(List) 동작

① 개 념
- ㉠ 본선 또는 화물이 세로방향을 따라서 기울어짐을 말한다.
- ㉡ 본선 혹은 컨테이너가 앞쪽이나 뒤쪽 중 한쪽이 올라가 있고 다른 한쪽은 내려간 상태이다.
- ㉢ 리스트의 동작 상태는 List(+ : 바다 쪽으로 기울어짐), List(− : 육지 쪽으로 기울어짐)으로 표시된다.

② 정 정
- ㉠ 오른쪽 실린더 한 개와 왼쪽 실린더 한 개가 동일하게 작동하여 화물을 바르게 하여 작업을 한다.
- ㉡ 스프레더의 리스트 동작은 운전실 조작반의 스위치 및 거더 뒤쪽에 설치되어 있는 네 개의 유압 실린더에 의해 작동된다.

(3) 스큐(Skew) 동작

① 개 념
- ㉠ 본선 및 화물이 수직 축을 따라서 시계방향 혹은 반시계방향으로 회전하는 것이다.
- ㉡ 스큐의 동작 상태는 Skew(+ : 시계방향으로 돌아감), Skew(− : 반시계방향으로 돌아감)로 표시된다.

② 정 정
- ㉠ 오른쪽, 왼쪽의 실린더 각 한 개가 동시에 전진하고 나머지는 후진을 하면 시계 혹은 반시계방향으로 회전을 한다.
- ㉡ 각 실린더는 자체 컨트롤 밸브에 의해 조정된다.
- ㉢ 스프레더의 스큐 동작은 운전실 조작반의 스위치 및 거더 뒤쪽에 설치되어 있는 네 개의 유압 실린더에 의하여 작동된다.

9-1. 트림(Trim) 동작에 대한 설명으로 옳지 않은 것은?

① 본선 또는 화물이 세로방향을 따라서 기울어짐을 말한다.

② 본선 혹은 컨테이너가 오른쪽은 올라가 있고 왼쪽은 내려진 상태이다.

③ 오른쪽 실린더 두 개와 왼쪽 실린더 두 개가 동일하게 작동을 하여 컨테이너를 바로잡을 수 있다.

④ 스프레더의 트림 동작은 운전실 조작반에 설치되어 있는 스위치 및 거더 뒤쪽에 설치되어 있는 네 개의 유압 실린더에 의하여 작동된다.

9-2. 스큐(Skew) 동작에 대한 설명으로 옳지 않은 것은?

① 본선 및 화물이 수직 축을 따라서 시계방향 혹은 반시계방향으로 회전하는 것이다.

② 각 실린더는 자체 컨트롤 밸브에 의해 조정된다.

③ 오른쪽과 왼쪽의 유압 실린더 각 두 개가 동일하게 작동하여 컨테이너를 바로 잡는다.

④ 스프레더의 스큐 동작은 운전실 조작반의 스위치 및 거더 뒤쪽에 설치되어 있는 4개의 유압 실린더에 의해 작동된다.

|해설|

9-1

트림(Trim)은 본선 혹은 컨테이너가 가로방향으로 기울어지는 것을 말한다.

9-2

스큐 동작은 오른쪽, 왼쪽의 실린더 각 한 개가 동시에 전진하고 나머지는 후진을 하면 시계 혹은 반시계방향으로 회전을 한다.

정답 9-1 ① 9-2 ③

제3절 와이어로프

핵심이론 01 | 와이어로프의 규격 및 종류 등

(1) 와이어로프의 구조와 성질

① 와이어로프의 재질은 탄소강이며 소선의 강도는 $135 \sim 180[\mathrm{kg/mm^2}]$ 정도이다.

② 꼬임 방법은 보통 스트랜드를 6개 꼬임한 후 합쳐 구성한 것이 대부분이다.

③ 일반적으로 크레인용 와이어로프에는 아연도금한 소선은 사용하지 않으나 선박용이나 공중다리용 등으로 사용될 때가 있다.

④ 스트랜드(Strand) : 소선을 꼬아 합친 것으로 3줄에서 18줄까지 있으나 보통 6줄이 사용된다.

⑤ 심강 : 섬유심, 공심, 와이어심(철심)이 있으며 와이어로프에 심강을 사용하는 목적은 충격하중의 흡수 및 부식 방식, 소선 사이의 마찰에 의한 마멸 방지, 스트랜드의 위치를 올바르게 유지하는 데 있다.

ㄱ 섬유심 : 와이어로프의 심강으로는 섬유심이 가장 많고, 철심을 사용할 수도 있다.

ㄴ 공심 : 섬유심 대신에 스트랜드 한 줄을 심으로 하여 만든 로프이다. 절단하중이 크고 변형되지 않으나 연성이 부족하여 반복적으로 굽힘을 받는 와이어에는 부적당하므로 정적인 작업에 사용된다.

ㄷ 철심 : 섬유심 대신 와이어로프를 심으로 하여 꼰 것으로 각종 건설기계에서 파단력이 높은 로프가 요구되거나 변형되기 쉬운 곳에 사용된다. 특히, 열의 영향으로 강도가 저하되는데 이때 심강이 철심일 경우 300[℃]까지 사용이 가능하다.

ㄹ 소선 : Strand를 구성하는 것을 소선이라 하며 Strand가 여러 개 모여 와이어로프를 형성한다. 같은 굵기의 와이어로프일지라도 소선이 가늘고 수가 많은 것이 더 강하다.

(2) 와이어로프와 매다는(호이스트) 공구의 강도 및 안전율

① 권상용 와이어로프의 안전율은 5 이상으로 한다. 산업안전기준에 의하면 줄걸이용 체인, 섀클, 와이어로프, 훅 및 링의 안전계수는 5 이상이다.

② 안전율(안전계수)은 와이어로프의 절단하중을 해당 와이어로프에 걸리는 하중의 최댓값으로 나눈 값이다.

🔍 더 알아보기!

안전율

$$안전율 = \frac{절단하중}{안전(정격)하중} 이므로 \frac{절단하중(톤)}{Pw} 이고$$

여러 줄일 경우가 있으므로 $\frac{줄수}{Pw}$ 이다.

와이어로프의 안전율
• 와이어로프의 종류별 안전율

와이어로프의 종류	안전율
• 권상용 와이어로프 • 지브의 기복용 와이어로프 • 횡행용 와이어로프	5.0
• 지브의 지지용 와이어로프 • 보조로프 및 고정용 와이어로프	4.0

• 권상용 및 지브의 기복용 와이어로프에 있어서 달기기구 및 지브의 위치가 가장 아래쪽에 위치할 때 드럼에 2회 이상 감기는 여유가 있어야 한다.
• 타워크레인의 와이어로프는 철심이 들어있는 것을 사용하여야 한다.
• 위 표의 안전율은 와이어로프의 절단하중의 값을 해당 와이어로프에 걸리는 하중의 최댓값으로 나눈 값으로 한다. 이 경우 권상용 및 지브의 기복용 와이어로프에 있어서는 이들 와이어로프의 중량 및 시브의 효율을 포함하여 계산하는 것으로 한다.

(3) 와이어로프의 종류와 꼬임

① 와이어로프의 종류와 호칭법

  ㉠ 와이어로프는 명칭, 구성기호, 꼬임(연법), 종별, 지름의 순으로 표시한다.

  ㉡ 예를 들어 와이어로프 구성기호 6×19는 굵은 가닥(스트랜드)이 6줄이고, 작은 소선 가닥이 19줄이다.

② 와이어로프의 꼬임법과 용도

  ㉠ 소선의 꼬임과 스트랜드의 꼬임 방향이 반대인 것은 보통 꼬임이라 하고, 로프의 꼬임 방향과 스트랜드의 꼬임 방향이 같으면 랭 꼬임이라 한다.

  ㉡ 보통 꼬임은 외부와 접촉 면적이 작아서 마모는 크지만 킹크 발생이 적고 취급이 용이하다.

  ㉢ 랭 꼬임은 보통 꼬임에 비하여 소선과 외부와의 접촉 길이가 길고 부분적 마모에 대한 저항성, 유연성, 마모에 대한 저항성이 우수하나 꼬임이 풀리기 쉬워 로프의 끝이 자유로이 회전하는 경우나 킹크가 생기기 쉬운 곳에는 적당하지 않다.

  ㉣ 로프의 꼬임과 스트랜드의 꼬임의 관계에 따른 구분 : 보통 꼬임, 랭 꼬임

  ㉤ 와이어로프의 꼬임 방향에 따른 구분 : S꼬임, Z꼬임

  ㉥ 소선의 종류에 따른 구분 : E종, A종

(4) 와이어로프의 직경과 절단하중

와이어로프 제조 시 로프 지름 허용오차는 0~+7[%]이며, 지름의 감소가 7[%] 이상 감소하거나 10[%] 이상 절단되면 와이어로프를 교환한다.

(5) 와이어로프의 끝단처리(단말고정)

① **시징** : 와이어로프 끝의 시징 폭은 대체로 로프 직경의 2~3배가 적당하다.

② **합금 처리한 소켓(Socket)고정(합금·아연고정법)**

  ㉠ 가장 확실한 방법으로 와이어 끝을 소켓에 넣어 납땜 또는 아연으로 용착하는 방법이다.

  ㉡ 와이어로프 끝의 단말고정법 중 효율을 100[%] 유지할 수 있으며 줄걸이용에는 거의 사용하지 않는 방법이다.

  ㉢ 와이어로프 직경이 32[mm]가 넘으면 합금고정으로 하는 것이 양호하다.

③ 쐐기(Wedge)고정법

　　㉠ 끝을 시징한 와이어로프를 단조품으로 된 소켓 안에서 구부려 뒤집은 것 안에 쐐기를 넣어 고정시키는 방법이다.

　　㉡ 잔류강도는 65~70[%] 정도이다.

④ 클립고정법

　　㉠ 가장 널리 사용되는 방법이다.

　　㉡ 클립의 간격은 로프 지름의 6배 이상으로 한다.

　　㉢ 와이어로프를 클립(Clip) 고정 시 로프의 직경이 30[mm]일 때 클립 수는 최소 6개는 되어야 한다.

Q 더 알아보기!

와이어로프 직경에 따른 클립 수

로프 직경(mm)	클립 수
16 이하	4개
16 초과 28 이하	5개
28 초과	6개 이상

⑤ 심플정착 스플라이스(Eye Splice)법(엮어넣기)

　　㉠ 벌려끼우기와 감아끼우기의 방법이 있다.

　　㉡ 로프의 엮어넣기의 엮는 정도는 와이어 지름의 30~40배가 적당하다.

⑥ 압축고정법(파워 로크법 : Power Lock)

　　㉠ 엮어넣기한 부분을 합금고리로 감싸거나 철재를 냉간변형하여 고정한 것이다.

　　㉡ 강도는 100[%]이지만 350[℃] 이상의 고온에서 한번이라도 사용했을 때는 다시 사용하지 않는다.

Q 더 알아보기!

와이어로프 단말고정방법에 따른 이음 효율
- 합금고정의 효율 : 100[%]
- 클립고정의 효율 : 80~85[%]
- 쐐기고정의 효율 : 65~70[%]
- 엮어넣기고정의 효율 : 70~95[%]

와이어로프의 심강을 3가지 종류로 구분한 것은?

① 섬유심, 공심, 와이어심
② 철심, 동심, 아연심
③ 섬유심, 랭심, 동심
④ 와이어심, 아연심, 랭심

|해설|

와이어로프의 심강 3가지 종류 : 섬유심, 공심, 와이어심

정답 ①

핵심이론 02 | 와이어로프의 유지, 보수, 관리

(1) 와이어로프의 관리

① 한 가닥에서 소선(필러선을 제외한다)의 수가 10[%] 이상 절단되지 않을 것

② 외부 마모에 의한 지름 감소는 호칭 지름의 7[%] 이하일 것

③ 킹크 및 부식이 없을 것

④ 단말고정은 손상, 풀림, 탈락 등이 없을 것

⑤ 급유가 적정할 것

⑥ 소선 및 스트랜드가 돌출되지 않을 것

⑦ 국부적인 지름의 증가 및 감소가 없을 것

⑧ 부풀거나 바구니 모양의 변형이 없을 것

⑨ 꺾임 등에 의한 영구변형이 없을 것

⑩ 와이어로프의 교체 시는 크레인 제작 당시의 규격과 동일한 것 또는 동등급 이상으로 할 것

🔍 더 알아보기!

권상와이어로프의 폐기기준
- 와이어로프의 한 가닥에서 소선의 수가 10[%] 이상 절단된 것
- 지름 감소가 공칭 지름의 7[%] 이상인 것
- 심한 부식이나 변형이 있는 것
- 킹크가 발생한 것

(2) 로프의 킹크

① 킹크란 로프의 꼬임이 되돌아가거나 서로 걸려서 엉김(Kink)이 생기는 상태를 말한다.

② 킹크에는 (+)킹크와 (-)킹크가 있다.

③ (+)킹크는 꼬임이 강해지는 방향으로, (-)킹크는 꼬임이 풀리는 방향으로 생긴 것이다.

④ (+)킹크는 꼬임 방법의 Z와 S의 같은 방향으로 비틀림한 경우이고, 반대로 하면 (-)킹크가 된다.

⑤ 와이어로프를 킹크된 상태로 그냥 두면 절단하중이 (+)킹크는 40[%] 감소되고, (-)킹크는 60[%] 감소된다.

(3) 와이어로프를 선정할 때 주의해야 할 사항

① 용도에 따라 손상이 적게 생기는 것을 선정한다.

② 하중의 중량이 고려된 강도를 갖는 로프를 선정한다.

③ 심강(Core)은 사용 용도에 따라 결정한다.

④ 사용 환경상 부식이 우려되는 곳에서는 도금 로프를 사용해야 한다.

(4) 와이어로프용 그리스의 구비조건

① 산, 알칼리, 수분을 함유하지 않을 것

② 휘발성이 아닐 것

③ 물에 잘 씻어지지 않을 것

④ 온도에 변화가 없을 것

(5) 와이어로프용 윤활유의 구비조건

① 유막을 형성하는 힘이 커야 한다.

② 로프에 잘 스며들도록 침투력이 있어야 한다.

③ 내산화성이 커야 한다.

④ 사용 조건하에서 녹지 않아야 한다.

(6) 와이어로프 손상 방지를 위해 주의해야 할 사항

① 올바른 각도로 매달아 과하중이 되지 않도록 한다.

② 권상, 권하 작업 시 항상 적당한 받침을 댄다.

③ 불탄 짐은 가급적 피하도록 한다.

④ 짐을 매달 경우에는 가급적 한 줄로 매다는 것은 피한다.

⑤ 비뚤어진 것은 고쳐서 항상 기름을 칠해둔다.

🔍 더 알아보기!

기타 주요사항
- 와이어로프의 손상 상태는 마모, 킹크, 절단, 부식, 피로, 변형 등이 있고, 손상의 주된 원인은 마모, 부식이다.
- 와이어로프의 플리트 각(Fleet Angle)은 드럼에 홈이 없는 경우 2° 이내, 홈이 있는 경우 4° 이내이다.
- 드럼에 와이어로프가 감길 때 와이어로프 방향과 드럼홈 방향의 각도는 4° 이내이다.
- 와이어로프의 열 변형 한계온도는 200~300[℃]이고, 고온으로 갈수록 강도가 저하된다.

(7) 와이어로프로 줄걸이 작업 후 화물을 달아 올릴 때 고려할 사항

① 줄걸이의 매다는 각도는 60° 이내로 한다.

② 로프의 팽팽한 정도를 확인한다.

③ 진동이나 요동이 없도록 한다.

④ 수직으로 매달아서 로프 등에 평균적인 힘이 걸리도록 한다.

⑤ 중량물의 중심위치를 고려한다.

⑥ 줄걸이 와이어로프가 미끄러지지 않도록 한다.

⑦ 날카로운 모서리가 있는 중량물은 보호대를 사용한다.

(8) 훅의 줄걸이 방법

① 눈걸이 : 모든 줄걸이 작업은 눈걸이를 원칙으로 한다.

② 반걸이 : 미끄러지기 쉬우므로 엄금한다.

③ 짝감기걸이 : 가는 와이어로프일 때(14[mm] 이하) 사용하는 줄걸이 방법이다.

④ 짝감아걸이 나머지돌림 : 4가닥걸이로서 꺾어 돌림을 할 때 사용한다.

⑤ 어깨걸이 : 굵은 와이어로프일 때(16[mm] 이상) 사용한다.

⑥ 어깨걸이 나머지 돌림 : 4가닥걸이로서 꺾어 돌림을 할 때 사용하는 줄걸이 방법이다.

(9) 기타 주요사항

① 줄걸이 각도가 30°일 때는 1.035배, 45°일 때는 약 1.070배, 60°일 때는 1.155배, 90°일 때는 1.414배, 120°일 때는 2.000배로 각이 커질수록 한 줄에 걸리는 장력이 커진다.

② 줄걸이 작업자는 화물의 중량, 중심, 화물의 매는 방법 등을 고려하여야 한다.

③ 와이어로프 밀림 현상은 드럼에 중첩되어 감겼거나 플랜지 등에 접촉되어 원활한 회전을 하지 못할 때 발생한다.

④ 와이어로프를 규정하는 한국산업규격은 KS D 3514 이다.

핵심이론 01 | 운전실

(1) 운전실

① 거더의 한쪽 끝 하단부에 설치한 밀폐형으로 매연, 분진 또는 혹서, 혹한 시를 대비하였고, 가능한 한 외부의 아래쪽을 잘 볼 수 있게 하였다.

② 내부에는 배전반, 제어기, 브레이크페달 등이 있다.

③ 운전석 바로 아래를 볼 수 있도록 바닥 쪽에 유리창을 끼우거나 옆이나 아래쪽으로 내다볼 수 있는 부분을 개폐할 수 있도록 하였다.

④ 안벽크레인의 운전제어 방식은 기계실에 부착된 PLC (Programmable Logic Controller)에 내장된 프로그램으로 조작되는 전자식으로서 운전실에는 조이스틱이 부착되어 있으며, 각종 스위치 조작이 PLC로 연계되어 제어가 된다.

⑤ 안벽크레인의 전체 작동 상태를 LCD 화면으로 확인할 수 있다.

⑥ 트위스트 록(Lock) 제어

  ㉠ 트위스트 록은 운전실(Cabin) 내의 오른쪽 콘솔에 설치되어 있는 스위치에 의해 조작된다.

  ㉡ 만약 스프레더에 있는 4개의 트위스트 록 모두가 컨테이너 위에 정확히 착상되지 않으면 착상 리밋 스위치에 의해 특·상에 미달하는 것은 록/언록 작동이 되지 않는다.

(2) 컨테이너크레인의 조작반

① 좌측조작반

- L1 : 트롤리 마스터 컨트롤러 스위치(트롤리 운전)
- L2 : 비상정지(동작하면 제어전원이 차단)
- L3 : 틸팅 홈 포지션(동작하면 스프레더(트림, 리스트, 스큐)의 위치가 초기위치로 복귀)
- L4 : 플리퍼 #2

- L5 : 플리퍼 #1(플리퍼 주 스위치에 따라 연동될 #1 플리퍼를 선택)
- L6 : 전체 플리퍼 상승/하강(#1, 2, 3, 4 플리퍼의 주 스위치)

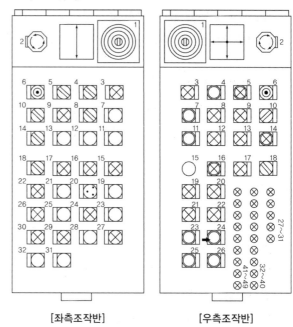

[좌측조작반]　　　　[우측조작반]

- L7 : 틸팅 메모리 포지션(틸팅 디바이스의 기억된 위치로 반복해서 스프레더를 동작)
- L8 : #4 플리퍼
- L9 : #3 플리퍼
- L10 : 예비
- L11 : 틸팅 메모리 세팅(틸팅의 위치를 새롭게 기억)
- L12 : 틸팅 어저스트(스프레더가 L14에 선택된 동작으로 "+" 방향으로 이동)
- L13 : 틸팅 어저스트(스프레더가 L14에 선택된 동작으로 "–" 방향으로 이동)
- L14 : 틸팅 설렉션 트림-리스트-스큐(스프레더의 트림, 리스트, 스큐 동작모드를 선택)
- L15 : 스프레더 45[ft](스프레더의 길이를 45[ft]로 선택)
- L16 : 스프레더 40[ft]
- L17 : 스프레더 20[ft]

- L18 : 스프레더 선택(스프레더의 길이를 20, 40, 45 [ft]로 선택)
- L19 : 부저 정지
- L20 : 부저(제어시스템 이상 시 부저가 울림)
- L21 : 스프레더 유압 펌프 정지
- L22 : 스프레더 유압 펌프 기동
- L23 : 램프 테스터(램프류와 부저 상태 점검)
- L24 : 시스템 폴트(제어시스템 이상 시 램프가 점등)
- L25 : 제어전원 차단
- L26 : 제어전원 기동
- L27 : 트롤리 충돌장치
- L28 : 트위스트 록 바이패스(트위스트 록 장치의 잠김 및 풀림 조작)
- L29 : 트롤리 비동기 램프(트롤리 위치제어의 동작 전 점등, 인코더 리셋 리밋 스위치 동작 시 해제)
- L30 : 트롤리 파킹 포지션(트롤리가 계류위치에 정위치하면 점등)
- L31 : 호이스트 바이패스(호이스트 리밋 스위치)
- L32 : 갠트리 바이패스(주행 리밋 스위치)

② 우측 조작반
- R1 : 호이스트, 갠트리 마스터 컨트롤러 스위치(컨테이너의 권상 및 권하, 컨테이너크레인 전체를 좌측 및 우측으로 운전)
- R2 : 비상정지
- R3 : 예비
- R4 : 레일 클램프 잠김
- R5 : 레일 클램프 해제
- R6 : 트위스트 록 잠김/풀림
- R7 : 예비
- R8 : 주행운전
- R9 : 호이스트 운전
- R10 : 호이스트-갠트리 선택스위치(호이스트 및 주행운전으로 선택)
- R11 : 로드셀 "0" 조정(컨테이너 및 화물의 중량 측정을 위한 최초 영점 조정)

- R12 : 호이스트 비동기(호이스트 위치제어의 동작 전 점등, 인코더 리셋 리밋 스위치 동작 시 해제)
- R13 : 호이스트 로프 스택(호이스트 로프가 처지면 점등)
- R14 : 안티-스웨이 운전
- R15 : 예비
- R16 : 자동모드 등록(목표지점 등록 즉, 현재의 호이스트, 트롤리 위치가 등록)
- R17 : 자동모드 램프
- R18 : 자동-수동 선택스위치
- R19 : 주행 앵커 해제
- R20 : 케이블 릴 풀림 경고
- R21 : 주행 충돌 경고
- R22 : 최대풍속 경보
- R23 : 작업등 정지
- R24 : 작업등 기동
- R25 : 계단등 정지
- R26 : 계단등 기동
- R27~30 : 레인 선택(육상측 1~4 레인 정지)
- R31 : 예비
- R32~R49 : 선박적재 선택(선박의 1~18 적재)

컨테이너크레인의 좌측 조작반 설명으로 옳지 않은 것은?

① 트롤리 마스터 컨트롤러 스위치(L1)는 바다 측 및 육상 측으로 전·후진하는 동작으로 트롤리를 운전하며 스위치의 전·후진 움직이는 각도에 비례하여 속도가 조정된다.

② 비상정지(L2)는 동작하면 제어전원이 차단되고, 해제 시는 회전하여 돌리면 된다.

③ 틸팅 홈 포지션(L3)은 틸팅 디바이스의 기억된 위치로 반복해서 스프레더를 동작시킨다.

④ L10은 예비이다.

|해설|

③은 틸팅 메모리 포지션(L7)의 설명이다. 틸팅 홈 포지션(L3)은 동작하면 스프레더(트림, 리스트, 스큐)의 위치가 초기위치로 복귀되고, 점등된다.

정답 ③

(1) 신호수(Signal Man)

① 컨테이너크레인 주변으로 통행하는 모든 차량을 통제하고 크레인의 전·후 또는 근접하여 차량이 주·정차하지 못하도록 해야 한다.

② 신호는 가장 안전하고 잘 보이는 곳에서 한 사람이 표준 신호요령에 따라 신호하고 무전기를 사용해야 한다.

③ 검수원, 래싱 맨, 선원 등 작업자가 크레인 본체에 기대지 않도록 통제해야 한다.

④ 컨테이너크레인 주변을 정리 정돈하고 기타 장애물 유무를 확인해야 한다.

⑤ 권상 또는 권하되는 컨테이너 밑에 들어가지 않도록 하고, 그 지역에 외부인의 접근을 통제해야 한다.

⑥ 하역도구를 사용한 후 필히 안전 여부를 재확인하여 이상이 없다고 판단될 때에 운전자에게 신호해야 한다.

⑦ 적·양하작업 시 크레인의 스프레더가 컨테이너의 코너 캐스트에 정확히 착상되고 차량의 섀시에 정확히 상차되었는지 확인하고, 작업자의 안전 대피 상태를 확인한 후 차량 출발신호를 해야 한다.

⑧ 컨테이너 및 해치 커버 작업 전 트위스트 록킹(Twist Locking) 장치의 해지여부를 확인해야 한다.

⑨ 선체설비 및 본선의 이상 등을 발견 시에는 작업을 중단시키고, 즉시 작업 지휘자에게 보고한다.

⑩ 화물 또는 선체에 이상이 있거나 정상작업에 차질이 예상될 시 작업을 중지시키고 작업 지휘자에게 즉시 보고한다.

⑪ 개방된 홀드의 해치와 해치 사이의 코밍으로 통행하거나 그 위에서 신호하지 않도록 하고, 대피지역을 먼저 선정한 뒤 신호를 해야 한다.

⑫ 크레인의 붐 권하와 주행 시는 선체와의 충돌 여부, 주변의 장애물 등을 확인해야 한다.

⑬ 해치 커버를 양하할 때 크레인 주변 및 이동구간에 작업자 또는 차량의 접근을 통제해야 한다.

⑭ 양하작업 전에 본선작업 서류를 완전히 파악하고 확인한 후 20[ft] 또는 40[ft] 컨테이너 구분을 크레인 운전자에게 사전에 신호해야 한다.

⑮ 신호업무 수행 시에는 신호 이외의 불필요한 행동(래싱 작업 등)을 하지 말아야 한다.

⑯ 작업 시 적·양하 계획서류를 지참하고 화물의 정확한 위치를 사전에 파악해야 한다.

⑰ 이동되고 있는 컨테이너를 손으로 잡고 흔들림을 줄이거나 위치를 조정하지 말아야 한다.

(2) 본선작업 시 신호방법

[컨테이너 1단 적재]

[컨테이너 2단 적재]

[컨테이너 3단 적재]

[컨테이너 4단 적재]

[컨테이너 5단 적재]

[컨테이너 올리기]

[컨테이너 내리기]

[천천히]

[작업 방향]

[작업 정지]

2-1. 컨테이너 본선 작업 시 신호수의 임무로 옳지 않은 것은?

① 컨테이너크레인 주변으로 통행하는 모든 차량을 통제한다.
② 신호는 가장 안전하고 잘 보이는 곳에서 여러 사람이 신호하고 서로 무전기를 사용해야 한다.
③ 검수원, 래싱 맨, 선원 등 작업자가 크레인 주변에 대기하지 않도록 통제해야 한다.
④ 해치 커버의 권상 전 트위스트 로킹(Twist Locking)장치의 결속 상태를 확인해야 한다.

2-2. 다음의 수신호가 의미하는 것은?

① 컨테이너 1단 적재   ② 컨테이너 올리기
③ 천천히   ④ 작업 정지

|해설|

2-1
신호는 가장 안전하고, 잘 보이는 곳에서 한 사람이 표준 신호요령에 따라 신호하고 무전기를 사용해야 한다.

2-2

① 컨테이너 1단 적재   ③ 천천히   ④ 작업 정지

정답 2-1 ② **2-2** ②

핵심이론 03 | 신호방법(Ⅱ)

크레인의 공통적 표준 신호 방법

*호각부는 방법

▬ : 아주 길게, ▬ : 길게, ■■■ : 짧게, ■ : 강하고 짧게

운전구분	1. 운전자 호출	2. 주권사용	3. 보권사용
수신호	호각 등을 사용하여 운전자와 신호자의 주의를 집중 시킨다.	주먹을 머리에 대고 떼었다 붙였다 한다.	팔꿈치에 손바닥을 떼었다 붙였다 한다.
호각신호	아주 길게 아주 길게	짧게 길게	짧게 길게

운전구분	4. 운전방향지시	5. 위로 올리기	6. 천천히 조금씩 위로 올리기
수신호	집게 손가락으로 운전 방향을 가리킨다.	집게 손가락을 위로 해서 수평원을 크게 그린다.	한 손을 지면과 수평하게 들고 손바닥을 위쪽으로 하여 2, 3회 적게 흔든다.
호각신호	짧게 길게	길게 길게	짧게 짧게

운전구분	7. 아래로 내리기	8. 천천히 조금씩 아래로 내리기	9. 수평이동
수신호	팔을 아래로 뻗고(손끝이 지면을 향함) 2, 3회 적게 흔든다.	한 손을 지면과 수평하게 들고 손바닥을 지면쪽으로 하여 2, 3회 적게 흔든다.	손바닥을 움직이고자 하는 방향의 정면으로 하여 움직인다.
호각신호	길게 짧게	짧게 짧게	강하게 짧게

운전구분	10. 물건 걸기	11. 정지	12. 비상정지
수신호	양쪽 손을 몸 앞에다 대고 두손을 깍지 낀다.	한 손을 들어올려 주먹을 쥔다.	양손을 들어올려 크게 2, 3회 좌우로 흔든다.
호각신호	길게 짧게	아주 길게	아주 길게 아주 길게

운전구분	13. 작업 완료	14. 뒤집기	15. 천천히 이동
수신호	거수경례 또는 양손을 머리 위에 교차시킨다.	양손을 마주보게 들어서 뒤집으려는 방향으로 2, 3회 절도있게 역전시킨다.	방향을 가리키는 손바닥 밑에 집게 손가락을 위로 해서 원을 그린다.
호각신호	아주 길게	길게 짧게	짧게 길게

운전구분	16. 기다려라	17. 신호불명	18. 기중기의 이상발생
수신호	오른쪽으로 왼손을 감싸 2, 3회 적게 흔든다.	운전자는 손바닥을 안으로 하여 얼굴 앞에서 2, 3회 흔든다.	운전자는 사이렌을 울리거나 한쪽 손의 주먹을 다른 손의 손바닥으로 2, 3회 두드린다.
호각신호	길게	짧게 짧게	강하게 짧게

10년간 자주 출제된 문제

그림과 같이 양쪽 손을 몸 앞에 대고 두 손을 깍지 낀 후 호각을 길게 짧게 부는 신호법은?

① 운전자 호출
② 정 지
③ 기다려라
④ 물건 걸기

|해설|

④ 물건 걸기 : 양쪽 손을 몸 앞에다 대고 두 손을 깍지 낀다.
① 운전자 호출 : 호각 등을 사용하여 운전자와 신호자의 주의를 집중시킨다.
② 정지 : 한 손을 들어 주먹을 쥔다.
③ 기다려라 : 오른손이 왼손을 감싸 2~3회 적게 흔든다.

정답 ④

CHAPTER 03 전기 및 제어시스템

제1절 전기기초

핵심이론 01 | 전기의 기초이론

(1) 전기 기호

① [V] : 볼트는 전압의 단위이다. 전압이 높을수록 전력 손실이 적고 송전효율은 높다. 전압을 측정할 때는 전압계를 사용한다.

② [W] : 와트는 전력의 단위이다. 공업에서 실용단위로 사용하는 1마력(Horse Power, 기호 HP)은 746[W]에 해당한다.

> **Q 더 알아보기!**
>
> 1마력은 1초 동안에 75[kg]의 물건을 1[m] 옮기는 데 드는 힘,
> 즉 1[PS]=75[kgf·m/sec]=735[W](watt)=0.735[kW]

③ [A] : 암페어는 전류의 단위이다. 1[A](암페어)는 도선(導線)의 임의의 단면적을 1초 동안 1[C](쿨롱)의 정전하(정지한 전하, 양전하)가 통과할 때의 값이다.

④ [Ω] : 옴은 저항의 단위이다. 전기적 저항을 말하는데 1[Ω](옴)의 저항에 1[V]의 전압이 가해지면 1[A](암페어)의 전류가 흐른다.

⑤ [F] : 콘덴서에 얼마나 전하가 저장되는지에 관한 단위이다. 일반적으로 $1[\mu F](= 10^{-6}[F]$, 마이크로패럿), $1[pF](= 10^{-12}[F]$, 피코패럿)을 주로 사용한다.

(2) 전류의 3대작용

① **발열작용** : 도체 안의 저항에 전류가 흐르면 열이 발생(전구, 예열플러그, 전열기 등)

② **화학작용** : 전해액에 전류가 흐르면 화학작용이 발생(축전지, 전기도금 등)

③ **자기작용** : 전선이나 코일에 전류가 흐르면 그 주위의 공간에 자기현상 발생(전동기, 발전기, 경음기 등)

(3) 전기 저항

① 물질 속을 전류가 흐르기 쉬운가 어려운가의 정도를 표시하는 단위로 기호는 옴[Ω]이다.

② 온도가 1[℃] 상승하였을 때 저항 값이 어느 정도 크게 되었는가의 비율을 표시하는 것을 그 저항의 온도 계수라 한다.

③ 도체의 저항은 그 길이에 비례하고 단면적에 반비례한다.

④ 도체의 접촉면에 생기는 접촉 저항이 크면 열이 발생하고 전류의 흐름이 떨어진다.

(4) 퓨즈(Fuse)

① 전기회로 보호 장치이다.

② 퓨즈의 재질은 주석과 납의 합금이다.

③ 전력의 크기에 따라 굵거나 가는 퓨즈를 사용한다.

(5) 전기회로의 측정 계기

① **전류테스터** : 전류량 측정

② **저항측정기** : 저항값 측정

③ **메가테스터** : 절연저항 측정(절연저항의 단위는 [MΩ])

④ **멀티테스터** : 전압 및 저항 측정

⑤ **오실로스코프** : 시간에 따른 입력전압의 변화를 화면에 출력하는 장치

(6) 기타 전기장치의 주요사항

① 계기 사용 시는 최대 측정 범위를 초과해서 사용하지 말아야 한다.

② 전류계는 부하에 직렬로 접속해야 한다.

③ 축전지 전원 결선 시는 합선되지 않도록 유의해야 한다.

④ 절연된 전극이 접지되지 않도록 하여야 한다.

10년간 자주 출제된 문제

1-1. 동력의 단위 중 1마력[PS]은?

① 70[kgf · m]
② 102[kgf · m]
③ 102[kgf · m/sec]
④ 75[kgf · m/sec]

1-2. 다음 전기회로 측정 계기 중 시간에 따른 입력전압의 변화를 화면에 출력하는 장치는?

① 오실로스코프
② 메가테스터
③ 멀티테스터
④ 전류테스터

|해설|

1-1
1마력은 1초 동안에 75[kg]의 물건을 1[m] 옮기는 데 드는 힘이다.
1[PS] = 75[kgf · m/sec] = 735[W] = 0.735[kW]

1-2
② 메가테스터 : 절연저항을 측정하는 계기이다.
③ 멀티테스터 : 전압 및 저항을 측정하는 계기이다.
④ 전류테스터 : 전류량을 측정하는 계기이다.

정답 1-1 ④ **1-2** ①

핵심이론 02 | 전압, 전류, 저항

(1) 물질과 전자

물질은 원자의 집합으로 구성되며 원자는 양(+) 전기를 갖는 원자핵과 음(-) 전기를 갖는 몇 개의 전자로 구성된다.

(2) 전자의 특성

① 전기량 $e = 1.602 \times 10^{-19}$
② 1개의 전자와 양자가 갖는 음전기와 양전기의 절댓값은 같다.
③ 전자의 질량 $m = 9.10955 \times 10^{-31}$[kg]
④ 양자의 질량은 1.672×10^{-27}[kg]으로 전자보다 약 1,840배 무겁다.
⑤ 1[C]의 전기량은 $\dfrac{1}{1.602 \times 10^{-19}} \fallingdotseq 0.624 \times 10^{19}$개 전자의 과부족으로 생기는 전하의 전기량이다.

(3) 전 류

단위 시간[sec] 동안에 도체의 단면을 이동한 전하량(전기량)으로 나타내며 t[sec] 동안에 Q[C]의 전하가 이동하였다면, $I = \dfrac{Q}{t}$[A], $I = \dfrac{Q}{t}$[C/s], $Q = I \cdot t$[C]

$Q = N \cdot e$[C]

　　N : 이동한 전자의 수
　　e : 전기량(1.602×10^{-19})

(4) 전 압

전류는 전위가 높은 곳에서 낮은 곳으로 흐르고 이때 전위의 차를 전위차 또는 전압이라 한다. 어떤 도체에 Q[C]의 전기량이 이동하여 W[J]의 일을 했을 때 이때의 전압(전위차, V[V])은

$V = \dfrac{W}{Q}$[V], $V = \dfrac{W}{Q}$[J/C], $W = VQ$[J]이다.

(5) 저 항

전압과 전류와의 비로서 전류의 흐름을 방해하는 전기적 양 $R = \dfrac{V}{I}[\Omega]$이다.

(6) 컨덕턴스

저항의 역수로 전류의 흐르기 쉬운 정도를 나타낸다.

$G = \dfrac{1}{R}[\mho]$, $G = \dfrac{I}{V}[\mho]$

G의 단위로는 지멘스(Siemens : [S]) 또는 모(mho : $[\mho][\Omega^{-1}]$)를 쓴다.

10년간 자주 출제된 문제

100[V]의 전위차로 2[A]의 전류가 3분간 흘렀다고 한다. 이때 이 전기가 한 일은 얼마인가?

① 3,600[J]   ② 6,000[J]

③ 3,200[J]   ④ 36,000[J]

|해설|

전기가 한 일 $W = V \cdot Q = V \cdot I \cdot t[\text{J}]$, 3분 = 180초

∴ $W = 100 \times 2 \times 180 = 36,000[\text{J}]$

정답 ④

---

(1) 옴의 법칙

$I = \dfrac{V}{R}[\text{A}]$, $V = I \cdot R[\text{V}]$, $R = \dfrac{V}{I}[\Omega]$

(2) 저항의 직렬접속

직렬회로에서 전류 I는 저항의 크기에 관계없이 일정하고, 전압 V는 저항의 크기에 비례한다.

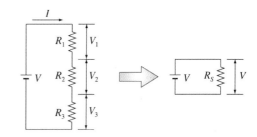

$R_s = R_1 + R_2 + R_3 [\Omega]$

① 직렬회로의 합성저항 R_s는 각각의 저항의 합과 같다.

$R_s = R_1 + R_2 + R_3 [\Omega]$, $R_s = \sum R_m [\Omega]$

② 같은 값의 저항을 직렬접속한 회로의 합성저항

$R_s = n R_1 [\Omega]$

③ 각 저항의 전압 강하(V_1, V_2, V_3)

$V_1 = I \cdot R_1 [\text{V}]$, $V_2 = I \cdot R_2 [\text{V}]$, $V_3 = I \cdot R_3 [\text{V}]$

④ 각 저항에 강하된 전압의 합은 전원전압과 같다.

$V = V_1 + V_2 + V_3 [\text{V}]$

⑤ 전원전압 V는 각각의 저항의 크기에 비례하여 분배된다.

$V_1 = I \cdot R_1 = \dfrac{V}{R_s} \cdot R_1 [\text{V}]$

$V_2 = I \cdot R_2 = \dfrac{V}{R_s} \cdot R_2 [\text{V}]$

$V_3 = I \cdot R_3 = \dfrac{V}{R_s} \cdot R_3 [\text{V}]$

그림과 같은 회로에서 $V = 100[V]$, $R_1 = R_2 = R_3 = 10[k\Omega]$ 인 회로에서 V_2는 약 몇 [V]인가?

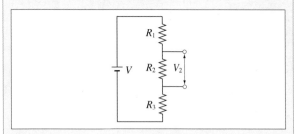

① 10
② 33.3
③ 50.5
④ 300

| 해설 |

$R_1 = R_2 = R_3$이므로 각 저항 양단의 전압은 기전력 V의 $\frac{1}{3}$이 된다.

$\therefore V_2 = \frac{100}{3} ≒ 33.3[V]$

정답 ②

핵심이론 **04** | 저항의 연결(Ⅱ)

(1) 병렬접속(Parallel Connection)

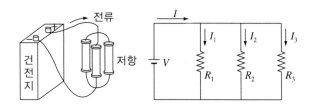

① 병렬합성저항 R_p의 역수는 각 저항의 역수의 합과 같다.

$$\frac{1}{R_p} = \frac{1}{R_1} + \frac{1}{R_2} + \frac{1}{R_3}[\Omega]$$

$$R_p = \frac{1}{\dfrac{1}{R_1} + \dfrac{1}{R_2} + \dfrac{1}{R_3}}[\Omega]$$

$$R_p = \frac{R_1 \cdot R_2 \cdot R_3}{R_1 R_2 + R_2 R_3 + R_3 R_1}[\Omega]$$

② 크기가 같은 저항 n개가 병렬접속되었다면 합성저항 R_p는 $R_p = \dfrac{R_1}{n}[\Omega]$이다.

🔍 **더 알아보기!**

저항을 병렬접속하면 합성저항은 회로 내의 가장 작은 저항 값보다 더 작다.

③ 전체의 전류 I는 각 분로 전류의 합과 같다.

$I = I_1 + I_2 + I_3[A]$

④ 병렬회로의 분로 전류는 각 분로의 저항의 크기에 반비례한다.

$$I_1 = \frac{R_p}{R_1} \cdot I\,[A]$$

$$I_2 = \frac{R_p}{R_2} \cdot I\,[A]$$

$$I_3 = \frac{R_p}{R_3} \cdot I\,[A]$$

(2) 직·병렬접속

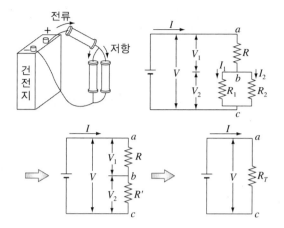

① 단자 $b-c$ 사이의 합성저항

$$R' = \cfrac{1}{\cfrac{1}{R_1}+\cfrac{1}{R_2}} = \cfrac{1}{\cfrac{R_2}{R_1 R_2}+\cfrac{R_1}{R_1 R_2}}$$

$$= \frac{R_1 \cdot R_2}{R_1 + R_2}[\Omega] \text{이다.}$$

② R과 R'는 직렬회로이므로 합성저항

$$R_T = R + \frac{R_1 \cdot R_2}{R_1 + R_2}[\Omega]$$

③ 각 분로 전류 I_1, I_2

$$I_1 = \frac{R'}{R_1} \cdot I = \frac{\dfrac{R_1 \cdot R_2}{R_1 + R_2}}{R_1} = \frac{R_2}{R_1 + R_2} \cdot I\,[\mathrm{A}]$$

$$I_2 = \frac{R'}{R_2} \cdot I = \frac{R_1}{R_1 + R_2} \cdot I\,[\mathrm{A}]$$

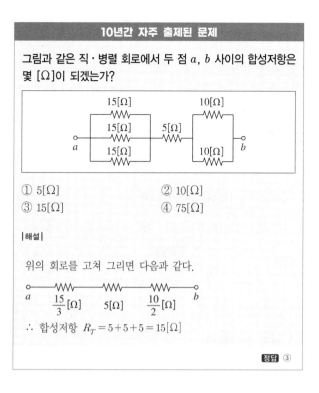

핵심이론 05 | 전력과 열작용

(1) 줄의 법칙

① 저항 $R[\Omega]$인 도체에 $I[A]$의 전류가 $t[\sec]$ 동안 흐르면 열이 발생한다.

② 발생하는 열량

$$H = I^2 Rt[J] = P \cdot t[W \cdot s]$$

$$1[J] = \frac{1}{4.18605} \fallingdotseq 0.24[cal]$$

$$\therefore \ H = 0.24 I^2 Rt[cal], \ H' = mc(T - T_0)[cal]$$

여기서, m : 질량[g]

c : 비열

T : 상승 후의 온도[℃]

T_0 : 상승 전의 온도[℃]

(2) 전력 및 전력량

① 전력 : 단위시간 동안에 전기가 한 일의 양

$$P = \frac{V \cdot Q}{t} = V \cdot I = I^2 R = \frac{V^2}{R}[W]$$

$$1[HP] = 746[W] \fallingdotseq \frac{3}{4}[kW]$$

② 전력량 : 전기가 한 일의 양

$$W = I^2 Rt[J] = P \cdot t[W \cdot s]$$

③ 전력량의 실용 단위

$$1[kWh] = 10^3[Wh] = 3.6 \times 10^6[W \cdot s]$$

(3) 온도상승과 허용전류

① 온도상승 : 질량 $m[kg]$, 비열 $c[J/kg \cdot K]$의 물체에 $Q[J]$의 열에너지가 주어지면 그 온도

$$t = \frac{Q}{mc}[K], \ Q = mct[J]$$

② 허용전류 : 도체에 안전하게 흘릴 수 있는 최대전류

$$I = \sqrt{\frac{V}{R}}[A]$$

5-1. 2[℃]의 물 1톤을 10분 동안에 42[℃]의 물로 만들려면 이때 사용해야 할 전력은 몇 [kW]인가?

① 100[kW]　　　　　② 200[kW]

③ 300[kW]　　　　　④ 400[kW]

5-2. 줄의 법칙에서 발생하는 열량의 계산식으로 옳은 것은 무엇인가?

① $H = 0.24 RI^2 t[cal]$

② $H = 0.024 RI^2 t[cal]$

③ $H = 0.24 RI^2[cal]$

④ $H = 0.024 RI^2[cal]$

5-3. 다음 중 전류의 발열 작용에 관한 법칙과 가장 관계가 있는 것은?

① 옴의 법칙

② 패러데이 법칙

③ 줄의 법칙

④ 키르히호프 법칙

|해설|

5-1

$H' = mc(T - T_o)[cal]$

여기서, H' : 주어진 열량[cal]

m : 질량[g]

c : 물의 비열로서 1

T : 상승 후의 온도

T_0 : 상승 전의 온도

$0.24 Pt = mc(T - T_0)$

전력 $P = \dfrac{mc(T - T_0)}{0.24t} = \dfrac{1,000,000(42 - 13.2)}{0.24 \times 10 \times 60} = 200,000$

$= 200[kW]$

5-2

줄의 법칙 : 전류에 의해서 매초 발생하는 열량은 전류의 제곱과 저항의 곱에 비례한다. $H = 0.24 I^2 Rt[cal]$

5-3

줄의 법칙은 전류에 의해서 매초 발생하는 열량은 전류의 제곱과 저항의 곱에 비례한다는 법칙으로 발열 작용과 관계가 있다.

정답 5-1 ②　**5-2** ①　**5-3** ③

| 핵심이론 06 | 열전기 현상과 패러데이 법칙

(1) 제벡 효과(열전 효과)

서로 다른 두 종류의 금속을 접합하여 접합점을 다른 온도로 유지하면 열기전력이 생겨 일정한 방향으로 전류가 흐르는 현상 → 열전 온도계, 열전형 계기에 이용

(2) 펠티에 효과

제벡 효과의 역현상으로 서로 다른 두 종류의 금속을 접속하여 전류를 흘리면 접합부에서 열의 발생 또는 흡수가 일어나는 현상 → 흡열은 전자냉동, 발열은 전자 온풍기에 이용

(3) 패러데이의 법칙

전기 분해에 의해 전극에 석출되는 물질의 양은 전해액 속을 통과한 총전기량(전하량)에 비례한다.

10년간 자주 출제된 문제

두 종류의 금속 접합부에 전류를 흘리면 전류의 방향에 따라 줄열이 아닌 열의 발생 또는 흡수현상이 일어나는 것을 무엇이라 하는가?

① 제벡 효과
② 제3금속의 법칙
③ 패러데이 법칙
④ 펠티에 효과

|해설|

④ 제벡 효과(Seebeck Effect)의 역현상은 펠티에 효과(Peltier Effect)이다.

정답 ④

| 핵심이론 07 | 정류회로

(1) 정류소자의 특성

① **맥동률** : 정류된 직류 전류(전압) 속에 포함되는 교류 성분의 정도이며 리플 백분율이라고도 한다.

$$r = \frac{\text{출력 파형에 포함된 교류분의 실효값}}{\text{출력 파형의 평균값(직류성분)}}$$

$$\therefore r = \frac{V}{V_d} \times 100[\%]$$

② **정류 효율** : 직류 출력 전류에 대한 교류 입력 전류의 비

$$n = \frac{\text{부하에 전달되는 직류 출력 전력}}{\text{교류 입력 전력}} \times 100[\%]$$

③ **반파정류회로** : 최대 효율은 40.6[%]

㉠ 정류기의 효율

$$\eta = \frac{P_{dc}}{P_i} = \frac{4}{\pi^2\left(1 + \frac{r_p}{R_L}\right)} = \frac{0.406}{1 + \frac{r_p}{R_L}}$$

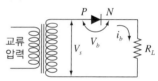

[반파정류회로]

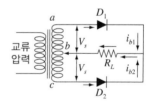

[전파정류회로]

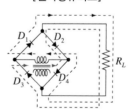

[브리지 전파정류회로]

④ 전파정류회로 : 최대 효율은 81.2[%]

　　㉠ 정류기의 효율

$$\eta = \frac{P_0}{\pi} \times 100 [\%]$$

$$= \frac{\dfrac{\left(\dfrac{2V_m}{\pi}\right)^2}{R_L}}{\dfrac{\left(\dfrac{V_m}{\sqrt{2}}\right)^2}{R_L}} \times 100$$

$$= \frac{\left(\dfrac{2V_m}{\pi}\right)^2}{\left(\dfrac{V_m}{\sqrt{2}}\right)^2} \times 100$$

$$= \left(\frac{2\sqrt{2}}{\pi}\right)^2 \times 100$$

$$= 81.2[\%]$$

10년간 자주 출제된 문제

어떤 정류회로의 출력 직류 전압이 20[V]이고 맥동전압이 0.1
[V]였다면 이 정류회로의 맥동률은 몇 [%]인가?

① 0.5　　　　　　　　　② 1
③ 1.5　　　　　　　　　④ 2

|해설|

$$r = \frac{\text{출력 파형에 포함된 교류분의 실효값}}{\text{출력 파형의 평균값(직류성분)}}$$

$$= \frac{V}{V_d} \times 100[\%] = \frac{0.1}{20} \times 100 = 0.5[\%]$$

정답 ①

---

(1) 쿨롱의 법칙

두 점전하 사이에 작용하는 정전기력의 크기는 두 전하
(전기량)의 곱에 비례하고, 전하 사이의 거리의 제곱에
반비례한다.

$$F = \frac{1}{4\pi\varepsilon_0} \frac{Q_1 Q_2}{r^2} [\text{N}]$$

(2) 유전율(ε)

전기장이 얼마나 그 매질에 영향을 미치는지, 그 매질에
의해 얼마나 영향을 받는지를 나타내는 물리적 단위로서,
매질이 저장할 수 있는 전하량으로 볼 수 있다.

진공의 유전율 $\varepsilon_0 = 8.855 \times 10^{-10} [\text{F/m}]$

(3) 정전용량(커패시턴스)

콘덴서가 전하를 축적할 수 있는 능력을 표시하는 양으로
단위는 패럿[F]을 사용한다.

(4) 유전체 내의 정전 에너지

콘덴서에 전압 $V[\text{V}]$가 가해져서 $Q[\text{C}]$의 전하가 축적
되어 있을 때 축적되는 에너지

$$W = \frac{1}{2}QV = \frac{1}{2}CV^2 = \frac{1}{2}\frac{Q^2}{C}[\text{J}]$$

(5) 콘덴서의 직렬접속

$$C = \frac{Q}{V} = \frac{1}{\dfrac{1}{C_1} + \dfrac{1}{C_2} + \dfrac{1}{C_3}}[\text{F}]$$

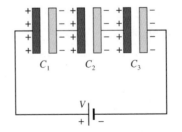

(6) 콘덴서의 병렬접속

$$C = \frac{Q}{V} = C_1 + C_2 + C_3 [\text{F}]$$

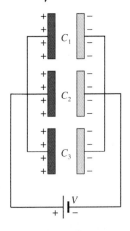

전해 콘덴서 3[μF]와 5[μF]를 병렬로 접속했을 때의 합성 정전용량은 몇 [μF]인가?

① 1.9[μF]   ② 2[μF]

③ 8[μF]   ④ 15[μF]

|해설|

콘덴서를 병렬로 접속했을 때의 합성 정전용량

$$C = \frac{Q}{V} = C_1 + C_2 = 3[\mu\text{F}] + 5[\mu\text{F}] = 8[\mu\text{F}]$$

정답 ③

핵심이론 09 | 자기현상에 관한 법칙

(1) 쿨롱의 법칙

두 자극 사이에 작용하는 힘 $F[\text{N}]$은 두 자극의 세기 m_1, $m_2[\text{Wb}]$의 곱에 비례하고 두 자극 사이의 거리 $r[\text{m}]$의 제곱에 반비례한다.

m_1, m_2 : 자극[Wb]

r : 자극[m]

$$F = K \cdot \frac{m_1 \cdot m_2}{r^2} [\text{N}]$$

$$K = \frac{1}{4\pi\mu_0} \fallingdotseq 6.33 \times 10^4 [\text{N} \cdot \text{m}^2/\text{Wb}^2]$$

$$F = \frac{1}{4\pi\mu_0} \cdot \frac{m_1 \cdot m_2}{\mu_s r^2} [\text{N}]$$

$$F = 6.33 \times 10^4 \cdot \frac{m_1 \cdot m_2}{r^2} [\text{N}]$$

① 투자율 $\mu = \mu_0 \mu_s [\text{H/m}]$: 자속밀도 $B[\text{Wb/m}^2]$와 자장의 세기 $H[\text{AT/m}]$의 비

② 진공 중의 투자율 : $\mu_0 = 4\pi \times 10^{-7} [\text{H/m}]$

③ 비투자율(μ_s) : 진공 중에서 = 1, 공기 중에서 $\fallingdotseq$ 1

(2) 앙페르의 오른 나사의 법칙

전류에 의한 자장의 방향을 결정하는 법칙으로 도선에 전류가 흐르면 그 주위에 자장이 생기고 전류의 방향과 자장의 방향은 각각 오른 나사의 진행방향과 회전방향에 일치한다.

(3) 비오-사바르의 법칙

전류에 의한 자장의 세기를 결정한다.

$$\Delta H = \frac{I \cdot \Delta l}{4\pi r^2} \cdot \sin\theta [\text{AT/m}]$$

9-1. 공기 속에서 1.6×10^{-4}[Wb]와 2×10^{-3}[Wb]의 두 자극 사이에 작용하는 힘이 12.66[N]이었다. 두 자극 사이의 거리는 몇 [cm]인가?

① 4[cm]   ② 3[cm]
③ 2[cm]   ④ 1[cm]

9-2. 전류에 의해 발생되는 자장의 크기는 전류의 크기와 전류가 흐르고 있는 도체와 고찰하는 점까지의 거리에 의해 결정된다. 이러한 관계를 무슨 법칙이라고 하는가?

① 비오-사바르 법칙
② 플레밍의 왼손 법칙
③ 쿨롱의 법칙
④ 패러데이의 법칙

|해설|

9-1

$F = 6.33 \times 10^4 \dfrac{m_1 \times m_2}{r^2}$[N] 에서

$r^2 = \dfrac{6.33 \times 10^4 \times m_1 \times m_2}{F}$

$= \dfrac{6.33 \times 10^4 \times 1.6 \times 10^{-4} \times 2 \times 10^{-3}}{12.66}$

$= 1.6 \times 10^{-3}$

$r = \sqrt{1.6 \times 10^{-3}} = 0.04$[m] $= 4$[cm]

9-2
비오-사바르의 법칙 : 전류와 이 전류가 만드는 자기장 사이의 관계를 정량적으로 나타낸 기본 법칙

$\Delta H = \dfrac{I \Delta l \sin\theta}{4\pi r^2}$[AT/m]

정답 9-1 ① **9-2** ①

핵심이론 **10** | 자속밀도와 자장의 세기

(1) 자기회로와 전기회로의 비교

자기회로	전기회로	자기회로	전기회로
기자력 $F = N \cdot I$[A·T]	기전력 E[V]	자기저항률 $\dfrac{1}{\mu}$	고유저항 ρ
자속 $\phi = \dfrac{F}{R}$[Wb]	전류 $I = \dfrac{E}{R}$[A]	투자율 μ	도전율 σ
자기저항 $R = \dfrac{F}{\phi} = \dfrac{l}{\mu A}$ [AT/Wb]	전기저항 $R = \dfrac{E}{I} = \rho \dfrac{l}{A}$[Ω]	자위강하 $\phi R(HI)$	전압강하 $I \cdot R$

(2) 자속밀도

철심 단면의 단위 넓이 1[m²]에 생기는 자속의 양으로 테슬라(Tesla : [T] 또는 [Wb/m²])의 단위를 사용한다.

$B = \dfrac{\phi}{A}$[Wb/m²], $\phi = \dfrac{\mu A N I}{l}$[Wb]이므로

$B = \dfrac{\mu N I}{l}$[Wb/m²]

(3) 자장의 세기

자기회로의 단위 길이에 대해서 얼마만큼의 기자력이 주어지고 있는가를 나타내는 양 $H = \dfrac{NI}{l}$[AT/m]

① 원형 코일 : $H = \dfrac{NI}{2r}$[AT/m]

   (N : 권수[회], I : 전류[A], r : 코일 반지름[m])

② 솔레노이드 : $H = N_0 I$[AT/m]

   (N_0 : 1[m]당 감은 횟수[T/m])

③ 환상 솔레노이드 : $H = \dfrac{NI}{2\pi r}$[AT/m]

   (r : 환상 솔레노이드의 평균 반지름[m])

(4) 자속밀도와 자장의 세기의 관계

$$B = \frac{\phi}{A} = \frac{\mu N I}{l} [\text{Wb/m}^2]$$

$$H = \frac{NI}{l} [\text{AT/m}]$$

$$\therefore \ B = \mu \cdot H = \mu_0 \mu_s \cdot H [\text{Wb/m}^2]$$

10년간 자주 출제된 문제

10-1. 평균 반지름이 10[cm]이고 감은 횟수가 20회인 원형코일에 2[A]의 전류를 흐르게 하면 이 코일 중심의 자장의 세기는 몇 [AT/m]인가?

① 100   ② 200
③ 300   ④ 400

10-2. 비투자율이 1인 환상 철심 중의 자장의 세기가 H[AT/m]이었다. 이때 비투자율이 10인 물질로 바꾸면 철심의 자속밀도[Wb/m²]는?

① $\frac{1}{10}$로 줄어든다.
② 10배 커진다.
③ 50배 커진다.
④ 100배 커진다.

|해설|

10-1

$$H = \frac{NI}{2r} = \frac{20 \times 2}{2 \times 10 \times 10^{-2}} = 200[\text{AT/m}]$$

10-2

자속밀도 B와 자장 H간의 관계식 $B = \mu H$에서 비례 상수 μ를 가리킨다. MKS 단위계에서는 $\mu = \mu_0 \mu_r$로 표시하며, μ_0는 진공 투자율 $(4\pi \times 10^{-7} [\text{H/m}])$, μ_r은 비투자율이다. CGS 단위계에서 μ는 μ_r과 일치한다.

정답 10-1 ②   **10-2** ②

핵심이론 **11** | 전류에 의한 자기현상

(1) 플레밍의 왼손 법칙

자장 안에 놓인 도선에 전류가 흐를 때 도선이 받는 힘의 방향을 알 수 있는 법칙(전동기의 원리)

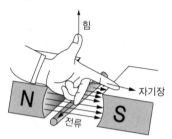

(2) 직선도체에 작용하는 힘

① 자장의 방향에 대해서 θ의 각도에 있는 도체에 작용하는 힘

$$F = BIl\sin\theta[\text{N}]$$

> B : 자속밀도[Wb/m²]
> I : 전류[A]
> l : 도체의 길이[m]
> θ : 도체와 자장이 이루는 각도

② 도체가 한 일(Work) : $W = FS[\text{J}]$

(S : 이동한 거리[m])

(3) 사각형 코일에 작용하는 힘

$$T = BIAN\cos\theta[\text{N} \cdot \text{m}]$$

(4) 평행 도체 사이에 작용하는 힘

두 평형 도체에 같은 방향으로 전류가 흐르면 흡인력, 반대 방향으로 전류가 흐르면 반발력이 작용한다.

$$F = \frac{2I_1 \cdot I_2}{r} \times 10^{-7}[\text{N/m}]$$

11-1. 자속밀도 0.3[Wb/m²]의 자장 안에 자장과 직각으로 50[cm]의 도체를 놓고 이것에 10[A]의 전류를 흘릴 때 도체가 20[cm] 운동한 경우의 일[J]은?

① 3[J]   ② 5[J]
③ 0.3[J]   ④ 0.5[J]

11-2. 플레밍의 왼손 법칙에서 엄지손가락이 나타내는 것은?

① 자 장   ② 전 류
③ 힘   ④ 기전력

11-3. 플레밍의 왼손 법칙에서 전류의 방향을 나타내는 손가락은?

① 약 지   ② 중 지
③ 검 지   ④ 엄 지

|해설|

11-1

$W = F \cdot S[\text{J}]$, $F = BIl\sin\theta[\text{N}]$

$\therefore\ W = BIl\sin\theta \cdot S = 0.3 \times 10 \times 0.5 \times 0.2$
$= 0.3[\text{J}]$

11-2, 11-3

플레밍의 왼손 법칙

• 엄지는 자기장에서 받는 힘(F)의 방향
• 검지는 자기장(B)의 방향
• 중지는 전류(I)의 방향

정답 11-1 ③ 11-2 ③ 11-3 ②

핵심이론 **12** | 전자유도

(1) 플레밍의 오른손 법칙

① 도체가 운동하여 자속을 끊었을 때 기전력의 방향을 알 수 있는 법칙(발전기의 원리)

② 직선 도체에 발생하는 기전력

자속을 끊는 방향
자속의 방향
기전력의 방향

$$V = Blv\sin\theta[\text{V}]$$

B : 자속밀도[Wb/m²]
l : 도체의 길이[m]
v : 도체의 운동속도[m/s]
θ : 도체가 자장과 이루는 각도

(2) 패러데이의 전자유도 법칙

전자유도에 의해서 생기는 기전력의 크기는 코일을 쇄교하는 자속의 변화율과 코일의 권수의 곱에 비례한다.

$$V = N\frac{\Delta\phi}{\Delta t}[\text{V}]$$

(3) 렌츠의 법칙-역기전력의 법칙

전자유도에 의하여 생긴 기전력의 방향은 그 유도 전류가 만든 자속이 항상 원래의 자속의 증가 또는 감소를 방해하는 방향이다.

$$V = -L\frac{\Delta I}{\Delta t}[\text{V}]$$

자체 인덕턴스 0.2[H]의 코일에 전류가 0.01[초] 동안에 3[A] 변화했을 때 코일에 유도되는 기전력은 몇 [V]인가?

① 40   ② 50
③ 60   ④ 70

|해설|

렌츠의 법칙에서 $V = L \frac{\Delta I}{\Delta t} = 0.2 \times \frac{3}{0.01} = 60[\text{V}]$

정답 ③

핵심이론 13 | 인덕턴스(Inductance)

(1) 인덕턴스

코일에 전류가 흐르면 자속을 만들고 자기 에너지를 축적하는 양

① 자체 인덕턴스 : $L = \frac{N\phi}{I}[\text{H}]$

② 환상 코일의 자체 인덕턴스 : $L = \frac{\mu A N^2}{l}[\text{H}]$ (투자율 μ에 비례)

③ 상호 인덕턴스 : $M = K\sqrt{L_1 \cdot L_2}[\text{H}]$

    결합계수 $K = \frac{M}{\sqrt{L_1 L_2}}$ (단, $0 \leq K \leq 1$)

④ 환상 코일의 상호 인덕턴스 : $M = \frac{\mu A N_1 N_2}{l}[\text{H}]$

(2) 인덕턴스의 접속

① 가동접속 : 동일한 방향으로 접속

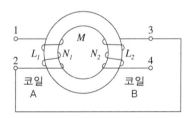

$$L_0 = L_1 + L_2 + 2M[\text{H}]$$

② 차동접속 : 반대 방향으로 접속

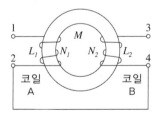

$$L_0 = L_1 + L_2 - 2M[\text{H}]$$

(3) 변압기의 원리

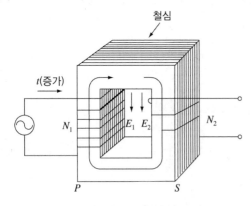

철심

t(증가)

N_1 E_1 E_2 N_2

P S

전자유도작용 원리를 이용한 것으로 코일 P와 S를 감고 코일 P에 교번 전압을 가하면 철심 안의 자속 ϕ_m은 변화하여 기전력이 유도된다(전압은 권수에 비례, 전류는 반비례).

$$E_1 = -N_1 \frac{\Delta \phi_m}{\Delta t}[\mathrm{V}]$$

$$E_2 = -N_2 \frac{\Delta \phi_m}{\Delta t}[\mathrm{V}]$$

$$\frac{E_1}{E_2} = \frac{N_1}{N_2}$$

권수비 $\alpha = \dfrac{N_1}{N_2} = \dfrac{E_1}{E_2} = \sqrt{\dfrac{Z_1}{Z_2}} = \dfrac{I_2}{I_1}$

10년간 자주 출제된 문제

두 코일의 자체 인덕턴스를 L_1, L_2, 결합계수를 K라 할 때 상호 인덕턴스는 어떻게 나타내는가?

① $K\sqrt{L_1 L_2}$ 　　② $KL_1 L_2$

③ $\sqrt{L_1 L_2}$ 　　　④ $K\sqrt{L_1 + L_2}$

|해설|

상호 인덕턴스(Mutual Inductance)

$M = K\sqrt{L_1 \cdot L_2}\,[\mathrm{H}]$

정답 ①

핵심이론 14 | 맴돌이 전류손과 히스테리시스 곡선

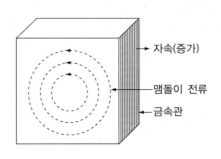

자속(증가)

맴돌이 전류

금속판

(1) 맴돌이 전류(와전류)

와전류가 철판이나 동판 속에 흐르면 저항 때문에 열이 발생하므로 전기기기의 효율을 저하시킨다. 얇은 규소 강판을 한 장마다 절연하여 겹쳐서 사용하는 것은 와전류손을 적게 하기 위해서다.

(2) 맴돌이 전류손실

$$P_e = \theta(B_m f t)^2 [\mathrm{W}]$$

θ : 비례상수
B_m : 최대자속밀도$[\mathrm{Wb/m^2}]$
f : 주파수$[\mathrm{Hz}]$
t : 도체의 두께

(3) 히스테리시스 곡선과 손실(B – H 곡선)

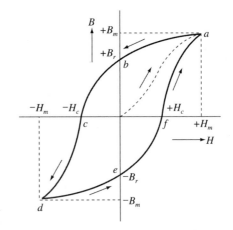

자화되는 철심에서 에너지가 소비되는 현상을 히스테리시스손이라 한다. 이 손실은 전기기기의 효율을 저하시켜 온도 상승의 원인이 되므로 철심에는 가능한 한 히스테리시스손이 적은 규소 강판을 사용한다.

① 잔류자기 B_r : 철심의 자화 특성에서 전류를 0으로 하여도 남는 자속밀도 B의 정도(잔류자기가 큰 재료일수록 강한 영구 자석)

② 보자력 H_c : 코일을 제거하여도 남는 자력의 정도

③ 히스테리시스 손실

$$P_n = nB_m^{1.6}f[\text{W/m}^2]$$

　　n : 히스테리시스 계수
　　f : 주파수
　　B_m : 최대 자속밀도
　　1.6 : 스타인메츠 상수

전기자 철심용으로 얇은 규소 강판을 성층하는 이유는?

① 비용 절감
② 기계손 감소
③ 와류손 감소
④ 가공 용이

|해설|

히스테리시스손과 와류손은 전기기기의 효율을 저하시켜 온도 상승의 원인이 되므로 직류 발전기의 전기자 철심용은 가능한 한 얇은 규소 강판을 성층하여 사용한다.

정답 ③

핵심이론 15 │ 교류회로의 표시

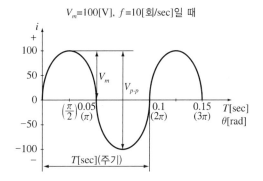

$V_m = 100[\text{V}]$, $f = 10[\text{회/sec}]$일 때

(1) 사인파(정현파) 교류의 표시

$$V = V_m \sin\omega t[\text{V}]$$

(2) 순시값

순간순간 변화하는 전압의 값 $v = V_m \sin\omega t[\text{V}]$

(3) 최댓값(Maximum Value ; V_m)

순시값 중에서 가장 큰 값

(4) 피크-피크값(Peak-to-Peak Value ; V_{p-p})

파형의 최댓값과 최솟값 사이의 값

(5) 실효값

저항 $R[\Omega]$에 직류를 가했을 때와 교류를 가했을 때 발생하는 열량이 같을 때의 교류값으로 교류의 크기는 일반적으로 실효값을 쓴다(교류 전류계의 지시에 사용).

① 실효값 $V = \dfrac{V_m}{\sqrt{2}}$, $V = 0.707\,V_m[\text{V}]$

② 최댓값 $V_m = \sqrt{2} \cdot V[\text{V}]$

(6) 평균값

정(+)의 반주기 또는 부(−)의 반주기간의 순시값의 평균값으로 가동코일형 계기의 지시에 사용한다.

① 평균값 $V_a = \dfrac{2\,V_m}{\pi} = 0.637\,V_m[\text{V}]$

② $V_a \fallingdotseq 0.9\,V\,[\mathrm{V}]$ (실효값의 약 $90[\%]$)

$$V = \frac{V_a \cdot \pi}{2}[\mathrm{V}]$$

(7) 파형률 = $\dfrac{\text{실효값}}{\text{평균값}}$, 파고율 = $\dfrac{\text{최댓값}}{\text{실효값}}$

(8) 주파수와 주기의 관계

주파수 $f = \dfrac{1}{t}[\mathrm{Hz}]$

주기 $t = \dfrac{1}{f}[\sec]$

파장 $\lambda = \dfrac{C}{f}[\mathrm{m}]\,(C : \text{빛의 속도}(3 \times 10^8 [\mathrm{m/s}]))$

(9) 각속도

$$\omega = 2\pi f = \frac{2\pi}{t}[\mathrm{rad/sec}]$$

(10) 위상각

$V = V_m \sin(\omega t + \phi)$ 에서 ϕ를 위상각이라 한다.

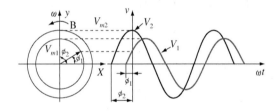

(11) 사인파 교류의 벡터에 의한 표시법

① $V_1 = V_{m1}\sin(\omega t + \phi_1)[\mathrm{V}]$

② $V_2 = V_{m2}\sin(\omega t + \phi_2)[\mathrm{V}]$

③ (벡터의 길이) = (사인파 교류의 실효값)

④ (벡터의 편각) = (사인파 교류의 위상각)

10년간 자주 출제된 문제

어떤 교류전압의 평균값이 382[V]일 때의 실효값은 몇 [V]인가?

① 300[V]　　　　　② 343[V]

③ 424[V]　　　　　④ 848[V]

|해설|

• 평균값 $V_a \fallingdotseq 0.9 \times$ 실효값

• 실효값 $V = \dfrac{V_a}{0.9} = \dfrac{382}{0.9} \fallingdotseq 424[\mathrm{V}]$

정답 ③

핵심이론 16 | 부하의 전력

(1) 저항부하의 전력(전압과 전류는 동위상)

교류전력은 순시전력 p의 1주기에 대한 평균값이다.

→ $P = VI[\text{W}]$

(2) 콘덴서 부하인 경우

전압은 전류보다 $\dfrac{\pi}{2}[\text{rad}]$만큼 뒤진다.

① 정전에너지 : $W_C = \dfrac{1}{2}CV^2[\text{J}]$는 축적되어도 소비되는 전력은 없다.

② 순시전력 : $p = -VI\sin2\omega t[\text{VA}]$

③ 평균전력(1주기 평균값) : $P = 0[\text{W}]$

(3) 인덕턴스 부하인 경우

전압은 전류보다 $\dfrac{\pi}{2}[\text{rad}]$만큼 빠르다.

① 전자에너지 : $W_L = \dfrac{1}{2}LI^2[\text{J}]$는 축적되어도 소비되는 전력은 없다.

② 순시전력 : $p = -VI\sin2\omega t[\text{VA}]$

③ 평균전력(1주기 평균값) : $P = 0[\text{W}]$

(4) 역률(Power Factor)

전원에서 공급된 전력이 부하에서 유효하게 이용되는 비율로서 $\cos\theta$로 나타나고, 0~1(0~100[%])로 표현된다. 저항만 있는 회로에서는 1, 코일만 있는 회로에서는 0, 콘덴서만 있는 회로에서는 0으로 나타난다.

$$\cos\theta = \dfrac{R}{Z} = \dfrac{R}{\sqrt{R^2 + X^2}}$$

16-1. 인덕턴스 부하인 경우의 순시전력[VA]을 나타낸 것은?

① $\dfrac{1}{2}CV^2$ ② $VI\sin2\omega t$

③ $-VI\sin2\omega t$ ④ $\dfrac{1}{2}LI^2$

16-2. 저항 4[Ω], 유도 리액턴스 8[Ω], 용량 리액턴스 5[Ω]이 직렬로 된 회로에서의 역률은 얼마인가?

① 0.8   ② 0.7
③ 0.6   ④ 0.5

|해설|

16-1

인덕턴스 부하인 경우, 전압은 전류보다 $\dfrac{\pi}{2}[\text{rad}]$만큼 빠르다. 전자에너지($W_L = \dfrac{1}{2}LI^2[\text{J}]$)는 축적되어도 소비되는 전력은 없다. 순시전력은 $p = -VI\sin2\omega t[\text{VA}]$이며 평균전력(1주기 평균값)은 $P = 0[\text{W}]$이다.

16-2

$Z = 4 + j(8-5) = 4 + j3$, 역률 $\cos\theta = \dfrac{R}{Z} = \dfrac{4}{5} = 0.8$

정답 16-1 ③ **16-2** ①

(1) 피상전력

교류의 부하 또는 전원의 용량을 표시하는 전력으로, 전원에서 공급되는 전력이며 단위는 [VA]이다.

$$\to P_a = VI = I^2 Z \,[\mathrm{VA}]$$

(2) 유효전력

전원에서 공급되어 부하에서 유효하게 이용되는 전력으로, 전원에서 부하로 실제 소비되는 전력이며 단위는 [W]이다. $\to P = VI\cos\theta = I^2 R\,[\mathrm{W}]$

(3) 무효전력

실제로 아무런 일을 하지 않아 부하에서는 전력으로 이용될 수 없는 전력이며 단위는 [Var]이다.

$$\to P_r = VI\sin\theta = I^2 X\,[\mathrm{Var}]$$

(4) 역 률

피상전력 중에서 유효전력으로 사용되는 비율

① 역률의 표현 : $\cos\theta = \dfrac{VI\cos\theta}{VI} = \dfrac{P}{P_a}$

② 역률 개선 : 부하의 역률을 1에 가깝게 높이는 것

③ 역률 개선 방법 : 소자에 흐르는 전류의 위상이 소자에 걸리는 전압보다 앞서는 용량성 부하인 콘덴서를 부하에 첨가

④ 역률 개선 효과

전력회사 측면	• 전력계통 안정 • 전력손실 감소 • 설비용량의 효율적 운용 • 투자비 경감
수용가 측면	• 설비용량의 여유증가 • 전압강하 경감 • 변압기 및 배전선의 전력손실 경감 • 전기요금 경감

(5) 유효·무효·피상 전력 사이의 관계

$$P_a = \sqrt{P^2 + P_r{}^2}\,[\mathrm{W}]$$

17-1. 6,600[V], 800[kVA]의 3상 발전기의 역률이 70[%]일 때의 출력은?

① 560[kW]　　　　　② 700[kW]
③ 800[kW]　　　　　④ 850[kW]

17-2. 역률 개선의 효과로 볼 수 없는 것은?

① 감전사고 감소
② 전력손실 감소
③ 전압강하 감소
④ 설비용량의 이용률 증가

|해설|

17-1
3상의 전력

• 피상전력 $P_a = \sqrt{3}\,V_L I_L\,[\mathrm{VA}]$
• 유효전력 $P = \sqrt{3}\,V_L I_L\cos\theta\,[\mathrm{W}]\,(\cos\theta = 역률)$
• 무효전력 $P_r = \sqrt{3}\,V_L I_L\sin\theta\,[\mathrm{Var}]\,(\sin\theta = 무효율)$
∴ $P = \sqrt{3}\,V_L I_L\cos\theta = 800 \times 0.7 = 560\,[\mathrm{kW}]$

17-2
역률 개선 효과

전력회사 측면	• 전력계통 안정 • 전력손실 감소 • 설비용량의 효율적 운용 • 투자비 경감
수용가 측면	• 설비용량의 여유 증가 • 전압강하 경감 • 변압기 및 배전선의 전력손실 경감 • 전기요금 경감

정답 17-1 ①　17-2 ①

(1) 전동기의 개요

① 전기에너지를 기계에너지로 바꾸는 장치를 전동기라 하며 직류전동기와 교류전동기가 있다.

② 직류전동기에는 직권·분권·복권(가동복권, 차동복권전동기)·타여자 전동기가 있다.

③ 교류전동기에는 권선형 유도전동기와 농형 유도전동기가 있다.

④ 전동기의 외형에 따라 개방형, 전폐형, 폐쇄통풍형, 전폐강제통풍형, 방폭형 등이 있다.

(2) 전동기 절연저항

① 200[V] = 0.2[MΩ] 이상

② 440[V] = 0.4[MΩ] 이상

③ 3,300[V] = 3[MΩ] 이상

(3) 직류전동기

① 원리 : 플레밍의 왼손 법칙

② 회전수(N) : $N = K_1 \dfrac{V - IR}{\phi}[\text{rpm}]$

  K_1 : 전동기의 변하지 않는 상수
  ϕ : 자속
  V : 역기전력
  I : 전동기에 흐르는 전류
  R : 전동기 내부저항

③ 토크(T) : $T = K_2 \phi I[\text{N} \cdot \text{m}]$ (K_2 : 전동기의 변하지 않는 상수)

④ 직류전동기의 종류

  ㉠ 직권전동기 : 계자권선에 직렬로 접속하며, 빈번한 운전과 큰 기동 토크를 필요로 하는 전차의 구동 및 크레인 등의 부하에 적용한다. 부하가 감소하여 무부하가 되면, 회전속도가 급격히 상승하여 위험하므로 벨트운전이나 무부하 운전을 피하는 것이 좋다.

  ㉡ 분권전동기 : 계자권선에 병렬로 접속하며, 주로 계자전류를 변경하여 속도를 제어한다. 송풍기, 펌프 등의 산업용에 이용한다.

  ㉢ 복권전동기 : 전기자권선과 직렬 및 병렬로 접속한다. 부하량에 따라 직권과 분권권선의 기자력비율을 조절하여 직권 및 분권전동기의 중간적인 특성을 갖는 전동기이다.

  ㉣ 타여자전동기 : 전기자권선과 계자권선이 별개의 회로로 구성되어 있는 방식이다. 부하가 변해도 분권전동기와 같이 정속도 특성으로 운전할 수 있고, 계자전류를 일정하게 하고 전기자전압을 변경하여 회전속도를 제어한다.

(4) 유도전동기

① 원리 : 플레밍의 오른손 법칙, 왼손 법칙

② 동기속도

$$N_s = \frac{120f}{P}[\text{rpm}]$$

(P : 극수, f : 유도전동기 주파수)

③ 슬립과 토크

  ㉠ 슬립 $S = \dfrac{\text{동기속도} - \text{회전자속도}}{\text{동기속도}}$

  $= \dfrac{N_s - N}{N_s} = 1 - \dfrac{N}{N_s}$

  ㉡ 토 크

  기계출력 $P_o = \omega T = 2\pi \dfrac{N}{60} T[\text{W}]$ 에서

  $T = \dfrac{60}{2\pi} \dfrac{P_o}{N}[\text{N} \cdot \text{m}] = \dfrac{1}{9.8} \dfrac{60}{2\pi} \dfrac{P_o}{N}[\text{kg} \cdot \text{m}]$

④ 유도전동기의 분류 : 전원(3상, 단상), 3상(농형, 권선형)

  ㉠ 농형 유도전동기

  • 구조가 견고하고 취급방법이 간단하다.

  • 가격이 저렴하고 속도제어가 곤란하다.

  • 기동토크가 작고, 슬립링이 없기 때문에 불꽃이 없다.

- 소용량(5[kW] 미만)의 기계동력으로 사용한다.
© 권선형 유도전동기
  - 속도제어가 용이하지만 취급이 번거롭다.
  - 가격이 비싸고, 슬립링에서 불꽃이 나올 염려가 있다.
  - 대용량(5[kW] 이상)에 사용한다.

(5) 전동기의 소손 원인

① 전기적인 원인 : 과부하, 결상, 충간단락, 선간단락, 권선지락, 순간과전압의 유압
② 기계적인 원인 : 구속, 전동기의 회전자가 고정자에 닿는 경우, 축 베어링의 마모나 윤활유의 부족

(6) 전동기가 기동을 하지 않는 원인

① 터미널의 이완
② 단 선
③ 커넥션의 접촉 불량

(7) 전동기의 과부하 계전기가 트립(Trip)되었을 때 점검해야 할 사항

① 전원전압 측정
② 브레이크 해지 여부 점검
③ 계전기 설정치 점검

18-1. 직류전동기의 원리에 해당하는 것은?

① 플레밍의 왼손 법칙
② 플레밍의 오른손 법칙
③ 렌츠의 법칙
④ 패러데이의 법칙

18-2. 유도전동기의 극수가 6이고, 주파수가 50[Hz]일 때 전동기 회전속도는 몇 [rpm]인가?

① 1,000   ② 1,200
③ 1,800   ④ 2,400

|해설|

18-1

직류전동기의 원리는 플레밍의 왼손 법칙에 따르고, 유도전동기의 원리는 플레밍의 오른손 법칙, 왼손 법칙을 따른다.

18-2

전동기 회전속도 $N_s = \dfrac{120f}{P} = \dfrac{120 \times 50}{6} = 1,000[\text{rpm}]$

정답 18-1 ① 18-2 ①

핵심이론 19 │ 유도전동기의 운전

(1) 농형 3상 유도전동기의 기동 방법

① 전전압직입 기동 : 6[kW] 이하 소용량에 쓰이며, 전동기에 최초로부터 전전압을 인가하여 기동한다.

② 리액터기동 : 전동기의 1차 측에 리액터(일종의 교류저항)를 넣어서 기동 시 전동기의 전압을 리액터 전압강하분만큼 낮추어서 기동, 중·대용량에서 사용한다.

③ Y-Δ기동 : 결선으로 운전하는 전동기를 기동할 때만 Y결선으로 하여 기동전류, 토크와 함께 직입의 1/3로 감소하며 10~15[kW] 중용량에 사용한다.

④ 기동보상기법 : 15[kW] 이상의 전동기나 고압전동기에 사용한다.

(2) 권선형 유도전동기의 기동법(2차 저항법)

2차 회로에 저항기를 접속하고 비례추이의 원리에 의하여 큰 기동 토크를 얻고 기동전류도 억제한다.

(3) 속도제어

① 주파수 제어법(VVVF제어) : 공급전원에 주파수를 변화시켜 동기속도를 바꾸는 방법

② 1차 전압제어 : 전압의 2승에 비례하여 토크가 변하는 것을 이용해 속도제어

③ 극수 변환에 의한 속도제어 : 고정자권선의 접속을 바꾸어 줌으로써 극수를 변환하여 속도제어

④ 2차 저항제어 : 비례추이를 이용하여 외부저항을 삽입하여 속도제어

⑤ 2차 여자제어 : 반대의 전압을 가하여 전압강하가 일어나도록 한 것

(4) 제동법

① 발전제동 : 제동 시 전원으로 분리한 후 직류전원을 연결하는 제동법

② 역상제동(플러징) : 회전방향과 반대방향의 토크를 발생시켜 급속제동

③ 회생제동 : 외력에 의해 동기속도 이상으로 회전시켜 발생된 전원으로 제동

④ 단상제동 : 2차 저항이 클 때 전원에 단상전원을 연결하여 제동 토크 발생(권선형)

10년간 자주 출제된 문제

19-1. 농형 유도전동기의 기동법으로 사용되지 않는 것은?

① 전전압기동법
② 기동보상기법
③ Y-Δ기동
④ 2차 저항법

19-2. 다음 중 유도전동기의 회전속도제어법에 속하지 않는 것은?

① 극수 변환법
② 주파수 제어법
③ 계자 제어법
④ 전압 제어법

|해설|

19-1
농형 유도전동기의 기동법에는 전전압기동, 리액터기동, Y-Δ기동, 기동보상기법 등이 있으며, 2차 저항법은 권선형 유도전동기의 기동법이다.

19-2
유도전동기의 속도제어
• 주파수 제어법(VVVF제어) : 공급전원에 주파수를 변화시켜 동기속도를 바꾸는 방법
• 1차 전압제어 : 전압의 2승에 비례하여 토크가 변하는 것을 이용해 속도제어
• 극수 변환에 의한 속도제어 : 고정자권선의 접속을 바꾸어 줌으로써 극수를 변환하여 속도제어
• 2차 저항제어 : 비례추이를 이용하여 외부저항을 삽입하여 속도제어
• 2차 여자제어 : 반대의 전압을 가하여 전압강하가 일어나도록 한 것

정답 19-1 ④ 19-2 ③

핵심이론 20 │ 단상 유도전동기

(1) 단상 유도전동기의 원리

고정자권선에 단상전류를 흘리면 교번자계가 발생하고 회전자 권선에 회전력이 발생한다.

(2) 단상 유도전동기의 종류(기동장치에 의한 분류)

① 분상기동형 : 가는 코일을 사용, 권수를 작게 감아서 권선저항을 크게 만들어 주권선과의 전류 위상차로 기동한다.

② 콘덴서기동형 : 기동권선에 직렬로 콘덴서를 넣고, 권선에 흐르는 기동전류를 앞선 전류로 하고 운전권선에 흐르는 전류와 위상차를 갖도록 한 것이다.

③ 영구콘덴서형 : 기동에서 운전까지 콘덴서를 삽입한 채 운전(선풍기, 냉장고, 세탁기)한다.

④ 셰이딩코일형 : 슬립이나 속도 변동이 크고 효율이 낮아 극히 소형 전동기에 사용한다.

⑤ 반발기동형 : 브러시를 단락하면 기동 시에 큰 기동토크를 얻는다.

10년간 자주 출제된 문제

20-1. 단상 유도전동기의 기동방법으로 옳지 않은 것은?

① 분상기동형   ② 콘덴서기동형
③ 직권기동형   ④ 셰이딩코일형

20-2. 단상 유도전동기의 기동 방법 중 기동토크가 가장 큰 것은?

① 분상기동형   ② 반발유도형
③ 콘덴서기동형   ④ 반발기동형

|해설|

20-1
단상 유도전동기를 기동장치에 따라 분류하면 분상기동형, 콘덴서기동형, 영구콘덴서형, 셰이딩코일형, 반발기동형 등으로 나뉜다.

20-2
기동토크의 크기 : 반발기동형 > 반발유도형 > 콘덴서기동형 > 영구콘덴서형 > 분상기동형 > 셰이딩코일형

정답 20-1 ③   20-2 ④

핵심이론 01 │ 전기기호

기 호	명 칭	설 명
⊣┃┠	배터리	전원 및 배터리의 의미 긴 쪽 : ⊕, 짧은 쪽 : ⊖
⊣├	콘덴서	전기를 일시적으로 저장하였다가 방출
⌁	저 항	고유저항, 니크롬선 등
⌁	가변저항	저항값을 변경할 수 있는 저항
⊗	전 구	램 프
⊙	더블 전구	이중 필라멘트를 가진 램프
⌇	코 일	전류를 통하면 전자석이 됨
⊢	더블 마그넷	코일이 두 개 감긴 마그넷
⌇	변압기	교류 전압이나 전류의 값 변화
⌁	스위치	일반적인 스위치
U S₁ S₂ E	스위치	2단계 스위치
⌁	릴레이	전류가 통하면 코일이 전자석이 되어 스위치를 붙여준다.
⌁▼	지연 릴레이	타이머 역할을 하는 릴레이
⌁	Normal Open 스위치	평상시에는 접촉이 되지 않다가 누를 때만 접촉이 됨
⌁	Normal Close 스위치	평상시에는 접촉이 되어 있으나 누를 때만 접촉이 되지 않음

10년간 자주 출제된 문제

다음 중 a접점(Arbeit Contact) 누름버튼 스위치의 기호는?

① ─○─○─   ② ─○ ○─
③ ─○┴○─   ④ ─○┴○─

|해설|

─○─○─ a접점	─○─○─ a접점	─○ ○─ a접점
─○┴○─ b접점	─○┴○─ b접점	─○┴○─ b접점
[누름버튼 스위치]	[리밋 스위치]	[파워 릴레이]

정답 ④

| 핵심이론 02 | 센서의 개요 |

(1) 센서의 응용이나 선택 시 고려 사항

① 정확성

② 감지 거리

③ 신뢰성과 내구성

④ 단위시간당 스위칭 사이클

⑤ 반응 속도

⑥ 선명도

> 🔍 더 알아보기 !
>
> 센서는 고안전성, 고내구성, 고신뢰성, 긴 수명 등이 기본적인 요구 조건이며 정확성, 감지 거리, 단위시간당 스위칭 사이클, 반응 속도, 선명도 등이 고려되어야 한다.

(2) 센서 시스템의 구성(정보의 변환)

현상 → 변환 요소(트랜스듀서 등) → 신호 전송 요소(송신기, 케이블, 수신기 등) → 신호 처리 요소 → 정보 출력 요소(디스플레이, 출력 인터페이스) → 인간·컴퓨터

(3) 센서의 종류

① 화학 센서 : 효소 센서, 미생물 센서, 면역 센서, 가스 센서, 습도 센서, 매연 센서, 이온 센서

② 물리 센서 : 온도 센서, 방사선 센서, 광 센서, 컬러 센서, 전기 센서, 자기 센서

③ 역학 센서 : 길이 센서, 변위 센서, 압력 센서, 진공 센서, 속도·가속도 센서, 하중 센서

(4) 센서의 신호 형태

① 아날로그 신호(연속 시간 신호) : 정보의 정의역이 어느 구간에서 모든 점으로 표시되는 신호(시간과 정보가 모두 연속적인 신호)

② 연속 신호 : 시간은 연속적이나 정보량은 불연속적인 신호

③ 이산시간 신호 : 아날로그 신호를 일정한 간격의 표본화를 통하여 얻을 수 있는데, 시간은 불연속이고 정보는 연속적인 신호

④ 디지털 신호 : 시간과 정보 모두 불연속적인 신호

(5) 센서의 신호 변환

① 디지털 변환

② 신호 증폭 : 트랜지스터나 연산 증폭기(온도에 따른 변화가 적음) 등을 이용

> 🔍 더 알아보기 !
>
> **연산 증폭기**
> • 전압 차동형 : 일반적인 증폭기(노이즈의 영향을 받음)
> • 전류 차동형 : 센서용 증폭기(노튼 앰프를 증폭기로 사용)

③ 신호의 선형화

10년간 자주 출제된 문제

다음 중 화학 센서에 해당하는 것은?

① 가속도 센서   ② 자기 센서
③ 가스 센서   ④ 변위 센서

|해설|

① 가속도 센서 : 역학 센서
② 자기 센서 : 물리 센서
④ 변위 센서 : 역학 센서

정답 ③

CHAPTER 03 전기 및 제어시스템 ■ 53

핵심이론 03 | 물체 감지 및 검출 센서

(1) 유도형 센서(Inductive Sensor)

금속체에만 반응하는데, 발진 코일로부터 전자계의 영향을 받아 유도에 의한 와전류가 금속체 내부에 발생하여 에너지를 빼앗아 발진 진폭의 감쇄를 가져온다.

(2) 용량형 센서(Capacitive Sensor)

① 정전 용량형 센서로서, 전극의 정전 용량 변화를 전기 신호로 변환하여 물체의 접근을 검출
② 분극 현상을 이용하므로 비금속 물질도 검출이 가능

(3) 광 센서

① 포토 센서 또는 광학적 센서로서, 빛을 이용하여 물체의 유무를 검출
② 광 센서의 종류
   ⊙ 광도전 효과형 : 노출계, 가로등의 점멸기, 광전 릴레이
   ⓒ 광기전력 효과형 : 포토 다이오드, 포토 트랜지스터, CCD와 MOS의 이미지 센서, 태양 전지
   ⓒ 광전자 방출형 : 정밀 광 계측기기

(4) 리드 스위치(Reed Switch)

① 외부 자기장을 검출하는 자기형 근접 감지기
② 용도 : 레벨의 검출, 유·공압식 실린더의 피스톤 위치 검출 등
③ 구 조
   ⊙ 자성재료 리드편 2개(Fe-Ni 합금)
   ⓒ 봉입형 유리관(불활성 가스)
   ⓒ 로듐이나 로테늄 등의 비금속으로 도금

3-1. 검출 속도가 빠르고 수명이 길며 전자장 내의 와전류 형성에 의해 금속 물체를 검출하는 것은?
① 리밋 스위치
② 마이크로 스위치
③ 유도형 근접 스위치
④ 광전 스위치

3-2. 자석에서 발생되는 자력에 의해 스위치 작동을 행하는 것은?
① 로드셀
② 용량형 센서
③ 리드 스위치
④ 초음파 센서

|해설|

3-1
발진 코일로부터 전자계의 영향을 받아 유도에 의한 와전류가 금속체 내부에 발생하여 에너지를 빼앗아 발진 진폭의 감쇄를 가져온다.

3-2
리드 스위치(Reed Switch)는 외부 자기장을 검출하는 자기형 근접 감지기이다.

정답 3-1 ③ 3-2 ③

(1) 온도 센서

① 요구되는 특성

ㄱ 열저항이 적고 검출단(프로브)과 소자의 열 접촉성이 좋을 것

ㄴ 검출단에서 열방사가 없을 것

ㄷ 열 용량이 적고 소자에 열을 빨리 전달할 것

ㄹ 피측정체에 외란으로 작용하지 않을 것

② **열전쌍(열전대)** : 서로 다른 종류의 금속 A, B 양끝을 접합시켜 양 접점 간에 온도차를 부여하면 금속 고유의 페르미(Fermi) 준위 및 자유 전자 밀도에 따라 결정되는 열기전력이 발생하여 회로에는 열전류가 흐르게 되는데, 이러한 물질을 열전쌍이라고 한다.

ㄱ 제벡(Seebeck) 효과의 성질을 이용한다.

ㄴ 공업용 온도계로 널리 사용된다.

ㄷ 발생되는 열기전력이 두 종류의 금속(A 금속은 열기전력이 크고 B 금속은 열기전력이 작음)의 형상이나 치수 또는 도중의 온도 변화의 영향을 받지 않는다.

ㄹ 두 종류의 금속과 양 접점 간의 온도차에 따라 열기전력이 결정되므로 한쪽의 온도와 열기전력을 이용하여 다른 쪽 온도 측정이 가능하다.

> 🔍 **더 알아보기!**
>
> **제벡 효과**
> 두 가지 다른 도체의 양끝을 접합하고 두 접점을 다른 온도를 유지할 경우, 회로에 생기는 기전력에 의해 열전류가 흐르는 현상으로, 구리와 안티몬 사이에서 발견하였다.

③ **서미스터(Thermistor)** : 온도 변화에 따라 저항 변화를 측정하여 온도를 산출하는 방법으로 전류 변화를 계측하여 환산 표시한다. 온도와 저항 변화의 기본 특성에 따라 분류하면 다음과 같다.

ㄱ NTC : 반도체에서의 저항 온도계수를 갖는다.

ㄴ PTC : 넓은 온도 측정에 부적합하며 특정 온도 검출에 사용된다.

ㄷ CTR : PTC와 같은 특성을 갖는다.

④ **측온 저항체(RTD)**

ㄱ 접촉식 온도센서로서, 온도 변화에 따른 저항 변화를 알면 그 전류치를 측정함으로써 온도를 알 수 있다.

ㄴ 측온 저항체는 백금, 구리, 니켈 등의 순금속을 사용한다(표준온도계는 백금 사용).

ㄷ 열전대와 비교했을 때의 특징

• 감도가 크다.

• 최고 사용 온도는 500~600[℃]로 낮다.

• 형상이 크기 때문에 응답이 늦다.

• 미세한 저항 소선을 사용하기 때문에 기계적 충격이나 진동에 약하다.

• 측온 저항체는 전류를 흐르게 하고 온도를 측정한다.

• 전류를 일정하게 흐르게 하면 양끝의 전압은 옴의 법칙에 의하여 측정 저항을 알 수 있다.

(2) 압력 센서

① **스트레인 게이지(Strain Gauge)**

ㄱ 금속체를 잡아당기면 길이는 늘어나고 지름이 가늘어져 전기 저항이 증가하며, 반대로 압축하면 저항이 감소하는 원리를 적용

ㄴ 피고정물이 받고 있는 응력, 압력, 힘, 변위 등의 피측정량을 게이지의 전기 저항 변화로 변환하는 것을 목적으로 하는 소자

② **로드셀(중량 센서)**

ㄱ 수백 그램(g)에서 수백 톤(ton)까지 측정할 수 있다.

ㄴ 구조가 간단하다.

ㄷ 높은 정밀도(1/1,000~1/5,000)의 측정이 가능하다.

ㄹ 가동부가 없어 수명이 영구적이다.

ㅁ 아날로그, 디지털의 표시가 자유롭다.

(3) 센서의 출력 형식

① PNP 출력(Positive Switching) : 양의 전원을 출력,
COM은 0[V] 연결

② NPN 출력(Negative Switching) : 음의 전원을 출력,
COM은 (+)[V] 연결

4-1. 압력이나 변형 등의 기계적인 양을 직접 저항으로 바꾸는 압력 센서는?

① 서미스터
② 리니어 인코더
③ 스트레인 게이지
④ 피스톤 브리지

4-2. 열전대와 비교했을 때 측온 저항체(RTD)의 특징이 아닌 것은?

① 측온 저항체는 전류를 흐르게 하고 온도를 측정한다.
② 미세한 저항 소선을 사용하기 때문에 기계적 충격이나 진동에 약하다.
③ 형상이 크기 때문에 응답이 빠르다.
④ 최고 사용 온도는 500~600[℃]로 낮다.

|해설|

4-1

스트레인 게이지(Strain Gauge)는 피고정물이 받고 있는 응력, 압력, 힘, 변위 등의 피측정량을 게이지의 전기 저항 변화로 변환하는 것을 목적으로 하는 소자이다.

4-2

측온 저항체(RTD)는 전류를 일정하게 흐르게 하면 양끝의 전압은 옴의 법칙에 의해 측정 저항을 알 수 있으며, 형상이 커서 응답이 느리다.

정답 4-1 ③ 4-2 ③

핵심이론 05 | 제어와 자동 제어

(1) 자동화의 5대 요소

① Sensor
② Processor
③ Actuator
④ Software
⑤ Network

(2) 자동화의 목적

① 생산성 향상
② 원가 절감
③ 이익의 극대화
④ 제품 품질의 균일화

(3) 자동화의 효과

① 생산성 향상
② 품질 향상
③ 인건비 절감
④ 신뢰성 향상
⑤ 설비의 수명 연장
⑥ 유연성 증대

(4) 자동화의 단점

① 시설 투자비 및 운영비로 자동화 비용이 많이 든다.
② 설계, 설치, 운영 및 유지 보수 등에 높은 기술 수준이 요구된다.
③ 한 기계가 범용성을 잃고 전문성을 갖게 되는 것이므로 생산 탄력성이 결여된다.

(5) FMS 형태의 기본 설계

① 시스템 형태의 결정 : 제품의 종류, 생산량, 공정, 처리 시간 등을 참고하여 시스템의 기본 형태, 기계의 종류와 대수 등을 결정

② 자동화 레벨의 결정 : 필요한 공구, 처리 시간, 로트 사이즈 등을 참고하여 자동 공구 교환, 자동 팔레트 교환, 컴퓨터 제어 등을 결정

③ 반송 시스템의 레이아웃 : 작업 시퀀스, 반송 루트 등을 참고하여 반송 시스템, 창고 시스템 등을 결정

(6) 제 어

① 어떤 목적에 적합하도록 되어 있는 대상에 필요한 조작을 가하는 것

② 시스템 내의 하나 또는 여러 개의 입력 변수가 약속된 법칙에 의하여 출력 변수에 영향을 미치는 공정

③ 개회로 제어 시스템의 특징을 가짐

🔍 더 알아보기 /

제어 시스템을 선택할 경우
• 외란 변수에 의한 영향이 무시할 수 있을 정도로 작을 때
• 특징과 영향을 확실히 알고 있는 하나의 외란 변수만 존재할 때
• 외란 변수의 변화가 아주 작을 때

(7) 자동 제어

① 제어하고자 하는 하나의 변수가 계속 측정되어서 다른 변수, 즉 지령치와 비교되며 그 결과가 첫 번째의 변수를 지령치에 맞추도록 수정을 가하는 것

② 폐회로 제어 시스템의 특징을 가짐

🔍 더 알아보기 /

자동 제어 시스템을 선택할 경우
• 여러 개의 외란 변수가 존재할 때
• 외란 변수들의 특징과 값이 변화할 때

자동 제어 시스템의 피드백(Feedback)
• 목푯값과 실제값을 비교한다.
• 피드백 제어는 정량적 제어이다.
• 설계가 복잡하고 제작비용이 비싸진다.
• 피드백을 하면 외란이나 잡음 신호의 영향을 줄일 수 있다.

(1) 제어 정보 표시 형태에 의한 분류

① 아날로그 제어계

    ㉠ 연속적인 물리량으로 표시되며 아날로그 신호로 처리되는 시스템

    ㉡ 온도, 습도, 길이, 조도, 질량 등

② 디지털 제어계

    ㉠ 시간과 정보의 크기를 모두 불연속적으로 표현한 제어

    ㉡ 카운터, 레지스터, 메모리 등의 디지털 신호를 제공하는 기구

③ 2진 제어계

    ㉠ 하나의 제어 변수에 두 가지의 가능한 값, 신호 유/무, On/Off, I/O 등과 같이 2진 신호를 이용해 제어하는 시스템

    ㉡ 실린더의 전진과 후진, 모터의 기동과 정지 등에 이용하며 자동화에 가장 많이 적용

(2) 제어 시점에 의한 분류

① 시한 제어 : 제어의 순서와 그 제어 명령의 실행 시간이 기억되어 있어 제어의 각 동작이 정해진 시간의 경과에 의해 행해지는 제어

② 순서 제어 : 단지 제어의 순서만 기억되며 제어의 각 동작은 전 단계의 동작이 완료되었다는 감지 장치의 신호에 의해 행해지는 제어로 가장 많이 사용되는 제어

③ 조건 제어 : 순서 제어가 확정된 제어로 검출 결과를 종합하여 제어 명령의 실행을 결정하는 제어

(3) 신호 처리 방식에 의한 분류

① 동기 제어계 : 실제의 시간과 관계된 신호에 의하여 제어가 이루어지는 것

② 비동기 제어계 : 시간과 관계없이 입력 신호의 변화에 의해서만 제어가 행해지는 것

③ 논리 제어계 : 입력 조건이 만족되면 출력이 되는 시스템

④ 시퀀스 제어계 : 제어 프로그램에 의해 미리 결정된 순서대로 제어 신호가 출력되어 순차적인 제어를 행하는 것으로 메모리 기능이 없고 여러 개의 입출력 사용 시 불 대수가 이용

    ㉠ 시간 종속 시퀀스 제어계 : 순차적인 제어가 시간의 변화에 따라서 행해지는 제어 시스템(프로그램 벨트, 캠축을 모터로 회전 등)

    ㉡ 위치 종속 시퀀스 제어계 : 순차적인 작업이 전 단계 작업의 완료 여부를 확인하여 수행하는 제어 시스템

(4) 제어 대상이 되는 제어량의 종류에 의한 분류

① 프로세스 제어 : 원료에 물리적·화학적 처리를 가하여 제품을 만들어 내는 과정(온도·압력·유량·액위·조성·점도 등 프로세스량을 제어)으로서, 철강업·화학공장·발전소와 같은 제조 공정용 플랜트에 활용된다.

② 서보 기구 제어 : 물체의 위치, 방위, 자세의 기계적 변위를 제어량으로 해서 목푯값의 임의 변화에 추종하도록 구성된 제어계이다. 공작기계, 선박의 방향 제어, 산업용 로봇, 비행기, 미사일 제어, 추적용 레이더 등이 이에 속한다.

③ 자동 조정 : 전압, 전류, 주파수, 회전 속도 등 전기적 또는 기계적인 양을 제어하는 것으로서, 응답 속도가 대단히 빨라야 한다. 정전압 장치 발전기의 조속기 등이 이에 속한다.

6-1. 전 단계 작업의 완료 여부를 리밋 스위치 또는 센서를 이용하여 확인한 후 다음 단계의 작업을 수행하는 것으로서 공장 자동화에 가장 많이 이용되는 제어 방법은?

① 메모리 제어
② 시퀀스 제어
③ 파일럿 제어
④ 시간에 따른 제어

6-2. 서보 기구의 제어량은?

① 위치, 방향, 자세
② 온도, 유량, 압력
③ 조성, 품질, 효율
④ 각도, 농도, 속도

|해설|

6-1

② 순서대로 제어 신호가 출력되어 순차적인 제어를 행하는 것

6-2

서보 기구 제어는 물체의 위치, 방위, 자세의 기계적 변위를 제어량으로 해서 목푯값의 임의 변화에 추종하도록 구성된 제어계이다.

정답 6-1 ② 6-2 ①

핵심이론 07 | 전달함수

① 비교적 단순한 선형 시 불변 시스템의 입·출력 관계를 표현한다.

② 시스템의 전달 특성을 입력과 출력의 라플라스 변환의 비로 표시한다.

③ 초기치가 0인 상태하에서 입력에 대한 출력의 비

전달함수 $G(s) = \dfrac{출력}{입력} = \dfrac{Y(s)}{X(s)}$

④ 직렬연결 전달함수 : $G_s(s) = G_1(s)G_2(s)$

$$\rightarrow \boxed{G_1(s)} \rightarrow \boxed{G_2(s)} \rightarrow$$

⑤ 병렬연결 전달함수 : $G_p(s) = G_1(s) + G_2(s)$

⑥ 되먹임연결 전달함수 : $G_c(s) = \dfrac{G_1(s)}{1 + G_1(s)G_2(s)}$

⑦ 기타 전달함수

㉠ 비례요소 : K

㉡ 미분요소 : T_s

㉢ 적분요소 : $\dfrac{1}{T_s}$

㉣ 1차 지연요소 : $\dfrac{K}{T_s + 1}$

적분요소의 전달함수는?

① T_s

② $\dfrac{1}{T_s}$

③ $\dfrac{K}{1+T_s}$

④ K

|해설|

- 비례요소 : K
- 미분요소 : T_s
- 적분요소 : $\dfrac{1}{T_s}$
- 1차 지연요소 : $\dfrac{K}{T_s+1}$

정답 ②

핵심이론 08 | 시퀀스 제어

(1) 미리 정해 놓은 제어동작 순서에 따라 각 단계의 제어가 순차적으로 진행된다.

(2) 유접점 시퀀스

계전기 접점들의 기계적인 개폐에 의해 제어된다.

(3) 유접점 시퀀스의 장점

① 개폐 부하의 용량이 크다.

② 온도 특성이 좋다.

③ 전기적 잡음의 영향을 적게 받는다.

④ 입·출력이 분리된다.

⑤ 접점 수에 따라 많은 출력회로를 얻을 수 있다.

(4) 유접점 시퀀스의 단점

① 소비전력이 비교적 크다.

② 제어반의 외형과 설치 면적이 크다.

③ 접점의 동작이 느리다(스위칭 속도가 느리다).

④ 진동이나 충격 등에 약하다.

⑤ 수명이 짧다.

(5) 시퀀스의 기본회로

① **자기유지회로** : 입력신호가 제거되어도 동작은 계속 유지(회로 보호)된다.

② **지연회로** : 타이머에 설정된 시간만큼 늦게 동작하는 회로이다.

③ **인터록회로** : 2개 이상의 회로에서 하나의 회로만 동작시키는 회로이다.

④ **우선회로** : 우선권이 있는 회로의 동작 후 나머지 회로가 동작된다.

(6) 무접점 시퀀스 제어

반도체 소자(TR, SCR, TRIAC 등)로 개폐된다.

8-1. 미리 설정된 프로그램대로 조작하는 제어 방식은 어느 것인가?

① 시퀀스 제어
② 피드백 제어
③ 순차 제어
④ 프로세스 제어

8-2. 유접점 시퀀스의 특징에 대한 설명으로 옳은 것은?

① 소비전력이 비교적 작다.
② 수명이 비교적 긴 편이다.
③ 진동이나 충격 등에 강하다.
④ 개폐 부하의 용량이 크며, 온도 특성이 좋다.

|해설|

8-1
① 시퀀스 제어 : 미리 정해 놓은 제어동작 순서에 따라 각 단계의 제어를 순차적으로 진행
② 피드백 제어 : 제어량의 값을 입력 측으로 되돌려, 이것을 목푯값과 비교하면서 제어량이 목푯값과 일치하도록 정정 동작을 하는 제어
③ 순차 제어 : 자동 교환기의 제어 방법 중 하나로, 통화로가 상호 연결용 회로 제어기에서 한 번에 한 단계씩 접속시키며 통화할 동안에는 각 스위치의 접속을 계속 유지시키는 기능
④ 프로세스 제어 : 제어량이 온도, 압력, 유량 및 액면 등과 같은 일반 공업량일 때의 제어방식

8-2
① 소비전력이 비교적 크다.
② 수명이 짧다.
③ 진동이나 충격 등에 약하다.

정답 8-1 ① 8-2 ④

핵심이론 09 | PLC와 릴레이의 비교

(1) PLC의 특징
① 소프트웨어에 의해 제어되는 소프트 로직
② 제어 기능이 고기능, 대규모의 제어를 소형으로 실현
③ 무접점(고신뢰성, 긴 수명, 고속 제어)
④ 프로그램 변경만으로 내용 변경이 가능
⑤ 기계적인 접촉이 없어 신뢰성이 높음
⑥ 시스템의 확장이 용이하고 시스템이 소형

(2) 릴레이의 특징
① 부품 간의 배선에 의한 하드 로직
② 유접점(한정된 수명, 저속 제어)
③ 부품 간의 배선 변경으로 내용 변경이 가능
④ 보수 및 수리 공사 시 장기간 소요
⑤ 접촉 불량으로 신뢰성이 낮음
⑥ 소형화 곤란

(3) PLC에서 반도체 소자를 사용하는 이유
① 처리 속도가 빠르다.
② 양산성이 높아 가격이 싸다.
③ 소형화할 수 있다.
④ 기억 장치와 외부 회로의 호환성이 높다.

(4) 주기억 장치(Memory의 종류)
① ROM(Read Only Memory)
  ㉠ 읽기 전용의 기억 장치
  ㉡ 비휘발성 메모리
  ㉢ 저장되는 내용 : BIOS, Font, 자가 진단 프로그램(POST) 등
  ㉣ Firmware라 부르기도 함
  ㉤ 종 류
    • Mask ROM : 제조회사에서 미리 내용이 기록되어 나옴

- PROM(Programmable ROM) : 사용자가 1회에 한하여 기록 가능
- EPROM(Erasable PROM) : 자외선을 이용해 여러 번 지우고 기록할 수 있음
- EEPROM(Electrically EPROM) : 전기를 이용해 여러 번 지우고 기록할 수 있음

② RAM(Random Access Memory)
- ㉠ 자료의 읽고 쓰기가 자유로움
- ㉡ 휘발성 메모리
- ㉢ 주기억 장치 = 램(RAM)
- ㉣ 주소 개념 사용
- ㉤ 종 류
  - DRAM(동적 램) : Refresh(재충전)가 필요하며, SRAM에 비해 느림, 주기억 장치로 주로 사용됨
  - DRAM 개발 순서 : FPMRAM → EDORAM → SDRAM → DRDRAM
  - SRAM(정적 램) : Refresh가 필요 없으며, DRAM보다 빠름, 캐시 메모리로 사용됨

10년간 자주 출제된 문제

휘발성 메모리의 일종으로 데이터 보존을 위한 리프레시(Refresh) 신호가 계속 공급되어야 하는 것은?

① ROM   ② DRAM
③ SRAM   ④ EPROM

|해설|
DRAM(동적 램)은 Refresh(재충전)가 필요하며, SRAM에 비해 느리고, 주기억 장치로 주로 사용된다.

정답 ②

핵심이론 10 | 입·출력부 및 프로그래밍

(1) 입력부 : 카드나 모듈 형태로 구성

① 외부 입력 기기 : 제어 시스템의 신호를 CPU에 제공

② I/O 모듈 단자 : 외부 기기와 PLC 제어 시스템 사이의 연결

③ 입력 신호 변화 : 외부 기기의 신호를 PLC의 CPU에 맞는 낮은 전위값으로 변환

④ 모듈 상태 표시 회로 : 입력 모듈의 기능 상태를 가시적으로 표시하는 회로

⑤ 전기적 절연 회로 : 외부 신호와 CPU 간의 전기적 절연

⑥ 인터페이스/멀티플렉스 회로 : 입력 기기의 상태를 CPU에 전달해주는 장치

(2) 출력부

내부 연산 결과를 외부 출력 기기에 맞는 신호로 변환하여 출력시키는 신호 부분[릴레이 출력, 트랜지스터 출력, SSR(Solid State Relay) 출력 등]으로 출력 모듈로는 아날로그 출력(D/A) 모듈, 위치 결정 모듈 등이 있다.

① 인터페이스 멀티플렉스 회로 : CPU에서 나오는 신호를 받아 해석하여 출력점에 할당

② 래치 회로 : 인터페이스 / 멀티플렉스 회로로부터 신호를 받아들여 다음 단계가 수행될 때까지 신호를 저장

③ 출력 신호 변환 회로 : 절연 회로에서 나오는 신호를 이용하여 외부 기기를 동작시킬 수 있는 전류값으로 변환하는 역할

(3) 프로그래밍

① 불 대수식 방식
- ㉠ 수학적인 표현인 불 대수식 기호를 명령어로 구성하여 프로그램하는 방식
- ㉡ 직렬(논리합, +), 병렬(논리곱, ·), 출력(=), 부정(−)의 기호를 사용

② 사이클릭 처리 방식

　　㉠ 모든 시퀀스 프로그램을 메모리에 격납해 두고 시퀀스 프로그램을 실행할 때에는 프로그램 맨 앞부터 어드레스의 순번에 따라 행하고 최후의 명령을 실행하면 다시 선두 스텝으로 되돌아가 몇 번이고 반복하여 실행하는 것

　　㉡ 스캔 타임 = 스텝 수 × 처리 속도

③ 인터럽터 우선처리 : 어느 특정의 입력이 들어갔을 때 즉시 응답이 되는 제어 동작을 요구하는 경우에 사용하는 방식

④ 병행 처리 방식 : 상호 간에 관련이 적은 복수의 제어 동작을 동시에 처리하는 방식

(4) 카운터

카운터는 입상펄스가 입력될 때마다 현재치를 가산·감산해서 설정값을 만족하면 출력을 On한다. 카운터를 리셋하기 위해서는 리셋 입력을 On하여야 한다.

(5) 코딩(Coding)

프로그램이 완성되면 어느 프로그램을 메모리의 어느 어드레스에 기억시키는지를 알 수 있도록 프로그램을 PLC의 메모리에 저장하는 것

(6) 로딩(Loading)

주변용 장치를 사용하여 프로그램을 메모리에 기억시키는 것

(7) 스캐닝

입력 신호가 만족되면 해당 출력 신호를 발생하기 위해 연속적으로 프로그램을 진행하는 과정

(8) 디버깅

PLC를 이용하여 시스템을 제어하는 과정에서 프로그램 에러를 찾아내어 수정하는 작업

10년간 자주 출제된 문제

PLC 프로그램의 최초 단계인 0 스텝에서 최후 스텝까지 걸리는 시간을 스캔 타임이라 한다. 6[μs]의 처리 속도를 가진 PLC가 1,000 스텝을 처리하는 데 걸리는 스캔 타임은?

① 6×10^{-3}[s]
② 6×10^{-4}[s]
③ 6×10^{-5}[s]
④ 6×10^{-6}[s]

|해설|

스캔 타임 = 스텝 수 × 처리 속도
$6 \times 10^{-6} \times 1,000 = 6 \times 10^{-3}$[s]

정답 ①

(1) 집전장치

① 크레인에서 집전장치라 함은 외부로부터 전력을 크레인 내에 도입하는 장치를 말한다.

② 집전장치에는 폴형, 팬터그래프형, 슈형, 고정형, 센터 포스트 슬립링, 케이블 드럼 슬립링 등이 있다.

③ 주행 집전장치(Pantograph)의 집전자(Collector Shoe)에 주로 사용되는 브러시는 카본 브러시이며, 전기장치에 사용되는 브러시는 금속계 흑연, 구리, 카본 브러시 등이 있다.

(2) 제어반

① **무전압 보호장치** : 기계가 운전 중에 정전되었을 때 개폐기가 닫힌 상태이면 급격히 시동하여 위험하므로, 정전 또는 전압이 이상하게 저하했을 때 스위치가 자동적으로 열려서 전압이 부활해도 다시 시동조작을 하지 않으면 기동하지 않게 한다.

② **타임 릴레이** : 어떤 동작에서 다음 동작으로 일정 시간을 두고 이행할 때에 사용하는 것

③ **역상보호 계전기** : 전선의 변환, 수리를 행하였을 때 잘못해서 계자의 회전방향을 거꾸로 결선하면 역회전하여 위험하므로 이런 때 회로를 자동적으로 차단하는 것이다.

> 🔍 **더 알아보기!**
>
> **제어반에서 주전원 차단기 퓨즈가 자주 차단될 때 점검해야 할 사항**
> - 전선로 상호 간의 절연저항 점검
> - 퓨즈 용량이 맞는지 점검
> - 과부하 여부 점검
>
> **역상제동**
> 전동기를 매우 신속히 정지시키기 위해서 두상을 바꾸는 동작으로 작업 중 급속한 제동이 필요한 때 작용시키는 것이다.

11-1. 일정 시간을 두고 다음 동작으로 이행할 때에 사용하는 것은?

① 무전압 보호장치
② 타임 릴레이
③ 역상보호 계전기
④ 전자 접촉기

11-2. 제어반에서 주전원 차단기 퓨즈가 자주 차단될 때 점검해야 할 사항이 아닌 것은?

① 전선로 상호 간의 절연저항 점검
② 퓨즈 용량이 맞는지 점검
③ 전원표시등에 불이 들어오는지 점검
④ 과부하 여부 점검

|해설|

11-1

② 타임 릴레이 : 어떤 동작에서 다음의 동작으로 일정 시간을 두고 이행할 때에 사용하는 것

11-2

제어반에서 주전원 차단기 퓨즈가 자주 차단될 때는 전선로 상호 간의 절연저항을 점검하고, 퓨즈 용량이 맞는지 그리고 과부하되었는지 여부를 점검해야 한다.

정답 11-1 ② 11-2 ③

(1) 제어기

① **직접가역제어기** : 전동기의 1차와 2차 제어를 직접 실시한다.

② **마스터 컨트롤러** : 1차의 주 회로를 전자접촉으로 실시하며 전자코일을 제어한다.

③ 제어기의 핸들의 구조에는 외형에 따라 크랭크식과 레버식이 있으며 주행과 횡행, 주권과 보권 등 두 동작을 한 개의 핸들로 조작하는 것을 유니버설 컨트롤러라 한다.

④ 제어조작기구에 따라 드럼형과 캠형이 있으며 제어방식에 따라 직접식제어기, 반간접식제어기, 주간식제어기 등이 있다.

(2) 저항기

① 저항기는 저항체의 종류에 따라 권선형, 그리드형, 리본형 등이 있다.

② 크레인 운전 중 저항기의 허용 온도는 350[℃]이며 그 이상이면 점검·수리 또는 교환해야 한다.

③ 저항기를 장시간 운전하면 온도가 상승한다.

④ 크레인용 저항기는 용량이 크고 진동에 강한 그리드형이 적합하다.

⑤ 3상 권선형 유도전동기에서, 2차 저항기는 전동기의 2차측에 접속되어 제어반 또는 컨트롤러에 의해 저항값의 크기를 조절하여 전동기 속도를 제어한다.

⑥ 저항기의 온도 상승 요인에는 인칭운전의 빈도가 많을 경우, 사용 빈도가 클 경우, 통풍이 불량한 경우 등이 있다.

(3) 제한개폐기(리밋 스위치)

① 크레인의 권과방지장치는 훅이 계속 감겨 와이어 드럼 하부에 충돌을 하지 못하도록 하는 안전장치이다.

② 권과방지장치인 리밋 스위치(제한 개폐기)는 스크루형(나사형), 캠형, 중추형(레버식)이 있고 상용(1차 안전장치)과 비상용(2차 안전장치)으로도 구분한다.

③ 리밋 스위치는 크레인의 권상·횡행·주행 등 각 장치의 운동에 대한 과행을 방지하는 역할을 한다.

④ **중추식 리밋 스위치**
　㉠ 중추식 리밋 스위치는 훅의 접촉으로 인하여 작동되는 비상용 리밋 스위치로 훅의 과상승 방지용으로 사용되며, 권상 장치에 주로 사용되나 필요에 따라 주·횡행에도 사용이 가능하다.
　㉡ 권하 시 리밋 스위치가 작동하는 지점은 드럼에 와이어로프가 약 3바퀴 정도 남아 있는 지점이다.
　㉢ 비상용 리밋 스위치는 상용 리밋 스위치가 고장이 났을 때 작동하는 것이다.
　㉣ 동작이 확실한 것을 사용해야 하고, 옥외용은 방수가 되는 것이 좋다.
　㉤ 횡행용 리밋 스위치는 충격에 견딜 수 있는 것이 좋다.

⑤ **캠식 리밋 스위치** : 캠식 리밋 스위치는 드럼과 연동하여 회전을 받아 원판상의 캠판 주위에 설치된 요철에 의해 캠판에 배치된 스위치 축에 붙어 레버를 작동시킨다.

⑥ **나사형 리밋 스위치(스크루식)** : 드럼의 회전에 의해 작동된다.

⑦ **기 타**
　㉠ 권상되지 않을 때는 권상 리밋 스위치를, 횡행되지 않을 때는 횡행 리밋 스위치를 점검한다.
　㉡ 원심력 스위치는 과속 방지에 사용하고, 리밋 스위치는 과권 방지에 사용한다.

(4) 기타 제어기의 주요사항

① 회로의 단속에는 접촉편 및 접촉자를 사용한다.

② 1차측의 전원회로를 변환하고, 2차측의 저항은 차례로 단속하여 속도를 제어한다.

③ 교류전동기 40[kW] 이상은 간접제어 또는 반간접제어기를 사용하고, 40[kW] 이하에서 직접제어기가 사용된다.

④ 제어기는 다른 크레인용과 혼동되지 않도록 이름판을 부착하고 각 크레인별로 구분하여 둔다.

⑤ 제어기에서 전기 접촉면이 거칠거나 접촉점 간의 전압이 높으면 스파크가 발생한다.

⑥ 제어기에 인터록을 설치하는 목적은 전자접촉의 안전을 위해서이다.

04 유압시스템

CHAPTER 04

제1절 유압기본

핵심이론 01 유압의 개요

(1) 유압의 의의

유압은 작은 힘으로 큰 힘을 얻을 수 있고 속도를 자유로이 조정할 수 있는 것으로 파스칼의 원리를 기초로 하여 여러 가지 건설기계뿐 아니라 하역 운반기계, 공작기계, 항공기, 선박 등 각 방면에 널리 이용되고 있다.

(2) 유압의 특징

① 유압의 장점
- ㉠ 소형으로 강력한 힘 또는 토크(Torque)를 낸다.
- ㉡ 공기압과 비교하여 소형, 경량으로 출력이 크고, 응답성이 좋다.
- ㉢ 에너지 축적이 가능하며, 안전장치가 간단하다.
- ㉣ 고온이나 작업환경이 열악한 곳에서도 사용할 수 있다.
- ㉤ 전기, 전자와 간단하게 조합되고, 제어성이 우수하다.
- ㉥ 속도 범위가 넓고, 무단변속이 간단하며 원활하다.
- ㉦ 진동이 적다.

② 유압의 단점
- ㉠ 기름 누설의 위험이 있다.
- ㉡ 기름의 온도 변화로 액추에이터의 속도가 변한다.
- ㉢ 소음이 크다.
- ㉣ 화재의 위험이 있다.
- ㉤ 작동유의 오염관리가 필요하다.
- ㉥ 공기압장치 등과 비교하여 배관작업이 어렵다.
- ㉦ 먼지나 녹에 대한 고려가 필요하다.

(3) 파스칼의 원리

① 밀폐된 용기 내에 있는 정지유체의 일부에 압력을 가했을 때 유체 내의 어느 부분의 압력도 가해진 만큼 증가한다는 원리

예 주사기 → 압력 $= \dfrac{\text{힘}}{\text{면적}}$

② 파스칼 원리의 응용
- ㉠ 압력은 모든 방향이 같다.
- ㉡ 액체는 작용력을 감소시킬 수 있다.
- ㉢ 단면적 변화 시 힘을 증대시킬 수 있다.
- ㉣ 액체는 운동을 전달할 수 있다.
- ㉤ 공기는 압축되나 오일은 압축되지 않는다.
- ㉥ 유체의 압력은 면에 대해 직각으로 작용한다.

(4) 베르누이의 정리

유체의 속도와 압력의 관계는 항상 일정한 관계가 있다는 원리

예 파리약 분사기 원리

① 유압$(P) = \dfrac{\text{유체에 작용하는 힘}(W)}{\text{단면적}(A)}$

② 유량의 단위 : [L/min], [GPM]

③ 유량공식 = 면적 × 속도 $= \dfrac{\text{체적}}{\text{시간}}$

오리피스 유량계는 어떤 정리를 이용한 것인가?

① 토리첼리의 정리
② 프랭크의 정리
③ 보일-샤를의 정리
④ 베르누이의 정리

|해설|

오리피스(Orifice)
유량의 조절·측정 등에 사용되며, 가공하기 쉬워 보통 원형으로 만든다. 유관 도중에 오리피스를 삽입하면, 그 직후에서 유속이 변화하여 압력이 떨어진다(베르누이의 정리). 오리피스의 바로 앞과 직후에서의 유체의 압력차를 검출함으로써 유량을 구할 수 있다. 또, 그것을 모니터로 하여 유량을 조절할 수도 있다.

정답 ④

핵심이론 02 | 유압의 기초이론

(1) 유압 발생부

유압 펌프나 전동기에 의해서 유압을 발생하는 부분으로 유압 탱크, 여과기, 유압 펌프, 압력계, 오일 펌프 구동용 전동기로 구성

> **Q 더 알아보기 /**
>
> **유압 펌프** : 전동기나 엔진 등의 원동기에서 기계적 에너지를 공급받아 유압 액추에이터(유압 실린더, 유압 모터 등)를 작동시키는 데 필요한 압력에너지로 변환시키는 것이다. 유압장치의 심장부이다.
> 예 기어 펌프, 베인 펌프, 피스톤 펌프

(2) 유압 제어부

유압 실린더나 유압 모터에 공급되는 작동유의 압력, 유량, 방향을 바꾸어 힘의 크기, 속도, 방향을 목적에 따라 자유롭게 제어하는 것이다.

① 압력 제어(압력제어 밸브) : 일의 크기 결정 – 과부하의 방지 및 유압기기 보호
② 유량 제어(유량제어 밸브) : 일의 속도 결정 – 액추에이터의 속도와 회전수 변화
③ 방향 제어(방향제어 밸브) : 일의 방향 결정 – 역류 방지 작동유의 흐름 방지

> **Q 더 알아보기 /**
>
> **유압 액추에이터** : 유압 펌프에서 송출된 압력에너지를 기계적에너지로 변환하는 것

(3) 유압 구동부

유압 펌프에서 송출된 압력에너지를 기계적에너지로 변환하는 것

① 유압 모터 : 유체의 압력에너지에 의해서 회전 운동
② 유압 실린더 : 유체의 압력에너지에 의해서 직선 운동
  ㉠ 직선 왕복 운동 : 유압 실린더
  ㉡ 연속 회전 운동 : 유압 모터(기어 모터, 베인 모터, 피스톤 모터)
  ㉢ 요동 운동 : 요동형 액추에이터

2-1. 괄호 안의 ㉠, ㉡에 들어갈 내용으로 적절한 것은?

> 유압 모터의 토크는 (㉠)으로 제어하고, 회전속도는 (㉡)(으)로 제어한다.

① ㉠ : 방향, ㉡ : 유량
② ㉠ : 압력, ㉡ : 유량
③ ㉠ : 유량, ㉡ : 압력
④ ㉠ : 유량, ㉡ : 볼트

2-2. 유압 액추에이터(Actuator)의 속도조절용 밸브는?

① 방향제어 밸브
② 압력제어 밸브
③ 유량제어 밸브
④ 축압기

|해설|

2-1

• 압력제어 밸브 : 유체압력을 제어하는 밸브 → 힘
• 유량제어 밸브 : 유량의 흐름을 제어하는 밸브 → 속도

2-2

유량제어 밸브는 일의 속도를 결정하는 역할을 하며 액추에이터의 속도와 회전수를 변화시킨다.

정답 2-1 ② 2-2 ③

제2절 유압기기

핵심이론 01 유압 펌프

(1) 유압 발생 장치의 구성

구동 전동기, 유압 펌프, 릴리프 밸브, 커플링, 압력 게이지, 유압 탱크, 여과기 등으로 구성

① **구동 전동기** : 전동기의 기계적 에너지를 유압 펌프로 전달하여 유압에너지로 변환
② **유압 펌프** : 유압유를 흡입하고 압축하여 유압장치의 관로를 따라 액추에이터로 공급
③ **커플링** : 유압 펌프와 구동 전동기를 연결
④ **유압 필터** : 유압유에 함유되어 있는 불순물을 걸러 주는 역할을 하며, 유압 펌프와 연결된 흡입관에 설치
⑤ **압력 릴리프 밸브** : 유압 펌프에서 생산되는 유압유의 압력을 유압 장치에 필요한 압력으로 설정하고 유지
⑥ **유압 탱크** : 적당한 양의 유압유를 저장하며 유압유에 포함된 열의 발산, 공기의 제거, 응축수의 제거, 오염 물질의 침전기능을 하고 유압 펌프와 구동 전동기 및 기타 구성 부품의 설치 장소를 제공

(2) 유압 펌프의 종류

유압 펌프는 펌프 1회전당 유압유의 이송량을 변화시킬 수 없는 정용량형 펌프와 변화시킬 수 있는 가변 용량형 펌프로 구분하며 기어 펌프, 베인 펌프, 피스톤 펌프 등이 사용된다.

① 기어 펌프
  ㉠ 형식이나 구조가 간단하고 흡인력이 크나, 소음이 다소 발생한다. 펌프의 전체 효율은 약 85[%]이다.
  ㉡ 기어 펌프의 종류
    • 외접 기어 펌프 : 전동기가 구동기어에 회전력 전달(종동기어 같이 회전, 틈으로 유압유 유입)
    • 내접 기어 펌프 : 안쪽 기어 로터가 전동기에 의해 회전, 바깥쪽 로터 같이 회전(안쪽 로터의 모양에 따라 송출량 결정)

② 베인 펌프

    ㉠ 일반적으로 가장 많이 쓰이는 진공 펌프로, 내부 구조가 로터 베인 및 실린더로 되어 있으며 로터의 중심과 실린더의 중심은 편심되어 있다.

    ㉡ 용량이 가장 큰 펌프이고 소음이 적으나 수명이 짧다. 전체 효율은 약 80[%]이다.

③ 피스톤 펌프

    ㉠ 피스톤 펌프는 고속 운전이 가능하여 비교적 소형으로도 고압, 고성능을 얻을 수 있다.

    ㉡ 여러 개의 피스톤으로 고속 운전하므로 송출압의 맥동이 매우 작고 진동도 작다.

    ㉢ 송출 압력은 $100{\sim}300[\mathrm{kgf/cm}^2]$이고, 송출량은 $10{\sim}50[\mathrm{L/min}]$ 정도이다.

    ㉣ 피스톤 펌프는 축 방향 피스톤 펌프와 반지름 방향 피스톤 펌프가 있다.

    ㉤ 경사판의 경사각을 조절하여 유압유의 송출량을 조절한다.

10년간 자주 출제된 문제

용적형 펌프의 종류가 아닌 것은?

① 기어 펌프   ② 베인 펌프
③ 나사 펌프   ④ 마찰 펌프

|해설|

용적형 펌프

• 왕복 펌프
  – 피스톤 펌프 : 수평 피스톤 펌프, 수직 피스톤 펌프
  – 플런저 펌프 : 수평형(1련 펌프, 2련 펌프, 3련 펌프), 수직형(1련 펌프, 2련 펌프, 3련 펌프)
  – 다이어프램 펌프
  – 윙 펌프
• 회전 펌프
  – 기어 펌프 : 외치기어 펌프, 내치기어 펌프
  – 편심 펌프 : 베인 펌프, 롤러 펌프, 로터리 플랜지 펌프
  – 나사 펌프 : 싱글나사 펌프, 투나사 펌프, 트리나사 펌프

정답 ④

핵심이론 02 | 유압제어 밸브

(1) 압력제어 밸브(일의 크기 제어)

① **릴리프 밸브** : 유압 회로 내의 최고 압력을 설정하고, 회로 내의 압력이 밸브의 설정값에 도달하면 유압유의 일부 또는 전량을 유압 탱크로 복귀시켜, 회로 내의 압력을 설정값 이하로 압력을 제한하는 역할을 한다.

② **리듀싱 밸브(감압 밸브)** : 회로의 기본 압력보다 낮은 2차 압력을 얻기 위하여 사용한다. 유압 액추에이터(작동기)의 작동 순서를 제어한다.

③ **시퀀스 밸브** : 2개 이상의 유압 실린더를 사용하는 유압 회로에서 미리 정해 놓은 순서에 따라 실린더를 작동시킬 수 있는 역할을 한다.

④ **언로더 밸브(무부하 밸브)** : 유압 장치에서 일을 하지 않을 때에는 유압유를 유압저장 탱크로 돌려보내는 회로이다. 유압 회로 내의 압력이 규정 압력에 도달하면 펌프에서 송출되는 모든 유량을 탱크로 리턴시켜 유압 펌프를 무부하가 되도록 한다.

⑤ **카운터 밸런스 밸브** : 실린더의 피스톤 로드에 인장 하중이 걸리면 실린더는 끌리는 영향을 받게 되는데, 이러한 영향을 방지하기 위하여 인장 하중이 가해지는 쪽에 밸브를 설치하여 끌리는 효과를 억제한다. 또 유압 실린더 등이 자유 낙하하는 것을 방지하기 위하여 배압을 유지시키는 역할을 한다.

(2) 유량제어 밸브(일의 속도 제어)

회로에 공급되는 유량을 조절하여 액추에이터의 작동 속도를 제어하는 역할

① **스로틀 밸브(교축 밸브)** : 압력 강하가 필요한 유압 장치에 사용

② **오리피스 밸브** : 온도 변화에 따른 점도 변화와 무관한 곳에 사용

③ **일방향 유량제어 밸브** : 체크 밸브가 내장되어 있어 한쪽 방향으로만 유량을 제어. 반대 방향은 체크 밸브가 열리므로 유압유는 저항 없이 흐르게 된다.

④ 압력보상 유량제어 밸브(가장 많이 사용), 디바이더 밸브(분류밸브), 슬로 리턴 밸브

(3) 방향제어 밸브

① 기능 : 유압 장치에서 유압의 흐름을 차단하거나 흐름의 방향을 전환하여, 유압 모터나 유압 실린더 등의 시동, 정지 및 방향 전환 등을 정확하게 제어할 목적으로 사용

② 방향제어 밸브의 종류
　㉠ 체크 밸브와 셔틀 밸브 : 유압유를 한쪽 방향으로만 흐르고, 반대 방향으로는 흐르지 못하게 하는 역할을 한다.

🔍 더 알아보기 !

체크 밸브에 의한 펌프의 보호 회로 : 유압 펌프 구동 전동기가 정지되었을 때 유압유가 반대 방향으로 흐르는 것을 방지

　㉡ 스풀 밸브 : 작동유의 흐름 방향을 변환시키는 역할(유량 조절 가능)
　㉢ 디셀레이션 밸브(감속 밸브)

10년간 자주 출제된 문제

다음 밸브 중 관로에 설치한 힌지로 된 밸브판을 가진 밸브로 스톱 밸브 또는 역지 밸브로 사용되는 것은?
① 플랩 밸브　　　　② 게이트 밸브
③ 리프트 밸브　　　④ 앵글 밸브

|해설|
① 플랩(Flap) 밸브는 게이트(Gate)가 미끄러지는 형태가 아니고 젖혀지면서 열리고 닫히는 형태의 밸브(역류방지용)

정답 ①

(1) 특 징

① 한정된 각도 내에서 회전 운동을 한다.
② 상업화된 회전 범위는 45°, 90°, 180°, 290°, 720°까지이다.
③ 공압 실린더와 링크를 조합하여 만들 수 있다.
④ 일정 회전각을 왕복・회전 운동하는 액추에이터이다.

(2) 종 류

① 베인 요동형 액추에이터
　㉠ 원통형의 케이싱과 케이싱의 내벽에 밀착되어 회전하는 베인으로 이루어져 있으며 한정된 각운동이 되도록 케이싱 내벽에 멈춤 장치가 설치되어 있다.
　㉡ 보통 싱글 베인형은 300° 이내, 더블 베인형은 90∼120°까지이다.

② 피스톤 요동형 액추에이터
　㉠ 래크와 피니언형 : 피스톤 로드의 직선 왕복 운동이 래크와 피니언의 상대 운동을 통하여 회전 운동으로 변환되며, 회전 범위는 45∼720°까지이다.
　㉡ 스크루형 : 피스톤의 왕복 운동을 나사의 리드에 의하여 피스톤이 축방향으로 일정 거리를 이동하면 나사의 직선 왕복 운동이 각운동으로 변환되며, 회전 범위는 100∼370°까지이다.
　㉢ 크랭크형 : 피스톤에 직결된 크랭크를 통하여 제한된 각도의 회전 운동으로 변환된다. 회전 범위는 구조적으로 110° 이내이다.
　㉣ 요크형 : 피스톤의 직선 왕복 운동이 피스톤 로드부의 중앙 위치에 요크를 통하여 제한된 각운동으로 변환된다.

3-1. 공기압 액추에이터 중 회전각도의 범위가 가장 큰 것은?

① 스크루형
② 크랭크형
③ 베인형
④ 래크와 피니언형

3-2. 피스톤의 왕복 운동을 나사의 리드에 의해 피스톤이 축방향으로 일정 거리를 이동하면 나사의 직선 왕복 운동이 각운동으로 변환되는 공기압 액추에이터는?

① 래크와 피니언형
② 스크루형
③ 크랭크형
④ 요크형

|해설|

3-1

④ 래크와 피니언형의 회전 범위는 45~720°까지이다.
① 스크루형의 회전 범위는 100~370°이다.
② 크랭크형의 회전 범위는 구조적으로 110° 이내이다.
③ 싱글 베인형은 300° 이내, 더블 베인형은 90~120°이다.

3-2

스크루형 액추에이터는 피스톤의 왕복 운동을 나사의 리드에 의해 피스톤이 축방향으로 일정 거리를 이동하면 나사의 직선 왕복 운동이 각운동으로 변환되는데, 100~370°의 회전 범위를 가진다.

정답 3-1 ④ 3-2 ②

핵심이론 04 | 공유압 조합기기

(1) 공유압 변환기

① 에어 하이드로 실린더 : 공유압 변환기 등을 사용하여 작동 유체를 압축공기에서 액체로 변환하고 액체의 에너지를 사용하여 기계적인 일을 하는 실린더이다.
② 용도 : 저속 운동이 가능하다(스틱-슬립 현상 방지).
③ 사용상의 주의점
   ㉠ 수직 방향으로 설치
   ㉡ 액추에이터보다 높은 위치에 설치
   ㉢ 열의 발생이 있는 곳에서 사용 금지

(2) 하이드롤릭 체크 유닛(Hydraulic Check Unit)

① 공기압 실린더와 연결하고, 내장된 교축 밸브를 조절하여 실린더의 속도 제어에 사용
② 바이패스 관로 내부에 스톱 밸브를 설치하면 중간 정지 기능도 가능
③ 구동은 공압 실린더로, 작동 속도 제어는 유압 실린더로 함

(3) 증압기(Intensifier)

일반적인 공기압 회로에서 얻을 수 있는 압력보다 큰 압력이 필요할 때 이용한다.

공유압 변환기 사용 시 주의점으로 옳은 것은?

① 수평 방향으로 설치한다.
② 실린더나 배관 내의 공기를 충분히 뺀다.
③ 반드시 액추에이터보다 낮게 설치한다.
④ 열원에 가까이 설치한다.

|해설|

① 수직 방향으로 설치한다.
③ 액추에이터보다 높은 위치에 설치한다.
④ 열원의 근처에서 사용하지 않는다.

정답 ②

어큐뮬레이터(Accumulator)

축압기는 용기 내에 오일을 고압으로 압입하는 압유 저장
용 용기이다.

(1) 어큐뮬레이터의 용도와 종류

① 용 도
   ㉠ 에너지를 축적
   ㉡ 펌프의 맥동 흡수용
   ㉢ 충격 압력의 완충용
   ㉣ 유체 이송용
   ㉤ 2차 회로의 구동(기계의 조정, 보수 준비 작업 등
      때문에 주회로가 정지하여도 2차 회로를 동작시키
      고자 할 때 사용)
   ㉥ 압력보상(유압 회로 중 오일 누설에 의한 압력의
      강하나 폐회로에 있어서의 유온 변화에 수반하는
      오일의 팽창·수축에 의해 생기는 유량의 변화를
      보상)

② 종 류
   ㉠ 가스부하식 : 블래더형, 피스톤형, 벨로즈형
   ㉡ 비(非)가스부하식 : 직압형, 중추식, 스프링형

(2) 축압기 설치 시 주의 사항

① 축압기와 펌프 사이에는 역류방지 밸브를 설치한다.
② 축압기와 관로 사이에 스톱 밸브를 넣어 토출 압력이
   봉입 가스의 압력보다 낮을 때는 차단한 후 가스를
   넣어야 한다.
③ 펌프 맥동 방지용은 펌프 토출측에 설치한다.
④ 가스봉입 형식인 것은 미리 소량의 작동유(10[%])를
   넣은 다음 가스를 소정의 압력(최저유량의 60~
   70[%])으로 봉입한다.
⑤ 봉입가스는 질소가스 등으로 불활성 가스 또는 공기압
   (저압용)을 사용하며, 산소 등의 폭발성 기체를 사용
   해서는 안 된다.

⑥ 축압기에 부속쇠 등을 용접하거나 가공, 구멍 뚫기
   등을 해서는 안 된다.
⑦ 운반, 결합, 분리 등의 경우에는 반드시 봉입 가스를
   빼고 취급 시에는 특히 주의한다.
⑧ 봉입 가스의 압력은 6개월마다 점검하고 항상 소정의
   압력을 예압시킨다.
⑨ 충격 완충용은 가급적 충격이 발생하는 곳에 가까이
   설치한다.

10년간 자주 출제된 문제

어큐뮬레이터의 용도에 대한 설명으로 적합하지 않은 것은?

① 에너지 축적용
② 펌프 맥동 흡수용
③ 압력 증대용
④ 충격 압력의 완충용

|해설|
어큐뮬레이터는 유체를 에너지원으로 사용하기 위하여 가압 상
태로 저축하는 용기이다.

정답 ③

(1) 유압 작동유로서 필요한 성질

① 유압 작동유는 동력을 전달하는 유체이므로 도중에 동력의 손실이 적고, 전달 시간의 지연이 적어야 한다.

② 작동유는 압축률이 적으며, 유동 저항이 적은 저점도의 것이 바람직하다. 그러나 점도가 너무 낮으면 접동부에서 새기 쉽고, 윤활 유지가 곤란해지기 때문에 적당한 점도 범위에서 사용할 필요가 있다.

(2) 유압 작동유로서 요구되는 특성

① 운전조건하의 온도, 압력, 미끄러지는 속도에서 양호한 윤활 성능을 유지하며, 접동부의 마모가 적을 것

② 펌프와 기타 유압기기에 대해 적당한 점도를 유지하며, 온도에 대한 점도 변화가 적고 전단 안정성이 양호할 것

③ 장기간의 사용에 대해 안정된 상태를 유지하고 물리적 및 화학적 변화가 적을 것

④ 각종 금속에 대해 부식성이 없고 방청성을 가질 것

⑤ 물과 불순물이 재빨리 분리될 것

⑥ 실재료에 대해, 팽윤, 경화 등의 변질을 주지 않을 것

⑦ 운전 조건의 범위에서 휘발성이 적을 것(난연성이면 더욱 좋다)

⑧ 발포가 적고, 방기성이 양호할 것

> 🔍 **더 알아보기!**
> 유압 작동유의 이런 요구 성능을 작동유의 기재만으로 모두 만족시킬 수는 없으므로, 산화방지제, 마모방지제, 점도지수 향상제, 방청제, 소포제 등을 배합함으로써 상기의 성능을 부여하고 있다.

(3) 유압 작동유의 종류

① 광유계(석유계) 작동유

    ㉠ 정제윤활유 유분에 각종 첨가제를 배합하여 성능을 향상시킨 것이다.

    ㉡ 마모 방지제를 배합한 것과 거기에 점도지수향상제를 배합하여 점도온도특성을 개량한 것 등이 있다.

    ㉢ 광유계 작동유는 성능도 뛰어나고 입수도 용이하므로 충분한 성능과 내구성을 얻을 수 있으나 내화성, 내열성에 한계가 있다.

② 합성유계 작동유

    ㉠ 합성유계 작동유는 제트항공기용으로서 저유동점, 양호한 점도온도특성, 고온에서의 뛰어난 내열화성, 난연성 등을 목표로 연구된 것이다.

    ㉡ 우수한 성능을 갖고 있으나, 광유계에 비해 가격이 현저히 비싸다.

③ 난연성(수성형) 작동유

    ㉠ 난연성 작동유에는 비함수계(내화성을 갖는 합성물)와 함수계가 있다.

    ㉡ 비함수계로는 인산에스테르와 폴리올에스테르가 대표적이며, 함수계 작동유에는 수중유적형(O/W), 유중수적형(W/O), 그리고 물–글리콜계 등이 있다.

(4) 유압 작동유의 성질

① 점도 특성

    ㉠ 점도 특성은 마찰 손실, 열의 발생량, 마모, 누유, 시동성, 효율 등에 직접 관계되므로 작동액의 선정에 있어서는 가장 먼저 고려할 필요가 있다.

    ㉡ 적당한 점도는 유압 펌프의 형식, 작동압력, 운전온도 등에 의해 정해지며, 기기제작 메이커의 추천에 의한 것이 안전하다.

    ㉢ 작동유의 점도는 온도와 압력에 따라 변화하는 외에 점도지수 향상제를 배합한 것에서는 전단 속도가 커지면 일시적으로 감소되거나 영구적으로 저하된다.

② 윤활 특성

    ㉠ 기계 효율 측면에서 작동유의 점도는 되도록 낮은 것이 바람직하지만 유압장치, 기계접동부는 유체윤활과 경계윤활의 혼합상태이므로 점도가 너무 낮으면 마모가 많아진다.

ⓛ 가혹한 조건에서 사용되는 작동유에서는 디알킬 디티오인아연, 인화합물, 인-황화합물 등 마모 방지제가 사용되며, 그 효과가 현저하다.

③ 산화안정성

ⓐ 유압기기 내에서 작동유는 공기, 습기, 금속과 접하여 온도도 상당히 상승하는 일이 있다.

ⓛ 장기간 가혹한 조건에서 사용하면 열화가 증대되며 점도, 산가, 검화가가 증가하여 래커의 부착과 슬러지의 생성이 시작된다. 이런 것들은 접동부의 원활한 작동을 저해하고, 교착을 일으키거나 소간극과 필터를 폐쇄시킨다. 또 산화에 의해 생성된 저분자량의 유기산류는 부식의 원인이 된다.

(5) 작동유의 온도

① 난기운전(워밍업) 시 오일의 온도 20~27[℃], 최고 허용 오일의 온도 80[℃], 최저 허용 오일의 온도 40[℃]

② 정상적인 오일의 온도 40~60[℃], 열화되는 오일의 온도 80~100[℃]

(6) 유압유 노화 촉진의 원인

① 유온이 80[℃] 이상으로 높을 때

② 다른 오일과 혼합하여 사용할 때

③ 유압유에 수분이 혼입되었을 때

(7) 유압유가 과열되는 원인

① 효율 불량, 노화, 냉각기 성능 불량, 유압유 부족

② 점도 불량, 안전밸브의 작동 압력이 너무 낮을 때

(8) 유압유의 온도가 상승하는 원인

① 높은 열을 갖는 물체에 유압유가 접촉했을 때나 과부하로 연속작업했을 때

② 오일 냉각기가 불량일 때나 높은 태양열 작용했을 때

③ 캐비테이션이 발생했을 때나 유압손실이 클 때

🔍 더 알아보기!

캐비테이션 현상 발생 시 영향 : 체적효율 저하, 소음과 진동 발생, 과포화상태, 높은 압력 발생, 압력파 형성, 액추에이터의 효율 저하 등이 있다.

10년간 자주 출제된 문제

다음 중 유압 작동유의 점도가 너무 낮을 경우 발생되는 현상이 아닌 것은?

① 내부 누설 및 외부 누설

② 마찰 부분의 마모 증대

③ 정밀한 조절과 제어 곤란

④ 작동유의 응답성 저하

|해설|

점도가 너무 클 때 제어 밸브나 실린더의 응답성이 저하되어 작동이 활발하지 않게 된다.

정답 ④

핵심이론 01 ｜ 공유압 기호(Ⅰ)

(1) 선의 용도

① 실선 : 주관로, 파일럿 밸브의 공급 관로, 전기 신호선
② 파선 : 파일럿 조작 관로, 드레인 관, 필터, 밸브의 과도 위치
③ 1점쇄선 : 포위선(2개 이상의 기능을 갖는 유닛을 나타내는 포위선)
④ 복선 : 기계적 결합(회전축, 레버, 피스톤 로드 등)

(2) 원의 용도

① 대원 : 에너지 변환기(펌프, 압축기, 전동기 등)
② 중간원 : 계축기, 회전 이음
③ 소원 : 체크 밸브, 링크, 롤러(중앙에 점을 찍는다)
④ 점 : 관로의 접속, 롤러의 축
⑤ 반원 : 회전각도가 제한을 받는 펌프 또는 액추에이터

(3) 조작 방식

인력조작 방식, 기계 조작 방식, 전기 조작 방식, 파일럿 조작 방식, 압력을 빼내어 조작하는 방식 등

명 칭	기 호	비 고
인력 조작		조작 방법을 지시 또는 조작 방향의 수를 특별히 지정하지 않는 경우의 일반기호
푸시(누름) 버튼		1방향 조작
풀(당김) 버튼		1방향 조작
푸시풀(누름-당김) 버튼		2방향 조작
레 버		2방향 조작(회전 운동을 포함)
페 달		1방향 조작(회전 운동을 포함)
2방향 페달		2방향 조작(회전 운동을 포함)

(4) 펌프 및 모터

명 칭	기 호	비 고
유압 펌프		• 1방향 유동 • 정용량형 • 1방향 회전형
유압 모터		• 1방향 유동 • 조작기구를 지정하지 않는 경우 • 외부 드레인 • 가변용량형 • 1방향 회전형 • 양축형
공압 모터		• 2방향 유동 • 정용량형 • 2방향 회전형
정용량형 펌프 · 모터		• 1방향 유동 • 정용량형 • 1방향 회전형
가변 용량형 펌프 · 모터 (인력조작)		• 2방향 유동 • 가변용량형 • 외부 드레인 • 2방향 회전형
요동형 액추에이터		• 공 압 • 정각도 • 2방향 요동형 • 축의 회전 방향과 유동 방향과의 관계를 나타내는 화살표의 기입은 임의
유압 전도 장치		• 1방향 회전형 • 가변용량형 펌프 • 일체형
가변 용량형 펌프 (압력보상제어)		• 1방향 유동 • 압력 조정 가능 • 외부 드레인
펌프 및 모터	유압 펌프　공압 모터	일반 기호

10년간 자주 출제된 문제

1-1. 다음 조작 방식 중 레버를 나타내는 것은?

①
②
③
④ - - - -

1-2. 다음 기호의 설명으로 옳은 것은?

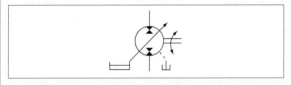

① 가변용량형, 2방향 유동, 외부 드레인, 인력조작
② 가변용량형, 2방향 유동, 내부 드레인, 인력조작
③ 가변용량형, 2방향 유동, 외부 드레인, 조작기구 미지정
④ 정용량형, 2방향 유동, 외부 드레인, 인력조작

|해설|

1-1
③ 단동 솔레노이드
④ 파일럿 조작

1-2
가변용량형 펌프 모터
• 2방향 유동
• 가변용량형
• 외부 드레인
• 2방향 회전형(인력조작)

정답 **1-1** ① **1-2** ①

핵심이론 02 | 공유압 기호(Ⅱ)

(1) 특수 에너지 – 변환 기기

명 칭	기 호		비 고
공기 유압 변환기	단동형	연속형	–
증압기	단동형	연속형	• 압력비 1 : 2 • 2종 유체용

(2) 에너지 – 용기

명 칭	기 호	비 고
어큐뮬 레이터		• 일반 기호 • 항상 세로형으로 표시 • 부하의 종류를 지시하지 않는 경우
	기체식 중량식 스프링식	부하의 종류를 지시하는 경우
보조 가스 용기		• 항상 세로형으로 표시 • 어큐뮬레이터와 조합해 사용 하는 보급용 가스 용기
공기 탱크		–

(3) 동력원

명 칭	기 호	비 고
유압(동력)원	▶—	일반 기호
공압(동력)원	▷—	일반 기호
전동기	(M)=	–
원동기	[M]=	※ 전동기를 제외함

(4) 보조 기기

명 칭	기 호	비 고
압력 계측기 압력 표시기		계측은 되지 않고 단지 지시만 하는 표시기
압력계		–
차압계		–
유면계		평행선은 수평으로 표시
온도계		–
유량 계측기 검류기		–
유량계		–
적산 유량계		–
회전 속도계		–
토크계		–

명 칭	기 호	비 고
기름 분무 분리기		수동 배출
		자동 배출
에어 드라이어		–
루브리 케이터		–
공압 조정 유닛		상세 기호 (수직 화살표는 배출기)
		간략기호 (수직 화살표는 배출기)
열 교환기 냉각기		냉각액용 관로를 표시하지 않는 경우
		냉각액용 관로를 표시하는 경우
가열기		–
온도 조절기		가열 및 냉각

(5) 유체 조정 기기

명 칭	기 호	비 고
필 터		일반 기호
		자석 붙이
		눈막힘 표시기 붙이
드레인 배출기		수동 배출
		자동 배출
드레인 배출기 붙이 필터		수동 배출
		자동 배출

(6) 기타 기기

명 칭	기 호	비 고
압력 스위치		
리밋 스위치		
아날로그 변환기		공 압
소음기		공 압
경음기		공압용
마그네트 세퍼레이터		–

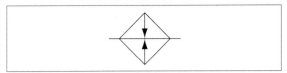

10년간 자주 출제된 문제

2-1. 다음 기호의 명칭으로 옳은 것은?

① 냉각기　　　　　② 가열기
③ 온도 조절기　　　④ 압력 계측기

2-2. 다음 기호의 명칭은?

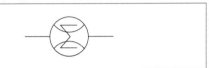

① 적산 유량계　　　② 회전 속도계
③ 토크계　　　　　④ 유면계

|해설|

2-1
① 냉각기 :

③ 온도 조절기 :

④ 압력 계측기 :

2-2
② 회전 속도계 :

③ 토크계 :

④ 유면계 :

정답 2-1 ②　2-2 ①

핵심이론 03 │ 유압 회로(Ⅰ)

(1) 유압 회로의 개요

① 유압 장치의 구성도

　㉠ 유압 발생부(유압 동력 공급부) : 유압 에너지를 생산하고 압력 유체를 조절하는 부분

　㉡ 에너지 전달부 : 유압 동력 공급부에서 생산된 에너지를 구동부까지 전달

　㉢ 유압 구동부 : 에너지 전달부를 통하여 공급된 유압 에너지를 기계 에너지로 변환

　㉣ 유압 제어부(제어 신호 처리부) : 신호 처리부, 신호 입력부

② 유압 회로도의 종류 : 기호회로도(가장 많이 사용), 그림회로도, 단면회로도, 조합회로도

더 알아보기!

누설 오일 보충 회로도
누설되는 유압유를 보충해 주기 위하여 축압기를 사용한 유압회로
축압기의 압력으로 프레스를 밀어 줌

서지 압력(충격 압력) 방지 회로도
밸브를 급격히 차단하였을 때 회로 내에 발생되는 서지 압력을 방지하기 위하여 축압기를 사용한 유압 회로도. 방향 제어 밸브로 유압회로를 급격히 차단했을 때 회로 내에 발생하는 서지(충격)압력을 방지하기 위하여 축압기에서 충격압력을 흡수한다.

(2) 압력 설정 회로
회로 내의 압력을 설정 압력으로 조정하는 회로

(3) 펌프 무부하 회로
회로에서 작동유를 필요로 하지 않을 때(조작단의 일을 하지 않을 때) 작동유를 탱크로 귀환시킴

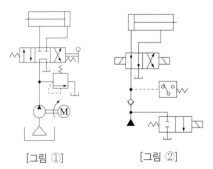

[그림 ①]　　　　　　[그림 ②]

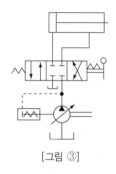

[그림 ③]

① 전환 밸브에 의한 무부하 회로(그림 ①)

② 단락에 의한 무부하 회로(그림 ②)

③ 압력 보상 가변용량형 펌프에 의한 무부하 회로(그림 ③)

(4) 압력 제어 회로

회로의 최고압을 제어하거나 회로의 일부 압력을 감압해서 작동 목적에 알맞은 압력을 얻기 위한 회로

① 최대 압력 제한 회로

② 감압 밸브에 의한 2압력 회로

(5) 속도 제어 회로

① 미터 인 회로 : 유량 제어 밸브를 실린더 입구측에 설치한 회로로서, 펌프 송출압은 릴리프 밸브의 설정압으로 정해지고 여분은 탱크로 방유한다. 동력 손실이 크다.

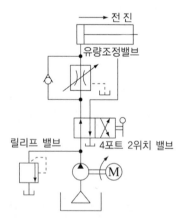

② 미터 아웃 회로 : 유량 제어 밸브를 실린더 출구 측에 설치한 회로로서, 펌프 송출압은 유량 제어 밸브에 의한 배압과 부하저항에 의해 결정된다. 동력 손실이 크다.

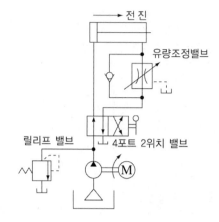

③ 블리드 오프 회로 : 실린더 입구의 분기 회로에 유량 제어 밸브를 설치하여 작동 효율을 증진시킨 회로이다. 피스톤 이송을 정확하게 조절하기 어렵다.

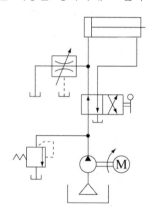

(6) 어큐뮬레이터 회로

유압 회로에 어큐뮬레이터를 이용한 회로

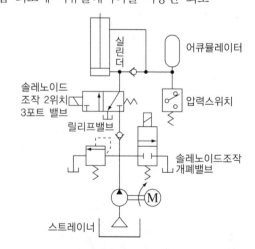

(7) 시퀀스 회로

유압으로 구동되고 있는 기계의 조작을 순서에 따라 자동적으로 행하게 하는 회로

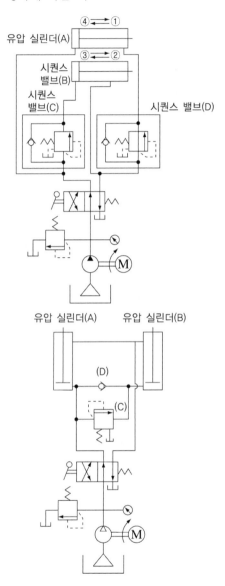

3-1. 다음 유압 회로의 명칭으로 맞는 것은?

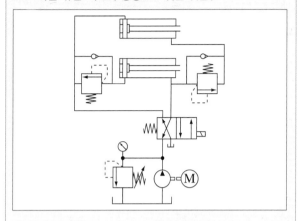

① 시퀀스 회로 ② 차압 회로
③ 감압 회로 ④ 재생 회로

3-2. 다음과 같은 유압 회로에 대한 설명 중 틀린 것은?

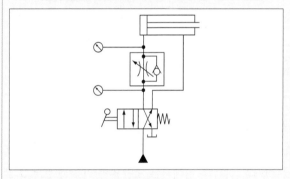

① 실린더의 전진 운동 시 항상 일정한 힘을 유지할 수 있는 회로이다.
② 실린더에 인장하중의 작용 시 카운터 밸런스 회로를 필요로 한다.
③ 전진 운동 시 실린더에 작용하는 부하변동에 따라 속도가 달라진다.
④ 시스템에 형성되는 압력은 항상 설정된 최대 압력 이내이다.

|해설|

3-1
시퀀스 회로는 유압으로 구동되고 있는 기계의 조작을 순서에 따라 자동적으로 행하게 하는 회로이다.

3-2
로드 쪽에 걸리는 부하에 따라 압력이 변하여 일정하다고 할 수 없다.

정답 3-1 ① 3-2 ①

핵심이론 04 | 유압 회로(Ⅱ)

(1) 카운터 밸런스 회로

① 실린더의 부하가 급히 감소하더라도 피스톤이 급진하는 것을 방지하거나 자중 낙하하는 것을 방지하기 위해 실린더 기름 탱크의 귀환 쪽에 일정한 배압을 유지하는 회로이다.

② 필요한 피스톤의 힘은 릴리프 밸브에 의하여 제어한다.

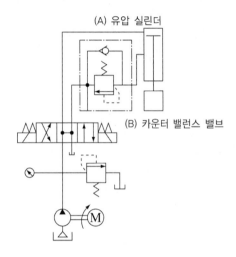

(A) 유압 실린더
(B) 카운터 밸런스 밸브

(2) 최대 압력 제한 회로

고압과 저압 2종의 릴리프 밸브를 사용하며, 프레스에 응용한다. 하강 행정에서는 고압용 릴리프 밸브로 회로 압력을 제어하고, 상승 행정에서는 저압용 릴리프 밸브로 회로 압력을 제어한다.

(3) 동기 회로(동조 회로, 싱크로나이징)

두 개 또는 그 이상의 유압 실린더를 동기 운동, 즉 완전히 동일한 속도나 위치로 작동시키고자 할 때 사용된다.

① 유량 조절 밸브를 이용한 회로 : 두 개의 유량 조절 밸브를 실린더 배출 쪽에 장치하고 양 실린더의 유출량을 조정하여 동기 운동을 하는 회로[그림 (a)]

② 유압 모터를 이용한 회로 : 동일 형식의 같은 용량의 유압 모터를 실린더의 개수만큼 사용하여 각 모터를 기계적으로 동일 회전시켜 유량을 동등하게 분배하는 역할[그림 (b)]

③ 유압 실린더의 직렬 회로 : 동일 치수의 단로드형 복동 실린더를 직렬로 배치하여 동기시키는 회로[그림 (c)]

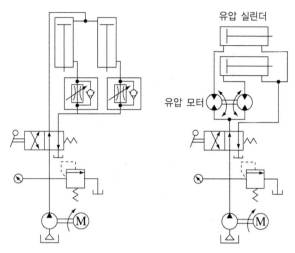

(a) 유량 조절 밸브를 사용한 회로   (b) 유압 모터를 이용한 회로

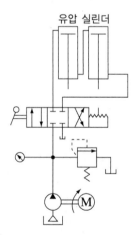

(c) 유압 실린더의 직렬 회로

(4) 감속 회로

유압 실린더의 피스톤이 고속으로 작동하고 있을 때 행정 말단에서 서서히 감속하여 원활하게 정지시키고자 할 경우 사용

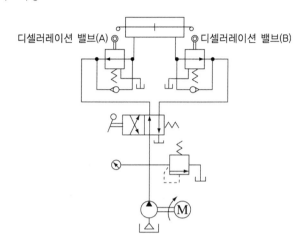

디셀러레이션 밸브(A)   디셀러레이션 밸브(B)

(5) 방향 제어 회로

① 로킹 회로

　　㉠ 실린더의 피스톤 위치를 임의로 고정시키는 회로

　　㉡ 액추에이터 작동 중에 임의의 위치나 행정 도중에 정지 또는 최종단에 로크시켜 놓은 회로(공작기계 드릴 프레스 회로에서 릴리프 밸브 설정 압력과 실린더 작동 압력의 중간값을 설정하는 회로)

② **자동 운전 회로** : 유압 작동 변환 밸브를 사용하여 원격 조작이나 자동 운전 조작을 하는 회로

③ **안전 장치 회로** : 정전이나 사고가 생길 경우 운전자와 기계를 안전하게 보호하기 위한 회로

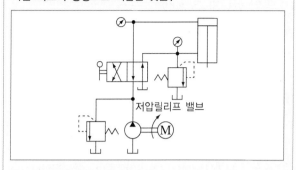

(1) 공압 에너지 On/Off

제어 시스템을 동작시키기 위한 공압 에너지를 공급 및 차단한다.

(2) 시동(Start)

시동 버튼을 누르면 제어 시스템이 동작한다.

(3) 수동 / 자동(Manual / Auto)

수동 작업 및 자동 작업을 선택

① 수동 작업(Manual) : 각 제어 요소들을 임의의 순서대로 작동시킬 수 있다.

② 자동 작업(Auto) : 제어 시스템이 자동적으로 작동된다. 자동 위치에서는 연속 사이클과 단속 사이클이 있다.

　　㉠ 단속 사이클(Single Cycle) : 시작 신호가 입력되면 제어 시스템이 첫 단계에서 마지막 단계까지 1회 동작된다.

　　㉡ 연속 사이클(Continuous Cycle) : 시작 신호가 입력되면 제어 시스템이 첫 단계에서 마지막 단계까지 별도의 신호가 있을 때까지 연속적으로 동작한다. 정지 신호가 입력되면 연속 사이클이 중단된다.

(4) 정지(Stop)

연속 사이클에서 정지 신호가 입력되면 마지막 단계까지는 작업을 수행하고 새로운 작업을 시작하지 못한다. 1회 동작한다.

(5) 리셋(Reset)

리셋 신호가 입력되면 모든 작동 상태는 초기 위치가 된다.

(6) 비상 정지(Emergency Stop)

대부분의 경우 전기 제어 시스템에서는 전원이 차단되나 공압 시스템에서는 모든 작업 요소가 원위치된다.

10년간 자주 출제된 문제

회로 설계를 하고자 할 때 부가조건의 설명이 잘못된 것은 어느 것인가?

① 리셋(Reset) : 리셋 신호가 입력되면 모든 작동 상태는 초기 위치가 된다.

② 비상 정지(Emergency Stop) : 비상정지 신호가 입력되면 대부분의 경우 전기 제어 시스템에서는 전원이 차단되나 공압 시스템에서는 모든 작업요소가 원위치된다.

③ 단속 사이클(Single Cycle) : 각 제어 요소들을 임의의 순서대로 작동시킬 수 있다.

④ 정지(Stop) : 연속 사이클에서 정지 신호가 입력되면 마지막 단계까지는 작업을 수행하고 새로운 작업을 시작하지 못한다.

|해설|

단속 사이클(Single Cycle)은 시작 신호가 입력되면 제어 시스템이 첫 단계에서 마지막 단계까지 1회만 동작된다.

정답 ③

(1) 진동, 소음, 공진

원 인	대 책
펌프 등의 소음, 진동이 배관, 기름탱크 등으로 공명현상	• 펌프의 출구, 입구에 플렉시블 호스를 사용한다. • 기름탱크의 위에 펌프를 얹고, 전동기와 펌프를 공동 받침대로 하여, 기름탱크와 분리한다. • 대형펌프로 교환하고, 4극을 6극 전동기로 교환한다. • 펌프베이스와 기름탱크 사이에 방진재를 넣는다.
2조 이상 밸브의 스프링 공진(예 릴리프 밸브와 릴리프 밸브, 릴리프 밸브와 시퀀스 밸브, 릴리프 밸브와 탱크라인의 체크 밸브)	• 스프링의 설정이 겹치지 않게 한다. • 한쪽 스프링의 감도를 변화시킨다. • 릴리프 밸브를 외부 드레인형으로 한다. • 리모트컨트롤 릴리프밸브를 사용한다.
밸브의 스프링과 공기의 공진	회로 중의 공기를 완전히 제거한다.
밸브의 스프링과 배관의 공진	• 스프링의 정수를 바꾼다. • 배관의 길이, 굵기, 재질, 두께를 바꾼다. • 배관에 서포트를 추가한다. • 배관의 일부에 조리개를 넣는다.
공기가 있는 경우의 실린더의 진동	• 공기를 뺀다. • 특히 한쪽에 기름을 넣지 않는 실린더는 피스톤, 패킹에 그리스 형태의 몰리브덴을 칠해도 좋다.
배관 내 기름의 고속 흐름 소음	• 규정 이상의 유속이 되지 않도록 배관을 굵게 한다. • 엘보를 사용한 벤트관을 사용한다. • 플렉시블 호스를 사용한다. • 흐름이 고르지 못한 곳에서는 L 및 T를 사용하지 않는다. • 소음기, 어큐뮬레이터를 사용한다.
기름탱크의 공명음	• 덮개를 두껍게 한다. • 강판, 저판에 보강대를 사용한다. • 드레인 관의 말단 모양 및 위치를 바꾼다.
스풀 밸브의 공명음	• 절환 파일럿 압력을 낮춘다. • 파일럿 라인 또는 드레인 라인을 조인다. • 압력을 낮추어 절환되도록 계획을 바꾼다. • 두 개 이상 동시에 절환되지 않도록 시간차를 둔다. • 밸브 또는 회로를 변경하여 절환하며, 압력의 급격한 변동을 피한다.
밸브 작동불량에 의한 배관의 진동, 소음	• 조리개를 적당히 사용한다. • 외부 드레인형으로 바꾼다. • 회로를 재검토한다.

(2) 작동유 온도의 이상 상승

원 인	대 책
압력 제어 밸브의 높은 압력 설정	불필요하게 높은 설정을 낮춘다.
릴리프 밸브, 언로드 밸브, 압력 스위치 등 무부하 회로의 밸브 작동 불량	각 밸브의 작동불량을 수리한다.
언로드 회로 밸브의 설정불량으로 짧은 무부하 시간	설정을 정확하게 한다.
밸브의 누유가 많고 짧은 무부하 시간	• 누유가 큰 밸브를 수리한다. • 대형의 밸브를 사용하지 않는 회로로 고려한다.
고압대 용량이 장기간 불필요하게 릴리프 밸브로부터 막힘	• 회로를 변경한다. • 가변 토출량 펌프를 사용한다.
점도가 낮든가 펌프의 고장으로 펌프 내부 누유가 커지므로 펌프 케이스 고온 현상	• 기름을 교환한다. • 펌프를 수리한다.
기름탱크 내의 용량 부족	• 기름을 보충한다. • 기름탱크를 수리한다.
기름탱크의 구조 불량	기름탱크 주변의 온도가 균일하게 상승하도록 하는 구조로 한다.
어큐뮬레이터의 용량 부족 및 고장	• 어큐뮬레이터를 크게 한다. • 어큐뮬레이터를 수리한다.
냉각기 필요	냉각기를 사용한다.
냉각기 용량부족	냉각기를 크게 한다.
냉각기의 고장	냉각기의 고장을 수리한다.
물 입구 밸브의 작동불량	밸브를 수리한다.
물 부족	물의 양을 늘린다.
유온작동 조정장치의 고장	장치를 수리한다.
히터의 작동불량에 의한 발열	히터 계통을 수리한다.
릴리프 밸브 벤트 포트의 조임 틈새에서 언로드 잔압이 높은 현상	조임새 틈이 없도록 한다.
관로의 고저항	적절한 관경으로 한다.
다른 열원에서의 전도열, 복사열이 높은 현상	전도열의 열전연, 단열재, 반사판의 이용, 설치장소의 변경, 통풍, 냉각수 등의 설비, 작동유의 변경, 패킹재의 변경 등을 실시한다.

(3) 작동유 오염

오 염	침입 경로	대 책
공 기	배관의 접속 불량부(흡입측 및 드레인 라인)	펌프의 운전 중에 배관접속부에 기름을 주입하여 불량한 곳을 이상음의 변화로 찾는다.
	펌프의 샤프트 실 불량부	흡입압력이 낮아지면 공기를 흡입하기 쉬우므로 가능한 한 없도록 고려한다.
	실린더 등의 패킹 불량부	불량 패킹을 교환한다.
	어큐뮬레이터의 브레더 파손부	브레더를 교환한다.
	각 유압기기의 패킹부 불량	패킹의 교환, 기기를 유면보다 낮게 설치한다.
	기름탱크 중의 기포	유속이 큰 드레인 관은 유면의 아래까지 배관한다.
	진한 작동유	소포성의 좋은 기름을 사용한다.
물	기름탱크의 에어 브리셔	• 수분이 많을 경우, 기름 탱크의 드레인을 1개월에 한번 정도는 열어서 기름탱크 하부의 수분을 조사하여 물을 뺀다. • 기름 중의 수분이 규정량을 넘어 탁해진 작동유는 교환한다.
	수관식 기름 냉각기의 파손부	냉각기를 수리한다.
	구조불량 또는 관리불량의 기름탱크 상판	기름탱크는 에어 브리셔를 제외한 부분은 밀폐되지 않으면 안 된다.
고형물	조립 시의 절단조각, 가루, 모래, 흙 등	산세척으로 플러싱한다.
	배관용 실	실 취급에 충분한 주의를 요한다.
	기름탱크의 상판	에어 브리셔 이외는 밀폐하여야 한다.
	주유구	• 작동유를 보충할 때 필터를 사용한다. • 운전 중에는 주유구를 완전히 막는다.
	펌프, 밸브 등의 마모가루	정기적으로 작동유를 점검하고, 이물질이 규정량 이상이면 기름을 교체한다.
	기름탱크의 내부 도장	내면의 도장이 일어나지 않도록 바탕 처리를 완벽하게 한다.

오 염	침입 경로	대 책
고무류 접착물	작동유에 녹은 패킹류, 모래, 흙	작동유에 녹지 않는 패킹을 선택한다.
	어큐뮬레이터의 브레더가 부적당하여 작동유에 녹은 것	특히, 난연성 작동유를 사용하는 경우 고무, 패킹 등의 재료에 주의한다.
	탱크의 내면 도장	충분한 내유성이 있는 도장을 사용한다.
	배관 실	부적당한 실을 사용하지 않는다.
	기름의 열화	• 산화 안정성이 우수한 기름을 사용한다. • 산가가 규정을 넘으면 기름을 교체한다. • 접착물은 플레싱을 한다.

① 공기 : 공기가 기름 중에 다량 혼입되면, 기름을 희고 탁하게 한다.

② 물 : 물이 기름 중에 혼입되면, 기름은 유백색으로 된다. 작동유는 순수하지 않으면 안 된다.

③ 고형물 : 라인에 필요한 필터가 설치되지 않으면 안 된다.

(4) 유량 부족, 압력 부족

원 인	대 책
펌프의 토출량 부족	(5) 펌프의 고장 대책 참조
릴리프 밸브의 작동 불량	(6) 릴리프 밸브의 고장 대책 참조
릴리프 밸브의 벤트 포트 열림 상태	벤트 포트 절환 밸브의 작동 불량, 누유과다 등을 수리한다.
밸브, 실린더 등의 내부에 지나친 누유	• 각 기기의 누유량을 검토한다. • 기름의 점도, 유온을 점검한다.
회로 내의 밸브를 통한 탱크 기름의 누설	각 밸브의 작동을 점검하고, 작동불량을 수리한다.
유량 조절 밸브의 조정 불량	• 설정을 다시 한다. • 작동 불량을 수리한다.
계획보다 적은 부하. 마찰저항이 연속운전에서 적어지지 않는 현상	고장이 아니므로 릴리프 밸브의 설정을 낮춘다.
어큐뮬레이터로부터 봉입 가스 누설	누설 부위를 체크하여 가스 누설을 막는다.
유온이 변화하여 조리개의 효과가 변동	유온 컨트롤장치를 단다. 온도보상을 하는 유량 조절 밸브를 단다.

(5) 펌프

고 장	원 인	대 책
토출이 안 된다.	회전방향이 반대이다.	규정된 회전방향으로 회전시킨다.
	펌프의 축이 회전하지 않는다.	• 축에 키를 넣지 않았다. • 커플링 세트가 느슨해져 있었다.
	흡입관 또는 탱크용 필터의 막힘이 발생된다.	막힌 곳을 청소한다.
	흡입관의 공기 밀폐 불량 현상이 있다.	관의 접속부를 조사하여 나사조임 불량, 패킹 파손 등을 바로한다.
	기름의 점도가 높다.	• 적정한 점도의 기름으로 교체한다. • 히터로 예열한다.
	설치 위치가 높다.	펌프의 위치는 가능하면 유면에서 높지 않게 한다.
	회전수가 부족하다.	규정 회전수로 운전한다.
	베인 펌프에서 로터의 Slit까지 베인이 튀어나가지 않는다.	로터 Slit 내의 먼지 등을 청소한다.
	가변 토출 펌프에서 토출량을 0으로 하고 있다.	토출량 조정기구를 재조정한다.
	부품의 마모 또는 파손이 있다.	부품을 교환 또는 수리한다.
	기름탱크 내의 기름이 부족하다.	유면계를 점검하고, 필요하면 작동유를 보충한다.
소음이 크다. (1-8) : 캐비테이션	1. 흡입관 또는 탱크용 필터의 막힘 현상이 있다.	막힌 곳을 청소한다.
	2. 흡입관이 가늘다. 또는 구부러진 곳이 많고 너무 길다.	흡입 진공도가 규정치 이하인 배관을 교체한다.
	3. 탱크용 필터의 용량이 부족하다.	사용유량 2배 이상의 용량인 탱크용 필터를 사용한다.
	4. 설치 위치가 높다.	흡입진공도가 규정치 이하가 되도록 설치 위치를 낮춘다.
	5. 부스터 펌프의 고장 또는 용량이 부족하다.	부스터 펌프를 수리 또는 교체한다.
	6. 기름의 점도가 높다.	• 적정한 점도의 기름으로 교환한다. • 히터로 예열한다.
	7. 회전수가 규정치를 넘는다.	규정 회전수로 운전한다.
	8. 기름탱크 공기 브레더의 눈막힘이 있다.	공기 브레더를 청소한다.

고 장	원 인	대 책
(9-13) : 공기 브레딩	9. 흡입관의 공기 밀폐가 불량이다.	나사조임 불량, 패킹 파손 등을 수리한다.
	10. 기름 탱크 내에 기포가 있다.	유속이 큰 드레인 배관은 유면의 아래까지 배관한다. 배관 연결부의 밀봉을 확인한다. 격벽이 없든가 기름 탱크 구조에 문제가 있으므로 개조한다. 유면이 낮을 수 있으므로 기준면까지 기름을 채운다.
	11. 펌프의 샤프트 실 등에서 공기를 흡입한다.	샤프트 실 등을 교체한다.
	12. 케이싱 내의 공기가 빠지지 않는다.	완전히 공기가 빠질 때까지 무부하 운전을 한다.
	13. 라인 내에 기포가 있다.	폐회로인 경우 라인 내의 기포가 빠지도록 회로를 구성한다.
	14. 압력이 규정치를 초과한다.	규정압력 이하로 운전한다.
	15. 커플링에서 소리가 난다.	• 축심 연결 불량을 고친다. • 커플링을 교환한다.
	16. 펌프 부품의 파손 또는 마모 현상이 있다.	부품 교환 또는 수리한다.
	17. 펌프 내의 베어링 파손 또는 마모가 있다.	베어링을 교환한다.
	18. 2단 베인펌프의 압력분배밸브 작동 불량이 있다.	압력분배밸브를 분해 청소한다.
	19. 가변 토출량 펌프의 토출량 가변 기구의 작동 불량이 있다.	문제의 부품을 분해청소, 수리 또는 교환한다.
토출량 부족	부품의 마모 또는 파손 현상이 있다.	부품을 교환 또는 수리한다.
	캐비테이션을 일으킨다.	캐비테이션을 없앤다.
	공기 브레딩을 일으킨다.	공기 브레딩을 없앤다.
	토출량 가변기구의 작동 불량 현상이 있다.	토출량 가변기구의 부품을 분해청소, 수리 또는 교환한다.
	압력 분배 밸브의 작동 불량 현상이 있다.	압력 분배 밸브의 분해 청소 또는 교환한다.
	기름의 점도가 지나치게 낮다.	• 적정한 점도의 기름으로 교환한다. • 유온을 낮춘다.
이상 발열	내부 드레인이 과대하거나, 용적효율이 나쁘면 발열이 크다.	손상, 마모 부분을 수리한다.
	요동부분의 눌러붙음(소착) 현상이 있다.	손상, 마모 부분을 수리한다.
	브레딩의 눌러붙음(소착) 현상이 있다.	베어링을 교환한다.

고 장	원 인	대 책
샤프트 실의 기름 누설	샤프트 실의 기름 누설 또는 축에 흠집이 있다.	샤프트 실의 교환 또는 축을 교환한다.
	내부 드레인이 과대하여 샤프트 실 부분의 내압이 크다.	손상, 마모 부분을 수리한다.
	외부 드레인 배관의 막힘 현상이 있다.	막힌 배관을 청소한다.
	외부 드레인 배관이 가늘다. 또는 길이가 길다.	배관을 크게 하거나 짧게 한다.
	외부 드레인이 많다.	손상, 마모 부분을 수리한다.
부품의 단기간 이상 마모 또는 소착 현상	작동유가 오염되어 있다.	작동유 교환 및 필터를 추가한다.
	작동유 내에 물, 기름 등이 혼입되어 있다.	물, 공기의 혼입 원인을 제거한다.
	작동유가 부적당하다.	윤활성이 양호한 적정 기름으로 교환한다.
	운전조건이 가혹하다.	적정한 조건에서 운전한다. 특히 함수형 기름 사용 시는 운전조건에 유리하다.

토출이 되지 않는 펌프를 계속 운전하고 있으면, 윤활 불량이 되어 마모, 눌러붙음 현상이 진행되므로 즉시 운전을 중지하고 적절한 대책을 세워야 한다.

(6) 릴리프 밸브

고 장	원 인	대 책
압력이 충분히 올라가지 않는다.	설정 압력이 적당하지 않다.	압력계를 점검하고, 정확한 압력계를 이용하여 압력 설정을 정확하게 한다.
	포핏이 시트에 잘 맞지 않는다.	• 시트 또는 스프링의 마모 및 변형을 확인하고 교체한다. • 먼지가 끼어있는 경우 분해 청소한다.
	피스톤의 작동이 불량하다.	스프링 파손 시는 교환하고, 주변을 분해 청소한다.
	포핏용 스프링이 불량품이다.	정규품으로 교환한다.
	커버의 피스톤부 연결부에 이상 마모현상이 있다.	커버를 교환한다.
	피스톤 또는 시트의 연결부가 마모된다.	피스톤 또는 시트를 교환한다.
	회로 내의 여타 유압기기에 누유가 많다.	각 기기의 점검 수리 보수 또는 교환한다.

고 장	원 인	대 책
압력이 불안정하여 크게 변동한다.	포핏의 앉음이 불안정하다.	포핏의 교환 또는 포핏 스프링을 교환한다.
	포핏의 이상 마모, 먼지가 있다.	포핏을 분해 청소 또는 교환한다.
	피스톤의 작동이 불량이다.	밀림현상의 수리 또는 먼지 등을 제거한다.
	기름 중에 기포가 있다.	계통 내의 공기를 완전히 뺀다.
압력이 미세하게 진동한다.	피스톤의 밀림현상이 있다.	밀림현상 방지 조치를 한다.
	포핏이 이상 마모된다.	포핏을 교환, 작동유를 보충한다.
	벤트 포트에 공기가 있다.	계통 내의 공기를 완전히 뺀다.
	긴 벤트 라인으로 되어 있다.	벤트 라인에 오리피스를 넣는다.
	다른 밸브와의 공진이 있다.	• 설정압에 차이를 둔다. • 스프링을 바꾼다.
	탱크배관이 부적합하다.	탱크라인 배관 방법을 바꾼다.
	유량이 너무 많다.	• 대형의 밸브로 교환한다. • 외부 드레인으로 한다.
	탱크라인에 배압이 있다.	외부 드레인형으로 변경한다.
	탱크라인에 진동이 있다.	외부 드레인형으로 변경한다.
압력응답이 늦다.	피스톤의 스프링이 약하다.	강한 스프링으로 교환한다.
	계통 내에 공기, 고무호스 등이 있다.	계통 내의 압축성을 작게 한다.

(7) 유량 조정 밸브

고 장	원 인	대 책
Pressure Compensator의 작동 불량	피스톤에 먼지가 끼어 있다.	분해하여 청소한다.
	슬리브의 작은 구멍이 먼지로 막혀 있다.	
	입구와 출구측의 압력차가 작다.	규정 이상의 압력차를 둔다.
유량 조정축의 회전이 딱딱하다.	조정축에 먼지가 끼어 있다.	분해하여 청소한다.
	Meter-in으로 사용하는 2차 압력이 높다.	압력을 낮게 조정한다.
	크랭크 포인트 이하의 눈금에서 1차압이 높다.	• 카탈로그에 나타난 최저 유량 이하로 하지 않는다. • 압력을 낮추어 움직인다.
눈금이 계속 올라간 상태이다(외부 드레인이 없는 경우 생기는 현상).	드레인 배관이 막혀 있다.	• 배관의 막힘을 뚫는다. • 다른 밸브의 배관과 별도로 한다.
	드레인 포트에 배압이 걸려 있다.	기름탱크가 밸브보다 위에 있어, 헤드에 영향을 미칠 경우에는 드레인이 없는 형식의 밸브로 교환한다.

(8) 감압 밸브

고 장	원 인	대 책
압력이 불안정하여 크게 변동한다.	(6) 릴리프 밸브 항목 참조	(6) 릴리프 밸브 항목 참조
	드레인 양이 적다.	• 드레인 배관 및 작동유의 점도를 조사하여 적절한 것으로 한다. • 드레인 양을 증가(고치거나 감압 밸브를 교환)시킨다.
설정압력이 저하한다.	Flow Noise에 의해 스풀이 닫히는 방향으로 이동하여, 교축효과가 크게 된다.	순간적으로 과대류가 흐르면, Flow Noise가 생기기 때문에 회로를 다시 검토하고 감압 밸브의 사이즈를 재검토한다.

(9) 액추에이터의 불규칙운동

원 인	대 책
회로 중에 공기가 있다.	회로 중의 높은 곳에 벤트를 설치하여 공기를 완전히 뺀다.
실린더의 피스톤 패킹, 로드 패킹 등이 딱딱하다.	패킹의 체결을 줄인다.
실린더의 피스톤 패킹, 로드 패킹의 중심이 잘 맞지 않는다.	부하를 떼고, 실린더만 움직여 마찰저항을 측정하여 중심을 맞춘다.
• 실린더 내면에 흠이 있거나 먼지가 끼어 있다. • 내경이 일치하지 않는다.	부하를 떼고, 실린더만 움직여 마찰저항을 측정하여 수리한다.
• 가이드레일의 슬라이드 면이 좁아져 있다. • 윤활유가 떨어졌다.	실린더를 떼고 점검하여 수리한다.
유량 조절 밸브, 압력 제어 밸브가 작동 불량이다.	작동 불량 원인을 조사하여 수리한다.
액추에이터의 누유가 크다.	• 누유를 줄인다. • 펌프의 용량을 크게 한다.
시퀀스 밸브와 릴리프 밸브의 설정이 비슷하다.	필요한 만큼의 차를 두고 설정한다.

※ 출처 : 삼흥유압

6-1. 유압 펌프가 기름을 토출하지 못하고 있다. 점검 항목이 아닌 것은?

① 오일 탱크에 규정량의 오일이 있는지 확인
② 흡입측 스트레이너 막힘 상태
③ 유압 오일의 점도
④ 릴리프 밸브의 압력 설정

6-2. 유압시스템의 배관 내 기름이 고속으로 흘러 소음이 발생할 때의 대책으로 맞지 않는 것은?

① 규정 이상의 유속이 되지 않도록 배관을 굵게 한다.
② 엘보를 사용한 벤트관을 사용한다.
③ 플렉시블 호스를 사용한다.
④ L 및 T자 관을 사용한다.

6-3. 유압오일의 온도가 상승할 때 나타날 수 있는 결과가 아닌 것은?

① 점도 저하
② 펌프 효율 저하
③ 오일 누설의 저하
④ 밸브류의 기능 저하

|해설|

6-1

펌프에서 작동유가 나오지 않는 경우

• 펌프의 회전 방향과 원동기의 회전 방향이 다른 경우
• 작동유가 탱크 내에서 유면이 기준 이하로 내려가 있는 경우
• 흡입관이 막히거나 공기가 흡입되고 있는 경우
• 펌프의 회전수가 너무 작은 경우
• 작동유의 점도가 너무 큰 경우
• 여과기가 막혀 있는 경우

6-2

흐름이 고르지 못한 곳에서는 L 및 T자 관을 사용하지 않는다.

6-3

유압오일의 온도가 상승하면 점도 저하로 인하여 펌프 효율과 밸브류의 기능이 저하될 수 있다.

정답 6-1 ④ 6-2 ④ 6-3 ③

터미널 실무

제1절 항만 및 선박

핵심이론 01 | 항 만

(1) 항만의 개념

① 항만법상 항만이란 선박의 출입, 사람의 승선·하선, 화물의 하역·보관 및 처리, 해양친수활동 등을 위한 시설과 화물의 조립·가공·포장·제조 등 부가가치 창출을 위한 시설이 갖추어진 곳을 말한다.

② 항만이란 천연적 또는 인공적으로 선박을 안전하게 출입, 정박 및 계류시키고 해운과 내륙 교통의 연결에 관한 각종의 물류 활동이 행하여지는 공통접속영역 장소로서 물류·생산생활·정보 및 국제교역기능과 배후지의 경제 발전을 위한 기지로서의 역할을 수행하는 종합공간이다.

(2) 항만의 역할과 주요 기능

① 승객 및 국제 간에 이루어지는 무역에서의 물동량 수송을 위한 육상과 해상의 연결점이다.

② 자원의 효율적 배분을 위하여 국제교역을 연결하여 주는 연결교차지점이다.

③ 교역 증대, 교통, 배분, 고용 창출, 국위선양과 국방 등의 정치 및 외교적 기능, 그리고 도시개발, 창고와 통관 및 금융이나 보험 등의 서비스 산업을 증진시키는 장소이다.

④ 항만과 배후단지에 다수의 창고나 물류센터를 중심으로 조립가공, 상표부착, 혼재, 분류 등 서비스를 제공하는 국제물류거점으로 활용되고 있다.

> 🔍 더 알아보기!
>
> 항만의 기능은 터미널 기능, 경제적 기능, 도시 관련 기능으로 나누기도 한다.

(3) 항만의 종류

① 사업 목적상 종류

　㉠ 상업항(Commercial Port) : 수출입 화물, 연안화물, 여객이 이용하는 항만

　㉡ 공업항(Industrial Port) : 과거 울산항이나 포항항과 같이 임해공업지역의 생산원료, 연료 등의 수입과 제품의 수출을 지원하기 위한 항만

　㉢ 어항(Fishery Port) : 감천항 등과 같이 원양어선과 연근해 어선 등이 정박하고, 어획물을 양륙, 가공하는 항만

　㉣ 군항(Military Port) : 군사적 목적으로 군함의 정박이나 수리를 위한 항만

　㉤ 피난항(Refuge Port) : 악천후 시 안전하게 피난할 수 있는 기능의 항만

　㉥ 레크리에이션항 : 요트, 모터보트, 조정 등의 위락용 항만

② 법률상 종류

　㉠ 국제항(Open Port) : 관세법상 외국과 통상을 위하여 국제무역선의 입출항을 허용하는 항

　㉡ 불개항(Local Port) : 외국무역선의 입출항은 허용하지 않고 국내 선박만 입출항할 수 있는 항

　㉢ 자유항(Free Port) : 항만 내에서 수출입 화물에 대한 관세를 부과하지 않고, 일부 제한적인 품목 이외에는 자유로운 활동을 부여하는 항

③ 건설방법상 종류

　㉠ 천연항(Natural Port) : 항만 건설 시 자연적인 지형을 이용한 항만

　㉡ 인공항(Artificial Port) : 바다나 강을 매립하여 인공적으로 만든 항만

④ 지형상 종류

    ⊙ 연안항(Coastal Port) : 항만지형에 따라 대양과 접해 있는 항

    ⓒ 하구항(Estuary Port) : 군산항 등 강의 하류에 위치한 항

    ⓒ 하천항(River Port) : 내륙 깊숙한 강의 중류에 위치한 항(런던항이나 연산포항 등)

    ⓔ 호항(Lake Port) : 북미 오대호와 같이 호숫가에 위치한 항

⑤ 기 타

    ⊙ 부동항(Ice Free Port) : 결빙 여부에 따라 동절기에도 결빙되지 않는 항만

    ⓒ 동항(Ice Port) : 동절기에 결빙되는 항만

    ⓒ 개구항(Open Port) : 조수간만의 차가 크지 않아 항시 입출항이 가능한 항

    ⓔ 폐구항(Closed Port) : 조수간만의 차가 커서 갑문을 설치하여 운영하는 항

⑥ 우리나라 항만법에서 항만은 무역항과 연안항으로 구분된다.

    ⊙ 무역항 : 국민경제와 공공의 이해(利害)에 밀접한 관계가 있고 주로 외항선이 입항·출항하는 항만을 말한다. 무역항은 체계적이고 효율적인 관리·운영을 위하여 수출입 화물량, 개발계획 및 지역균형발전 등을 고려하여 대통령령으로 정하는 바에 따라 세분할 수 있다.

        • 국가관리무역항 : 국내외 육·해상운송망의 거점으로서 광역권의 배후화물을 처리하거나 주요 기간산업 지원 등으로 국가의 이해에 중대한 관계를 가지는 항만

        • 지방관리무역항 : 지역별 육·해상운송망의 거점으로서 지역산업에 필요한 화물처리를 주목적으로 하는 항만

    ⓒ 연안항 : 주로 국내항 간을 운항하는 선박이 입항·출항하는 항만을 말한다. 연안항은 체계적이고 효율적인 관리·운영을 위하여 지역의 여건 및 특성, 항만기능 등을 고려하여 대통령령으로 정하는 방에 따라 세분할 수 있다.

        • 국가관리연안항 : 국가안보 또는 영해관리에 중요하거나 기상악화 등 유사시 선박의 대피를 주목적으로 하는 항만

        • 지방관리연안항 : 지역산업에 필요한 화물의 처리, 여객의 수송 등 편익 도모, 관광 활성화 지원을 주목적으로 하는 항만

    ⓒ 국가는 국가관리연안항의 개발을 우선적으로 지원하여야 한다.

🔍 더 알아보기!

연안항(29개)
- 국가관리연안항(11개)
  용기포항, 연평도항, 상왕등도항, 흑산도항, 가거항리항, 거문도항, 국도항, 후포항, 울릉항, 추자항, 화순항
- 지방관리연안항(18개)
  대천항, 비인항, 송공항, 홍도항, 진도항, 땅끝항, 화흥포항, 신마항, 녹동신항, 나로도항, 중화항, 부산남항, 구룡포항, 강구항, 주문진항, 애월항, 한림항, 성산포항

무역항(31개)
- 국가관리무역항(14개)
  경인항, 인천항, 평택·당진항, 대산항, 장항항, 군산항, 목포항, 여수항, 광양항, 마산항, 부산항, 울산항, 포항항, 동해·묵호항
- 지방관리무역항(17개)
  서울항, 태안항, 보령항, 완도항, 하동항, 삼천포항, 통영항, 장승포항, 옥포항, 고현항, 진해항, 호산항, 삼척항, 옥계항, 속초항, 제주항, 서귀포항

항만의 주요 기능이 아닌 것은?

① 해상·육상 연결지점
② 자원의 세계적 배분을 위한 국제 간 연결교차지점
③ 교역 증대의 역할
④ 빠른 운송서비스의 첨병 역할

|해설|

항만의 주요 기능
• 승객 및 무역량 수송을 위한 해상·육상 연결지점
• 자원의 세계적 배분을 위한 국제 간 연결교차지점
• 교역 증대, 교통, 배분, 고용창출, 무역 창출, 국방, 도시개발, 공업생산 증대, 정치적 기능, 서비스산업 증진(창고, 금융, 보험, 대리점), 통관 등 기타

정답 ④

핵심이론 02 | 항만하역시스템

(1) 항만하역의 개요

항만운송과 부대사업으로 구분하고 있는데 항만하역은 항만에서 화물을 선박에 적·양화하거나 보관, 장치, 운반하는 등 항만에서의 화물 유통을 담당하는 사업이다.

(2) 항만하역의 범위

① **수출의 경우** : 수출을 위하여 선적항에 입항한 때로부터 선박에 선적이 끝난 시점까지의 모든 작업을 말한다.
② **수입의 경우** : 선박이 입항하여 선창의 뚜껑(Hatch)을 연 때로부터 양륙된 화물이 보세구역에 들어갈 때까지의 모든 작업을 말한다.
③ 항만하역의 작업을 구분하면 장치, 검사, 처리, 운반, 선적, 양륙, 적부로 분류한다.

(3) 하역시스템의 정의 및 목적

① **하역시스템의 정의** : 하역작업에 필요한 시간, 노력, 경비 등을 최소화하고 총체적인 물류기능의 향상을 도모하여 물류비의 절감은 물론이고 물류 활동이 신속하고 정확하게 이루어지도록 체계화하는 것
② **하역시스템의 목적** : 하역비의 절감, 노동환경의 개선, 에너지 및 자원의 절약, 광범위한 범용성과 융통성, 인력의 개선 등

(4) 하역시스템의 기본요소

① **하역물류의 표준화** : 하역작업의 여러 단계를 공정별로 절차를 규정하여 표준적인 하역작업이 이루어지도록 하는 것을 말한다. 하역물류의 표준화는 하역작업의 공정에 필요한 작업량, 인력, 하역기기 등을 균등하게 배분하여 하역물류의 효율성을 기하고 각 공정별 작업의 평가도 가능하게 한다.
② **하역물류의 기계화 및 자동화** : 전반적인 물류의 흐름이 계속성과 신속성을 갖도록 하기 위해 반드시 필요한 것이다.

(5) 하역 현대화의 3원칙

① 제1원칙 : 하역의 기계화

　⑦ 하역기기의 유효 활용과 자동화·무인화·기계화
　　를 철저하게 한다.

　ⓒ 지게차(피킹 지게차 포함), 크레인(호이스트 포함)

　ⓒ 컨베이어(벨트 컨베이어, 체인 컨베이어, 신축 컨
　　베이어 등)

　ⓔ 대차(수동, 견인대차, 자동대차, 계단승강용 대차 등)

　ⓜ 수직반송기기, 무인 반송차 등

② 제2원칙 : 하역의 규격화

　⑦ 거래와 물류기준에 따른 하역의 규격화·표준화·
　　통일화를 촉진한다.

　ⓒ 거래 유통의 기준 : 거래용 통일 전표, 통일상품
　　코드, 통일 거래선 코드 등

　ⓒ 물류의 기준 : 팔레트(Pallet), 모듈(Module) 치
　　수, 컨테이너, 나무상자, 골판지상자, 랙(Rack)
　　등의 규격

③ 제3원칙 : 하역의 시스템(System)화

　하역을 시스템화하기 위하여 유닛로드(United Load), 하
　역기계화, 수송, 보관 등의 일관화, 합리화가 필요하다.

(6) 항만하역의 작업 단계

① 선내작업

양화 (Unload)	본선 내의 화물을 부선·부두에 내려놓고 Hook을 풀기 전까지의 작업을 말한다.
적화 (Stowing/ Stowage of Cargo)	선적화물에 있어서 본선의 선창 내에 하나씩 손해를 입히지 않도록 장치하기 위하여 싣는 작업을 말한다. 즉, 부선 내·부두 위의 Hook 에 걸어진 화물을 본선 내에 적재하기까지의 작업이다.

② 부선양적작업

부선양륙작업	본선에서 이동하여 안벽에 계류된 부선에 적 재되어 있는 화물을 양륙하여 운반기구에 운 송할 수 있도록 적재하는 작업이다.
부선적화작업	운반기구에 적재된 화물을 내려 안벽에 계류 되어 있는 부선에 적재하는 작업이며 본선까 지의 이동을 포함한다.

③ 육상작업

상 차	선내작업이 완료된 화물의 Hook을 풀고 운반기구에 운송 형태로 적재하는 작업이다.
하 차	운반기구에 적재된 화물을 본선에 적치하고 선내작업 을 할 수 있도록 하는 작업이다.
출고상차	창고나 야적장에 적치된 화물을 출고하여 운반기구에 운송 형태로 적재하는 작업이다.
하차창고	운반기구에 적재된 화물을 내려 창고나 야적장에 보관 하도록 적치하는 작업이다.

④ 예부선 운송작업

　⑦ 본선 선측 물양장작업 : 본선 선측에 계류된 부선
　　에 운송 상태로 적재된 화물을 운송하여 물양장에
　　계류하기까지의 작업이나 물양장에 계류된 부선
　　에 운송 가능한 상태로 화물을 운송하여 본선 선측
　　에 계류하는 작업을 말한다.

　ⓒ 물양장·물양장작업 : 물양장에 계류된 부선에 운
　　송 가능한 상태로 적재된 화물을 운송하여 물양장
　　에 계류하는 작업

　ⓒ 일관작업 : 전용 부두에 설치된 특수설비로 선박
　　에서 창고나 야적장까지의 하역작업을 연속적으
　　로 하는 작업을 말한다.

[항만하역시스템]

(7) 항만하역작업

① 항만 내 일반잡화 중 규격 화물의 하역

　⑦ 통상 데릭(Derrick)의 끝에 매달린 훅(Hook)에 규
　　격 화물을 연결하여 하역한다.

　ⓒ 규격 화물에는 팔레트 화물, 플레스링 등이 속한다.

　ⓒ 육상에서도 규격 화물을 운반구에 싣거나 내리는
　　작업이 필요하다.

　ⓔ 통상 육상작업인원이 선내작업인원보다 적다.

② 양곡전용부두(사료부원료 제외)의 하역 방법

　　㉠ 하역은 공기흡입장치 또는 기계식 하역기를 이용
　　　하여 이루어진다.

　　㉡ 일반적으로 선내작업과 육상작업의 구분이 없다.

　　㉢ 마무리 단계에 불도저나 셔블(Shovel)이 투입된다.

　　㉣ 인천항, 부산항, 울산항 등에 양곡전용부두가 있다.

하역에 대한 설명으로 올바르지 못한 것은 무엇인가?

① 물품의 운송 및 보관과 관련하여 발생되는 작업으로 구체적으로 각종 운반수단에 화물을 싣고 내리는 작업을 말하며 물류기능 중 상품파손율이 가장 적은 분야이다.

② 협의의 하역은 사내하역을, 광의의 하역은 수출기업의 수출품 선적을 위한 항만하역까지도 포함한다.

③ 일본에서는 물류 과정에서의 물자의 적하, 운반, 적재, 반출, 분류, 분류 정돈 등의 활동 및 이에 부수되는 작업으로 정의한다.

④ 하역은 생산자로부터 소비자까지의 물품 유통과정에서 포장, 보관, 운송에 전후하여 행해지는 활동으로서 물류에서 필수불가결한 중요한 역할을 한다.

|해설|

하역은 물류기능 중 상품파손율이 가장 높은 분야이다.

정답 ①

핵심이론 03 | 선박의 종류 및 구조

(1) 선박의 정의

① 상법에서 선박이란 상행위나 그 밖의 영리를 목적으로 항해하는 선박을 말한다.

② 선박법에서 선박이란 수상 또는 수중에서 항행용으로 사용하거나 사용할 수 있는 배 종류를 말하며 다음과 같이 분류할 수 있다(선박법 제1조의2).

　　㉠ 기선 : 기관을 사용하여 추진하는 선박(선체 밖에 기관을 붙인 선박으로서 그 기관을 선체로부터 분리할 수 있는 선박 및 기관과 돛을 모두 사용하는 경우로서 주로 기관을 사용하는 선박을 포함)과 수면비행선박(표면효과 작용을 이용하여 수면에 근접하여 비행하는 선박)

　　㉡ 범선 : 돛을 사용하여 추진하는 선박(기관과 돛을 모두 사용하는 경우로서 주로 돛을 사용하는 것)

　　㉢ 부선 : 자력항행능력이 없어 다른 선박에 의하여 끌리거나 밀려서 항행되는 선박

(2) 선박의 종류

① 선체의 재료에 따라 : 목선, 합판선, 목철교조선, 철선(Iron Ship), 피복선, 강선(Steel Ship), 경금속선, 콘크리트선 등으로 분류된다.

② 추진원동력에 따라 : 인력에 의한 노도선, 중력에 따라 범선, 기범선, 풍통선으로 나뉜다.

③ 기계력에 따라 : 기선(Steam Ship), 발동기선, 전기추진선, 원자력선 등으로 나뉜다.

④ 추진기에 따라 : 외륜에 의해 선측 외륜선과 선미 외륜선으로 나뉘며, 나선추진기에 따라서는 나선추진기선, 공중프로펠러선, 수중익선, 공기부양선, 분사추진선, 익차추진기선 등으로 분류된다.

⑤ 사용 목적에 따라 : 여객선, 화객선, 화물선 등의 상선(건화물선과 유조선)과 군함으로 나눌 수 있다.

[선박의 종류]

화물선	건화물선	일반화물선	정기선	컨테이너선, 일반정기선
			부정기선	일반부정기선, 포장적재화물선
		전용선		광석전용선, 석탄전용선, 자동차전용선, 곡물전용선, 청과물전용선
		겸용선		광유운반선(광석과 유류), 광탄유겸용 다목적선(광석과 유류과 곡물), 광석과 살화물겸용선(Ore/Bulk/Oil Carrier), 자동차와 살화물겸용선(Car/Bulk Carrier) 등
		특수선		냉장선, 중량물운반선, 래시·바지선
	유조선	유송선		원유수송선, 제품수송선
		특수액체운반선		화학약품운반선, LPG 탱커, LNG 탱커, 정밀운반선
여객선				객선, 화객선, 카페리, 유람선

※ 살화물선(Bulk Carrier) : 가루나 알갱이 상태의 화물(석탄, 광석, 곡물 등)을 포장하지 않은 상태로 선창에 실어 운송하는 선박이다.
※ 5,000Unit급 Ro-Ro : 5천 대의 자동차를 수송할 수 있는 배

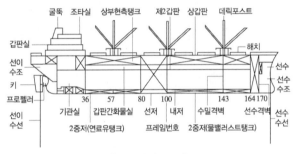

[화물선의 구조]

10년간 자주 출제된 문제

화물이 적재된 부선(Barge or Lighter)을 운송하는 선박으로 항구에 기항하지 않고도 적양하작업을 수행할 수 있는 특별한 하역시스템을 갖춘 선박은 무엇인가?

① 유송선
② 래시(LASH)선
③ 특수선
④ 전용선

|해설|

부선(Lighter)을 운송하는 선박으로 부두에 접안하지 않더라도 적양하작업이 가능한 선박은 래시(LASH)이다.
① 유송선 : 원유유송선, 제품유송선
③ 특수선 : 냉장선, 가축운반선, Ro-Ro선(Roll on - Roll off), LASH선(Lighter Aboard Ship)
④ 전용선 : 광석전용선, 석탄전용선, 자동차전용선, 목재전용선, 살물전용선

정답 ②

핵심이론 **04** | 컨테이너선(Container Ship)

(1) 개 념

① 컨테이너선은 컨테이너를 적재하여 운송할 수 있도록 설계된 선박으로서 현재 국제무역항로에서 대부분의 항로에 투입되고 있다.

② 컨테이너선은 적재화물 또는 선창 구조에 따라 세미컨테이너선(Semi Container Ship)과 컨테이너전용선(Full Container Ship)으로 구분된다.

ⓐ 세미컨테이너선은 일반화물과 컨테이너를 동시에 적재할 수 있는 선창(Hold) 구조를 가지고 있다.

ⓑ 컨테이너전용선은 컨테이너만 적재할 수 있도록 선창구조, 즉 셀가이드(Cell Guide)가 설치된 선박을 말한다.

③ 하역 방법에 따라 Lo-Lo선, Ro-Ro선으로 구분된다.

ⓐ Ro-Ro선
• 본선의 선미나 수미를 통하여 트랙터나 포크리프트(Fork Lift) 등에 의해 컨테이너의 적하 및 양하가 이루어지도록 건조된 선박이다.
• 경우에 따라 선내에 경사로(Ramp)를 마련하여 2층 이상의 갑판에 Ro-Ro방식 하역을 할 수 있도록 건조되어 있다.
• 화물을 적재한 트럭이나 트레일러가 벽안에서 그 화물을 부리지 않고 선측과 벽안 사이에 설치해 놓은 Ramp를 건너 선측이나 선미에 설치된 현문을 통해 선내에 들어가 소정의 위치에 정지하여 짐을 부리며 트럭이나 트레일러를 그대로 운송하는 방식이다.

ⓑ Lo-Lo선
• 컨테이너를 크레인 등을 사용하여 하역하고 화물창구(Hatch Opening)를 통하여 상하로 올리고 내리게 하는 방식의 선박이다.
• 2단 이상 선적이 가능한 화물의 경우에는 Ro-Ro방식보다 하역능률이 높다.

컨테이너 등 포장된 화물을 올렸다 내리는 방식이면 Lo-Lo Lift on-Lift off)라 하며, 크레인 등으로 하역하기 곤란한 작은 선박이나 거대한 철구조물을 수송할 때는 화물을 물에 띄워 놓고 바지선 등 선체를 약간 가라앉았다 뜨면서 들어올리는 Fo-Fo(Float on-Float off)선이 있다.

(2) 컨테이너선의 크기

① 컨테이너선의 크기는 총톤수, 적재톤수 등으로 표시되기도 하지만 실제 컨테이너 적재능력을 나타내는 단위인 TEU(Twenty-foot Equivalent Unit) 혹은 FEU(Forty-foot Equivalent Unit)라고 표기하기도 한다.

② 8,000[TEU]급은 20[ft] 컨테이너 8,000개를 적재할 수 있는 능력을 가진 선박을 의미하며, 3,000[FEU]급은 40[ft] 컨테이너 3,000개를 적재할 수 있는 선박을 의미한다.

10년간 자주 출제된 문제

컨테이너 화물운송에 적합하도록 설계된 대형화물선으로 선박 전체가 컨테이너의 적부에 적합한 구조를 갖고 있는 컨테이너 선과 일부만 그러한 구조로 되어 있는 컨테이너선이 있다. 주요 정기항로에는 거의 컨테이너선에 의해 운송되고 있으며 일반화물선과는 달리 선박 상하역장치가 없고 하역시간도 짧다. 이러한 컨테이너선의 적재 형태에 의한 분류가 아닌 것은?

① 혼재형 컨테이너선
② 특수형 컨테이너선
③ 겸용형 컨테이너선
④ 분해형 컨테이너선

|해설|

컨테이너선의 종류는 컨테이너전용선, 세미컨테이너선 등으로 구분하며 특수 컨테이너선은 없다.

정답 ②

제2절 컨테이너

핵심이론 01 | 컨테이너의 종류 및 구조

(1) 컨테이너의 종류

① 재질에 따른 분류
- ㉠ 철제 컨테이너 : 견고하고 제작비가 저렴하나 무겁고 부식에 약하다.
- ㉡ 알루미늄 컨테이너 : 부식에 강하고 가벼우나 제작비가 비싸고 충격에 약하다.
- ㉢ FRP 컨테이너 : 용적이 넓고 충격에 강하나 무겁고 제작비가 비싸다.

② 사용 목적에 따른 분류
- ㉠ 일반용 컨테이너(Dry Container)
  - 사면과 앞쪽이 막혀 있고 뒤쪽에 좌우로 열 수 있는 문(Door)을 가지고 있다.
  - 가장 많이 사용되는 컨테이너로서 특별한 화물을 제외한 대다수의 화물수송에 이용된다.
  - 외부 손상 시 및 작업의 편리를 위하여 Door 안쪽에 자사의 컨테이너 번호를 기록하고 있다.
- ㉡ 보랭 컨테이너(Insulated Container)
  - 주로 신선도 유지가 필요한 야채 과일 등의 수송에 사용된다.
  - 냉각 또는 가열장치를 갖지 않은 컨테이너이다.
- ㉢ 냉동 컨테이너(Reefer Container)
  - 주로 생선 육류 등의 냉동식품 수송에 사용된다.
  - 냉동 또는 냉장화물을 적재하기 위하여 특수 제작된 것으로서 냉동기가 달려 있어 냉동실 온도를 -26[℃]에서 +26[℃]까지 설정할 수 있다.
  - 리퍼 리셉터클(Reefer Receptacle)에 플러그를 꽂아 적정온도를 유지하며 운송한다.
- ㉣ 탱크 컨테이너(Tank Container)
  - 주로 화학약품 등 액체화물의 수송에 사용된다.

- 일반액체용, 위험물용, 고압품용 등이 있으며 보온장치나 가열장치를 설치하는 경우도 있다.
ⓜ 통풍식 컨테이너(Ventilated Container) : 과일야채 등의 수분성 화물과, 생피 등의 수송에 사용된다.
  - 통기 컨테이너 : 컨테이너 윗부분에 공기구멍을 갖춘 컨테이너이다.
  - 환기 컨테이너 : 컨테이너 아랫부분 및 윗부분에 공기구멍을 갖춘 것으로 기계적 환기장치가 있는 것과 없는 것이 있다.
ⓗ 펜 컨테이너(가축용 컨테이너 - Pen Container, Livestock Container)
  - 동물 등의 수송에 사용된다.
  - 통풍이 잘되도록 옆면과 전후 양면에 창문이 있고, 옆면 하부에 청소・배수구 등이 있다.
  - 옆면에 모이통이 붙어 있는 것도 있으며, 통상 상갑판에 적재된다.
ⓢ 산물 컨테이너(Bulk Container)
  - 주로 곡물 등의 포장되지 않은 상태의 화물 수송에 사용된다.
  - 천장에 적부용 해치가 있고 아랫부분에 꺼내는 문이 있다.
ⓞ 플랫랙 컨테이너(Flat Rack Container)
  - 특수화물의 운송을 위하여 벽체 등이 없어서 기계, 자동차 등의 수송에 사용된다.
  - 천장판과 측벽이 없고 앞뒤에 스텐션이 세워져 있어 필요시 철판이나 각재를 끼워 사용할 수 있는 구조로 되어 있다.
  - 중량물 또는 이와 유사하여 일반 컨테이너에는 사용이 불가능한 특수화물을 적재한다.
  - 천장판과 측벽이 없어 크레인, 포크리프트 등을 사용하여 작업하기가 용이하다.
  - 바닥에는 화물을 고정시킬 수 있는 래싱 링과 소켓 등이 있다.

- 브레이크 벌크(Break Bulk) 화물을 주로 적재한다.
ⓩ 생피용 컨테이너(Hide Container) : 동물 등의 가죽 수송에 사용된다.
ⓒ 자동차용 컨테이너 : 자동차를 효율적으로 적재하기 위하여 특별히 제작된 컨테이너를 말한다.
ⓚ 오픈 톱 컨테이너(Open Top Container)
  - 파이프와 같이 길이가 긴 장척화물, 중량물, 기계류 등을 수송하기 위한 것이다.
  - 지붕이 가동식, 착탈식 또는 Canvas로 되어 있는 형태여서 화물을 컨테이너의 윗부분으로 넣거나 하역할 수 있다.
ⓣ 플랫폼 컨테이너(Platform Container)
  - 기둥이나 벽이 없고 모서리쇠와 바닥면으로 구성된 컨테이너이다.
  - 중량물이나 부피가 큰 화물을 운송하기 위한 컨테이너이다.
ⓟ 사이드 오픈 컨테이너(Side Open Container) : 옆면이 개방되는 컨테이너를 말한다.
ⓗ 행잉 가먼트(Hanging Garment, Hanger Container)
  - 가죽 또는 모피와 같은 의류를 운송하기 위한 컨테이너이다.
  - 내부에 의류의 원형 그대로의 보존 상태를 유지하기 위한 필요한 설비를 장착하고 있다.
  - 의류의 길이에 따라 컨테이너 상하로 2~3개의 바를 고정하여 옷걸이를 장착하는 방법으로 의류의 원형상태를 보존한 채로 운송할 수 있다.

Q 더 알아보기!

컨테이너 이용 시 장단점

장 점	단 점
• 신속한 선하증권의 발급으로 금리 절약 • 생산능률의 향상 • 운송비, 항만하역비, 포장비 절약 • 보험료의 절약 • 안전한 수송	• 선박 컨테이너터미널 기지 설비 등에 대한 투자가 크다. • 재래화물은 거의 20[ft] 컨테이너 이하의 양이 많아 빈 컨테이너 회송 혹은 컨테이너 보관 장소에 문제가 있다.

(2) Dry Container의 구조 및 명칭

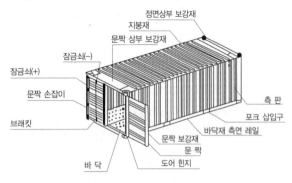

(3) 컨테이너 규격 및 무게

① 규격(ISO 기준)

구분[ft]	길이[m]	폭[m]	높이[m]
10′	3.048(10[ft])	2.438(8[ft])	2.62(8.6[ft])
20′	6.096(20[ft])	2.438(8[ft])	2.62(8.6[ft])
30′	12.192(40[ft])	2.438(8[ft])	2.62(8.6[ft])
40′	13.716(45[ft])	2.438(8[ft])	2.62(8.6[ft])

※ 1[ft] : 0.3048[m]

② 무게(ISO 기준)

종 류	규 격	"공"컨테이너	"적"컨테이너
철제 컨테이너 (Standard)	20[ft]	2.08~2.25톤	20.32톤
	40[ft]	3.88~4.05톤	30.48톤
철제 컨테이너 (Hard Top)	20[ft]	2.50~2.70톤	20.32톤
	40[ft]	3.90~4.10톤	30.48톤
알루미늄 컨테이너	20[ft]	2.08톤	20.32톤
	40[ft]	2.91~3.09톤	30.48톤

※ "적" 컨테이너의 경우 컨테이너와 화물을 포함한 최대 중량임

---

(1) 컨테이너의 충족요구조건

① 내구성과 반복 사용에 적합한 충분한 강도를 가져야 한다.

② 상품 수송을 단일 또는 다수의 수송 방식에 의해서 도중에 다시 채우지 않고 용이하게 수송 가능하도록 특별히 설계되어 있어야 한다.

③ 하나의 수송 방식에서 다른 수송 방식으로 환적할 경우 쉽게 하역이 가능하도록 장치가 붙어 있어야 한다.

④ 물품을 넣고 꺼내는 것이 쉽게 설계되어 있어야 한다.

⑤ 고정되어 있고 또한 신속하게 취급될 수 있도록 설계된 모서리 끼움쇠(Corner Fitting)를 가지고 있어야 한다.

⑥ 1[m³] 이상의 내부용적을 가지고 있어야 한다.

(2) 컨테이너 관련 용어

① TEU(Twenty-foot Equivalent Unit), FEU(Forty-foot Equivalent Unit) : 1[TEU] = 20[ft], 1[FEU] = 40[ft] 이며, 국제적으로 유통되고 있는 컨테이너는 국제표준기구의 ISO 표준규격을 사용하도록 권고하고 있다.

② FCL(Full Container Load) : 하나의 컨테이너 용기에 채우기 충분한 양의 화물을 말하는 것으로 흔히 CY Cargo라 한다.

③ LCL(Less than Container Load) : 컨테이너 하나를 채우기에 부족한 소량화물을 말하는 것으로 포워더에 의한 CFS에서의 혼재 작업을 필요로 한다.

④ CLP(Container Load Plan, 컨테이너 적입도, 컨테이너 내부적치도) : 컨테이너 내에 적치된 화물의 명세 및 적치를 나타내는 서류로 컨테이너 한 개마다 화물을 적입하는 자가 작성한다. 본선비치용 화물적부서류로 CY와 CFS 간의 화물수도증명서이며, 선적지의 세관제출 화물반입계의 대용이다. 양륙지에서 컨테이너로부터 화물을 인출할 때 보세운송신고서 및 적출작업자료로 사용된다. Stowage Plan은 선내 적하도이다.

[컨테이너 관련 협약 및 규격]

(1) 컨테이너 통관협약(Custom Convention on Container ; CCC)
① 1956년 유엔의 경제위원회에서 채택된 협약으로 컨테이너 출입국 시 발생하는 관세 등과 같은 통관 관련사항들을 담고 있다.
② 일시 수입된 컨테이너에 대한 재수출을 조건으로 한 수입관세의 면세
③ 국내의 보세운송 시 체약국인 수출국세관의 봉인(Seal) 존중 등

(2) TIR 협약(Customs Convention on the International Transport of Goods Under cover to TIR Caments)
① 1959년 유엔의 유럽경제위원회에서 채택된 협정으로 컨테이너에 내적된 채 공로로 운송되는 화물에 대한 통관사항 등(관세 등)을 규정하고 있다.
② 공로로 운송되는 컨테이너화물 중 일정한 조건(국제운송수첩, TIR Carments의 발급 등)을 갖춘 화물에 대한 경유지 국가의 수출입관세 및 세관검사의 면제
③ 협약을 적용받기 위한 전제조건
　㉠ 운송차량 및 컨테이너는 사전에 소정의 심사를 거친 후 부여되는 승인판을 부착할 것
　㉡ 컨테이너 봉인은 출발지세관이 봉인한 것으로 봉인의 상태에 이상이 없을 것
　㉢ 컨테이너에 내적된 채 운송되는 화물은 국제운송수첩이 발행된 것일 것
④ 컨테이너 통관협약과 TIR 협약의 차이점
　㉠ 컨테이너 통관협약의 적용대상 : 운송용구인 컨테이너
　㉡ TIR 협약의 적용대상 : 공로로 운송되는 컨테이너화물

(3) ITI 협약(Customs Convention on the International Transit of Goods)
① 유엔의 관세협력이사회가 1971년에 채택한 협약이다.
② 육상, 해상, 항공 등 모든 운송수단을 이용하여 운송되는 컨테이너화물에 대한 경유지국가의 수출입관세 및 세관검사의 면제 등을 규정하고 있다.
③ TIR 협약과 ITI 협약의 차이점
　㉠ TIR 협약의 적용대상 : 공로로 운송되는 컨테이너화물
　㉡ ITI 협약의 적용대상 : 육, 해, 공으로 운송되는 모든 컨테이너 화물

(4) 컨테이너 안전협약(International Convention for Safe Container)
① 1972년 유엔과 국제해사기구(IMO)가 컨테이너운송과 하역 시 안전성 확보를 목적으로 채택한 협약
② 컨테이너구조상 안전요건의 국제적 통일이 주목적
③ 체약국은 CSC 조약의 규정을 기준으로 컨테이너의 구조요건, 시험, 정비, 점검 등에 관한 사항들을 다룬 국내법, 한국의 경우 "컨테이너 형식 등에 관한 규칙"을 제정하고 그 기준에 합격한 컨테이너선에 한해 안전승인판(Safety Approval Plate)을 부착시켜야 됨

(5) 기타 협약
① CSC 협약(컨테이너 구조, 강도에 관한 협약)
② UIC Code(국제철도 연맹규정)
③ TCT(목재 방독처리 규정)
④ ISO Code(컨테이너 국제규격)

컨테이너의 조건 규정에 속하지 않는 것은?

① 내구성이 있고 반복 사용에 적합한 충분한 강도를 지닐 것
② 운송 도중 내용화물의 단 하나의 운송 형태에 의해 화물의 운송을 용이하도록 설계
③ 운송형태의 전환 시 신속한 취급이 가능한 장치 구비
④ 화물의 적입과 적출이 용이하도록 설계

|해설|

운송 도중 내용화물의 이적 없이 하나 또는 그 이상의 운송 형태에 의해 화물의 운송을 용이하도록 설계한다.

정답 ②

핵심이론 03 | 컨테이너 번호

(1) 컨테이너 번호(Numbering of Container)

① 1972년 국제표준화 기구 ISO(International Organization for Standardization)에서 국제 컨테이너 운송을 위한 BIC-Code의 배정 및 Owners Code 등록 관리를 전적으로 BIC에 위임되었다(BIC ; Bureau International des Containers et du Transport Intermodal).

② BIC Code(ISO Alpha-codes)는 해상운송 Container의 식별 부호를 정한 ISO 6346(1995) 표준의 가장 기초가 되는 부분이며, 이 표준에는 Standard Container의 식별 부호 크기나 표기형태, 국가 Code와 다양한 조작 표시 등 Marking에 대해 기술하고 있다.

③ Container 소유자(업체)들은 Container의 국제적인 식별 부호를 "BIC Codes" 또는 "ISO Alpha-codes"라고 부르고 있다.

④ 소유자가 개인적 번호를 갖기도 하나 일반적으로 ISO가 제창하는 번호방식을 취하고 있다.

(2) BIC Code의 구성

① 소유자의 코드(소유자 고유약자), 연속번호(숫자 7개), Check Digit(1개)로 구성되어 있다.

② 알파벳 문자 4번째 자는 'U'로 표시한다.
   예 KSCU 410554 9

③ 소유자 표시 : Container 소유자(운영자)가 컨테이너 사무국(BIC)에 등록한다.

④ 일련번호(Serial Number) : 컨테이너 소유주가 제작업자에게 의뢰한다. 6개의 아라비아 숫자로 표시한다. B. I. C에 등록하는 것은 아니며 Container 소유자(운영자)가 일련번호가 중복되지 않도록 할당해야 한다.

⑤ 7번째 숫자(Check Digit) : Container 관련 Data의 정확한 기록과 전달을 위한 검증을 위한 의미로 제공된다.

예 **ABZU**   **001 234**   **3**
   (Owners code)   (Serial number)   (Check digit)

(3) 국가 : 두 자리의 영문자를 사용하고, 소유자가 등록국을 정한다.

예 한국(KR), 미국(UL), 홍콩(HK) 등

10년간 자주 출제된 문제

다음 컨테이너 BIC Code의 구성에 관한 설명으로 옳지 않은 것은?

① 소유자표시는 Container 소유자(운영자)가 컨테이너 사무국(BIC)에 등록한다.
② 알파벳 문자 4번째 자는 'U'로 표시한다.
③ 소유자의 코드, 연속번호, Check Digit로 구성되어 있다.
④ 일련번호(Serial Number)는 BIC에 등록한다.

|해설|

④ 일련번호(Serial Number) : 컨테이너 소유주가 제작업자에게 의뢰한다. 6개의 아라비아 숫자로 표시하고 BIC에 등록하는 것은 아니며, Container 소유자(운영자)가 일련번호가 중복되지 않도록 할당하여야 한다.

정답 ④

(1) 컨테이너 마킹의 개요

① 컨테이너에는 표면의 표식이 하나의 간판 역할을 하며 반드시 표식이 있어야만 움직일 수 있다.

② 플라스틱 필름에 특수 잉크 등을 배합하여 실크스크린 인쇄로 표기하여 화물 컨테이너나 차륜 및 항공기 등의 장비에 부착하여 표식한다. 이것을 데칼이라고 부른다.

③ Decal(Meyercord Film Series)이란 옥외에서 5~7년간을 견딜 수 있는 영구 접착제를 사용한 0.12~0.14 [mm] 두께의 필름이다.

(2) 컨테이너 마킹의 구성

컨테이너 마킹은 CSC 안전승인명판, 검사기관명판, 세관승인명판으로 구성된다.

① CSC 안전승인명판
  ㉠ 승인국가, 승인번호, 승인년도, 제조일자, 제조업자의 컨테이너 식별번호
  ㉡ 최대총중량, 허용총중량
  ㉢ 적화랭킹 테스트와 컨테이너 방벽의 적화 및 보관길이를 표시하는 테스트
  ㉣ 컨테이너 재검사를 받을 날짜

② **검사기관명판** : 컨테이너를 검사한 나라의 검사기관이 표시된다.

③ 세관승인명판
  ㉠ 운송 도중 세관통상절차를 줄이기 위해 TIR 조약, 컨테이너통관조약(CCC) 중 하나의 승인을 받아야 한다.
  ㉡ 승인을 받은 국가명·승인번호·승인년도, 컨테이너 형태, 제조업자식별번호 등이 표시된다.

4-1. 컨테이너 마킹에 관한 설명으로 옳지 않은 것은?

① 컨테이너 마킹은 CSC 안전승인명판, 검사기관명판, 세관승인명판으로 구성된다.
② 컨테이너에는 반드시 표식이 있어야만 움직일 수 있다.
③ CSC 안전승인명판에는 컨테이너를 검사한 나라의 검사기관이 표시된다.
④ 운송도중 세관통상절차를 줄이기 위해 TIR 조약, 컨테이너통관조약(CCC) 중 하나의 승인을 받아야 한다.

4-2. 컨테이너 마킹에 관한 설명으로 옳은 것은?

① 검사기관명판에는 컨테이너를 검사한 도시의 검사기관이 표시된다.
② 컨테이너 마킹은 세관승인명판, 검사기관명판으로만 구성된다.
③ 세관승인명판은 TIR 조약과 컨테이너통관조약(CCC)의 승인을 모두 받아야 한다.
④ 컨테이너에는 표면의 표식이 하나의 간판 역할을 하며 반드시 표식이 있어야만 움직일 수 있다.

| 해설 |

4-1
CSC 안전승인명판에는 승인국가, 승인번호, 승인년도, 제조일자, 제조업자의 컨테이너 식별번호 등이 표시된다.

4-2
① 검사기관명판에는 컨테이너를 검사한 나라의 검사기관이 표시된다.
② 컨테이너 마킹은 세관승인명판, 검사기관명판, CSC 안전승인명판으로 구성된다.
③ 세관승인명판은 TIR 조약과 컨테이너통관조약(CCC) 중 하나의 승인을 받아야 한다.

정답 4-1 ③ 4-2 ④

핵심이론 01 | 컨테이너 터미널의 역할 및 기능

(1) 컨테이너 터미널의 개념

① Container Terminal(CT)은 부두에 위치하여 컨테이너 선박의 안전한 운항, 접안, 하역, 하역준비 등이 수행되며, 각종 관련 기기를 관리·보관할 수 있는 시설과 조직을 갖춘 장소를 말한다.

② 컨테이너 터미널에는 CFS, CY, Marshalling Yard, Apron 등이 있다.

③ 컨테이너 터미널은 하역업 외에 복합운송업, 내륙운송업, 선사, 선박대리점, 검수, 검량업 등의 기능도 함께 하는 추세로 발전하고 있다.

(2) 컨테이너 터미널의 역할 및 기능

① 수행하는 업무의 특성상 화물수출관련 화주와 직접 관련되어 있어 운송시간 절감을 위한 합리적인 물류체계 확립에 기여하고 있다.

② 해상운송과 육상운송을 연계하는 복합운송시스템으로서 표준화된 운송시스템을 사용하는 물류시스템이다.

③ 컨테이너 화물의 수취와 인도, 보관, 각종 관련 장비의 관리운영 등을 효율화함으로써 컨테이너를 신속, 정확, 안전하게 운송하는 기능을 한다.

④ 화물유통의 중추인 해·육 운송을 연결하는 연결점 내지 접속점의 역할을 담당한다.

⑤ 컨테이너를 신속하고 효율적으로 컨테이너선에 선적하거나 양륙하고, 트럭과 기차 간 컨테이너화물의 인수도, 컨테이너의 장치, 빈 컨테이너의 집적, 컨테이너 및 그 관련 기기의 정비 및 수리 등의 업무를 수행하는 장소이다.

(3) 컨테이너 터미널의 구비요건

① 컨테이너선의 안전한 접안 및 계류가 가능해야 하고, 컨테이너 하역용 갠트리크레인이 다수 설치되어 신속하게 하역할 수 있어야 한다.

② 컨테이너를 육상운송수단에 신속, 정확하게 연계할 수 있는 야드 장비와 시설을 갖추고 있어야 한다.

③ 대량의 컨테이너를 신속하고 정확하게 처리할 수 있는 정보시스템을 기반으로 하여 갠트리크레인 기사와 운영실, 야드장비 기사와 운영실 등이 신속하게 정보를 교환하고 정확하게 하역작업을 하도록 해야 한다.

④ 발달된 도로망이나 운송능력을 갖춘 철도 등과 직접 연결되어 있어야 한다. 배후연계운송망을 구축하여 수입 컨테이너를 적기에 배후의 소비지나 고객에게 인도하고, 산업단지나 공단의 수출화물을 선박 입항시간에 맞춰 정확하게 선적될 수 있도록 연계운송망이 구축되어야 한다.

⑤ 대량의 컨테이너를 동시에 수용할 수 있는 넓은 CY와 CFS를 갖추어야 한다. 컨테이너 터미널은 단순히 컨테이너의 하역작업을 수행하는 공간이 아니라 부가가치 물류활동을 수행하는 공간으로 활용되어야 한다. 특히 초대형 컨테이너선이 취항하면서 일시에 많은 수량의 컨테이너를 처리해야 하기 때문에 더 넓은 CY와 CFS를 확보해야 한다.

10년간 자주 출제된 문제

다음 중 컨테이너 터미널의 구비 요건 중 틀린 것은?

① 컨테이너선의 안전한 접안 및 계류가 가능해야 하고 컨테이너 하역용 갠트리크레인이 설치되어 있어야 한다.

② 컨테이너를 육상운송수단에 신속하고 정확하게 연계할 수 있는 시설을 갖추고 있어야 한다.

③ 소량의 컨테이너를 신속하고 정확하게 처리할 수 있는 시스템을 갖추고 있어야 한다.

④ 발달된 도로망이나 충분한 운송능력을 갖춘 철도 등과 직접 연결되어 있어야 한다.

|해설|

③ 대량의 컨테이너를 동시에 수용할 수 있는 넓은 CY나 CFS를 갖추고 있어야 한다.

정답 ③

핵심이론 02 | 컨테이너 터미널의 시설

(1) Berth(선석, 안벽)

① 컨테이너선이 접안하여 화물하역작업을 수행할 수 있도록 만든 시설이다.

② 컨테이너선이 만재 시에도 충분히 안전하게 부상할 수 있는 수심과 적정한 암벽의 길이도 확보되어야 한다.

③ 선박을 계류하는 시설로 안벽의 종류로는 중력식, 잔교식, 널말뚝식 등이 있으며, 계선주, 방충재 등 부속설비가 설치되어 있다.

④ 안벽은 선박이 접안하여 안전하게 하역작업을 하는 공간으로 컨테이너선의 대형화가 추진됨에 따라 표준선박 한 척이 접안하는 선석길이도 점차 커지고 있다.

⑤ 8,000[TEU]급 컨테이너선이 접안하려면 약 350[m]의 안벽길이가 필요하며, 11,000[TEU]급 컨테이너선이 접안하려면 최소한 400[m] 이상의 안벽길이가 필요하다.

⑥ 안벽길이는 선박길이보다 선박 앞과 뒤로 20~30[m]의 여유 공간이 필요하다.

(2) Apron(에이프런)

① 부두 안벽에 접한 부분으로 일정한 폭으로 나란히 뻗어 있는 공간에 컨테이너크레인이 설치되어 있어 컨테이너의 적양하(積揚荷)가 이루어지는 곳이다.

② 안벽에 따라 전체에 걸쳐서 활용할 수 있도록 임시로 하치하거나, 크레인이 통과주행할 수 있도록 레일을 설치한 곳이다.

③ 보통 에이프런 폭은 30[m] 내외이며, 에이프런에는 안벽당 2~4대 이상 등 갠트리크레인이 작업할 수 있도록 되어 있다.

④ 부두 여러 부분 중에서 선박, 즉 바다와 가장 가까이 접해 있고 안벽(Quay Line)에 따라 포장된 부분이다.

(3) Marshalling Yard(화물집하장)

① 컨테이너선에 컨테이너를 선적하거나 양륙하기 위하여 작업 순서에 따라 컨테이너를 정렬시켜 놓은 넓은 공간을 말한다.

② 마샬링 야드에는 컨테이너 크기에 맞춰 백색 또는 황색 구획선이 그어져 있는데 한 칸을 슬롯(Slot)이라 한다.

(4) Container Yard(CY ; 컨테이너 장치장)

① 적재된 컨테이너를 인수, 인도, 보관하는 야적장이다.

② 터미널 내의 CY는 On-Dock CY라 하며, 터미널 밖에 있는 CY는 Off-Dock CY라 한다.

③ 컨테이너 한 개에 가득 차는 FCL의 인도와 인수는 이곳에서 이루어지고 해상운송인으로서의 책임은 여기에서 개시 또는 종료된다.

④ 넓은 의미로서는 마샬링 야드, 에이프런, CFS 등을 포함한다.

⑤ 실무적으로는 Container Terminal을 CY라고 부르는 경우가 많으나 CY는 Container Terminal의 일부이다.

(5) Container Freight Station(CFS ; 컨테이너 화물 조작장)

① 단일화주의 화물이 컨테이너 1개에 채워지지 않는 소량화물(LCL 화물 ; Less Than a Container Loaded Cargo)을 CFS에서 적입하거나 인출하는 건물이다.

② 트럭 또는 철도로 반입된 LCL 화물을 보관, 분류해서 통관수속을 마친 후 FCL(컨테이너 단위) 화물로 만드는 작업장이다.

③ 반드시 터미널 내 또는 인접한 곳에 설치할 필요는 없으며 컨테이너 야드와 원활한 연결이 이루어질 수 있는 장소에 설치하면 된다.

④ 최근의 컨테이너 터미널은 공간적으로 보다 넓게 사용하기 위하여 CFS를 터미널 외부에 설치하는 경우도 있으나 항내 CY와 연결되어 설치하는 것이 바람직하다.

⑤ 통관업무도 보통 여기서 처리된다.

(6) Container Tower(통제탑)

① 컨테이너 야드의 작업을 통제하는 사령실로 본선 하역 작업에 대한 계획, 지시, 감독과 컨테이너 야드의 배치 등을 수행한다.

② Control Center라고도 하며 CY 전체의 작업을 총괄하는 지령실로서 본선하역작업은 물론 CY 내의 작업계획, 컨테이너 배치계획 등을 지시감독하는 곳이다.

(7) Maintenance Shop(정비소)

각종 장비를 정비 및 수리하는 장소이다. CY에 있는 여러 종류의 하역기기나 운송 관련기기를 점검, 수리, 정비하는 곳이다.

(8) CY Gate(출입구)

① 화주, 수화인, 운송인 운송대리인과의 운송확인 및 관리책임이 변경되는 중요한 기능을 하는 장소이다.

② 컨테이너 및 컨테이너화물의 인수, 컨테이너의 이상 유무, 통관봉인(Seal)의 유무, 컨테이너 중량 측정, 컨테이너 화물의 인수에 필요한 서류 등의 확인이 이루어지고, 해륙 일관운송책임체계의 접점으로서 중요한 기능을 가지고 있다.

(9) Administration Office(운영건물)

Container Yard 운영요원 등 컨테이너 터미널의 행정업무를 수행하는 곳이다.

다음 중 에이프런(Apron)에 해당하는 설명은?

① 컨테이너 터미널에서 화물(컨테이너)을 선박에 적하하거나 양하하는 안벽 상부를 말한다.

② 컨테이너를 선박에 적하하기 위하여 터미널 내로 운반하여 보관하거나 또는 선박으로부터 양하한 컨테이너를 보관하는 장소로서 주로 만재된 컨테이너를 취급하는 장소를 말한다.

③ 컨테이너 전용터미널 내에서 일반화물을 집화하여 창고에 보관한 후, 컨테이너에 적출하는 장소를 말한다.

④ 컨테이너의 고정 및 고박을 위하여 턴 버클 등 하역용구를 사용하여 묶는 작업을 말한다.

|해설|

② 컨테이너 야드(Container Yard)
③ 화물집하장(Marshalling Yard)
④ 래싱(Lashing) 작업의 설명이다.

정답 ①

핵심이론 03 | 터미널 작업의 종류

(1) 게이트 작업

주업무는 게이트 통과 컨테이너 및 차량에 대한 야드 위치 정보 제공이다.

① 반입 업무

반입 예정 컨테이너 차량의 게이트 도착 시 동 차량과 기수신된 COPINO(사전 반입정보)를 비교하여, 반입 컨테이너차량의 사전 장치예정된 위치를 운전자에게 제공하여(게이트 Slip) 그 위치로 이동하도록 유도한다.

② 반입 절차

㉠ 선사의 부킹 정보에 따른 야드 플래닝(선명, 항차, 화주, 물량, 양화항 등)

㉡ 운송사로부터 COPINO 정보 수신(반입할 컨테이너에 대한 사전 정보 수신 즉, 운송사, 선명/항차, 화주, 양화항 등이 입력되어 있음)

㉢ 컨테이너 반입 시 사전 플래닝된 야드 내 위치 제공(EIR 출력으로 BLOCK, BAY, ROW, TIER 순으로 표기되어 있음)

㉣ EIR 출력 시 반입 정보가 야드장비에 무선으로 제공되므로 장치 위치로 이동하여 하차 지원함

㉤ 선적전 반출입은 선사의 부킹 번호에 따라 진행됨

③ 반출 업무

반출 예정 컨테이너 차량의 게이트 도착시 동 차량과 기수신된 COPINO(사전 반출정보)를 비교하여 양하 후 기장치된 위치를 운전자에게 제공하여 그 위치로 이동하도록 유도한다.

(2) 야드작업

주작업은 상, 하차 작업이다.

① 상 차

㉠ 게이트를 통과한 외부 트레일러(공차)에 지정 컨테이너를 실어주는 것이다.

㉡ 본선에 선적하기 위해 야드에 기장치된 지정 컨테이너를 야드 트랙터에 실어주는 것이다.

② 하 차

㉠ 게이트를 통과한 외부 컨테이너차량에 실린 컨테이너를 예정된 야드 위치에 내려 장치하는 것이다.

㉡ 본선에서 양하되어 야드 트랙터에 실려온 컨테이너를 야드에 내려 장치하는 것이다.

(3) 본선작업

주작업은 양하, 적하작업이다.

① 양하작업 : 본선에 실려 있는 컨테이너를 Gantry Crane을 이용하여 야드 트랙터에 실어주는 것

② 양하작업의 절차

㉠ 선사의 적하 목록 수신

㉡ 양하 플래닝 실시

㉢ 본선 작업 시 플래닝 순서대로 양하 및 야드 위치에 컨테이너 장치

㉣ 운송사의 반출 요청에 따른 확인(세관, 선사의 관련 업무)

㉤ 반출 및 세관 정리

③ 적하작업 : 야드 트랙터에 실려온 컨테이너를 Gantry Crane을 이용하여 본선에 실어주는 것

④ 선적 절차

㉠ 선사의 선적마감인 CLL 수신으로 야드 내 컨테이너 재고 여부 파악(터미널 내 시스템으로 자동 검색함)

㉡ 선사의 선적 Plan에 맞춰 터미널에서 선적 플래닝 실시(양화항, 위험물구분, 중량 등 검토)

㉢ 플래닝된 정보에 맞춰 순서대로 선적 작업 진행

㉣ 선적 진행은 선사의 마감 시 제공되는 컨테이너 번호에 따라 진행함

10년간 자주 출제된 문제

컨테이너 터미널 작업에 관한 설명으로 옳지 않은 것은?

① 컨테이너 터미널 작업에는 본선작업, 부두이송작업, 야드작업, 인수·인도작업 등이 있다.
② 본선작업의 주작업은 양하, 적하작업이다.
③ 부두이송작업은 선측과 컨테이너 야드 간 컨테이너 이동에 관한 작업이다.
④ 적하는 컨테이너크레인에 설치된 스프레더를 권하하여 선박에 적재된 컨테이너를 들어 올리는 과정이다.

|해설|

④는 양하에 대한 설명이다.

정답 ④

| 핵심이론 **04** | 터미널 운송시스템

(1) 섀시 방식(Chassis System)

① 육상의 갠트리크레인이나 선상의 크레인으로 컨테이너선에서 직접 섀시 위에 컨테이너를 적재하여 적재된 상태로 대기시켜 필요할 때 수송이 가능하도록 하는 방식으로 보조 하역기기가 필요 없다.

② 장점 : 컨테이너 필요시 별도의 하역장비를 이용한 작업이 없이도 즉시 견인해갈 수 있다.

③ 단점 : 섀시 방식은 1단적만 가능하므로 넓은 CY나 터미널 면적이 필요하며, 많은 섀시와 트레일러가 필요하다.

🔍 더 알아보기 !

섀시 방식(Chassis System)
컨테이너 선박 – 컨테이너크레인 – 야드 트랙터 – 섀시 보관 – 육상운송

(2) 스트래들 캐리어 방식(Straddle Carrier System)

① 컨테이너를 컨테이너선에서 크레인으로 에이프런에 직접 내리고 스트래들 캐리어로 운반하는 방식이다.

② 장점 : 스트래들 캐리어 방식은 컨테이너를 2~3단적할 수 있어 토지 이용효율이 섀시 방식보다 높으며, 스트래들 캐리어는 이송작업이나 하역작업 모두 가능하다.

③ 단점 : 스트래들 캐리어는 비교적 고장이 많아 장비 보수비용과 시간이 많이 소요되며, 장비와 컨테이너의 파손율이 다소 높다.

🔍 더 알아보기 !

스트래들 캐리어 방식(Straddle Carrier System)
컨테이너 선박 – 컨테이너크레인 – 스트래들 캐리어 – 장치장 – 육상운송, 철도운송

(3) 트랜스테이너 방식(Transtainer System)

① 컨테이너선에서 야드의 섀시에 탑재한 컨테이너를 마샬링 야드로 이동시켜 트랜스퍼크레인으로 CY 장치하는 방식이다.

② 장 점

　㉠ 4~5단적 이상 적재가 가능하여 스트래들 캐리어 방식보다 토지이용효율이 높다. 따라서 높게 장치할 수 있기 때문에 좁은 면적의 야드를 가진 터미널에 가장 적합한 방식으로 아시아, 유럽 국가의 터미널이 대부분 트랜스테이너 방식을 이용하고 있다.

　㉡ 트랜스테이너 방식은 안전도가 높고 운영비가 스트래들 캐리어 방식보다 적게 소요되며, 일정한 방향으로 이동하기 때문에 전산화에 의한 완전 자동화가 가능하다.

③ 단 점

　다단적된 CY에서 필요한 컨테이너를 집어내는 데 많은 작업이 필요하고 신속하게 대응하기 어렵고, 물량이 증대될 때 대기시간이 길어진다.

> **Q 더 알아보기!**
>
> **트랜스테이너 방식(Transtainer System)**
> 컨테이너 선박 – 컨테이너크레인 – 야드 트랙터 – 트랜스퍼크레인 – 육상운송, 철도운송

(4) 혼합방식(Mixed System)

① 스트래들 캐리어 방식과 트랜스테이너 방식을 결합한 방식이다.

② 수입 컨테이너를 이동시킬 때는 스트래들 캐리어 방식을 이용하고, 수출 컨테이너를 야드에서 선측까지 운반할 때는 트랜스테이너 방식을 이용하여 효율적인 작업을 수행하는 방식이다.

[컨테이너 터미널 운영방식]

구 분	섀시 방식	스트래들 캐리어 방식	트랜스테이너 방식
야드의 필요면적	대	중	소
자본투자	대	소	중
야드의 효율성	고	중	저
갠트리크레인의 효율성	저	고	저
컨테이너 양육시간	단	중	장
하역장비 유지비용	소	대	소
야드작업의 융통성	불 가	가	불 가
자동화 정도	저	중	고

핵심이론 01 │ 컨테이너 적화경로

(1) 선적예약

① 수출 컨테이너의 경우 수출화주(Shipper)가 포워더 (국제물류주선업자, 복합운송주선업자)에게 자기 물건을 어느 나라로 보낼 것인지 요청하면, 포워더는 특정 선박회사에 화물선적운송예약(Booking)을 한다.

② 선사는 운송예약을 기초하여 선적계획을 세우고, 이 자료를 운송회사에 보내면 운송계획을 세운다.

③ 화주는 선적요청서를 선사에 보내 예약을 확정한다.

(2) 터미널화물 반입

① FCL 수출의 경우 선사가 예약을 받으면 공 컨테이너 (Empty Container)를 화주공장에 운송사를 통하여 갖다 주면, 송화인은 공 컨테이너에 화물을 적입한다.

② LCL(소량화물, 1명의 수출화주의 화물이 컨테이너 하나를 채우지 못하는 경우의 화물)일 경우 포워더가 이러한 LCL 화물들을 집화하여 하나의 FCL(컨테이너 한 개를 채울 수 있는 화물)로 만든다. 이를 혼재 (Consolidation)라고 한다.

③ 적입된 FCL 컨테이너를 항만에 있는 컨테이너터미널 (부두)까지 운송하면 터미널 게이트(Gate)를 통과하는데, 이때 게이트맨은 사전에 운송사로부터 수출 컨테이너의 선적 정보를 EDI로 전송받아 가지고 있다가, 바코드나 RFid를 통해서 차량과 컨테이너 번호를 확인한 후 터미널 CY 내로 반입을 허용한다.

④ 반입하면 터미널 야드 계획에 따라 지정된 장소에 장치된다.

(3) 선 적

① 터미널 안으로 들어온 컨테이너는 선박이 접안해 있으면 바로 본선에 적재하지만, 그렇지 않은 경우, 일단은 마샬링 야드(Marshalling Yard)에 컨테이너를 일시 장치한다.

② 컨테이너 운송 장비가 T/T(Transtainer, Transfer Crane)와 R/S(Reach Stacker)이다.

③ 운송장비들이 마샬링 야드의 선사별, Line별로 미리 지정 구획된 장소에 해당 컨테이너를 장치한다.

④ 장치 시에 전산으로 추적할 수 있도록, 장비기사는 특정 구역의 지점을 컴퓨터단말기로 보면서 정확하게 장치하고 나중에 이 자료가 본선과 연결되어 본선의 선적을 하는 장비인 컨테이너크레인의 운전기사가 본선상에 컨테이너를 적재 시에도 Stowage Plan(본선 적부도)에 의해 적재하게 된다.

⑤ 본선에 적재하기 위한 작업으로 야드 트랙터(Yard Tractor) 장비와 이에 연결된 야드 섀시(Yard Chassis)에 컨테이너를 적재하여 갠트리크레인 하부에 가져다 주면, C/C가 이를 본선에 적재하게 된다.

> **더 알아보기!**
>
> 컨테이너터미널에는 Control Tower가 있는데, 여기서 모든 것을 통제, 지시, 감독한다. 즉, 적재와 양화의 세부적인 계획을 수립하고 실행하는 일을 하게 된다.

10년간 자주 출제된 문제

다음 중 선적지시서를 작성하는 데 가장 기초가 되는 서류는?

① 선복요청서(S/R ; Shipping Request)

② 선적예약서, 예약일람표(Booking Note, Booking List)

③ 컨테이너 내적치도(CLP ; Container Load Plan)

④ 적하목록(M/F ; Manifest)

|해설|

선사는 선복요청서를 기초로 선적지시서(S/O ; Shipping Order)를 작성한다.

정답 ①

핵심이론 02 | 컨테이너 적화경로와 서류

(1) 선복요청서(S/R ; Shipping Request)

① 화주가 선사에 제출하는 운송의뢰서로서, 화물의 명세가 기재된다.
② 선사는 이것을 기초로 선적지시서(S/O ; Shipping Order)를 작성한다.
③ 본선의 선장은 S/O와 검수보고서를 대조, 본선수취증(M/R)을 작성한다.
④ 선사는 M/R에 근거하여 선하증권을 작성, 화주에게 교부한다.
⑤ S/R은 모든 선적서류의 시초가 된다.

(2) 선적예약서, 예약일람표(Booking Note, Booking List)

① Booking Note는 화주가 제출한 S/R에 기초해 선사가 선적 관련사항을 화주별로 작성한 것이다.
② 화물의 명세, 필요 컨테이너 수, Pick-up 요청 일시, 위험물 여부 등이 기재된다.
③ Booking List는 Booking Note를 집계한 것이다. CY/CFS Operator는 이 일람표와 대조하면서 반입화물을 수령한다.

(3) 기기수도증(E/R ; Equipment Receipt)

컨테이너, 섀시 등 기기류의 CY 또는 ICD 반출입 시 인계인수를 증명하는 서류로 터미널 또는 ICD Operator에 의해 작성된다.

(4) 컨테이너 내적치도(CLP ; Container Load Plan)

① 컨테이너에 적입된 화물의 명세, 화주(포워드), 검수인, CFS Operator 등 적입한 자가 작성한다. 유일하게 매 컨테이너마다 화물의 명세를 밝힌 중요한 서류이다.
② 세관에 대한 반출입신고서, CFS/CY 간 화물인수도의 증거, 본선 내 법정보존서류, 양륙지에서 보세운송신고서 및 적출작업(Devanning) 자료로 사용한다.

(5) 선적지시서(S/O ; Shipping Order)

① 선적 요청을 받은 선사(또는 대리점)가 송화인에게 교부하는 선적승낙서이며, 동시에 선사가 선복요청서(S/R)와 현품을 확인, 본선(일등항해사)에 발급하는 적재지시서이다.
② 선적시 송화인은 화물과 함께 S/O를 선장에게 제시하며, 본선은 S/O의 기재내용과 화물의 상태를 점검하여, 본선수취증(Mate's Receipt ; M/R)을 작성하여 화주에게 교부한다. S/O는 양륙 시의 D/O(Delivery Order)와 대비된다.

(6) 부두수취증(D/R ; Dock Receipt)

① CY에 상주하는 선사직원 또는 위임받은 CY Operator가 화물의 수취증으로 발행한다.
② 화주(대리인)가 선사의 서식에 기재하여 CY 또는 CFS에 화물과 함께 제출하면 선사는 기재 내용과 반입화물(컨테이너) 간의 상위를 점검하고, 과부족, 손상 등의 이상이 있으면 그 사실을 적요란(Exception)에 기재하고 교부한다.
③ 컨테이너 운송 시 선사의 책임은 터미널에서 인수받는 시점부터 개시된다.
④ D/R의 발행은 선사의 책임시기를 나타낸다.
⑤ 실무에서는 D/R이 거의 발급되지 않고 수출신고필증(통관화물)에 날인 또는 가입고증(미통관화물)으로 대신하고 있다.

(7) 검수화물목록(Tally Sheet)

① 하역 중인 화물의 개수, 화인, 포장상태, 화물사고 등을 기재한다.
② 화주 및 선주의 요청에 따라 검수인(Tallyman)이 작성한다.
③ Tally Sheet에는 요점이 기재되고 상세한 내용은 작업일지(Daily Operation Report), 화물손상명세서(Cargo Damage Report) 등에 기록된다.

(8) 본선수취증(M/R ; Mate's Receipt)

① 본선이 M/R에 기재된 상태로 화물을 수취하였음을 인정하는 영수증이다.

② 선적완료 후 검수집계표(Outturn Report)에 근거하여 선장이 선적화물과 선적지시서(S/O)를 대조, 송화인(Shipper)에게 교부한다.

③ M/R은 본선과 송화인 간에 화물의 수도가 이루어진 사실을 증명하는 것이며, 본선이 화물의 점유를 나타내는 추정적 증거(Prima Facie Evidence)이다.

(9) 본선적부도(Stowage Plan)

적재 컨테이너의 본선 내 위치를 표시한 도표이다. Bay(전후), Row(좌우), Tier(상하)별로 번호를 매겨 표시한다. 하역작업 및 본선안전을 위한 자료로 쓰인다.

(10) 적하목록(M/F ; Manifest)

① 선적완료 후 선사(대리점)가 작성하는 적재화물명세다.

② B/L 번호, 화인, 컨테이너 번호, 봉인번호 등 적재화물에 대한 모든 내용이 담긴다.

③ 수입지의 하역회사, 세관 등은 M/F에 의해 적재화물의 전모를 파악, 각각 양륙, 과세 등을 한다.

④ 우리나라는 운임이 기재되지 않은 것을 Manifest라하고 기재된 것은 Freight Manifest라 한다.

⑤ 양륙지의 세관 등에 제출하는 중요한 서류로 각국의 규정·관습 등을 충분히 숙지할 필요가 있다.

(11) 인도지시서(D/O ; Delivery Order)

① 양륙지에서 선사 또는 대리점이 수화인으로부터 선하증권(B/L) 또는 보증장(L/G)을 받고, 본선 또는 터미널에 화물인도를 지시하는 서류이다.

② D/O를 발행할 때는 B/L, Manifest 등과 대조한 다음 선사의 책임자가 서명한다.

③ D/O는 선적지에서의 선적지시서(S/O)와 대비된다.

(12) 수화인 수취증(B/N ; Boat Note)

① 화물양륙 시 화물을 인도받는 수화인, 그 대리인 또는 하역업자가 양륙화물과 적하목록을 대조, 본선에 교부하는 화물인수증이다.

② B/N은 본선과 수화인 간에 양륙화물의 수도를 증명하는 것이며, 그 화물에 대하여 본선의 책임이 종료됨을 나타낸다.

③ 선적 시 M/R이 검수집계표(Outturn Report)에 의거하여 작성되듯이 B/N 역시 검수집계표에 의거하여 작성되며, 일등항해사와 수화인측 검수인이 서명하고, 통상 3통을 작성하여 본선, 양륙지의 선사 또는 대리점, 수화인이 각각 1통씩 보관한다.

④ 수화인은 양륙 시 화물의 상태와 적하목록을 면밀히 대조하고 이상이 없으면 B/N에 '외관상 양호한 상태로 수취하였음(Received in apparent good order and condition)'으로 기재한다. 이는 곧 화물이 양호한 상태로 인도된 것으로 간주되어 화물에 대한 본선측의 책임은 종료된다.

⑤ 만약 화물의 부족, 손상 등 이상(Exception)이 있으면 B/N의 비고(Remark)란에 그 사실을 기재한다. 이를 Boat Note Remark라 한다.

⑥ B/N에 기재되는 비고가 M/R의 비고와 같으면, 일단 운송도중 화물에 손상이 없었던 것으로 보며, 본선은 책임을 면할 수 있다.

컨테이너 적화경로와 서류에 대한 설명으로 틀린 것은?

① 선복요청서는 화주가 선사에 제출하는 운송의뢰서이다.
② 적화목록은 하역 중인 화물의 개수, 화인, 포장상태, 화물사고 등을 기재한다.
③ 선적예약서에는 화물의 명세, 필요 컨테이너 수, Pick-up 요청 일시, 위험물 여부 등이 기재된다.
④ 수화인 수취증에서 수화인은 양륙 시 상태와 적하목록을 면밀히 대조하고 이상이 없으면 B/N에 '외관상 양호한 상태로 수취하였음'으로 기재한다.

|해설|

② 하역 중인 화물의 개수, 화인, 포장상태, 화물사고 등을 기재하는 것은 검수화물목록이다.

정답 ②

핵심이론 03 | 컨테이너 양화경로

(1) 선적서류접수

① 외국에 있는 선사의 지점, 대리점으로부터 적화목록 등을 입수하면 선사는 화물양화, 창고 배정, 육지운송 등 계획을 수립한다.
② 선사는 화주에게는 화물 도착통지를, 컨테이너 터미널에는 베이 플랜을, 세관에는 적화목록을 보낸다.

(2) 수송계획수립

① 선사는 다시 창고 배정에 관한 내용이 담긴 적화목록을 세관에 보낸다.
② 창고 배정 적화목록을 운송회사, 터미널 등에 보내 수입화물의 운송, 양화 등의 작업을 준비한다.
③ 화주가 보세운송을 원하면 운송회사가 위임을 받아 보세운송을 한다.

(3) 양 화

① 컨테이너 터미널은 선사로부터 선적 정보를 받으면 플래너의 계획에 따라 컨테이너를 양화한다.
② 이때 화물은 ODCY로 일단 반입시키는 것이 일반적이다(부두직통관, 직보세운송화물, 터미널 CFS 배정화물 제외).

외국에 있는 선사의 지점, 대리점으로부터 적화목록 등을 입수하면 선사는 컨테이너 터미널에 어떤 서류를 보내야 하는가?

① 화물 도착통지서
② 베이 플랜
③ 적화목록
④ 부두수취증

|해설|

선사는 화주에게는 화물 도착통지를, 컨테이너 터미널에는 베이 플랜을, 세관에는 적화목록을 보낸다.

정답 ②

(1) 적부도

① 개 념

ㄱ 본선의 선창에 화물이 적재된 상태를 나타낸 도면을 말한다.

ㄴ 각 선창 담당의 항해사와 협의하여 각 선창의 화물적부의 개략 위치, 하인, 포장 형태, 품명, 수량, 톤수 등을 상세하게 기입한다.

ㄷ 양륙지에 있어서 하역관계자의 하역작업상 중요한 참고자료가 된다.

② 본선적부도의 종류

일반배치도(General Plan), 개략도(Outline Plan), 베이 플랜(Bay Plan)이 있다.

ㄱ 적부 개략도(Outline Plan)

선박의 홀드와 데크 상에 적재된 컨테이너의 전체적인 개략도를 나타낸 것으로 적・양하지, 선적항별로 표시하여 작업의 편의를 제공한다.

ㄴ 베이 플랜(Bay Plan)

선박의 홀드와 데크 상에 적재된 컨테이너의 세부적인 사항을 나타낸 것으로 적・양하지, 선적항별로 표시, 화물적재톤수 및 컨테이너 번호를 기재하여 작업 시의 화물무게 또는 하역을 위한 하중표를 기록하여 복원성계산 등의 근거를 제공한다.

(2) 갑판적 컨테이너의 적재 방법

① 갑판적 컨테이너의 특징

ㄱ 갑판에 실리는 컨테이너는 선창에 실리는 컨테이너와는 크게 다르다.

ㄴ 일반적으로 선창 내에 실리는 셀가이드(Cell Guide)에 의해 래싱(Lashing)이 필요 없이 종, 횡방향의 이동이 불가능하게 되어 있다.

ㄷ 단지 40[ft]를 싣는 곳에 20[ft]를 실을 경우 Anti Rack Spacer 등의 고정용구만 Corner Fitting에 끼워놓고 그 외에는 수직으로 그대로 Entry Guide를 통해 Cell Guide에 쌓기만 하면 된다.

② 적재 방법

ㄱ 수직방향으로는 3~4단을 크레인 등으로 쌓아 올린다.

ㄴ 20피트 컨테이너는 20[ft] 위에만, 40피트는 40[ft] 위에 실리는 것이 원칙이나 이는 선박구조에 따라 다르다.

(3) 중량물 적재 시의 주의사항(롤 페이퍼 등)

① 기계류 등과 같이 전체 화물이 한 부분의 받침대에 집중하중이 걸리는 경우에는 던네지(Dunnage) 등을 덧대어 하중을 분산한다.

> **Q 더 알아보기!**
>
> **컨테이너 바닥의 단위면적당 안전하중**
> 20피트형이 1,330[kg/m²]이고, 40피트형이 980[kg/m²]이다(ISO 규정).

② 40피트 컨테이너의 가운데에 중량물을 실을 경우 하중이 집중되어 컨테이너가 부러지는 경우가 있으므로 유의하여야 하며, 특히 Roll Paper 적재 시 주의한다(외국에서 가장 많이 발생하는 사고이다).

③ 적재한 화물이 전락되지 않도록 필요시 고박(Lashing) 또는 Securing한다.

④ 조악화물(Dirty Cargoes)은 혼적을 피하고 부득이 혼적 시 액체류 및 인화성물질의 종류를 파악하여 적재함으로써 사고의 위험을 방지한다.

⑤ 화물을 보호하고 또 선박의 복원력을 상승시키기 위하여 적재화물은 가능한 한 중량물을 아래에 적재해야 한다.

다음 컨테이너 적부도에 관한 설명으로 옳지 않은 것은?

① 적부도란 본선의 선창에 화물이 적재된 상태를 나타낸 도면을 말한다.

② 본선적부도의 종류는 일반배치도(General Plan), 개략도(Outline Plan), 베이 플랜(Bay Plan)이 있다.

③ 양륙지에 있어서 하역관계자의 하역작업상 중요한 참고자료가 된다.

④ 선박의 홀드와 데크 상에 적재된 컨테이너의 세부적인 사항을 나타낸 것이다.

│해설│

④는 베이 플랜(Bay Plan)에 대한 설명이다.

정답 ④

│핵심이론 05 │ 컨테이너 래싱(Lashing 및 Securing)

(1) 컨테이너 적하고정 작업(Securing)

본선 항해 중의 진동에 의해 적입화물이 수송 중 움직이지 않도록 고정하는 작업은 필수적이다. Securing이란 컨테이너에 적입된 화물이 수송 중 이동하지 않도록 컨테이너 내에 고정시켜 주는 것을 말하며 보통 다음의 방법을 사용한다.

① Shoring : 각목, 판재 등의 지주를 써서 고정시킨다.

② Chocking : 화물 사이, 화물과 컨테이너 벽면 사이를 각재 등의 지주로 수평 방향으로 고정시키는 방법으로 때로는 쿠션 등을 끼워서 고정시키기도 한다.

③ Lashing : 컨테이너 래싱용 고리를 이용하여 로프, 밴드 또는 그물 등을 사용하여 화물을 고정시킨다.

(2) 기본적인 래싱(Lashing) 방법

① 대량으로 컨테이너가 전도되는 것을 막으려면 Securing만으로는 부족하며, 이에 부가하여 각 컨테이너마다 래싱 용구를 사용하여 래싱을 하게 된다.

② 이 래싱은 선박이 대양 항해 시 풍파에 조우할 때 화물과 선박을 보호하는 중요한 역할을 한다.

③ 래싱 와이어로프와 로드(Rod)는 현재 세계 각국에서 계속 연구, 개발 중이고 형태도 다양하다. 현재 래싱브리지와 같은 고정식 구조물을 선박의 베이 사이에 설치하여 컨테이너를 래싱하는 구조도 있으나 비용의 과다 및 선박자중의 문제점으로 아직까지도 갑판상 래싱시스템의 종류는 다양한 형편이다.

(3) 특수 래싱 방법

① 먼저 1단에 실린 컨테이너의 아래쪽 코너피팅에 Securing Pad 또는 Corner Hook을 부착하고, 여기에 Cross 방법으로 래싱로드를 걸어 턴버클에 연결하고 턴버클의 아이(Eye)를 선박에 부착된 Pad Eye에 걸어 Pin을 채운 후 턴버클의 몸체를 조이면 된다.

② 3단 또는 4단에도 같은 방법으로 래싱하며 4단에는 트위스트 록(Twist Lock)만을 채운 상태로 래싱하지 않는 경우도 있으며, 3단 이상은 길이가 긴 관계로 와이어로프를 사용하는 경우도 있다. 최근에는 코너 훅(Corner Hook)을 양쪽의 컨테이너에 걸어 수직으로 턴버클에 연결 고정하는 방법을 대부분 채택하고 있다.

③ 만재(Full Load)된 경우는 그림과 같이 일부분에만 실시하므로 양하지에서 재래싱하여야 한다.

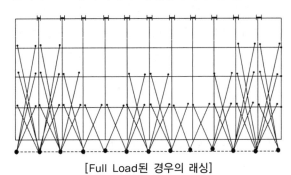

[Full Load된 경우의 래싱]

④ 3단 또는 4단에 래싱로드를 사용한 경우에는 사다리 등에 올라가 Handling Tool 등으로 로드를 올리는데 작업자가 상당한 어려움을 겪게 된다. 최근 각 부두에 마련된 래싱박스(탑승박스)를 이용한다.

⑤ 래싱 와이어로프를 사용하여 육상에서 장착 후 선박에 실리는 컨테이너(3, 4단용)는 이동 시 와이어로프가 이탈하여 움직일 수 있는 반경인 약 6[m] 이내에는 작업자를 접근시키지 말아야 한다.

(4) 공 컨테이너 래싱

빈 컨테이너(Empty Container)를 적치 시는 바람 부는 방향에 따라 최전면 컨테이너의 코너 캐스팅과 최소한 3열 이상에 떨어진 컨테이너의 하부 코너 캐스팅 간을 웹슬링(Web Sling) 등으로 래싱한다.

06 안전관리

제1절 안전 및 보건

핵심이론 01 | 사고(Accident)와 재해(Injury)

(1) 개 념

① 사고(Accident)의 정의

인간이 어떠한 목적을 수행하려고 행동하는 과정에서 갑자기 자신의 의지에 반하는 예측불허의 사태로 인하여 행동이 일시적 또는 영구적으로 정지되는 것을 말한다.

② 재해(Injury)의 정의

인간이 개체로서 또는 집단으로서 어떤 의도를 수행하는 과정에서 돌연히 인간 자신의 의지에 반하여 일시 또는 영구히 그 의도하는 행동을 정지시키는 현상(Event)을 말한다.

③ 산업재해(Industrial Accident)의 정의

근로자가 업무에 기인해서 부상당하거나 질병에 걸리고, 또는 사망하거나 시설이 파괴되는 것을 말한다. 즉, 건설물·설비·원재료·가스·증기·분진 등에 의해서 어떤 질병에 이환되거나 부상당하는 것을 말한다.

④ 무재해(Near Accident)의 정의

부상자가 4일 이하의 치료가 가능하고, 물적 손실로서 500만원 이하의 손실을 입는 것을 말한다.

(2) 재해의 원인

직접원인 (1차원인)	불안전상태 (물적원인)	• 물자체의 결함, 안전방호장치 결함, 복장 보호구의 결함, 작업환경의 결함 • 생산공정의 결함, 경계표시설비의 결함
	불안전행동 (인적원인)	• 위험장소 접근, 안전장치 기능 제거, 복장 보호구의 잘못 사용 • 기계기구의 잘못 사용, 운전 중인 기계 장치 손질, 불안전한 속도 조작 • 불안전한 상태 방치, 불안전한 자세 동작, 위험물 취급 부주의
	천재지변	불가항력

간접원인	인간적원인	개인적 결함(2차원인)
	기술적원인	
	관리적원인	사회적 환경, 유전적 요인

(3) 재해율

① 개념 : 재해율이란 안전수준 또는 안전성적을 나타내는 통계자료를 말하며, 재해율에는 연천인율, 도수율, 강도율 등이 있다.

② 재해율의 분류

㉠ 연천인율

- 정의 : 재적근로자 1,000명당 1년간 발생한 재해자 수
- 특징 : 산출이 용이하며 알기 쉬움. 근로시간수, 근로일수의 변동이 많은 사업장에는 부적합
- 산출식 $= \dfrac{\text{연간재해자수}}{\text{평균근로자수}} \times 1,000$

㉡ 도수율

- 정의 : 산업재해 발생빈도를 나타내는 단위로 근로시간 합계 1,000,000시간당 재해발생건수
- 산출식 $= \dfrac{\text{재해발생건수}}{\text{연근로시간수}} \times 1,000,000$

㉢ 강도율

- 정의 : 재해의 경중 정도를 측정하기 위한 척도로 근로시간 1,000시간당 재해에 의해서 잃어버린 근로손실일수
- 산출식 $= \dfrac{\text{근로손실일수}}{\text{연근로시간수}} \times 1,000$

1-1. 연근로시간수 2,000시간에 노동손실일수가 5일이면 강도율은 얼마인가?

① 0.25 ② 2.5
③ 25 ④ 250

1-2. 산업재해율에 해당되지 않는 것은?

① 평균율 ② 도수율
③ 연천인율 ④ 강도율

|해설|

1-1

$$강도율(SR) = \frac{근로손실일수}{연근로시간수} \times 1,000$$

$$= \frac{5}{2,000} \times 1,000$$

$$= 2.5$$

1-2
산업재해통계율
• 연천인율
• 도수율
• 강도율
• 환산강도율
• 환산도수율

정답 1-1 ② 1-2 ①

핵심이론 02 | 안전표지

(1) 안전표지의 개념

① 안전표지의 정의 : 작업자가 판단이나 행동에 실수를 하지 않도록 시각적으로 안전명령이나 지시를 하여 안전확보를 위해 표시하는 것을 말한다.

② 안전표지의 구분 : 금지표지, 경고표지, 지시표지, 안내표지

> **더 알아보기!**
>
> 안전표지는 명령표지와 안내표지로 구분하는데, 명령표지는 금지, 경고, 지시가 해당된다.

(2) 안전표지의 종류

① 금지표지

101
출입금지

㉠ 모형 : 빨간색의 원형
㉡ 바탕 : 흰색
㉢ 관련 부호 및 그림 : 검은색
㉣ 색도기준 : 7.5R 4/14
㉤ 금지표지의 종류, 용도 및 사용 장소
  • 출입금지 : 출입을 통제해야 할 장소
  • 보행금지 : 사람이 걸어 다녀서는 안 될 장소
  • 차량통행금지 : 제반 운반기기 및 차량의 통행을 금지시켜야 할 장소
  • 사용금지 : 수리 또는 고장 등으로 만지거나 작동시키는 것을 금지해야 할 기계・기구 및 설비
  • 탑승금지 : 엘리베이터 등에 타는 것이나 어떤 장소에 올라가는 것을 금지
  • 금연 : 담배를 피워서는 안 될 장소
  • 화기금지 : 화재가 발생할 염려가 있는 장소로서 화기 취급을 금지하는 장소

- 물체이동금지 : 정리 정돈 상태의 물체나 움직여서는 안 될 물체를 보존하기 위하여 필요한 장소

② 경고표지

201
인화성물질경고

㉠ 모형 : 빨간색(검은색도 가능)의 마름모형
㉡ 바탕 : 무색
㉢ 관련 부호 및 그림 : 검은색
㉣ 색도기준 : 5Y 8.5/12, 7.5R 4/14

🔍 더 알아보기!

방사성물질 경고, 고압전기 경고, 매달린 물체 경고, 낙하물 경고, 고온 경고, 저온 경고, 몸균형 상실 경고, 레이저 광선 경고, 위험장소 경고의 경우 바탕은 노란색, 모형은 검은색의 삼각형

㉤ 경고표지의 종류, 용도 및 사용 장소
- 인화성물질 경고 : 휘발유 등 화기의 취급을 극히 주의해야 하는 물질이 있는 장소
- 산화성물질 경고 : 가열·압축하거나 강산·알칼리 등을 첨가하면 강한 산화성을 띠는 물질이 있는 장소
- 폭발성물질 경고 : 폭발성물질이 있는 장소
- 급성독성물질 경고 : 급성독성물질이 있는 장소
- 부식성물질 경고 : 신체나 물체를 부식시키는 물질이 있는 장소
- 방사성물질 경고 : 방사능물질이 있는 장소
- 고압전기 경고 : 발전소나 고전압이 흐르는 장소
- 매달린 물체 경고 : 머리 위에 크레인 등과 같이 매달린 물체가 있는 장소
- 낙하물체 경고 : 돌 및 블록 등 떨어질 우려가 있는 물체가 있는 장소
- 고온 경고 : 고도의 열을 발하는 물체 또는 온도가 아주 높은 장소

- 저온 경고 : 아주 차가운 물체 또는 온도가 아주 낮은 장소
- 몸균형 상실 경고 : 미끄러운 장소 등 넘어지기 쉬운 장소
- 레이저 광선 경고 : 레이저광선에 노출될 우려가 있는 장소
- 발암성·변이원성·생식독성·전신독성·호흡기과민성물질 경고 : 발암성·변이원성·생식독성·전신독성·호흡기과민성물질이 있는 장소
- 위험장소 경고 : 그 밖에 위험한 물체 또는 그 물체가 있는 장소

③ 지시표지

301
보안경 착용

㉠ 모형 : 파란색 원형
㉡ 바탕 : 파란색
㉢ 관련 그림 : 흰색
㉣ 색도기준 : 2.5PB 4/10
㉤ 지시표지의 종류, 용도 및 사용 장소
- 보안경 착용 : 보안경을 착용해야만 작업 또는 출입을 할 수 있는 장소
- 방독마스크 착용 : 방독마스크를 착용해야만 작업 또는 출입을 할 수 있는 장소
- 방진마스크 착용 : 방진마스크를 착용해야만 작업 또는 출입을 할 수 있는 장소
- 보안면 착용 : 보안면을 착용해야만 작업 또는 출입을 할 수 있는 장소
- 안전모 착용 : 헬멧 등 안전모를 착용해야만 작업 또는 출입을 할 수 있는 장소

- 귀마개 착용 : 소음장소 등 귀마개를 착용해야
  만 작업 또는 출입을 할 수 있는 장소
- 안전화 착용 : 안전화를 착용해야만 작업 또는
  출입을 할 수 있는 장소
- 안전장갑 착용 : 안전장갑을 착용해야 작업 또
  는 출입을 할 수 있는 장소
- 안전복 착용 : 방열복 및 방한복 등의 안전복을
  착용해야만 작업 또는 출입을 할 수 있는 장소

④ 안내표지

401
녹십자표지

㉠ 모형 : 녹색의 원형
㉡ 바탕 : 흰색
㉢ 관련 부호 및 그림 : 녹색
㉣ 색도기준 : 2.5G 4/10

🔍 더 알아보기 !

녹십자표지를 제외한 안내표지의 바탕은 녹색, 관련 부호 및
그림은 흰색

㉤ 안내표지의 종류, 용도 및 사용 장소
- 녹십자표지 : 안전의식을 북돋우기 위하여 필요
  한 장소
- 응급구호표지 : 응급구호설비가 있는 장소
- 들것 : 구호를 위한 들것이 있는 장소
- 세안장치 : 세안장치가 있는 장소
- 비상용 기구 : 비상용 기구가 있는 장소
- 비상구 : 비상출입구
- 좌측 비상구 : 비상구가 좌측에 있음을 알려야
  하는 장소
- 우측 비상구 : 비상구가 우측에 있음을 알려야
  하는 장소

(3) 안전보건표지의 색채 및 용도

색 채	색도기준	용 도	사용례
빨간색	75R 4/14	금 지	정지신호, 소화설비 및 그 장소, 유해 행위의 금지
		경 고	화학물질 취급장소에서의 유해·위험 경고
노란색	5Y 8.5/12	경 고	화학물질 취급장소에서의 유해·위험경고 이외의 위험경고, 주의표지 또는 기계방호물
파란색	2.5PB 4/10	지 시	특정 행위의 지시 및 사실의 고지
녹 색	2.5G 4/10	안 내	비상구 및 피난소, 사람 또는 차량의 통행표지
흰 색	N9.5		파란색 또는 녹색에 대한 보조색
검은색	N0.5		문자 및 빨간색 또는 노란색에 대한 보조색

핵심이론 03 | 에너지

(1) 연소의 3요소

연소(화재)가 일어나기 위해서는 가연성물질, 점화원, 산소공급원이 존재하여야 가능하며 이 중 한 가지만 제거하여도 연소가 지속되지 않기 때문에 점화원을 관리하는 것이 화재예방에서 매우 중요하다.

(2) 점화원(점화 에너지)

연소가 발생하기 위해서는 일정한 온도와 일정한 양의 열이 있어야만 하는데 이를 점화 에너지(점화원)라 하며, 다음과 같이 구분한다.

① 화학적 에너지
  ㉠ 연소열 : 물질이 연소하면서 발생하는 열
  ㉡ 자연발열 : 물질이 공기 중에 노출 시 수분 등과 접촉하여 발생하는 열
  ㉢ 분해열 : 물질이 분해되면서 발생하는 열
  ㉣ 산화열 : 물질이 산소와 결합할 때 생성되는 반응열
  ㉤ 용해열 : 물질이 물에 녹을 때 발생하는 열

② 기계적 에너지
  ㉠ 마찰 및 충격의 불꽃 : 사람의 출입이 없는 산속에서 겨울철에 많이 일어나는 산불은 건조한 날씨와 강풍으로 나무와 나무가 마찰되어 발생하는 수가 많으며, 정과 망치로 바위를 깨뜨릴 때 생기는 불꽃을 충격에 의한 불꽃이라 할 수 있다.
  ㉡ 고열물체 : 빨갛게 달구어진 쇠붙이 등
  ㉢ 단열압축에 의한 열 : 가솔린 엔진과 달리 디젤엔진은 전기불꽃 방전 없이 압축에 의하여 폭발 연소
  ㉣ 용접불티

③ 전기적 에너지
  ㉠ 전기스파크 불꽃 : 전기의 +・- 합선으로 일어나는 불꽃
  ㉡ 정전기 불꽃 : 전기의 부도체가 마찰에 의해 미세한 불꽃 방전을 일으키는 것
  ㉢ 낙뢰 : 낙뢰 시 발생하는 전기적 에너지
④ 기타 복사열 등

(3) 점화 에너지(점화원)의 관리수칙

① 위험물 취급장소에 점화원 금지
  아세틸렌용접장치, 폭발성, 발화성 및 인화성 물질 등의 위험물을 취급하는 지역에서는 점화원이 없도록 격리함이 원칙이다.

② 탱크, 드럼통, 배관 등의 용접 또는 수리 작업 시 안전조치
  ㉠ 모든 가연성 물질, 폐기물, 쓰레기 등의 사전 제거
  ㉡ 물질의 청소(청소방법은 스팀이나 뜨거운 물을 이용하며 필요시 가성소다 사용)
  ㉢ 용기 또는 배관 내 불활성기체 치환 및 공기 환기

③ 용접・용단작업 시 안전조치
  ㉠ 가연물을 멀리 격리시킴
  ㉡ 작업 전 불꽃비산 방지포 등 설치

④ 용접・용단 시 발생되는 비산불티의 특성
  ㉠ 작업 시 수천 개가 발생・비산
  ㉡ 비산불티는 수평방향으로 약 11[m] 정도까지 흩어진다.
  ㉢ 축열에 의하여 상당시간 경과 후에도 불꽃이 발생
  ㉣ 3,000[℃] 이상의 고온체
  ㉤ 산소의 압력, 절단속도, 절단 시의 종류 및 방향, 풍속 등에 의해 불티의 양과 크기가 달라진다.
  ㉥ 발화원이 될 수 있는 불티의 크기는 직경이 0.3~3[mm] 정도이다.

⑤ 전기적 점화원 관리
  ㉠ 전선에 허용치 이상의 부하가 걸리거나 규격 미달의 전선 사용금지
  ㉡ 제전기 설치 등의 정전기 발생 방지조치
  ㉢ 누전방지조치
  ㉣ 접지 실시
  ㉤ 피뢰침 등 낙뢰방지 설비 설치

⑥ 자연발화성 물질의 관리 철저

리튬, 칼륨, 나트륨, 황, 황린, 셀룰로이드류 등의 스스로 발화하거나 물과 접촉하여 발화하는 등 발화가 용이하고 가연성 가스가 발생할 수 있는 물질은 대기와 접촉하지 않도록 관리를 철저히 하여야 한다.

핵심이론 04 | 화재의 분류(Classification of Fires)

(1) 화재의 분류

분 류	A급 화재	B급 화재	C급 화재	D급 화재
명 칭	일반 화재	유류 화재	전기 화재	금속 화재
가연물	목재, 종이, 섬유, 석탄	유 류	전기기기, 기계, 배선	Mg분, Na분
용기 색채	백 색	황 색	청 색	
소화 효과	냉각 효과	질식 효과	질식, 냉각	질식 효과
적응 소화제	• 물 소화기 • 강화액 소화기(산, 알칼리 소화기)	• 포말 소화기 • CO_2 소화기 • 분말 소화기(증발성 액체 소화기) • 할론 1211 • 할론 1301	• 유기성 소화기 • CO_2 소화기 • 분말 소화기 • 할론 1211 • 할론 1301	• 건조사 • 팽창 질식 • 팽창 진주암

(2) 소화 방법

① 가연물의 제거에 의한 소화 방법 : 제거 효과

② 산소 공급을 차단하는 소화 방법 : 질식 효과(희석)

③ 냉각에 의한 온도저하 소화 방법 : 냉각 효과

④ 연속적 관계의 차단 소화 방법 : 억제 효과

(3) 소화기의 종류

① 분말 소화기(A, B, C급) : 분말소화기는 A, B, C급으로 분류되며, 일반적으로 가정용으로는 A급을 주로 사용하고 공장 작업장 등에서는 B, C급을 사용한다.

ㄱ 소화약제로 사용하는 분말은 제1인산암모늄 건조 분말을 주성분으로 하고, 방습제 등을 첨가하여 분홍색으로 착색한 것이다.

ㄴ 화재가 난 곳에 방출하면 분말이 가연물을 도포하여 질식효과에 의해 진압된다.

ㄷ 사용범위 : 일반화재(목재, 의류, 플라스틱 등), 전기, 유류에 사용한다.

ㄹ 분말소화기 종류
  • 축압식 : 압력게이지가 부착되어 있으며, 소화약제와 가압가스(N_2, CO_2)가 혼합된 형식을 취하고 있다. 축압식은 압력게이지를 통하여 가압가스의 압력 확인이 가능하여 현재 많이 사용되고 있다.
  • 가압식 : 소화기통 속에 질소(N_2) 또는 탄산가스(CO_2)를 넣은 압력 용기가 별도로 들어 있고 손잡이를 누르면 안전침이 가스용기의 봉판을 뚫어 소화 약제를 밀어내는 형식으로 단점은 한번 방사를 시작하면 용기 안의 내용물이 다 나올 때까지 멈추지 않는다.

② 이산화탄소 소화기(탄산가스 소화기)
  ㉠ 이산화탄소(CO_2)를 높은 압력으로 압축 액화시켜 단단한 철제 용기에 넣은 것이다.
  ㉡ B, C급 화재에 쓸 수 있고 물을 뿌리면 안 되는 화재에 사용하면 효과적이다.
  ㉢ 특성은 냉각 효과와 이산화탄소로 산소를 차단함으로써 불을 끈다.
  ㉣ 장점 : 진화 후 잔해가 없어서, 특수한 차량들의 자동 소화 시스템에 쓰인다.
  ㉤ 단점 : 이산화탄소가 방출되며 주위의 온도를 빼앗아가는 냉각작용으로 동상의 위험성이 있고, 좁은 장소에서 사용 시에는 질식의 위험성이 있으며, 일반소화기에 비해 가격이 비싸다.

③ 할론 소화기
  ㉠ 할로겐 화합물 염화, 1취화 메탄 등으로 되어 있다.
  ㉡ B, C급 화재에 쓰인다.
  ㉢ 사용 후 흔적이 없고 방출할 때에 물체에 전혀 손상이 없어 좋은 소화기이다.
  ㉣ 가격이 비싸고 최근에는 프레온과 같이 오존층을 파괴하는 물질로 사용이 규제되어 생산량이 크게 줄었다.

④ 자동 확산 소화 용구
  보일러실이나 주방 등의 천장에 설치하는 것으로 성분은 분말 A, B, C급 소화기와 같고 다만 열감지 장치가 있어 일정 온도가 되면 자동으로 작동한다.

10년간 자주 출제된 문제

4-1. 다음 중 D급 화재는?
① 일반 화재   ② 유류 화재
③ 전기 화재   ④ 금속 화재

4-2. 다음의 소화제(消火劑) 중에서 A급 화재에 가장 효과적인 것은?
① 중탄산나트륨과 황산알루미늄을 주성분으로 한 기포제
② 물 또는 물을 많이 함유한 용액
③ 할로겐화 탄화수소를 주성분으로 한 증발성 액체
④ 질소 또는 탄산가스 등의 불연성 기체

|해설|

4-1
화재의 분류
• A급 화재 : 일반 화재(목재, 석탄, 종이, 섬유)
• B급 화재 : 유류 화재(석유류)
• C급 화재 : 전기 화재
• D급 화재 : 금속 화재

4-2
일반 화재에는 냉각 효과가 큰 물을 사용한다.

정답 4-1 ④ 4-2 ②

(1) 지게차의 안전조치

① 전조등, 후조등을 갖추어야 한다.

② 헤드가드를 갖추어야 한다.

　ㄱ 강도는 지게차 최대하중의 2배 값(4톤이 넘는 것은 4톤)

　ㄴ 상부 틀의 각 개구의 폭 또는 길이가 16[cm] 미만일 것

　ㄷ 운전자 좌석에서 헤드 가드의 상부 틀 하면까지의 높이가 1[m] 이상

　ㄹ 운전자가 앉아서 조작하거나 서서 조작하는 지게차의 헤드가드는 산업표준화법 제12조에 따른 한국산업표준에서 정하는 높이(서서 조작 시 1.88[m], 앉아서 조작 시 0.903[m], KSB ISO 6055) 기준 이상

③ 백 레스트를 갖추어야 한다.

④ 팔레트 또는 스키드는 적재하는 화물의 중량에 따른 충분한 강도와 심한 손상, 변형 또는 부식이 없는 것이어야 한다.

(2) 구내 운반차(Platform Truck) 준수사항

① 주행을 제동하거나 정지상태를 유지하기 위해 유효한 제동장치를 갖출 것

② 경음기를 갖출 것

③ 핸들의 중심에서 차체 바깥 측까지의 거리가 65[cm] 이상일 것

④ 운전자석이 차 실내에 있는 것은 좌우에 한 개씩 방향지시기를 갖출 것

⑤ 전조등, 후조등을 갖출 것

(3) 고소작업대 사용 시 준수사항

① 작업자가 안전모, 안전대 등의 보호구를 착용토록 할 것

② 관계자 이외의 자가 작업구역 내에 들어오는 것을 방지하기 위해 필요한 조치를 할 것

③ 안전한 작업을 위하여 적정수준의 조도를 유지

④ 전로에 근접하여 작업을 하는 때 작업감시자를 배치

> **Q 더 알아보기!**
> 악천후 시 10[m] 이상의 높이에서 고소작업에 사용을 중지

(4) 차량계 하역운반기계 안전조치 사항

① 작업 지휘자를 지정해야 한다.

② 속도가 10[km/h] 이상인 하역운반기계는 제한속도를 준수한다.

③ 전도, 전락 등을 방지하기 위하여 유도자를 배치하고, 지반의 부동 침하방지 및 노견의 붕괴방지를 조치한다.

④ 접촉을 방지하기 위해서는 근로자 출입을 금지한다.

(5) 화물 적재 시의 조치

① 편하중이 생기지 않도록 적재한다.

② 화물의 붕괴 또는 낙하로 인한 근로자의 위험을 방지하기 위하여 화물에 로프를 건다.

③ 운전자의 시야를 가리지 않도록 화물을 적재한다.

(6) 컨베이어 안전조치 사항

① 컨베이어의 이송용 롤러를 사용하여 "정전", "전압강하" 등으로 화물 또는 운반구의 이탈 및 역주행을 방지하는 장치를 갖추는 이탈방지 조치를 한다.

② 컨베이어 사용 시 위험한 상태에서 정지시킬 수 있는 "비상정지장치"를 설치한다.

③ 화물의 낙하로 인한 사고를 방지하기 위해 컨베이어의 덮개 또는 울을 설치한다.

④ 탑승을 금지하고 건널 다리를 설치한다.

10년간 자주 출제된 문제

다음 중 장갑을 끼고 작업해도 좋은 작업은?

① 선반 작업　　　　② 드릴 작업
③ 밀링 작업　　　　④ 용접 작업

|해설|

용접 작업용 장갑은 가죽 용접장갑을 착용한다.

정답 ④

---

(1) 안전장치의 종류

① 권과방지 장치 : 일정거리 이상의 권상을 못 하도록 지정된 거리에서 권상을 정지시키는 장치

② 과부하방지 장치 : 하중이 정격하중을 초과하였을 때 리밋 스위치가 작동하여 하중의 권상을 방지하는 장치

③ 비상정지 장치 : 비상시 운행을 정지시키는 장치

④ 브레이크 장치 : 크레인의 주행을 제동시키는 장치

⑤ 해지 장치 : 와이어로프가 훅을 이탈하는 것을 방지하기 위한 장치

(2) 방호장치의 설치방법

① 권과방지 장치는 훅, 그래브 및 버킷 등 달기구의 상면과 드럼, 시브, 트롤리 프레임, 기타 달기구 또는 권상용 시브의 상면이 접촉할 우려가 있는 물건 하면과의 간격이 0.25[m] 이상(직동식 권과방지 장치는 0.05[m] 이상)

② 권과방지 장치를 부착하지 않았을 때는 권상용 와이어로프에 위험 표시를 하고, 경보장치를 설치

③ 수압 또는 유압을 동력으로 사용하는 크레인의 과도한 압력 상승을 방지하기 위해 안전밸브를 설치하는데, 정격하중에 상당하는 하중을 걸었을 때의 수압 또는 유압에 상당하는 압력 이하로 작동되도록 안전밸브를 조정

④ 유해·위험 작업의 취업 제한에 관한 규칙에 따른 자격자가 운전

⑤ 탑승은 금지되어 있으나 불가피할 때 안전 조치사항
 ㉠ 탑승 설비의 전위 및 탈락을 방지하는 조치
 ㉡ 안전대 또는 구명대 사용
 ㉢ 탑승 설비를 하강시킬 때는 동력 하강방법으로 할 것

🔍 더 알아보기!

운반기계의 하중

• 정격하중 : 크레인에 매달아 올릴 수 있는 최대하중에서 달아올리기 기구(훅, 그래브, 버킷)의 중량에 상당하는 하중을 제외한 하중

• 적재하중 : 운반구에 화물을 적재하고 승강할 수 있는 최대의 하중

• 임계하중(Tipping Load) : 크레인의 규격을 결정한 후, 최대 중량의 화물을 들었을 때 뒷부분이 들리려고 할 때의 임계점을 말한다(들 수 있는 하중과 들 수 없는 하중과의 임계점).

• 작업하중(Operating Load) : 물건을 들어올려 안전하게 작업할 수 있는 하중을 말하며, 안전하중이라고도 한다.
 – 트럭크레인의 작업하중은 임계하중의 85[%]
 – 크롤러크레인의 작업은 임계하중의 75[%]

• 호칭하중(Maximum Load) : 최대 작업하중을 말한다.

10년간 자주 출제된 문제

일정거리 이상의 권상을 못하도록 지정된 거리에서 권상을 정지시키는 장치는?

① 비상정지 장치
② 과부하방지 장치
③ 권과방지 장치
④ 해지 장치

|해설|

안전장치의 종류

• 권과방지 장치 : 일정거리 이상의 권상을 못 하도록 지정된 거리에서 권상을 정지시키는 장치

• 과부하방지 장치 : 하중이 정격하중을 초과하였을 때 리밋 스위치가 작동하여 하중의 권상을 방지하는 장치

• 비상정지 장치 : 비상시 운행을 정지시키는 장치

• 브레이크 장치 : 크레인의 주행을 제동시키는 장치

• 해지 장치 : 와이어로프가 훅을 이탈하는 것을 방지하기 위한 장치

정답 ③

(1) 수공구 안전작업수칙

① 수공구를 용도 이외에는 사용하지 않는다.

② 수공구를 사용하기 전에 기름 등 이물질을 제거하고 반드시 이상 유무를 확인한 후 사용한다.

③ 수공구는 통풍이 잘되는 보관 장소에 수공구별로 보관한다.

④ 수공구를 가지고 사다리 등 높은 곳을 오를 때는 호주머니에 넣지 않고 반드시 수공구 주머니에 공구를 넣어 몸에 장착하여 운반한다.

⑤ 보안경 등 작업에 알맞은 보호구를 착용하고 작업한다.

(2) 드라이버 안전작업 방법

① 손에서 공구가 미끄러지지 않게 생크를 플랜지로 꼭 조이고, 생크와 직각인 손잡이를 선택한다.

② 드라이버 손잡이를 청결하게 유지한다(기름이 묻은 손잡이는 사고를 유발할 수 있다).

③ 전기작업을 할 때는 절연손잡이로 된 드라이버를 사용한다.

④ 수공구는 처음과 끝에 과격한 힘을 주지 말고 서서히 힘을 준다.

⑤ 작업물을 확실히 고정시킨 후 작업한다.

⑥ 안정된 자세를 확보한 후 작업한다.

⑦ 손이 잘 닿지 않고 불편한 곳에서 나사를 돌리기 시작할 때는 나사가 붙는 드라이버를 사용한다.

⑧ 일반적인 드라이버가 사용될 수 없는 좁은 지역에서는 오프셋 스크루 드라이버를 사용한다.

　㉠ 손목을 더 곧게 할 수 있고, 더 큰 지레의 작용을 할 수 있는 권총형 손잡이일 것

　㉡ 공구를 앞으로 밀 때 나사부가 회전하는 구조일 것

　㉢ 돌리기 힘든 나사를 효율적으로 돌릴 수 있는 래치 장치일 것

⑨ 드라이버의 끝은 완전한 직사각형 모양으로 되어 있어야 한다.

⑩ 둥글게 된 끝은 다듬고 가장자리가 일직선이 되도록 한다.

⑪ 드라이버의 형상을 그려 놓은 걸이나 구분된 칸에다 드라이버를 보관하여 사용할 때 알맞은 드라이버를 바로 선택할 수 있도록 한다.

(3) 플라이어 안전작업 방법

① 보안경이나 안면보호구를 착용한다.

② 수직 각도로 자른다. 옆에서 옆으로 흔들거나 자르는 모서리 반대쪽 앞뒤로 철사를 구부리지 않는다.

③ 손바닥이나 손가락이 물리는 것을 방지하기 위해 손잡이 사이에 충분한 공간이 있는 공구를 선택한다.

④ 플라이어는 밀지 않고 당긴다.

⑤ 플라이어가 특별한 목적으로 제조된 것이 아니라면 경화된 철사를 자르지 않는다.

⑥ 단단한 철사를 가벼운 펜치로 구부리지 않는다(바늘코 플라이어의 끝을 큰 철사를 구부리는 데 사용하면 손상될 수 있다. 더 튼튼한 공구를 사용한다).

⑦ 플라이어를 망치로 사용해서는 안 된다.

⑧ 더 큰 지레작용을 얻기 위해 손잡이의 길이를 연장시키지 않는다. 더 큰 플라이어나 볼트절단기를 사용한다.

⑨ 절연손잡이를 필요로 하는 작업에 완충용 스프링손잡이를 사용하지 않는다(이것은 기본적으로 편안함을 위해서이며, 전기충격에 대한 보호는 하지 못한다).

⑩ 너트와 볼트에 플라이어를 사용하지 않는다. 렌치를 사용한다.

(4) 렌치 안전작업 방법

① 보안경이나 안면보호구를 착용한다.

② 렌치가 미끄러졌을 경우 위험하지 않게 되도록 렌치를 잘 잡는다.

③ 미끄러지지 않도록 정확히 조를 꼭 조여 사용한다.

④ 렌치의 조정조를 앞으로 향하게 한다.

⑤ 렌치를 돌려서 압력이 영구턱과 반대가 되게 한다.

⑥ 렌치는 밀지 말고 당겨야 한다.

⑦ 적당한 자세를 잡고 충분한 힘을 가해 당긴다.

⑧ 렌치를 머리 위로 올릴 때는 옆에 서서 한다.

⑨ 모든 지레작용 공구들은 사용 중 정확히 조정된 상태로 있어야 한다.

⑩ 사용한 공구와 렌치는 깨끗이 청소한 후 공구상자, 선반 또는 공구벨트 등 제자리에 보관한다.

⑪ 너트나 볼트에는 파이프렌치를 사용하지 않는다.

⑫ 작동 중인 기계에서는 렌치를 사용하지 않는다.

⑬ 공구를 대신하여 사용하지 않는다. 렌치 대신 플라이어, 또는 망치 대신 렌치를 사용하지 않는다.

⑭ 렌치는 제 규격의 것을 정확하게 사용한다.

⑮ 마모된 헐거운 렌치를 사용하지 않는다. 너얼, 조, 핀이 마모되지 않았는지 점검한다.

⑯ 꼭 맞게 하기 위해 렌치홈에 쐐기를 넣지 않는다.

⑰ 많은 힘을 얻기 위해 망치 등으로 렌치를 두드리지 않는다.

⑱ 공구에 파이프 등을 끼워 공구, 길이를 길게 하여 지레작용을 증가시키지 않는다.

(5) 절단공구 안전작업 방법

① 작업에 적절한 절단기를 선택한다. 절단기는 자재의 특정 모양과 크기에 따라 설계되어 있다.

② 절단 조 주위를 마대자루, 천이나 넝마로 감싸서 튀는 금속으로 인한 부상을 방지한다(잘릴 때 금속이 튀고 금속이 단단할수록 더 멀리 튀게 된다).

③ 튀는 금속조각으로 인한 부상을 피할 수 있도록 주위에 있는 사람들에게 예방조치를 취할 것을 경고한다.

④ 절단공구를 완벽한 정비상태로 유지한다.

⑤ 자주 사용되는 절단날과 작동부위를 매일 조정하고 기름을 친다.

⑥ 제조자의 지시서에 따라 조를 날카롭게 한다.

⑦ 적절하고 안전하게 사용할 수 있도록 훈련될 때까지 절단공구를 사용하지 않는다.

⑧ 절연손잡이를 필요로 하는 작업에 완충용 스프링 손잡이를 사용하지 않는다(이것은 기본적으로 편안함을 위해서이며, 충격에 대한 보호가 되지 않는다).

⑨ 금이 가고 부러지거나 헐거운 절단기를 사용하지 않는다.

⑩ 공구의 권장용량을 초과하지 않는다.

⑪ 비스듬하게 자르지 않는다.

⑫ 철사를 자를 때 절단기를 옆에서 옆으로 흔들지 않는다.

⑬ 절단 시 공구를 들어올리거나 비틀지 않는다.

⑭ 잘리는 물질이 조의 절단 모서리와 직각을 유지하도록 한다.

⑮ 더 큰 절단력을 얻기 위해 절단공구를 망치로 두드리지 않는다.

⑯ 절단기를 과중한 열에 노출시키지 않는다.

(6) 클램프 안전작업 방법

① 작업에 따른 고정방법과 다음 사항들이 클램프 특성에 맞게 적절한 클램프의 형태와 크기를 선택한다.
  ㉠ 강도와 무게 : 벌림
  ㉡ 유효범위의 길이 : 조절의 용이성
  ㉢ 표면조임 : 사용하는 재료와 크기

② 사용 전 나사부의 끝까지 자유롭게 회전되도록 한다.

③ 가공물을 손상시키지 않도록 C형의 클램프에는 패드를 사용한다.

④ 작업이 끝나는 즉시 클램프를 제거한다(클램프는 가공물을 단단히 고정시키기 위한 임시장치로만 사용한다).

⑤ C형 클램프는 조인 상태로 서랍보다는 선반에 보관한다.

⑥ 프레임이 구부러졌거나 스핀들이 휜 클램프는 사용하지 않는다.

⑦ 클램프를 조이는 데 렌치, 파이프, 망치, 플라이어를 사용하지 않는다(렌치로 특별히 설계된 클램프에만 렌치를 사용한다).

⑧ C형 클램프로 들어올리지 않는다(특수한 리프팅 클램프를 사용한다).

⑨ 단지 목 부분만 클 경우 특별히 큰 클램프를 사용하지 말고 깊은 목 클램프를 사용한다.

⑩ 작업자를 위한 작업발판이나 가설비계를 조립하기 위해 C형 클램프를 사용하지 않는다.

10년간 자주 출제된 문제

드라이버작업 시 올바른 안전작업 방법이 아닌 것은?

① 전기작업을 할 때는 절연손잡이로 된 드라이버를 사용한다.
② 수공구는 처음과 끝에 과격한 힘을 주지 말고 서서히 힘을 준다.
③ 둥글게 된 끝은 다듬고 가장자리가 일직선이 되도록 한다.
④ 드라이버 손잡이에 기름을 바른다.

|해설|

드라이버 손잡이를 청결하게 유지한다(기름이 묻은 손잡이는 사고를 유발할 수 있다).

정답 ④

│핵심이론 08│ 위험물의 분류 및 특성(화공안전)

(1) 위험물의 개념

① 위험물의 정의

ㄱ 위험물이란 일반적으로 화재 또는 폭발을 일으킬 위험성이 있거나, 인간의 건강에 유해하든지 인간의 안전을 위협할 우려가 있는 물질이라고 할 수 있다.

ㄴ 위험물을 산업안전보건기준에 관한 규칙상 분류하면 폭발성물질, 발화성물질, 산화성물질, 인화성물질, 가연성물질, 부식성물질, 독성물질 등으로 나눌 수 있다.

② 위험물의 특성

ㄱ 산소 또는 물과의 반응이 격렬하다.

ㄴ 반응속도가 빠르다.

ㄷ 반응 시 수반되는 발열량이 크다.

ㄹ 반응 시 수소와 같은 가연성 가스가 발생한다.

ㅁ 화학적으로는 불안정하여 다른 물질과 반응을 잘하거나 잘 분해한다.

ㅂ 자연계에서 흔히 존재하는 물 또는 산소와 반응하기 쉽다.

(2) 주요 위험물의 성질

① 폭발성물질

ㄱ 가열·마찰·충격 또는 다른 화학물질과의 접촉 등으로 인하여 산소나 산화제의 공급이 없더라도 폭발 등 격렬한 반응을 일으킬 수 있다.

ㄴ 고체나 액체로 질산에스테르류, 나이트로 화합물, 나이트로소 화합물, 아조 화합물, 하이드라진 및 그 유도체, 유기과산화물 등이 있다.

ㄷ 어느 것이나 가연성물질임과 동시에 산소를 함유하고 있기 때문에 다른 가연물과 달라서 스스로 산소를 소비하면서 연소하며, 그 연소는 폭발적이다.

② 소화제(消化劑)는 산소의 공급을 차단하는 일이나 질식효과를 목적으로 하는 것은 효과가 없고, 물을 대량으로 사용하는 것이 좋다.

② 발화성물질

㉠ 스스로 발화하거나 발화가 쉽거나 물과 접촉하여 발화하고 가연성가스를 발생할 수 있는 물질이다.

㉡ 물과 작용해서 발열반응을 일으키거나 또는 가연성가스를 발생해서 연소 또는 폭발하는 금수성물질과 비교적 저온에서 착화되기 쉬운 가연성물질 등이 있다.

• 가연성 고체 : 황화린, 적린, 황, 철분, 금속분, 마그네슘, 인화성 고체 등

• 자연발화성 및 금수성 물질 : 칼륨, 나트륨, 알킬알루미늄, 알킬리튬, 황린, 알칼리 금속, 유기금속 화합물, 금속의 수소화물, 금속의 인화합물, 칼슘 또는 알루미늄의 탄화물 등

㉢ 금수성물질은 용기의 파손이나 부식을 방지하고 빗물, 누수, 얼음, 눈(雪) 등의 수분과의 접촉을 피해야 한다.

㉣ 소화방법에서 주수(注水)는 엄금하며, 건조사를 사용하는 것이 좋다.

③ 산화성물질

㉠ 물질의 산화반응은 큰 발열반응을 수반한다.

㉡ 산화반응이 강렬하게 촉진되어 폭발적 현상을 생성하는 물질을 산화성물질이라 한다.

㉢ 산화력이 강하고 가열·충격 및 다른 화학물질과의 접촉 등으로 인하여 격렬하게 분해되거나 반응하는 고체 및 액체이다.

㉣ 염소산 및 그 염류, 과염소산 및 그 염류, 과산화수소 및 무기 과산화물, 아염소산 및 그 염류, 불소산 염류, 질산 및 그 염류, 아이오딘(요오드)산 염류, 과망간산 염류, 중크롬산 및 그 염류 등이 있다.

㉤ 산화성물질을 저장할 때는 가열, 충격, 마찰 등에 분해를 일으키지 않게 하고 특히, 용해성이 있는 것은 용기를 밀폐해서 보존해야 한다.

㉥ 산화성물질에 의한 화재는 분해하는 데 따라서 산소의 공급이 행해지기 때문에, 소화할 때는 물을 사용해 냉각해서 분해온도 이하로 유지하고, 연소(延燒)방지 조치를 하는 것이 필요하다.

④ 인화성물질

㉠ 인화성물질은 대기압(1기압)하에서 인화점이 65[℃] 이하의 가연성액체이다.

㉡ 인화성 또는 가연성액체이며, 인화점이 낮은 것은 상온 이하에서도 불꽃이나 저기 스파크 등에 의해 인화 연소하며 인화점이 높은 물질도 인화점 이상으로 가열시키면 똑같은 위험성이 있는 물질을 말한다.

㉢ 인화성물질에서 발생하는 증기는 대부분이 공기보다 무겁고, 공기와 혼합되었을 때 약간의 점화원에 의해 과격한 폭발을 일으킬 위험성이 있다.

㉣ 인화성물질에 속하는 대개의 액체 종류는 물보다 가볍고 물에 잘 녹지 않기 때문에 물 위에 떠서 널리 퍼지면서 도랑 등 예상하지 못한 곳으로 흘러가 어떤 화기에 의해 중대한 사고를 일으킬 위험성이 있다.

㉤ 인화성물질은 인화점 이하로 유지하도록 노력하며, 가열을 피하고, 액체나 증기의 누설을 방지하는 외에 정전기, 화기 등의 인화원 대책, 인화 시의 긴급조치 등을 확립해 두는 것이 중요하다.

㉥ 인화성물질의 종류

• 에틸에테르, 가솔린, 아세트 알데하이드, 산화프로필렌, 이황화탄소, 기타 인화점이 -30[℃] 미만의 물질

• 노르말 핵산, 산화에틸렌, 아세톤, 벤진, 메틸에틸케톤, 기타 인화점이 -30[℃] 이상 0[℃] 미만의 물질

- 메틸알코올, 에틸알코올, 크실렌 아세트산아밀, 기타 0[℃] 이상 30[℃] 미만의 물질
- 등유, 경유, 테르핀유 등 인화점 30[℃] 이상
- 가연성가스(수소, 아세틸렌, 에틸렌, 메탄, 에탄, 프로판, 부탄 등) 온도 15[℃] 1기압일 때 기체 가연성 물질

⑤ 가연성가스

ㄱ 수소, 메탄, 아세틸렌과 같이 상온에서 가스형태의 물질이며, 용기 내에서 이것과 적당한 양의 공기와 혼합시키면, 전기불꽃, 불꽃 등 점화원의 존재에 의해 급속한 연소, 즉 폭발현상이 일어날 수 있는 가스를 말한다.

ㄴ 가연성가스는 상온, 상압(常壓)상태에서는 기체이지만, 가압(加壓)하면 액체가 되는 것이 있다.

ㄷ 산소 또는 공기와 혼합하여 점화하면 빛과 열을 발해서 연소하는 가스를 말하며, 그 종류가 매우 많고 수소, 메탄, 에탄, 프로판 등이 대표적이다.

ㄹ 가연성가스의 위험성

- 수소는 비중이 작기 때문에 누설되어도 확산되기 쉽고, 낮은 곳에 체류하지 않으나 폭발범위가 넓다.
- 비중이 공기보다 큰 가스는 확산되기 어려워 누설되면 낮은 쪽으로 흘러가 맨홀의 내부, 바닥 밑 등에 체류해서 장기간에 걸쳐 폭발성 혼합가스를 형성할 위험성이 있다.
- 아세틸렌, 에틸렌, 탄화수소가스는 유지(油脂)를 사용한 페인트, 그리스, 천연고무 및 염화비닐 관 등을 용해하거나 투과(透過)되기 때문에 이들의 재료를 사용해서는 안 된다.
- 가스용기는 40[℃] 이하로 유지하도록 노력한다.
- 가스용기밸브로부터 가연성가스가 누설되었을 경우에 신속하게 용기밸브를 닫아 가스의 유출을 멈추고 환기시켜야 한다.

- 가연성가스의 가스누설개소 검사에는 비눗물 등을 사용하고, 절대로 성냥, 양초, 라이터 등의 화기를 사용해서는 안 된다.
- 가연성가스의 화재인 경우에는 가스의 유출을 멈추는 것이 우선할 조치다.

⑥ 독성 물질(Toxicity Substance)

ㄱ 독성이란 생체에 유해한 작용을 하는 성질을 말한다.

ㄴ 쥐에 대한 경구 투입 실험에 의하여 실험 동물의 50[%]를 사망시킬 수 있는 물질의 양으로 LD_{50}이 200[mg/kg](체중) 이하인 화학물질

ㄷ 쥐나 토끼에 대한 경피 흡수 시험에서 LD_{50}이 400[mg/kg](체중) 이하인 화학물질

ㄹ 쥐에 대한 4시간 동안의 흡입 실험에 의하여 LC_{50}이 2,000[ppm](체중) 이하인 화학물질

ㅁ 취급 시 주의사항

- 환기가 잘되는 장소에 사용 및 보관
- 신선한 장소, 직사광선, 열원, 점화원을 피해야 한다.
- 화학적 반응을 할 수 있는 물질 분리 저장

ㅂ 독극물의 측정 단위

- MLD : 실험 동물 가운데 한 마리를 치사시키는 데 필요한 최소의 양
- LD_{50}(Lethal Dose) : 1회 투여함으로써 7~10일 이내에 실험 동물의 50[%]를 치사시키는 양을 체중 1[kg]당 [mg]으로 나타낸다.
- LC_{50}(Lethal Concentration) : 실험 동물의 50[%]가 사망하는 유해물질의 농도를 표시한다.
- LJ_{50} : 일정 농도에서 실험 동물의 50[%]가 사망하는 데 소요되는 시간

10년간 자주 출제된 문제

위험물질의 예를 열거한 것 중 잘못 연결된 것은?

① 폭발성 물질 – 아조 화합물
② 금수성 물질 – 나트륨
③ 가연성 가스 – LPG
④ 산화성 물질 – 나이트로 화합물

|해설|

나이트로 화합물은 폭발성 물질이다.

정답 ④

핵심이론 09 | 전기안전

(1) 전기재해의 종류

① 전기재해 : 감전, 아크의 복사열에 의한 화상, 전기화재, 전기설비의 손괴, 기능 일시 정지
② 정전기 재해 : 감전, 정전기 화재, 설비의 기능 저하
③ 낙뢰화재 : 감전, 낙뢰화재, 물체의 손괴

(2) 감전재해 발생 형태

① 피복이 벗겨진 상태의 전선이나 전기설비에 직접 접촉되는 경우
② 기기의 결함 등으로 누전된 전기설비의 외함, 철 구조물에 접촉되는 경우
③ 고전압 부위에 인체가 근접되어 공기의 절연파괴로 감전 또는 화상을 입는 경우
④ 낙뢰로 인하여 전기에너지가 인체를 통해 방전되는 경우

(3) 감전에 영향을 주는 요인

① 감전위험 요인(1차적 감전위험 요인) : 통전전류의 세기, 통전경로, 통전시간, 통전전원의 종류

> **더 알아보기!**
> 감전 사망의 위험 요인은 통전전류의 크기로 결정

② 2차적 감전위험 요인 : 전압, 인체의 조건, 계절
③ 피부의 전기저항은 습도, 접촉 면적, 인가전압, 인가시간에 따라 달라진다.

> **더 알아보기!**
> **응급처치**
> 감전 쇼크 등에 의하여 호흡이 정지되었을 경우, 혈액 중의 산소 함유량은 감소하기 시작하여 약 1분 이내에 산소 결핍으로 인한 증세가 나타난다. 호흡정지 상태가 3~5분간 계속되면 기능이 마비된다.

(4) 감전재해 예방원칙

① 전기기기 및 배선 등의 모든 충전부는 노출시키지 않는다.

② 전기기기 사용 시에는 반드시 접지를 시킨다.

③ 누전차단기를 설치하여 감전 재해를 방지한다.

④ 전기기기의 스위치 조작은 아무나 하지 않는다.

⑤ 젖은 손으로 전기기기를 만지지 않는다.

⑥ 개폐기에는 반드시 정격퓨즈를 사용하고 동선·철선 등을 사용하지 않는다.

⑦ 불량이거나 고장 난 전기기기는 사용하지 않는다.

⑧ 배선용 전선은 가급적 중간에 접속(연결)부분이 있는 것을 사용하지 않는다.

(5) 가설전기 설치 안전

① 전기기기 및 배선 등 충전부의 노출 금지

② 전기기기의 접지 실시

③ 누전차단기의 설치

④ 이중절연구조 또는 전지구동 전기기구 사용

⑤ 배선 및 이동전선 등에 대한 대책

(6) 가설전기 사용안전

① 절연상태 관리 철저

② 물기 있는 곳에서의 취급 금지

③ 불량 전기기기의 사용 금지

④ 절연용 보호구 등의 사용

10년간 자주 출제된 문제

감전에 대한 설명으로 가장 거리가 먼 것은?

① 감전의 피해 정도는 전류의 크기와 통전시간에 따라 다르다.

② 감전사고는 여름에 적게 발생한다.

③ 50[mA] 이상의 전류가 인체에 흐르면 상당히 위험하다.

④ 건조한 옷, 고무장갑 등을 착용하면 좋다.

|해설|

감전사고는 계절에 관계없이 발생하며 인체에 50[mA] 이상 전류가 흐르면 매우 위험하다.

정답 ②

핵심이론 10 | 정전기 재해와 방지대책

(1) 정전기 재해

정전기가 계속적으로 발생하여 많은 전하가 축적되면 여러 가지 형태의 사고, 재해를 초래하게 되는데 대략 다음과 같이 분류할 수 있다.

① 정전기가 착화원이 되어 화재, 폭발로 인한 설비의 파괴 및 사람의 사상

② 전격에 의한 사고로 인한 사람의 사상

③ 분체의 부착, 필름의 벗겨짐과 같은 생산 장애

④ 정전기 쇼크로 인한 컴퓨터의 오동작, 전자부품의 파손 등

(2) 정전기 재해방지를 위한 근본적인 대책

① 설비와 물질 또는 물질 상호 간의 접촉면적, 접촉압력을 적게 한다.

② 접촉 횟수를 줄이고, 접촉·분리 속도를 줄인다.

③ 접촉 상태에 있는 것은 급격히 박리시키지 말고 서서히 분리시킨다.

④ 표면 상태는 청정·윤활하게 유지하고, 불순물 등 이물의 혼입을 피한다.

⑤ 정전기 발생이 적은 재료(도전성 재료)를 선정한다.

⑥ 물질의 취급 속도나 양을 제외한다.

(3) 도체의 대전방지(접지)

정전기 장해·재해의 대부분은 도체가 대전된 결과로 인한 불꽃 방전에 의해 발생되므로, 도체의 대전방지를 위해서는 도체와 대지 사이를 전기적으로 접속해서 대지와 등전위화함으로써 정전기 축적을 방지한다.

(4) 부도체의 대전방지

부도체에서는 대전되어 있는 전하의 이동이 쉽게 이뤄지지 않기 때문에 접지를 해도 효과를 보기가 어려우므로, 부도체에서의 정전기 대책은 정전기의 발생 억제가 기본

이고, 다음은 정전기를 인위적으로 중화시켜 제거해 주어야 한다.

① 도전성 재료 또는 대전 방지 처리된 것을 사용

② 부도체의 도전성 향상 : 대전방지제 사용, 작업장의 습도를 70[%] 정도 유지

③ 제전기에 의한 대전방지

제전기를 대전물체 가까이에 설치하고, 제전기에서 생성된 이온군(정과 부이온)을 이용하여 대전물체의 전하와 재결합, 중화하여 대전물체의 정전기가 제전되는 것이다. 제전기의 종류는 이온 생성 방법에 따라 전압인가식 제전기, 자기방전식 제전기, 방사선식 제전기로 나눌 수 있다.

10년간 자주 출제된 문제

10-1. 정전기의 발생요인과 가장 관계가 먼 것은?

① 물질의 특성
② 물질의 분리 속도
③ 물질의 표면 상태
④ 물질의 온도

10-2. 정전기 재해를 방지하기 위한 대책으로 틀린 것은?

① 정전기 발생이 적은 재료를 선정한다.
② 접촉 횟수를 줄이고, 접촉·분리 속도를 줄인다.
③ 설비와 물질 또는 물질 상호 간의 접촉면적을 크게 한다.
④ 물질의 취급 속도나 양을 제외한다.

|해설|

10-1
정전기의 발생요인
• 물체의 특성
• 물체의 표면 상태
• 물체의 분리력
• 접촉 면적 및 압력
• 분리 속도

10-2
③ 설비와 물질 또는 물질 상호 간의 접촉면적, 접촉압력을 적게 한다.

정답 10-1 ④ 10-2 ③

---

(1) 전기기기 등의 대책

① 전기 배선에 대한 대책

  ㉠ 코드의 연결 금지 : 코드는 가장 짧게 사용하고, 연장할 때는 코드 커넥터를 사용한다.

  ㉡ 코드의 고정 사용 금지

  ㉢ 적정 굵기의 전선 사용

② 배선 기구에 의한 대책

  ㉠ 개폐기의 전선 조임 부분이나 접촉면의 상태

  ㉡ 콘센트, 플러그의 접촉상태 및 취급상태

  ㉢ 퓨즈의 적정 용량 사용 여부

③ 개폐기의 스파크에 의한 대책

  ㉠ 개폐기를 설치할 경우, 가연성의 목재 벽이나 천장으로부터 고압용은 1[m] 이상, 특고압용은 2[m] 이상 이격하여 설치한다.

  ㉡ 가연성 증기 및 분진 등 위험한 물질이 있는 곳에는 방폭형 개폐기를 사용한다.

  ㉢ 개폐기는 불연성 박스 내에 내장시키거나 통퓨즈를 사용한다.

  ㉣ 접촉 부분은 변형, 나사 풀림 등에 의해 접촉 저항이 증가하는 것을 방지한다.

(2) 화재 원인에 대한 대책

① 단락 및 혼촉 방지

  ㉠ 이동 전선의 관리를 철저히 한다.

  ㉡ 전선 인출부를 보강한다.

  ㉢ 규격 전선을 사용한다.

  ㉣ 전원 스위치를 차단한 후에 작업한다.

> **🔍 더 알아보기!**
>
> **단락(Short Circuit)이란?**
> 고장이나 과실에 의해서 전로의 선 사이가 전기저항이 적은 상태 또는 전혀 없는 상태에서 접촉한 이상 상태를 말한다. 단락은 전로의 절연피복이 노화 또는 손상하여 발생되고, 또 전동기의 과부하 운전이나 결상 운전 때문에 과전류가 흘러서 전동기 전선의 절연피복이 연소 손상되어 발생한다.

② 누전 방지

  ㉠ 물기·습기가 있는 장소에 전기 시설을 하는 경우에는 방습 조치를 한다.

  ㉡ 전선 접속부는 충분한 절연 효력이 있는 접속기구나 테이프를 사용한다.

  ㉢ 금속관 내에서의 전선의 접속점을 금지한다.

  ㉣ 금속관의 끝부분에는 반드시 부싱을 사용한다.

  ㉤ 움직이는 물체와 전선의 접촉을 금지한다.

  ㉥ 전기를 사용하지 않을 때에는 전원 스위치를 끈다.

③ 과전류 방지

  ㉠ 적정 용량의 퓨즈 또는 배선용 차단기를 사용한다.

  ㉡ 문어발식 배선 사용을 금지한다.

  ㉢ 스위치 등의 접촉 부분을 수시로 점검한다.

  ㉣ 고장 난 전기기기 또는 누전되는 전기기기의 사용을 금지한다.

  ㉤ 동일 전선관에 많은 전선의 삽입을 금지한다.

(3) 누전차단기 설치 방법 시 유의사항

① 전동기기의 외함, 외피 등 금속 부분은 ELB를 접속한 경우에도 가능한 접지할 것

② 지락보호 전용 ELB는 반드시 퓨즈 또는 차단기 등과 조합하여 설치할 것

③ ELB가 동작되었을 경우에는 다시 투입하기 전에 계통을 점검할 것

④ ELB가 자주 동작되고 그 원인을 찾을 수 없을 경우에는 제작자의 자문을 받을 것

⑤ ELB는 시험 버튼을 눌러 그 동작 상태를 정기적으로 점검할 것

(4) 피뢰침 설치 시 준수사항

① 피뢰침의 보호각은 45° 이하로 할 것

② 피뢰침을 접지하기 위한 접지극과 대지 간의 접지저항은 10[Ω] 이하로 할 것

③ 피뢰도선의 단면적은 30[mm²] 이상의 동선을 사용할 것

④ 피뢰침은 가연성 가스가 누설될 우려가 있는 밸브, 게이지 및 배기구 등의 시설물로부터 1.5[m] 이상 이격할 것

10년간 자주 출제된 문제

11-1. 누전차단기가 고속형인 경우 그 동작시간은 몇 초 이내인가?

① 0.1   ② 0.2

③ 0.3   ④ 0.4

11-2. 피뢰침 설치 시 준수사항으로 틀린 것은?

① 피뢰도선의 단면적은 20[mm²] 이상의 동선을 사용한다.

② 피뢰침의 보호각은 45°로 해야 한다.

③ 피뢰침을 접지하기 위한 접지극과 대지 간의 접지저항은 10[Ω] 이하로 한다.

④ 피뢰침은 가연성 가스가 누설될 우려가 있는 밸브, 게이지 및 배기구 등의 시설물로부터 1.5[m] 이상 떨어져 있어야 한다.

|해설|

11-1

누전차단기 설치목적은 인체 감전재해 방지이며, 종류는 다음과 같다.

• 고속형 : 정격감도전류의 0.1초 이내

• 지연형, 보통형 : 정격감도전류의 0.2초

11-2

피뢰도선의 단면적은 30[mm²] 이상의 동선을 사용한다.

정답 11-1 ①   11-2 ①

정전작업(Work for Stoppage of Electric Current)

감전의 위험이 있는 전로, 송전선, 배전선, 인입선, 전기 사용 장소의 배선, 각종 전기기계기구 등의 전기를 차단하고, 전로 또는 그 지지물의 설치, 점검, 수리, 도장 등을 하는 것을 정전작업이라 한다.

(1) 정전작업 요령 작성 사항

① 작업자의 임명, 휴전 범위 및 절연용 보호구의 작업시작 전 점검 등 작업시작 전에 필요한 사항
② 전로 또는 설비의 휴전 순서에 관한 사항
③ 개폐기 관리 및 표지판 부착에 관한 사항
④ 휴전작업 순서에 관한 사항
⑤ 단락 접지 실시에 관한 사항
⑥ 전원 재투입 순서에 관한 사항
⑦ 점검 또는 시운전을 위한 일시운전에 관한 사항
⑧ 교대 근무 시 근무인계에 필요한 사항

(2) 정전작업의 조치사항

① 전로의 개로에 사용한 개폐기에 시건장치를 하고 통전 금지에 관한 표지판을 부착한다.
② 개로된 전로가 전력 케이블, 전력 콘덴서 등에 잔류 전하가 있을 때는 방전시킨다.
③ 개로된 전로의 충전 여부를 검전기구로 확인하고, 단락 접지기구를 사용하여 단락 접지를 실시한다.

🔍 **더 알아보기!**

개폐기의 오조작 방지 조치
• 부하전류를 차단할 수 없는 고압 또는 특별고압의 단로기, 선로 개폐기에는 무부하임을 확인한 후 조작할 수 있도록 주의표지판 부착
• 개폐기에 인터록 장치 설치
• 무부하 상태를 표시하는 파일럿(Pilot) 램프 설치

(3) 정전 시 작업안전 조치사항

① 작업 전
  ㉠ 작업 지휘자 임명
  ㉡ 개로 개폐기의 시건 또는 표지
  ㉢ 잔류 전하 방전
  ㉣ 검전기에 의한 정전 확인
  ㉤ 단락 접지
  ㉥ 근접 활선에 대한 절연 방호

🔍 **더 알아보기!**

단락 접지기구 사용 목적 : 오통 전 방지, 다른 전로와의 혼촉 방지, 유도에 의한 감전위험 방지

② 작업 중 조치사항
  ㉠ 작업 지휘자에 의한 작업 지휘
  ㉡ 개폐기의 관리
  ㉢ 단락 접지의 수시 확인
  ㉣ 근접 활선에 대한 방호상태의 관리

③ 작업종료 후 조치사항
  ㉠ 단락 접지기구의 철거
  ㉡ 시건장치 또는 표지판 제거
  ㉢ 작업자에 대한 위험이 없는 것을 최종 확인
  ㉣ 개폐기 투입으로 송전 재개

🔍 **더 알아보기!**

정전(휴전) 절차 : 국제사회안전협회(ISSA)의 5대 안전수칙 준수
첫째 : 작업 전 전원 차단
둘째 : 전원 투입의 방지
셋째 : 작업 장소의 무전압 여부 확인
넷째 : 단락 접지
다섯째 : 작업 장소의 보호

10년간 자주 출제된 문제

정전작업 시 지켜야 할 안전수칙에 위배되는 것은?

① 정전을 확인하고 접지를 한 후 작업에 임한다.
② 필요한 보호구를 착용하고 서두르지 않는다.
③ 작업원이 판단하여 이상이 없으면 단독 작업을 하여도 된다.
④ 복수 작업일 때는 지휘 명령계통에 따라 작업한다.

정답 ③

(1) 조치순서

① 긴급처리
- ㉠ 피재기계의 정지 및 피해확산 방지
- ㉡ 피해자의 응급조치
- ㉢ 관계자에게 통보
- ㉣ 2차 재해방지
- ㉤ 현장보존

② 재해조사
- ㉠ 조사 방법 : 6하원칙에 따라 재해조사 실시
- ㉡ 재해조사 순서
  - 제1단계 : 사실의 확인
  - 제2단계 : 재해요인의 확인
  - 제3단계 : 재해요인의 결정
  - 제4단계 : 대책의 수립

③ 원인 강구

④ 대책 수립

⑤ 대책실시 계획 : 육하원칙에 의해 계획 수립

⑥ 실 시

⑦ 평 가

(2) 응급조치

① 심폐소생술의 정의

심폐소생술이란 임상적 사망에서 생물학적 사망으로 진행되는 것을 방지하고 순환을 회복시켜주는 중요한 응급처치로, 인공호흡과 흉부압박을 통해 조직의 혈액순환 상태를 유지시켜준다.

② 생존사슬

심정지 환자의 생존율을 높이기 위한 다음의 4가지 연결사슬이 있다.
- ㉠ 응급의료체계로의 신속한 신고
- ㉡ 목격자에 의한 신속한 심폐소생술
- ㉢ 신속한 제세동

- ㉣ 신속한 전문소생술

③ 흉부압박만 시행하는 심폐소생술

성인 심정지 환자의 심폐소생술 시 인공호흡을 제공할 수 없는 경우나 또는 구조자가 잘 모르는 대상자에게 입-입 호흡과 같은 인공호흡 제공을 원치 않는 경우 인공호흡 없이 흉부압박만을 수행하는 것이 좋다.

④ 심폐소생술을 중단할 수 있는 경우

구조자는 다음과 같은 경우에 해당될 때까지 중단 없이 소생노력을 계속하여야 한다.
- ㉠ 환자가 소생했을 때(자발적인 호흡과 맥박으로 돌아왔을 때)
- ㉡ 응급구조요원이 도착했을 때
- ㉢ 의사가 종료하라고 지시했을 때
- ㉣ 너무 지쳐서 계속할 수 없을 때
- ㉤ 사고 현장이 처치를 계속하기에는 위험할 때
- ㉥ 30분 이상 심정지 상태가 계속될 때
- ㉦ 위급한 상태의 다른 생존자에 대한 소생 노력이 지속될 필요가 있을 때
- ㉧ 구조자에게 근거한 확실한 소생불가 지시가 제시되었을 때

10년간 자주 출제된 문제

재해방지 대책을 5단계로 설명할 수 있는데, 3단계에 속하는 것은?

① 사실의 발견
② 분 석
③ 조 직
④ 시정책의 선정

|해설|

하인리히의 사고방지 5단계
- 1단계 : 안전 조직
- 2단계 : 사실의 발견
- 3단계 : 분석, 평가
- 4단계 : 시정책의 선정
- 5단계 : 시정책의 적용

정답 ②

제2절 작업안전

핵심이론 01 | 터미널 일반 안전

(1) 보호구 착용

① 작업자는 작업조건에 따라 안전모, 안전화 및 안전대 등 적절한 개인보호장구를 착용하여야 하고, 안전모는 턱끈을 매어야 한다.

② 터미널에 출입하는 모든 보행자는 출입게이트에서 안전모를 지급받아 착용하여야 한다.

③ 2[m] 이상의 고소작업 또는 추락의 위험이 있는 장소에서는 안전대를 착용하여야 한다.

④ 플랫트랙 등 특수 컨테이너의 하역에 종사하는 근로자는 안전대를 착용하여야 한다.

⑤ 야간작업 시 야드에서 작업하는 근로자는 야광 띠를 상·하의에 부착하여야 한다.

⑥ 그 밖에 작업지휘자의 보호구 착용지시가 있을 경우에는 적정한 보호구를 착용하여야 한다.

(2) 조명 확보

① 터미널 내 각 작업장의 작업면은 75[lx] 이상의 밝기를 유지하여야 하며, 컨테이너에 의하여 그늘진 곳도 5[lx] 이상을 유지하여야 한다.

② 프런트 엔드 톱픽 로더 및 리치스태커 등 터미널 전용 하역운반기계 사용 시 차량 전조등을 포함한 전 조명의 밝기가 75[lx] 이상이 되어야 한다.

③ 임시조명이 설치된 곳의 전선은 정렬되어 있어야 하고, 전선이 출입문을 통하여 통과하는 경우 출입문을 버팀목으로 고정시켜 열려 있도록 한다.

④ 조명을 임시로 설치한 경우에 작업면의 밝기는 규정조도를 유지하도록 조명의 수를 증가시켜 한다.

⑤ 야간에 작업이 없어 소등된 경우라도 근로자의 통행로에는 최소한 8[lx] 이상의 조도를 유지하여야 한다.

> **🔍 더 알아보기!**
>
> 위 조도에 관한 수치(75, 8, 5[lx])는 ILO의 "Model Safety Manual Supporting the Portworker Development Programme"에 제시되어 있는 수치이다.

(3) 작업장 관리

① 작업장 주변은 항상 깨끗이 청소하고 정리 정돈을 하여야 한다.

② 모든 시설 및 장비는 허가를 받은 담당자가 조작하여야 한다.

③ 작업장 내에서 작업 이외의 행동(낚시, 운동 등)을 하여서는 아니 된다.

④ 지정된 장소 이외에서는 무단 화기취급과 흡연을 하여서는 아니 된다.

⑤ 위험표시 구역, 통행금지 구역의 출입은 담당자, 작업지휘자 및 감독자의 허가를 받아야 한다.

⑥ 터미널 내에서 통행을 하는 경우에 모든 출입자는 지정된 보행통로를 이용하거나, 터미널 운영사에서 제공하는 셔틀버스를 이용하여야 한다.

⑦ 작업장에는 사고 발생에 대비하여 사고처리 및 응급처리 절차가 수립되어 있어야 하며, 관계자는 이를 자세히 알고 있어야 한다.

⑧ 크레인 주행로 및 주행로 주변은 항상 정리 정돈되어야 한다.

⑨ 부두 또는 안벽의 선을 따라 통로를 설치하는 때에는 그 폭을 90[cm] 이상으로 하여야 하며, 통로에는 컨테이너를 적치하여서는 아니 된다.

(4) 차량운행 안전

① 컨테이너를 적재한 모든 출입차량은 출입게이트에서 컨테이너의 점검 및 확인을 받아야 한다.

② 작업과 관계없는 외부 차량은 항만당국이나 터미널의 허가 없이 출입하여서는 아니 되며, 항만보안규정(ISPS Code)을 준수하여야 한다.

③ 터미널 출입허가가 이루어지기 전 외부차량에 대하여 안전규칙과 교통체계를 주지시켜야 한다.

④ 터미널에서 외부차량은 다음 사항을 준수하여야 한다.

   ㉠ 운행속도는 시속 30[km] 이내로 하고, 우천 등으로 시야가 나쁠 경우에는 속도를 50[%] 감속하여야 한다.

   ㉡ 야드 내에서 앞지르기를 하여서는 아니 된다.

   ㉢ 지정된 주행선을 따라 운행하여야 하며, 작업장을 침범하여서는 아니 된다.

   ㉣ 에이프런(Apron)에서 차량은 차량유도자의 지시에 따라 유도되어야 하며, 정지와 출발신호가 지켜져야 한다.

⑤ 차량운행 시 교차지점에서는 반드시 일단 정지하여 좌·우를 확인한 후 운행하여야 한다.

⑥ 터미널 내 모든 차량은 지정장소 외에서 주차하거나 정차하여서는 아니 된다.

⑦ 하역운반기계의 승차석 외의 위치에 근로자를 탑승시켜서는 아니 된다.

⑧ 리치스태커 등으로 터미널 주변을 운전할 때 운전자의 시야를 방해하지 아니 하는 범위 내에서 스프레더나 화물의 중심을 가능한 한 낮게 유지한다.

⑨ 표시된 도로와 지정된 통행로를 준수하여야 하며, 야적장을 가로질러 횡단하여서는 아니 된다.

⑩ 야간뿐만 아니라 주간에도 시야가 나쁘다면 운전할 때 전조등을 하향으로 켜야 한다.

⑪ 터미널 내에서 운행하는 모든 리치스태커, 프런트 엔드 톱픽 로더는 사각지대 없이 운전자가 후방을 주시할 수 있도록 후방카메라를 부착하여야 한다.

⑫ 터미널 내의 모든 차량 및 하역기계는 전조등, 후미등, 방향지시기 및 경보장치를 갖추어야 한다.

⑬ 경사면에서 리치스태커나 프런트 엔드 톱픽 로더로 컨테이너를 싣고 운행할 때에는 컨테이너가 경사면의 위로 향하도록 하여 올라가거나 내려가도록 하여야 한다.

⑭ 차량 운전자는 안전벨트를 착용하여야 한다.

(5) 터미널 운영사 업무

① 모든 작업장 출입자에게 야광재킷과 안전모 및 안전화를 제공하여야 한다.

② 안벽 측에 추락·익사사고방지용 구명도구(구명줄, 자기점화등이 달린 구명환)를 비치하여야 한다.

③ 작업현장의 적절한 곳에는 위급상황에 대처할 수 있는 비상용품(들것, 부목, 비상의약품, 비상탈출용 호흡기구 등) 및 응급처치 설비를 갖추어야 하고, 응급처치 설비에는 산소호흡기를 포함하여야 한다.

④ 모든 야드차량은 근로자가 쉽게 알아볼 수 있도록 밝은 색상으로 도색하여야 한다.

⑤ 화물집하장(CFS) 등 일정구간 내에서 작업 시에는 분진에 대한 적절한 처리방법을 마련하여야 하며, 작업자에게는 방진마스크를 지급하여야 한다.

⑥ 부두 출입차량 운전자가 터미널의 안전수칙을 알 수 있도록 하여야 한다.

⑦ 작업 중 작업자들이 쉴 수 있는 안전공간을 터미널 내에 확보하여야 하며, 작업환경에 따른 적절한 음용수를 공급하여야 한다.

⑧ 부두의 안전표시, 주행라인 및 블록표시 등은 항상 쉽게 알아볼 수 있도록 정기적인 정비 및 유지보수를 하여야 한다.

⑨ 모든 작업장에는 작업지휘자 등 터미널에서 지정한 자격을 갖춘 사람을 반드시 배치하여야 한다.

⑩ 일정시간 작업 후에는 작업자가 충분한 휴식을 취할 수 있도록 하여야 하며, 가능한 한 모든 휴식이 같이 이루어지도록 하여야 한다.

⑪ 항만의 시설, 장비 등의 검사기준은 항만시설장비 관리규칙의 규정을 따라야 한다.

컨테이너 터미널 작업 시 보호구 착용에 대한 설명으로 옳지 않은 것은?

① 터미널에 출입하는 모든 보행자는 출입게이트에서 안전모를 지급받아 착용하여야 한다.
② 터미널에 출입하는 모든 보행자는 안전모, 안전화 및 안전대 등 적절한 개인보호장구를 착용하여야 한다.
③ 플랫트랙 등 특수 컨테이너의 하역에 종사하는 근로자는 안전대를 착용하여야 한다.
④ 야간작업 시 야드에서 작업하는 근로자는 야광띠를 상·하의에 부착하여야 한다.

| 해설 |

작업자는 작업조건에 따라 안전모, 안전화 및 안전대 등 적절한 개인보호장구를 착용하여야 하고, 안전모는 턱끈을 매어야 한다.

정답 ②

핵심이론 02 | 터미널의 하역운반장비 안전작업

(1) 야드 트랙터(Yard Tractor) 운전

① 운전자는 각종 계기 및 주위를 확인하고, 이상이 없는 상태에서 반드시 1단으로 출발하여야 한다.
② 컨테이너의 상차 시 화물의 편중 여부를 확인하고, 섀시에 정확하게 안착되었는지를 반드시 확인하여야 한다.
③ 운행 중 회전위치에 오기 전에 속력을 미리 낮추어야 하며, 회전 중에는 브레이크를 밟지 않고 최대한 주의하여 운전하여야 한다.
④ 부두 내에서는 최고 시속 30[km] 이내로 운행하고, 중량물 작업 시에는 시속 10[km] 이내로 서행하여야 한다.
⑤ 에어 브레이크가 장착된 트랙터가 섀시를 끌 때 모든 브레이크 에어라인은 연결되어 있어야 하며, 운전시작 전에 브레이크 점검이 이루어져야 한다.
⑥ 운행 중 야드 트랙터의 작동이 불량한 경우에는 작업을 중지하고, 지휘계통에 따라 보고한 후 정비하여야 한다.
⑦ 운전자 이외의 근로자를 탑승시켜서는 아니 되며, 특히 빈 차량의 섀시에 근로자를 태워서는 아니 된다.
⑧ 본선 작업 시에는 육상에 신호수가 배치된 경우 신호수의 출발신호에 따라 출발하여야 한다.
⑨ 운행 중에 졸음 및 신체적으로 이상이 있으면 일단 정지한 상태에서 적절한 예방조치를 취하여야 한다.
⑩ 작업 후 섀시 및 야드 트랙터는 지정된 장소에 주차하여야 하며, 경사로에서는 움직임 방지를 위한 쐐기장치를 설치하여야 한다.
⑪ 20[ft](6[m]) 컨테이너는 트레일러의 뒤쪽에 상차하여야 한다.

(2) 리치스태커(Reach Stacker) 및 프런트 엔드 톱픽 로더(Front End Top-pick Loader) 운전

① 리치스태커는 중량물 취급 시 최고 시속 10[km] 이하로 운행하고, 프런트 엔드 톱픽 로더는 시속 10~15[km]로 운행하여야 한다.

② 작업 후 주차 시에는 스프레더 및 포크를 지면에 밀착시키고, 지정된 장소에 주차하여야 한다.

③ 주행 시 스프레더를 20[ft](6[m]) 상태로 하고, 전방 시야가 확보되도록 최대한 내려서 주행하여야 한다.

④ 컨테이너를 권상할 때에는 계기판과 양쪽 콘을 직접 육안으로 확인한 후 권상하여야 한다.

⑤ 우천 작업 시에는 컨테이너의 미끄러짐에 주의하여야 한다.

⑥ 오픈 탑 컨테이너를 2단 이상으로 적재하여서는 아니 된다.

⑦ 빈 컨테이너를 블록에 이동 시 마스터 높이와 스프레더의 폭에 주의하여야 한다.

⑧ 2개의 장비로 같은 통로에서 동시에 작업하는 경우에는 최소한 컨테이너 한 개 거리인 40[ft](12[m]) 정도의 거리를 유지하여야 한다.

⑨ 2개의 장비로 맞은편에서 동시에 작업하는 경우에 컨테이너와 컨테이너 사이의 거리는 최소 100[ft](30[m]) 이상을 유지하여야 한다.

(3) 화물집하장(CFS) 지게차 운전

① 지게차는 일반화물만 취급하여야 하며, 컨테이너에 알맞은 포크 등을 부착한 후 빈 컨테이너 작업만 하여야 한다.

② 컨테이너에 적출입 작업 시 지게차 마스트 상단과 컨테이너 탑 레일 부분의 간격을 확인한 후 진입하여야 한다.

③ 지게차 포크 끝단으로 컨테이너를 밀거나 끌어서는 아니 된다.

④ 주행 시 지게차 포크를 가능한 지면에 가깝게 내린 상태에서 운행한다.

⑤ 내부화물을 적출입하는 경우에는 화물의 중심을 지게차 포크의 중심에 맞추어야 한다.

⑥ 컨테이너에 화물을 적출입하는 경우에는 지게차 및 작업자의 움직임을 작업지휘자가 통제하여야 한다.

⑦ 점보 백(Jumbo Bag) 작업 시 슬링을 포크에 거는 작업이 이루어질 경우 작업지휘자가 입회하여 통제하여야 한다.

⑧ 컨테이너에 적입하는 지게차는 적정한 용량과 규격을 사전에 정한 후 배치하여야 한다.

⑨ 경사진 곳을 운행하는 경우에 오를 때는 전진 주행, 내려올 때는 후진 주행하여야 하며, 신호수의 지시에 따라야 한다.

2-1. 터미널의 하역운반장비 중 야드 트랙터(Yard Tractor) 운전 안전작업에 대한 설명으로 옳지 않은 것은?

① 회전 중에는 브레이크를 밟아 최대한 주의하여 운전하여야 한다.

② 에어 브레이크가 장착된 트랙터가 섀시를 끌 때 모든 브레이크 에어라인은 연결되어 있어야 한다.

③ 작업 후 섀시 및 야드 트랙터는 지정된 장소에 주차하여야 하며, 경사로에서는 움직임 방지를 위한 쐐기장치를 설치하여야 한다.

④ 운전자는 각종 계기 및 주위를 확인하고, 반드시 1단으로 출발하여야 한다.

2-2. 터미널의 하역운반장비 중 야드 트랙터(Yard Tractor) 운전 안전작업에 대한 설명으로 옳지 않은 것은?

① 운행 중에 졸음 및 신체적으로 이상이 있으면 일단 정지한 상태에서 적절한 예방조치를 취하여야 한다.

② 부두 내에서는 최고 시속 30[km] 이내로 운행하고, 중량물 작업 시에는 시속 10[km] 이내로 서행하여야 한다.

③ 운전자와 근로자 1명 이외에는 탑승시켜서는 안 되며, 특히 빈 차량의 섀시에 근로자를 태워서는 안 된다.

④ 운행 중 야드 트랙터의 작동이 불량한 경우에는 작업을 중지하고, 지휘계통에 따라 보고한 후 정비하여야 한다.

|해설|

2-1
운행 중 회전위치에 오기 전에 속력을 미리 낮추어야 하며, 회전 중에는 브레이크를 밟지 않고 최대한 주의하여 운전하여야 한다.

2-2
운전자 이외의 근로자를 탑승시켜서는 안 되며, 특히 빈 차량의 섀시에 근로자를 태워서는 안 된다.

정답 2-1 ① 2-2 ③

(1) 작업 전 준비사항

① 본선 작업지휘자는 현문사다리 발판의 안전에 이상이 없는지를 확인한다.

② 이동식 크레인 주변에 왕래하는 차량에 대하여는 작업 지휘자가 통제하여야 한다.

③ 모바일 하버크레인의 스프레더 교체, 로드-핀을 장착할 때에는 가능한 한 차량 통행로에서 벗어나 작업을 하거나, 작업할 장소의 한쪽 도로를 안전방책으로 차단한 후 작업하도록 한다.

④ 작업지휘자는 컨테이너 적·양하용 슬링 등 하역도구 및 보조도구를 사전에 확인하여야 한다.

⑤ 크레인 및 데릭 등 하역장비가 정격하중과 사용 목적에 적합한지를 확인하여야 한다.

⑥ 선박적부도 등을 준비하고, 하역관련 서류 및 작업순서에 대하여 하역회사의 책임자, 작업지휘자 및 선박 관계자가 사전에 협의하여야 한다.

⑦ 작업에 따른 적정 인원이 편성되었는지를 작업지휘자가 확인하여야 한다.

(2) 선박 출입설비 안전

① 현문사다리는 본선에 부착된 국제규정에서 정한 적정한 것이어야 하며, 선박의 형태에 따라 현문사다리의 사용이 어려울 경우에는 폭 55[cm] 이상, 양측에 높이 82[cm] 이상의 방책을 설치한 갱웨이(Gang-way)를 사용하여야 한다.

② 현문사다리는 하역 및 조수간만의 차 등에 의하여 건현 등 선박의 상태가 변화하더라도 부두 안벽에 접촉되어 있어야 하며, 선박의 불워크(Bulwark) 상부에 설치하여서는 아니 된다.

③ 현문사다리 또는 갱웨이(Gang-way) 설치 시 선박을 묶어두는 부두 계류설비인 비트(Bitt) 등이 장애물에 지장을 받을 경우, 보조사다리를 사용하여 안전하게 오르내릴 수 있어야 한다.

④ 야간에는 출입설비의 상단에 조명을 설치하여야 한다.

⑤ 현문사다리 및 갱웨이(Gang-way) 하부에는 안전 그물망을 설치하여야 하며, 그물망은 본선 불워크(Bulwark)와 안벽을 연결하는 구조로 현문사다리 하부를 감싸는 방식으로 하고, 상·하부 플랫폼에서 1[m] 이상의 여유를 가지고 설치하여야 한다.

⑥ 선박 출입설비를 경유하여 작업자는 무겁고 부피가 큰 화물을 운반하지 말아야 한다.

⑦ 선박 출입설비 근처에는 유사시 즉각적인 사용이 가능한 구명부환(구명줄이 부착된 것)이 비치되어 있어야 한다.

⑧ 출입설비와 연결된 본선 통행로상의 각종 아이플레이트(Eye Plate) 등 돌출부는 눈에 잘 띄는 색으로 표시하여야 한다.

⑨ 크레인의 탑승설비 또는 하역도구인 네트슬링(Net Sling) 등을 이용한 선박 출입은 금지하여야 한다.

⑩ 현문사다리를 승강 시에는 하중을 고려하여 2답단에 1명으로 승강을 제한한다.

(3) 갑판 적재작업 시 안전

① 컨테이너 적재단 위로의 진입은 다음 설비를 사용하여야 한다.

  ㉠ 래싱 케이지
  ㉡ 스프레더(래싱 작업자 운반용으로 설계된 것)
  ㉢ 이동식사다리

② 래싱 케이지는 다음 기준에 따라 낙하사고를 방지할 수 있는 구조물로 만들어야 한다.

  ㉠ 화물운반용으로 사용하여서는 아니 된다.
  ㉡ 프레임 등 철구조물의 안전율은 4 이상으로 설계하여야 한다.
  ㉢ 철망 등으로 보호설비를 설치하여야 한다.
  ㉣ 내부에 래싱 콘과 공구를 적재할 수 있는 공간을 마련하여야 한다.
  ㉤ 정격하중을 표기하고, 탑승인원을 통제하여야 한다.

ⓑ 권상용 슬링은 안전율을 10 이상으로 유지하여야한다.

ⓢ 케이지 내부 철망의 프레임과 연결부는 마모 또는부식이 없어야 한다.

ⓞ 주기적인 검사 또는 점검을 실시하고, 이상 유무를 기록하여야 한다.

③ 스프레더는 다음 기준에 따라 추락사고를 방지할 수있는 구조물로 만들어져야 한다.

ⓖ 작업대를 타고 내릴 때 필요한 안전한 사다리와손잡이를 갖추어야 한다.

ⓛ 승강 위치에는 미끄러짐이나 걸려 넘어지는 위험요인이 없어야 한다.

ⓒ 승강 부분에는 최소 1.2[m] 높이의 가드레일을 설치하여야 한다.

ⓡ 스프레더 위에 래싱 콘이나 다른 하역도구를 담는적재공간을 마련하여야 한다.

④ 작업 시 래싱 케이지나 스프레더에 추락방지용 안전대를 부착한 후 작업하여야 한다.

⑤ 래싱 케이지나 스프레더에 승강할 때에는 선박의 불워크(Bulwark)에서 승강하여서는 아니 된다.

⑥ 케이지나 스프레더 사용이 쉽지 아니한 경우, 이동식사다리를 사용하여 컨테이너 위나 작업하고자 하는 화물위치로 접근하여야 하며, 이동식사다리는 3단 이상의 컨테이너를 승강하는 데 사용하여서는 아니 된다.

⑦ 컨테이너 지붕 위나 화물의 상부에서 작업을 할 경우에는 다음을 준수한다.

ⓖ 반드시 추락방지용 안전대를 착용하고, 케이지나 스프레더의 고정지점에 안전대를 부착한 후 작업한다.

ⓛ 바닥에는 미끄럼방지 처리가 되어 있는 안전화를신는다.

ⓒ 래싱 도구는 한 손에 하나씩 운반한다.

ⓡ 바람이 불 때에는 주의해서 작업을 하되, 바람이심해지거나 갑작스런 돌풍이 불 경우에는 작업을중지하여야 한다.

ⓜ 부두의 순간 최대풍속이 초속 20[m] 이상일 때는작업을 중지한다.

⑧ 래싱 콘 부착 및 해체작업

ⓖ 래싱 콘을 푼 후에는 바스켓 안에 넣고, 갑판 또는컨테이너 지붕 위로 떨어뜨리거나 던져 올려서는아니 된다.

ⓛ 래싱 콘을 푼 후에는 바스켓을 래싱 케이지 안으로옮기고, 갑판 쪽으로 크레인을 사용하여 내려야한다.

ⓒ 상부의 래싱 콘을 부착하거나 해체작업이 이루어질 때에는 낙하할 경우를 대비하여 하부작업자는옆으로 컨테이너 두 개 폭만큼 안전거리를 유지한다.

ⓡ 와이어로프 슬링 및 래싱 로드 등 각종 래싱도구는반드시 선박의 지정된 위치에 두어야 한다.

ⓜ 갑판에서 하역작업이 진행 중일 때에는 원칙적으로 갑판에서 래싱작업을 하지 않아야 한다. 다만,부득이하게 래싱작업이 병행될 경우 크레인 작업컨테이너와 래싱작업을 해야 할 컨테이너 사이에는 최소 두 개의 컨테이너 사이를 두어야 한다.

ⓑ 턴버클에는 래싱에 필요한 충분한 긴장력이 부여되어야 하며, 지나치게 조이지 않도록 조임 토크값에 대한 훈련을 이수한 자를 배치하여야 한다.

ⓢ 래싱작업은 최소한 2인 1조로 작업하여 비상시를대비하여야 한다.

ⓞ 래싱 콘을 해체한 후에는 각각의 콘-박스에 담아두어야 하며, 해치커버 위나 선박의 통로에 두지않도록 한다.

ⓩ 개방된 해치 또는 개구부 옆에서 작업을 하지 않도록 한다. 다만, 작업특성상 부득이하게 작업이 이루어질 경우에는 반드시 추락방지장치(안전블록 등)를 주변의 고정시설에 견고히 설치한 후 작업하여야 한다.

ⓩ 지상에서 래싱 콘 박스는 크레인과 차량 주행로,크레인의 고정 위치에 가까이 두지 말아야 한다.

ⓚ 래싱 콘이 컨테이너의 하부에 부착되어 인양되고 있는지를 확인하고, 추락에 대비하여 신호수 또는 작업지휘자가 관리감독을 하여야 한다.

ⓣ 래싱작업은 전문적인 래싱작업자에 의해서만 이루어져야 한다.

⑨ 그 외에 고소작업 시 지켜야 할 안전기준은 다음과 같다.

ⓐ 추락위험이 있는 컨테이너 위의 모서리에 서 있지 않아야 한다.

ⓑ 작업하는 컨테이너의 바로 옆 컨테이너에는 서 있지 않아야 한다.

ⓒ 래싱 콘이 낙하할 위험이 있는 컨테이너 사이에 서 있지 않아야 한다.

ⓓ 작업이 예정되어 있는 컨테이너 위에 서 있지 않아야 한다.

ⓔ 작업 중인 컨테이너와 작업자 사이에는 최소한 한 개의 컨테이너 길이에 해당하는 거리를 유지하여야 한다.

ⓕ 컨테이너 상부에서 주변의 컨테이너 상부로 이동할 경우 사전 추락의 위험 여부를 판단하여야 하며, 작업지휘자의 지휘를 받아야 한다.

⑩ 스프레더 작업이 어려운 개방형 컨테이너는 로드 핀으로 작업하여야 한다.

⑪ 해치커버를 운반하는 경우 모든 해치커버 상의 래싱도구는 보관함에 보관하고, 낙하의 위험이 없도록 하여야 한다.

⑫ 부두에 적재된 컨테이너가 권상될 경우 컨테이너 하부 틈새에 돌 등 이물질이 끼어 있는지를 확인하고, 끼어 있는 경우 작업 전에 제거하여야 한다.

⑬ 로드-핀 또는 와이어로프 슬링을 사용하는 경우 안전율 5 이상을 확보하고, 걸림 각도가 60° 이내가 되는 충분한 길이의 와이어로프 슬링을 사용하여야 한다. 또 와이어로프 슬링의 고리부 편입(Eye Splice)은 슬링의 스트랜드를 각각의 다른 스트랜드에 총 5회 이상 꼬아 넣어야 한다.

⑭ 컨테이너의 와이어로프 슬링걸이 작업 시에는 어떤 경우라도 하나의 컨테이너만 작업하여야 한다.

⑮ 컨테이너가 권상되기 전 컨테이너의 문 열림 등 외관의 이상 유무를 확인하여야 한다.

⑯ 사용한 하역도구를 하역도구 창고에 정리정돈하고, 이상이 있는 것은 작업에 사용되지 않도록 구분하여 두어야 한다.

⑰ 로드-핀 삽입 시, 슬링을 충분히 길게 하여 삽입할 수 있도록 하고, 사다리 및 안전대 등을 이용하여 추락 방지를 위한 조치를 취하여야 한다.

⑱ 수동 스프레더 또는 반자동 스프레더 사용 시 권상용 와이어로프는 안전율 10 이상을 유지하고, 탑승자의 추락 방지를 위한 체인걸이 등의 안전조치를 취하여야 한다.

(4) 홀드(선창) 출입 시 안전

① 홀드 출입 시에는 본선에 설치된 고정사다리를 사용한다.

② 케이지가 스프레더에서 분리되어 있을지라도 컨테이너 위에서 작업을 하는 동안 해당 작업자는 반드시 케이지에 안전대를 걸고 작업하여야 한다.

③ 홀드에서 컨테이너를 적하하거나 양하할 때 작업자는 스프레더 밑에서 작업을 하여서는 아니 된다.

④ 컨테이너 위에서 작업을 할 때에는 천막(Tarpaulin)이 덮여져 있는 상부개방(Open Top) 컨테이너와 플랫랙에 실린 화물 상부로 이동하여서는 아니 된다.

⑤ 이동식사다리는 다른 안전한 접근수단이 없을 경우에만 사용하여야 한다. 이동식사다리를 사용할 때에는 안전각도, 미끄럼방지장치, 사다리 위·아래 부분 등에 대한 고정장치의 안전기준을 준수하여야 한다.

⑥ 각각의 홀드 출입통로에는 출입이 쉽도록 조명을 유지하여야 한다.

(5) 홀드작업 시 안전

① 갑판 아래에서 작업하는 경우, 크레인 운전자가 작업 진행 상황을 볼 수 없을 때에는 운전자가 볼 수 있는 곳에 신호수를 배치하여 운전자와 신호할 수 있도록 하거나 무선통신 설비를 소지하여야 한다.

② 각각의 홀드 내 작업장의 경우, 작업점의 밝기는 75[lx] 이상의 조도를 유지하여야 한다.

③ 홀드 내에 적재된 컨테이너와 다른 높이의 컨테이너를 이동 시에는 안전한 사다리를 사전에 갖추어 두고 사용하여야 한다.

④ 컨테이너 콘 등 래싱도구를 사용하여 홀드 내에서 작업하는 경우에는 신호수의 신호에 따라야 하며, 크레인의 작업반경 외측에서 작업하여야 한다.

⑤ 셀-가이드가 설치되지 않은 선박에서 컨테이너를 적재하는 경우에는 해치코밍 상단부 또는 선체 프레임 등 구조물에 걸리지 않도록 작업지휘자가 통제하여야 한다.

⑥ 홀드의 벤치 덱(Bench Deck)에서 뛰어내리거나 적재된 높이가 다른 주변의 컨테이너 위로 이동하지 말아야 한다.

(6) 선박 비상조치 시 안전

① 작업지휘자 및 모든 작업자는 선박의 비상조치절차에 대하여 자세히 알고 있어야 한다.

② 작업지휘자는 선박에 근무 중인 인원 명단을 작성·보관하여 비상사태 발생 시 작업인원을 파악할 수 있도록 한다.

③ 선박화재가 발생하였을 경우나 응급치료를 요하는 사고발생 시, 작업지휘자는 육상부서에 도움을 요청할 수 있는 절차를 자세히 알고 있어야 한다.

④ 선박화재 발생 시에는 전원이 안전한 통로를 통하여 침착하게 하선할 수 있도록 작업지휘자가 지휘하여야 하며, 상황종결을 발표할 때까지는 누구도 다시 승선하여서는 아니 된다.

(7) 하선 시 안전

① 교대 후에는 선상에서 사용하였거나 들고 있었던 도구 및 장비의 이상 유무를 작업지휘자에게 보고하여야 한다.

② 현문사다리나 갱웨이를 출입할 때에는 머리 위로 통과하고 있는 컨테이너를 피하여 이동한다.

③ 작업지휘자는 하선하기 전에 선상 인원들이 모두 하선하였는지를 확인한다.

④ 컨테이너의 스틱 등 래싱도구의 휴대 시에는 앞뒤 작업자와의 간격을 최소 2[m] 이상 두어야 한다.

⑤ 하선 작업자는 승선 시와 같은 안전조치를 준수하여야 하며, 현문사다리가 올라가면 뛰어내리지 말고, 본선에 원위치로 하강토록 요청하여야 한다.

(8) 본선작업 운영요원의 준수사항

① 운영요원 공통

㉠ 작업지휘자 및 신호수 등 운영요원은 무선통신 설비를 소지하여야 한다.

㉡ 작업 전 모든 작업자들과 협의를 통하여 작업절차 및 방법을 자세히 알고, 충분한 작업공간을 확보하여야 한다.

㉢ 작업 전 작업에 투입되는 작업자에 대한 현장 안전교육을 수행한다.

㉣ 작업지휘자는 해치포맨 및 신호수의 역할과 안전상의 조치사항을 사전에 알려 주어야 한다.

② 작업지휘자

㉠ 작업 전 적하하거나 양하하는 서류 및 화물에 대한 특기사항을 확인하여야 한다.

㉡ 본선 작업자에게 작업 전 교육 및 주의사항을 설명하여야 한다.

㉢ 본선 현문사다리 밑에 안전망 설치 여부를 확인하여야 한다.

㉣ 작업 전 본선설비와 도구 및 선상의 전반적인 안전을 확인하여야 한다.

ⓜ 신호수 및 작업에 투입된 모든 인원에 대하여 안전보호구 착용 여부를 확인하여야 한다.

ⓗ 신호수를 가장 안전하고 잘 보이는 곳에 배치하여야 한다.

ⓢ 작업을 시작하기 전에 작업자의 안전에 위험이 될 만한 것은 없는지를 확인하여야 한다.

ⓞ 일반선을 컨테이너선으로 개조하거나 홀드를 보수한 선박의 경우 홀드가 열린 해치와 해치 사이를 통행하지 않도록 하여야 하며, 불가피하게 통행을 하여야 하는 경우에는 안전대 걸이줄 설치 등 추락방지조치를 하여야 한다.

ⓩ 본선 각 작업자의 작업진행이 올바른지를 수시로 확인하여야 한다.

ⓒ 해치커버를 열고 닫을 때 선박 설비상의 장애와 고정핀의 풀림과 잠김 상태를 확인하여야 한다.

ⓚ 강풍, 폭우, 폭설 및 짙은 안개 등 기상상황을 수시로 파악하여야 한다.

ⓣ 작업 중 선박설비와 화물의 이상 및 본선이 종경사(Trim)±3°, 횡경사(List, Heeling)±6° 이상으로 기울어지거나, 파도에 의해 흔들려 사고발생이 예상되는 경우에는 작업을 중단시키고 지휘계통에 보고하여야 한다.

ⓟ 특수 컨테이너 작업 시 화물의 형태와 적재된 주변을 세밀히 검토하고, 중량 및 편하중 등을 감안하여 슬링 포인트를 지정하여야 한다.

ⓗ 특수 컨테이너 작업 시 화물의 중량(용적)과 중심, 적재위치 및 주변상황 등을 확인하고 스프레더, 로드-핀 등 적절한 하역도구를 선정하여야 한다.

㉮ 특수 컨테이너는 선적지의 작업 기록서류 등을 본선 관계자로부터 확보하거나 선적작업 상황에 대하여 도움을 요청하여야 한다.

㉯ 플랫트랙 컨테이너 화물작업 시 선수, 선미 쪽 각 1명씩 양쪽에서 정확하게 로드-핀을 장착하고, 서서히 20~30[cm] 정도 권상한 후, 이상이 없으면 신호에 따라 서서히 권상하도록 한다.

㉰ 작업 중 사고 발생 시에는 적절한 응급조치 후 지휘계통에 따라 보고하여야 한다.

㉱ 작업지휘자는 선박에 설치된 고정식사다리의 균열 등 사용 적합성 여부를 점검하여야 한다.

㉲ 개방된 홀드로 진입할 때에도 작업자가 들어가기에 앞서 반드시 진입장치에 대한 점검을 하여야 한다.

㉳ 작업에 대하여 규정된 일정한 신호방법을 사용하도록 하고, 그 내용을 모든 신호수에게 통일시켜야 한다.

③ 신호수

㉠ 신호는 가장 안전하고 잘 보이는 곳에서 한 사람이 표준 신호요령에 따라 신호하고, 무전기 또는 수신호를 위한 호각 등 보조도구를 사용하여야 한다.

㉡ 크레인 주변으로 통행하는 모든 차량을 통제하고, 크레인의 앞뒤 또는 크레인 가까이에 주차하거나 정차하지 못하도록 하여야 한다.

㉢ 검수원, 래싱-맨, 승조원 등 작업자가 크레인 본체에 기대지 않도록 통제하여야 한다.

㉣ 크레인 주변을 정리 정돈하고 장애물 유무를 확인하여야 한다.

㉤ 권상 또는 권하되는 컨테이너 밑에 들어가서는 아니 되며, 그 지역에 외부인의 접근을 통제하여야 한다.

㉥ 하역도구가 조작된 후에는 반드시 안전한지 여부를 재확인하여 이상이 없다고 판단될 경우에 운전자에게 신호하여야 한다.

㉦ 적하 또는 양하작업 시 크레인의 스프레더가 컨테이너의 코너-캐스팅에 정확히 착상되었는지 여부 또는 섀시에 정확히 상차되었는지를 확인하고, 작업자의 대피상태를 확인한 후 차량의 출발신호를 하여야 한다.

㉧ 컨테이너 및 해치커버를 작업하기 전에 트위스트록의 해지 여부를 확인하여야 한다.

ⓩ 선체설비의 이상을 발견한 경우에는 작업을 중단
시키고, 즉시 작업지휘자 및 본선 선장에게 보고
한다.

ⓒ 화물 또는 선체에 이상이 있거나 정상작업에 차질
이 예상되는 경우에는 작업을 중지시키고 작업지
휘자에게 즉시 보고한다.

ⓚ 개방된 홀드의 해치와 해치 사이의 코밍으로 통행
하거나 그 위에서 신호하여서는 아니 되며, 대피
지역을 먼저 선정한 후 신호를 하여야 한다.

ⓣ 크레인의 붐 권하와 주행 시에는 선체와의 충돌 여
부, 주변의 장애물 등을 확인하고 신호하여야 한다.

ⓟ 해치커버를 양하할 때 크레인 주변 및 이동구간에
작업자 또는 차량의 접근을 통제하여야 한다.

ⓗ 양하작업 전에 본선작업 서류를 완전히 파악하고,
20[ft](6[m]) 또는 40[ft](12[m]) 컨테이너 구분을
크레인 운전자에게 사전에 신호하여야 한다.

ⓐ 신호업무 수행 시에는 신호 이외의 행동을 하여서
는 아니 된다.

ⓝ 작업 시 적하 또는 양하 계획서류를 지참하고, 화
물의 정확한 위치를 사전에 파악한다.

ⓓ 흔들리는 컨테이너를 손으로 잡고 흔들림을 줄이
거나 위치를 잡아주는 행동을 하여서는 아니 된다.

(9) 위험물 안전관리자

① 선사로부터 위험물 적화목록을 인수하여 위험물 등급
에 따라 직상차 또는 장치 화물별로 분류 조치하여야
한다.

② 목록에 위험물 표시, 장치 위치, 직반출 표시가 정확히
표시되었는지를 확인하여야 한다.

③ 하역작업 전 작업근로자에게 위험물 종류별 취급요
령, 응급 처리요령, 안전장구 및 소화기구 사용법 등
취급상 주의사항을 교육시켜야 한다.

④ 국제해상위험물(IMDG Code)을 자세히 알고, 준수사
항을 이행하여야 한다.

⑤ 작업자를 대상으로 정기적으로 위험물에 대한 안전교
육을 실시하여야 한다.

3-1. 본선 작업 시 작업 전 준비사항에 대한 설명으로 옳지 않은 것은?

① 선박적부도 등의 준비, 하역관련 서류 및 작업순서에 대하여 작업지휘자가 판단하여야 한다.
② 현문사다리 발판의 안전에 이상이 없는지 본선 작업지휘자가 확인한다.
③ 작업지휘자는 컨테이너 적·양하용 슬링 등 하역도구 및 보조도구를 사전에 확인하여야 한다.
④ 작업에 따른 적정인원이 편성되었는지를 작업지휘자가 확인하여야 한다.

3-2. 컨테이너 위험물 하역작업 안전에 대한 설명으로 옳지 않은 것은?

① 위험화물 취급에 관한 모든 사항은 위험물 안전관리자의 지시에 따라야 하며, 위험물 작업 시 안전관리자는 현장에서 작업을 지휘하여야 한다.
② 이상 발견 시 즉시 위험물 안전관리자에게 통보하고, 계통에 따라 보고하여야 한다.
③ 위험물 안전관리자는 적하목록에 의하여 위험화물임을 장비 운전자(크레인, 트레일러)에게 알려 주어야 한다.
④ 집하장 내 냉동위험물을 보관하기 위한 시설을 갖추어야 한다.

|해설|

3-1
선박적부도 등을 준비하고, 하역관련 서류 및 작업순서에 대하여 하역회사의 책임자, 작업지휘자 및 선박관계자와 사전에 협의하여야 한다.

3-2
작업지휘자는 적하목록에 의하여 위험화물임을 장비 운전자(크레인, 트레일러)에게 알려 주어야 하고, 트레일러에 전조등과 비상등을 켜고 운행하도록 하며, 작업 주변의 차량 및 관련자 이외 작업자들의 접근을 통제하여야 한다.

정답 3-1 ① 3-2 ③

핵심이론 04 | 컨테이너 야드에서의 작업안전

(1) 야드(Yard)작업 안전

① 야드 내의 모든 출입차량은 사고를 방지할 수 있도록 차선규정을 지키고, 차량이 일렬로 이동할 때에는 차량 충돌에 대비하여 안전거리를 유지하여야 한다.

② 차량은 크레인 이동 경로에서 주차하거나 정차하여서는 아니 되며, 크레인이 이동 중일 때에는 해당 차도에서 벗어나 있어야 한다.

③ 차량은 조명과 날씨상태를 고려하여 충분한 안전거리를 유지하여야 한다.

④ 장비가 이동 중인 경우에 모든 작업자는 안전장소에 있어야 하며, 장비가 작동 중인 경우에 검수자 등 하역관계자는 자신의 지정위치나 보행자 전용도로에 있어야 한다.

⑤ 육상 및 본선 크레인 주행로상에는 화물, 차량 등 어떤 장애물도 있어서는 아니 된다.

⑥ 컨테이너가 트레일러에 내려지고 스프레더가 완전히 이탈될 때까지 또는 컨테이너가 트레일러에서 완전히 올려졌다는 것이 확인될 때까지 운전자는 트레일러를 이동시켜서는 아니 된다.

⑦ 소음이 클 경우에는 귀마개 및 귀덮개를 착용한다.

⑧ 부두 내에서의 안전이 확보되지 않은 경우에 운전자는 작업을 멈추고, 작업지휘자에게 도움을 요청하여야 한다.

⑨ 만일의 경우 즉시 작업을 중단할 수 있도록 작업지시를 준수하여야 하며, 지시자가 무선이나 구두로 지시를 하였을 때에 그 지시를 받은 작업자는 해당 지시를 정확하게 받고 이해하였음을 알려야 한다.

⑩ 감독자 또는 통제실에서 작업승인을 하였을 경우에만 작업장 출입을 허용하여야 한다.

⑪ 모든 차량은 안전표지판 또는 방향지시판에 주의하여야 하고, 교차로에서는 일단정지를 하여야 한다.

⑫ 빈 컨테이너는 태풍, 돌풍 등에 대비하여 가급적 저단 또는 계단식으로 적재를 하고, 3단 이상은 래싱작업을 하여야 한다.

⑬ 야드 주변을 이동할 때에는 반드시 구획으로 표시된 지역 또는 보행자 통로를 이용하여야 한다.

⑭ 모든 보행자는 움직이는 장비와 차량을 계속 주시하고 경고음 및 발광 불빛에 주의하여야 한다.

⑮ 냉동 컨테이너의 경우 전기플러그가 연결된 상태로 컨테이너를 인양하여서는 아니 된다.

⑯ 경사로, 침하지역 등 화물을 적재하기 어려운 곳에 화물을 적재하여서는 아니 되며, 줄이나 방책으로 안전표시를 하여야 한다.

⑰ 리치스태커, 프런트 엔드 톱픽 로더 등으로 컨테이너를 들고 부두 내 도로를 200[m] 이상 이동하여서는 아니 된다.

⑱ 차량계 하역운반기계로 컨테이너를 취급하는 작업 시에는 다음의 안전규칙을 지켜야 한다.

   ㉠ 적하 또는 양하되는 컨테이너에 대하여 항상 스프레더, 로드 핀 등 정확한 부착도구를 사용하여야 한다.

   ㉡ 장비의 정격하중을 초과하는 컨테이너를 취급하여서는 아니 된다.

   ㉢ 권상 전 스프레더 등 부착도구가 적절하게 컨테이너의 코너캐스트에 맞물려 있는지를 확인하고, 해체 전에 부착 도구가 컨테이너 코너캐스트에서 완전히 이탈된 후 컨테이너가 안착되어 있는지를 확인하여야 한다.

   ㉣ 컨테이너(특히 40[ft](12[m])용)를 운반 또는 예인하거나 코너를 돌 경우에는 항상 여유 공간이 있는 상태에서 장비를 조작하여야 한다.

   ㉤ 가능한 한 도로 전방을 잘 볼 수 있는 운전위치와 방향을 선택하여야 한다.

(2) 화물의 인수·인도작업 안전

① 육상 트레일러 운전자는 컨테이너를 고정시키는 트위스트 록을 컨테이너 야드 교차로 지역이 아닌 지정된 장소에서만 풀고 잠가야 한다.

② 육상 트레일러 운전자는 컨테이너를 하역장비로 하차하기 전에 컨테이너를 고정시키는 트위스트 록을 개방하여야 한다.

③ 작업자들은 부두의 안전 또는 그 밖의 안전규칙을 위반하여 사고가 발생하면 계통에 따라 즉시 보고하여야 한다.

(3) 긴급 작업중지 구역 지정

① 긴급하게 작업을 중지하여야 할 위험이 있는 경우에는 통제실에 미리 알려주어야 하며, 통제실은 상황에 따라 차량, 보행자 및 장비를 해당 구역에서 나오도록 하고 작업중지 구역을 지정하여야 한다.

② 긴급 작업중지는 유·무선을 통하여 전달하며, 작업중지가 결정되면 통제실에서 긴급 작업중지가 실시 중임을 모든 작업자 및 관계자들에게 알려야 한다.

③ 긴급 작업중지 구역에서 장비를 작동하여야 할 경우, 장비와 관련 있는 상급자가 해당 장비작업을 관리감독하여야 한다.

④ 긴급 작업중지를 요청한 사람이 직접 통제실에 해제요청을 할 때까지 통제실은 작업중지를 해제하여서는 아니 된다.

⑤ 악천후 또는 야간작업을 하는 동안 통제실은 전체의 안전을 위하여 긴급 작업중지를 발효할 수 있다.

⑥ 작업중지 구역에 있는 보행자나 작업자는 지속적으로 통제실과 무선연락을 하여야 한다.

(4) 화물집하장(CFS) 내 화물입고 작업안전

① 위험화물 작업 시 창고장은 작업자에게 화물의 특성, 작업방법 및 작업요령, 안전조치 사항 등을 설명한 후 작업하여야 한다.

② 팔레트를 깔 때는 반드시 두 사람 이상이 작업하여야 한다.

③ 트럭에서 화물을 내릴 때에는 화물을 묶은 밴드가 끊어질 우려가 있으므로 주의하여야 한다.

④ 팔레트 위에 쌓여진 화물은 필요시 밴드 등을 이용하여 붕괴를 방지하여야 한다.

⑤ 팔레트화된 화물은 반드시 한 팔레트씩 입고하여야 한다.

⑥ 화물을 내리거나 팔레트에 화물을 적재할 때에는 화물차량이나 지게차의 주행을 수시로 살피면서 작업하여야 한다.

⑦ 팔레트에 화물을 적재할 때에는 적재화물의 높이를 2[m] 이내로 하여 화물의 붕괴를 방지하여야 한다.

⑧ 유리제품, 전자제품 및 중량화물을 2단 이상 적재하여서는 아니 된다.

⑨ 화물포장에 표기된 지시대로 화물을 적재하고, 서로 중량이 다른 경우에는 중량화물과 포장이 견고한 화물을 최하단에 적재하여야 한다.

⑩ 입고 작업장에는 반드시 작업지휘자가 입회하고, 경보장치를 지참하여야 한다.

(5) 화물집하장(CFS) 내 화물 장치작업

① 화물집하장(CFS) 내 장치화물은 「관세법」에서 정한 보세화물 규정의 내용대로 장치하고, 보관하여야 한다.

② 벌크(Bulk) 화물로 창고 내 입고가 어려운 경우에는 지정된 장소에 야적하고 화물 안전에 관한 조치를 취하여야 한다.

③ 창고 내 화물장치는 팔레트별로 3단 이상 장치하여서는 아니 된다.

④ 원형화물(드럼 등)의 경우 적재 시 상부측에 전도 방지용 띠 또는 밴드 등을 이용하여 화물이 구르지 않도록 하여야 한다.

⑤ 작업자는 컨테이너 적·출 작업 시 지게차의 주행을 수시로 살피면서 작업하여야 한다.

⑥ 40[ft](12[m])용 도로섀시에 20[ft](6[m]) 컨테이너를 적재한 상태에서 지게차로 작업을 할 때에는 반드시 트랙터가 섀시를 연결한 상태에서 작업을 하여야 하고, 지게차 포크는 짧은 것을 사용하여서는 아니 된다.

⑦ 재검수 등의 필요가 있을 때는 반드시 작업을 중단시킨 후 수행하여야 한다.

⑧ 벌크화물의 적출·입 시 작업 지게차 이외에 컨테이너 내부에 들어가서는 아니 되며, 검수 시 등 들어갈 필요가 있는 경우에는 작업을 일시 중지한 후 출입하고, 작업을 다시 시작하기 전에 작업자가 남아 있는지를 확인하여야 한다.

⑨ 창고장 및 작업지휘자는 경보장치를 소지하고 작업장을 순회 점검하여야 한다.

⑩ 창고의 에이프런 끝단부에 황색 교차실선을 도색하여 추락을 방지하여야 한다.

4-1. 다음 컨테이너 야드(Yard)작업 안전에 대한 설명으로 옳지 않은 것은?

① 야드 내의 모든 출입차량은 차선규정을 지키고, 안전거리를 유지하여야 한다.
② 차량은 크레인이 이동 중일 때에는 해당 차도에서 정차하여야 한다.
③ 육상 및 본선 크레인 주행로 상에는 화물, 차량 등 어떤 장애물도 있어서는 아니 된다.
④ 소음이 클 경우에는 귀마개 및 귀덮개를 착용한다.

4-2. 다음 컨테이너 야드(Yard)작업 안전에 대한 설명으로 옳지 않은 것은?

① 모든 차량은 안전표지판 또는 방향지시판에 주의하여야 하고, 교차로에서는 일단정지를 하여야 한다.
② 야드 주변을 이동할 때에는 반드시 구획으로 표시된 지역 또는 보행자 통로를 이용하여야 한다.
③ 장비가 이동 중인 경우에 모든 작업자는 보행자 전용도로에 있어야 한다.
④ 리치 스태커, 프런트 엔드 톱픽 로더 등으로 컨테이너를 들고, 부두 내 도로를 200[m] 이상 이동하여서는 안 된다.

|해설|

4-1
② 차량은 크레인 이동 경로에서 주차하거나 정차하여서는 아니 되며, 크레인이 이동 중일 때에는 해당 차도에서 벗어나 있어야 한다.

4-2
장비가 이동 중인 경우에 모든 작업자는 안전장소에 있어야 하며, 장비가 작동 중인 경우에 검수자 등 하역관계자는 자신의 지정위치나 보행자 전용도로에 있어야 한다.

정답 4-1 ② 4-2 ③

(1) 컨테이너의 요건

① 위험물을 수납할 컨테이너는 손상유무에 관한 외관검사결과 결함이 없어서 위험물을 수납하기에 적합하여야 한다.

② 컨테이너의 구조 및 강도가 해당 위험물의 운송을 충분히 감당할 수 있는 양호한 것이어야 한다.

③ 제1급의 화물(등급 1.4는 제외)을 수납하는 컨테이너는 "구조적으로 사용 가능한 상태"여야 한다.

④ 컨테이너는 정기적 점검방법(PES ; Periodical Examination Scheme) 또는 계속적 점검방법(ACEP ; Approved Continous Examination Program)에 의한 검사를 필하여 검사유효기간 내에 있어야 한다.

(2) 수납작업 시 주의사항

① 위험물을 수납하기 전에 수납할 위험물에 관한 정보를 충분히 숙지하여야 한다.

② 위험물을 수납할 컨테이너는 손상 유무에 대하여 외관검사를 실시하여야 하며, 만일 손상된 증거가 있는 경우에는 위험물을 수납하지 말아야 한다.

③ 컨테이너는 수납 전 컨테이너 외면에 부착된 불필요한 표시, 표찰, 명찰, 오렌지색 직사각형판 및 해양오염물질 표시 등은 깨끗이 제거되어야 한다.

④ 포장화물을 검사하여 손상, 누출 또는 유출을 발견한 경우에는 컨테이너에 수납하여서는 아니 된다.

⑤ 서로 격리하도록 규정된 위험물을 동일한 컨테이너에 수납하여서는 아니 된다.

⑥ 위험물 운송품이 컨테이너 내의 적하물 중 그 일부밖에 되지 아니하는 경우에는 그 위험물을 컨테이너 문(Doors)으로부터 쉽게 접근할 수 있도록 수납하여야 한다.

⑦ 위험물이 담겨 있는 포장화물과 기타의 다른 화물은 컨테이너 내에 단단히 수납하여야 하며, 항해에 대비하여 적절히 브레이싱 및 고박하여야 한다.

⑧ 수납되는 화물의 중량이 컨테이너 내에 고르게 분포되어야 한다.

⑨ 수납된 위험물은 어느 부분도 외부로 돌출되지 아니하도록 수납 후에 컨테이너 문을 잠가야 한다.

⑩ 제4.3급의 물질을 컨테이너에 수납하는 경우에는 컨테이너의 내부표면에 심한 응결(Condensation)이 발생할 가능성이 있으므로 포장용기 및 고박재의 습도를 낮게 유지하여야 한다.

(3) 표시, 표찰 및 명찰

① 컨테이너에 수납된 위험물의 각 포장화물에는 적정선적명, UN No., 표찰 및 해당하는 경우 해양오염물질표시를 견고하고 적절하게 부착하여야 한다.

② 포장된 위험물이 수납된 컨테이너에는 명찰, UN No., 적정선적명 및 해당하는 경우 해양오염물질표시, 고온주의 표시, 훈증소독주의표식 등을 견고하고 적절하게 부착하여야 한다.

(4) 위험물 안전관리자

① 선사로부터 위험물 적하목록을 접수하여 위험물 등급에 따라 직선적, 직상차 또는 장치 화물별로 분류하여야 한다.

② 적하목록에 위험물표시, 장치의 위치, 직반출 표시 등이 정확히 표시되었는지 확인해야 한다.

③ 위험물 안전관리자는 하역작업 전 작업자에게 위험물 종류별 취급요령, 응급조치요령, 안전보호구, 소화기구 사용법 등 취급상 주의사항을 교육시켜야 한다.

④ 위험물 하역 시에는 입회하여 위험지역 설정 후 작업자 및 차량을 통제하고 "위험물 작업 중" 표시와 적절한 소화설비를 비치해야 한다.

⑤ 위험물 안전관리자는 국제해상위험물규칙을 숙지하고 그 준수사항을 이행해야 한다.

(5) 위험물 하역작업

① 위험화물 작업과 관련한 소방시설, 안전장구, 게시판 및 표지판은 수시로 확인하고 보수하여야 한다.

② 위험화물의 충격, 전도 및 화물붕괴에 주의하여야 한다.

③ 집하장의 보관능력을 감안하여 사전에 선사 또는 화주에게 반입 통제 및 반출을 알려야 한다.

④ 보관된 위험화물의 유형별 파악과 인화성물질, 가연성물질 등 내용물 누출과 이상 유무를 확인하여야 한다.

⑤ 작업지휘자는 명세목록에 기재된 내용에 따라 직반출·입 및 위험화물 집하장에 보관토록 선별 조치하여야 한다.

⑥ 위험물은 반드시 직선적 및 직반출시켜야 하며, 양하 시 트레일러가 도착하지 않았을 때에는 작업계획을 변경하여 다른 컨테이너를 우선 작업한다.

⑦ 작업지휘자는 적하목록에 의하여 위험화물임을 장비운전자(크레인, 트레일러)에게 알려 주어야 하고, 트레일러에 전조등과 비상등을 켜고 운행하도록 하며, 작업 주변의 차량 및 관련자 이외 작업자들의 접근을 통제하여야 한다.

⑧ 위험화물 취급에 관한 모든 사항은 위험물 안전관리자의 지시에 따라야 하며, 위험물 작업 시 안전관리자는 현장에서 작업을 지휘하여야 한다.

⑨ 이상 발견 시 즉시 위험물 안전관리자에게 통보하고, 계통에 따라 보고하여야 한다.

⑩ 적·양하 시 작업현장 주변에서 흡연, 용접, 절단작업 등 화재의 위험이 있는 작업과 행동을 하여서는 아니 된다.

⑪ 집하장 내 냉동위험물을 보관하기 위한 시설을 갖추어야 한다.

⑫ 안전관리자와 현장감독자는 국제해상위험물규칙(IMDG Code)과 물질안전보건자료의 내용에 따라, 비상조치 및 응급조치 방법을 숙지하고 있어야 한다.

위험화물을 컨테이너에 적재작업할 경우의 주의사항 중 올바르지 않은 것은?

① 위험물을 적재할 컨테이너는 외관검사를 통해 손상 유무를 확인하고, 만일 손상된 증거가 있는 경우에는 위험물을 적재하지 않아야 한다.

② 포장화물을 검사하여 손상, 누출 또는 유출 발견 시 컨테이너에 적재해서는 안 된다.

③ 위험물 운송품이 컨테이너 내의 적하물 중 그 일부밖에 되지 아니하는 경우에는 그 위험물을 컨테이너 문(Doors)으로부터 쉽게 접근할 수 있도록 적재해야 한다.

④ 제4급과 제3급의 위험물질을 컨테이너 적재 시 컨테이너의 내부표면에 심한 응결(Condensation)이 발생할 가능성을 고려하여, 포장용기와 고박재의 습도를 높게 유지하여야 한다.

|해설|

④ 제4.3급의 물질을 컨테이너에 수납하는 경우에는 컨테이너의 내부 표면에 심한 응결(Condensation)이 발생할 가능성이 있다는 점을 명심하여, 포장용기 및 고박재의 습도를 낮게 유지하여야 한다.

정답 ④

실전모의고사

#기출유형 확인   #상세한 해설   #실전 대비

01 컨테이너크레인에 대한 설명으로 옳지 않은 것은?

① 컨테이너크레인이 설치된 곳은 부두안벽(Apron)이다.

② 트랜스퍼크레인이 설치된 곳은 컨테이너 야드(CY)이다.

③ 트랜스퍼크레인은 디젤엔진을 기동하여 전기를 발생시켜 동작한다.

④ 컨테이너크레인에 사용되는 브레이크는 밴드식 브레이크가 널리 사용된다.

해설
일반적인 브레이크 종류에는 밴드식 브레이크, 전기식 브레이크, 유압식 브레이크 등이 있으나, 컨테이너크레인에는 유압 브레이크가 널리 사용된다.

02 컨테이너크레인의 주요 크기 및 거리에 대한 설명으로 옳지 않은 것은?

① 트롤리 횡행거리란 트롤리가 움직일 수 있는 거리이다.

② Span은 바다 측 레일 중심에서 육지 측 레일 중심까지의 거리이다.

③ 양정이란 컨테이너를 매달고 붐 위를 주행하는 이동체이다.

④ 정격속도란 정격하중에서 각 동작별 최고속도이다.

해설
양정이란 호이스트 기구의 수직 이동 거리이다. 컨테이너를 매달고 붐 위를 주행하는 이동체는 트롤리이다.

03 컨테이너크레인의 주요 용어에 대한 설명으로 옳지 않은 것은?

① 양정이란 스프레더로 화물을 들어 올릴 수 있는 최대높이를 말한다.

② 주행속도란 장비의 최고주행속도를 말하며 분당 주행거리로 표시된다.

③ 횡행속도란 스프레더의 들어 올림 최고속도로서 부하 시와 무부하 시로 구분하여 분당 올림거리로 표시한다.

④ 장비가 안전한 조건하에서 발휘할 수 있는 최대의 기능을 수치화하여 그 장비의 공칭으로 사용한다.

해설
③은 권상속도에 대한 설명이다. 횡행속도란 트롤리의 주행최고속도를 말하며, 분당 주행거리로 표시하고, 부하 시와 무부하 시로 구분한다. 예컨대 무부하 시 60[m/min], 정격부하 시 30[m/min]으로 표현한다.

04 컨테이너 하역장비에 대한 설명으로 옳지 않은 것은?

① 야드 섀시(Yard Chassis)는 섀시 상부의 네 모서리 및 중앙부에 컨테이너를 고정하는 잠금쇠(Twist Lock)를 구비하고 있다.

② 야드 트랙터(Yard Tractor)는 야드 섀시와 같이 부두 내에서만 사용하기 때문에 자동차로 등록할 필요는 없고 대신에 항만법에 의한 항만시설장비로서 설치 신고 후 사용이 가능하다.

③ 로드 트랙터(Road Tractor)는 로드 섀시와 같이 항만하역장비가 아니므로 자동차관리법에 의하여 자동차로 등록 후 사용한다.

④ 야드 섀시(Yard Chassis)의 랜딩장치(Landing Leg)는 높이 조절이 안 되는 고정식(Landing Gear 없음)이다.

해설
야드 섀시(Yard Chassis)는 섀시 상부의 네 모서리 및 중앙부에 컨테이너를 고정하는 잠금쇠(Twist Lock) 대신에 컨테이너 작업을 신속하게 하기 위한 컨테이너 가이드 장치를 구비하고 있다.

05 다음 계류장치 중 정지용 핀(Storm Anchor)에 대한 설명으로 틀린 것은?

① 스톰 앵커는 크레인이 계류되어 있을 때 바람에 의해 밀리지 않도록 하기 위한 장치이다.

② 주행장치와 인터록하기 위하여 앵커의 풀림을 확인하는 근접 리밋 스위치(Proximity Limit Switch)가 설치되어 있다.

③ 주행레일(Travelling Rail)에 설치되어 있다.

④ 조작은 수동조작 레버의 핀을 풀어서 레버를 들어 올리면, 계류 앵커의 소켓 안으로 정지용 핀이 들어간다.

해설
③ 육지 쪽 및 바다 쪽 양쪽의 레일에, 각각 1조씩 2개조가 실빔(Sill Beam) 중앙의 레일 클램프(Rail Clamp) 지주에 설치되어 있다.

06 다음 횡행장치에 대한 설명으로 옳지 않은 것은?

① 운송물을 권상으로 하여 트롤리를 육지에서 본선으로 이송 또는 본선에서 육지 쪽으로 이송, 즉 적·양하를 하기 위한 장치이다.

② 트롤리의 위치는 크레인의 아웃리치-스팬-백리치에 설치된 레일 위를 이동할 수 있다.

③ 상부에는 주 권상을 할 수 있는 스프레더를 와이어로프로 매달고 있다.

④ 트롤리 운전은 화물의 중량과 관계없이 속도를 가감할 수 있고 주행운전과 연동할 수 있으며 주행운전과 같이 마스터 컨트롤러의 편향 각도에 따라 변속된다.

해설
③ 강판 및 형광의 용접물로서 4개의 차륜으로 받쳐져 있고 하부에는 주 권상을 할 수 있는 스프레더를 와이어로프로 매달고 있어 운송물을 들어 올릴 수 있다.

07 다음 틸팅 유압장치에 대한 설명으로 옳지 않은 것은?

① 유압장치는 스프레더 뒤쪽에 설치된다.

② 스프레더의 위치와 스내그 부하보호를 위한 장치이다.

③ 거더 뒷부분에 회전할 수 있는 4개의 호이스트 로프는 개별 실린더에 연결되어 있다.

④ 스프레더 위치 시스템(표면의 수평 유지를 위한 3축을 이용)은 컨테이너의 위치조정이 가능하다.

해설
유압장치는 주 거더 뒤쪽에 설치된다.

08 다음 스프레더(Spreader)의 기능 중 텔레스코픽 동작(Telescopic)에 대한 설명으로 옳지 않은 것은?

① 컨테이너 종류(20, 40, 45피트 등)에 따라 플리퍼를 알맞은 크기로 조정할 수 있다.

② 운전실의 운전 조작반에는 컨테이너 종류별로 표시등이 점등하여 운전자가 식별이 가능하도록 되어 있다.

③ 360° 회전 액추에이터에 체인 스프로킷(Chain Sprocket)을 장착하고, 양쪽의 스프로킷을 체인으로 연결한다.

④ 체인에 커넥팅 로드를 연결하여 액추에이터의 정역회전에 의해 커넥팅 로드가 왕복운동을 함으로써 축소와 확장이 달성된다.

> **해설**
> 컨테이너 종류에 따라 스프레더를 알맞은 크기로 조정할 수 있는 기능이다.

09 다음 스큐(Skew) 동작에 대한 설명으로 옳지 않은 것은?

① 화물이 수직 축을 따라서 시계방향 혹은 반시계 방향으로 회전하는 것이다.

② 1개의 오른쪽 실린더와 또 1개의 왼쪽 실린더가 동시에 전진하고 나머지는 후진을 하면 시계 혹은 반시계방향으로 회전을 한다.

③ 스프레더의 스큐 동작은 2개의 유압 실린더에 의하여 작용한다.

④ 각 실린더는 자체 컨트롤 밸브에 의해 조정된다.

> **해설**
> 스프레더의 스큐 동작은 운전실 조작반에 설치되어 있는 스위치 및 거더 뒤쪽에 설치되어 있는 4개의 유압 실린더에 의하여 작용한다.

10 와이어로프 구성기호 6 × 19에 대한 설명으로 맞는 것은?

① 6은 소선 수, 19는 스트랜드 수

② 6은 안전계수, 19는 절단하중

③ 6은 스트랜드 수, 19는 절단하중

④ 6은 스트랜드 수, 19는 소선 수

> **해설**
> 와이어로프 구성기호 6 × 19는 굵은 가닥(스트랜드)이 6줄이고, 작은 소선 가닥이 19줄이다.

11 와이어로프에 관한 설명 중 틀린 것은?

① 랭 꼬임은 소선의 경사가 완만하여 외부와의 접촉면이 길다.

② 보통 꼬임은 스트랜드와 와이어로프의 꼬임 방향이 서로 반대이다.

③ 보통 꼬임은 외부와 접촉 면적이 작아서 마모는 크지만 킹크 발생이 적고 취급이 용이하다.

④ 랭 꼬임은 보통 꼬임에 비해서 손상도가 심해 장기간 사용에 불리하다.

> **해설**
> 랭 꼬임은 마모에 대한 저항성이 우수하여 손상도가 적다. 그러나 꼬임이 풀리기 쉬워 로프의 끝이 자유로이 회전하는 경우나 킹크가 생기기 쉬운 곳에는 적당하지 않다.

12 다음 중 와이어로프 직경의 허용차 표시로 맞는 것은?

① +7~-7[%] ② +7~0[%]

③ 0~-7[%] ④ 50[%]

> **해설**
> KS D 3514 규격에 따른 와이어로프 직경의 허용차는 +7~0[%]이다.

13 와이어로프의 내·외부 마모 방지 방법이 아닌 것은?

① 도유를 충분히 할 것

② 장애물로 두드리거나 비비지 않도록 할 것

③ S꼬임을 피할 것

④ 드럼에 와이어로프를 감는 방법을 바르게 할 것

해설
꼬임과 마모와의 관계는 보통 꼬임과 랭 꼬임의 관계이고, Z와 S꼬임은 꼬임 방향에 따른 구분이다.

14 훅에 대한 설명 중 틀린 것은?

① 목 부분이 30[%] 이내로 벌어진 것까지만 사용한다.

② 균열 검사는 적어도 연 1회 실시한다.

③ 흠 자국 깊이가 2[mm]가 되면 평활하게 다듬어야 한다.

④ 균열된 훅은 용접해서 사용할 수 없다.

해설
훅의 목 부분 벌어짐이 20[%] 이상 되면 폐기하고 교환한다.

15 와이어로프의 클립 고정법에서 클립 간격은 로프 직경의 약 몇 배 이상으로 장착하는가?

① 3   ② 6

③ 9   ④ 12

해설
시징은 로프 직경의 3배이고 클립 간격은 로프 직경의 6배이다.

16 와이어로프의 손질 방법에 대한 설명 중 틀린 것은?

① 와이어로프의 외부는 항상 기름칠을 하여 둔다.

② 킹크된 부분은 즉시 교체한다.

③ 비에 젖었을 때는 수분을 마른 걸레로 닦은 후 기름을 칠하여 둔다.

④ 와이어로프의 보관 장소로는 직접 햇빛이 닿는 곳이 좋다.

해설
와이어로프의 보관상 주의사항
• 습기가 없고 지붕이 있는 곳을 택할 것
• 로프가 직접 지면에 닿지 않도록 침목 등으로 받쳐 30[cm] 이상의 틈을 유지하면서 보관할 것
• 직사광선이나 열, 해풍 등을 피할 것
• 산이나 황산가스에 주의하여 부식 또는 그리스의 변질을 막을 것
• 한 번 사용한 로프를 보관할 때는 표면에 묻은 모래, 먼지 및 오물 등을 제거 후 로프에 그리스를 바른 후 보관할 것
• 눈에 잘 띄고 사용이 빈번한 장소에 보관할 것

17 다음 컨테이너크레인의 우측 조작반 설명으로 옳지 않은 것은?

① R1은 컨테이너를 권상 및 권하 및 컨테이너크레인 전체를 좌측 및 우측으로 동작하는 운전 스위치로 전·후진의 움직이는 각도에 비례하여 호이스트 속도가 조정되고, 좌·우측은 저속과 고속으로 구분하여 운전이 된다.

② R2는 비상정지 스위치다.

③ R3는 예비이다.

④ R4는 레일 클램프 해제 스위치이다.

해설
R4는 레일 클램프 잠김이고, R5는 레일 클램프 해제이다.

18 전동장치에서 동력을 직접 전달하는 방식이 아닌 것은?

① 마찰에 의한 전동
② 기어에 의한 전동
③ 원뿔차에 의한 전동
④ 체인에 의한 전동

해설
체인을 통하여 동력을 전달하는 것은 간접 전달이다.

19 60[Hz] 4극인 유도전동기 슬립이 4[%]일 때 회전수 [rpm]는?

① 1,410
② 1,728
③ 1,875
④ 1,800

해설
$N = \dfrac{120 \times 60}{4 \times 0.96} = 1,875$

20 전동기에 전원이 인가되지 않을 때 점검사항을 열거하였다. 가장 먼저 점검하여야 할 것은?(단, 운전 중 정지되었을 때)

① 과부하 계전기 동작 유무 확인
② 집전기 이탈 상태 확인
③ 배선 상태 확인
④ Brake 동작 상태 확인

해설
과부하 계전기, 집전기, 배선 상태 등의 순으로 점검한다.

21 전동기에 부하가 크게 걸릴 경우 미치는 영향과 관계 없는 것은?

① 발열한다.
② 최대 토크가 증가한다.
③ 퓨즈가 끊어질 수 있다.
④ 과부하 계전기가 작동한다.

해설
전동기에 부하가 크게 걸릴 경우 발열과 동시에 과부하 계전기가 작동되고 퓨즈가 끊어질 수 있다.

22 다음 중 그림의 기호가 나타내는 것은?

① 수동조작 자동복귀 b접점
② 전자 접촉기 b접점
③ 보조 계전기 b접점
④ 수동복귀 b접점

해설
출력신호의 접점 기호 중 수동복귀의 접점 기호는 다음과 같다.

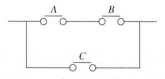

수동 복귀	a접점	(기호)	열동 계전기 접점(인위적으 로 복귀되는 것, 전자석으로 복귀되는 것도 포함)
	b접점	(기호)	

23 다음 시퀀스 회로를 논리식으로 나타낸 것은?

① $A \cdot B \cdot C$
② $(A \cdot B) + C$
③ $A \cdot (B + C)$
④ $(A + B) \cdot C$

해설
A와 B는 직렬(AND)로 연결되어 있으며 C와 병렬(OR)로 연결되어 있으므로 논리식은 $(A \cdot B) + C$이다.

24 다음 중 PLC의 입력부에 연결되는 기기가 아닌 것은?

① 솔레노이드 밸브
② 광전 스위치
③ 근접 스위치
④ 리밋 스위치

해설
솔레노이드 밸브는 출력부이다.

25 수전반 또는 보호반 내에 설치된 직접적인 안전장치는?

① 주 전자 접촉기
② 주 나이프 스위치
③ 누름단추 스위치
④ 표시등

해설
주 전자 접촉기는 제어반에 있고, 누름단추 스위치나 표시등은 운전실 계기판에 있으며 주 나이프 스위치는 수전반 또는 보호반에 설치되어 있다.

26 1[bar]의 압력값과 다른 것은?

① 750.061[mmHg]
② 14.504[psi]
③ 100,000[Pa]
④ 101,325[N/m^2]

해설

Pa(파스칼)	1.01325×10^5
bar(바)	1.01325
kgf/cm^2	1.03323
atm(표준대기압)	1
mmH$_2$O(수주)	1.03323×10^4
mmHg(수은주)	7.60×10^2
psi	1.46960×10

① $x = \dfrac{7.60 \times 10^2}{1.01325} \fallingdotseq 750.06$

27 다음 중 원심 펌프는?

① 기어 펌프
② 플런저 펌프
③ 벌류트 펌프
④ 다이어프램 펌프

해설
①・②・④는 용적형 왕복 펌프이다.

28 펌프의 수격 현상 방지책으로 옳지 않은 것은?

① 플라이휠 장치 사용
② 서지 탱크 설치
③ 관로의 부하 발생점에 공기 밸브 설치
④ 관로의 지름을 작게 하여 관내 유속을 증가시킴

해설
수격 현상 경감법
• 플라이휠 장치의 사용으로 회전 속도가 갑자기 감속되는 것을 방지하여 급격한 압력 강하를 완화시킨다.
• 관로에서 펌프의 급정지 후 압력이 강하하는 장소에 서지 탱크를 설치하여 물을 관로에서 보급해 준다.
• 서지 탱크와 관로의 연결부 배관에 체크 밸브를 만들어 역류를 방지한다.
• 관로의 지름을 크게 해서 관내 유속을 감속하면 관로 내 수주의 관성력이 작아지므로 압력 강하가 작아진다.

29 유압 액추에이터(Actuator)의 속도조절용 밸브는?

① 방향 제어 밸브

② 압력 제어 밸브

③ 유량 제어 밸브

④ 축압기

해설
액추에이터의 속도를 조절하는 밸브는 유량을 제어하고, 힘을 조절하는 밸브는 압력을 제어한다.

30 감압 밸브에 관한 설명으로 맞는 것은?

① 입구 압력을 일정하게 유지하는 밸브이다.

② 감압 밸브는 방향 밸브의 역할도 한다.

③ 감압 밸브는 정상상태 열림형이다.

④ 감압 밸브는 출구 측으로부터 입구 측으로 역류가 생길 때 역류작용을 하는 릴리프 밸브와 같은 작용을 한다.

해설
감압 밸브
• 고압의 압축유체를 감압시켜 사용 조건이 변동되어도 설정공급압력을 일정하게 유지시킨다.
• 직동형 감압 밸브는 조정 스프링에 의해서 조절되며 그 힘이 스템(Stem)으로 전달되어 1차 측 압력이 2차 측으로 흐른다. 이 압력이 다이어프램(Diaphram)에 작용하면 조절스프링과의 평행상태로 조절되는 밸브이다.
• 내부 파일럿형 감압 밸브는 내부에 파일럿 기구를 조합한 것으로 2차측 유체압력의 변화에 대응하여 고정도 압력제어를 하기 위해 사용된다.
• 외부 파일럿형 감압 밸브는 조정스프링 대신 외부 파일럿압으로 압력을 조절한다.

31 펌프 흡입 쪽에 설치하며 차단성이 좋고 전개 시 손실 수두가 가장 적은 밸브는?

① 슬루스 밸브

② 글로브 밸브

③ 앵글 밸브

④ 감압 밸브

해설
② 글로브 밸브(Glove Valve) : 유체가 흐르는 방향에 입구와 출구가 일직선상에 있는 밸브이다. 전개하였을 때에 흐름 방향에 대한 저항이 크다.
③ 앵글 밸브(Angle Valve) : 유체가 흐르는 방향에 입구와 출구가 수직으로 되어 있어 밸브의 아래쪽에서 유체가 진입하여 직각 방향으로 흐른다.
④ 감압 밸브(Reducing Valve) : 유체의 압력을 감압하고 감압 후에도 일정하게 유지하도록 한다.

32 공기탱크의 역할과 거리가 먼 것은?

① 공기압력의 맥동을 평준화한다.

② 응축수를 분리시킨다.

③ 압축공기를 저장한다.

④ 급격한 압력강하를 시킨다.

해설
공기탱크의 역할
• 공기 소모량이 많아도 압축공기의 공급을 안정화
• 공기 소비 시 발생되는 압력 변화를 최소화
• 정전 시 짧은 시간 동안 운전이 가능
• 공기압력의 맥동 현상을 없애는 역할
• 압축공기를 냉각시켜 압축공기 중의 수분을 드레인으로 배출

33 다음 중 유압작동유의 구비조건으로 맞는 것은?

① 압축성일 것

② 녹이나 부식의 발생을 촉진시킬 것

③ 적당한 유막 강도를 가질 것

④ 휘발성이 좋을 것

해설
작동유의 구비조건
• 비압축성일 것
• 내열성, 점도지수, 체적탄성계수 등이 클 것
• 장시간 사용해도 화학적으로 안정될 것
• 산화안정성, 방열성이 좋을 것
• 장치와의 결합성, 유동성이 좋을 것

34 다음 기호의 설명으로 적합한 것은?

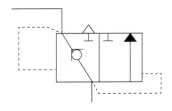

① 공압 장치의 배기 시 저항을 줄여 액추에이터의 속도를 증가시키게 한다.

② 공압 장치의 벤트 포트를 열어 무부하 운전이 용이하도록 한다.

③ 공압 장치의 맥동현상을 방지하는 특수 밸브이다.

④ 공압 장치의 파일럿 작동에 의한 작은 힘으로 작동하여 작동 압력을 줄일 수 있다.

해설
그림은 급속 배기 밸브의 상세기호이다.

35 다음 그림에서 S1과 S2를 동시에 누른 경우 램프에 불이 들어오는 논리회로의 구성 방법을 무엇이라고 하는가?

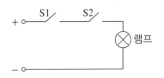

① AND ② OR

③ NOT ④ NOR

해설
① AND 회로(논리곱 회로) : 2개 이상의 입력단과 1개의 출력단을 가지며, 모든 입력단에 입력이 가해졌을 경우에만 출력단에 출력이 나타나는 회로를 말한다.
② OR 회로(논리합 회로) : 2개 이상의 입력단과 1개의 출력단을 가지며, 어느 입력단에 입력이 가해져도 출력단에 출력이 나타나는 회로를 말한다.
③ NOT 회로 : 1개 입력단과 1개의 출력단을 가지며 입력단에 입력이 가해지지 않을 경우에만 출력단에 출력이 나타나는 회로. 입력신호 A와 출력신호 B는 부정의 상태이므로 인버터(Inverter)라 부른다.
④ NOR 회로 : 2개 이상의 입력단과 1개의 출력단을 가지며, 입력단의 전부에 입력이 없는 경우에만 출력단에 출력이 나타나는 회로. NOT OR 회로의 기능을 가진다.

36 원심펌프에서 이상 현상이 나타나는 원인이 아닌 것은?

① 스터핑 박스로 공기 침입

② 펌프 내 공기빼기를 하였을 때

③ 패킹과 주축 간의 과도한 틈새

④ 펌프의 회전방향이 틀릴 때

해설
공기빼기는 이상 현상이 아니라 사전 작업에 속한다.

37 화물이 적재된 부선(Barge or Lighter)을 운송하는 선박으로 항구에 기항하지 않고도 적양하 작업을 수행할 수 있는 특별한 하역시스템을 갖춘 선박은 무엇인가?

① 유송선
② 래시(LASH)선
③ 특수선
④ 전용선

해설
부선(Lighter)을 운송하는 선박으로 부두에 접안하지 않더라도 적양하 작업이 가능한 선박은 LASH이다.
① 유송선 : 원유유송선, 제품유송선
③ 특수선 : 냉장선, 가축운반선, Ro-Ro선(Roll on-Roll off), LASH선(Lighter Aboard Ship)
④ 전용선 : 광석전용선, 석탄전용선, 자동차전용선, 목재전용선, 살물전용선

38 선박의 크기를 나타내는 용적톤 중 순톤수에 대해 맞지 않는 것은?

① 상행위에 직접 사용되는 장소만을 계산한 용적이다.
② 톤세의 기준이 된다.
③ 항세의 기준이 된다.
④ 보험료의 기준이 된다.

해설
총톤수는 보험료의 산출기준이 된다.
※ 순톤수(Net Tonnage) : 선박의 톤수를 나타내는 것으로 선주나 용선자의 상행위와 관련된 용적으로서 항만세, 톤세, 운하통과료, 등대사용료, 항만시설사용료 등의 모든 세금과 수수료의 산출기준이 된다.

39 파이프와 같이 길이가 긴 장척물 화물, 중량물, 기계류 등을 수송하기 위한 컨테이너로 지붕 가동식, 착탈식 또는 Canvas로 되어 있는 형태여서 화물을 컨테이너 윗부분에 넣어서 하역할 수 있는 컨테이너 형태는?

① Open Top Container
② Platform Container
③ Flat Rack Container
④ Ventilated Container

해설
① Open Top Container : 고정된 천장이 없고 캔버스 등으로 씌우고 벗길 수 있게 되어 있으며 천장으로 하역하는 것이 편리한 화물이나 Over Height인 화물에 쓰인다.
② Platform Container : 대형 중량화물에 적합한 컨테이너로 바닥만 있기 때문에 컨테이너로서는 가장 간단한 구조의 것이다. 바닥은 적재화물에 맞춰서 연결되어 사용할 수도 있다.
③ Flat Rack Container : 고정된 양끝부 구조 또는 모서리 부재 이외에 항구적인 상부 구조물을 갖지 않는 개방형 컨테이너의 일종이다.

40 ISO표준(ISO 6346, 1984)은 컨테이너 마킹과 넘버링에 대한 표준을 담고 있다. 다음에서 컨테이너 표시 위치에 관한 내용으로 맞지 않는 것은?

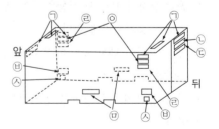

① ㉠ – 소유자의 기호 및 번호
② ㉡ – 최대 총중량
③ ㉢ – 자체중량
④ ㉤ – 소유자의 국적

41 컨테이너 터미널의 마샬링 야드(Marshalling Yard)에 대한 설명으로 옳은 것은?

① 항만에 있어서 본선 안벽의 바로 배후에 있는 부분으로 컨테이너 하역장비가 설치된 곳이다.
② 컨테이너 터미널 전체를 통제하고, 운영하는 중앙 통제실을 말한다.
③ 선적해야 할 컨테이너를 하역 순서대로 정렬해두거나 양하된 컨테이너를 배치해 놓은 장소를 말한다.
④ 컨테이너 1개를 채울 수 없는 소량화물을 보관하거나 컨테이너에 적입하는 장소를 말한다.

해설
마샬링 야드(Marshalling Yard)
마샬링이란 컨테이너선으로부터 선적하거나 양륙하기 위하여 컨테이너를 정렬시켜 놓는 작업을 말하고 이러한 작업이 이루어지는 공간을 마샬링 야드라 하며 에이프런과 인접하여 설치하는 경우가 많다.

42 대량 화주가 FCA(Free Carrier : 운송인 인도조건) 거래조건으로 컨테이너 화물운송을 할 경우 가장 적합한 형태는 어느 것인가?

① CFS/CFS   ② CFS/CY
③ CY/CFS   ④ CY/CY

해설
④ CY/CY(FCL/FCL ; Door to Door) 운송 : 선적항의 CY로부터 양륙항의 CY까지 컨테이너를 이용하여 화물을 운송하는 형태

43 사고 원인의 하나인 인적 요소 결함 중 후천적 요소가 아닌 것은?

① 미숙한 기능
② 불충분한 지식
③ 불량한 태도
④ 허약한 신체

해설
사고의 원인
• 선천적 원인 : 신체적 요인, 정신적 요인
• 후천적 원인 : 기능적 요인, 작업동작 불량, 안전지식 부족

44 사업주와 근로자가 다 같이 참여하여 산업재해 예방을 위하여 자율적인 운동을 촉진함으로써 사업장 내의 모든 잠재적 요인을 사전에 발견, 파악하고 근원적으로 산업재해를 절감하기 위한 운동은?

① 무재해운동
② 위험예지 훈련운동
③ 양호한 인간관계 운동
④ 창조적인 기업풍토 조성 운동

해설
무재해운동의 궁극적인 목적은 인간존중에 있으며, 위험예지 훈련운동은 무재해를 달성하고자 하는 일종의 추진 기법이다.

45 다음 중 불안전한 행동과 관계가 없다고 판단되는 것은?

① 물건을 운반하다 타박상을 입었다.
② 뛰어가다 넘어져 골절상을 입었다.
③ 높은 데서 작업 중 부주의로 떨어졌다.
④ 호이스트 고리에 머리를 다쳤다.

해설
④는 물적 요인에 해당된다.

46 안전점검에 있어서 안전강조기간이나 방화주간 등과 같은 기간에 실시하는 점검은?

① 정기점검

② 임시점검

③ 수시점검

④ 특별점검

해설
안전점검의 종류
• 일상점검 : 작업 전, 작업 중, 작업 후에 실시하는 점검
• 정기점검 : 어떤 정해진 기간을 정해 놓고 실시하는 점검
• 임시점검 : 외부 기관에서 검사를 실시할 때 검사 실시 전에 자체적으로 실시하는 점검

47 아세틸렌 용기의 사용상 주의사항이다. 틀린 것은?

① 아세틸렌 용기를 뉘어 놓고 사용한다.

② 화기나 열기를 멀리한다.

③ 사용 후 약간의 잔압을 남겨 둔다.

④ 충격을 가하지 않는다.

해설
아세틸렌 용기를 뉘어 놓고 사용하면 압력이 불균일하며 아세톤이 누출될 우려가 있다.

48 다음 중 기계적 재료의 결함에 의한 위험성으로 볼 수 있는 것은?

① 안전방호 불충분

② 기구 불충분

③ 설계의 불충분

④ 작동상태 불량

해설
기계설비의 안전화 조건에서 구조적 안전화로서 설계 불충분을 들 수 있다.

49 동력으로 작동되는 원심 기계의 자체 검사 항목에 포함되지 않는 것은?

① 회전체의 이상 유무

② 압력방출장치의 이상 유무

③ 브레이크의 이상 유무

④ 외곽의 이상 유무

해설
압력방출장치는 보일러, 공기압축기, 압력용기 등의 안전기이다.

50 분말 소화제의 소화 효과 중에서 주요 작용은?

① 연소 억제 작용

② 희석 작용

③ 화염의 불안정화 작용

④ 냉각 작용

해설
분말 소화제의 성분은 $NaHCO_3$(중탄산나트륨), $NH_4H_2PO_4$(인산염)이다.

51 본질적으로는 가스 폭발로 취급되지만 통상 가스 폭발과 화약 폭발의 중간 상태인 것은?

① 분해 폭발

② 분진 폭발

③ 고압가스 폭발

④ 증기 폭발

해설
분진 폭발은 공기 중에 분산된 가연성 분진의 급속한 연소에 의한 폭발이다.

52 다음은 위험성 물질의 종류와 설명이다. 옳지 않은 것은?

① 인화성물질 : 대기압하에서 인화점이 섭씨 45 [℃] 이하인 가연성 액체
② 가연성가스 : 공기 중에서 폭발 하한계가 10[%] 이하 또는 상하한의 차가 20[%] 이상인 가스
③ 폭발성물질 : 가열, 마찰 등으로 인해 산소 또는 산화제의 공급 없이도 폭발 등 격렬한 반응을 일으킬 수 있는 고체나 액체
④ 부식성물질 : 금속 등을 부식시키고 인체에 접촉하면 심한 상해를 입히는 물질

53 누전차단기의 선정 시 주의사항 중 옳지 않은 것은?

① 동작시간이 0.1초 이하인 가능한 한 짧은 시간의 것을 사용해야 한다.
② 절연저항이 5[MΩ] 이상이 되어야 한다.
③ 정격부동작전류가 정격감도전류의 50[%] 이상이고, 또한 이들의 차가 가능한 한 작은 값을 사용해야 한다.
④ 휴대용, 이동용 전기기기에 대해 정격감도전류가 50[mA] 이상의 것을 사용해야 한다.

해설
정격감도전류가 30[mA] 이상이어야 한다.

54 위험물 보관창고에 피뢰침을 설치하고자 할 때 보호 범위는?

① 30°   ② 45°
③ 60°   ④ 80°

해설
위험물 보관창고는 45°, 보통건물은 60°의 보호 범위

55 감전으로 인한 부상자의 인공호흡 방법으로 가장 옳은 응급치료는?

① 인공호흡을 1분간 30~40회 실시한다.
② 심장이 정지되고 호흡이 멈추었다 하더라도 인공호흡을 계속해야 한다.
③ 호흡이 정상이고 심장이 정지하였을 때에 한하여 인공호흡을 한다.
④ 심장은 일시 정상이고 호흡이 정지하였을 때에 한하여 인공호흡을 한다.

해설
인공호흡은 분당 12~15회 속도로 30분 이상 반복 실시한다.

56 컨테이너 터미널 작업 시 조명 확보에 대한 설명으로 옳지 않은 것은?

① 터미널 내 각 작업장은 컨테이너에 의하여 그늘진 곳도 25[lx] 이상을 유지하여야 한다.
② 터미널 전용 하역운반기계 사용 시 차량 전조등을 포함한 전 조명의 밝기가 75[lx] 이상이 되어야 한다.
③ 야간에 작업이 없어 소등된 경우라도 근로자의 통행로에는 최소한 8[lx] 이상의 조도를 유지하여야 한다.
④ 전선이 출입문을 통하여 통과하는 경우 출입문을 버팀목으로 고정시켜 열려 있도록 한다.

해설
터미널 내 각 작업장의 작업면은 75[lx] 이상의 밝기를 유지하여야 하며, 컨테이너에 의하여 그늘진 곳도 5[lx] 이상을 유지하여야 한다.

57 컨테이너 터미널 운영사의 업무에 대한 설명으로 옳지 않은 것은?

① 항만의 시설, 장비 등의 검사기준은 항만법의 규정을 따라야 한다.
② 일정시간 작업 후에는 작업자가 충분한 휴식을 취할 수 있도록 하여야 하며, 가능한 한 모든 휴식이 같이 이루어지도록 하여야 한다.
③ 화물집하장(CFS) 등 작업자에게는 방진마스크를 지급하여야 한다.
④ 모든 작업장에는 작업지휘자 등 터미널에서 지정한 자격을 갖춘 사람을 반드시 배치하여야 한다.

해설
항만의 시설, 장비 등의 검사기준은 항만시설장비 관리규칙의 규정을 따라야 한다.

58 갑판 적재작업 시 스프레더는 다음 기준에 따라 낙하사고를 방지할 수 있는 구조물로 만들어져야 한다. 옳지 않은 것은?

① 스프레더 승강 위치에는 미끄러짐이나 걸려 넘어지는 위험요인이 없어야 한다.
② 스프레더의 작업대를 타고 내릴 때 필요한 안전한 사다리와 손잡이를 갖추어야 한다.
③ 스프레더 승강 부분에는 최소 1.2[m] 높이의 가드레일을 설치하여야 한다.
④ 스프레더 위에는 다른 적재공간을 두어서는 안 된다.

해설
스프레더 위에 래싱 콘이나 다른 하역도구를 담는 적재공간을 마련하여야 한다.

59 다음 컨테이너 야드(Yard) 작업 안전에 대한 설명으로 옳지 않은 것은?

① 부두 내에서의 안전이 확보되지 않은 경우에 운전자는 작업을 멈추고, 작업지휘자에게 도움을 요청하여야 한다.
② 감독자 또는 통제실에서 작업승인을 하였을 경우에만 작업장 출입을 허용하여야 한다.
③ 빈 컨테이너는 가급적 5단 이상 고단 또는 계단식으로 적재를 하고, 5단 이상은 래싱 작업을 하여야 한다.
④ 차량 및 장비운전자는 항상 지정된 교통 흐름에 따라 표시된 안전 노선을 운전하여야 한다.

해설
빈 컨테이너는 태풍, 돌풍 등에 대비하여 가급적 저단 또는 계단식으로 적재를 하고, 3단 이상은 래싱 작업을 하여야 한다.

60 산업안전보건표지에서 그림이 표시하는 것으로 맞는 것은?

① 독극물 경고
② 폭발물 경고
③ 고압 전기 경고
④ 낙하물 경고

01 컨테이너크레인에 대한 설명으로 옳지 않은 것은?

① 컨테이너크레인은 컨테이너 터미널 및 부두에서 컨테이너를 전문적으로 처리하는 전용크레인이다.

② 트랜스퍼크레인은 터미널 야드에서 트레일러 섀시 위에 상·하차작업을 하는 장비이다.

③ 컨테이너크레인은 육상의 트레일러에서 해상의 선박으로 적화 또는 양화작업을 하는 장비이다.

④ ATC(Automatic Transfer Crane)는 컨테이너 야드에서 컨테이너를 무인으로 운반하는 대차를 말한다.

해설

ATC(Automatic Transfer Crane)는 컨테이너 야드의 하역장비 중에서 무인자동화되어 있는 장비이고, AGV(Automatic Guided Vehicle)는 컨테이너 야드에서 컨테이너를 무인으로 운반하는 대차를 말한다.

02 컨테이너크레인의 주요 용어·크기 및 거리에 대한 설명으로 옳지 않은 것은?

① Gantry Opening이란 좌우측 Portal Front Leg 사이의 공간 거리이다.

② Wheel Base란 레일 방향으로 앞보기 중심에서 뒤보기 중심까지의 거리이다.

③ Sill Beam은 Column을 전후로 잡아주는 역할을 한다.

④ Diagonal Beam은 Column을 위에서 아래로 대각선 방향을 잡아주는 역할을 한다.

해설

Sill Beam은 Column을 좌우로 잡아주는 역할을 하고, Portal Beam은 Column을 전후로 잡아주는 역할을 하며, Tie Beam은 Column 상부를 좌우로 잡아주는 역할을 한다.

03 트랜스퍼크레인(Transfer Crane)의 설명으로 옳지 않은 것은?

① 컨테이너 야드에서 컨테이너를 야드에 장치하거나, 적치된 컨테이너를 Chassis에 실어주는 작업을 하는 컨테이너 이동장비이다.

② 컨테이너크레인에 의해서 컨테이너 선박(Container Ship)으로부터 하역된 컨테이너 박스를 터미널 야드(Terminal Yard) 내에서 스프레더를 이용하여 이송, 적재한다.

③ RTGC는 야드 부분의 자동화가 용이한 장점이 있다.

④ 야드 섀시(Yard Chassis)나 트럭 섀시(Truck Chassis)에 올리거나 내리는 일을 하며 다른 야적 장소로 옮기는 작업을 한다.

해설

③ 기존 터미널에는 RTGC를 주로 사용하였으나, 최근 개발되는 터미널에서는 RMGC를 많이 선택하여 야드 부분의 자동화가 용이하고 유가 상승으로 에너지 절감이 가능한 레일식의 RMGC를 많이 사용하고 있다.

04 컨테이너 하역장비에 대한 설명으로 옳지 않은 것은?

① 로드 섀시(Road Chassis)는 야드 섀시와 달리 네 모서리 및 중앙부에 컨테이너를 고정하는 잠금쇠(Twist Lock)가 구비되어 있다.

② 야드 섀시(Yard Chassis)는 부두나 일반도로에서 사용하기 때문에 자동차로 등록하여야 한다.

③ 로드 섀시(Road Chassis)의 랜딩장치(Landing Leg)는 랜딩기어(Landing Gear)를 이용하여 지면과 높이를 조절할 수 있도록 되어 있다.

④ 로드 트랙터(Road Tractor)는 로드 섀시를 견인하여 컨테이너를 적재 운송하며 운행속도는 일반도로 주행을 위하여 고속용이다.

> **해설**
> 야드 섀시(Yard Chassis)는 부두 내에서만 사용하기 때문에 자동차로 등록할 필요는 없고 항만법에 의한 항만시설장비로서 설치신고 후 사용이 가능하다.

06 횡행장치에 대한 설명으로 옳지 않은 것은?

① 저속구간을 전동기에 부착된 인코더에 의해 거리를 측정하여 감속구간이 자동으로 제어되어 안전을 확보할 수 있으나 운전효율을 떨어뜨린다.

② 등속구간은 트롤리 대차가 최고속도로 이송하는 구간으로 이때 화물의 흔들림이 최대로 증가한다.

③ 횡행 동작의 검출 센서는 로터리 리밋 스위치와 인코더 펄스(Pulse) 수를 가감함으로써 PLC의 고속 카운터 유닛에 펄스값을 인식할 수 있도록 되어 있다.

④ 횡행 동작의 검출 센서는 이동한 거리를 측정하므로 하드웨어(Hardware) 센서 검출방법과 소프트웨어(Software) 검출방법을 병행할 수 있는 특징이 있다.

> **해설**
> 목표위치 전단에서 속도에 비례하여 저속구간을 전동기에 부착된 인코더에 의해 거리를 측정하여 감속구간이 자동으로 제어될 수 있다. 트롤리의 속도에 따라 감속구간이 설정되므로 하역작업 시 목표지점 위치로부터 정지에 필요한 거리를 미리 감안하여 감속구간을 결정함으로써 불필요한 저속 운전을 피하여 운전효율 및 안전을 확보할 수 있는 이점이 있다.

05 다음 계류장치 중 타이다운(Tie-Down)에 대한 설명으로 옳지 않은 것은?

① 타이다운을 일주방지장치라고도 한다.

② 폭풍, 태풍 및 지진 등 자연재해로부터 컨테이너 크레인 및 T/C를 보호하기 위하여 Rail 좌우 및 야드에 매설된 시설이다.

③ 크레인의 각 다리 부분에 두 줄씩으로 하여 모두 8줄을 부착하고 있으며, 초속 50[m]의 풍속에도 견디도록 장치되어 있다.

④ 컨테이너 작업 종료 후 고정시켜 주는 장치이다.

> **해설**
> 타이다운이란 폭풍 시에 크레인이 전도되지 않고 견딜 수 있도록 전도를 방지하는 것으로서, 전도방지장치라고도 부른다.

07 다음 틸팅 유압장치에 대한 설명으로 옳지 않은 것은?

① 호이스트, 로프는 로프 길이에 의해서 조정되며, 트림, 리스트, 스큐운전으로 올바른 조정이 가능하다.

② 각 실린더는 위치의 감지를 위해서 내부 인코더를 갖추고 있다.

③ 트림은 가로축으로 회전하고 최대 트림은 수평보다 4°의 기울기를 갖는다.

④ 스큐는 수직축으로 회전하고 시계방향으로의 회전은 10~15°로 제한된다.

> **해설**
> ④ 스큐는 수직축으로 회전하고 시계방향과 반시계방향으로의 회전은 2~5°로 제한된다.

08 다음 스프레더(Spreader)에 대한 설명으로 옳지 않은 것은?

① 컨테이너 취급 장치로 Lifting Beam의 일종이다.
② 컨테이너를 견고하게 붙잡기 위해 네 모퉁이에 Twist Locks이 설치되어 있다.
③ 컨테이너 규격(20[ft], 40[ft] 등) 화물만 취급할 수 있다.
④ 각종 컨테이너 하역장비에 장착되어 컨테이너 취급 시 사용된다.

해설
컨테이너 규격(20[ft], 40[ft] 등) 모두를 취급할 수 있도록 길이방향으로 조절이 가능하며, 비규격 화물도 취급이 가능하다.

09 컨테이너크레인 레일 클램프의 기계적인 고장의 원인과 거리가 먼 것은?

① 비정상적인 슈의 마모
② 액추에이터의 과다 확장
③ 비정상적인 레일 마모 등
④ 펌프의 계속적인 작동

해설
레일 클램프의 유압적인 고장의 원인 : 펌프 소음, 압력 손실, 펌프의 계속적인 작동 등

10 제조 시 와이어로프 직경의 허용오차는 얼마인가?

① $\pm7[\%]$ ② $0\sim+7[\%]$
③ $\pm3[\%]$ ④ $-3\sim+5[\%]$

해설
와이어로프 제조 시 로프 지름 허용오차는 $0\sim+7[\%]$이며, 지름의 감소가 7[%] 이상 감소하거나 10[%] 이상 절단되면 와이어로프를 교환한다.

11 와이어로프에 관한 설명으로 틀린 것은?

① 부식은 표면 침식이 적은 것 같아도 내부 깊숙이 진행될 수 있다.
② 아연 도금한 것은 절대 사용하지 않는다.
③ 꼬임은 S형, Z형이 있다.
④ 와이어로프에 도금한 것을 사용할 수도 있다.

해설
작업장의 상태와 특성에 따라 아연 도금한 와이어로프도 사용할 수 있다.

12 크레인용 와이어로프에 대한 설명 중 올바른 것은?

① 보통 꼬임은 랭 꼬임에 비해서 소선 꼬기의 경사가 완만하다.
② 꼬임이 되풀리는 경우가 적고 킹크가 생기는 경향이 적은 것이 보통 꼬임이다.
③ 와이어로프의 직경의 허용차는 $\pm7[\%]$이다.
④ 크레인용 와이어로프는 주로 아연 도금을 한 파단강도가 높은 것을 사용한다.

해설
① 보통 꼬임은 랭 꼬임에 비해서 소선 꼬기의 경사가 급하다.
③ 와이어로프의 직경의 허용차는 $0\sim+7[\%]$이다.
④ 크레인용 와이어로프의 재질은 탄소강이며 인장강도가 높은 것을 사용한다.

13 시브에서 와이어로프 마모 발생 방지대책 중 틀린 것은?

① 시브 직경을 크게 한다.
② 시브 홈의 지름을 아주 크게 한다.
③ 시브 홈의 가공을 정밀하게 한다.
④ 시브는 적정한 경도의 재질을 사용한다.

해설
시브와 와이어로프 직경의 비는 20배 이상이고 균형시브는 10배 이상으로 정하여져 있다.

14 다음 중 훅에 대한 설명으로 틀린 것은?

① 훅의 입구가 안쪽 크기와 같게 될 경우 훅을 교환하여야 한다.
② 훅에 로프가 닿는 부분은 마모되므로 상세하게 점검하여야 한다.
③ 단면이 급변한 부분은 균열이 발생할 염려가 있으므로 상세하게 점검하여야 한다.
④ 장시간 사용하면 재료가 연해질 우려가 있다.

해설
훅을 장시간 사용하면 마모되거나 벌어짐 현상이 발생한다.

15 와이어로프를 절단했을 때 꼬임이 풀리는 것을 방지하기 위한 시징은 직경의 몇 배가 적당한가?

① 1배
② 3배
③ 5배
④ 7배

해설
와이어로프 끝의 시징 폭은 대체로 로프 직경의 2~3배가 적당하다.

16 줄걸이 작업의 안전사항에 관해 틀린 것은?

① 정지 시 역 브레이크는 되도록 쓰지 말 것
② 가능한 한 매다는 물체의 중심을 높게 할 것
③ 매다는 물체의 중량 판정을 정확히 할 것
④ 한 가닥으로 중량물을 인양하지 말 것

해설
물체의 무게중심을 훅과 일치시킨다.
※ 화물의 줄걸이 요령
　• 중심위치를 고려할 것
　• 줄걸이 와이어로프가 미끄러지지 않도록 할 것
　• 화물이 미끄러져 떨어지지 않도록 할 것
　• 각이 진 화물은 보호대 사용할 것

17 컨테이너크레인의 운전장치에 대한 설명으로 옳지 않은 것은?

① 마스트 컨트롤러 스위치는 갠트리(주행), 트롤리(횡행), 호이스트(권상·하) 동작을 제어한다.
② 컨테이너크레인의 조작반에 사용되는 스위치는 푸시버튼 스위치, 선택 스위치, 조이스틱, 마스트 컨트롤러 스위치이다.
③ 컨트롤 온 스위치를 누르면(동작) 제어전원이 정지된다.
④ 틸팅 홈 포지션 스위치를 누르면 스프레더가 정위치로 복귀한다.

해설
컨트롤 온 스위치를 누르면(동작) 제어전원이 기동되고, 비상정지 스위치를 누르면(동작) 제어전원이 차단된다.

18 전동기는 운전을 하면 열이 나지만 주위의 외기 온도는 몇 [℃]까지 허용하는가?

① 90~110[℃]
② 50~60[℃]
③ 70~80[℃]
④ 80~90[℃]

해설
전동기는 운전을 하면 열이 발생(표준규격 40[℃] 이하)하지만, 주위의 외기 온도는 50~60[℃]까지 허용된다.

19 3상 유도 전동기에서 전압이 440[V], 60[Hz]일 때 회전체인 전동기의 극수는 4극이다. 이때 동기 속도 [rpm]는?

① 880   ② 1,800

③ 13,200   ④ 6,600

해설

$$회전속도 = \frac{120 \times 주파수}{극수}$$

$$= \frac{120 \times 60}{4} = 1,800[rpm]$$

20 직류 전동기에서 자속을 감소시키면 회전수는?

① 증 가   ② 감 소

③ 정 지   ④ 불 변

해설

직류 전동기의 원리는 플레밍의 왼손 법칙이다. 회전수는 자속에 반비례한다.

21 퓨즈(Fuse)의 설명으로 틀린 것은?

① 전기회로 보호 장치이다.

② 퓨즈의 재질은 주석과 납의 합금이다.

③ 전력의 크기에 따라 굵거나 가는 퓨즈를 사용한다.

④ 퓨즈의 재질은 아연과 납의 합금이다.

해설

퓨즈의 재질은 납과 주석의 합금이다.

22 센서 선정 시 고려할 사항이 아닌 것은?

① 감지 거리

② 반응 속도

③ 제조일자

④ 정확성

해설

센서 선정 시 고려 사항
• 정확성
• 감지 거리
• 신뢰성과 내구성
• 단위 시간당 스위칭 사이클
• 반응 속도
• 선명도

23 시퀀스 제어란 정해진 순서에 따라 무엇을 진행하는 제어인가?

① 전 원   ② 단 계

③ 상 황   ④ 실 태

해설

시퀀스 제어는 단계별 순차적으로 작동되는 제어이다.

24 PLC 프로그램에서 카운터의 출력은 어떻게 Off시키는가?

① 카운터의 계수치가 설정치와 같아지면 Off 된다.
② 카운터의 리셋 입력을 On으로 한다.
③ 카운터의 계수 입력을 설정시간 동안 On으로 한다.
④ 카운터의 계수 입력을 설정시간 동안 Off로 한다.

해설
카운터는 입상펄스가 입력될 때마다 현재치를 가산/감산해서 설정값을 만족하면 출력을 On으로 한다. 카운터를 리셋하기 위해서는 리셋 입력을 On으로 하여야 한다.

25 중추식 리밋 스위치(Weight Type L/S)는 다음 중 어느 경우에 사용되는가?

① 훅의 과상승 방지   ② 훅의 과하강 방지
③ 훅의 과주행 방지   ④ 훅의 과부하 방지

해설
중추식 리밋 스위치는 훅의 접촉으로 인하여 작동되는 비상용 리밋 스위치이며 훅의 과상승 방지용으로 사용된다.

26 유체의 동역학에 대한 설명 중 옳은 것은?

① 유체의 속도는 단면적이 큰 곳에서는 빠르다.
② 점성이 없는 비압축성의 액체가 수평관을 흐를 때 압력수두 + 위치수두 + 속도수두는 일정하다.
③ 유속이 크고 굵은 관을 통과할 때 층류가 발생한다.
④ 유속이 작고 가는 관을 통과할 때 난류가 발생한다.

해설
① 유체가 정상류일 때 관의 임의의 단면으로 통과하는 유체의 유량은 어느 단면에서도 일정하다(단면적인 큰 곳에서는 유속이 늦고, 단면적이 작은 곳에서는 유속이 빠르다).
③ 유속이 크고 굵은 관을 통과할 때 난류가 발생한다.
④ 유속이 작고 가는 관을 통과할 때 층류가 발생한다.

27 용적형 회전펌프로서 대유량의 기름을 수용하는 데 알맞고 비교적 고장이 적고 보수가 용이한 것은?

① 벌류트 펌프
② 베인 펌프
③ 플런저 펌프
④ 수격 펌프

해설
① 벌류트 펌프 : 날개차와 맴돌이형 케이싱으로 구성, 실양정 30[m] 정도까지 사용
③ 플런저 펌프 : 왕복 펌프의 일종, 실린더 속을 플런저가 왕복 운동을 하면서 실린더 속의 액을 배제한 양만큼 송액하는 펌프
④ 수격 펌프 : 무동력 펌프 하이드로릭램

28 유체기계에서 국부적 압력 저하에 의하여 기포가 생기며 고압부에 도달하면 파괴되어 일반적으로 불규칙한 고주파 진동 음향이 발생하는 현상은?

① 언밸런스
② 미스 얼라인먼트
③ 풀 림
④ 공 동

해설
① 언밸런스 : 로터 축심 회전의 질량 분포의 부적정에 의한 것으로 통상 회전 주파수 발생
② 미스 얼라인먼트 : 커플링으로 연결되어 있는 2개의 회전축 중심선이 엇갈려 있을 경우로서 통상 회전 주파수 또는 고주파가 발생

29 다음 중 밸브가 하는 기능으로 적당하지 않은 것은?

① 유량 조절
② 온도 조절
③ 방향 전환
④ 흐름 단속

해설
밸브는 유량, 압력, 방향 제어기능이 있다.

30 다음 중 밸브의 손잡이를 90° 회전시킴으로써 유로를 신속히 개폐할 수 있는 밸브의 종류는?

① 앵글 밸브   ② 슬루스 밸브
③ 체크 밸브   ④ 코크 밸브

해설
① 앵글 밸브 : 유체가 흐르는 방향에 입구와 출구가 수직으로 되어 있어 밸브의 아래쪽에서 유체가 진입하여 직각방향으로 흐른다.
② 슬루스 밸브 : 관 모양의 밸브가 흐름에 직각 방향으로 미끄러져 유로를 개방하고, 쐐기형과 평행형이 사용된다.
③ 체크 밸브 : 유체를 한 방향으로만 흐르게 하고, 역류하지 않도록 하는 데 사용하며 밸브의 무게와 양쪽에 걸리는 압력차에 의하여 자동적으로 작동한다.

31 게이트 밸브(슬루스 밸브)를 설명한 사항 중 틀린 것은?

① 압력손실이 글로브 밸브보다 적다.
② 유체의 흐름에 대해 수직으로 개폐한다.
③ 전개·전폐용으로 주로 쓰인다.
④ 밸브의 개폐 시 다른 밸브보다 소요시간이 짧다.

32 어큐뮬레이터의 용도로 옳지 않은 것은?

① 에너지 저장
② 유압의 맥동 증대
③ 충격의 흡수
④ 일정 압력의 유지

해설
축압기(어큐뮬레이터) : 축압기는 용기 내에 오일을 고압으로 압입하는 저장용 용기이다.
• 에너지 축적용
• 펌프의 맥동 흡수용
• 충격 압력 완충용
• 유체 이송용
• 2차 회로의 구동(기계의 조정, 보수 준비 작업 등 때문에 주 회로가 정지하여도 2차 회로를 동작시키고자 할 때 사용)
• 압력보상(유압회로 중 오일 누설에 의한 압력이 강하나 폐회로에 있어서의 유온 변화에 수반하는 오일의 팽창, 수축에 의하여 생기는 유량의 변화를 보상)

33 유압기기를 보수 관리할 때 일상 점검 요소가 아닌 것은?

① 작동유의 온도 점검
② 기름 탱크 유면 높이
③ 기기, 배관 등의 누유
④ 작동유의 샘플링 검사

해설
펌프 운전 시 주의(매일 점검)
• 배관 연결부 확인
• 오일 탱크 속의 이물질 여부
• 작동유 온도 점검(유온계 이용)
• 탱크 유량 점검

34 실린더의 부하가 급격히 감소하더라도 피스톤이 급속히 전진하는 것을 방지하기 위하여 귀환 쪽에 일정한 배압을 걸어주기 위한 회로를 구성하고자 한다. 이때 가장 적합하게 사용할 수 있는 밸브는?

①
②
③
④

해설
② 릴리프 밸브
③ 시퀀스 밸브
④ 무부하 밸브

35 2개의 입력 신호 A와 B에 대하여 미리 정한 복수의 조건을 동시에 만족하였을 때에만 출력되는 회로는?

① AND 회로
② OR 회로
③ NOT 회로
④ NOR 회로

해설
② OR 회로(논리합 회로) : 2개 이상의 입력단과 1개의 출력단을 가지며, 어느 입력단에 입력이 가해져도 출력단에 출력이 나타나는 회로
③ NOT 회로 : 1개 입력단과 1개의 출력단을 가지며 입력단에 입력이 가해지지 않을 경우에만 출력단에 출력이 나타나는 회로
④ NOR 회로 : 2개 이상의 입력단과 1개의 출력단을 가지며, 입력단의 전부에 입력이 없는 경우에만 출력단에 출력이 나타나는 회로

36 펌프의 부식 작용 요소로 맞지 않는 것은?

① 온도가 높을수록 부식되기 쉽다.
② 유체 내의 산소량이 많을수록 부식되기 쉽다.
③ 유속이 느릴수록 부식되기 쉽다.
④ 재료가 응력을 받고 있는 부분은 부식되기 쉽다.

해설
펌프의 부식 작용 요소
• 온도가 높을수록 부식되기 쉬우며 또 pH값이 낮다.
• 유체 내의 산소량이 많을수록 부식되기 쉽다.
• 유속이 빠를수록 부식되기 쉽다.
• 금속 표면이 거칠수록 부식이 잘된다.
• 재료가 응력을 받고 있는 부분은 부식되기 쉽다.
• 금속 표면의 돌기부, 캐비테이션 발생 부위, 충격 흐름을 받는 부위는 부식이 되기 쉽다.

37 정기선의 설명으로 틀린 것은?

① 일정한 항로를 공표된 스케줄에 따라 운항하는 선박을 말한다.
② 주로 컨테이너 운송체제이다.
③ 이용자인 화주 입장에서 볼 때 화물포장비가 절감된다.
④ 운항 중에 화물의 도난, 손상사고 등 사고위험성이 높다.

해설
정기선의 컨테이너화로 종전의 운송방식에 비해 화물의 도난, 손상사고가 크게 감소했다.

38 컨테이너의 조건 규정에 속하지 않는 것은?

① 내구성이 있고 반복 사용에 적합한 충분한 강도를 지닐 것
② 운송 도중 내용화물의 단 하나의 운송 형태에 의해 화물의 운송을 용이하도록 설계
③ 운송 형태의 전환 시 신속한 취급이 가능한 장치 구비
④ 화물의 적입과 적출이 용이하도록 설계

해설
운송 도중 내용화물의 이적 없이 하나 또는 그 이상의 운송 형태에 의해 화물의 운송을 용이하도록 설계

39 컨테이너의 용도에 따른 분류로서 바르게 설명되지 않은 것은?

① 냉동 컨테이너 : 냉동화물이나 과일, 야채 등 보랭이 필요한 화물을 운송하기 위한 컨테이너
② 플랫 랙 컨테이너 : 목재, 승용차, 기계류 등과 같이 중량화물을 운송하기 위한 것으로 기둥과 버팀대만 두어서 전후좌우 및 상부에서의 하역이 가능한 컨테이너
③ 솔리드 벌크 컨테이너 : 석탄 및 철광석과 같은 비교적 부피가 크고 단단한 화물을 운송하기 위해 제작된 컨테이너
④ 행어 컨테이너 : 천장에 매달 수 있도록 만들어진 컨테이너

해설
③ 솔리드 벌크 컨테이너 : 주로 곡물, 사료, 화학제품 등을 분말상태로 담는 컨테이너이다.

40 국제운송에 있어서 컨테이너 운송의 중요성이 부각됨에 따라 효율적인 운영을 위하여 컨테이너 터미널이 등장하게 되었다. 컨테이너 터미널의 수행 업무와 관계가 먼 것은?

① 컨테이너를 신속하고 효율적으로 컨테이너선에 선적하거나 양륙
② 트럭과 기차와의 컨테이너화물의 연계운송
③ 항해 용선 계약
④ 공 컨테이너의 집적

해설
컨테이너 터미널은 수출입 컨테이너의 장치와 이송, 공 컨테이너 보관, 컨테이너와 관련 장비・기기의 정비와 수리, 컨테이너의 적양하 작업, 트럭과 기차를 이용한 연계수송 등의 업무를 수행한다.

41 다음 중 컨테이너선에 선적해야 할 선적 예정 컨테이너를 선내 적부 계획에 의거하여 일시적으로 정렬해 두는 컨테이너 터미널의 주요시설은 어느 것인가?

① Quay   ② Container Yard

③ Apron   ④ Marshalling Yard

해설

① Quay(안벽) : 선박을 안전하게 접안하여 화물의 하역 및 승객을 승하선시킬 수 있는 구조물
② Container Yard(CY) : 컨테이너의 인수와 보관을 하는 장소를 말한다. Storage Yard는 공 컨테이너의 장치장으로서 Marshalling Yard 뒤에 위치한다. 넓은 의미의 CY는 Marshalling Yard와 Storage Yard 및 Apron까지를 포함하나 좁은 의미의 CY는 Marshalling Yard만을 뜻한다.
③ Apron : Gantry Crane(대형 공장에 설치된 레일 이동식 크레인)이 설치되어 수출입 화물의 적재·양하작업을 하는 장소를 말한다.

42 컨테이너를 컨테이너선에서 크레인으로 에이프런에 직접 내리고 스트래들 캐리어로 운반하는 방식으로, 컨테이너를 2~3단으로 적재할 수 있어 토지의 효율성이 높고 작업량의 탄력성을 가지지만 장비와 컨테이너의 파손율이 높다는 단점이 있는 방식은?

① 스트래들 캐리어방식
② 트랜스테이너방식
③ 섀시방식
④ 혼합방식

해설

① 컨테이너하역 방식에서 자본투자가 가장 적게 드는 방식은 스트래들 캐리어방식이다.
② 트랜스테이너방식(Transtainer System)은 컨테이너선에서 야드 섀시에 탑재한 컨테이너를 마샬링 야드에 이동시켜 트랜스퍼크레인에 의해 장치하는 방식으로 적은 면적의 컨테이너 야드를 가진 터미널에 가장 적합하며 일정한 방향으로 이동하기 때문에 전산화에 의한 완전 자동화가 가능하다. 단, 물량이 증대될 때 대기시간이 길어진다.
③ 섀시방식(Chassis System)은 시랜드(Sealand)사가 개발하여 운영하는 방식으로, 육상 및 선상에서 크레인으로 컨테이너선에 직접 직상차하는 방식으로 보조 하역기기가 필요 없는 하역방식이다.

43 산업재해율에 해당되지 않는 것은?

① 평균율
② 도수율
③ 연천인율
④ 강도율

해설

산업재해통계율
• 연천인율
• 도수율
• 강도율
• 환산강도율
• 환산도수율

44 소시오그램(Sociogram)이란?

① 집단 내 각 성원의 결합 상태를 나타낸 교우도식을 뜻한다.
② 인간관계론에 있어 비공식 조직의 특성을 뜻한다.
③ 사회생활의 역학적 구조를 뜻한다.
④ 공식 조직 내 각 성원 간의 구조도식을 뜻한다.

해설

소시오메트리 : 집단 구조의 집단 내에서 개인 간의 인기 정도, 지위, 좋아하고 싫어하는 정도, 집단의 응집력

45 사업주의 안전에 대한 책임에 해당되지 않는 것은?

① 안전기구의 조직
② 사고기록 조사 및 분석
③ 안전활동 참여 및 감독
④ 안전방침 수립 및 하달

해설

사고기록 조사 및 분석은 안전관리자가 할 사항이다.

46 안전점검에 있어서 점검 방법에 해당되지 않는 것은?

① 기기점검
② 육안점검
③ 확인점검
④ 기능점검

해설
안전점검
• 육안점검
• 기기점검
• 기능(작동)점검
• 분해(정밀)점검

47 스패너를 힘주어 돌릴 때 지켜야 할 안전사항이 아닌 것은?

① 주위를 살펴보고 나서 조심성 있게 조인다.
② 스패너를 밀지 말고 당기는 식으로 사용한다.
③ 스패너를 조금씩 여러 번 돌려 사용한다.
④ 스패너 자루에 파이프 등을 끼우거나 두 개로 연장시켜 사용하면 훨씬 힘이 덜 든다.

해설
스패너 자루에 파이프 등을 끼우지 않고 사용해야 한다.

48 근로자에게 접촉될 위험이 있는 전기 기계 및 기구에 부속한 코드는 어떤 것을 사용하여야 하는가?

① 물에 대하여 안전한 것을 사용한다.
② 온도에 대하여 안전한 것을 사용한다.
③ 오일에 대하여 안전한 것을 사용한다.
④ 나무의 접촉에 대하여 안전한 것을 사용한다.

해설
물에 의한 감전을 예방하기 위해 방수형으로 된 기기나 기구를 사용해야 한다.

49 기계의 안전조건 중 외관적 안전화에 관계없는 것은?

① 케이스로 내장
② 덮 개
③ 방호장치
④ 색채 조절

해설
방호장치는 기능적 안전화에 속한다.

50 다음 폭발 중 연소 속도가 작지만 발열량이 큰 것이 특징인 폭발은?

① 가스 폭발
② 증기 폭발
③ 분진 폭발
④ 미스트 폭발

해설
분진 폭발은 가스 폭발과 화약 폭발의 중간 상태이고, 방출되는 에너지는 가스 폭발보다 크다.

51 다음은 소방 안전에 관한 사항이다. 틀린 것은?

① 포말 소화기는 유류 화재에 적합하다.
② 탄산가스 소화기는 전기 화재에 적합하다.
③ 건축물의 방화설비로서 방화구조, 구획제한 등을 들 수 있다.
④ 피난용 출구의 문 구조는 안으로 열리는 문(內開)으로 한다.

해설
비상구 및 피난용 출구의 문은 미닫이 문을 설치한다.

52 자연 발화를 방지하는 예방법이 아닌 것은?

① 주위의 온도를 낮춘다.

② 열축적을 방지한다.

③ 착화원을 제거한다.

④ 통풍장치를 한다.

해설

자연 발화는 불씨가 없어도 연소한다.

53 감전에 의해 호흡이 정지한 후에 인공호흡을 즉시 실시하면 소생할 수 있는데, 감전에 의한 호흡 정지 후 1분 이내에 올바른 방법으로 인공호흡을 실시하였을 경우의 소생률은 몇 [%]인가?

① 10[%]　　② 30[%]

③ 70[%]　　④ 95[%]

해설

인공호흡 실시에 의한 소생률

• 1분 경과 : 95[%]

• 3분 : 75[%]

• 5분 : 25[%]

• 6분 : 10[%]

54 다음은 접지 공사별 저항치이다. 틀린 것은?

① 특별 제3종 접지공사 – 10[Ω] 이하

② 제3종 접지공사 – 100[Ω] 이하

③ 제2종 접지공사 – 100[Ω] 이하

④ 제1종 접지공사 – 10[Ω] 이하

해설

제2종 접지 저항치는 $\dfrac{150}{1선지락전류}$ [Ω]

55 전격의 위험도에 대한 설명 중 잘못된 것은?

① 같은 조건이면 교류가 직류보다 더 위험하다.

② 몸이 땀에 젖어 있으면 더 위험하다.

③ 전격시간이 길수록 더욱 위험하다.

④ 전압의 크기는 1차적 요인이다.

해설

• 1차적 감전위험 요인

　– 통전 전류의 세기

　– 통전 전원의 종류

　– 통전 경로

　– 통전 시간

• 2차적 감전위험 요인

　– 인체의 조건

　– 계 절

　– 전 압

56 컨테이너 터미널 작업장 관리에 대한 설명으로 옳지 않은 것은?

① 모든 시설 및 장비는 허가를 받은 담당자가 조작하여야 한다.

② 작업장 내에서 작업 이외의 행동(낚시, 운동 등)을 하여서는 안 된다.

③ 위험표시 구역, 통행금지 구역의 출입은 반드시 감독자의 허가를 받아야 한다.

④ 지정된 장소 이외에서는 무단 화기취급과 흡연을 하여서는 안 된다.

해설

위험표시 구역, 통행금지 구역의 출입은 담당자, 작업지휘자 및 감독자의 허가를 받아야 한다.

57 터미널의 하역운반장비 중 야드 트랙터(Yard Tractor) 운전 안전작업에 대한 설명으로 옳지 않은 것은?

① 운행 중에 졸음 및 신체적으로 이상이 있으면 일단 정지한 상태에서 적절한 예방조치를 취하여야 한다.

② 부두 내에서는 최고 시속 30[km] 이내로 운행하고, 중량물 작업 시에는 시속 10[km] 이내로 서행하여야 한다.

③ 운전자 이외의 근로자 1명 이외에는 탑승시켜서는 안 되며, 특히 빈 차량의 섀시에 근로자를 태워서는 안 된다.

④ 운행 중 야드 트랙터의 작동이 불량한 경우에는 작업을 중지하고, 지휘계통에 따라 보고한 후 정비하여야 한다.

해설
운전자 이외의 근로자를 탑승시켜서는 안 되며, 특히 빈 차량의 섀시에 근로자를 태워서는 안 된다.

58 본선 작업 시 컨테이너 지붕 위나 화물의 상부에서 작업을 할 경우의 준수사항이다. 작업안전에 대한 설명으로 옳지 않은 것은?

① 반드시 추락방지용 안전대를 착용하고, 케이지나 스프레더의 고정지점에 안전대를 부착한 후 작업한다.

② 바닥에는 미끄럼방지처리가 되어 있는 안전화를 신는다.

③ 부두의 순간 최대풍속이 초속 30[m] 이상일 때는 작업을 중지한다.

④ 래싱 도구는 한 손에 하나씩 운반한다.

해설
바람이 심해지거나 갑작스런 돌풍이 불 경우에는 작업을 중지하여야 한다. 특히 부두의 순간 최대풍속이 초속 20[m] 이상일 때는 작업을 중지한다.

59 다음 컨테이너 야드(Yard)작업 안전에 대한 설명으로 옳지 않은 것은?

① 모든 차량은 안전표지판 또는 방향지시판에 주의하여야 하고, 교차로에서는 일단정지를 하여야 한다.

② 야드 주변을 이동할 때에는 반드시 구획으로 표시된 지역 또는 보행자 통로를 이용하여야 한다.

③ 장비가 이동 중인 경우에 모든 작업자는 보행자 전용도로에 있어야 한다.

④ 리치 스태커, 프런트 엔드 톱픽 로더 등으로 컨테이너를 들고, 부두 내 도로를 200[m] 이상 이동하여서는 안 된다.

해설
장비가 이동 중인 경우에 모든 작업자는 안전장소에 있어야 하며, 장비가 작동 중인 경우에 검수자 등 하역관계자는 자신의 지정 위치나 보행자 전용도로에 있어야 한다.

60 다음 그림과 같은 안전 표지판이 나타내는 것은?

① 비상구
② 출입금지
③ 인화성 물질경고
④ 보안경 착용

해설
출입금지를 나타내는 안전표지판이다.

01 롱 백 리치형 컨테이너크레인의 설명으로 옳지 않은 것은?

① 섀시의 통행에 도움을 주는 레인(Lane)이 있다.

② A형 및 수정 A형 구조를 작업상의 목적에 맞게 변형한 구조이다.

③ 백 리치 붐 부분에 선박의 해치 커버(Hatch Cover)가 있다.

④ 스프레더(Spreader)의 유지보수를 위해 마련된 구간이 있다.

해설
스팬 안에 레인(Lane)으로 구분하여 섀시의 통행에 도움을 주는 것은 롱 스팬형이다.

02 컨테이너크레인에 대한 설명으로 옳지 않은 것은?

① 스프레더의 형식(ISO)은 20, 35, 40, 45피트이다.

② 운전가능 최대 풍속은 16[m/sec], 계류 최대풍속은 70[m/sec]이다.

③ 크기를 나타내는 기준은 아웃리치의 길이이다.

④ 실제 아웃리치 동작거리는 스프레더가 지상에서 권상 정지로터리 리밋 스위치까지의 거리를 말한다.

해설
④는 실제 호이스트 동작거리이다. 실제 아웃리치 동작거리는 해상측 레일에서 해상측 정지로터리 리밋 스위치까지의 거리를 말한다.

03 RMQC(Rail Mounted Quayside Crane)의 설명으로 옳지 않은 것은?

① 컨테이너 하역용으로 특별히 설계된 크레인으로 부두의 안벽에 설치되어 에이프런에서 선박과 평행하여 주행한다.

② 작업 시에 빔이 선박 상에 돌출하면 이 빔을 따라서 트롤리가 횡행하여 트롤리의 하부에 있는 스프레더(Spreader)의 훅(Hook)을 유압으로 신축하여 컨테이너를 집었다 놓았다 하여 선박에 하역한다.

③ 컨테이너화할 수 없는 대형화물도 취급할 수 있는데, 이 경우에는 스프레더(Spreader) 대신 리프팅 빔(Lifting Beam)을 사용하여 일반화물에 하역하기도 한다.

④ 대소형 구분에 따라 컨벤셔널형(Conventional Type), 1세대형(1st Generation Type)으로 나누기도 한다.

해설
대소형 구분에 따라 컨벤셔널형(Conventional Type), 4세대형(4th Generation Type)으로 나누기도 하고, 크레인의 형상에 따라 Modified A-Frame Type, Articulated Type, Low Profile Type으로 구분하며, 트롤리 형식에 따라 로프트롤리식, 세미로프트롤리식, 그라브트롤리 형식으로 구분한다.

04 컨테이너 하역장비에 대한 설명으로 옳지 않은 것은?

① 하역기계는 설치 위치에 따라 부두 위에 설치된 것, 선박 자체가 갖추고 있는 것, 대선상에 비치된 것으로 대별할 수 있다.

② 잡화의 하역에는 포크 리프트, 모빌 크레인, 벨트 컨베이어 등 이동식 기계가 많이 이용된다.

③ 미국 등에서는 거의가 부두에 있는 하역기계에 의하여 하역이 이루어진다.

④ 마스트크레인(Mast Crane)은 선박 자체에 설치된 하역기계이다.

> **해설**
> 유럽에서는 거의가 부두에 있는 하역기계에 의하여 하역이 이루어지지만 미국 등에서는 선내의 하역기계(예를 들면 마스트크레인)를 주로 이용한다.

05 컨테이너 하역장비 기초시설에 대한 설명으로 옳지 않은 것은?

① 주행레일(Travelling Rail)은 주로 장비에 전력이 공급되지 않고 엔진으로 사용하는 타이어식 크레인의 주행로를 말한다.

② 엔드 스토퍼(End Stopper)란 주행레일의 양 끝단에 설치되어 크레인이 더 이상 주행하지 않도록 주행을 제한하여 주는 안전장치이다.

③ 타이다운로드는 크레인의 수직이동을 방지하는 지하시설물인 타이다운과 수평이동을 방지하는 핀컵을 크레인과 연결해 고정시키는 장치이다.

④ 핀컵홀(Stowage Pin Cup)이란 휴지(작업중지) 시 C/C에 부착된 장비 계류용 핀을 핀컵에 고정시켜 크레인이 강풍 등 외부요인에 의해 이동하는 것을 방지하는 시설이다.

> **해설**
> ①은 런 웨이(Run Way)의 설명이다. 주행레일(Travelling Rail)은 안벽 하역장비나 레일식 야드장비(철도용 야드장비 포함)의 주행을 위하여 설치되는 레일이다.

06 로프 장력 조정장치에 대한 설명으로 옳지 않은 것은?

① 유압 실린더에 의하여 운전 중에 트롤리 와이어로프의 처짐을 방지한다.

② 붐을 기립할 때 로프의 길이를 고정하여 트롤리 와이어로프의 손상을 방지한다.

③ 작업 시 트롤리의 와이어로프에 텐션을 준다.

④ 로프의 신장을 흡수하여 트롤리가 원활하고 안전한 운전이 되도록 한다.

> **해설**
> 로프 장력 조정장치는 붐을 기립할 때 로프의 길이 변화를 흡수하여 트롤리 와이어로프의 파손 및 절단을 방지하여 준다.

07 다음 유압장치의 구성으로 옳지 않은 것은?

① 압력과 전기로 작동되는 밸브류

② 준위, 온도, 필터 스위치가 달린 1개의 오일 탱크

③ 내부 위치 인코더를 갖는 2개의 실린더

④ 전동기가 장착된 2개의 주 유압펌프

> **해설**
> 실린더는 4개이다. 그 외에 DC 제어회로를 위한 공급전원을 포함한 제어 패널, 110[%]의 과부하와 로프 이완감지용 압력 스위치 등으로 구성된다.

08 스프레더(Spreader)에 대한 설명으로 옳지 않은 것은?

① 스프레더 장치는 컨테이너의 네 모서리에 콘을 끼워 90°로 회전하여 컨테이너 잠김과 풀림 상태를 확인하는 텔레스코픽 기능이 있다.

② 스프레더의 기능은 운전석이나 현장 조작반에서 조작이 가능하다.

③ 운전자는 운전석 또는 현장 조작반의 "펌프 기동" 또는 "펌프 정지" PBS를 조작하여 스프레더를 작동할 수 있다.

④ 현장 조작반에서의 조작은 유지보수 목적으로 사용되며, 이 경우 트롤리는 주차 위치에 있어야 한다.

> **해설**
> **스프레더 장치의 기능**
> • 플리퍼 기능 : 컨테이너를 잘 집을 수 있도록 네 모서리에 안내판 역할
> • 트위스트 록 기능 : 컨테이너의 네 모서리에 콘을 끼워 90°로 회전하여 컨테이너 잠김과 풀림 상태를 확인하는 기능
> • 텔레스코픽 기능 : 컨테이너(20, 40, 45피트)에 맞출 수 있도록 늘이고 줄이는 기능

09 컨테이너크레인에 대한 설명으로 옳지 않은 것은?

① 주행장치를 보기 또는 갠트리 장치로 불린다.

② 틸팅 디바이스란 컨테이너의 놓인 상태에 따라 스프레더를 기울일 수 있는 장치이다.

③ 안티-스내그는 스프레더가 권상 시 홀드, 셀 가이드 등에 걸리면 동작한다.

④ 안티 스웨이 장치는 붐 호이스트의 흔들림을 제어하는 장치이다.

> **해설**
> 안티 스웨이 장치는 헤드블록과 스프레더의 흔들림을 제어하는 장치이다.

10 강심(鋼芯)로프의 선정에 관한 설명 중 적합하지 않은 것은?

① 큰 절단하중을 필요로 하는 경우

② 신율을 적게 할 필요가 있을 경우

③ 고온에서 사용하는 경우

④ 부식을 적게 하여야 할 경우

> **해설**
> 강심은 와이어로프의 중심에 해당되는 것으로 ①, ②, ③ 등이 고려사항이다.

11 와이어로프를 선정할 때 주의해야 할 사항이 아닌 것은?

① 용도에 따라 손상이 적게 생기는 것을 선정한다.

② 하중의 중량이 고려된 강도를 갖는 로프를 선정한다.

③ 심강(Core)은 사용 용도에 따라 결정한다.

④ 높은 온도에서 사용할 경우 반드시 도금한 로프를 선정한다.

> **해설**
> 사용 환경상 부식이 우려되는 곳에서는 도금 로프를 사용해야 한다.

12 와이어로프 소선의 질변화란?

① 로프가 킹크되는 경우

② 활차의 로프 홈이 나쁜 경우

③ 로프가 마모되는 경우

④ 물리적 원인으로 로프의 표면경화 또는 피로에 의한 변화

> **해설**
> 반복되는 와이어로프의 굽힘과 인장은 소선에 피로를 발생시키고, 결국 피로 파괴를 일으킨다.

13 와이어로프의 열 영향에 의한 재질 변형의 한계는?

① 50[℃]

② 100[℃]

③ 200~300[℃]

④ 300~400[℃]

해설
와이어로프의 열 변형 한계온도는 200~300[℃]이고, 고온으로 갈수록 강도가 저하된다.

14 훅(Hook)의 안전계수는 얼마가 가장 적당한가?

① 3 이상

② 7 이상

③ 5 이상

④ 9 이상

해설
산업안전기준에 의하면 줄걸이용 체인, 와이어로프, 섀클, 훅 및 링의 안전계수는 5 이상이다.

15 와이어로프의 지름이 36[mm]일 때 클립의 최소 수는 몇 개인가?

① 3 ② 4

③ 5 ④ 6

해설
와이어로프 직경에 따른 클립 수

로프 직경(mm)	클립 수
16 이하	4개
16 초과 28 이하	5개
28 초과	6개 이상

16 줄걸이 작업을 가장 바르게 설명한 것은?

① 한 줄로 매달면 작업이 편리하다.

② 반걸이를 하여 작업의 능률을 높인다.

③ 원칙적으로 눈걸이를 하여 짐을 매다는 것이 안전하다.

④ 가는 와이어로프일 때는 어깨걸이를 한다.

해설
① 한 줄로 매달면 중심이 잡히지 않아 위험하다.
② 반걸이는 미끄러지기 쉽다.
④ 가는 와이어로프일 때는 짝감아걸이를 한다.

17 컨테이너크레인 스프레더 램프박스의 램프 색상이 바르지 않은 것은?

① 트위스트 풀림 램프 – 녹색

② 트위스트 잠김 램프 – 황색

③ 스프레더 착상 램프 – 노란색

④ 플리퍼 상승 – 녹색

해설
② 트위스트 잠김 램프 – 적색

18 3상 권선형 유도 전동기의 전류 제한 및 속도 조정 목적으로 사용되는 것은?

① 브러시(Brush)

② 2차 저항기

③ 회전자(Rotor)

④ 슬립링(Slip Ring)

해설
2차 저항기는 권선형 전동기의 2차측에 접속되어 제어반 또는 컨트롤러에 의해 저항값의 크기를 조절하여 전동기 속도를 제어하는 기구이다.

19 권선형 유도 전동기의 극수가 6극, 60[Hz]이면 정격회전속도는 몇 [rpm]인가?(단, 슬립은 3[%])

① 1,170

② 1,150

③ 1,145

④ 1,164

해설

$\dfrac{120 \times 60[Hz]}{6극} \times 0.97 = 1,200 \times 0.97 = 1,164[rpm]$

(슬립 3[%]이므로 0.97로 계산)

20 직류 전동기의 구성 요소 중 주 전류를 통하게 하며 회전력을 발생시키는 부분은?

① 계 자   ② 브러시

③ 전기자   ④ 정류자

해설

③ 전기자 : 회전하는 부분으로 철심과 전기자 권선으로 되어 있다.

① 계자 : 자속을 얻기 위한 자장을 만들어 주는 부분으로 자극, 계자 권선, 계철로 되어 있다.

② 브러시 : 회전하는 정류자 표면에 접촉하면서, 전기자 권선과 외부 회로를 연결하여 주는 부분이다.

④ 정류자 : 전기자 권선에 발생한 교류 전류를 직류로 바꾸어 주는 부분이다.

21 전동기 과부하 시 회로 및 기기의 보호용으로 사용되는 것은?

① 퓨 즈

② 타이머

③ 서머 릴레이

④ 노 퓨즈 브레이크

해설

① 퓨즈 : 정격 전류가 일정시간 이상 흘렀을 때 용단되는 것이며 주로 회로의 보호에 쓰인다.

③, ④ 서머 릴레이, 노 퓨즈 브레이크 : 정격 전류에 의한 저항 열이 축적돼 일정 온도 이상이 되면 작동하며, 주로 기기의 보호에 쓰인다.

22 다음 중 변위 센서에 해당하는 것은?

① 와전류식 센서

② 동전형 센서

③ 압전형 센서

④ 기전력 센서

해설

변위 센서의 종류 : 와전류식, 전자광학식, 정전 용량식 등

23 시퀀스 제어에 사용되는 지령용 기기에 속하지 않는 것은?

① 캠 스위치

② 압력 스위치

③ 토글 스위치

④ 텀블러 스위치

해설

제어 지령용 기기에는 푸시 버튼 스위치, 토글 스위치, 실렉터 스위치, 캠 스위치, 로터리 스위치, 키보드 스위치, 텀블러 스위치 등이 있다.

24 PLC의 성능이나 기능을 결정하는 중요한 프로그램으로 PLC 제작회사에서 직접 ROM에 써 넣는 것은?

① 데이터 메모리
② 시스템 메모리
③ 수치 연산 제어 메모리
④ 사용자 프로그램 메모리

> **해설**
> ② ROM(Read Only Memory) 사용
> ①, ④ RAM(Random Access Memory) 사용

25 자석에서 발생되는 자력에 의하여 스위치 작동을 행하는 것은?

① 로드셀
② 용량형 센서
③ 리드 스위치
④ 초음파 센서

> **해설**
> 리드 스위치(Reed Switch) : 마그네트에서 발생하는 외부 자기장을 검출하는 자기형 근접 감지기로 매우 간단한 유접점 구조를 가지고 있다.

26 수평 원관 속을 흐르는 유체에 대한 다음 설명 중 옳은 것은?(단, 에너지 손실은 없다고 가정한다)

① 유체의 압력과 유체의 속도는 제곱 특성에 비례한다.
② 유체의 속도는 압력과는 관계가 없다.
③ 유체의 속도는 압력에 비례한다.
④ 유체의 속도가 빠르면 압력이 낮아진다.

> **해설**
> 베르누이의 정리 : 점성이 없는 비압축성의 액체가 수평 관을 흐를 경우, 에너지 보존의 법칙에 의해 성립되는 관계식의 특성을 말한다(관 속에서 에너지 손실이 없다고 가정하면, 즉 점성이 없는 비압축성의 액체는 에너지보존법칙으로부터 유도될 수 있다).
> • 압력수두 + 위치수두 + 속도수두 = 일정
> • 수평관로에서는 단면적이 작은 곳에서 압력이 낮다(왜냐하면, 압력 에너지가 속도 에너지로 변환하기 때문).

27 기어 펌프의 특징으로 맞는 것은?

① 구조가 간단하다.
② 소음과 진동이 적다.
③ 기름 속에 기포가 발생하지 않는다.
④ 점성이 큰 액체에서는 회전수를 크게 해야 한다.

> **해설**
> **기어 펌프의 특징**
> • 구조가 간단하고 비교적 가격이 싸다.
> • 신뢰도가 높고 운전 보수가 용이하다.
> • 입·출구의 밸브가 없고 왕복 펌프에 비해 고속 운전이 가능하다.

28 공동현상(Cavitation)의 발생 원인 중 거리가 먼 것은?

① 펌프를 규정 속도 이상으로 고속 회전시켰을 때
② 패킹부에 공기 흡입
③ 흡입필터가 막히거나 유온이 저하된 경우
④ 과부하이거나 급격하게 유로를 차단한 경우

> **해설**
> 유동하고 있는 액체의 압력이 국부적으로 저하되어, 포화 증기압 또는 공기 분리압에 달하여 증기를 발생시키거나 또는 용해 공기 등이 분리되어 기포를 일으키는 현상. 이것들이 터지게 되면 국부적으로 초고압이 생겨 소음 등을 발생시키는 경우가 많다.

29 다음 중 2차 압력을 일정하게 만들 수 있는 밸브는?

① 감압 밸브　　② 릴리프 밸브
③ 시퀀스 밸브　　④ 무부하 밸브

① 감압 밸브(Reducing Valve) : 고압의 압축유체(입구)를 감압
시켜 사용 조건이 변동되어도 설정공급압력(출구)을 일정하게
유지시킨다.

30 토출관이 짧은 저양정 펌프(전 양정 약 10[m] 이
하)에 사용되는 역류 방지 밸브는?

① 게이트 밸브
② 푸트 밸브
③ 플랩 밸브
④ 슬루스 밸브

③ 플랩 밸브(Flap Valve) : 관로에 설치한 힌지로 된 밸브판을
가진 밸브, 스톱 밸브 또는 역지 밸브로 사용

31 유체의 유량, 흐름의 단속, 방향 전환, 압력 등을
조절할 때 사용하는 밸브의 종류가 아닌 것은?

① 스톱 밸브　　② 슬루스 밸브
③ 안전 밸브　　④ 집류 밸브

④ 집류 밸브 : 2개의 유압회로에서의 유량을 일정 비율로 집합하
는 기능을 가진 밸브

32 유압에서 압력 보상, 충격 흡수, 맥동 방지를 위해
어큐뮬레이터를 사용한다. 다음 중 어큐뮬레이터
에 충전하여 사용하는 가스는?

① 산 소　　② 수 소
③ 염 소　　④ 질 소

봉입가스는 질소 가스 등으로 불활성 가스 또는 공기압(저압용)을
사용하며, 산소 등의 폭발성 기체를 사용해서는 안 된다.

33 다음 중 유압 작동유의 점도가 너무 낮을 경우 발생
되는 현상이 아닌 것은?

① 내부 누설 및 외부 누설
② 마찰 부분 마모 증대
③ 정밀한 조절과 제어 곤란
④ 작동유의 응답성 저하

점도가 너무 낮은 경우
• 각 부품의 누설(내·외부) 손실이 커짐(용적효율 저하)
• 마찰 부분의 마모 증대(기계 수명 저하)
• 펌프 효율 저하에 따른 온도 상승(누설에 따른 원인)
• 정밀한 조절과 제어 곤란

34 다음 기호의 명칭으로 맞는 것은?

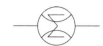

① 적산 유량계　　② 회전 속도계
③ 토크계　　　　④ 유면계

> **해설**

회전 속도계	토크계	유면계

35 입력회로가 '0'이면 출력은 '1', 입력신호가 '1'이면 출력이 '0'이 되는 논리 회로는?

① AND 회로　　② NOT 회로
③ OR 회로　　　④ NAND 회로

> **해설**
> 출력이 입력의 부정이 되는 회로는 NOT 회로이다.

36 펌프 축에 설치된 베어링의 이상고온 현상의 원인이 아닌 것은?

① 윤활유의 부족
② 축 중심의 일치
③ 베어링 장치 불량
④ 축 추력의 발생

> **해설**
> • 정상적인 베어링의 온도 : 주위의 온도보다 40[℃] 정도 높으면 정상이며, 그 이상 높으면 이상고온으로 판단한다.
> • 이상고온의 원인
> 　– 순환계통의 불량
> 　– 급유 부족
> 　– 베어링 메탈과 축 중심의 어긋남(축 추력 발생)
> 　– 모터와 펌프의 무리한 직결 상태

37 다음은 정기선 화물 종류에 대한 설명이다. 이 중 잘못 설명된 것은?

① 정량화물(Clean Cargo) – 포장이 잘되고 그 내용물도 청결, 건조한 것으로서 다른 화물과 혼재 접촉하여도 다른 화물을 손상시킬 우려가 없는 화물을 말한다.
② 조잡화물(Rough Cargo) – 오염, 흡습, 융해 또는 분말이나 악취를 발산하여 다른 화물도 오손시킬 우려가 있는 화물로서 생피혁, 어분, 시멘트 등이 이에 속한다.
③ 발화성 화물(Flammable Cargo) – 아세틸렌가스, 탄산가스, 일산화탄소 등 압축 또는 액화하여 용기에 넣은 것으로 폭발의 위험을 내포하고 독성을 가진 화물을 말한다.
④ 유독성 화물(Poisonous Cargo) – 접촉하면 사람의 피부가 상하고 호흡하면 내장이 상할 우려가 있는 것으로 호산, 유산, 암모니아 가스 등이 해당된다.

> **해설**
> 발화성 화물은 휘발유, 알코올, 성냥 등의 가연성 가스를 발생시키거나 자연발화가 쉬운 화물을 말한다. ③의 내용은 압축·액화가스를 설명하는 것이다.

38 컨테이너가 갖춰야 할 조건으로 틀린 것은?

① 일정한 크기 이하의 용적 구비
② 반복 사용이 가능한 제 조건 구비
③ 운송수단의 전환 시 내용물의 이적 없이 안전하고 신속한 운반 가능
④ 화물의 적재, 적출 시 필요한 구조 및 봉인장치 완비

> **해설**
> 일정한 크기 이상의 용적을 구비해야 한다.

39 다음은 컨테이너 취급시설과 관련된 약어(略語)가 아닌 것은?

① CFS
② ODCY
③ CY
④ NVOCC

해설
NVOCC(Non-Vessel Operating Common Carrier)는 무선박운송인으로 포워더를 의미한다.

40 다음 중 컨테이너 터미널의 구비 요건 중 틀린 것은?

① 컨테이너선의 안전한 접안 및 계류가 가능해야 하고 컨테이너 하역용 갠트리크레인이 설치되어 있어야 한다.
② 컨테이너를 육상운송수단에 신속하고 정확하게 연계할 수 있는 시설을 갖추고 있어야 한다.
③ 소량의 컨테이너를 신속하고 정확하게 처리할 수 있는 시스템을 갖추고 있어야 한다.
④ 발달된 도로망이나 충분한 운송능력을 갖춘 철도 등과 직접 연결되어 있어야 한다.

해설
③ 대량의 컨테이너를 동시에 수용할 수 있는 넓은 CY나 CFS를 갖추고 있어야 한다.

41 다음 중 컨테이너 터미널에 대한 설명과 거리가 먼 것은?

① 마샬링 야드(Marshalling Yard)는 에이프런과 인접하여 설치되는 경우가 많다.
② 컨테이너 야드(CY)는 경계선이 명확하지 않으나 일반적으로 마샬링 야드의 배후에 배치되어 있다.
③ LCL은 컨테이너 하나에 채우기 부족한 화물을 말하며, FCL은 컨테이너 1개를 가득 채울 수 있는 화물을 말한다.
④ 선석(Berth)은 컨테이너선에 선적해야 할 선적 예정 컨테이너를 사전계획에 의해 순서대로 쌓아올린 장소이다.

해설
④는 마샬링 야드(Marshalling Yard)를 말한다.
선석(Berth) : 선박을 항만 내에서 계선시키는 시설을 갖춘 접안 장소

42 컨테이너선에서 야드 섀시에 탑재한 컨테이너를 마샬링 야드에 이동시켜 트랜스퍼크레인에 의해 장치하는 방식으로, 적은 면적의 컨테이너 야드를 가진 터미널에 가장 적합하며 일정한 방향으로 이동하기 때문에 전산화에 의한 완전 자동화가 가능한 방식은?

① 스트래들 캐리어방식 ② 트랜스테이너방식
③ 섀시방식   ④ 혼합방식

43 다음 중 강도율을 나타내는 것은?

① 연근로시간 1,000시간당 발생한 재해자수
② 연근로시간 1,000,000시간당 발생한 재해자수
③ 연근로시간 1,000시간당 발생한 근로손실일수
④ 연근로시간 1,000,000시간당 발생한 재해건수

해설
$$강도율(SR) = \frac{근로손실일수}{연근로시간수} \times 1,000$$

44 일반적인 안전대책 수립은 어떤 방법에 의해 실시되는가?

① 계획적 방법
② 통계적 방법
③ 경험적 방법
④ 사무적 방법

해설
통계적 방법은 재해율에 근거하여 대책을 수립한다.

45 다음 그림의 표지판이 나타내는 것은?

① 녹십자표지
② 출입금지표지
③ 인화성물질 경고
④ 보안경 착용

46 플리커법(Flicker Test)이란?

① 혈중 알코올 농도를 측정하는 방법이다.
② 체내 산소량을 측정하는 방법이다.
③ 작업 강도를 측정하는 방법이다.
④ 피로의 정도를 측정하는 방법이다.

해설
단속광 테스트법이라고도 하며 작업에 대한 피로를 측정하는 방법이다.

47 가스 용접용 충전가스 용기의 보관 온도로 맞는 것은?

① 40[℃] 이하
② 45[℃] 이하
③ 50[℃] 이하
④ 55[℃] 이하

해설
가스용기는 40[℃] 이하의 온도에 보관한다.

48 압축공기를 사용하는 공구에 반드시 필요한 장치는?

① 압력조정 장치
② 속도조정 장치
③ 완충장치
④ 급정지 장치

해설
압축공기의 압력을 일정하게 유지시키기 위하여 압력조정 장치가 필요하다.

49 컨베이어 작업 직전의 점검 사항이 아닌 것은?

① 볼트의 풀림 유무
② 방지장치 기능의 이상 유무
③ 풀리 기능의 이상 유무
④ 비상정지장치 기능의 이상 유무

50 분진 폭발을 일으키지 않는 물질은?

① 알루미늄 분진

② 시멘트 분진

③ 마그네슘 분진

④ 규소가루 분진

해설
분진 폭발은 금속분, 농산물, 석탄, 유황, 합성섬유 등에서 일어난다.

52 산소 결핍이라 함은 공기 중의 산소 농도가 몇 [%] 미만인 상태를 말하는가?

① 16   ② 17

③ 18   ④ 19

해설
산소 결핍증이란 산소 농도가 18[%] 미만인 것을 말하며, 산소 농도가 16[%] 미만일 경우는 직결식 방진·방독 마스크 착용을 금지한다.

53 누전차단기가 보통형인 경우 몇 초 이내에 동작하는가?

① 0.1   ② 0.2

③ 0.3   ④ 0.7

해설
보통형은 200[ms]이므로 0.2초 이내에 동작해야 한다.

51 위험물이 존재하는 곳의 화기 관리 중 잘못된 것은?

① 위험물, 가연성 분진 또는 화학류 등에 의한 폭발, 화재의 발생 위험이 있는 곳에는 고온이 될 우려가 있는 기계 및 공구는 사용하지 않는다.

② 환기가 불충분한 장소에서 용접 등의 화기를 사용하는 작업을 할 때에는 통풍 또는 환기를 위해서 산소를 사용한다.

③ 소각장을 설치할 때는 불연성 재료를 사용한다.

④ 가열로, 소각로 등의 화재 발생 위험설비와 다른 가연성 물체와의 사이는 안전거리 유지 및 불연성 물체를 차열재료로 하여 방호해야 한다.

54 저압전로의 사용전압과 절연저항치가 서로 일치하지 않는 것은?

① 대지전압 150[V] 이하인 경우 : 0.1[MΩ] 이상

② 150[V]를 넘고 300[V] 이하인 경우 : 0.2[MΩ] 이상

③ 300[V]를 넘고 400[V] 이하인 경우 : 0.3[MΩ] 이상

④ 400[V]를 넘는 경우 : 0.3[MΩ] 이상

해설
400[V] 이상은 0.4[MΩ] 이상이며 절연저항치는 수치가 클수록 절연 성능이 좋다. 저압은 직류 750[V] 이하를 말하고 교류는 600[V] 이하를 말한다.

55 피뢰침을 단독으로 접지할 경우 접지저항[Ω]은?

① 10[Ω]

② 20[Ω]

③ 50[Ω]

④ 100[Ω]

해설
피뢰침은 제1종 접지에 해당되며, 접지저항은 10[Ω] 이하이다.

56 컨테이너 터미널 작업장 관리에 대한 설명으로 옳지 않은 것은?

① 작업장에는 사고 발생에 대비하여 사고처리 및 응급처리 절차가 수립되어 있어야 하며, 관계자는 이를 자세히 알고 있어야 한다.

② 터미널 내에서 통행을 하는 경우에 모든 출입자는 셔틀버스를 이용하여야 한다.

③ 부두 또는 안벽의 선을 따라 통로를 설치하는 때에는 그 폭을 90[cm] 이상으로 하여야 하며, 통로에는 컨테이너를 적치하여서는 안 된다.

④ 크레인 주행로 및 주행로 주변은 항상 정리정돈되어 있어야 한다.

해설
터미널 내에서 통행을 하는 경우에 모든 출입자는 지정된 보행통로를 이용하거나, 터미널 운영사에서 제공하는 셔틀버스를 이용하여야 한다.

57 터미널의 하역운반장비 중 리치 스태커(Reach Stacker) 및 프런트 엔드 톱픽 로더(Front End Top-pick Loader) 운전 안전작업에 대한 설명으로 옳지 않은 것은?

① 주행 시 스프레더를 20[ft](6[m]) 상태로 하고, 전방 시야가 확보되도록 최대한 내려서 주행하여야 한다.

② 2개의 장비로 같은 통로에서 동시에 작업하는 경우에는 최소한 컨테이너 한 개 거리인 100[ft](30[m]) 정도의 거리를 유지하여야 한다.

③ 작업 후 주차 시에는 스프레더 및 포크를 지면에 밀착시키고, 지정된 장소에 주차하여야 한다.

④ 리치 스태커는 중량물 취급 시 최고 시속 10[km] 이하로 운행하고, 프런트 엔드 톱픽 로더는 시속 10~15[km]로 운행하여야 한다.

해설
2개의 장비로 같은 통로에서 동시에 작업하는 경우에는 최소한 컨테이너 한 개 거리인 40[ft](12[m]) 정도의 거리를 유지하여야 하고, 2개의 장비로 맞은편에서 동시에 작업하는 경우 컨테이너와 컨테이너 사이의 거리는 최소 100[ft](30[m]) 이상을 유지하여야 한다.

58 본선 작업 시 래싱 콘 부착 및 해체작업의 안전에 대한 설명으로 옳지 않은 것은?

① 래싱 작업은 최소한 2인 1조로 작업하여 비상시를 대비하여야 한다.

② 래싱 콘을 푼 후에는 바스켓 안에 넣고, 바스켓을 래싱 케이지 안으로 옮기고, 갑판 쪽으로 크레인을 사용하여 내려야 한다.

③ 래싱 콘을 해체한 후에는 각각의 콘-박스에 담아 해치 커버 위에 보관한다.

④ 턴버클에는 래싱에 필요한 충분한 긴장력이 부여되어야 하며, 지나치게 조이지 않도록 조임 토크 값에 대한 훈련을 이수한 자를 배치하여야 한다.

해설
래싱 콘을 해체한 후에는 각각의 콘-박스에 담아 두어야 하며, 해치 커버 위나 선박의 통로에 두지 않도록 한다.

59 다음 컨테이너 야드(Yard) 작업 시 차량계 하역운반기계로 컨테이너를 취급하는 작업의 경우 안전규칙으로 옳지 않은 것은?

① 권상 전 부착 도구가 컨테이너 코너캐스트에서 완전히 이탈된 후 컨테이너가 안착되어 있는지를 확인하여야 한다.

② 적하 또는 양하되는 컨테이너에 대하여 항상 스프레더, 로드 핀 등 정확한 부착도구를 사용하여야 한다.

③ 컨테이너(특히 12[m]용)를 운반 또는 예인하거나 코너를 돌 경우에는 항상 여유 공간이 있는 상태에서 장비를 조작하여야 한다.

④ 가능한 한 도로 전방을 잘 볼 수 있는 운전 위치와 방향을 선택하여야 한다.

해설
권상 전 스프레더 등 부착 도구가 적절하게 컨테이너의 코너캐스트에 맞물려 있는지를 확인하고, 해체 전에 부착 도구가 컨테이너 코너캐스트에서 완전히 이탈된 후 컨테이너가 안착되어 있는지를 확인하여야 한다.

60 다음 컨테이너 위험물 하역작업 안전에 대한 설명으로 옳지 않은 것은?

① 보관된 위험화물의 유형별 파악과 인화성물질, 가연성물질 등 내용물 누출과 이상 유무를 확인하여야 한다.

② 집하장의 보관 능력을 감안하여 사전에 위험물안전관리자에게 반입 통제 및 반출을 알려야 한다.

③ 위험화물 작업과 관련한 소방시설, 안전장구, 게시판 및 표지판은 수시로 확인하고 보수하여야 한다.

④ 위험물은 반드시 직선적 및 직반출시켜야 하며, 양하 시 트레일러가 도착하지 않았을 때에는 작업계획을 변경하여 다른 컨테이너를 우선 작업한다.

해설
집하장의 보관 능력을 감안하여 사전에 선사 또는 화주에게 반입 통제 및 반출을 알려야 한다.

58 ③ 59 ① 60 ② **정답**

01 갠트리크레인의 설명으로 옳지 않은 것은?

① 작업을 회전형태로 하는 선회형크레인이다.
② 붐 또는 거더에 설치된 레일을 주행하는 트롤리를 이용하여 직선방향으로 하는 크레인의 총칭이다.
③ 컨테이너크레인, 트랜스퍼크레인이 해당된다.
④ 언로더(석탄, 광석용 등), BTC(Bridge Type Crane) 등이 있다.

해설
갠트리크레인은 크레인의 하부 구조가 문(門) 또는 다리(橋) 형태로서 비회전식이다.

02 컨테이너크레인의 휠 베이스에 대한 설명으로 옳은 것은?

① 앞쪽 트롤리 휠의 중심에서 뒤쪽 트롤리 휠 중심까지의 거리
② 좌측 트롤리 레일 중심에서 우측 트롤리 레일 중심까지의 거리
③ 앞 차축 중심에서 뒤 차축 중심까지의 거리
④ 좌측 버퍼 끝단에서 추측 버퍼 끝단까지의 거리

해설
① 트롤리 휠 베이스
② 트롤리 스팬
④ 버퍼 간 거리

03 컨테이너 하역장비에 대한 설명으로 옳지 않은 것은?

① 리치 스태커는 컨테이너의 적재 및 위치이동, 교체 등에 사용되는 장비이다.
② 리치 스태커는 마스트(Mast : 하중을 상하로 이동)를 갖추고 이동 장소 간의 화물운송을 한다.
③ 스트래들 캐리어는 주 프레임 내에서 컨테이너를 올리고 운반하는 장비이다.
④ 야드 섀시(Yard Chassis)는 컨테이너크레인에 의해 하역된 컨테이너 박스를 야드크레인인 트랜스퍼크레인이 취급 가능하도록 이송하는 중간 운송 장비로서 사용된다.

해설
마스트(Mast : 하중을 상하로 이동)를 갖추고 이동 장소 간의 화물 운송을 하는 장비는 포크 리프트(Fork Lift)이다.

04 컨테이너 하역장비 기초시설에 대한 설명으로 옳지 않은 것은?

① 터닝 패드(Turning Pad)란 주로 타이어식 트랜스퍼크레인의 주행방향을 90°로 바꿔줄 때 크레인이 정지상태에서 주행부를 제자리에서 회전판을 이용하여 90°로 회전시켜 주는 시설이다.

② 타이다운용 기초매설물(Lug for Tie Down)이란 레일식 크레인에서 장비의 휴지 작업 또는 태풍 등의 내습 시에 장비에 설치된 타이다운 로드(Tie Down Rod)를 지상에 핀으로 연결하여 결속하여 주는 데 사용하는 기초에 매설된 고리를 말한다.

③ 타이다운용 기초매설물은 컨테이너크레인 정비 시(주행 바퀴수리 등) 컨테이너크레인을 들어 올리거나 내릴 수 있도록 일정한 장소에 설치해 놓은 작업용 철판을 말한다.

④ 스톰 앵커용 핀홀(Storm Anchor Pin Hole)은 레일식 크레인에서 장비의 휴지 작업 또는 태풍 등의 내습 시에 장비에 설치된 앵커 로드(Anchor Rod)를 내려서 지상의 핀홀에 꽂는 데 사용하는 구멍을 말한다.

해설
③은 Jack-up Base에 대한 설명이다.

05 컨테이너의 계류장치 중 레일 클램프에 대한 설명으로 옳지 않은 것은?

① 작업 후 컨테이너크레인을 정위치에 고정시키는 장치이다.

② 바람에 의한 컨테이너크레인의 밀림을 방지하기 위하여 사용되는 장치이다.

③ 옥외의 크레인 본체를 주행레일에 체결하여 고정시키는 안전장치이다.

④ 레일을 좁게 하여 마찰에 따른 크레인의 일주를 방지하는 장치이다.

해설
레일 클램프는 작업 시 컨테이너크레인을 정위치에 고정시킬 뿐만 아니라 돌풍으로 인해 컨테이너크레인이 주행방향으로 밀리는 것을 방지하는 장치이다.

06 횡행장치에 대한 설명으로 옳지 않은 것은?

① 바다 쪽에는 타이 빔에 설치되어 있으며, 이는 횡행로프 한 줄에 3개의 시브와 1개의 유압 실린더로 구성되어 있다.

② 횡행로프 긴장용 유압장치의 펌프는 크레인의 작업 중에 연속으로 회전하기 때문에 가변 피스톤 펌프를 사용해야 한다.

③ 트롤리 와이어로프는 완만하게 처져 있어야 안전하다.

④ 크레인이 운전 중일 때 펌프는 항상 운전 상태로 되므로 유압 실린더에 유압압력이 유지되어 트롤리 와이어로프의 텐션을 유지시켜야 한다.

해설
트롤리 와이어로프가 처져 있으면 처진 로프가 감길 동안 트롤리는 움직이지 않으며 처진 로프가 감기고 나면 트롤리는 마스터 컨트롤러의 편향 각도에 따라 갑작스런 출발을 하게 되며 스프레더에 매단 화물이 갑자기 흔들리게 되어 대단히 위험해진다.

07 다음 헤드 블록(Head Block)에 대한 설명으로 옳지 않은 것은?

① 헤드 블록은 스프레더를 달아매는 리프팅 빔이다.
② 헤드 블록의 윗면에는 스프레더를 연결한다.
③ 헤드 블록의 아랫면에는 스프레더 윗면의 소켓을 잡는 수동식 연결핀이 4개 있다.
④ 케이블 텁(Cable Tub)은 전원케이블의 꼬임을 방지한다.

해설
② 헤드 블록의 윗면에는 스프레더 급전용 케이블을 연결한다.

08 다음 스프레더(Spreader)의 텔레스코픽(Telescopic) 기능에 대한 설명으로 옳지 않은 것은?

① 360° 회전 액추에이터에 체인 스프로킷(Chain Sprocket)을 장착하고 있다.
② 트위스트 언록이란 스프레더 콘이 컨테이너의 코너 구멍에 들어가 90° 회전하여 감긴 상태이다.
③ 체인에 커넥팅 로드를 연결하여 액추에이터의 정·역회전에 의해 커넥팅 로드가 왕복운동을 함으로써 축소와 확장이 달성된다.
④ 트윈 20피트란 20피트 컨테이너 2[VAN]을 동시에 적하/양하한다는 뜻이다.

해설
트위스트 록과 언록
• 트위스트 록 : 스프레더 콘이 컨테이너의 코너 구멍에 들어가 90° 회전하여 감긴 상태
• 트위스트 언록 : 록(Lock)되어 있던 스프레더의 콘이 일직선이 되면서 컨테이너의 코너 구멍에 빠져 나올 수 있는 상태

09 다음 컨테이너크레인에 대한 설명으로 옳지 않은 것은?

① 스프레더의 컨테이너 정격 하중 상태에서 트림의 조정 각도는 ±6°이다.
② 안티-스웨이 장치가 흔들림을 제동하는 시간과 범위는 3초 이내 ±25[mm]이다.
③ 스프레더의 3가지 동작은 트위스트 록, 텔레스코픽, 플리퍼이다.
④ 붐 래치는 붐 호이스트 장치의 붐을 걸어두기 위한 장치이고, 설치된 곳은 아펙스 빔이다.

해설
스프레더의 컨테이너 정격 하중 상태에서 트림의 조정 각도는 ±3°이고 리스트의 조정 각도는 ±6°이다.

10 와이어로프의 (+)킹크에 대한 설명이 맞는 것은?

① Z 꼬임 와이어를 Z 방향으로 비틀림한 경우
② Z 꼬임 와이어를 S 방향으로 비틀림한 경우
③ S 꼬임 와이어를 Z 방향으로 비틀림한 경우
④ Y 꼬임 와이어를 Z 방향으로 비틀림한 경우

해설
(+)킹크는 꼬임이 강해지는 방향으로, (-)킹크는 꼬임이 풀리는 방향으로 생긴 것이다.

11 다음 중 와이어로프의 점검 사항이 아닌 것은?

① 단선된 소선은 없는가
② Kink, 심한 변형, 부식된 곳은 없는가
③ 지름이 감소된 곳은 없는가
④ 지지 애자가 파손되거나 과다 마모되지 않았는가

해설
지지 애자는 전선을 지지하거나 설치할 때 필요한 기구이다.

12 와이어로프의 손상 상태로 가장 거리가 먼 것은?

① 부 식
② 마 모
③ 피 로
④ 굴 곡

해설
와이어로프의 손상 상태 : 마모, 킹크, 절단, 부식, 피로, 변형 등이 있다.

13 와이어로프 안전율 계산 공식을 바르게 설명한 것은?(단, P_w : 정격하중 + 훅 중량(톤), η : 시브효율)

① $S = \dfrac{절단하중(톤)}{P_w/와이어로프줄수} \times \eta$

② $S = \dfrac{절단하중(톤)}{와이어로프줄수/P_w} \times \eta$

③ $S = \dfrac{P_w/와이어로프줄수}{절단하중(톤)} \times \eta$

④ $S = \dfrac{절단하중(톤)}{와이어로프줄수} \times \eta$

해설
안전율 $= \dfrac{절단하중}{안전(정격)하중}$ 이므로 $\dfrac{절단하중(톤)}{P_w}$ 이고 여러 줄일 경우가 있으므로 P_w/줄수이다.

14 훅(Hook)의 마모는 와이어로프가 걸리는 곳에 흠이 생기는 것인데 마모의 깊이가 몇 [mm]가 되면 편평하게 다듬질해야 하는가?

① 0.5[mm]
② 2[mm]
③ 5[mm]
④ 8[mm]

해설
훅의 마모 깊이가 2[mm]가 되면 편평하게 다듬질한다.

15 가로 10[m], 세로 1[m], 높이 0.2[m]인 금속화물이 있다. 이것을 4줄 걸이 30°로 들어 올릴 때 한 개의 와이어에 걸리는 하중은 약 얼마인가?(단, 금속의 비중은 7.8이다)

① 3.9톤
② 7.8톤
③ 4.04톤
④ 15.6톤

해설
가로 10[m] × 세로 1[m] × 높이 0.2[m] = 2[m³]이고, 비중이 7.8 이므로 2[m³] × 7.8 = 15.6톤이며, 4줄 걸이를 하므로

$\dfrac{15.6톤}{4줄} = 3.90$이다.

여기서 30°의 각도에서 한 줄에 걸리는 하중은 1.035배이므로 3.9 × 1.035 ≒ 4.04톤

16 줄걸이 방법의 설명 중 틀린 것은?

① 눈걸이 : 모든 줄걸이 작업은 눈걸이를 원칙으로 한다.
② 반걸이 : 미끄러지기 쉬우므로 엄금한다.
③ 짝감기걸이 : 가는 와이어로프일 때 사용하는 줄걸이 방법이다.
④ 어깨걸이 나머지 돌림 : 2가닥 걸이로서 꺾어 돌림을 할 수 없을 때 사용하는 줄걸이 방법이다.

해설
④ 어깨걸이 나머지 돌림 : 4가닥 걸이로서 꺾어 돌림을 할 때 사용한다.

17 다음 컨테이너크레인의 운전장치에 대한 설명으로 옳지 않은 것은?

① 램프 테스터 스위치는 운전실 조작반의 전 램프류 점등상태 점검 및 운전실 조작반의 부저상태를 점검한다.

② 틸팅 메모리 포지션 스위치는 트림, 리스트, 스큐의 위치를 기억하는 것으로 틸팅의 위치를 새롭게 기억시킬 때 동작한다.

③ 동력 케이블이 다 풀린 경우에는 케이블 릴 풀림 경고 램프가 점등된다.

④ 위치제어가 동작되지 않는 상태이면 호이스트 비동기 램프가 점등된다.

해설
② 틸팅 메모리 세팅 스위치의 설명이고, 틸팅 메모리 포지션 스위치는 틸팅 디바이스의 기억된 위치로 반복해서 스프레더를 동작시킨다.

18 권선형 유도 전동기의 속도 조정 목적으로 사용되는 것은?

① 슬립링　　　② 회전자
③ 고정자　　　④ 2차 저항기

해설
2차 저항기는 권선형 전동기의 2차 측에 접속되어 제어반 또는 컨트롤러에 의해 저항값의 크기를 조절하여 전동기 속도를 제어하는 기구이다.

19 입력 전압이 440[V], 60[Hz]인 3상 유도 전동기가 있다. 극수가 4극이고 슬립이 3[%]일 때 회전자 속도는 약 얼마인가?

① 1,746[rpm]
② 1,780[rpm]
③ 1,800[rpm]
④ 1,880[rpm]

해설
$\dfrac{60 \times 120}{4극} - 54 = 1,746[rpm]$(슬립 3[%]는 54[rpm])

20 직류 전동기가 저속으로 회전할 때 그 원인에 해당하지 않는 것은?

① 축받이의 불량
② 단상 운전
③ 코일의 단락
④ 과부하

해설
직류 전동기의 고장(전동기가 저속으로 회전할 때)
• 전기자 또는 정류자에서의 단락
• 축받이의 불량
• 전기자 코일의 단선
• 중성축으로부터 벗어난 위치에 브러시 고정
• 과부하

21 다음 중 전압의 단위로 맞는 것은?

① [V]　　　② [A]
③ [Ω]　　　④ [W]

해설
① 전압의 단위
② 전류의 단위
③ 저항의 단위
④ 전력량의 단위

22 일반적인 제어계의 기본적 구성에서 조절부와 조작부로 표현되는 것은?

① 비교부
② 외 란
③ 제어요소
④ 작동신호

해설
제어요소는 동작신호를 조작량으로 변화를 주는 요소이며, 조절부와 조작부로 구성되어 있다.

23 시퀀스 제어 기기에서 문자기호로 CB는 무엇을 뜻하는가?

① 차단기
② 전자개폐기
③ 기름차단기
④ 공기차단기

해설
시퀀스 제어 기기에서 사용하는 문자기호
• 배선용차단기(CB ; Circuit Breaker)
• 전자계전기(CR ; Contact Relay)
• 전자접촉기(MC ; Magnetic Contact)
• 전자개폐기(MS ; Magnetic Switch)
• 리밋스위치(LS ; Limit Switch)
• 푸시버튼스위치(PS ; Pushbutton Switch)
• 표시등(PL ; Pilot Lamp)

24 PLC 제어 이용 시 릴레이 제어(Relay)보다 좋은 점이 아닌 것은?

① 제어 장치의 크기를 소형화한다.
② 노이즈(Noise)에 강하다.
③ 제어반의 보수가 용이하다.
④ 제어의 변경이 쉽게 이루어진다.

해설
② 노이즈(Noise)에 강하다. → PLC는 노이즈에 약하다(노이즈에 에러를 잘 일으킨다).

25 다음 중 서미스터를 나타내는 것이 아닌 것은?

① NTC
② PNP
③ CTR
④ PTC

해설
서미스터란 온도에 민감한 저항체(Thermally Sensitive Resistor)라는 의미로, 온도 변화에 따라 저항 변화를 측정하여 온도를 산출하는 방법으로 전류 변화를 계측하여 환산 표시한다. 물질의 전류가 일정 이상으로 오르는 것을 방지하거나 회로의 온도를 감지하는 센서로 이용된다. 온도와 저항 변화의 기본 특성에 따라 NTC, PTC, CTR의 3가지로 나눈다.

26 유압펌프의 동력(L_p)을 구하는 식으로 맞는 것은?
(단, P = 펌프 토출압[kg/cm²], Q = 이론 토출량 [l/min], η = 전효율이다)

① $L_p = \dfrac{P \times Q}{450\eta}$[kW]

② $L_p = \dfrac{P \times Q}{612\eta}$[kW]

③ $L_p = \dfrac{P \times Q}{7,500\eta}$[kW]

④ $L_p = \dfrac{P \times Q}{10,200\eta}$[kW]

해설
유압 펌프의 동력 계산식
• 펌프 동력(L_p) : 실제로 펌프에서 기름에 전달되는 동력

$$L_p = \dfrac{P \times Q}{10,200\eta} \text{[kW]}, \quad L_p = \dfrac{P \times Q}{7,500\eta} \text{[PS]}$$

(P : 펌프 토출압, Q : 토출량, P의 단위가 [kgf/cm²]이고, Q의 단위가 [cm²/sec]이다)
※ 1[PS] = 75[kgf · m/s], 1[kW] = 102[kgf · m/s]
• 축 동력(L_s) : 원동기로부터 펌프축에 전달되는 동력

$$L_s = \dfrac{P \times Q}{10,200\eta} \text{[kW]}, \quad L_s = \dfrac{P \times Q}{7,500\eta} \text{[PS]}$$

27 일반적으로 구조가 간단하고 값이 싸므로 차량, 건설기계, 운반기계 등에 널리 사용되고 있으며, 외접, 내접, 로브, 트로코이드, 스크루 펌프의 종류가 있는 펌프를 무엇이라 하는가?

① 기어 펌프　　　　② 베인 펌프
③ 피스톤 펌프　　　④ 플런저 펌프

해설
② 베인 펌프(Vane Pump) : 로터의 베인이 반지름 방향으로 홈 속에 끼어 있어서 캠링의 내면과 접하여 로터와 함께 회전하면서 오일을 토출한다.
④ 피스톤(플런저) 펌프(Piston Pump) : 실린더 내부에서는 피스톤의 왕복운동에 의한 용적 변화를 이용하여 펌프작용을 한다.

28 펌프의 흡입 양정이 높거나 흐름 속도가 국부적으로 빠른 부분에서 압력 저하로 유체가 증발하는 현상은?

① 서징 현상　　　　② 수격 현상
③ 캐비테이션 현상　④ 압력 상승 현상

해설
① 서징 현상 : 과도적으로 상승한 압력의 최댓값을 서지 압력이라 하고, 계통 내 유체 압력의 과도적인 변동
② 수격(Water Hammer) 현상 : 급격한 흐름의 변화에 수반하는 과도적인 압력 변화

29 다음 중 공기압축기에서 공급되는 공기압을 보다 낮은 일정의 적정한 압력으로 감압하여 안정된 공기압으로 하여 공압기기에 공급하는 기능을 하는 밸브는?

① 감압 밸브　　　　② 릴리프 밸브
③ 교축 밸브　　　　④ 시퀀스 밸브

해설
② 릴리프 밸브 : 회로 내의 유체 압력이 설정값을 초과할 때 배기시켜 회로 내 유체 압력을 설정값 내로 일정하게 유지시키는 밸브
③ 교축(Throttle) 밸브 : 유로의 단면적을 교축하여 유량을 제어하는 밸브로 니들 밸브를 밸브 시트에 대체 이동시켜 교축하는 구조로 된 것이 많다.
④ 시퀀스 밸브 : 공유압 회로에서 순차적으로 작동할 때 작동순서를 회로의 압력에 의해 제어하는 밸브이다.

30 제어 밸브는 다음 중 어디에 속하는가?

① 검출기
② 변환기
③ 조절기
④ 조작기

해설
제어 밸브는 유체의 흐름 형태를 변화시켜 압력과 유량을 제어하는 밸브를 총칭하며, 조작기(Actuator)에 속한다.

31 밸브에 대한 설명 중 옳지 않은 것은?

① 밸브의 크기는 호칭경으로 나타내며 강관이나 이음쇠의 호칭경 치수와 일치한다.
② 호칭경을 [mm]로 나타낸 것을 A열, 인치단위로 나타낸 것을 B열이라고 한다.
③ 관과의 접속 끝이나 밸브 시트부의 유로경을 구경이라고 한다.
④ 대형, 고압, 선박용 밸브는 호칭경보다 구경을 약간 크게 한다.

32 왕복형 공기 압축기의 특징으로 맞는 것은?

① 진동이 적다.
② 고압에 적합하다.
③ 소음이 적다.
④ 맥동이 적다.

해설
왕복형 공기 압축기 : 크랭크축을 회전시켜 피스톤의 왕복운동으로 압력을 발생
• 가장 일반적으로 사용된다.
• 1단 압축 1.2[MPa], 2단 압축 3[MPa], 3단 압축은 22[MPa]까지 고압이 발생한다.
• 냉각 방법으로는 공랭식(소형압축기)과 수랭식(중형압축기)이 있다.

33 윤활유를 선정할 때 가장 기본적이고 먼저 검토해야 할 사항은?

① 적정 점도　　　② 운전 속도
③ 급유 방법　　　④ 관리 방법

> **해설**
> ① 점도 : 액체가 유동할 때 나타나는 내부 저항(윤활유의 기본이 되는 성질)

34 다음 유압, 공유압 도면기호는 어떤 보조기기의 기호인가?

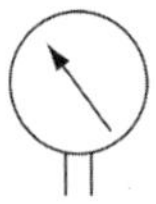

① 압력계　　　② 차압계
③ 온도계　　　④ 유량계

> **해설**

압력계	온도계	유량계
 (이미지)	 (이미지)	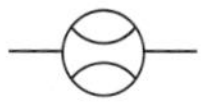 (이미지)

35 공압 기본 논리 회로에서 입력되는 복수의 조건 중에 어느 한 개라도 입력 조건이 충족되면 출력이 되는 회로는 다음 중 어느 것인가?

① AND 회로　　　② OR 회로
③ NOT 회로　　　④ NOR 회로

> **해설**
> ① AND 회로 : 복수의 조건 모두 충족되어야 출력이 됨
> ③ NOT 회로 : 1개 입력단과 1개의 출력단을 가지며 입력단에 입력이 가해지지 않을 경우에만 출력단에 출력이 나타나는 회로
> ④ NOR 회로 : 2개 이상의 입력단과 1개의 출력단을 가지며, 입력단의 전부에 입력이 없는 경우에만 출력단에 출력이 나타나는 회로

36 항만하역에 대한 설명으로 옳지 않은 것은?

① 양하 – 본선의 화물을 부선이나 부두에 내려놓고 Hook을 풀기 전까지의 작업을 말한다.
② 적하 – 부선이나 부두 위의 Hook이 걸린 화물을 본선에 적재하는 작업을 말한다.
③ 본선 선측 물량장작업 – 본선 선측에 계류된 부선에 운송 상태로 적재된 화물을 운송하여 물량장에 계류하기까지의 작업이나 물량장에 계류된 부선에 운송 가능한 상태로 화물을 운송하여 본선 선측에 계류하는 작업을 말한다.
④ 부선적하작업 – 운반기구에 적재된 화물을 내려 안벽에 계류되어 있는 부선에 적재하는 작업이며 본선까지의 이동은 포함되지 않는다.

> **해설**
> 부선양적작업

부선양하작업	안벽(방파제, 선창)에 계류된 부선에 적재되어 있는 화물을 양륙하여 운반구 위에 운송 가능한 상태로 적재하기까지의 작업
부선적하작업	운반구에 적재되어 있는 화물을 내려서 안벽에 계류되어 있는 부선에 운송 가능한 상태로 적재하기까지의 작업으로 본선까지의 이동 포함

37 선박의 속력 단위는?

① [km/h]
② [km/s]
③ [mile/h]
④ [m/h]

> **해설**
> 선박의 속력은 노트(knot)로 표시되며, 1노트는 1시간에 1해리(Nautical Mile 1,852[m])를 항해한 속도이다.

38 컨테이너 보관 및 하역과 직접 관련이 없는 것은?

① CY

② AS/RS

③ 섀 시

④ 트랜스테이너(Transtainer)

39 다음은 컨테이너 터미널을 구성하는 시설을 설명한 것이다. 설명에 부합되는 시설은?

> 안벽에 접한 야드 부분에 일정한 폭으로 나란히 뻗어 있는 공간으로서 컨테이너의 적재와 양륙 작업을 위하여 임시로 하치하거나 크레인이 통과주행을 할 수 있도록 레일을 설치한 곳

① 화물집하장(Marshalling Yard)

② 컨테이너 야드(Container Yard)

③ CFS(Container Freight Station)

④ 에이프런(Apron)

40 컨테이너는 화물의 단위화를 달성함으로써 포장, 하역, 보관, 수송 등의 제 활동을 효율화시키고 이를 통해 물류비용을 크게 절감시킬 수 있게 되었다. 컨테이너 사용으로 인한 경제적 효과에 들지 않는 것은?

① 하역시간의 단축과 하역비용의 절감

② 수송시간의 단축

③ 내륙운송비의 절감

④ 선적 서류의 감소

41 컨테이너 터미널 내의 하역기기에 대한 설명 중 옳지 않은 것은?

① 스트래들 캐리어(Straddle Carrier)는 터미널 내에서 컨테이너를 양각 사이에 놓고 상하로 들어올려 컨테이너를 마샬링 야드로부터 에이프런 또는 CY지역으로 운반 및 적재하는 데 사용된다.

② 트랜스테이너크레인(Transtainer Crane)은 일정한 간격을 가진 교각형 기둥으로 상부 크레인을 지지하고 기둥의 상하로 컨테이너를 감아올려 적재 및 인수를 수행하며, 하부에는 이동할 수 있는 바퀴를 지니고 있다.

③ RTGC(Rubber-Tyred Gantry Crane)는 직진 안전성을 확보하기 위해 지상에 설치된 인식장치 및 유도장치 등이 필요하다.

④ OHBC(Over-Head Bridge Crane)는 돌출된 구조물 위에 레일이 설치되어 있기 때문에 RMGC에 비해 초기 투자비가 적게 소요되며 크레인 동작부의 중량을 증가시키지 않고 컨테이너의 단위적재량을 증대시킬 수 있다.

42 컨테이너 터미널에 관련된 설명 중 잘못된 것은?

① 터미널 운영방식 중 트랜스테이너 방식은 야드의 효율성은 높으나, 야드의 필요 면적이 가장 크고 가장 많은 자본 투자를 필요로 하는 방식이다.

② 스트래들 캐리어 방식은 컨테이너를 양각 사이에 들어 올려 주행하는 특수한 차량을 이용하는 방식이다.

③ 마샬링 야드는 컨테이너선에 선적하거나 양륙하기 위하여 컨테이너를 정렬시켜 놓은 공간을 말한다.

④ ICD는 내륙에서 컨테이너 집배, Vanning, De-vanning, 통관 등의 절차를 이행하는 시설이다.

해설
트랜스테이너 방식(Transtainer System)은 컨테이너선에서 야드 섀시에 탑재한 컨테이너를 마샬링 야드에 이동시켜 트랜스퍼크레인에 의해 장치하는 방식으로 작은 면적의 컨테이너 야드를 가진 터미널에 가장 적합하며 일정한 방향으로 이동하기 때문에 전산화에 의한 완전 자동화가 가능하다.

43 안전사고율에서 연천인율을 바르게 표시한 것은?

① $\dfrac{\text{사상건수}}{\text{근로연시간수}} \times 1,000,000$

② $\dfrac{\text{재해건수}}{\text{근로연시간수}} \times 1,000$

③ $\dfrac{\text{근로손실일수}}{\text{근로연시간수}} \times 1,000$

④ $\dfrac{\text{재해자수}}{\text{평균근로자수}} \times 1,000$

해설
① 도수율 ③ 강도율

44 재해발생 원인 중 관리적 원인에 해당하지 않는 것은?

① 작업관리의 불비
② 미경험자의 취업
③ 지식, 기능의 결함
④ 정리, 정돈의 불철저

해설
관리적 원인 : 기술적 원인, 교육적 원인, 작업관리상의 원인

45 사고 원인에 대한 설명 중 옳지 않은 것은?

① 안전지식의 부족은 교육적 원인에 해당한다.
② 불안전한 행동은 인적 원인에 해당한다.
③ 환경 및 설비의 불량은 직접 원인에 해당한다.
④ 고의에 의한 사고는 간접 원인에 해당한다.

해설
고의에 의한 사고는 사고로 보지 않는다.

46 부하 직원들이 상사에 대한 존경심에 의해 스스로 따른다고 할 때 상사의 권한은?

① 합법적 권한
② 강압적 권한
③ 보상적 권한
④ 위임된 권한

해설
리더십의 권한
• 합법적 권한 : 조직의 규정에 권력 구조가 공식화된 것
• 강압적 권한 : 강압적으로 행사하는 권한
• 보상적 권한 : 지도자가 보상 능력을 가지고 있는 권한

47 사고를 일으킬 수 있는 기계에 조작자의 신체 부위가 의도적으로 위험 밖에 있도록 하는 방호장치는 무엇인가?

① 차단형 방호장치
② 접근 반응형 방호장치
③ 위치 제한형 방호장치
④ 덮개형 방호장치

해설
덮개는 격리형 방호장치로 위험한 작업점과 작업자가 접촉되지 않도록 차단벽이나 덮개를 설치한다.

48 권상용 드럼에 계속 감아 올라가 일어나는 사고를 예방하기 위한 안전장치는 무엇인가?

① 일렉트로닉
② 래치 휠
③ 권과방지 장치
④ 페달 스위치

해설
권과방지기는 크레인이나 호이스트의 방호장치이다.

49 가스용접 작업을 하는 중에 고무호스에 역화현상이 일어나면 제일 먼저 어떻게 하여야 하는가?

① 산소 밸브를 닫는다.
② 아세틸렌 밸브를 닫는다.
③ 토치를 물에 넣는다.
④ 조금 지나면 정상으로 된다.

해설
산소 밸브를 먼저 잠근다.

50 다음 중 C급 화재에 대한 설명은?

① 일반 가연물의 화재로서 소화액은 주로 수용액을 사용한다.
② 유류 등의 화재로서 그 소화는 주로 공기 차단이 된다.
③ 전기기기의 화재로서 누전 등의 전기 화재가 포함되며, 전기 절연성을 갖는 소화제를 사용한다.
④ 마그네슘 등의 금속 화재로서 소화에는 건조사 등이 적당하다.

해설
전기 화재는 전기 절연성을 갖는 소화제를 사용하여 소화한다.

51 다음의 소화제 중에서 B급과 C급 화재에 가장 효과적인 것은?

① 물(붕산)
② 화학 기포
③ 불연성 기체
④ 산알칼리제

해설
B, C급 화재에 적합한 소화기는 CO_2 소화기, 증발성 액체 소화기이다.

52 포말 소화설비에 관한 설명 중 옳지 않은 것은?

① 기계포와 화학포가 있다.

② 화학포는 화학반응으로 발생하는 불활성 기체를 핵으로 한 기포이다.

③ 소화 효과에는 질식 효과와 냉각 효과가 있다.

④ 물에 의한 소화로는 효과가 적고, 오히려 화재의 염려가 있는 가연성 액체의 소화에 적당하다.

해설
물 소화기는 냉각 효과가 크다.

53 자연 발화를 일으키는 열원이 아닌 것은?

① 산화열　　　　② 분해열

③ 용해열　　　　④ 흡착열

해설
자연 발화의 종류 : 산화열, 분해열, 흡착열, 미생물 작용

54 정전기로 인해 화재로 진전되는 조건 중 관계가 없는 것은?

① 대전하기 쉬운 금속 부분에 접지상태일 때

② 가연성 가스 및 증기가 폭발한계 내에 있을 때

③ 정전기의 스파크 에너지가 가연성 가스 및 증기의 최소 점화에너지 이상일 때

④ 방전하기에 충분한 전위차가 있을 때

해설
정전기가 많이 발생되는 장소에서는 그 예방 대책으로 접지를 시킨다.

55 인체 전기적 조건은 그 장소의 피부 건습 정도에 따라 다르다. 습한 경우의 고유저항은?

① $500[\Omega \cdot cm^2]$

② $700[\Omega \cdot cm^2]$

③ $100[\Omega \cdot cm^2]$

④ $1,800[\Omega \cdot cm^2]$

해설
전체 저항이 $5,000[\Omega]$이라면 피부에 습기가 있을 경우는 1/10로 감소한다.

$$5,000 \times \frac{1}{10} = 500[\Omega \cdot cm^2]$$

56 컨테이너 터미널 작업 시 차량운행에 대한 설명으로 옳지 않은 것은?

① 작업과 관계없는 외부 차량은 항만당국이나 터미널의 허가 없이 출입하여서는 안 된다.

② 컨테이너를 적재한 모든 출입차량은 출입게이트에서 컨테이너의 점검 및 확인을 받아야 한다.

③ 야간뿐만 아니라 주간에도 운전할 때 전조등을 하향으로 켜야 한다.

④ 차량운행 시 교차지점에서는 반드시 일단 정지하여 좌·우를 확인한 후 운행하여야 한다.

해설
야간뿐만 아니라 주간에도 시야가 나쁘다면 운전할 때 전조등을 하향으로 켜야 한다.

57 화물집하장(CFS) 지게차 운전 안전작업에 대한 설명으로 옳지 않은 것은?

① 주행 시 지게차 포크를 가능하면 지면에 가깝게 내린 상태에서 운행한다.

② 지게차는 일반화물만 취급하여야 하며, 컨테이너에 알맞은 포크 등을 부착한 후 빈 컨테이너 작업만 하여야 한다.

③ 경사진 곳을 운행하는 경우에 오를 때는 후진 주행하여야 한다.

④ 지게차 포크 끝단으로 컨테이너를 밀거나 끌어서는 안 된다.

> **해설**
> 경사진 곳을 운행하는 경우에 오를 때는 전진 주행, 내려올 때는 후진 주행하여야 하며, 신호수의 지시에 따라야 한다.

58 본선 작업 시 래싱 콘 부착 및 해체작업의 안전에 대한 설명으로 옳지 않은 것은?

① 상부의 래싱 콘을 부착하거나 해체작업이 이루어질 때에는 낙하할 경우를 대비하여 하부작업자는 옆으로 컨테이너 1개 이상의 폭만큼 안전거리를 유지한다.

② 와이어로프 슬링 및 래싱 로드 등 각종 래싱 도구는 반드시 선박의 지정된 위치에 두어야 한다.

③ 지상에서 래싱 콘 박스는 크레인과 차량 주행로, 크레인의 고정 위치에 가까이 두지 말아야 한다.

④ 래싱 콘이 컨테이너의 하부에 부착되어 인양되고 있는지를 확인하고, 추락에 대비하여 신호수 또는 작업 지휘자가 관리 감독을 하여야 한다.

> **해설**
> 갑판에서 하역작업이 진행 중일 때에는 원칙적으로 갑판에서 래싱 작업을 하지 않아야 한다. 다만, 부득이하게 래싱 작업이 병행될 경우 크레인 작업 컨테이너와 래싱 작업을 해야 할 컨테이너 사이에는 최소 두 개의 컨테이너 사이를 두어야 한다.

59 다음 컨테이너 야드(Yard) 작업 시 긴급 작업중지 구역 지정에 대한 설명으로 옳지 않은 것은?

① 긴급 작업중지 구역에서 장비를 작동하여야 할 경우, 통제실에서 해당 장비작업을 관리 감독하여야 한다.

② 긴급 작업중지를 요청한 사람이 직접 통제실에 해제요청을 할 때까지 통제실은 작업중지를 해제하여서는 안 된다.

③ 악천후 또는 야간작업을 하는 동안 통제실은 전체 안전을 위하여 긴급 작업중지를 발효할 수 있다.

④ 긴급 작업중지는 유·무선을 통하여 전달하며, 작업중지가 결정되면 통제실에서 긴급 작업중지가 실시 중임을 모든 작업자 및 관계자들에게 알려야 한다.

> **해설**
> 긴급 작업중지 구역에서 장비를 작동하여야 할 경우, 장비와 관련 있는 상급자가 해당 장비작업을 관리 감독하여야 한다.

60 안전보건표지의 종류와 형태에서 그림의 표지로 맞는 것은?

① 차량통행금지

② 사용금지

③ 탑승금지

④ 물체이동금지

> **해설**
> 차량통행금지를 나타내는 안전 표지판이다.

01 컨테이너크레인에 대한 설명으로 옳지 않은 것은?

① 컨테이너크레인의 형태에 따른 분류 중 A형 구조는 피더부두에서 많이 사용된다.

② 컨테이너 전용선(선박)의 크기(열수)는 일반적으로 14열, 16열, 18열로 구성된다.

③ 컨테이너크레인의 크기에 따른 분류에는 피더 형식, 파나막스 형식, 포스트 파나막스 형식이 있다.

④ 피더 형식은 10열 이하의 컨테이너를 처리하는 크레인을 말한다.

해설
컨테이너 전용선(선박)의 크기(열수)는 일반적으로 13열, 16열, 18열, 20열, 22열, 24열로 구성된다.

02 컨테이너크레인의 주요 제원 등에 대한 설명으로 옳지 않은 것은?

① 백리치(Back Reach)란 육상 측 레일 중심에서 스프레더가 육상 측으로 최대로 나갈 수 있는 스프레더 중심까지의 거리(약 15[m])이다.

② 스프레더 형식에는 20, 25, 30, 50피트 등이 있다.

③ 간 거리(버퍼 간 거리)란 크레인의 좌측 Buffer에서 반대쪽 우측 Buffer까지의 거리(27[m] 이내)이다.

④ 트롤리 휠 베이스란 앞쪽 트롤리 휠 중심부터 뒤쪽 휠 중심까지의 거리(6~7[m])이다.

해설
② 스프레더 형식에는 20, 35, 40, 45피트 등이 있다.

03 컨테이너 하역장비에 대한 설명으로 옳지 않은 것은?

① 포크 리프트(Fork Lift)는 포크를 이용하여 화물을 취급, 운반하는 장비이다.

② 리치 스태커는 긴 붐(Boom)을 이용하여 컨테이너를 야드에 적치 또는 하역작업을 하는 데 주로 사용하고 Full Container를 취급할 수 있는 장비이다.

③ 야드 섀시(Yard Chassis)의 운행속도는 고속용으로서 완충장치 등이 되어 있다.

④ 스트래들 캐리어는 주 프레임 내에 컨테이너를 운반하면서 컨테이너 열을 횡단(2단 적재 1단 통과 또는 3단 적재 1단 통과)할 수 있다.

해설
야드 섀시(Yard Chassis)의 운행속도는 저속용으로서 도로 주행용 로드 섀시에 비하여 완충장치 등이 단순하다.

04 컨테이너의 계류장치에 대한 설명으로 옳지 않은 것은?

① 계류장치는 폭주 방지방치와 전도 방지장치로 구분된다.

② 레일 클램프는 작업 또는 대기 중일 때 갑작스러운 돌풍이나 돌발사태로 크레인이 폭주하여 바다에 추락하는 것을 방지하기 위한 장치이다.

③ 레일 클램프의 동작 방법은 트롤리 운전과 연동하고 있다.

④ 주행동작이 완료되면 자동으로 클램프 잠김 상태로 된다.

해설
레일 클램프의 동작 방법은 주행운전과 연동하고 있으며 주행 레버를 좌·우측으로 동작하면 레일 클램프의 유압 전동기가 작동하여 클램프가 동작하며 풀림 리밋 스위치 감지 후 주행운전 조건이 되도록 하였다.

05 다음 컨테이너의 계류장치 중 레일 클램프에 대한 설명으로 옳지 않은 것은?

① 레일 클램프는 스프링식, 유압식이 많이 사용되어 왔고, 최근에는 쐐기형 레일 클램프가 많이 사용되고 있다.

② 스프링식, 유압식 레일 클램프의 장시간 사용으로 인한 스프링력의 저하, 유압유의 누유는 예상치 못한 강한 돌풍이 불 경우 큰 피해를 줄 수 있다.

③ 쐐기형 레일 클램프는 기존에 사용되던 스프링식이나 유압식과는 달리 롤러와 쐐기에 의해 제동력이 발휘된다.

④ 쐐기형 레일 클램프는 언제나 일정한 힘으로 패드를 눌러 항상 클램핑된 상태를 유지하고 있어 레일과 패드의 손상이 우려되는 구조이다.

> **해설**
> 레일 클램프의 장단점
> • 스프링식, 유압식 레일 클램프는 컨테이너크레인이 정지된 상태에서도 레일이 항상 최대 클램핑력에 의해 고정되어 있어 레일 클램프뿐만 아니라 레일에도 많은 무리를 주게 되어 수명이 단축되고 장시간 사용으로 인한 스프링력의 저하, 유압유의 누유는 예상치 못한 강한 돌풍이 불 경우 컨테이너크레인이 밀려 큰 피해를 줄 수 있는 단점이 있다.
> • 쐐기형 레일 클램프는 컨테이너크레인에 풍하중이 작용할 때에만 클램핑력을 발휘할 수 있는 구조를 갖고 있다.

06 다음 권상 장치에 대한 설명으로 옳지 않은 것은?

① 안벽 크레인은 교류모터 420[kW] 2Set와 스러스트 브레이크가 장치되어 있다.

② MCS를 당기면 호이스트 다운 동작이다.

③ 2개의 주 권상 모터가 있다.

④ 와이어로프 드럼을 회전시켜 헤드 블록에 정착된 스프레더와 함께 화물의 권상, 권하를 임의토록 할 수 있다.

> **해설**
> MCS를 밀면 호이스트 다운 동작이고, 당기면 호이스트(권상) 동작이 된다.

07 헤드 블록(Head Block)에 설치된 장치의 기능 설명이다. 옳지 않은 것은?

① 유압장치는 스프레더의 3가지 기능에 안정된 유체에너지를 공급하기 위해 금속 연결구가 연결된다.

② 트위스트 록은 전원 케이블의 꼬임을 방지한다.

③ 제어신호는 셀프 실 커플링이 설치되어 스프레더의 동작 상태를 제어기로 전송한다.

④ 안티-스웨이 시스템은 비전 센서의 반사경이 부착되어 스프레더의 흔들림을 확인할 수 있다.

> **해설**
> ② 트위스트 록 : 리프트 빔(Lift Beam)에 수동식 트위스트 록(4개)이 설치되어 스프레더를 부착시킨 후 LS로 확인한다. 전원 케이블의 꼬임 방지는 케이블 텁(Cable Tub)의 기능이다.

08 다음 트롤리(Trolley)에 대한 설명으로 옳지 않은 것은?

① 운송물을 호이스트로 적·양하하기 위한 장치이다.

② 트롤리 운전은 화물의 중량과 비례하여 속도를 가감할 수 있다.

③ 트롤리는 주행 운전과 연동할 수 있다.

④ 트롤리는 크레인의 아웃리치, 스팬, 백 리치에 설치된 레일 위를 이동할 수 있다.

> **해설**
> ② 트롤리 운전은 화물의 중량과 관계없이 속도를 가감할 수 있다.

09 컨테이너크레인의 주요 장치에 대한 설명으로 옳지 않은 것은?

① 로프텐서 장치는 트롤리 운전 시 와이어로프의 처짐 현상을 잡아주는 역할을 수행한다.

② 갠트리 충돌완화장치의 좌·우측 끝단에 전기식 완충기가 설치되어 있다.

③ 붐 호이스트의 와이어 드럼에는 비상 브레이크가 설치되어 있다.

④ 헤드 블록과 스프레더의 연결 방법은 수동식 트위스트 록으로 연결되어 있다.

해설
갠트리 충돌완화장치는 주행속도로 충돌하였을 때 충격을 흡수하는 장치로 좌·우측 끝단에 유압식 완충기가 설치되어 있다.

10 (−)킹크를 킹크된 상태로 그냥 둔 부분의 절단하중 저하 비율은?

① 완전한 Wire Rope보다 45[%] 감소

② 완전한 Wire Rope보다 70[%] 감소

③ 완전한 Wire Rope보다 60[%] 감소

④ 완전한 Wire Rope보다 90[%] 감소

해설
와이어로프를 킹크된 상태로 그냥 두면 절단하중이 (+)킹크는 40[%] 감소되고, (−)킹크는 60[%] 감소된다.

11 동일 조건에서 2줄 걸기 작업의 줄걸이 각도 α 중 로프에 장력이 가장 크게 걸리는 각도는?

① $\alpha = 30°$일 때   ② $\alpha = 60°$일 때

③ $\alpha = 90°$일 때   ④ $\alpha = 120°$일 때

해설
줄걸이 각도의 조각도 : 30°는 1.035배, 45°는 약 1.070배, 60°는 1.155배, 90°는 1.414배, 120°는 2.000배로 각이 커질수록 한 줄에 걸리는 장력이 커진다.

12 같은 직경의 와이어로프 중 소선수가 많아지면 와이어는 어떻게 되는가?

① 마모에 강해진다.

② 소선수가 많아져도 관계없다.

③ 뻣뻣해진다.

④ 부드러워진다.

해설
소선수가 많은 것은 굽힘응력이 작고 부드러워진다. 그러나 너무 가늘면 외주가 마모 절단되어 수명에 영향을 미친다.

13 와이어로프 교체 기준에 맞지 않는 사항은?

① 1회 꼬임 소선수의 10[%] 이상이 단선된 경우

② 로프 직경의 감소가 공칭경의 7[%] 이하인 것

③ 킹크 현상이 발생했던 로프

④ 현저한 형의 변형, 부식이 발생한 경우

해설
② 와이어로프 지름 감소가 공칭 지름의 7[%] 초과된 경우이다.

14 훅의 상태가 불량하면 위험한 사고의 원인이 된다. 다음 중 훅을 교환해야 할 상태를 육안으로 가장 간단하고 쉽게 확인할 수 있는 것은?

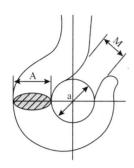

① M의 치수가 a의 치수와 같아진 것
② A부분의 균열을 확인하기 위하여 비파괴 검사
  한 것
③ M의 치수가 A의 치수보다 커진 것
④ 훅의 A의 치수 마모가 원치수의 20[%]인 것

해설
훅의 변형량은 훅의 정격하중의 2배를 정하중으로 작용시켰을 때 0.25[%] 이하이어야 하므로 그림에서 M과 a의 치수가 같아진 경우는 0.25[%] 이상 벌어짐을 나타내므로 교환해야 한다.

15 와이어로프의 안전계수에 대한 설명으로 옳은 것은?

① 안전계수 $= \dfrac{절단하중 \times 정격하중}{와이어로프\ 가닥수 + 훅블록의\ 무게}$

② 안전계수 $= \dfrac{정격하중}{안전하중}$

③ 안전계수 $= \dfrac{절단하중}{안전하중}$

④ 안전계수 $= \dfrac{절단하중 + 정격하중}{와이어로프\ 가닥수 \times 훅블록의\ 무게}$

16 와이어로프로 줄걸이 작업 후 화물을 달아 올릴 때 고려할 사항이 아닌 것은?

① 가능한 한 빠른 속도로 감아올린다.
② 로프의 팽팽한 정도를 확인한다.
③ 진동이나 요동이 없도록 한다.
④ 수직으로 매달아 로프 등에 평균적 힘이 걸리게
  한다.

해설
줄걸이 작업을 할 때는 진동이나 요동이 없게 하고, 균형적인 힘과 팽팽한 정도를 유지한다.

17 컨테이너크레인의 운전장치에 대한 설명으로 옳지 않은 것은?

① 케이블 처짐 램프의 색상은 황색이다.
② 와이어로프가 처진 상태이면 호이스트 로프 슬랙 램프가 점등된다.
③ 스프레더가 컨테이너 위에 완전히 착상된 상태이면 스프레더 착상 램프가 점등된다.
④ 1, 2, 3, 4 플리퍼 모두 상승된 상태이면 플리퍼 상승 램프가 점등된다.

해설
케이블 처짐 램프의 색상은 적색이다.

18 전기장치에서 2차 저항기의 역할로 가장 알맞은 설명은?

① 전동기의 저항을 줄임으로써 전동기의 회전수를 일정하게 하는 역할을 한다.

② 전동기에 과전류가 흐르는 것을 막아 전동기를 보호하는 역할을 한다.

③ 권선형 유도전동기의 2차 회로에 부착되어 저항량을 조정함으로써 속도를 변속하는 역할을 한다.

④ 농형 전동기에 저항이 너무 크므로 2차 저항기를 부착하여 저항량을 줄임으로써 안전하게 작동할 수 있는 역할을 한다.

해설
2차 저항기 : 권선형 유도전동기의 2차 회로에 접속되어 제어반 또는 컨트롤러에 의해 저항값의 크기를 조절하여 전동기 속도를 제어하는 역할을 한다.

19 전동기 회로의 보호장치가 아닌 것은?

① 퓨 즈
② 차단기
③ 과전류 릴레이
④ 변압기

해설
변압기는 전자기 유도 작용을 이용하여 교류 전류 전압이나 전류의 값을 바꾸는 장치로 전압을 강압 또는 승압하여 주는 것이다.

20 직류 전동기가 회전 시 소음이 발생하는 원인이 아닌 것은?

① 축받이의 불량
② 정류자 면의 높이 불균일
③ 전동기의 과부하
④ 정류자 면의 거칠음

해설
회전 시 소음 발생의 원인
• 축받이의 불량
• 정류자 면의 높이 불균일
• 정류자 면의 거칠음

21 다음 중 동력의 단위에 해당되는 것은?

① [kW] ② [Ω]
③ [K] ④ [J]

해설
전력의 단위는 [W]이고, 동력의 단위는 [kW]이다. [Ω]은 저항, [K]는 온도, [J]는 에너지, 일의 단위를 나타낸다.

22 제어량이 온도, 압력, 유량 및 액면 등과 같은 일반 공업량일 때의 제어를 무엇이라 하는가?

① 프로그램 제어
② 프로세스 제어
③ 시퀀스 제어
④ 추종 제어

해설
② 프로세스 제어에서의 제어량은 프로세스 환경 조건에서는 온도, 압력, 액위, 습도, pH, 농도 등, 물질 및 에너지의 양에서는 전력, 유량, 중량률 등이 있으며, 종점 제어(Endpoint Control)에는 pH, 밀도, 전도도, 점도, 농도 등이 있다.
① 프로그램 제어 : 목표 값이 미리 정한 프로그램에 따라서 시간과 더불어 변화하는 제어
③ 시퀀스 제어 : 조작의 순서를 미리 정해놓고 이에 따라 조작의 각 단계를 차례로 행하는 제어
④ 추종 제어 : 목표 값의 변화가 시간적으로 임의로 변하는 제어

23 시퀀스 제어의 작동 상태를 나타내는 방식이 아닌 것은?

① 릴레이 회로도
② 타임 차트
③ 플로 차트
④ 나이퀴스트 선도

나이퀴스트 선도는 위상과 크기로 이루어진 극좌표 선도(Pola Plot)를 일컫는 것으로 시퀀스 제어의 작동 상태를 나타내는 방식으로는 사용되지 않는다.

24 다음 중 PLC의 입력신호 변환 과정으로 맞는 것은?

① I/O모듈단자 → 입력신호 변환 → 모듈상태 표시 → 전기적 절연
② I/O모듈단자 → 멀티플렉서 → 모듈상태 표시 → 전기적 절연
③ I/O모듈단자 → 전기적 절연 → 입력신호 변환 → 모듈상태 표시
④ I/O모듈단자 → 전기적 절연 → 멀티플렉서 → 입력신호 변환

입력부는 6개의 전기회로로 구분(입력모듈 블록 다이어그램)
• 외부 입력기기 : 제어 시스템에서 신호를 CPU에 공급
• I/O모듈단자 : 외부기기와 PLC 제어 시스템 사이의 연결
• 입력신호 변환 : 외부기기의 신호를 PLC의 CPU에 맞는 낮은 전위 값으로 변환
• 모듈상태 표시 회로 : 입력 모듈의 기능 상태를 가시적으로 표시하는 회로
• 전기적 절연 회로 : 외부 신호와 CPU 간의 전기적 절연
• 인터페이스/멀티플렉스 회로 : 입력기기의 상태를 CPU에 전달해 주는 장치

25 다음 중 전자 접촉기의 개폐 동작 불량 원인으로 틀린 것은?

① 전압 강하가 크다.
② 접점의 마모가 크다.
③ 전동기의 속도가 너무 빠르다.
④ 조작회로가 고장이다.

전자 접촉기의 개폐 동작 불량 원인
• 전압 강하가 크다.
• 보조 접점과의 접촉 불량이다.
• 접점이 과다 마모되었다.
• 코일이 끊어졌다.
• 인터록이 파손되었다.
• 조작회로가 고장이다.

26 유압 펌프에서 강제식 펌프의 장점이 아닌 것은?

① 비강제식에 비해 크기가 대형이며 체적 효율이 좋다.
② 높은 압력(70[bar] 이상)을 낼 수 있다.
③ 작동 조건의 변화에도 효율의 변화가 적다.
④ 압력 및 유량의 변화에도 원활하게 작동한다.

강제식 펌프의 장점
• 비강제식에 비해 크기가 소형이며 체적 효율이 높다.
• 작동 조건의 변화에도 효율의 변화가 적다.
• 높은 압력(70[kgf/cm^2] 이상)을 낼 수 있다.
• 압력 및 유량의 변화에도 원활히 작동한다.

27 다음 중 편심펌프가 아닌 것은?

① 다단 펌프
② 베인 펌프
③ 롤러 펌프
④ 로터리 플랜지 펌프

① 다단 펌프는 비용적형 원심 펌프 중 터빈 펌프에 속한다.

28 펌프의 캐비테이션에 대한 설명으로 틀린 것은?

① 캐비테이션은 펌프의 흡입 저항이 크면 발생하기 쉽다.

② 캐비테이션의 방지를 위하여 흡입관의 굵기는 펌프 본체 연결구의 크기보다 작은 것을 사용한다.

③ 캐비테이션의 방지를 위하여 펌프 흡입 라인을 가능한 한 짧게 한다.

④ 캐비테이션의 방지를 위하여 펌프의 운전 속도는 규정 속도 이상으로 해서는 안 된다.

해설

공동현상(Cavitation)

유동하고 있는 액체의 압력이 국부적으로 저하되어, 포화 증기압 또는 공기 분리압에 달하여 증기를 발생시키거나 또는 용해 공기 등이 분리되어 기포를 일으키는 현상으로 이것들이 터지게 되면 국부적으로 초고압이 생겨 소음 등을 발생한다.

• 공동현상의 발생원인

 – 펌프를 규정 속도 이상으로 고속 회전시켰을 때(흡입 저항이 크면 발생)

 – 패킹부에 공기가 흡입

 – 과부하이거나 급격히 유로를 차단한 경우(흡입관의 굵기가 본체 연결구보다 작으면 발생)

29 다음 중 체크 밸브의 종류가 아닌 것은?

① 스윙(Swing)형

② 글로브(Globe)형

③ 풋(Foot)형

④ 리프트(Lift)형

해설

체크 밸브의 종류 : 듀얼 플레이트(Dual Plate), 스윙(Swing)형, 리프트(Lift)형, 풋(Foot)형 등

30 유압 실린더를 조작하는 도중에 부하가 급속히 제거될 경우, 배압을 발생시켜 실린더의 급속전진을 방지하려 할 때 사용되는 밸브는?

① 감압 밸브

② 무부하 밸브

③ 시퀀스 밸브

④ 카운터 밸런스 밸브

해설

① 감압 밸브 : 고압의 압축 유체를 감압시켜 사용 조건이 변동되어도 설정 공급 압력을 일정하게 유지

② 무부하 밸브 : 작동압이 규정 압력 이상 달했을 때 무부하운전을 하여 배출하고 그 이하가 되면 밸브는 닫히고 다시 작동하는 밸브(동력의 절감과 유압의 상승을 방지하는 역할, 즉 유압장치의 과열 방지)

③ 시퀀스 밸브 : 순차적으로 작동할 때 작동 순서를 회로의 압력에 의해 제어하는 밸브

31 방향 제어 밸브의 구조에 의한 분류에 해당되지 않는 것은?

① 포핏 형식

② 로터리 형식

③ 파일럿 형식

④ 스풀 형식

해설

유압 방향 제어 밸브의 구조상 분류

• 시트 밸브 : Poppet이나 Ball이 밸브 시트에 밀착되거나 떼어지는 형식

• 포트 밸브 : 몇 개의 접속구를 바꾸는 형식으로, 회전형(로터리)과 직선형(스풀)이 있음

32 다음 중 왕복식 압축기의 장점은?

① 고압 발생이 가능하다.

② 설치 면적이 좁다.

③ 윤활이 쉽다.

④ 압력 맥동이 없다.

해설

왕복식 압축기의 단점

• 설치 면적이 넓다.

• 기초가 견고해야 한다.

• 윤활이 어렵다.

• 맥동 압력이 있다.

• 소용량이다.

33 밸브의 조작력이나 제어신호를 가하지 않은 상태를 어떤 상태라 하는가?

① 정상상태   ② 복귀상태
③ 조작상태   ④ 누름상태

해설
각종 밸브나 회로도를 표기할 때 밸브의 조작력이나 제어신호를 가하지 않은 상태를 정상상태로 표기한다.

34 다음 기호 중 릴리프 밸브는?

①   ②

③   ④

해설
② 압력 스위치
③ 2/2Way(2포트 2위치)레버
④ 유압모터

35 미터 인 회로와 미터 아웃 회로의 공통점은?

① 릴리프 밸브를 통해 여분의 기름이 탱크로 복귀하지 않는다.
② 릴리프 밸브를 통해 여분의 기름이 탱크로 복귀하므로 유온이 떨어진다.
③ 릴리프 밸브를 통해 여분의 기름이 탱크로 복귀하므로 동력 손실이 크다.
④ 릴리프 밸브를 통해 여분의 기름이 탱크로 복귀하지 않으므로 동력 손실이 있다.

해설
• 미터 인 회로 : 유량제어밸브를 실린더 입구 측에 설치한 회로로 펌프 송출압은 릴리프 밸브의 설정압으로 정해지고 여분은 탱크로 방유, 동력 손실이 크다.
• 미터 아웃 회로 : 유량제어밸브를 실린더 출구 측에 설치한 회로로 펌프 송출압은 유량제어밸브에 의한 배압과 부하저항에 의해 결정되며, 동력 손실이 크다.

36 하역에 대한 설명으로 올바르지 못한 것은 무엇인가?

① 물품의 운송 및 보관과 관련하여 발생되는 작업으로 구체적으로 각종 운반수단에 화물을 싣고 내리는 작업을 말하며 물류 기능 중 상품파손율이 가장 적은 분야이다.
② 협의의 하역은 사내하역을, 광의의 하역은 수출기업의 수출품 선적을 위한 항만하역까지도 포함한다.
③ 일본에서는 물류 과정에서의 물장의 적하, 운반, 적재, 반출, 분류, 분류 정돈 등의 활동 및 이에 부수되는 작업으로 정의한다.
④ 하역은 생산자로부터 소비자까지의 물품유통과정에서 포장, 보관, 운송에 전후하여 행해지는 활동으로서 물류에서 필수불가결한 중요한 역할을 한다.

해설
하역은 물류 기능 중 상품파손율이 가장 높은 분야이다.

37 선체의 수면에서 밑부분까지의 깊이를 무엇이라 하는가?

① 선박의 치수
② 선박의 길이
③ 선박의 순톤수
④ 선박의 흘수

해설
선체의 수면에서 밑부분까지의 깊이를 흘수(吃水)라 한다.

38 다음은 용도에 따른 컨테이너 분류에 관한 설명이다. 무엇에 관한 내용인가?

> 목재, 승용차, 기계류 등과 같은 중량화물을 운송하기 위한 컨테이너로 지붕과 벽을 제거하고 기둥과 버팀대만 두어 전후좌우 및 쌍방에서 하역할 수 있는 특징을 갖고 있다.

① 천장개방형 컨테이너(Open Top Container)
② 행어 컨테이너(Hanger Container)
③ 탱크 컨테이너(Tank Container)
④ 플랫 랙 컨테이너(Flat Rack Container)

해설
① 천장개방형 컨테이너 : 파이프와 같이 길이가 긴 화물(長尺貨物), 중량품, 기계류 등을 수송하기 위한 컨테이너로 지붕이 없는 형태여서 화물을 컨테이너의 윗부분으로 넣거나 하역할 수 있다.
② 행어 컨테이너 : 옷걸이가 장착된 컨테이너
③ 탱크 컨테이너 : 액체 상태의 식품, 유류, 주류 및 화학제품 등을 수송하기 위한 컨테이너

39 안벽(Quay)을 따라 설치된 레일 위를 주행하면서 선박에 컨테이너를 적재하거나 선박으로부터 컨테이너를 하역하는 데 사용되는 대표적 하역기기를 무엇이라 하는가?

① 갠트리크레인
② 트랜스테이너
③ 스트래들 캐리어
④ 포크 리프트

40 다음 중 "에이프런(Apron)"에 해당하는 용어의 정의는?

① 컨테이너 터미널에서 화물(컨테이너)을 선박에 적하하거나 양하하는 안벽 상부를 말한다.
② 컨테이너를 선박에 적하하기 위하여 터미널 내로 운반하여 보관하거나 또는 선박으로부터 양하한 컨테이너를 보관하는 장소로서 주로 만재된 컨테이너를 취급하는 장소를 말한다.
③ 컨테이너 전용터미널 내에서 일반화물을 집화하여 창고에 보관한 후, 컨테이너에 적출하는 장소를 말한다.
④ 컨테이너의 고정 및 고박을 위하여 턴 버클 등 하역용구를 사용하여 묶는 작업을 말한다.

해설
②는 컨테이너 야드(Container Yard), ③은 화물집하장(Container Freight Station), ④는 래싱(Lashing) 작업에 대한 설명이다.

41 다음 중 CY(Container Yard)와 CFS(Container Freight Station)의 차이점을 설명한 것 중 가장 적절하지 않은 것은?

① CY는 보세장치장을 이르는 말로 CFS, 마샬링 야드, 에이프런, 섀시 및 트럭장치장을 모두 포함하는 말이다.
② 수입 LCL화물은 대부분 CFS를 거쳐서 FCL작업을 한 후 각각의 수화주에게 인도된다.
③ 수출 LCL화물은 CFS에서 혼재작업을 한 후 FCL화물로 전환된 후 컨테이너선으로 운송된다.
④ CFS(Container Freight Station)는 대부분 FCL화물을 LCL로 만드는 FCL화물 취급장을 말하며 가끔 LCL화물을 FCL로 만들기도 한다.

해설
④ CFS(Container Freight Station)는 대부분 LCL화물을 FCL화물로 만드는 LCL(Less than Container Load)화물 취급장을 말한다.

42 시랜드(Sealand)사가 개발하여 운영하는 방식으로, 육상 및 선상에서 크레인으로 컨테이너선에 직접 직상차하는 방식으로 보조 하역기기가 필요 없는 하역방식이다. 이 방식을 무엇이라 하는가?

① 스트래들 캐리어방식
② 트랜스테이너방식
③ 섀시방식
④ 혼합방식

해설
섀시방식(Chassis System)은 시랜드(Sealand)사가 개발하여 운영하는 방식으로, 육상 및 선상에서 크레인으로 컨테이너선에 직접 직상차하는 방식으로 보조 하역기기가 필요 없는 하역방식이다.

43 강도율 2.5의 뜻으로 옳은 것은?

① 1,000시간 작업 시 2.5건의 재해발생 건수
② 1,000시간 작업 시 한 건의 재해가 2.5일의 작업 손실
③ 1,000,000시간 작업 시 2.5건의 재해발생 건수
④ 근로자 1,000명당 2.5일의 작업손실

해설
$$강도율(SR) = \frac{근로손실일수}{연근로시간수} \times 1,000$$

44 재해발생 원인 중 직접 원인에 속하지 않는 것은 다음 중 어느 것인가?

① 방호설비의 결함
② 위험장소의 출입
③ 건물기계 장치의 설계 불량
④ 결함 기구의 사용

해설
재해의 직접 원인은 불안전한 상태, 불안전한 행동이다. ①은 불안전한 상태, ②와 ④는 불안전한 행동에 해당된다.

45 사고 발생 원인 중 비중이 큰 순서대로 나열된 것은?

| ㉠ 인적 원인 ㉡ 물적 원인 ㉢ 자연재해 |

① ㉠-㉡-㉢   ② ㉠-㉢-㉡
③ ㉡-㉠-㉢   ④ ㉢-㉠-㉡

해설
㉠ 인적 원인 : 88[%]
㉡ 물적 원인 : 10[%]
㉢ 자연재해 : 2[%]

46 안전교육을 반복하는 이유에 해당되지 않는 것은?

① 불안전한 행동을 안전한 행동으로 바꾸기 위해서
② 교육상의 미비점을 보완하기 위해서
③ 교육을 통해 실제 행동이 반복되게 하기 위해서
④ 잊어버린 안전 지식을 재차 알려주기 위해서

47 사고를 일으킬 수 있는 기계에 조작자의 신체 부위가 의도적으로 위험 밖에 있도록 하는 방호장치는 무엇인가?

① 차단형 방호장치
② 접근 반응형 방호장치
③ 위치 제한형 방호장치
④ 덮개형 방호장치

해설
덮개는 격리형 방호장치로 위험한 작업점과 작업자가 접촉되지 않도록 차단벽이나 덮개를 설치한다.

48 다음 중 리밋 스위치에 의한 방호장치가 아닌 것은?

① 권과방지 장치

② 게이트 가드(Gate Guard)

③ 벨트이동 장치(Belt Shifter)

④ 이동식 덮개

해설
연동기구 장치는 리밋 스위치가 필요하다.

49 다음 중 크레인의 정격하중은 얼마부터 표시해야 하는가?

① 1톤

② 2톤

③ 3톤

④ 4톤

해설
크레인의 정격하중은 1톤 이상부터 표시하고, 3톤 이상인 것은 정기검사를 받아야 한다.

50 다음의 약어 중에서 치사량을 표시할 때 사용하는 용어는 어느 것인가?

① LD$_{50}$

② BLV

③ TLV

④ TWA

해설
① LD$_{50}$: 체내에서 흡수했을 경우 50[%]가 치사하는 양
② BLV : Biological Limit Value(생물학적 허용농도)
③ TLV : Threshold Limit Value(허용농도)
④ TWA : Time Weighted Average(시간가중 허용농도)

51 공기 중의 습기를 흡수하든가 또는 물에 접촉했을 때 발화 또는 폭발을 일으킬 위험성이 있는 금속 나트륨을 무엇이라 하는가?

① 금수성물질(禁水性物質)

② 가수성물질(可水性物質)

③ 친수성물질(親水性物質)

④ 용수성물질(溶水性物質)

해설
금수성물질은 폭발성 물질에 속하며, 칼슘, 나트륨, 알킬 알루미늄, 알칼리, 황린, 알칼리 금속, 유기금속 화합물, 칼슘 또는 알루미늄의 탄화물이다.

52 화재의 발생 원인 중 화학적 원인으로 볼 수 없는 것은?

① 분 해

② 화 합

③ 혼 합

④ 충 격

해설
화재의 발생 원인
• 물리적 원인 : 마찰, 충격, 압축, 단열, 전기, 정전기
• 화학적 원인 : 화합, 분해, 혼합, 부가

53 고압가스 용기가 백색으로 도색되어 있을 때 어떤 기체가 있다고 할 수 있겠는가?

① 수 소   ② 액화 암모니아

③ 아세틸렌   ④ 액화 염소

해설
용기의 색채
• 아세틸렌 : 황색
• LPG : 밝은 회색
• 산소 : 녹색
• 수소 : 주황색
• 액화 염소 : 갈색
• 그 밖의 가스 : 회색

54 휴전이 곤란한 경우 조치사항이 아닌 것은?

① 감시인을 정하여 감시하게 할 것
② 근로자의 충전 부분에 방호구 설치는 하지 말 것
③ 활선 작업용 용구를 사용할 것
④ 보호망을 설치할 것

해설
휴전은 정전이라 하며, 활선작업 내용일 경우는 절연용 보호구와 방호구를 설치해야 한다.

55 인체 운동의 자유를 잃지 않는 최대한도의 전류를 이탈전류(마비한계 전류)라 하는데 이 전류는?

① 10~15[mA]

② 15~20[mA]

③ 20~25[mA]

④ 25~30[mA]

해설
통전전류의 크기에 따른 인체에 미치는 영향
• 최소 감지전류 : 1[mA]
• 고통한계 전류 : 7~8[mA]
• 마비한계 전류 : 10~15[mA]
• 심실세동 전류 : $I = \dfrac{165 \sim 185}{\sqrt{T}}[mA]$

56 컨테이너 터미널에서 외부차량의 준수사항에 대한 설명으로 옳지 않은 것은?

① 야드 내에서 앞지르기를 하여서는 안 된다.
② 에이프런(Apron)에서 차량은 차량유도자의 지시에 따라 유도되어야 하며, 정지와 출발신호가 지켜져야 한다.
③ 지정된 주행선을 따라 운행하여야 하며, 작업장을 침범하여서는 안 된다.
④ 운행속도는 시속 50[km] 이내로 해야 한다.

해설
운행속도는 시속 30[km] 이내로 하고, 우천 등으로 시야가 나쁠 경우에는 속도를 50[%] 감속하여야 한다.

57 본선 작업 시 현문사다리 안전에 대한 설명으로 옳지 않은 것은?

① 현문사다리는 선박의 불워크(Bulwark) 상부에 설치하여야 한다.

② 현문사다리는 본선에 부착된 국제 규정에서 정한 적정한 것이어야 한다.

③ 선박의 형태에 따라 현문사다리의 사용이 어려울 경우에는 폭 55[cm] 이상, 양측에 높이 82[cm] 이상의 방책을 설치한 갱웨이(Gang-way)를 사용하여야 한다.

④ 현문사다리 및 갱웨이(Gang-way) 하부에는 안전 그물망을 설치하여야 하며, 그물망은 본선 불워크(Bulwark)와 안벽을 연결하는 구조로 현문사다리 하부를 감싸는 방식으로 한다.

해설
현문사다리는 하역 및 조수간만의 차 등에 의하여 건현 등 선박의 상태가 변화하더라도 부두 안벽에 접촉되어 있어야 하며, 선박의 불워크(Bulwark) 상부에 설치하여서는 안 된다.

58 본선 작업 중 갑판 적재작업 시 안전에 대한 설명으로 옳지 않은 것은?

① 스프레더 작업이 어려운 개방형 컨테이너는 로드핀으로 작업하여야 한다.

② 컨테이너의 와이어로프 슬링걸이 작업 시에는 컨테이너 2개씩 작업한다.

③ 로드-핀 삽입 시, 슬링을 충분히 길게 하여 삽입할 수 있도록 하고, 사다리 및 안전대 등을 이용하여 추락 방지를 위한 조치를 취하여야 한다.

④ 해치 커버를 운반하는 경우 모든 해치 커버상의 래싱 도구는 보관함에 보관하고, 낙하의 위험이 없도록 하여야 한다.

해설
컨테이너의 와이어로프 슬링걸이 작업 시에는 어떤 경우라도 하나의 컨테이너만 작업하여야 한다.

59 컨테이너 야드(Yard) 작업 시 화물집하장(CFS) 내 화물입고 작업안전에 대한 설명으로 옳지 않은 것은?

① 팔레트화된 화물은 반드시 한 팔레트씩 입고하여야 한다.

② 팔레트에 화물을 적재할 때에는 적재화물의 높이를 2[m] 이내로 하여 화물의 붕괴를 방지하여야 한다.

③ 팔레트를 깔 때는 일관성을 유지하기 위하여 반드시 한 사람이 작업하여야 한다.

④ 위험화물 작업 시 창고장은 작업자에게 화물의 특성, 작업방법 및 작업요령, 안전조치 사항 등을 설명한 후 작업하여야 한다.

해설
팔레트를 깔 때는 반드시 두 사람 이상이 작업하여야 한다.

60 안전보건표지의 종류와 형태에서 그림의 안전표지판이 나타내는 것은?

① 보행금지   ② 작업금지
③ 출입금지   ④ 사용금지

해설
④   ①

③

교육이란 사람이 학교에서 배운 것을 잊어버린 후에 남은 것을 말한다.

– 알버트 아인슈타인 –

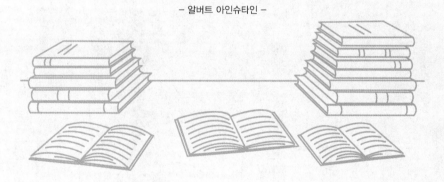

Win-Q

PART

03

과년도+최근 기출복원문제

#기출유형 확인   #상세한 해설   #최종점검 테스트

01 보통꼬임 와이어로프의 특성으로 틀린 것은?

① 접촉 길이가 짧아 소선의 마모가 쉽다.

② 킹크(Kink)가 발생하지 않는다.

③ 하중을 걸었을 때 자전에 대한 저항성이 작다.

④ 취급이 용이하여 선박, 육상에 많이 사용한다.

해설

보통꼬임 와이어로프의 특징

• 보통꼬임은 스트랜드의 꼬임 방향과 로프의 꼬임 방향이 서로 반대인 것이다.

• 소선의 외부 접촉 길이가 짧아 비교적 마모에 약하나, 킹크(Kink)가 생기는 것이 적다.

• 로프의 변형이나 하중을 걸었을 때 자전에 대한 저항성이 크고 취급이 용이하여 기계, 건설, 선박, 수산 분야 등 다양하게 사용된다.

02 틸팅 디바이스(Tilting Device)에 대한 설명으로 틀린 것은?

① 트림(Trime) : 스프레더가 길이 방향으로 기울어지는 동작

② 리스트(List) : 스프레더가 폭 방향으로 기울어지는 동작

③ 스큐(Skew) : 스프레더가 수평상태에서 시계 정방향/역방향으로 돌아가는 동작

④ 텔레스코픽(Telescopic) : 컨테이너의 크기에 따라 스프레더가 회전하는 동작

해설

텔레스코픽(Telescopic) : 컨테이너의 길이에 따라 스프레더의 길이를 알맞게 조정하는 기능의 명칭

03 그림에서 각 구조물의 명칭이 옳지 않은 것은?

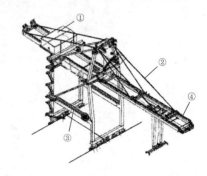

① 기계실(Machinery House)

② 포 스테이(Fore Stay)

③ 실빔(Sill Beam)

④ 붐(Boom)

해설

③은 포털 빔(Portal Beam)으로 기둥(Column)을 전후로 잡아주는 역할을 한다.

04 트랜스퍼크레인에 대한 설명으로 틀린 것은?

① 컨테이너 야드의 자동화가 추진되면서 레일식보다 타이어식이 더 많이 채택되고 있다.

② 트랜스퍼크레인의 적재능력은 5단 6열이 주종이나 필요에 따라 6단 또는 7열로 증대시킬 수도 있다.

③ 트랜스퍼크레인의 연료는 환경성 및 경제성 때문에 경유(엔진)에서 전기(전동기)로 전환되어 가고 있다.

④ 트랜스퍼크레인의 정력하중은 주로 40.6톤이 채택되고 있다.

해설

기존 터미널에는 RTGC(타이어식 갠트리크레인)를 주로 사용하였으나, 최근 개발되는 터미널에서는 RMGC를 많이 선택하여 야드 부분의 자동화가 용이하고 유가상승으로 에너지 절감이 가능한 RMGC(레일식 갠트리크레인)를 많이 사용하고 있다.

05 신호수의 업무로 틀린 것은?

① 본선 작업 중 선체 및 화물의 손상여부 확인 보고
② 작업 전·후 화물의 결박 해지상태 확인 보고
③ 장비 이동 시 각종 장애물 확인 보고
④ 하역도구의 운반, 관리 및 상태 확인 보고

해설

신호수(Signal Man)의 업무

• 컨테이너크레인 주변으로 통행하는 모든 차량을 통제하고 크레인의 전·후 또는 근접하는 차량이 주·정차하지 못하도록 해야 한다.
• 신호는 가장 안전하고, 잘 보이는 곳에서 한 사람이 표준 신호요령에 따라 신호하고 무전기 등 보조도구를 사용해야 한다.
• 검수원, 래싱 맨, 선원 등 작업자가 크레인 본체에 기대지 않도록 통제해야 한다.
• 컨테이너크레인 주변을 정리 정돈하고 기타 장애물 유무를 확인해야 한다.
• 권상 또는 권하 중인 컨테이너 밑에 들어가지 않도록 하고, 그 지역에 외부인의 접근을 통제해야 한다.
• 하역도구를 사용한 후 필히 안전여부를 재확인하여 이상이 없다고 판단될 때에 운전자에게 신호해야 한다.
• 적·양하 작업 시 크레인의 스프레더가 컨테이너의 코너 캐스트에 정확히 착상되고 차량의 섀시에 정확히 상차되었는지 확인하고, 작업자의 안전 대피 상태를 확인한 후 차량 출발신호를 해야 한다.

06 '컨테이너크레인의 기계 구조물은 통상적으로 장비수명과 같이 지속될 수 있도록 열처리, 도장 또는 특별 설계, 가공 조립되어야 한다.'라는 기계적 요구사항에 부합되어야 되는 품목은?

① 붐 와이어로프(Boom Wire Rope)
② 로프 풀리(Rope Sheave)
③ 호이스트 브레이크 라이닝(Hoist Brake Lining)
④ 포탈 빔(Portal Beam)

07 컨테이너크레인 가동 전 점검사항으로 틀린 것은?

① 유압장치 누유점검
② 브레이크 디스크 및 라이닝 마모상태
③ 휠 및 시브 도유 상태
④ 장치의 소음 및 진동

해설

비정상적인 소음과 진동은 운전 중 점검사항이다.

08 레일 클램핑형 레일 클램프(Rail Clamp)에서 레일과 크레인을 고정하는 힘은 무엇인가?

① 유압의 토출 압력
② 스프링 장력
③ 모터의 회전력
④ 공기 압력

해설

레일 클램프는 주행 동작용 마스터 컨트롤러를 좌우로 동작하면 유압실린더에 작동유를 공급하여 스프링 장력보다 강한 압력이 발생되면 클램프는 풀림상태가 되어 주행 운전 시 마찰력을 제거하고, 주행운전이 완료되면 실린더의 작동유가 리턴되어 드레인되고 스프링 장력에 의해 레일 클램프는 잠김상태가 된다.

09 컨테이너크레인의 운전실 구비조건으로 틀린 것은?

① 운전실은 모든 위험으로부터 보호되어야 한다.

② 운전실은 넓고 열과 소음으로부터 차단되어야 한다.

③ 운전실과 스프레더 사이의 간격은 시야 확보를 위해 수직선상에 놓여야 한다.

④ 운전실 내 모든 전선과 케이블은 전선 트레이나 지지물에 의해 보호되어야 한다.

해설

크레인 운전실의 제작 및 안전기준(위험기계 · 기구 안전인증 고시 별표 2)

• 운전자가 안전한 운전을 할 수 있는 충분한 시야를 확보할 수 있을 것
• 운전자가 쉽게 조작할 수 있는 위치에 개폐기, 제어기, 브레이크, 경보장치 등을 설치할 것
• 운전자가 접촉하는 것에 의해 감전위험이 있는 충전부분에는 감전방지를 위한 덮개나 울을 설치할 것
• 분진이 현저하게 발산하는 장소에 설치하는 크레인의 운전실은 분진의 침입을 방지할 수 있는 구조일 것
• 물체의 낙하, 비래 등의 위험이 있는 장소에 설치되는 크레인의 운전대에는 안전망 등 안전한 조치를 할 것
• 운전실 등은 훅 등의 달기기구와 간섭되지 않아야 하며 흔들림이 없도록 견고하게 고정할 것
• 운전실에는 적절한 조명을 갖출 것
• 운전실의 바닥은 미끄러지지 않는 구조일 것
• 운전실에는 자연환기(창문열기) 또는 기계장치 등 환기장치를 갖출 것
• 운전실과 거더의 부착부분은 용접부의 균열이 없어야 하며, 부착 볼트는 확실하게 고정될 것
• 제어기에는 작동방향 등의 표시가 있을 것

10 컨테이너크레인의 주요 동작으로 틀린 것은?

① 호이스트 권상/권하(Hoist Up/Down)

② 트롤리 전진/후진(Trolley Forward/Backward)

③ 거더 전진/후진(Girder Forward/Backward)

④ 붐 업/다운(Boom Up/Down)

해설

컨테이너크레인의 주요 동작

• 호이스트 권상/권하(Hoist Up/Down)
• 트롤리 전진/후진(Trolley Forward/Backward)
• 갠트리 우행/좌행(Gantry Right/Left)
• 붐 업/다운(Boom Up/Down)

11 와이어로프에 대한 설명으로 틀린 것은?

① 비침투성 윤활유로 정기적인 도포를 해준다.

② 와이어로프의 주요 구성품은 Wire, Strand, Core이다.

③ 파단소선의 수량, 파단소선의 위치는 교환기준이 된다.

④ 정기적인 직경 측정 및 외관검사를 해야 한다.

해설

와이어로프 윤활유는 로프에 잘 스며들도록 침투력이 있어야 한다.

12 감속기(Reducer) 점검요소로 틀린 것은?

① 오일 레벨 및 상태　② 오일 압력

③ 소음 및 진동　　　④ 볼트 체결상태

해설

감속기 일일 점검요소

• 기어와 베어링의 소음상태
• 축과 케이스의 진동상태
• 누유상태
• 오일량 및 윤활상태(오일펌프의 작동상태)
• 온도 상승상태

13 컨테이너크레인의 일반 점검수칙으로 옳은 것은?

① 3년에 한 번은 대규모 점검을 실시해야 한다.

② 고장이 없을 때에는 정기적인 예방점검은 하지 않아도 된다.

③ 운전 중 이상이 발견되면 운전을 중지시키고 즉시 점검을 실시한다.

④ 정기점검의 주기는 크레인 점검자의 판단에 의해 결정한다.

해설

① 1년에 한 번은 대규모 점검을 실시해야 한다.
② 고장유무에 관계없이 정기적으로 예방점검과 정비를 해야 한다.
④ 정기점검의 주기는 크레인 가동 빈도수와 가동시간에 의해 결정된다.

14 트롤리용 와이어로프가 자중에 의해 처지는 것을 방지하여 트롤리 운전을 원활하게 하기 위한 장치는?

① 붐 래치(Boom Latch)
② 텔레스코픽(Telescopic)
③ 로프 텐셔너(Rope Tensioner)
④ 틸팅 디바이스(Tilting Device)

해설
① 붐 래치(Boom Latch) : 붐을 올린 후 붐 와이어로프에 긴장을 주지 않고 보호하기 위하여 붐을 걸어두는 장치
② 텔레스코픽(Telescopic) : 컨테이너의 길이에 따라 스프레더의 길이를 알맞게 조정하는 기능의 명칭
④ 틸팅 디바이스(Tilting Device) : 작업 중 스프레더가 외란 혹은 화물의 편중 등으로 인하여 좌우 어느 한쪽으로 기울어짐을 방지하는 장치

15 트랜스퍼크레인의 주요 구성요소로 틀린 것은?

① 프레임
② 트롤리
③ 스프레더
④ 붐 래치

해설
붐 래치는 컨테이너크레인의 구성요소이다.

16 비상정지 스위치에 대한 설명으로 옳은 것은?

① 기기나 장치에 이상 발생 시 이를 청각적으로 전달하기 위한 목적으로 사용된다.
② 램프의 점등 또는 소등에 따라 운전정지, 고장표시 등 기기나 회로 제어의 동작 상태를 배전반, 제어반 등에 표시하는 목적으로 사용된다.
③ 손잡이에 의해 접점개소를 설정할 수 있는 스위치로서 회로의 절환용으로 주로 사용된다.
④ 기기의 이상 시 전원을 신속하게 차단할 목적으로 주로 사용하며, 메인 전원 스위치와 직렬로 연결된다.

해설
비상정지 장치는 비상시 운행을 정지시키는 장치이다.

17 도체에 t초 동안 $Q[\mathrm{C}]$의 전하(전기량)가 이동하였다면, 이때 흐른 전류 $I[\mathrm{A}]$는?

① $I = \dfrac{Q}{t}$
② $I = \dfrac{t}{Q}$
③ $I = \dfrac{1}{Qt}$
④ $I = Qt$

해설
전류
단위 시간[sec] 동안에 도체의 단면을 이동한 전하량(전기량)으로 나타내며 t[sec] 동안에 $Q[\mathrm{C}]$의 전하가 이동하였다면,
$I = \dfrac{Q}{t}$[A], $I = \dfrac{Q}{t}$[C/s], $Q = I \cdot t$[C]이다.

18 컨테이너크레인의 계류장치로 틀린 것은?

① 레일 클램프(Rail Clamp)
② 앵커(Anchor)
③ 타이다운(Tie-down)
④ 붐 래치(Boom Latch)

해설
붐 래치는 붐 호이스트 장치에 속한다.
계류장치
• 폭주방지장치 : 레일 클램프, 앵커
• 전도방지장치 : 타이다운

19 PLC(Programmable Logic Controller)의 주요 구성요소로 틀린 것은?

① 입력장치(Input Module)
② 출력장치(Output Module)
③ 중앙처리장치(CPU)
④ 인버터장치(Inverter)

해설

PLC는 입력감지장치, 출력부하장치, 중앙처리장치, 메모리장치, 전원장치, 프로그래밍장치 등을 기본 부품으로 내장하고 있다.

20 컨테이너크레인의 스프레더 표시장치에서 플리퍼 램프는 언제 점등되는가?

① 플리퍼가 모두 하강되었을 때
② 플리퍼가 모두 상승되었을 때
③ 좌측 플리퍼만 상승되었을 때
④ 우측 플리퍼만 하강되었을 때

해설

플리퍼는 스프레더를 컨테이너에 근접시킬 때 트위스트 록이 컨테이너의 네 모서리에 잘 삽입될 수 있도록 안내 역할을 하며, 램프박스 Flipper Up 표시 등이 점등된다.

21 컨테이너크레인에서 주행 좌 · 우측 감속 센서가 동작하면 주행 전동기의 속도는 최대속도의 몇 [%]로 감속되는가?

① 10[%]   ② 20[%]
③ 30[%]   ④ 40[%]

22 전자석에 의한 철편의 흡인력을 이용하여 접점을 개폐시키는 기기로서 전력이 큰 회로에 사용되는 것은?

① 배선용 차단기(Circuit Breaker)
② 전자 접촉기(Magnetic Contactor)
③ 전자 릴레이(Relay)
④ 타이머(Timer)

해설

전자 접촉기는 전자 릴레이에 비해 개폐하는 회로의 전력이 매우 큰 전력회로 등에 사용되며, 빈번한 개폐조작에도 충분히 견딜 수 있는 구조로 되어 있다.

① 배선용 차단기(Circuit Breaker) : 회로 보호용 개폐기로서 퓨즈를 대체하여 여러 분야에서 폭넓게 사용되고 있다.
③ 전자 릴레이(Relay) : 전자석에 의한 철편의 흡인력을 이용해서 접점을 개폐하는 기능을 가진 소자로서 전자 계전기 또는 간단히 릴레이라고도 한다.
④ 타이머(Timer) : 전기적 또는 기계적인 압력이 부여되면, 전자 릴레이와는 달리 미리 정해진 시간을 경과한 후에 그 접점이 개로 또는 폐로되는 인위적으로 시간지연을 만드는 전자 릴레이라 할 수 있다.

23 한쪽 방향으로는 전류를 흐르게 하고 그 반대 방향으로는 전류의 흐름을 저지하는 것은?

① 다이오드
② 차단기
③ 콘덴서
④ 전 구

24 그림은 스프레더 틸팅(Tilting)장치의 구성요소이다. 각 항에 알맞은 용어는?

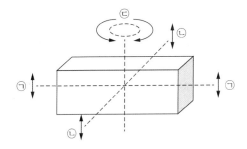

① ㉠ 리스트, ㉡ 스큐, ㉢ 트림
② ㉠ 트림, ㉡ 리스트, ㉢ 스큐
③ ㉠ 스큐, ㉡ 트림, ㉢ 리스트
④ ㉠ 리스트, ㉡ 트림, ㉢ 스큐

해설
틸팅 디바이스의 기능
• 트림 동작 : 스프레더를 좌우(수평, 가로) 방향으로 기울이는 것
• 리스트 동작 : 스프레더를 전후(수직, 세로) 방향으로 기울이는 것
• 스큐 동작 : 스프레더를 시계 또는 반시계 방향으로 회전하는 것

25 교류 전압을 가하면 회전 자기장에 의해 토크가 발생하여 구동되는 전동기는?

① 타 여자 전동기
② 분권 전동기
③ 유도 전동기
④ 직권 전동기

해설
①, ②, ④는 직류 전동기이다.

26 동일 레일상에 있는 크레인끼리 부딪치는 것을 방지하는 센서는?

① 풀림확인센서 ② 폭주방지센서
③ 충돌방지센서 ④ 트롤리센서

해설
크레인이 좌·우측으로 이동할 때 주위 작업원에게 크레인 이동을 알리는 사이렌과 경광등이 작동되며, 또 옆의 크레인과 충돌을 방지할 수 있는 충돌방지센서가 부착되어 이동 중에 발생되는 위험한 요소를 운전자에게 알려 주는 기능도 있다.

27 괄호 안에 들어갈 용어를 순서대로 나열한 것은?

> "( )는(은) 컨테이너크레인이 작업 중 바람에 의해 밀리는 것을 방지하는 장치이며, ( )은(는) 컨테이너크레인이 계류 위치에 있을 때 폭풍 또는 태풍의 영향으로 크레인이 전도되는 것을 방지하는 장치이다."

① 레일 클램프, 타이 다운
② 타이 다운, 레일 클램프
③ 휠 브레이크, 레일 클램프
④ 레일 클램프, 휠 브레이크

해설
레일 클램프는 컨테이너크레인이 운용 중에도 사용할 수 있는 장치로 자동차에 비유하면 브레이크와 같은 기능을 하는 장치이다. 타이 다운은 폭풍 시에 크레인이 전도되지 않고 견딜 수 있도록 전도를 방지하는 것으로서, 전도방지장치라고도 부른다.

28 컨테이너크레인의 CMS(Crane Monitoring System) 시스템 구성 메뉴 중 드라이브 메뉴에 속하지 않는 것은?

① 호이스트   ② 운전통계
③ 주 행   ④ 횡 행

해설

메뉴 시스템 구성

주 메뉴	부 메뉴
시스템	시스템, 통신, 주 전원, 보조 전원, 비상정지 & 현장조작반, 종료
검출기 상태	스프레더 주행 보조기
드라이브	트렌딩, 드라이브 상태, 호이스트, 주행, 횡행
통 계	운전통계, 고장통계, 운전기록, 컨테이너 작업통계
경 보	현재경보, 경보기록
관 리	정비, 재고
기 타	도면, PLC 프로그램
창	열린창의 목록
도움말	CMS 도움말, 윈도우 사용법

29 컨테이너크레인의 기능 중 틸팅장치(Tilting Device)의 설명으로 옳은 것은?

① 컨테이너 하중으로부터 운동에너지를 흡수하여 크레인에 미치는 충격을 최소화하기 위한 장치이다.
② 트롤리 와이어로프의 긴장을 완화시키기 위한 장치이다.
③ 경사되어 적재되어 있는 컨테이너를 바로 집기 위하여 스프레더를 경사시키는 장치이다.
④ 스프레더가 선박의 셀 가이드(Cell Guide)에 끼어서 정지될 때 이것을 해체하는 장치이다.

해설

컨테이너의 놓인 상태에 따라 스프레더를 기울일 수 있는 장치이다.

30 컨테이너크레인의 호이스트 장치에서 화물의 중량을 측정하는 장치는?

① 인코더(Encoder)
② 로드 게이지(Load Gauge)
③ 포텐션미터(Potentiometer)
④ 리졸버(Resolver)

해설

인코더, 리졸버는 위치센서이고, 포텐션미터는 저항센서이다.

31 컨테이너에 다음과 같은 마킹(Marking)이 되어 있다면, 이 컨테이너에 적재할 수 있는 최대하중[kg]은?

MAX. GROSS	24,000kg 52,910lb
TARE	2,200kg 4,850lb
PAYLOAD	21,800kg 48,060lb
CUB. CAP	32.2cbm 1,137cft

① 2,200   ② 21,800
③ 24,000   ④ 32,200

해설

Payload는 운임의 대상이 되는 화물의 중량을 말한다.

32 컨테이너 전용터미널에서 갑판상(본선) 신호수의 주요 업무에 대한 설명으로 틀린 것은?

① 작업장 주위의 안전사항을 점검하고 포맨으로부터 업무 지시사항을 접수한다.

② 해치커버 개폐 시 주위 안전을 확인한다.

③ 특수화물 작업 시 작업경로상의 안전사항을 확인하고 포맨의 지시에 따라 작업한다.

④ 야드 트랙터(Yard Tractor) 기사에게 출발 및 정지신호를 해 준다.

해설
④는 육상작업지휘자(Under Man)의 업무이다.
육상작업지휘자(Under Man)
• 컨테이너크레인 주변 작업자의 통제 및 안전보호구 착용여부를 확인해야 한다.
• 작업 전 적·양하 서류 및 특기사항을 확인 및 점검해야 한다.
• 컨테이너크레인 주변 작업자들에게 안전교육 및 주의사항을 알려 주어야 한다.
• 컨테이너크레인 주행로 주변을 정리·정돈하고 기타 장애물 유무를 확인해야 한다.
• 적·양하 화물의 수량 및 특기사항을 정확히 점검 및 기록해야 한다.
• 컨테이너크레인 밑으로 주행하는 모든 차량의 운행속도를 사내 표준지침에 따라 제한시켜야 한다.
• 위험물 적·양하 시 소화기 및 위험표지판을 설치하고 차량 및 작업자의 접근을 통제해야 한다.
• 작업에 투입된 야드 트레일러(Yard Trailer) 운전자에게 섀시 교체, 정차위치 또는 상차위치를 정확하게 지시해야 한다.
• 이동 중인 컨테이너크레인 하부에 모든 출입을 금지시키고, 지정된 보행로를 이용하도록 해야 한다.
• 검수원, 래싱작업자 및 선원 등의 작업자가 컨테이너크레인 본체에 기대지 않도록 통제해야 한다.

33 컨테이너 선적(적화)계획을 수립할 때 고려해야 할 사항과 가장 거리가 먼 것은?

① 게이트에서 본선까지의 거리 고려

② 장치장의 이동거리 최소화

③ 선박의 안정성 고려

④ 컨테이너 재배치의 최소화

해설
컨테이너의 본선 적부 계획 시 고려해야 할 기본사항
• 기본적인 적화방향을 고려하여 효율적인 작업과정을 반영하여야 한다.
• 선박의 종류에 따른 컨테이너 적재 작업방법을 고려하여야 한다.
• 장치장의 이동거리를 최소화하고 선박의 안정성을 고려하여야 한다.
• 장비의 간섭을 최소화하고 컨테이너 재배치를 최소화해야 한다.

34 수입 컨테이너의 야드 트랙터(Y/T)를 이용한 양화 절차로 옳은 것은?

① 양화 – 터미널 내 Y/T 이송 – 장치/보관 – 게이트 반출 – 화주

② 양화 – 장치/보관 – 터미널 내 Y/T 이송 – 게이트 반출 – 화주

③ 양화 – 터미널 내 Y/T 이송 – 게이트 반출 – 장치/보관 – 화주

④ 양화 – 장치/보관 – 게이트 반출 – 터미널 내 Y/T 이송 – 화주

35 컨테이너터미널의 시설에 대한 설명으로 틀린 것은?

① 컨테이너 야드 : 터미널 내에서 일반컨테이너 및 냉동컨테이너 등을 임시 보관할 수 있는 곳

② 컨테이너 화물 조작장(CFS) : 선적을 위한 컨테이너를 목적지별로 미리 정렬해 두는 곳

③ 안벽(Berth) : 컨테이너 선박의 접안이 이루어지는 곳으로 만재 시에도 충분한 전면 수심이 필요

④ 에이프런(Apron) : 컨테이너크레인의 주행레일이 가설되어 있는 곳

> **해설**
> **컨테이너 화물 조작장(CFS)** : 단일화주의 화물이 컨테이너 1개에 채워지지 않는 소량화물(LCL화물 : Less than a Container Loaded Cargo)을 CFS에서 적입하거나 인출하는 건물
> ※ 마샬링 야드(Marshalling Yard) : 선적을 위한 컨테이너를 목적지별 또는 선내의 적치계획에 따라 미리 정렬해 두는 넓은 면적을 말한다.

36 선박의 부두 접안예정시간을 뜻하는 용어는?

① ETA
② ETB
③ ETC
④ ETD

> **해설**
> ② ETB(Estimated Time of Berthing) : 접안예정시간
> ① ETA(Estimated Time of Arrival) : 입항예정시각
> ③ ETC(Estimated Time of Completion) : 하역완료예정시각
> ④ ETD(Estimated Time of Departure) : 출항예정시각

37 파나마 운하를 통항할 수 있는 선박의 최대 폭(A)과 적재가능한 컨테이너용량(B)에 해당되는 것은?

① A : 25.3[m] 이내, B : 약 1,600[TEU]
② A : 25.3[m] 이내, B : 약 2,700[TEU]
③ A : 32.2[m] 이내, B : 약 4,500[TEU]
④ A : 48.0[m] 이내, B : 약 8,000[TEU]

> **해설**
> 파나막스 형식은 파나마 운하의 통행이 가능한 최대 크기의 선박의 컨테이너를 크레인으로 처리할 수 있다는 의미에서 붙여진 것이다.
> • 파나마 운하를 통항할 수 있는 선박의 최대 폭 : 32.2[m] 이내
> • 적재가능한 컨테이너용량 : 최대 4,500[TEU]
> ※ 1[TEU] : 20피트 컨테이너 1개

38 컨테이너터미널의 CY작업에서 구내 이적에 해당하지 않는 것은?

① 손상된 컨테이너를 컨테이너 수리구역으로 이송

② CFS에서 적입 완료한 컨테이너를 CY로 이송

③ 게이트(Gate)를 통해 반입된 컨테이너를 CY로 이송

④ 소량 화물들을 적입하기 위해 공 컨테이너를 CFS로 이송

> **해설**
> **컨테이너터미널의 주요시설 및 기능**
> • CY : 컨테이너의 하역작업 전후 컨테이너의 인도·인수 및 보관을 위해 컨테이너를 쌓아두는 장소로 항만 내에 존재한다.
> • CFS : 컨테이너 1개에 미달하는 소형화물이나, 출하지에서 컨테이너에 직접 적재하지 못한 대량화물의 수출을 위하여 특정 장소나 건물에 화물을 집적하였다가 목적지별로 동종화물을 선별하여 컨테이너에 적입하는 장소이다.
> • Gate : 반·출입 컨테이너의 필요서류 접수, 봉인 및 컨테이너 손상 유무 검사, 컨테이너의 무게측정 등을 수행하는 곳으로 컨테이너터미널과 내륙 운송회사 간에 책임의 한계선이기도 하다.

39 컨테이너 전용선의 래싱(고박)에 관한 설명으로 틀린 것은?

① 래싱 콘의 손잡이가 안쪽으로 들어가 버린 경우 언록을 시킬 방법이 없어 산소절단을 해야 한다.

② 전용선의 홀드에는 셀 가이드가 설치되어 있어 고박작업을 해주어야 한다.

③ 신형 선박은 갑판 위에 콘이 거의 고정되어 있어 래싱 작업량을 줄여준다.

④ 콘은 나라마다 규격과 모양이 조금씩 다르게 제작된다.

해설
컨테이너를 컨테이너선의 선창에 선적하는 경우에는 컨테이너가 셀 가이드(Cell Guide)에 따라 격납되기 때문에 특별히 고정시킬 필요가 없지만, 컨테이너를 갑판적하거나 일반잡화를 선창 내에 적치할 때에는 선박의 흔들림으로 인하여 쓰러지거나 무너지는 일이 없도록 고정해야 한다.

40 컨테이너의 재질에 따른 분류 중 특수화물을 적재하기 위한 컨테이너로서 강도가 강하고 내부식성 및 내마모성이 가장 강한 컨테이너는?

① FRP 컨테이너

② 철재 컨테이너

③ 알루미늄 컨테이너

④ 스테인리스 스틸 컨테이너

해설
① FRP 컨테이너 : 국부강도가 뛰어난 것, 단열효과가 있는 것, 내용적을 크게 잡을 수 있는 것 등의 장점을 가진 반면 내구성이 약하고 중량이 무거운 것이 단점이다.

② 철재 컨테이너 : 저가라는 장점이 있으나 내구연수와 부식성에 문제가 있으며 가장 큰 결점은 중량이 무거운 것을 들 수 있다.

③ 알루미늄 컨테이너 : 경량이며, 내구성, 복원성, 유연성, 내부 부식성에 강한 특성을 가지므로 양질의 재질이기는 하나 제조 가격이 고가인 것이 최대 단점이다.

41 컨테이너터미널에서 발생하는 사고의 결과 중 터미널의 손실이 아닌 것은?

① 작업 방해

② 개인, 화주 및 운송주 등에게의 변상

③ 보험비용의 증가

④ 하역 생산성 증대

해설
사고의 결과

개인적 비용	항만/터미널의 손실
• 고통, 작업의 손실, 소득의 손실 • 수족의 상실, 직장생활의 종료 • 사망, 가장의 상실, 동료의 상실 • 사기 저하	• 작업 방해 • 행정적인 업무 • 변상(개인, 화주, 운송주에게) • 수리비용 • 보험비용의 증가

42 본선작업자의 선박출입을 위해 본선과 육상측을 연결하여 설치하는 현문 출입장치로 틀린 것은?

① 불워크(Bulwark) 사다리

② 현문 사다리

③ 갱웨이(Gangway)

④ 이동 사다리

해설
불워크 사다리는 갱웨이로 대체되어 사용되는 것이 아니고 현문 사다리나 갱웨이에 이어져 선박 측 안쪽에 설치된 조그만 사다리를 말한다.

② 현문 사다리 : 배와 육상을 연결해 주는 사다리로 가장 좋은 선박 출입 수단이다.

③ 갱웨이 : 선박과 부두의 높이가 그다지 차이가 나지 않을 때 선박과 부두를 연결하는 출입장치이다.

④ 이동 사다리 : 현문출입의 마지막 수단으로 더 안전한 수단(현문 사다리나 갱웨이 손상 시)이 없을 때 사용된다.

43 컨테이너 하역작업의 일반 안전수칙으로 틀린 것은?

① 장비의 안전하중을 준수할 것

② 표준길이보다 긴 특수 컨테이너를 고려할 것

③ 화물 이동 시 화물을 가급적 높게 하여 운반할 것

④ 장치 부착물을 안전하게 부착할 것

해설
화물 이동 시 화물을 가급적 낮게 하여 운반할 것

44 컨테이너터미널의 일반 안전규칙으로 틀린 것은?

① 안전 핸드북에 제시되어 있는 규칙을 준수한다.

② 작업원이 수행하는 특정 업무에 대해 기 구축된 작업안전시스템을 준수한다.

③ 아무리 사소한 상해라도 감독자에게 즉시 보고한다.

④ 작업 시 휴대용 라디오 등의 음악을 청취하여 긴장을 완화한다.

해설
작업 시 휴대용 라디오나 음악의 청취 등 주의가 산만해질 수 있는 행동은 하지 않는다.

45 IMO가 제정한 위험물의 분류(IMDG Code)에서 Class 2에 해당하는 위험물은?

① 화약류(Explosives)

② 가스류(Gases)

③ 독물 및 전염성 물질류(Poisonous and Infectious)

④ 부식성 물질류(Corrosive)

해설

IMO가 제정한 위험물의 분류(IMDG Code)

제1급	화학류(Explosives)	
	등급 1.1	대폭발 위험성이 있는 물질 및 제품
	등급 1.2	비산 위험성은 있지만, 대폭발 위험성은 없는 물질 및 제품
	등급 1.3	화재 위험성이 있고 또한 약한 폭풍 위험성이나 약한 비산 위험성 중 어느 한쪽 또는 양쪽 모두의 위험성은 있지만, 대폭발 위험성은 없는 물질 및 제품
	등급 1.4	심각한 위험성이 없는 물질 및 제품
	등급 1.5	대폭발 위험성이 있는 매우 둔감한 물질
	등급 1.6	대폭발 위험성이 없는 매우 둔감한 물질
제2급	가스류(Gases)	
	제2.1급	인화성 가스
	제2.2급	비인화성 · 비독성 가스
	제2.3급	독성가스
제3급	인화성 액체(Inflammable Liquids)	
제4급	가연성 물질(Flammable Solid, Spontaneous Combustible & Dangerous When Wet)	
	제4.1급	가연성 물질
	제4.2급	자연발화성 물질
	제4.3급	물과 접촉 시 인화성 가스를 방출하는 물질 (물 반응성 물질)
제5급	산화성 물질(Oxidizing Substances & Organic Peroxides)	
	제5.1급	산화성 물질
	제5.2급	유기과산화물
제6급	독물(Toxic & Infectious Substances)	
	제6.1급	독성 물질
	제6.2급	병독을 옮기기 쉬운 물질(전염성 물질)
제7급	방사성 물질(Radioactive & Material)	
제8급	부식성 물질(Corrosive Substances)	
제9급	기타 위험물질 및 제품(Miscellaneous Dangerous Substances & Articles)	

43 ③ 44 ④ 45 ② **정답**

46 컨테이너터미널에서의 위험요인으로 가장 거리가 먼 것은?

① 중량화물 이송장비
② 다양한 형태의 화물취급
③ 심야의 심신피로
④ 우천, 강풍 등의 날씨

해설
컨테이너터미널 위험요인
• 대형, 중량화물을 빠르게 이송하는 장비들이다.
• 수많은 차량의 움직임이 지속되고 있다.
• 컨테이너 운반장비, 도로용 차량과 보행자가 혼합되어 있다.
• 24시간 작업으로 인하여 심야 등 시야가 좋지 않고 심신이 피로할 때도 작업이 계속된다.
• 우천은 바닥을 미끄럽게 하고, 춥고 바람이 부는 날은 작업조건을 더욱 어렵게 할 수 있다.

47 스프레더를 컨테이너에 용이하게 착상시킬 수 있도록 안내판 역할을 하는 장치는?

① 플리퍼
② 트위스트 록
③ 텔레스코픽
④ 틸팅 디바이스

해설
스프레더 장치의 기능
• 컨테이너를 잘 집을 수 있도록 네 모서리에 안내판 역할을 하는 플리퍼 기능
• 컨테이너의 네 모서리에 콘을 끼워 90°로 회전하여 컨테이너의 잠김과 풀림 상태를 확인하는 트위스트 록 기능
• 컨테이너(20, 40, 45피트)에 맞출 수 있도록 늘이고 줄이는 텔레스코픽 기능

48 컨테이너터미널에서 실시해야 할 최소한의 비상훈련 항목으로 틀린 것은?

① 소방훈련
② 응급처치훈련
③ 위험물 누출훈련
④ 강우대비훈련

해설
컨테이너터미널에서 실시해야 할 최소한의 비상훈련 : 소방훈련, 응급처치훈련, 위험물 누출훈련, 탈출훈련, 구조, 외부원조를 포함한 비상훈련 등

49 컨테이너터미널에서 위험물질의 취급 시 주의사항으로 틀린 것은?

① 작업구역 내에 위험표지를 설치한다.
② 발화물질의 휴대를 금지한다.
③ 악천후에는 작업을 중단한다.
④ 야간에는 백색 전주등으로 위험물 작업을 알린다.

해설
야간에는 적색 전주등으로 위험물 작업을 알린다.

50 컨테이너크레인에 설치되는 레일 클램프의 형식으로 틀린 것은?

① 휠 브레이크 형식
② 레일 클램핑 형식
③ 휠 초크 형식
④ 타이 다운 형식

해설
레일 클램프의 형식
• 휠 브레이크형
• 레일 클램핑형
• 휠 초크형

51 유압회로에서 작동유의 정상작동 온도에 해당되는 것은?

① 5~10[℃] ② 40~80[℃]
③ 112~115[℃] ④ 125~140[℃]

해설
유압 작동유의 적정온도 : 30~80[℃] 이하(80[℃] 이상 과열 상태)

52 유압 작동유의 점도가 지나치게 높을 때 나타날 수 있는 현상으로 가장 적합한 것은?

① 내부 마찰이 증가하고 압력이 상승한다.
② 누유가 많아진다.
③ 파이프 내의 마찰손실이 작아진다.
④ 펌프의 체적효율이 감소한다.

해설
유압유의 점도

유압유의 점도가 너무 높을 경우	유압유의 점도가 너무 낮을 경우
• 동력손실 증가로 기계효율의 저하 • 소음이나 공동현상 발생 • 유동저항의 증가로 인한 압력손실의 증대 • 내부 마찰의 증대에 의한 온도의 상승 • 유압기기 작동의 불활발	• 내부 오일 누설의 증대 • 유압펌프, 모터 등의 용적효율 저하 • 기기마모의 증대 • 압력유지의 곤란 • 압력발생 저하로 정확한 작동불가

53 유압원에서의 주회로부터 유압실린더 등이 2개 이상의 분기회로를 가질 때, 각 유압실린더를 일정한 순서로 순차 작동시키는 밸브는?

① 시퀀스밸브 ② 감압밸브
③ 릴리프밸브 ④ 체크밸브

해설
② 감압밸브 : 밸브의 토출구 압력을 측정하는 밸브로 유체의 압력이 높을 경우 압력을 일정하게 유지하는 데 사용
③ 릴리프밸브 : 회로의 압력을 일정하게 유지시키는 밸브
④ 체크밸브 : 유압 회로에서 역류를 방지하고 회로 내의 잔류압력을 유지하는 밸브

54 유압모터의 장점이 아닌 것은?

① 효율이 기계식에 비해 높다.
② 무단계로 회전속도를 조절할 수 있다.
③ 회전체의 관성이 작아 응답성이 빠르다.
④ 동일출력 전동기에 비해 소형이 가능하다.

해설
유압모터의 장·단점

장 점	• 속도제어가 용이하다. • 힘의 연속제어가 용이하다. • 운동방향제어가 용이하다. • 소형 경량으로 큰 출력을 낼 수 있다. • 속도나 방향의 제어가 용이하고 릴리프 밸브를 달면 기구적 손상을 주지 않고 급정지시킬 수 있다. • 2개의 배관만을 사용해도 되므로 내폭성이 우수하다.
단 점	• 효율이 낮다. • 누설에 문제점이 많다. • 온도에 영향을 많이 받는다. • 작동유에 이물질이 들어가지 않도록 보수에 주의하지 않으면 안 된다. • 수명은 사용조건에 따라 다르므로 일정시간 후 점검해야 한다. • 작동유의 점도 변화에 의하여 유압모터의 사용에 제약을 받는다. • 소음이 크다. • 기동 시, 저속 시 운전이 원활하지 않는다. • 인화하기 쉬운 오일을 사용하므로 화재에 위험이 높다. • 고장 발생 시 수리가 곤란하다.

55 유압장치에서 압력제어밸브가 아닌 것은?

① 릴리프밸브
② 감압밸브
③ 시퀀스밸브
④ 서보밸브

해설
서보밸브는 기계적 또는 전기적 입력 신호에 의해서 압력 또는 유량을 제어하는 밸브이다.

56 유압장치에서 속도제어 회로에 속하지 않는 것은?

① 미터-인 회로

② 미터-아웃 회로

③ 블리드 오프 회로

④ 블리드 온 회로

해설

속도제어 회로
- 미터 인 회로 : 공급 쪽 관로에 설치한 바이패스 관의 흐름을 제어함으로써 속도를 제어하는 회로
- 미터 아웃 회로 : 배출 쪽 관로에 설치한 바이패스 관로의 흐름을 제어함으로써 속도를 제어하는 회로
- 블리드 오프 회로 : 공급 쪽 관로에 바이패스 관로를 설치하여 바이패스로의 흐름을 제어함으로써 속도를 제어하는 회로

57 다음 중 유압 실린더에서 발생되는 피스톤 자연하강 현상(Cylinder Drift)의 발생원인이 모두 맞는 것은?

ㄱ. 작동압력이 높을 때
ㄴ. 실린더 내부 마모
ㄷ. 컨트롤 밸브의 스풀 마모
ㄹ. 릴리프 밸브의 불량

---

① ㄱ, ㄴ, ㄷ   ② ㄱ, ㄴ, ㄹ

③ ㄴ, ㄷ, ㄹ   ④ ㄱ, ㄷ, ㄹ

해설

유압 실린더에서 발생되는 실린더 자연하강현상 원인
- 작동압력이 낮을 때
- 실린더 내부 마모
- 컨트롤 밸브의 스풀 마모
- 릴리프 밸브의 불량

58 유압장치의 장점에 속하지 않는 것은?

① 소형으로 큰 힘을 낼 수 있다.

② 정확한 위치제어가 가능하다.

③ 배관이 간단하다.

④ 원격제어가 가능하다.

해설

③ 배관이 까다롭다(복귀라인이 필요).

59 유압장치의 구성요소 중 유압 액추에이터에 속하는 것은?

① 유압 펌프

② 엔진 또는 전기모터

③ 오일 탱크

④ 유압 실린더

해설

유압 펌프에 의하여 공급되는 유체의 압력에너지를 이용하여 기계적인 에너지로 변환하는 기기를 일반적으로 작동기(Actuator)라고 한다. 작동기는 구조와 그 기능에 따라 직선왕복운동을 하는 실린더와 요동운동을 하는 요동운동 작동기 및 회전운동을 하는 유압모터가 있다.

60 그림의 유압 기호는 무엇을 표시하는가?

① 오일 쿨러

② 유압 탱크

③ 유압 펌프

④ 유압 밸브

해설

기호는 정용량 유압 펌프(화살표 없음)이다.

01 와이어로프에 대한 설명 중 틀린 것은?

① 과하중, 연속하중, 간헐적인 하중 등에 따라 로프의 수명은 달라진다.

② 일반적으로 로프의 지름 및 인장강도를 결정할 때에는 정하중 및 정적인 상태하에서 결정한다.

③ 와이어로프는 일반적으로 소선, 스트랜드 및 심으로 구성된다.

④ 와이어로프의 안전계수는 와이어로프의 절단하중과 그 로프에 걸리는 총 하중과의 비로 나타낸다.

해설

와이어로프의 공칭지름 및 인장강도를 결정할 때, 정하중 및 정적인 상태하에서 결정하는 것은 매우 위험한 일이다. 기계는 정하중에서도 동적 하중이 가해져서 재료의 탄성 한계를 초과할 경우도 있기 때문이다.

02 안티-스내그(Anti-snag)란?

① 트롤리의 흔들림을 효과적으로 제어하기 위한 장치

② 순간적으로 발생한 큰 하중으로부터 호이스트 와이어로프를 보호하는 장치

③ 로프의 처짐을 방지하기 위한 장치

④ 붐을 올린 후 붐 와이어로프에 긴장을 주지 않도록 보호하는 장치

해설

안티-스내그(Anti-snag)는 스내그 하중으로부터 운동에너지를 흡수하여 크레인에 미칠 충격을 최소화하기 위한 장치이다.

03 와이어로프의 교환시점으로 가장 적절한 것은?

① 와이어로프가 물에 빠졌을 때

② 와이어로프의 직경이 10[%] 감소했을 때

③ 와이어로프의 소선이 5[%] 절단됐을 때

④ 와이어로프에 도포한 그리스가 굳었을 때

해설

와이어로프 제조 시 로프지름 허용오차는 0~+7[%]이며, 지름이 7[%] 이상 감소하거나 10[%] 이상 절단되면 와이어로프를 교환한다.

04 컨테이너크레인에 사용되는 용어를 설명한 것으로 틀린 것은?

① 아웃 리치 : 크레인의 보디 쪽 레일 중앙지점으로부터 트롤리가 바다 쪽으로 최대작업 가능한 호이스팅 기구 중앙지점까지의 수평거리를 말한다.

② 백 리치 : 크레인의 보디 쪽 레일 중앙지점으로부터 트롤리가 육지 쪽으로 최대작업 가능한 호이스팅 기구 중앙지점까지의 수평거리를 말한다.

③ 정격하중 : 크레인의 호이스팅 장치에 의하여 안전한 상태로 들어 올릴 수 있는 최대하중으로부터 호이스팅 기구의 중량을 뺀 하중을 말한다.

④ 양정 : 크레인이 취급물을 들어 올릴 수 있는 최대 수직높이를 말한다.

해설

백 리치 : 시설장비의 육지측 레일 중앙지점으로부터 트롤리가 육지측으로 최대작업 가능한 호이스팅 기구 중앙지점까지의 수평거리

1 ② 2 ② 3 ② 4 ② **정답**

05 컨테이너크레인의 트롤리와 연관이 가장 적은 것은?

① 감속기(Decelerator)
② 로프텐셔너(Rope Tensioner)
③ 틸팅 디바이스(Tilting Device)
④ 브레이크(Brake) 장치

해설
틸팅 디바이스는 작업 중 스프레더가 화물의 편중 등으로 어느 한쪽으로 기울어지는 것을 방지하는 장치로 백 리치 끝단부에 설치되어 있다.

06 그림과 같이 신호수의 어깨 위 손을 멈춘 후 신호하고자 하는 손의 검지 손가락을 하늘로 향하며 손가락으로 원을 그리며 회전시키는 수신호는?

① 조금 올리기
② 빨리 내리기
③ 붙여 싣기
④ 계속 올리기

해설
① 조금 올리기 : 회전속도에 비례하여 작업속도가 결정되므로 처음에는 서서히 시작하여 작업에 알맞게 신호를 하여야 한다.
② 빨리 내리기 : 점차 빨리 내리기에서 손끝을 힘차게 흔들거나 힘차게 회전을 한다.
④ 계속 올리기 : 자세는 조금감기와 동일하고 손목의 회전을 점차 빨리 혹은 점차 크게 원을 그린다.

07 컨테이너를 육상에서 선박으로 또는 선박에서 육상으로 하역하는 장비는?

① 리치 스태커
② 컨테이너크레인
③ 트랜스퍼크레인
④ 스트래들 캐리어

해설
① 리치 스태커 : 컨테이너의 야적, 섀시에 적재, 짧은 거리 이송 등에 사용된다.
③ 트랜스퍼크레인 : 터미널 야드에서 트레일러 섀시 위에 상·하차작업을 하는 장비이다.
④ 스트래들 캐리어 : 주 프레임 내에서 컨테이너를 올리고 운반하는 장비이다.

08 컨테이너 하역작업용 장비가 아닌 것은?

① RMGC(Rail Mounted Gantry Crane)
② RTGC(Rubber Tired Gantry Crane)
③ R/S(Reach Stacker)
④ CSU(Continuous Ship Unloader)

해설
CSU(Continuous Ship Unloader) : 원료를 싣고 있는 선박으로부터 원료를 하역하는 장비로 항만 하역설비 중의 하나이다.

09 유압장치에 사용되는 각종 밸브에 대한 설명으로 틀린 것은?

① 체크 밸브 : 유압유를 한 방향으로 흐르게 하는 것
② 솔레노이드 밸브 : 전자석을 이용하여 유체의 흐름 방향을 변경하는 것
③ 릴리프 밸브 : 유압회로 내의 최소압력을 제어하는 것
④ 유량제어 밸브 : 유압회로 내의 유량을 제어하는 것

해설
릴리프 밸브 : 유압회로 내의 최고압력을 제어하는 밸브

10 트랜스퍼크레인의 운전실에서 주행동작을 주행 라인과 수평으로 유지하기 위하여 조작하는 조작반 내 기기는?

① 스티어링(Steering) 조이스틱

② 주행 마스터(Master) 컨트롤러

③ 틸팅(Tilting) 조이스틱

④ 휠 터닝(Wheel Turning) 선택 셀렉터(Selector) 스위치

11 크레인에 명기된 사항의 한계를 초과하지 않는 운전으로 틀린 것은?

① 크레인의 정격하중을 초과하는 하중을 취급해서는 안 된다.

② 스프레더는 사양에 표기된 인양고보다 높이 올리면 안 된다.

③ 가동풍속 이상의 바람이 불 때에는 크레인을 정지시키고 계류장치로 이동하여 타이다운을 체결한다.

④ 크레인 양정을 초과하여 작업하고자 할 때에는 먼저 리밋 스위치를 이동·설치하여야 한다.

해설
각종 리밋 스위치는 운전제어장치가 아니라 안전장치이므로 정상 가동 상태에서는 결코 불필요하게 동작되지 않는다.

12 우리나라 남해안 지방에 설치되는 컨테이너크레인의 앵커 및 타이다운의 최대순간풍속 기준은?

① 30[m/s] 이상

② 40[m/s] 이상

③ 50[m/s] 이상

④ 60[m/s] 이상

해설
설계검사 일반(항만시설장비 검사기준 제6조)
풍하중 계산과 관련하여 풍속의 기준은 다음의 구분에 따라 적용한다.
• 작업상태에 해당하는 경우에는 지면상에서 20[m] 높이를 기준으로 최대순간풍속 초당 20[m] 이상으로 한다.
• 휴지상태(태풍)에 해당하는 경우에는 지면상에서 20[m] 높이를 기준으로 최대순간풍속은 다음과 같다.
  - 서해안 : 초당 55[m] 이상
  - 동해안·남해안 : 초당 60[m] 이상
  - 목포 : 초당 70[m] 이상
  - 울릉도 : 초당 75[m] 이상

13 컨테이너크레인의 기본동작을 설명한 것으로 틀린 것은?

① 호이스트 : 컨테이너가 상하로 이동

② 횡행 : 트롤리 및 운전실이 바다 또는 육지 쪽으로 이동

③ 붐 호이스트 : 붐의 상승 및 하강

④ 갠트리 : 크레인이 상하로 이동

해설
컨테이너크레인의 주요 동작
• 호이스트 권상/권하(Hoist Up/Down)
• 트롤리 전진/후진(Trolley Forward/Backward)
• 붐 업/다운(Boom Up/Down)
• 갠트리 우행/좌행(Gantry Right/Left)

14 컨테이너크레인의 가동 전 점검사항이 아닌 것은?

① 크레인의 주행 레일 주변에 장애물이 놓여 있는가?
② 감속기의 오일 레벨이 적당한가?
③ 와이어로프가 시브에서 이탈이 없는가?
④ 트롤리를 작동시켜 정지위치에 정지시켰는가?

해설
④는 가동 후 점검사항이다.

15 야드에 레일을 설치하여 레일 위에서만 이동하면서 하역작업을 하는 컨테이너 하역 전용 크레인은?

① Forklift
② RMGC
③ RTGC
④ Reach Stacker

해설
RMGC(Rail Mounted Gantry Crane)
레일 위에 고정되어 있어 주행 및 정지를 정확하게 할 수 있고, 자동화가 용이하다. 고속으로 생산성이 높고, 다열 다단적으로 장치능력을 증대시킬 수 있으며 전력사용으로 친환경적이다.

16 시퀀스 제어용 기기로만 짝지어진 것은?

① 전자 접촉기 – 전자 릴레이 – 타이머
② 교류 발전기 – 전자 릴레이 – 과부하 계전기
③ 전자 접촉기 – 전자 릴레이 – 유도 전동기
④ 전자 접촉기 – 직류전동기 – 타이머

해설
시퀀스 제어란 미리 정해진 순서, 또는 일정한 논리에 의해 정해진 순서에 따라, 제어의 각 단계를 순차적으로 추진해가는 제어를 말한다.
※ 시퀀스 제어용 기기

기기 명칭	기능 및 기기 예
조작용	인간의 명령을 제어 시스템에 전달하는 역할 예 버튼 스위치, 토글 스위치
제어용	조작용 기기로부터 신호를 받아 제어 대상에 원하는 동작을 하게 하기 위한 제어 신호를 발생시키는 역할 예 전자 릴레이, 타이머, 프로그래머블 컨트롤러 등
구동용	제어용 기기의 출력 신호에 따라 제어 대상을 직접 구동하기 위해 전압과 전류 레벨을 높이는 역할 예 전자 접촉기, 전자 개폐기, SSR, 서보 모터 등
검출·보호용	제어 대상의 상태를 각종 센서로 검출하여 제어 시스템에 정보를 전달하는 역할 예 각종 센서
표시·경고용	인간에게 제어 시스템의 상태나 이상 유무를 알리는 데 필요한 상태를 표시하거나 소리를 발생시키거나 하는 역할 예 램프나 발광 다이오드, 벨이나 버저 등

17 컨테이너크레인의 관리시스템인 CMS(Crane Monitoring System)에 대한 설명으로 가장 거리가 먼 것은?

① 실시간으로 크레인의 운전정보를 수집하여 크레인 고장 시 그 내용과 발생시간 등을 쉽게 파악할 수 있다.
② 운전사항의 모든 정보를 저장하여 운전일지, 정비일지 작성에 소요되는 시간을 절약할 수 있다.
③ 부품의 사용시간을 기록·저장하여 유지보수에 필요한 정보를 쉽게 얻을 수 있다.
④ 컴퓨터에 전문지식이 있어야 조작이 가능하며, 전문적인 교육이 필요하다.

해설
④ 모니터상의 도움말을 이용하면 운전자 및 정비사가 컴퓨터에 대한 기초 상식이 없어도 쉽게 사용할 수 있다.

18 시퀀스 제어에 사용하는 그림의 전기용 도형기호의 명칭은?

a접점	b접점
—o ⏷ o—	—o ⏷ o—

① 열동 과전류 접점   ② 한시 복귀 접점
③ 한시 동작 접점   ④ 기계적 접점

해설
전기용 도형기호

명 칭	도형기호	
	a접점	b접점
일반 접점 또는 수동 접점	—o o—	—o o—
수동조작 자동복귀 접점	—o o—	—o o—
열동 과전류 접점	—o×o—	—o×o—
기계적 접점	—o o—	—o o—
릴레이 접점	—o o—	—o o—
한시 동작 접점	—o o—	—o△o—
한시 복귀 접점	—o o—	—o o—
온도 스위치	—o o—	—o o—
압력 스위치	—o o—	—o o—
플로트 스위치	—o o—	—o o—

19 컨테이너크레인에서 붐 기복장치의 구동부에 비상 디스크 브레이크를 설치한 목적은?

① 붐의 추락에 대비하기 위하여
② 붐의 기어 백래시를 대비하기 위하여
③ 중량작업에 따른 원활한 클램핑을 하기 위하여
④ 와이어 드럼을 고정하기 위하여

해설
비상용 디스크 브레이크는 평상시에는 전류가 계속 흘러 브레이크가 개방되어 있으나 과속 감지 또는 비상시 전원이 차단되면 브레이크가 작동하여 드럼 플랜지를 잡아 주게 되어 붐 작동이 이루어지지 않도록 한다.

20 직류와 교류를 설명한 것으로 옳은 것은?

① 직류는 전압이 시간에 관계없이 일정하고, 교류는 전압이 시간에 따라 주기적으로 변화한다.
② 직류와 교류는 모두 전압이 시간에 따라 변화한다.
③ 직류는 전압이 시간에 따라 변화하고, 교류는 전압이 시간에 관계없이 일정하다.
④ 직류는 전압을 의미하고, 교류는 전류를 의미한다.

해설
직류와 교류의 차이점
• 직류 : 전압이나 전류가 시간의 변화에 관계없이 크기와 방향이 일정한 크기를 가진다.
• 교류 : 전압이나 전류가 시간의 변화에 따라 크기와 방향이 주기적으로 변하는 모양이 사인파의 형상을 갖는다.

21 컨테이너크레인에 설치되는 전동기 중 스페이스 히터를 내부에 설치해야 하는 전동기는?

① 용량 7.5[kW] 이상
② 용량 5.5[kW] 이상
③ 용량 4.0[kW] 이상
④ 용량 3.0[kW] 이상

해설
용량이 7.5[kW] 이상인 전동기는 스페이스 히터와 온도 감지장치를 설치하고 과전류, 과온도 및 결상에 대한 보호장치를 갖추어야 한다.

22 도체의 저항 값을 구하는 식으로 옳은 것은?(단, R : 저항, ρ : 고유저항, A : 도체의 단면적, l : 도체의 길이)

① $R = \rho \dfrac{l}{A}$

② $R = \dfrac{l}{A}$

③ $R = \rho \dfrac{A}{l}$

④ $R = \dfrac{1}{\rho}$

해설
도체의 전기저항은 그 재료의 종류, 온도, 길이, 단면적 등에 의해 결정된다. 도체의 고유저항 및 길이에 비례하고, 단면적에 반비례한다.

23 전자석에 의한 철편의 흡인력을 이용하여 접점을 개폐시키는 기기로 큰 전력회로의 개폐 조작에 사용되는 제어기기는?

① 전자 릴레이

② 전자 접촉기

③ 타이머

④ 플리커 릴레이

해설
전자 접촉기는 전자 릴레이에 비해 개폐하는 회로의 전력이 매우 큰 전력회로 등에 사용되며, 빈번한 개폐조작에도 충분히 견딜 수 있는 구조로 되어 있다.

24 크레인 제어기에서 받아들일 수 있는 양으로 0 또는 1과 같이 숫자로 나타낼 수 있는 비연속적인 양은?

① 아날로그양

② 위치제어량

③ 디지털양

④ 속도제어량

해설
디지털양과 아날로그양
• 디지털양 : 0, 1, 2, 3과 같이 숫자로 나타낼 수 있는 비연속적으로 변화하는 양
• 아날로그양 : 전압, 전류, 온도, 속도, 압력, 유량 등과 같이 연속해서 변화하는 양

25 컨테이너크레인에서 과속방지장치가 설치되어 있는 곳으로 틀린 것은?

① 갠트리 장치

② 트롤리 장치

③ 호이스트 장치

④ 레일 클램프 장치

해설
레일 클램프는 크레인이 작업 중 바람에 밀리는 것을 방지하기 위한 것으로 옥외의 크레인 본체를 주행 레일에 체결하여 고정시키는 안전장치이다.

26 컨테이너크레인에서 스프레더에 대한 내용으로 틀린 것은?

① ISO 규격의 20피트, 40피트, 45피트의 규격화된 컨테이너 취급에 용이하다.

② 컨테이너 화물을 잠그고 풀 수 있도록 트위스트록 장치가 있다.

③ 스프레더 케이블이 케이블 소켓과 접촉이 불량하더라도 권상동작은 지장이 없어야 한다.

④ 스프레더의 모든 동작은 유압시스템 또는 전기시스템에 의해 동작한다.

27 PLC 출력카드에 연결할 수 없는 것은?

① 파일럿 램프

② 전자 접촉기

③ 부 저

④ 전자 개폐기

28 컨테이너크레인의 호이스트 구동부에 부착되지 않는 전기부품은?

① 로터리 리밋 스위치

② 타코 제너레이터

③ 오버스피드 스위치

④ 디스크 브레이크

해설
디스크 브레이크는 제동장치이다.

29 트롤리 운전에 대한 설명으로 틀린 것은?

① 화물의 중량과 관계없이 속도를 가감할 수 있다.

② 주행운전과 연동할 수 있다.

③ 주행운전과 같이 조작레버의 편향각도에 따라 변속된다.

④ 인코더로 중량을 측정하여 감속구간을 자동으로 제어한다.

해설
인코더에 의해 거리를 측정하여 감속구간이 자동으로 제어될 수 있다.

30 컨테이너크레인의 틸팅 디바이스는 운전자의 입력 조작과 허용된 무엇에 의하여 작동되는가?

① 인코더

② 압력센서

③ PLC

④ 인버터

해설
각종 스위치 조작이 PLC로 연계되어 제어가 된다.

31 수출 컨테이너 화물의 올바른 선적절차는?

① 선적예약 – 터미널 내 Y/T 이송 – 반입 – 장치/보관 – 선적

② 선적예약 – 반입 – 터미널 내 Y/T 이송 – 장치/보관 – 선적

③ 선적예약 – 반입 – 장치/보관 – 터미널 내 Y/T 이송 – 선적

④ 선적예약 – 장치/보관 – 터미널 내 Y/T 이송 – 반입 – 선적

32 컨테이너 슬롯 주소 시스템의 순서로 옳은 것은?

① Bay-Row-Tier   ② Row-Bay-Tier

③ Bay-Tier-Row   ④ Tier-Bay-Row

컨테이너의 적부 위치 - 6자리 숫자로 표시

<u>16</u> <u>03</u> <u>82</u>
ⓐ   ⓑ   ⓒ

ⓐ Bay 번호(선체의 종방향 표시)

ⓑ Row 번호(선박의 횡방향 표시)

ⓒ Tier 번호(선저로부터의 높이)

※ 마샬링 야드에는 컨테이너 크기에 맞춰 백색 또는 황색 구획선이 그어져 있는데 한 칸을 슬롯(Slot)이라 한다.

33 컨테이너크레인 운전 시 주행이 제한되었을 경우, 주행 동작실시를 위한 적절한 조작반의 스위치는?

① Hoist By-pass

② Emergency Stop

③ Gantry By-pass

④ Anti-sway Operation

34 다음의 컨테이너 넘버를 설명한 것으로 틀린 것은?

> HLCU 123 456 ⑨

① 영문 HLCU 4자리는 ISO 6346에 의해 국제적으로 공인되어 있으며, 컨테이너 소유자 표시이다.

② 숫자 123 456은 제작업자에게 컨테이너 제작을 의뢰할 때 컨테이너 소유자가 선택하게 된다.

③ ⑨는 맨 마지막 11번째에 두며, 앞 10자리(영문자와 숫자)의 오류유무를 검사하기 위하여 사용한다.

④ 숫자 123 456 중 첫 번째 자리는 제작업자의 표시로서 제작업자의 고유번호를 기입한다.

숫자 123 456 중 첫 번째 자리는 소유자의 코드 표시로서 소유자 고유약자를 기입한다.

35 컨테이너의 구조에서 외부로부터 충격에 견딜 수 있도록 가장 강한 재질로 만들어진 것은?

① 골격(Frame)

② 밑면(Base)

③ 앞면(Front)

④ 측면(Side Wall)

36 일반적인 컨테이너 전용선의 구조적인 특징을 설명한 것으로 틀린 것은?

① 해치(Hatch)가 넓다.

② 자체의 하역설비를 갖추고 있다.

③ 선창에 셀 가이드(Cell Guide)가 설치되어 있다.

④ 갑판적(On-deck Loading)이 가능하도록 설비되어 있다.

컨테이너 전용선은 신속한 운송이 요구되는 화물을 취급하므로 일반적으로 다른 종류의 화물선에 비해 속도가 빠르고, 일정한 항로를 정해진 일정에 따라 운항하는 정기선(Liner)으로 많이 운영되며, 주로 하역설비를 갖춘 항만 간을 운항하므로 본선에 크레인과 같은 하역장비를 설비할 필요성이 낮다.

37 컨테이너터미널의 CFS에 대한 설명으로 틀린 것은?

① 작업장의 형태는 긴 창고형이다.
② 트럭 출입구가 여러 개 있다.
③ 소량화물들을 혼재하여 컨테이너에 적입한다.
④ 일반적으로 기중기를 사용하여 컨테이너에 적입한다.

해설
④ 일반적으로 지게차를 사용하여 컨테이너에 적입한다.
※ CFS(Container Freight Station, 컨테이너화물조작장)
컨테이너 1개에 미달하는 소형화물이나, 출하지에서 컨테이너에 직접 적재하지 못한 대량화물의 수출을 위하여 특정 장소나 건물에 화물을 집적하였다가 목적지별로 동종화물을 선별하여 컨테이너에 적입하는 지역이다.

38 컨테이너터미널의 본선 하역작업 시 주의사항으로 틀린 것은?

① 양화할 때에는 선미에서 선수방향, 적화할 때에는 선수에서 선미방향으로 작업을 진행한다.
② 장척화물이나 중량화물 작업 시에는 트위스트 록, 새클(Shackle), 또는 훅이 컨테이너의 Corner Fitting에 완벽하게 걸려 있는지 확인 후 작업한다.
③ 컨테이너 적·양화작업 중 급격하게 감아올리거나 내려서는 안 된다.
④ 컨테이너의 총중량이 크레인 안전작업하중(SWL)을 초과할 때에는 신호수와 협의하여 천천히 작업한다.

해설
④ 정격하중을 초과한 인양작업을 금지한다.

39 트랜스퍼크레인(Transfer Crane)에 대한 설명으로 틀린 것은?

① 트랜스퍼크레인(Transfer Crane)은 고무 타이어로 주행하는 RTGC와, 레일 위를 주행하는 RMGC 방식이 있다.
② 컨테이너 야드가 부족한 경우 야드의 효율을 높이기 위해 사용되는 시스템이다.
③ 앞으로 무인자동화 터미널에 대비하기 위해서는 RMGC가 유리하다.
④ 7단 이상의 고단적 적재에는 RMGC보다 RTGC가 유리하다.

해설
RMGC(Rail Mounted Gantry Crane)는 자동화, 유지보수비 절감 및 고단적의 이점이 있다(적재능력 : 9단 10열).

40 컨테이너 터미널의 주요 3가지 활동과 가장 거리가 먼 것은?

① 컨테이너 도착   ② 컨테이너 보관
③ 컨테이너 발송   ④ 컨테이너 운송

해설
컨테이너터미널은 해상 운송과 육상 운송의 접점에 있는 항구 앞 장소로서 본선 하역, 하역 준비, 화물 보관, 컨테이너 및 컨테이너화물의 접수, 각종 기계의 보관에 관련되는 일련의 장비를 갖춘 지역이다.

41 컨테이너선 하역작업 안전사고의 약 40[%]를 차지하는 작업으로 가장 많은 인원이 투입되는 작업은?

① 크레인 신호 작업
② 래싱 해체 및 설치 작업
③ 해치커버 개폐 작업
④ 컨테이너 검수 작업

해설
Lashing(고박) : 컨테이너 래싱용 고리를 이용하여 로프, 밴드 또는 그물 등을 사용하여 화물을 고정시키는 작업이다.

42 위험물을 취급하는 경우 안전 조치사항에 해당되지 않는 것은?

① 위험표지 및 차단시설의 설치

② 위험물의 특성에 적합한 소화장치의 비치

③ 위험물 취급에 적합한 자격요건을 갖춘 안전관리자의 배치

④ 표지부착이 불가한 벌크상태의 위험물은 일반화물에 준하여 작업

> **해설**
> ④ 표지부착이 불가한 벌크화물은 선하증권 등을 확인한 후 작업한다.

43 사고 시 신속한 응급처치를 위해 준비해야 할 일반적인 내용으로 틀린 것은?

① 응급처치 상자는 필요시 내용물을 재빨리 이용할 수 있도록 적절한 위치에 놓아두어야 한다.

② 응급처치 상자가 있다는 것을 알리는 표지판을 붙여 놓아야 한다.

③ 응급처치 훈련은 관리자만 받으면 된다.

④ 응급처치 상자의 내용물은 그 지역에서 일어날 가능성이 있는 부상을 고려해서 준비해 두어야 한다.

> **해설**
> 작업반원 중 한 명 이상은 응급처치 훈련을 받은 사람이어야 한다.

44 컨테이너 하역작업에서의 안전보호구로 틀린 것은?

① 안전모　　　　② 방수복

③ 라디오　　　　④ 귀마개

> **해설**
> **안전보호구** : 안전복장, 안전모, 안전화, 방수복·방풍복, 안전장갑, 마스크, 보호안경, 귀마개 등

45 컨테이너터미널 근로자의 일반안전수칙과 가장 거리가 먼 것은?

① 작업 시 휴대용 라디오 청취 등 주의가 산만해질 수 있는 행동은 하지 않는다.

② 휴식은 안전펜스가 처져 있는 작업지역 내에서 한다.

③ 터미널에서는 담배를 피워서는 안 된다.

④ 안전에 관련된 문제들은 감독자 및 관리자와 최대한 협조한다.

> **해설**
> 모든 작업지역은 제한 또는 금지지역으로 정하여 안전펜스가 설치되기 때문에 휴식은 비작업지역에서 취해야 한다.

46 컨테이너크레인 및 트랜스퍼크레인의 안전한 작업 방법으로 옳은 것은?

① 컨테이너크레인을 작업에 투입하기 위해 현장 신호수 또는 감독자 없이 단독으로 주행하였다.

② 야드에 적재된 컨테이너 반출 시 스프레더를 권상한 후 높이를 확인하지 않은 상태에서 트롤리 운전을 하였다.

③ 크레인의 주행로를 확인하지 않은 상태에서 넓이 초과 컨테이너를 야드 트레일러 위에 적재한 후 에이프런에 두었다.

④ 트랜스퍼크레인을 교차로 방향으로 주행 시 사각지대가 있어 정지 후 경고방송을 한 후 주행하였다.

47 컨테이너터미널 사고의 결과에서 항만/터미널의 손실에 대한 내용으로 틀린 것은?

① 작업지연

② 작업단계 감소

③ 행정업무 증가

④ 수리비용 증가

> **해설**
> **사고의 결과**
>
> | 개인적 비용 | 항만/터미널의 손실 |
> |---|---|
> | • 고통, 작업의 손실, 소득의 손실
• 수족의 상실, 직장생활의 종료
• 사망, 가장의 상실, 동료의 상실
• 사기 저하 | • 작업 방해
• 행정적인 업무
• 변상(개인, 화주, 운송주에게)
• 수리비용 증가
• 보험비용 증가 |

48 레일 클램프의 종류로 틀린 것은?

① 타이다운 형식

② 레일 클램핑 형식

③ 휠 브레이크 형식

④ 휠 초크 형식

> **해설**
> **레일 클램프의 종류**
> • 레일 클램핑 형식(Rail Clamping Type)
> • 휠 브레이크 형식(Whell Brake Type)
> • 휠 초크 형식(Wheel Chock Type)

49 전기장치 중 부하전류의 개폐는 물론 과부하 및 단락 등의 사고일 경우 자동적으로 회로를 차단하는 기기는?

① 배선차단기(No Fuse Breaker)

② 전자접촉기(Magnetic Contactor)

③ 플리커 타이머 릴레이(Flicker Timer Relay)

④ 비상스위치(Emergency Switch)

> **해설**
> ③ 플리커 타이머 릴레이 : 신호 및 경보용으로 사용하기 위하여 전원을 투입하면 즉시 점멸이 설정된 시간 간격으로 계속 반복되는 릴레이이다.
> ④ 비상스위치 : 기기의 이상 시 전원을 급하게 차단할 목적으로 주로 사용하며, 메인 전원 스위치와 보통 직렬로 연결 사용된다.

50 컨테이너크레인의 안전작업하중을 나타내며, 통상 포탈빔에 톤수단위로 표시되는 용어는?

① SWL(Safety Working Load)

② LSL(Land Side Load)

③ MWL(Max Working Load)

④ CWL(Cargo Working Load)

> **해설**
> SWL(Safety Working Load) : 안전작업하중, 안전사용하중, 정격하중

51 유압장치에서 압력제어밸브의 종류가 아닌 것은?

① 리듀싱 밸브

② 스로틀 밸브

③ 릴리프 밸브

④ 시퀀스 밸브

해설
스로틀 밸브(교축 밸브)는 유량제어밸브이다.

52 유압회로에서 소음이 나는 원인으로 가장 거리가 먼 것은?

① 회로 내 공기 혼입

② 유량 증가

③ 채터링 현상

④ 캐비테이션 현상

해설
오일양이 부족하면 소음이 나고, 오일양이 많으면 소음이 나지 않는다.

53 유압장치의 취급 방법 중 가장 옳지 않은 것은?

① 가동 중 이상음이 발생되면 즉시 작업을 중지 한다.

② 종류가 다른 오일이라도 부족하면 보충할 수 있다.

③ 추운 날씨에는 충분한 준비 운전 후 작업한다.

④ 오일양이 부족하지 않도록 점검 보충한다.

해설
부적합한 오일, 종류가 다른 오일 또는 불순물이 들어있는 오일을 사용하면 유압 장치가 영구적으로 손상될 수 있다.

54 유압모터의 용량을 나타내는 것은?

① 입구압력[kgf/cm^2]당 토크

② 유압작동부 압력[kgf/cm^2]당 토크

③ 주입된 동력[HP]

④ 체적[cm^3]

해설
유압모터는 입구압력[kgf/cm^2]당의 토크로 유압모터의 용량을 나타낸다.

55 방향제어밸브의 종류에 해당하지 않는 것은?

① 셔틀 밸브

② 교축 밸브

③ 체크 밸브

④ 방향 변환 밸브

해설
교축 밸브(스로틀 밸브)는 유량제어밸브이다.

56 축압기의 종류 중 가스-오일식이 아닌 것은?

① 스프링하중식(Spring Loaded Type)

② 피스톤식(Piston Type)

③ 다이어프램식(Diaphragm Type)

④ 블래더식(Bladder Type)

해설
축압기의 종류
• 가스부하식 : 피스톤형, 다이어프램형, 블래더형
• 비(非)가스부하식 : 스프링형, 직압형, 중추식

57 복동 실린더 양 로드형을 나타내는 유압기호는?

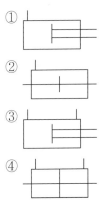

58 유압기기 속에 혼입되어 있는 불순물을 제거하기 위해 사용되는 것은?

① 스트레이너

② 패 킹

③ 배수기

④ 릴리프 밸브

해설
스트레이너(여과기)는 유압장치에서 작동유의 오염은 유압기기를 손상시킬 수 있기 때문에 기기 속에 혼입되는 불순물을 제거하기 위해 사용된다.

59 유압 작동유의 구비조건으로 맞는 것은?

① 내마모성이 작을 것

② 압축성이 좋을 것

③ 인화점이 낮을 것

④ 점도지수가 높을 것

해설
유압 작동유의 구비조건
• 동력을 확실하게 전달하기 위한 비압축성일 것
• 내연성, 점도지수, 체적탄성계수 등이 클 것
• 장시간 사용해도 화학적으로 안정될 것
• 밀도, 독성, 휘발성 등이 적을 것
• 열전도율, 장치와의 결합성, 윤활성 등이 좋을 것
• 인화점이 높고 온도변화에 대해 점도변화가 적을 것
• 내부식성, 방청성, 내화성, 무독성일 것

60 유압장치 관련 용어에서 GPM이 나타내는 것은?

① 복동 실린더의 치수

② 계통 내에서 형성되는 압력의 크기

③ 흐름에 대한 저항의 세기

④ 계통 내에서 이동되는 유체(오일)의 양

해설
GPM(Gallon per Minute) : 분당 이송되는 오일양(갤런)

01 크레인작업 표준신호 지침에 따르면 다음 그림은 작업자가 크레인 운전자에게 어떻게 운전하라는 수신호인가?

① 물건걸기　　　② 이상발생
③ 수평이동　　　④ 비상정지

해설
크레인작업 표준신호 지침

물건걸기	기중기의 이상발생	수평이동

02 컨테이너크레인을 형태별로 분류한 6가지에 속하지 않는 것은?

① A형 구조
② 수정 A형 구조
③ 피더 형식 구조
④ 이중 중첩식 A형 구조

해설
컨테이너크레인 – 형태에 따른 분류
• A형 구조
• 수정 A형 구조
• 이중 중첩식 A형 구조
• 롱 스팬형 구조
• 롱 백리치 구조
• 롱 프로파일 구조

03 운전실 내부 조작반에서 동시에 운전할 수 없는 동작은?

① 횡행동작과 권상동작
② 권하동작과 주행동작
③ 주행동작과 횡행동작
④ 횡행동작과 트림/리스트/스큐 동작

04 선박 위에 기울어지거나 비틀어져 놓여 있는 컨테이너를 똑바로 들어올리기 위해 컨테이너와 동일하게 스프레더를 기울이거나 비틀게 하는 장치는?

① 케이블 릴
② 레일 클램프
③ 트위스트 록
④ 틸팅 디바이스

해설
④ 틸팅 디바이스 : 작업 중 스프레더가 외란 혹은 화물의 편중 등으로 인하여 좌우 양쪽 중 어느 한쪽으로 기울어짐을 방지하는 장치이다.
② 레일 클램프 : 크레인이 작업 중 바람에 의해 밀리는 것을 방지하는 장치이다.
③ 트위스트 록 : 헤드블록과 스프레더를 연결하는 장치이다.

05 RTGC의 운전 점검 중 해당하지 않는 것은?

① 호이스트 작동여부 점검
② 트롤리 작동여부 점검
③ 스톰 앵커 체결상태 점검
④ 와이어로프 소손 상태 및 시브 이탈 점검

해설
정지용 핀(Storm Anchor)
• 크레인이 계류위치에 있을 때, 즉 작업을 하지 않고 계류되어 있을 때 바람에 의해 밀리지 않도록 하기 위한 장치로 일주 방지장치라고도 한다.
• 작업을 하기 전에는 반드시 정지핀을 풀고 운전 중에는 앵커가 낙하하지 않도록 원위치를 확인해야 한다.
• 작업을 중단하거나 운전사가 잠시라도 자리를 비우고 크레인을 떠나는 경우에는 반드시 정지핀을 이용하여 크레인을 계류시켜야 한다.

06 레일 클램프의 종류가 아닌 것은?

① 휠 초크 형식
② 휠 브레이크 형식
③ 레일 클램핑 형식
④ 레일 슬리브 실린더 형식

해설
레일 클램프의 종류
• 휠 초크 형식
• 휠 브레이크 형식
• 레일 클램핑 형식

07 유압제어밸브 중 일의 크기를 결정하는 밸브는?

① 유량제어밸브   ② 방향제어밸브
③ 압력제어밸브   ④ 체크밸브

해설
유압제어밸브
• 압력제어밸브 : 일의 크기 제어
• 유량제어밸브 : 일의 속도 제어
• 방향제어밸브 : 일의 방향 제어

08 와이어로프를 약화시키는 원인으로 가장 거리가 먼 것은?

① 부 식
② 외기(기후) 온도의 변화
③ 마 모
④ 인장력에 의한 피로

해설
와이어로프는 사용할수록 강도 및 질이 저하된다. 강도의 저하비율 및 손상의 정도는 와이어로프가 접하는 상대의 재질, 경도, 하중의 크기, 기계설비의 상태, 운전의 숙련도 등에 의해서 커다란 차이가 있으며, 와이어 단면적의 감소원인으로는 마모(내부마찰, 외부마찰에 의한 것) 등이, 질의 변화로는 표면경화, 피로, 부식 등이, 변형으로는 꼬임이 풀리는 현상 및 운전으로는 충격, 과장력 등이 있다.

09 야드크레인에서 SWL 50LT 의미는?

① 최소작업하중 50LT를 의미한다.
② 연속작업하중 50LT를 의미한다.
③ 최대작업하중 50LT를 의미한다.
④ 안전작업하중 50LT를 의미한다.

해설
SWL(Safety Working Load) : 안전작업하중, 안전사용하중, 정격하중

10 컨테이너크레인의 외부구조물 도장 방법으로 가장 옳은 것은?

① 표면처리, 하도, 상도

② 표면처리, 하도, 중도, 상도

③ 하도, 중도, 상도

④ 하도, 상도

해설
컨테이너크레인의 도장 방법
• 외부구조물 : 표면처리, 하도, 중도, 상도
• 크레인 레그 내부 : 표면처리, 하도, 상도
• 기계실, 전기실 등의 내부 : 표면처리, 하도, 중도, 상도
• 모든 재질 : 표면처리

11 스프레더의 각 코너 쪽에 설치되어 있고 90° 회전을 하여 컨테이너의 코너 캐스팅 부분과 결합하여 컨테이너를 들어 올리는 역할을 하는 것은?

① 플리퍼(Flipper)

② 텔레스코픽(Telescopic)

③ 트위스트 록/언록(Twist Lock/Unlock)

④ 헤드블록(Head Block)

해설
스프레더의 주요 동작
• 플리퍼(Flipper) : 스프레더를 컨테이너에 근접시킬 때 트위스트 록이 컨테이너의 네 모서리에 잘 삽입될 수 있도록 안내 역할을 한다.
• 텔레스코픽(Telescopic) : 컨테이너의 길이에 따라 스프레더의 길이를 알맞게 조정하는 기능의 명칭이다.
• 트위스트 록/언록(Twist Lock/Unlock) : 컨테이너의 네 모서리에 콘을 끼워 90°로 회전하여 컨테이너 잠김과 풀림 상태를 확인한다.

12 와이어로프의 교체기준은?

① 호칭경의 1[%] 이하로 직경이 감소 시

② 호칭경의 3[%] 이하로 직경이 감소 시

③ 호칭경의 5[%] 이하로 직경이 감소 시

④ 호칭경의 7[%] 이하로 직경이 감소 시

해설
와이어로프의 교체기준(안전보건규칙 제63조)
• 와이어로프의 한 꼬임에서 끊어진 소선의 수가 10[%] 이상인 것
• 지름의 감소가 공칭 지름의 7[%] 초과 시
• 꼬인 것
• 심하게 변형되거나 부식된 것
• 열과 전기충격에 의해 손상된 것
※ 한국산업인력공단에서는 확정답안을 ④번으로 발표하였으나 법령에는 7[%] 초과라고 나오므로 정답없음으로 처리하였음

13 컨테이너크레인의 형태에 따른 분류 방식에 속하는 것은?

① 롱 스팬 타입(Long Span Type)

② 피더 타입(Feeder Type)

③ 파나막스 타입(Panamax Type)

④ 포스트 파나막스 타입(Post-panamax Type)

해설
컨테이너크레인

형태에 따른 분류	크기에 따른 분류
• A형 구조	• 피더 타입
• 수정 A형 구조	• 파나막스 타입
• 이중 중첩식 A형 구조	• 포스트 파나막스 타입
• 롱 스팬형 구조	
• 롱 백리치 구조	
• 롱 프로파일 구조	

14 베어링 기호 6208 C2P6에서 C2가 뜻하는 것은?

① 등급 기호
② 베어링 계열 기호
③ 안지름 기호
④ 틈새 기호

해설
베어링 기호

62	08	C2	P6
베어링계열 번호	안지름 번호	틈새 기호	등급 기호

15 기술시방서상에 운전실과 기계실에 안전하게 접근할 수 있는 계단을 설치할 때 경사 각도로 가장 알맞은 것은?

① 15°   ② 25°
③ 45°   ④ 75°

해설
계단의 경사 각도는 수평에 대하여 45°를 넘지 않도록 해야 하며, 계단이나 수직 사다리는 매 3~5[m] 올라갈 때마다 플랫폼 장소를 만들어야 한다.

16 자기장 속에 있는 도선에 전류가 흐르면 도선은 전류와 자기장 방향에 수직방향으로 힘을 받는다. 이를 무엇이라고 하는가?

① 흡인력   ② 전자력
③ 회전력   ④ 저항력

해설
전자력 : 자기장 내에 있는 도체에 전류를 흘릴 때 작용하는 힘

17 컨테이너크레인에서 틸팅 디바이스 장치의 홈 포지션(Home Position) 스위치를 동작시키면?

① 기억된 양으로 스프레더가 틸팅된다.
② 스프레더가 기억된 열(Row)에 위치한다.
③ 트롤리가 주차위치(Parking Position)에 위치한다.
④ 기울어진 스프레더가 원래 위치로 복귀된다.

18 기동전동기의 구비조건으로 맞지 않는 것은?

① 출력이 적을 것
② 속도조정 및 역회전 등에 충분히 견딜 수 있도록 할 것
③ 용량에 비해 소형일 것
④ 전원을 얻기 쉬울 것

해설
기동전동기의 구비조건
• 기동회전력이 클 것
• 기계적 충격에 잘 견딜 것
• 소형 및 경량이고 출력이 클 것
• 전원 용량이 적어도 될 것
• 진동에 잘 견딜 것

19 부하전류의 개폐 및 과부하, 단락 등의 사고일 경우 자동적으로 회로를 차단하는 기기는?

① 배선용 차단기(Circuit Breaker)
② 전자 접촉기(Magnetic Contactor)
③ 전자 릴레이(Relay)
④ 타이머(Timer)

해설
② 전자 접촉기 : 전자석에 의한 철편의 흡인력을 이용하여 접점을 개폐시키는 기기
③ 전자 릴레이 : 전자석에 의한 철편의 흡인력을 이용해서 접점을 개폐하는 기능을 가진 소자
④ 타이머(Timer) : 전기적 또는 기계적인 압력이 부여되면, 전자 릴레이와는 달리 미리 정한 시간이 경과된 후에 그 접점이 개로 또는 폐로되는, 인위적으로 시간지연을 만드는 전자 릴레이

20 붐 호이스트 운전 실행 조건으로 틀린 것은?

① 호이스트가 작동하지 않을 때
② 주행이 작동하지 않을 때
③ 트롤리가 작동하지 않을 때
④ 붐 래치 핀이 풀려 있지 않을 때

해설
붐 호이스트 운전은 다음의 사항을 만족하면 실행한다.
• 호이스트가 작동하지 않을 때
• 주행이 작동하지 않을 때
• 트롤리가 작동하지 않을 때
• 붐 래치 핀이 풀려 있을 때

21 컨테이너크레인 트롤리 등에 사용되는 인크리멘탈 인코더(Incremental Encoder)에서 발생하는 파형은?

① 사인파형
② 코사인파형
③ 맥류파형
④ 펄스파형

해설
인크리멘탈 인코더(Incremental Encoder) 출력값
디지털 상댓값 출력, 회전각의 변화에 따라 펄스가 출력된다.

22 PLC(Programmable Logic Controller)의 구성 요소가 아닌 것은?

① 입, 출력부
② 전원장치
③ 연산부(CPU)
④ 유도전동기

해설
PLC는 입력감지장치, 출력부하장치, 중앙처리장치(CPU), 메모리 장치, 전원장치, 프로그래밍장치 등으로 구성된다.

23 컨테이너크레인의 케이블 릴(Cable Reel) 동작이 되지 않는 이유와 관계없는 것은?

① 전자접촉기 고장
② 전자과부하계전기 동작
③ 작동유압유 부족
④ 전동기 과열

해설
케이블 릴 전자접촉기가 작동되지 않는 이유
• 케이블 릴 회로 브레이크 개방, 온도 릴레이가 트립되거나 전자 접촉기 결함 발생 시
• DEFUG 또는 DEFU 1 결함 감지 시
• 제어 Off 시

24 컨테이너크레인의 모니터링 시스템인 CMS(Crane Monitoring System) 기능이 아닌 것은?

① 스프레더의 트림, 리스트, 스큐에 대한 각도를 알 수 있다.

② 컨테이너전용선의 입, 출항 시간을 알 수 있다.

③ 컨테이너의 생산성을 확인할 수 있다.

④ 고장에 대한 통계와 실시간 고장을 파악할 수 있다.

> **해설**
> CMS(Crane Monitoring System)은 크레인의 운전, 고장상태를 모니터하여 기억·저장함으로써 운전상태를 분석하거나 고장원인 및 유지보수에 필요한 작업을 효과적으로 수행하는 데 이바지할 수 있는 중요한 시스템이다.

25 컨테이너크레인의 트롤리(횡행)에 설정되어 있는 감속구간의 하드웨어 배치로 옳은 것은?

① 감속 → 정지 → 비상정지

② 비상정지 → 정지 → 감속

③ 감속 → 비상정지 → 정지

④ 정지 → 비상정지 → 감속

26 전기 스위치가 평상시 열려 있다가 외력이 가해지면 닫히는 접점은?

① a접점　　　　　② b접점

③ c접점　　　　　④ d접점

> **해설**
> 접 점
> • a접점 : 열려 있는 접점(Arbeit Contact/Make Contact), 상개접점(N.O접점 : Normal Open)은 평상시 열려 있다가 외력에 의해서 닫히는 접점임
> • b접점 : 닫혀 있는 접점(Break Contact), 상폐접점(N.C접점 : Normal Close)은 평상시 닫혀 있다가 외력에 의해서 열리는 접점임
> • c접점 : 변환되는 접점 또는 전환접점(a접점과 b접점의 혼합형태, Change-over-contact)은 a접점과 b접점을 공유한 접점임

27 컨테이너의 중량과 편하중을 측정하는 장치의 명칭은?

① 로드셀 장치

② 틸팅 디바이스

③ 스프레더

④ 케이블 릴

28 컨테이너크레인 운전 중 안전점검 사항이 아닌 것은?

① 비정상 소리, 소음, 진동, 속도

② 계기류 지싯값 이상 및 경보

③ 연기, 냄새, 불꽃

④ 비상정지 스위치

> **해설**
> 각종 스위치 점검은 가동 전 점검사항이다.

24 ② 25 ① 26 ① 27 ① 28 ④ **정답**

29 PLC의 A/D카드에 입력하는 아날로그신호의 직류 전류값은 얼마인가?

① 2~10[mA] ② 2~15[mA]

③ 4~20[mA] ④ 5~40[mA]

30 저항이 5[Ω]인 도체에 50[V]의 전압을 가할 때 그 도체에 흐르는 전류는 몇 [A]인가?

① 5 ② 10

③ 15 ④ 20

> **해설**
> 저항 : 전압과 전류와의 비
> $$R[\Omega] = \frac{V}{I} \rightarrow 5 = \frac{50}{x}$$
> $$\therefore \ x = 10[A]$$

31 다음 그림의 컨테이너 식별(ID) 코드에서 ⑨가 나타내는 것은?

| HLCU 247 136 9 |
| 22G1 |

① 국가 표시

② 소유자 표시

③ 컨테이너 높이

④ 체크 디지트(Check Digit)

> **해설**
> 컨테이너 번호
>
> | HLCU | 247136 | 9 | 22G1 |
> |---|---|---|---|
> | 소유자 표시 | 컨테이너 일련번호 | 체크 디지트 | 규 격 |

32 수입컨테이너에 대해서는 스트래들 캐리어를 사용하고, 수출 컨테이너를 야드에 직접 선측까지 운반할 경우에는 트랜스퍼크레인을 사용하여 작업의 효율성을 높이는 방식은?

① 혼합중계방식(Combination System)

② 트랜스퍼크레인 방식(Transfer Crane System)

③ 리치 스태커 방식(Reach Stacker System)

④ 프런트 엔드 톱픽 로더 방식(Front-end Top-pick Loader System)

> **해설**
> 컨테이너터미널 야드 장비운영 시스템
> • 트랙터 - 트레일러(섀시) 시스템(Tractor-Trailer System) : 대형트랙터와 이것을 견인하는 트레일러로 구성되어 각 트레일러의 20피트 또는 40피트 컨테이너의 수송에 적합하도록 설계되었다.
> • Straddle Carrier System : 컨테이너를 양각 사이에 들어 올려 크레인 아랫부분으로부터 이동시켜 CY(Container Yard) 내에서 일단 지상 또는 다른 컨테이너상에 다단으로 장치하였다가 화물을 인도할 때에 다시 S/C(Straddle Carrier)로 집어서 섀시 위에 올려놓는 방식
> • Transfer Crane System : 타이어나 레일에 의해 전후방향으로만 이동하여 양륙된 컨테이너 야드까지는 트랙터와 섀시로 운반하고 장치장에서는 3-5단 적재가 가능한 트랜스테이너가 컨테이너 장치, 반입, 반출작업을 행하는 방식
> • Front-end Top-pick Loader System : 수출 컨테이너는 트럭에 의해 직접 컨테이너 장치장에 옮겨지며, Front-end Loader는 컨테이너를 트럭섀시로부터 옮겨서 지정된 장치장 위치에 갖다 놓는다. 수입 컨테이너는 야드 적재장소에서 Loader에 의해 직접 운반장비인 섀시에 인도되며, Front-end Loader는 장치장에 적재되는 컨테이너와 역순으로 야적 블록에서 컨테이너를 끌어낸다.
> • Combination System : S/C와 T/C를 혼합하여 사용하는 것으로 수입 컨테이너에 대해서는 스트래들 캐리어를 사용하고, 수출 컨테이너를 야드에 직접 선측까지 운반할 경우에는 트랜스퍼 레인을 사용하여 작업의 효율성을 높이는 방법이다.

33 컨테이너 선박의 적재용량 4400[TEU]의 의미는?

① 10피트 컨테이너 기준으로 4,400개 적재

② 20피트 컨테이너 기준으로 4,400개 적재

③ 30피트 컨테이너 기준으로 4,400개 적재

④ 40피트 컨테이너 기준으로 4,400개 적재

> **해설**
> **컨테이너선의 크기**
> 컨테이너선의 크기는 컨테이너를 실을 수 있는 개수(TEU)로 나타내되 20피트 길이의 컨테이너 개수로 나타낸다. 따라서 20피트 컨테이너를 4,400개 실을 수 있는 선박의 크기를 보통 4,400 [TEU]로 나타내는데, TEU란 Twenty Equivalent Units의 약자가 된다.

34 컨테이너에 가해지는 응력이 아닌 것은?

① 고정적 응력

② 유동적 응력

③ 가동적 응력

④ 항해 중 응력

35 선박이 물에 떠 있을 때 물에 잠기지 않는 선체의 높이, 즉 수면과 갑판 상면과의 거리를 무엇이라 하는가?

① 용 골   ② 건 현
③ 흘 수   ④ 트 림

> **해설**
> ① 용골 : 선박 바닥의 중앙을 받치는 길고 큰 재목
> ③ 흘수 : 물속에 잠긴 선체의 깊이
> ④ 트림 : 선수흘수와 선미흘수의 차로 선박 길이방향의 경사를 나타낸다.

36 컨테이너터미널의 본선 작업계획 수립 시 고려사항이 아닌 것은?

① 장척화물 및 벌크화물은 장비교체의 문제로 인해 작업시간을 별도 계산하여 계획한다.

② 중량화물이 아래쪽에 적재(Bottom Heavy)되도록 하여야 한다.

③ 화물창(Hold) 내에 20피트 전용 셀 가이드가 없을 때에는 Stacking Cone 제거작업 시간을 고려해야 한다.

④ 안벽크레인과 본선의 충돌 시 하역생산성을 고려해야 한다.

> **해설**
> 본선작업은 적·양하 계획에 의한 순차작업으로 사전계획 시 지정된 선박별, C/C별, 선창별 작업순서에 따라 순차적으로 이루어진다.
> **본선작업계획 수립 시 플래너가 고려해야 할 요인**
> • 안전상의 원칙
>   – 선박의 안전성과 감항성 유지
>   – 컨테이너 적재중량 제한 준수
> • 작업상의 원리
>   – 최소한으로 컨테이너 접근성 보장
>   – 시큐어링 작업의 최소화
>   – 양·적하 작업은 일정거리를 두고 실행
>   – 크기와 유형에 따라 컨테이너를 그룹화
>   – 상품의 유형에 따라 컨테이너의 위치를 구분하여 적재

37 컨테이너 양화계획 수립 시 기본적인 사항으로 옳지 않은 것은?

① 수량 및 선내 위치에 이상이 없음을 확인한다.
② 컨테이너크레인 대수는 작업시간 결정에서 고려하지 않는다.
③ 각 베이의 홀드/데크별 양화순서를 투입예정 크레인 대수, 작업 평준화 등을 고려하여 양화순서를 정한다.
④ 해당 서류, 크레인 작업스케줄, 베이플랜을 출력하며 작업한 내용을 서버에 최신화한다.

해설
② 해당 선박의 작업량과 접안선석, 터미널 상황 등을 고려하여 작업 CC의 대수를 결정하고, 각 C/C별로 작업소요시간을 결정한다.

38 컨테이너크레인의 운전실에 있는 마스터 컨트롤러 스위치(Master Controller Switch)의 조작을 잘못 설명한 것은?

① 좌측 컨트롤러 스위치는 트롤리 조작을 한다.
② 우측 컨트롤러 스위치는 호이스트와 갠트리를 조작한다.
③ 좌·우측 컨트롤러 스위치를 가운데에 두면 해당 동작이 정지된다.
④ 좌측 컨트롤러 스위치는 십자로 움직이며, 우측 컨트롤러 스위치는 일자로 움직인다.

해설
마스터 컨트롤러는 좌우측에 있으며, 좌측 컨트롤러 스위치는 전후 일자로 움직이며, 우측 컨트롤러 스위치는 십자로 움직인다.

39 레버의 편향각도에 비례하여 속도조절을 할 수 있는 스위치의 명칭은?

① 마스트 컨트롤러 스위치(Master Controller Switch)
② 비상정지 스위치(Emergency Stop Switch)
③ 누름버튼 스위치(Push Button Switch)
④ 리밋 스위치(Limit Switch)

해설
① 마스트 컨트롤러 스위치 : 권상 및 주행운전을 위해 사용하며, 레버의 편향각도에 비례하여 속도가 조절된다.
② 비상정지 스위치 : 누르면 크레인 제어전원이 트립된다.
③ 누름버튼 스위치 : 수동조작 자동복귀 접점을 사용하는 스위치
④ 리밋 스위치 : 각종 리밋 스위치는 안전장치이다.

40 컨테이너 기기의 수도를 증명하는 서류로서 컨테이너를 터미널에 반입(또는 반출)할 때, 교환되는 서류는?

① Dock Receipt
② Shipping Receipt
③ Delivery Order
④ Equipment Interchange Receipt

해설
④ Equipment Interchange Receipt : 기기수도증
① Dock Receipt : 부두수취증
② Shipping Receipt : 선적요청서
③ Delivery Order : 화물인도지시서

41 휠 브레이크 유압의 문제로 펌프소음이 발생하였을 시 해결방법이 아닌 것은?

① 오일 레벨의 확인
② 입구 스트레이너의 청결 점검
③ 유압유의 제작회사 점검
④ 적격 유압유인지 점검

해설
펌프의 소음이 있을 시
• 석션 스트레이너가 적거나 막혀 있을 시
• 공기의 흡입이 없을 시
• 환류관에 출구가 유면 이하로 들어가거나 흡입과 입구에서 간격이 적당한지를 점검한다.
• 릴리프 밸브가 떨거나 유량이 규정에 맞는지 점검한다.
• 펌프가 중심에 있거나 파손품이 없는가를 점검한다.
• 설치장소의 불량으로 떨림이나 소음이 없거나 배관 등에 진동이 없는지를 점검한다.

42 컨테이너터미널에서 실시해야 할 최소한의 비상훈련에 대한 설명으로 옳지 않은 것은?

① 화재 : 장치장, 하역장비, 본선, 사무실, 위험물 등
② 응급처치 상황 : 신속한 장비의 구입, 서류소각 등
③ 화학물질 누출 : 호흡기구, 들것, 안경, 청소작업 등
④ 탈출 훈련 : 사무실, 작업장, 장치장, 장비 등

해설
컨테이너터미널에서 실시해야 할 최소한의 비상훈련
• 화재 : 장치장, 하역장비, 본선, 사무실, 위험물 등
• 구조 : 선박의 홀드, 장치장, 컨테이너크레인, 화재지역
• 응급처치 상황 : 다양한 부상정도를 포함한 사고의 모의훈련
• 화학물질 누출 : 호흡기구, 들것, 안경, 안면마스크, 청소작업 등
• 외부원조(소방대, 앰뷸런스, 경찰)를 포함한 비상훈련
• 탈출 훈련 : 사무실, 작업장, 장치장, 장비 등

43 컨테이너크레인에 대한 육안검사 항목이 아닌 것은?

① 운전 중 전원차단 및 제어장치의 이상
② 감속기 박스 및 유압장치의 누유 상태
③ 헤드 블록 및 스프레더의 균열, 변형, 잘림 여부 등
④ 운전실 조작반의 램프 점등상태

해설
운전 중 전원차단 및 제어장치의 이상 : On/Off 하여 속도 및 동작상태를 검사한다.

44 CFS에서의 화물취급에 대한 설명으로 옳지 않은 것은?

① 위험화물을 취급할 때는 IMO 위험화물 코드에서 지시하는 요구사항을 따른다.
② CFS 근로자는 그들이 수행하는 작업에 알맞은 보호 장구를 착용하여야 한다.
③ 램프(Ramp) 등 창고의 출입수단은 1/10 이상의 경사도가 있어서는 안 된다.
④ 화물취급자는 자기체중의 1/10 이상 들어 올리면 원칙적으로 안 된다.

해설
④ 화물취급자는 너무 무거운 하중을 들어 올리지 말아야 한다. 화물이 자기체중의 1/2 이상이면 그것을 들어 올리거나 운반하는 데 도움을 요청하여야 한다.

45 감전에 영향을 미치는 인자가 아닌 것은?

① 전 류   ② 전 압
③ 저 항   ④ 주파수

해설
감전에 영향을 미치는 인자 : 전류, 전압, 저항, 통전경로 등

46 IMO가 제정한 "위험물의 해상운송에 관한 국제통일규칙"은?

① ISPS Code

② PSC Code

③ IMDG Code

④ CSC Code

해설
IMO(국제해사기구) 총회결의로 채택된 IMDG Code는 위험물의 해상운송에 관한 국제통일규칙이며, 현재 이 Code를 무시하고 위험물의 국제운송을 행하는 것은 곤란하다.

47 게이트에서의 안전수칙에 해당되지 않는 것은?

① 출입자에게 출입루트, 금지구역을 나타낸 터미널 안내도를 보여준다.

② 앞 차량과는 충분한 안전거리를 확보한다.

③ 게이트 내외부에 있는 차량 대기장소에서 컨테이너 잠금장치를 해제한다.

④ 게이트 진입 시 일단 멈추고 반출입 확인절차를 수행한다.

해설
게이트 안전 출입
터미널에 들어갈 때, 모든 운전자에게 다음 사항에 대하여 명확한 지침을 주어야 한다.
• 컨테이너 잠금장치를 해제하는 장소와 시간
• 인터체인지로 가는 루트
• 차량에서 컨테이너가 올려지고 내려지기 전 후에 따라야 할 절차
• 컨테이너를 잠그고 시큐어링하는 장소와 시간
• 터미널을 나가기 위해 게이트로 되돌아갈 때 따라가야 할 루트

48 컨테이너크레인 작업 중에 조치해야 할 사항에 해당되는 것은?

① 컨테이너크레인의 주변 점검

② 윤활 상태 점검

③ 각종 스위치 확인

④ 규정된 양정 이상 감아올리기 금지

해설
컨테이너크레인 점검사항

가동 전 점검사항	가동 중 점검사항	가동 후 점검사항
• 크레인 주변 점검	• 안전운전	• 크레인을 제 위치에 고정
• 윤활 상태 점검	• 충격을 피하는 운전	• 전장품
• 와이어로프 점검	• 크레인에 명기된 사항의 한계를 초과하지 않는 운전	• 스프레더
• 각종 스위치 점검		• 기타 부품의 점검
• 시운전		

49 컨테이너터미널 야드 내 안전 규칙 중 틀린 것은?

① 타이어가 설치된 장비는 코너에서 정속운전을 한다.

② 교통 규칙을 준수한다.

③ 운전자 외 탑승을 금지한다.

④ 날씨 상태를 주시하며 운전한다.

해설
차량, 기계, 장비는 항상 지정된 교통 흐름에 따라 표시된 안전노선을 운전해야 한다.

50 선박 출입수단인 현문 사다리의 기울기는?

① 40° 이하

② 50° 이하

③ 60° 이하

④ 70° 이하

51 유압 작동유를 교환하고자 할 때 선택조건으로 가장 적합한 것은?

① 유명 정유회사의 제품
② 가장 가격이 비싼 유압 작동유
③ 제작사에서 해당 장비에 추천하는 유압 작동유
④ 시중에서 쉽게 구입할 수 있는 유압 작동유

52 유압유의 유체에너지(압력, 속도)를 기계적인 일로 변환시키는 유압장치는?

① 유압펌프
② 유압 액추에이터
③ 어큐뮬레이터
④ 유압밸브

해설
유압 액추에이터 : 유압밸브에서 기름을 공급받아 실질적으로 일을 하는 장치로서 직선운동을 하는 유압실린더와 회전운동을 하는 유압모터로 분류된다.

53 일반적인 오일탱크의 구성품이 아닌 것은?

① 스트레이너
② 유압태핏
③ 드레인 플러그
④ 배플 플레이트

해설
오일탱크 구성품
주유구, 유면계, 펌프 흡입관, 공기 청정기, 분리판, 드레인 콕, 측판, 드레인관, 리턴관, 필터(엘리먼트), 스트레이너 등

54 일반적으로 캠(Cam)으로 조작되는 유압밸브로서 액추에이터의 속도를 서서히 감속시키는 밸브는?

① 디셀러레이션 밸브
② 카운터밸런스 밸브
③ 방향제어 밸브
④ 프레필 밸브

해설
디셀러레이션 밸브
액추에이터의 속도를 서서히 감속시키는 경우나 서서히 증속시키는 경우에 사용되며, 일반적으로 캠(Cam)으로 조작된다. 이 밸브는 행정에 대응하여 통과 유량을 조정하며 원활한 감속 또는 증속을 하도록 되어 있다.

55 유압펌프의 기능을 설명한 것으로 가장 적합한 것은?

① 유압회로 내의 압력을 측정하는 기구이다.
② 어큐뮬레이터와 동일한 기능을 한다.
③ 유압에너지를 동력으로 변환한다.
④ 원동기의 기계적 에너지를 유압에너지로 변환한다.

해설
유압펌프는 기계적 에너지를 유압에너지로, 유압모터는 유압에너지를 기계적 에너지로 변환한다.

56 유압장치에서 오일에 거품이 생기는 원인으로 가장 거리가 먼 것은?

① 오일탱크와 펌프 사이에서 공기가 유입될 때
② 오일이 부족하여 공기가 일부 흡입되었을 때
③ 펌프 축 주위의 흡입측 실(Seal)이 손상되었을 때
④ 유압유의 점도지수가 클 때

해설
오일에 거품이 생기는 원인은 유압계통에 공기가 흡입되었을 때이다. 점도지수는 작동유의 온도에 대한 변화를 나타내는 값이다.

57 유압장치에서 기어모터에 대한 설명 중 잘못된 것은?

① 내부 누설이 적어 효율이 높다.
② 구조가 간단하고 가격이 저렴하다.
③ 일반적으로 스퍼기어를 사용하나 헬리컬기어도 사용된다.
④ 유압유에 이물질이 혼입되어도 고장 발생이 적다.

해설
기어모터 : 구조가 간단하고 경량이며, 고속 저토크에 적합하다.

58 유압회로의 최고압력을 제어하는 밸브로서 회로의 압력을 일정하게 유지시키는 밸브는?

① 감압 밸브(Reducing Valve)
② 카운터 밸런스 밸브(Counter Balance Valve)
③ 릴리프 밸브(Relief Valve)
④ 언로드 밸브(Unload Valve)

해설
릴리프 밸브는 작동형, 평형피스톤형 등의 종류가 있으며 회로의 압력을 일정하게 유지시키는 밸브이다.

59 보기에서 유압회로에 사용되는 제어밸브가 모두 나열된 것은?

┌보기┐
| ㄱ. 압력제어밸브 | ㄴ. 속도제어밸브 |
| ㄷ. 유량제어밸브 | ㄹ. 방향제어밸브 |

① ㄱ, ㄴ, ㄷ
② ㄱ, ㄴ, ㄹ
③ ㄴ, ㄷ, ㄹ
④ ㄱ, ㄷ, ㄹ

60 난연성 작동유의 종류에 해당하지 않는 것은?

① 석유계 작동유
② 유중수형 작동유
③ 물−글리콜형 작동유
④ 인산에스테르형 작동유

해설
유압 작동유의 종류
• 석유계 유압유 : 광유계(석유계, 파라핀계)
• 난연성 유압유
 − 함수형 : 유중수형, 물−글리콜형, 수중유형
 − 합성형 : 인산에스테르계, 지방산에스테르계

01 컨테이너크레인의 작업 중 동시에 할 수 있는 동작은?

① 붐 호이스트, 호이스트 ② 호이스트, 주행

③ 트롤리, 호이스트　④ 트롤리, 붐 호이스트

해설
네 가지 동작이 일어나는 시기
• 작업의 시작과 끝 : 주행, 붐 호이스트
• 작업 중 : 호이스트, 트롤리
• 화물창 간의 이동 : 주행
※ 컨테이너크레인의 주요 동작
　• 호이스트 권상/권하(Hoist Up/Down)
　• 트롤리 전진/후진(Trolley Forward/Backward)
　• 붐 업/다운(Boom Up/Down)
　• 갠트리 우행/좌행(Gantry Right/Left)

02 컨테이너크레인의 충격완화장치는?

① 타이다운(Tie Down)

② 버퍼(Buffer)

③ 붐 래치(Boom Latch)

④ 스프레더(Spreader)

해설
② 버퍼(Buffer) : 크레인의 주행(Gantry)과 횡행(Trolley) 시 크레인 간 또는 크레인과 엔드스토퍼 간의 충돌에 대비한 안전장치
① 타이다운 : 크레인 전도를 방지하는 장치
③ 붐 래치 : 붐 기립 시 안전과 붐 와이어의 보호를 위해 훅을 이용하여 붐을 걸어둘 수 있는 장치
④ 스프레더 : 컨테이너를 집어서 이동하는 구조물

03 야드 트레일러에 대한 설명 중 틀린 것은?

① 트랙터와 섀시로 구분된다.

② 컨테이너터미널 내부에서 사용된다.

③ 도로주행용 육상 트레일러와 다른 장비로 구별된다.

④ 랜딩기어(Landing Gear) 장치가 부착되어 있다.

해설
야드 트레일러에는 자동 레이크 장치가 있고 육상 트레일러에는 보통 레이크 장치가 없고 랜딩기어가 부착되어 있다.

04 컨테이너크레인 운전실에 대한 제작조건과 가장 거리가 먼 것은?

① 운전실은 운전자가 화물을 용이하게 취급할 수 있도록 충분한 시야를 확보할 수 있어야 한다.

② 운전실 내의 컨트롤러, 각종 스위치, 경보장치, 브레이크, 지시계, 모니터 및 경고판 등은 운전자가 쉽게 조작하거나 감지할 수 있도록 하여야 한다.

③ 운전실 실내조도는 50[lx] 이상이어야 한다.

④ 운전자가 운전실 외부와 연락할 수 있는 전화 또는 방송설비 등을 구비하여야 한다.

해설
운전실(항만시설장비검사기준 제16조)
• 운전실은 운전자가 하물을 취급할 수 있도록 충분한 시야를 확보할 수 있어야 하며 진동을 감안한 구조로 설치되어야 한다.
• 운전실 내의 컨트롤러·각종 스위치·경보장치·브레이크·지시계·모니터 및 경고판 등은 운전자가 쉽게 조작하거나 감지할 수 있도록 설치되어야 한다.
• 운전자가 운전실 외부와 연락할 수 있는 통화 또는 방송설비 등을 구비하여야 한다.
• 옥외에 설치되는 고정식 시설장비의 운전실에는 풍속지시장치가 설치되어야 하며 이 장치는 풍속이 설정된 값에 이르면 시각 또는 청각적으로 운전자에게 경보되어야 한다.
• 운전실 내의 조도는 200[lx] 이상이어야 한다.
• 운전실 내에는 안전기능과 연계된 작업하중표시계가 설치되어야 한다.
• 고장 또는 비상시 운전자가 안전하게 운전실 또는 트롤리에서 탈출이 가능하도록 비상탈출표지와 안전지침을 부착한다.
• 전기실의 출입문 잠금장치는 비상시 신속하게 탈출이 가능한 형식이어야 한다.

정답 1 ③ 2 ② 3 ④ 4 ③

05 컨테이너크레인의 구조물이 아닌 것은?

① 붐(Boom)
② 트롤리 거더(Trolley Girder)
③ 오륜(Fifth Wheel)
④ 포탈 빔(Portal Beam)

06 와이어로프의 폐기기준을 설명한 것이 아닌 것은?

① 한 꼬임에서 소선의 수가 10[%] 이상 절단된 것
② 지름의 감소가 공칭지름의 3[%]를 초과한 것
③ 킹크된 것
④ 심하게 변형되거나 부식된 것

해설
와이어로프의 폐기기준
• 와이어로프 파손, 변형으로 인하여 기능, 내구력이 없어진 것
• 와이어의 한 꼬임에서 소선 수의 10[%] 이상 절단된 것
• 마모로 인하여 직경이 공칭지름의 7[%] 이상 감소된 것
• 킹크가 생긴 것
• 현저하게 부식되거나 변형된 것
• 열에 의해 손상된 것

07 컨테이너크레인의 작업종료 후 취해야 할 사항과 가장 거리가 먼 것은?

① 트롤리를 작동시켜 계류(Parking) 위치에 정지시킨다.
② 레일 클램프의 제동상태를 확인한다.
③ 스프레더의 변형 및 마모를 확인한다.
④ 모든 제어 스위치를 ON 위치에 둔다.

해설
④ 모든 제어 스위치를 OFF 위치에 둔다.

08 동력전달장치의 종류가 아닌 것은?

① 벨 트
② 베어링
③ 기 어
④ 체 인

해설
동력전달장치의 종류
• 기계식으로 기기를 이용한 기어전동장치
• 벨트·체인을 이용한 벨트전동장치
• 마찰을 이용한 클러치 등의 마찰전동장치
• 추진축의 회전력을 직각으로 바꾸어서 뒤차축에 전달해 주고 동시에 감속하는 작용을 하는 종감속기어

09 와이어로프 꼬임의 종류에 해당하지 않는 것은?

① 보통 Z 꼬임
② 보통 S 꼬임
③ 랭(Lang's) Z 꼬임
④ 랭(Lang's) R 꼬임

해설
와이어로프의 꼬임법과 용도
• 로프의 꼬임과 스트랜드의 꼬임 관계에 따른 구분 : 보통꼬임, 랭꼬임
• 와이어로프의 꼬임방향에 따른 구분 : S꼬임, Z꼬임
• 소선의 종류에 따른 구분 : E종, A종

10 트롤리만을 와이어로프로 작동시키고, 호이스트장치를 별도로 장치하는 방식은?

① 맨(Man) 트롤리

② 크랩(Crab) 트롤리

③ 세미로프(Semi-rope) 트롤리

④ 와이어로프(Wire Rope) 트롤리

트롤리의 종류

• 맨(Man) 트롤리 : 트롤리 프레임 위에 설치된 트롤리 모터의 회전력이 감속기를 거쳐 축에 연결된 트롤리 휠을 직접 회전시킴으로써 트롤리를 이동시키는 방식

• 크랩(Crab) 트롤리 : 위의 맨 트롤리 방식과 유사하나 운전실이 트롤리 프레임에 붙어있지 않고 호이스트 장치와 트롤리 장치를 함께 트롤리 프레임 위에 장착하는 방식

• 세미로프(Semi-rope) 트롤리 : 트롤리만을 와이어로프로 작동시키고, 호이스트장치를 별도로 장치하는 방식

• 와이어로프(Wire Rope) 트롤리 : 트롤리용 와이어로프 드럼을 별도로 장치하고 이 와이어 드럼을 회전시켜 트롤리 프레임 양쪽에 고정되어 있는 와이어로프를 풀고 감음으로써 트롤리를 이동시키는 방식

11 컨테이너크레인에 대한 설명으로 가장 적절한 것은?

① 아웃리치(Out Reach)란 트롤리가 해상 측 레일에서 해상 측 정지 로터리 리밋 스위치까지의 거리를 말한다.

② 갠트리 오프닝(Gantry Opening)이란 스프레더가 화물창 내로 최대한 내려갈 수 있는 거리를 말한다.

③ 스팬(Span)이란 해상 측 레일 중심에서 붐 끝단까지의 거리를 말한다.

④ 백리치(Back Reach)란 해상 측 레일 중심에서 육상 측 레일 중심까지의 거리를 말한다.

② 갠트리 오프닝이란 Portal Front Leg와 Portal Front Leg 사이의 공간을 말한다.

③ 스팬이란 레일의 궤도를 주행하는 경우, 양쪽 레일 간 거리를 말한다.

④ 백리치란 육지 측 붐으로 최대로 나갔을 때, 육지 측 레일 중심에서 스프레더 중심까지의 거리(약 15[m])

12 브레이크의 작용이 아닌 것은?

① 운동 에너지를 흡수한다.

② 운동 에너지를 방출한다.

③ 운동 속도를 감소시킨다.

④ 운동 속도를 정지시킨다.

브레이크는 기계의 운동 속도를 조절하거나 그 운동을 정지시키기 위해서 사용하는 장치로서 제동장치라 한다.

13 컨테이너크레인의 붐 호이스트 장치가 작동되지 않을 경우 확인해야 할 사항과 가장 거리가 먼 것은?

① 붐 래치 핀(Latch Pin)이 훅(Hook)에서 걸려 있는지 확인한다.

② 붐 와이어로프가 활차에서 탈선되어 있는지 확인한다.

③ 트롤리가 주차(정지)위치에 있는지 확인한다.

④ 레일 클램프가 잠겨 있는지 확인한다.

붐 호이스트 운전은 다음의 사항을 만족하면 실행한다.

• 붐 래치 핀이 풀려 있을 때
• 주행이 작동하지 않을 때
• 트롤리가 작동하지 않을 때
• 호이스트가 작동하지 않을 때

14 신호방법 중 오른손으로 왼쪽을 감싸 2~3회 작게 흔드는 수신호의 의미는?

① 기다려라   ② 신호불명

③ 작업완료   ④ 주권사용

해설
② 신호불명 : 운전자는 손바닥을 안으로 하여 얼굴 앞에서 2, 3회 흔든다.
③ 작업완료 : 거수경례 또는 양손을 머리 위에 교차시킨다.
④ 주권사용 : 주먹을 머리에 대고 떼었다 붙였다 한다.

15 철도운송 하역을 위해 열차 위에 컨테이너를 하역하는 장비는?

① RMQC(Rail Mounted Quayside Crane)

② BTC(Bridge Type Crane)

③ LSTC(Long Span Type Crane)

④ RMGC(Rail Mounted Gantry Crane)

해설
RMGC는 레일 위에 고정되어 있어 컨테이너의 적재 블록을 자유로이 바꿀 수가 없기 때문에 RTGC에 비해 작업의 탄력성이 떨어지나, 주행 및 정지를 정확하게 할 수 있고 고속으로 인한 높은 생산성, 그리고 레일 폭이 넓어서 컨테이너 적재량을 증대시킬 수 있는 가능성이 매우 크다.
① RMQC : 컨테이너크레인이며 부두의 안벽 위에 설치되어 선박으로부터 컨테이너를 하역하거나 부두에 있는 컨테이너를 선박에 선적하는 장비
② BTC : 브리지형크레인

16 하나의 전기회로에 자력선의 변화가 생겼을 때 그 변화를 방해하려고 다른 전기회로에 기전력이 발생되는 현상은?

① 전류 유도 작용

② 저항 유도 작용

③ 상호 유도 작용

④ 자기 유도 작용

17 극수가 8, 전압이 교류 440[V], 주파수가 60[Hz]인 전원을 사용하는 유도전동기의 동기속도는?

① 300[rpm]   ② 600[rpm]

③ 900[rpm]   ④ 1,800[rpm]

해설
$$N = \frac{120f}{P} = \frac{120 \times 60}{8} = 900[rpm]$$

18 컨테이너크레인에서 트롤리의 위치제어(거리측정)는 무엇에 의해 실행되는가?

① 모터에 설치된 가감산 부호기(Encoder)에 의해

② 트롤리 와이어 드럼에 부착된 리밋 스위치(Limit Switch)에 의해

③ 감속기어에 설치된 회전수 카운터(Revolution Counter)에 의해

④ 와이어 드럼에 부착된 광전소자(Photoelectric Element)에 의해

해설
운전자가 목표지점을 설정하고 목표위치 전단에서 속도에 비례하여 저속구간을 전동기에 부착된 인코더에 의해 거리를 측정하여 감속구간이 자동으로 제어될 수 있다.

19 컨테이너크레인의 모니터링 시스템에 대한 설명으로 가장 거리가 먼 것은?

① 각각의 위치에 설치된 장치와의 통신상황을 알 수 있다.
② 기계실 등에 설치된 전동기의 전압값과 전류값을 알 수 있다.
③ 전기실, 운전실 및 주행부 등에 설치된 PLC 상태를 알 수 있다.
④ 속도제어기의 제어방법을 알 수 있다.

해설
CMS(Crane Monitoring System)은 크레인의 운전, 고장상태를 모니터하여 기억·저장함으로써 운전상태를 분석하거나 고장원인 및 유지보수에 필요한 작업을 효과적으로 수행하는 데 이바지할 수 있는 중요한 시스템이다.

20 브레이크용 전자석에서 전압강하가 많은 경우 발생하는 현상으로 옳은 것은?

① 접지저항이 높아진다.
② 충격이 발생한다.
③ 작동시간이 빨라진다.
④ 과열이 발생한다.

21 컨테이너크레인의 스프레더 유압펌프가 정지되는 경우는?

① 오일의 양이 부족했을 때
② 릴리프 밸브가 작동하였을 때
③ 플리퍼가 모두 상승하였을 때
④ 제어 전원이 오프(Off) 되었을 때

22 컨테이너의 총중량 및 편하중을 측정하는 장치는?

① 풍향풍속계(Anemometer)
② 붐 래치(Boom Latch)
③ 로드 게이지(Load Gauge)
④ 안티 스내그(Anti-snag)

해설
로드 게이지는 컨테이너크레인의 호이스트 장치에서 화물의 중량을 측정하는 장치이다.

23 컨테이너크레인 운전 중 야드 트랙터의 섀시가 틀어져 있으면 어떻게 조정해야 하는가?

① 트림을 조정하여 맞춘다.
② 리스트를 조정하여 맞춘다.
③ 스큐를 조정하여 맞춘다.
④ 전체를 조정하여 맞춘다.

해설
틸팅 디바이스의 기능
• 트림 동작 : 스프레더를 좌우(수평, 가로) 방향으로 기울이는 것
• 리스트 동작 : 스프레더를 전후(수직, 세로) 방향으로 기울이는 것
• 스큐 동작 : 스프레더를 시계 또는 반시계 방향으로 회전하는 것

24 지름 1[m]의 트롤리 와이어 드럼이 2회전할 때, 트롤리의 이동거리는?

① 약 1.0[m]

② 약 3.14[m]

③ 약 4.0[m]

④ 약 6.28[m]

해설

※ 저자의견

확정답안은 ②번으로 발표되었으나 다음과 같이 풀이하면 ④번이 되므로 문제의 오류로 보여진다.

와이어 드럼 1회전당의 이동거리

$= 2\pi r = \pi D$

$= 3.14 \times 1$

$= 3.14[m]$

$\therefore 3.14 \times 2 = 6.28[m]$

25 컨테이너크레인의 계류장치와 관련이 없는 것은?

① 앵커(Anchor)

② 턴버클(Turnbuckle)

③ 트롤리(Trolley)

④ 레일 클램프(Rail Clamp)

해설

계류장치

• 폭주방지장치 : 레일 클램프, 앵커

• 전도방지장치 : 타이 다운(턴버클로 조정한다)

26 컨테이너크레인의 트롤리 및 호이스트 동작 시 구간 내에 들어왔을 때 위치를 확인해 주는 스위치(Switch)는?

① 토글(Toggle)

② 누름(Push)

③ 리밋(Limit)

④ 로터리(Rotary)

27 시퀀스 제어에서 각 응용회로에 대한 설명으로 틀린 것은?

① 자기 유지 회로 : 릴레이 자신의 접점에 의하여 동작 회로를 구성하고 스스로 동작을 유지하는 회로

② 인터록 회로 : 2개의 입력 중에서 먼저 동작한 쪽이 우선이고 다른 쪽은 나중에 동작하는 회로

③ 시간 지연 회로 : 입력 신호를 준 후에 설정된 시간만큼 늦게 출력이 변화하도록 설계된 회로

④ 일치 회로 : 2개의 상태가 같을 때에만 출력이 나타나는 회로

해설

인터록 회로 : 2개의 입력 중에서 먼저 동작한 쪽이 우선이고 다른 쪽의 동작을 금지하는 회로

28 컨테이너크레인의 붐 호이스트(Boom Hoist) 운전 중, 상승초과(Upper Overrun) 리밋 스위치가 작동했을 때 나타나는 현상으로 옳은 것은?

① 붐이 즉시 하강한다.

② 붐이 일시 정지한 후 하강한다.

③ 붐이 일시 정지한 후 상승한다.

④ 붐은 비상 정지되고, 제어전원이 차단된다.

29 PLC(Programmable Logic Controller)의 주요 구성요소가 아닌 것은?

① 중앙처리장치
② 아날로그/디지털 신호변환장치
③ 입·출력 모듈
④ 유압 모듈

해설
PLC는 입력감지장치(아날로그/디지털 신호변환장치 기능), 출력 부하장치, 중앙처리장치, 메모리장치, 전원장치, 프로그래밍장치 등으로 구성된다.

30 전기에서 두 점 사이의 전위차란?

① 단위시간에 전기량이 일하는 일의 양
② 단위시간에 흐르는 전기량
③ 두 점 사이에 작용한 전기적인 힘
④ 두 점 사이의 전기적 위치에너지

해설
전류는 전위가 높은 곳에서 낮은 곳으로 흐르고 이때 전위의 차를 전위차 또는 전압이라 한다.

31 수출화물(Outbound) 컨테이너의 업무흐름은?

① 인수 → 보관 → 선적
② 인수 → 선적 → 보관
③ 양화 → 보관 → 발송
④ 양화 → 발송 → 보관

해설
Outbound : 수출화물을 일시 장치하여 해당 화물을 컨테이너에 적입하는 데 따르는 반출입 업무의 수행까지를 말한다.

32 컨테이너의 반입절차에 앞서 야드 내 적화 장치장 할당 시 고려해야 할 사항으로 틀린 것은?

① 장치장 할당 시 POD, SIZE, F/M 등 각각의 속성에 따른 분할적재가 필요하다.
② 냉동컨테이너인 경우에 온도 기입분에 대해서는 냉동 블록에 적재한다.
③ 20피트 컨테이너는 장치장 끝단에 장치를 하지 않는 것이 좋다.
④ 위험물 컨테이너는 최초 위험물 목록을 접수 후 IMDG 1, 2, 7류(소방법상 8류)를 포함하여 위험물 담당자가 소방법에 맞추어 코드입력 후 위험물 블록에 적재한다.

해설
위험물의 경우 최초 위험물 목록을 접수한 후 IMDG 1, 2, 7류(소방법상 8류)는 터미널 내 장치장에 반입하지 않고 직반·출입을 원칙으로 하며, 나머지 위험물은 위험물 담당자가 소방법에 맞추어 코드입력 후 위험물 블록에 적재한다.

33 컨테이너 종류를 설명한 것으로 틀린 것은?

① 건화물 컨테이너 : 온도조절이 필요 없는 일반잡화를 운송하기 위한 컨테이너이다.
② 천장개방형 컨테이너 : 지붕과 측벽의 상부가 개방되어 있어서 상부로부터 하역이 가능한 컨테이너이다.
③ 리퍼 컨테이너 : 승용차, 기계류 등과 같은 중량화물을 운송하기 위한 컨테이너이다.
④ 탱크 컨테이너 : 유류, 술, 화학품 등과 같은 액체상태의 화물을 운송하기 위한 컨테이너이다.

해설
③ 냉동 컨테이너(Reefer Container) : 냉동 및 냉장화물의 수송을 위해 컨테이너에 냉동장치를 부착한 컨테이너이다.

34 컨테이너에서 컨테이너 일련번호가 부착되지 않는 곳은?

① 옆 면
② 윗 면
③ 밑 면
④ 앞면(Door 반대쪽)

35 Hub Port(중심항)의 전략적 가치 결정요소를 설명한 것으로 틀린 것은?

① 기간항로의 편입성, 연계운송의 지리적 접근성, 화물이동 방향의 수용성 및 자연적 안정성 등은 중요한 전략적 가치 결정요소이다.
② 대형선박의 수용성(수심, 안벽길이)과 연계운송 시설(도로, 철도, 해상) 및 항만 면적/하역시설 등으로 전략적 가치를 결정한다.
③ 항만운영제도(작업시간, 화물장치 허용기간) 등의 서비스 질과 항만서비스 가격 및 비용이 주요 요소이다.
④ 정보통제와 정치, 사회, 경제적 안정성이 가장 중요하며, 해운환경의 변화와 국제 해운관행 등은 전략적 가치 결정대상이 아니다.

36 선박 하역작업 중 컨테이너크레인 운전기사가 주의해야 할 선박의 구조물과 가장 거리가 먼 것은?

① 셀 가이드(Cell Guide)
② 레이더 마스트(Radar Mast)
③ 갱웨이(Gangway)
④ 타(Rudder)

> **해설**
> 타(키=Rudder)는 배의 방향을 조정하는 장치로서 물속에 잠기는 아랫부분에 달린 넓적한 나무판이나 철판을 말한다.

37 컨테이너터미널의 시설에 포함되지 않는 것은?

① 에이프런(Apron)
② 통제실(Control Center)
③ 컨테이너 화물 조작장(CFS)
④ ODCY(Off-Dock Container Yard)

> **해설**
> ODCY : 항만 밖 컨테이너 장치장

38 컨테이너터미널에서 에이프런(Apron)과 야드(CY) 사이의 부두이송작업과 관련된 장비가 아닌 것은?

① 스트래들 캐리어(Straddle Carrier)
② 모바일크레인(Mobile Crane)
③ 야드 트랙터(Yard Tractor)
④ 야드 트레일러(Yard Trailer)

> **해설**
> **모바일크레인(휠크레인, Wheel Crane)** : 부두, 공장 구내, 공사 현장 내 등에서의 비교적 소하중·저양정의 하역용 크레인
> ① 스트래들 캐리어 : 컨테이너를 안벽이나 야드에서 자유로이 이동 및 적재가 가능한 장비
> ③ 야드 트랙터 : 컨테이너 야드에서 섀시에 적재된 컨테이너를 운송하는 데 사용되는 장비
> ④ 야드 트레일러(Yard Trailer) : 야드 내에서 벌크화물, 중량화물을 운송하는 데 쓰임

39 스프레더의 작동상태를 표시해 주는 스프레더 표시 램프로 확인할 수 없는 사항은?

① 스프레더 착상(Spreader Landed)
② 트위스트 콘의 록 또는 언록(Lock 또는 Unlock)
③ 스프레더의 신축(Telescopic)
④ 플리퍼의 상승 또는 하강

해설
스프레더의 작동상태를 표시해 주는 스프레더 표시 램프
• S1은 스프레더가 착상되면 운전실의 표시등은 청색으로 점등된다.
• S2는 트위스트 록이 록(Lock)되면 적색으로 점등된다.
• S3은 트위스트 록이 언록(Unlock)되면 램프는 황색으로 점등된다.
• S4는 플리퍼 4개 모두가 위로 상승되면 램프는 오렌지색으로 점등된다.

40 컨테이너의 래싱방법 중 갑판적 컨테이너의 가장 상단에 적재한 컨테이너끼리 단단히 체결하는 방법은?

① 브리지 피팅(Bridge Fitting)
② 코너 피팅(Corner Fitting)
③ 중간 스태킹
④ 코너 가이드(Corner Guides)

해설
브리지 피팅은 적재된 컨테이너의 최상단 네 귀퉁이를 측면의 컨테이너와 체결하여 상호 결박하는 방법이다.
※ 코너 피팅 : 컨테이너를 적치하고 들어 올려놓기 위하여 컨테이너의 상·하부 구석 코너에 위치한 철물구조로서 컨테이너의 Securing 및 Handling에 사용한다.

41 CY 작업 시 2단 컨테이너 위에 올라갈 때 안전도가 가장 낮은 방법은?

① A형 안전 사다리
② 사이먼 호이스트
③ 이동용 플랫폼
④ 타워와 조립식 플랫폼

해설
고소작업 안전
• 3단, 4단 높이의 컨테이너 더미 또는 조명탑 같은 높은 곳에 올라갈 때는 사이먼 호이스트 또는 타워 호이스트 같은 동력 호이스트를 이용한다.
• 리프트 트럭에 소형 플랫폼을 장치하여 이용한다.
• 이동용 플랫폼을 이용한다.
• 타워와 조립식 플랫폼을 이용한다.
• 컨테이너 지붕에 오를 때에도 사다리를 이용하고 문짝을 타고 올라가서는 안 된다.
• 컨테이너 2단까지 승강할 때에 사다리 사용이 가능하나 컨테이너 3단 이상부터 래싱 케이지를 이용해야 한다. 2[m] 이상 높이는 안전성이 확보된 고소작업대를 사용해야 한다.

42 전기담당 정비요원의 작업 시 주의사항으로 틀린 것은?

① 고압 전기배전반 등은 관계자 이외에는 조작하지 않는다.
② 전기시설물의 수리 시에는 스위치를 차단하고 조작금지 표지판을 반드시 부착해야 한다.
③ 작업 전 접지상태를 확인하고 방호조치를 취한다.
④ 장비의 리밋 스위치를 편의에 따라 해제하며 작업완료 후 원위치로 복구한다.

해설
각종 리밋 스위치는 운전제어장치가 아니라 안전장치이므로 정상 가동 상태에서는 결코 불필요하게 동작되지 않는다. 따라서 해제하면 안 된다.

43 컨테이너터미널에서의 안전 복장과 보호구에 대한 설명으로 옳지 않은 것은?

① 작업원이 있는 곳이 쉽고 분명하게 눈에 띌 수 있도록 하기 위해 저시도 재킷을 착용해야 한다.

② 안전모는 래싱맨에 의해 래싱도구가 떨어지는 경우가 있으므로 턱끈이 달린 견고한 안전모를 착용해야 한다.

③ 부식성 분말이나 용액을 다룰 필요가 있다면 두꺼운 고무나 플라스틱 장갑을 착용해야 한다.

④ 안전화는 강철로 된 앞발 끝 덮개와 미끄럼 방지 바닥으로 된 안전화를 착용해야 한다.

해설
① 작업원이 있는 곳이 쉽고 분명하게 눈에 띌 수 있도록 하기 위해 고시도 재킷(야광재킷, 밝은 노란색이나 오렌지색, 색깔띠가 잘 반사될 수 있는 것)을 착용한다.

44 위험화물 하역 시의 일반적인 주의사항에 대한 설명으로 옳은 것은?

① 위험물을 적재작업 시 주간에는 D기를 게양하고, 야간에는 적색 전주등을 켠다.

② 화약류 화물은 타 화물에 우선하여 양화하고, 마지막에 선적한다.

③ 선장 및 관할지역 경찰청장은 긴급조치반이 접근할 수 있도록 도로 및 접근로를 확보한다.

④ 선장은 선원안전교육, 화주는 하역작업원에 대한 안전교육을 실시한다.

해설
① 위험물을 적재작업 시 주간에는 국제신호 B기를 게양하고, 야간에는 적색 전주등을 켠다.
③ 선장 및 부두관리책임자 및 하역책임자는 긴급조치반이 접근할 수 있도록 도로 및 접근로를 확보한다.
④ 선장은 선원안전교육, 하역책임자는 하역작업원에 대한 안전교육을 실시한다.

45 레일 클램프(Rail Clamp)의 작동형식에 따른 분류에 해당되지 않는 것은?

① 휠 브레이크 형식
② 레일 클램핑 형식
③ 휠 초크 형식
④ 레일 리프트 형식

해설
레일 클램프의 형식
• 휠 브레이크형
• 레일 클램핑형
• 휠 초크형

46 컨테이너크레인의 가동 전 점검사항에 해당되지 않는 것은?

① 크레인 주요부위의 비파괴 검사
② 윤활 상태 점검
③ 와이어로프 점검
④ 각종 스위치 점검

해설
컨테이너크레인 점검사항

가동 전 점검사항	가동 중 점검사항	가동 후 점검사항
• 크레인 주변 점검	• 안전운전	• 크레인을 제 위치에 고정
• 윤활 상태 점검	• 충격을 피하는 운전	• 전장품
• 와이어로프 점검	• 크레인에 명기된 사항의 한계를 초과하지 않는 운전	• 스프레더
• 각종 스위치 점검		• 기타 부품의 점검
• 시운전		

47 컨테이너터미널에서 터미널 방문자에 대한 출입안전교육 내용으로 틀린 것은?

① 출입자에게 출입루트가 표시된 터미널 계획을 알려준다.

② 컨테이너 운반장비의 빠른 이동에 따른 위험을 경고한다.

③ 단체 방문자들은 도보로 이동하게 한다.

④ 출입금지 구역에 대한 엄격한 조치를 경고한다.

해설
③ 단체 방문에 대해서는 사전허가를 얻고, 터미널 버스를 별도로 이용한다.

48 컨테이너선 하역작업 중 조도(照度)에 관한 설명으로 틀린 것은?

① 조도는 하나의 표본지역에서 측정한다.

② 대부분의 출입지역은 평균 5[lx] 이상의 조도가 요구된다.

③ 작업지역은 평균조도가 최소 20[lx] 이상이 되어야 하고 5[lx] 미만 지역은 없어야 한다.

④ 부두에서 선박으로 오르내리는 지역은 터미널의 평균조도보다 높은 20[lx] 이상이 되어야 한다.

해설
① 조도는 여러 표본지역에서 측정하여 이것을 평균한다.

49 비상시에 사용되는 장비는 필요시 신뢰할 수 있도록 정기적으로 점검, 검사 및 보수되어야 하는데 이러한 비상장비에 포함되지 않는 것은?

① 앰뷸런스

② 소화호스

③ 비상시 의사전달 체계(경보기, 워키토키, 전화 등)

④ 소화기

해설
검사와 점검이 있어야 할 비상장비
• 소방호스 및 소화기
• 흡수제
• 안전복 일체(슈트, 덧바지), 부츠, 안경, 안구세척제 등
• 청 수
• 응급처치 상자
• 비상시 의사전달체계(경보기, 워키토키, 전화 등)
• 모든 비상활동에 쓰일 표지판

50 컨테이너크레인을 가동 후 제 위치에 고정시키기 위한 방법 중 틀린 것은?

① 붐을 올리고 래치의 해지를 확인한다.

② 레일 클램프의 제동상태를 확인한다.

③ 스토웨지 핀을 잠근다.

④ 트롤리를 정지 위치에 정지시킨다.

해설
① 붐을 올리고 래치가 걸린 것을 확인한다.

51 릴리프 밸브에서 볼이 밸브의 시트를 때려 소음을 발생시키는 현상은?

① 채터링(Chattering) 현상

② 베이퍼 록(Vapor Lock) 현상

③ 페이드(Fade) 현상

④ 노킹(Knocking) 현상

해설
② 베이퍼 록 현상 : 연료파이프 내의 연료(액체)가 주위의 온도상 승이나 압력저하에 의해 기포가 발생하여 연료펌프기능을 저 해 또는 운동을 방해하는 현상
③ 페이드 현상 : 타이어식 건설기계에서 브레이크를 연속하여 자주 사용함으로써 브레이크 드럼이 과열되어 마찰계수가 떨 어지며, 브레이크 효과가 나빠지는 현상
④ 노킹 현상 : 착화 지연기간 동안 분사된 연료가 급격히 연소되 는 것

52 유압모터의 특징 중 거리가 가장 먼 것은?

① 소형으로 강력한 힘을 낼 수 있다.

② 과부하에 대해 안전하다.

③ 정·역회전 변화가 불가능하다.

④ 무단변속이 용이하다.

해설
③ 속도나 방향의 제어가 용이하고 릴리프 밸브를 달면 기구적 손상을 주지 않고 급정지시킬 수 있다.

※ 유압모터의 장·단점

장 점	• 전동기에 비해 쉽게 급속정지시킬 수 있으며 광범 위한 무단변속을 얻을 수 있다. • 소형이고 가볍고 강력한 힘을 얻을 수 있다. • 내폭성이 우수하고 고속추종성이 좋다. • 시동, 정지, 역전 변속, 가속 등을 가변용량형 펌프 나 미터링밸브에 의해서 간단히 제어할 수 있다. • 과부하에 대한 안전장치나 브레이크가 용이하다. • 종이나 전선 등에 쓰이는 권취기와 같이 토크 제 어기계에 편리하다.
단 점	• 작동유에 먼지나 공기가 혼입되지 않도록 주의해 야 한다. • 유압모터 보수 시 배관작업을 완료하고 몇 시간 또는 수십 시간 유압관로를 플러싱 해야 한다. • 작동유의 점도 변화에 의해서 유압모터 사용에 제약을 받는다. • 통상 사용온도 범위는 20~80[℃]이다. • 석유계 작동유는 일반적으로 인화하기 쉽다. • 수명은 사용조건에 따라 다르나 보통 수천시간 이내에 오버홀 해야 한다.

53 그림의 유압기호에서 "A" 부분이 나타내는 것은?

① 오일 냉각기

② 스트레이너

③ 가변용량 유압펌프

④ 가변용량 유압모터

해설
스트레이너는 유압기기 속에 혼입되어 있는 불순물을 제거하기 위해 사용된다.

 : 유압펌프

54 유압장치에 사용되고 있는 제어밸브가 아닌 것은?

① 방향제어밸브

② 유량제어밸브

③ 스프링제어밸브

④ 압력제어밸브

해설

유압제어밸브
- 압력제어밸브 : 일의 크기 제어
- 유량제어밸브 : 일의 속도 제어
- 방향제어밸브 : 일의 방향 제어

55 회로 내 유체의 흐름 방향을 제어하는 데 사용되는 밸브는?

① 교축밸브

② 셔틀밸브

③ 감압밸브

④ 순차밸브

해설

방향제어밸브 : 셔틀밸브, 체크밸브, 방향변환밸브
① 교축밸브(스로틀밸브) : 유량제어밸브
③ 감압밸브 : 공기압축기에서 공급되는 공기압을 보다 낮은 일정의 적정한 압력으로 감압하여 안정된 공기압으로 하여 공압기기에 공급하는 기능을 하는 밸브
④ 순차밸브(시퀀스밸브) : 유압원에서의 주회로부터 유압 실린더 등이 2개 이상의 분기회로를 가질 때, 각 유압 실린더를 일정한 순서로 순차 작동시키는 밸브

56 유압 실린더의 종류에 해당하지 않는 것은?

① 단동 실린더

② 복동 실린더

③ 다단 실린더

④ 회전 실린더

해설

유압 실린더의 종류 : 단동형, 복동형, 다단형, 단동형 캠, 복동형 캠

57 유압 작동유의 점도가 너무 높을 때 발생되는 현상은?

① 동력손실 증가

② 내부누설 증가

③ 펌프효율 증가

④ 내부마찰 감소

해설

유압유의 점도

유압유의 점도가 너무 높을 경우	유압유의 점도가 너무 낮을 경우
• 동력손실 증가로 기계효율의 저하 • 소음이나 공동현상 발생 • 유동저항의 증가로 인한 압력손실의 증대 • 내부마찰의 증대에 의한 온도의 상승 • 유압기기 작동의 불활발	• 내부 오일 누설의 증대 • 유압펌프, 모터 등의 용적효율 저하 • 기기마모의 증대 • 압력유지의 곤란 • 압력발생 저하로 정확한 작동불가

58 기어식 유압펌프의 특징이 아닌 것은?

① 구조가 간단하다.

② 유압 작동유의 오염에 비교적 강한 편이다.

③ 플런저 펌프에 비해 효율이 떨어진다.

④ 가변 용량형 펌프로 적당하다.

해설

기어펌프는 구조가 간단하여 기름의 오염에도 강하다. 그러나 누설방지가 어려워 효율이 낮으며 가변 용량형으로 제작할 수 없다.

59 유압장치의 오일탱크에서 펌프 흡입구의 설치에 대한 설명으로 틀린 것은?

① 펌프 흡입구는 반드시 탱크 가장 밑면에 설치한다.

② 펌프 흡입구에는 스트레이너(오일 여과기)를 설치한다.

③ 펌프 흡입구와 탱크로의 귀환구(복귀구) 사이에는 격리판(Baffle Plate)을 설치한다.

④ 펌프 흡입구는 탱크로의 귀환구(복귀구)로부터 될 수 있는 한 멀리 떨어진 위치에 설치한다.

해설

① 펌프 흡입구는 탱크 가장 윗면에 설치한다.

유압탱크의 구비조건

• 적당한 크기의 주입구에 여과망을 두어 불순물이 유입되지 않도록 할 것

• 작동유를 빼낼 수 있는 드레인 플러그를 탱크 아래에 설치할 것

• 탱크의 유량을 알 수 있도록 유면계가 있을 것

• 탱크는 스트레이너의 장치 분해에 충분한 출입구가 필요

• 복귀관과 흡입관 사이에 칸막이를 둘 것

• 탱크 안을 청소할 수 있도록 떼어낼 수 있는 측판을 둘 것

• 이물질이 들어가지 않도록 밀폐되어 있을 것

• 흡입구 쪽에 작동유를 여과하기 위한 여과기를 설치할 것

• 설치 필터는 안전을 위하여 바이패스 회로를 구성할 것

• 적절한 용량을 담을 수 있을 것(용량 : 유압펌프의 매분 배출량의 3배 이상으로 설계)

• 냉각에 방해가 되지 않는 구조와 주변품이 설치될 것

• 캡은 압력식일 것

60 오일의 압력이 낮아지는 원인과 가장 거리가 먼 것은?

① 유압펌프의 성능이 불량할 때

② 오일의 점도가 높아졌을 때

③ 오일의 점도가 낮아졌을 때

④ 계통 내에서 누설이 있을 때

해설

오일의 압력이 낮아지는 원인

• 오일의 점도 저하

• 오일량 부족

• 오일펌프 과대 마모

• 유압조절밸브의 밀착 혹은 스프링 밸브 쇠손

• 계통 내에서 누설이 있을 때

01 RMGC(Rail Mounted Gantry Crane)의 주요 구조물이 아닌 것은?

① 지브(Jib)
② 레그(Leg)
③ 거더(Girder)
④ 실빔(Sill Beam)

해설
RMGC 주요구조 및 구성품
주행장치, 실빔, 포털 레그, 거더, 트롤리, 헤드블록, 스프레더, 전기실, 운전실, 인양장치, 트롤리 주행장치, 레일클램프(레일식), 앵커 핀 및 타이다운, 케이블 릴(레일식), 엔진 등

02 컨테이너크레인의 운전실 좌·우 조작반에 표시되지 않는 것은?

① 스프레더의 길이
② 시스템 고장
③ 틸팅 디바이스 홈 포지션
④ 엔진 체크

03 호이스트 와이어로프에 순간적으로 큰 장력이 걸렸을 때 자동으로 동작하여 와이어로프를 보호해 주는 장치는?

① 플리퍼(Flipper) 장치
② 안티스내그(Anti-snag) 장치
③ 안티콜리션(Anti-collision) 장치
④ 붐래치(Boom Latch) 장치

해설
안티스내그(Anti-snag) 조정장치는 스내그 하중으로부터 운동에너지를 흡수하여 크레인에 미칠 충격을 최소화하기 위한 장치이다.

04 야드 크레인의 역할로 틀린 것은?

① 컨테이너를 적재하여 본선크레인까지 운송한다.
② 육상 트레일러에 상차된 컨테이너를 야드에 적재한다.
③ 야드에 적재된 컨테이너를 육상 트레일러에 상차한다.
④ 선박에 양·적화될 컨테이너를 야드 트레일러에 상·하차한다.

해설
C/C(컨테이너크레인)는 배에서 컨테이너를 내리거나 싣는 작업을 하는 크레인이고 트랜스퍼크레인(Transfer Crane, 야드크레인)은 야드 내에서 트레일러나 섀시 등의 상하차를 하는 크레인이다.

05 와이어로프의 사용과 취급 요령으로 옳은 것은?

① 와이어로프의 한 꼬임에서 끊어진 소선의 수가 10[%] 이상이면 폐기한다.
② 로프의 부식 정도가 원래 치수의 20[%] 이내이면 사용한다.
③ 로프의 직경이 공칭경의 5[%] 이상 감소하면 폐기한다.
④ 로프의 꼬임상태가 심한 것은 풀어서 다시 사용한다.

해설
와이어로프의 폐기기준
• 와이어로프 파손, 변형으로 인하여 기능, 내구력이 없어진 것
• 와이어의 한 꼬임에서 소선 수의 10[%] 이상이 절단된 것
• 마모로 인하여 직경이 공칭지름의 7[%] 이상 감소된 것
• 킹크가 생긴 것
• 현저하게 부식되거나 변형된 것
• 열에 의해 손상된 것

06 횡행(트롤리) 동작과 가장 거리가 먼 리밋 스위치는?

① 운전실 출입 게이트 리밋 스위치
② 전진 저속 리밋 스위치
③ 후진 저속 리밋 스위치
④ 웨이트 리밋 스위치

해설

웨이트 리밋 스위치
WEIGHT LEVER에 와이어로프로 부착된 추에 의해 작동되는 장치로 크레인 등 하역운반설비의 과권 방지용으로 사용된다.

08 그림에서 트림+(스프레더의 오른쪽을 낮추려면)로 작동하려면 A, B, C, D에 연결된 와이어로프는 어떻게 움직여야 하는가?

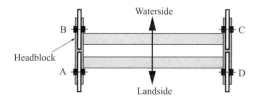

① (A, B) 하강, (C, D) 상승
② (A, B) 상승, (C, D) 하강
③ (A, C) 하강, (B, D) 상승
④ (A, C) 상승, (B, D) 하강

해설

트림 동작 : 스프레더를 좌우(수평, 가로) 방향으로 기울이는 것으로 트림+(스프레더의 오른쪽을 낮추려면)로 작동하려면 왼쪽의 (A, B)는 상승시키고, 오른쪽의 (C, D)는 하강시켜야 한다.

07 와이어로프 꼬임에서 보통 꼬임의 특성이 아닌 것은?

① 소선의 마모가 쉽다.
② 킹크가 발생하기 쉽다.
③ 로프 자체의 변형이 적다.
④ 취급이 용이하여 선박 및 육상 등에 사용하고 있다.

해설

보통 꼬임 와이어로프의 특징
• 보통 꼬임은 스트랜드의 꼬임 방향과 로프의 꼬임 방향이 서로 반대인 것이다.
• 소선의 외부 접촉 길이가 짧아 비교적 마모에 약하나, 킹크(Kink)가 생기는 것이 적다.
• 로프의 변형이나 하중을 걸었을 때 자전에 대한 저항성이 크고 취급이 용이하여 기계, 건설, 선박, 수산 분야 등 다양하게 사용된다.

09 컨테이너크레인에 설치되어 있는 스프레더에 대한 설명으로 가장 옳은 것은?

① 헤드블록에 결합되어 있으며, 전원공급용 케이블이 보관되는 케이블 튜브가 설치되어 있다.
② 20피트, 40피트 및 45피트 컨테이너에 맞춰 스프레더를 교체하여야 한다.
③ 스프레더는 트위스트 록/언록, 플리퍼 업/다운, 텔레스코픽 신축 기능이 있다.
④ 와이어로프에 의해 직접 매달려 운전된다.

해설

① 헤드블록은 스프레더에 전원을 공급할 수 있는 케이블을 적재할 수 있는 케이블 튜브가 설치되어 있다.
② 20피트, 40피트 및 45피트 컨테이너 종류에 따라 스프레더를 알맞은 크기로 조정할 수 있는 텔레스코픽 신축 기능이 있다.
④ 헤드블록은 와이어로프에 의해 직접 매달려 운전된다.

10 컨테이너크레인의 주요장치로 틀린 것은?

① 권상장치

② 횡행장치

③ 주행장치

④ 압력장치

해설

크레인은 거더(Girder), 지브(Jib) 등의 구조부분과 권상장치, 주행장치, 횡행장치 등의 주요 기계장치가 있고, 그리고 권상용 와이어로프, 호이스팅 액세서리, 안전장치, 운전실로 구성되어 있다.

11 한 손으로는 아래를 가리키도록 하고, 다른 손은 손바닥이 위로 보이도록 한 채 정지하여 있는 동작은 ISO 표준 수신호에서 무엇을 의미하는가?

① 천천히 아래로

② 긴급 중단

③ 수평거리를 지시하기

④ 신호자의 반대 방향으로 운행

해설

② 긴급 중단 : 손바닥을 아래로 향하도록 하여 양팔을 뻗어 앞뒤로 수평이 되게 흔든다.

③ 수평거리를 지시하기 : 양팔을 몸체의 앞으로 수평 방향으로 뻗고 손바닥은 서로 마주 보게 한다.

④ 신호자의 반대 방향으로 운행 : 양팔을 몸체의 바깥쪽을 향해 앞으로 수평으로 뻗는다. 이때 양손은 펴고 손바닥은 앞쪽을 향하게 둔다. 팔뚝을 반복적으로 상하로 흔들어 수평상태와 수직상태가 되도록 움직인다.

12 컨테이너크레인의 설계검사에서 지역별 최대순간 풍속으로 맞는 것은?(단, 휴지상태(태풍)에 해당하는 경우로 지면상에서 20[m] 높이를 기준으로 하였을 때이다)

① 서해안 : 초당 40[m] 이상

② 목포 : 초당 50[m] 이상

③ 동해안, 남해안 : 초당 60[m] 이상

④ 울릉도 : 초당 70[m] 이상

해설

설계검사 일반(항만시설장비 검사기준 제6조)

풍하중 계산과 관련하여 풍속의 기준은 다음의 구분에 따라 적용한다.

• 작업상태에 해당하는 경우에는 지면상에서 20[m] 높이를 기준으로 최대순간풍속 초당 20[m] 이상으로 한다.

• 휴지상태(태풍)에 해당하는 경우에는 지면상에서 20[m] 높이를 기준으로 최대순간풍속은 다음과 같다.

  − 서해안 : 초당 55[m] 이상

  − 동해안·남해안 : 초당 60[m] 이상

  − 목포 : 초당 70[m] 이상

  − 울릉도 : 초당 75[m] 이상

13 트랜스퍼크레인에 대한 설명으로 옳은 것은?

① RMGC는 고무바퀴가 장착되어 기동성이 뛰어나다.

② 에이프런에 설치되어 수입·출입 컨테이너를 전용으로 취급하는 항만 하역장비이다.

③ 프레임의 주요 구성품은 트롤리 거더, 레그, 실빔이다.

④ RTGC는 레일 위에서만 운행되므로 컨테이너 적재 블록을 자유롭게 바꿀 수 없어 작업의 탄력성이 떨어진다.

해설

① RTTC는 고무바퀴가 장착되어 기동성이 뛰어나다.

② 터미널 야드에서 트레일러 섀시 위에 상·하차작업을 하는 장비이다.

④ 트랜스퍼크레인(Transfer Crane)은 고무 타이어로 주행하는 RTGC와 레일 위를 주행하는 RMGC 방식이 있다.

14 컨테이너크레인이 작업 중 바람에 밀리는 것을 방지하는 장치는?

① 그래브(Grab)

② 타이 다운(Tie Down)

③ 레일 클램프(Rail Clamp)

④ 브레이크(Brake)

해설

레일 클램프는 컨테이너크레인이 작업 중 바람에 의해 밀리는 것을 방지하는 장치이며, 타이 다운은 컨테이너크레인이 계류 위치에 있을 때 폭풍 또는 태풍의 영향으로 크레인이 전도되는 것을 방지하는 장치이다.

15 컨테이너크레인에 설치된 안전장치 중 계류장치가 아닌 것은?

① 레일 클램프(Rail Clamp)

② 타이 다운(Tie Down)

③ 앵커(Anchor)

④ 호이스트 브레이크(Hoist Brake)

해설

계류장치
• 폭주방지장치 : 레일 클램프, 앵커
• 전도방지장치 : 타이 다운(턴버클로 조정한다)

16 도체의 도전율에 대한 설명으로 옳은 것은?

① 고유저항의 역수로 나타내며 전류가 잘 흐르는 정도를 말한다.

② 도체에 열이 전달되는 정도를 말한다.

③ 전압을 그 물체의 고유저항으로 나눈 값을 말한다.

④ 고유저항과 같은 뜻으로 사용된다.

해설

도전율은 전하를 운반하는 입자의 수, 그 전하량과 이동도의 곱에 비례한다.

17 배선용 차단기의 기능을 설명한 것으로 옳은 것은?

① 과부하 및 단락 발생 시 자동으로 회로를 차단

② 푸시버튼 스위치의 조작

③ 압력을 초과할 경우 동작하는 스위치

④ 레벨을 초과할 경우 동작하는 스위치

해설

배선용 차단기 : 부하전류의 개폐 및 과부하, 단락 등의 사고일 경우 자동적으로 회로를 차단하는 기기이다.

18 선박의 기울기에 따라 컨테이너크레인의 스프레더를 조정할 수 있는 장치는?

① 횡행 장치

② 붐 호이스트 장치

③ 틸팅 디바이스 장치

④ 주행 장치

해설

틸팅 디바이스 장치
작업 중 스프레더가 외란 혹은 화물의 편중 등으로 인하여 좌우 양쪽 중 어느 한쪽으로 기울어짐을 방지하는 장치이다.

19 컨테이너크레인의 붐 호이스트 구동부에 설치된 과속방지스위치가 작동하면 어떻게 되는가?

① 불필요한 저속운전을 방지하여 운전효율을 극대화시킨다.

② 붐 호이스트의 이동거리를 측정하여 운전속도를 변경한다.

③ 저속구간에서 전동기의 최대토크를 제한하기 위해 전류 제한값을 자동적으로 재보정한다.

④ 붐 호이스트 비상 디스크 브레이크가 동작하여 전동기가 정지한다.

해설

비상용 디스크 브레이크는 평상시에는 전류가 계속 흘러 브레이크가 개방되어 있으나 과속 감지 또는 비상시 전원이 차단되면 브레이크가 작동하여 드럼 플랜지를 잡아 주게 되어 붐 작동이 이루어지지 않도록 한다.

20 레일 클램프의 일반적인 동작에 대해 바르게 설명한 것은?

① 잠김 : 스프링, 풀림 : 공압

② 잠김 : 공압, 풀림 : 스프링

③ 잠김 : 유압, 풀림 : 스프링

④ 잠김 : 스프링, 풀림 : 유압

해설

레일 클램프는 유압에 의해 해제되며, 스프링의 힘에 의해 제동(Clamping)된다.

21 컨테이너크레인 주행장치의 인터록 조건이 아닌 것은?

① 앵커 핀의 제거

② 플리퍼의 상승

③ 레일 클램프의 풀림

④ 붐 호이스트 동작 상태

해설

플리퍼는 스프레더를 컨테이너에 용이하게 착상시킬 수 있도록 안내판 역할을 하는 장치이다.

22 물체의 전기저항 특성에 대한 설명으로 틀린 것은?

① 단면적이 증가하면 저항은 감소한다.

② 온도가 상승하면 전기저항이 감소하는 재료를 NTC라고 한다.

③ 도체의 저항은 온도에 따라 변한다.

④ 금속은 온도 상승에 따라 저항이 감소한다.

해설

금속은 온도의 상승에 따라 저항값이 증가하지만 탄소, 반도체 및 절연체 등은 감소한다.

23 전압, 온도, 속도, 압력, 유량 등과 같이 연속적으로 변화하는 물리량이나 데이터를 무엇이라고 하는가?

① 디지털양　　　　　② 위치제어량

③ 속도제어량　　　　④ 아날로그양

해설

디지털양과 아날로그양

• 디지털양 : 0, 1, 2, 3과 같이 숫자로 나타낼 수 있는 비연속적으로 변화하는 양

• 아날로그양 : 전압, 전류, 온도, 속도, 압력, 유량등과 같이 연속해서 변화하는 양

24 PLC의 입·출력 장치에서 입력장치에 해당되는 것은?

① 솔레노이드 밸브　　② 프린터
③ 리밋 스위치　　　　④ 램 프

해설
PLC의 입·출력장치
• 입력장치 : 스위치, 리밋 스위치, 센서, 전압신호
• 출력장치 : 솔레노이드 밸브, 파워 콘택터, 릴레이 코일, 벨 부저 및 모터 구동용 전자 접촉기 등

25 컨테이너크레인에서 충돌방지장치가 설치된 곳이 아닌 것은?

① 주 행　　　　　　② 횡 행
③ 아웃리치 붐　　　④ 백리치 붐

해설
같은 주행로에 나란히 설치되는 시설장비에는 주행으로 인하여 서로 충돌되지 않도록 설정된 간격에서 자동으로 경보되고 정지되는 충돌방지장치가 설치되어 있어야 한다.

26 컨테이너크레인 모니터링 시스템에 나타나지 않는 내용은?

① 경보내용　　　　② 출근내용
③ 통신내용　　　　④ 전원공급내용

해설
CMS(Crane Monitoring System)은 크레인의 운전, 고장상태를 모니터하여 기억·저장함으로써 운전상태를 분석하거나 고장원인 및 유지보수에 필요한 작업을 효과적으로 수행하는 데 도움이 될 수 있는 중요한 시스템이다.

27 직류 전동기의 속도제어방법이 아닌 것은?

① 계자제어법
② 저항제어법
③ 전압제어법
④ 전력제어업

해설
직류 전동기의 속도제어방법 : 계자제어법, 저항제어법, 전압제어법

28 시퀀스 회로도에서 2개의 입력 중 먼저 동작한 쪽이 우선이고 다른 쪽의 동작을 금지하는 회로는 어느 것인가?

① 자기유지 회로
② 정지우선 회로
③ 기동우선 회로
④ 인터록 회로

해설
① 자기유지 회로 : 릴레이 자신의 접점에 의하여 동작 회로를 구성하고 스스로 동작을 유지하는 회로
② 정지우선 회로 : 작동버튼과 정지버튼의 신호를 동시에 입력하면 해당 회로의 기능이 정지하는 회로
③ 기동우선 회로 : 작동버튼과 정지버튼을 동시에 입력하더라도 해당 회로의 기능이 정지되지 않는 회로

29 시퀀스 제어에서 입력신호를 받고 동작할 때, 소정의 시간이 경과한 후에 회로를 개폐하는 접점은?

① 기계적 접점
② 릴레이 접점
③ 한시동작 접점
④ 동시복귀 접점

해설
① 기계적 접점 : 기계적 운동부분과 접촉하여 조작되는 접점
② 릴레이 접점 : 개폐접점을 동작시키는 것을 릴레이(Relay) 또는 계전기라 하며 그 기본 접점은 a접점, b접점, c접점이 있다.

30 PLC 구성 부품의 출력부하장치(Output Load Device)가 될 수 없는 것은?

① 솔레노이드 밸브
② 전자접촉기코일
③ 누름 버튼 스위치
④ 표시등

해설
누름 버튼 스위치는 입력장치이다.

31 적화 시 컨테이너가 선박에 잘 들어갈 수 있도록 안내판 역할을 하는 것은?

① 코너 피팅
② 셀 가이드
③ 가이드 레일
④ 슬라이딩 리프터

해설
셀 가이드
컨테이너가 선창 내에 적재될 때 공간 손실을 최소화하고 하역 효율을 높이기 위한 선창의 격자형 셀(Cell) 구조이다. 하역작업을 쉽게 하는 기능 외에도 항해 중에 화물이 이동하지 못하게 억제하는 기능을 함께한다.

32 수입 컨테이너의 본선 하역에 있어서, 현장(포맨, 신호수, 언더맨 등)에 전달되는 서류가 아닌 것은?

① 본선 적부계획도
② G/C 작업계획도
③ 작업진행표
④ 컨테이너 선적목록

해설
컨테이너 선적목록(Container Loading List) : 선사에서 선적 마감을 KL-NET를 이용하여 EDI 문서로 전송하면 터미널에서는 수신 후 업무를 진행하는데 내용으로는 선명/항차, 컨테이너번호, 중량, B/L No., 양하항 등이 포함되어 있다.

33 컨테이너 마킹에 들어가지 않는 내용은?

① 검사기관명찰
② 세관승인표찰
③ CSC 안전승인
④ 하역회사명

해설
컨테이너 마킹은 CSC 안전승인명판, 검사기관명판, 세관승인명판으로 구성된다.
• CSC 안전승인명판
  – 승인국가, 승인번호, 승인연도, 제조일자, 제조업자의 컨테이너 식별번호
  – 최대총중량, 허용총중량
  – 적화랭킹 테스트와 컨테이너 방벽의 적화 및 보관길이를 표시하는 테스트
  – 컨테이너 재검사를 받을 날짜
• 검사기관명판 : 컨테이너를 검사한 나라의 검사기관이 표시된다.
• 세관승인명판
  – 운송 도중 세관통상절차를 줄이기 위해 TIR조약, 컨테이너통 관조약(CCC) 중 어느 하나의 승인을 받아야 한다.
  – 승인을 받은 국가명·승인번호·승인연도, 컨테이너형태, 제 조업자식별번호 등이 표시된다.

34 컨테이너터미널의 안벽에 접한 부분으로 하역장비가 설치되어 있는 곳은?

① 컨테이너 화물 조작장
② 마샬링 야드
③ 에이프런
④ 컨테이너 야드

해설
에이프런(Apron)
부두 안벽에 접한 부분으로 일정한 폭으로 나란히 뻗어 있는 공간에 컨테이너크레인이 설치되어 있어 컨테이너의 적양하(積揚荷)가 이루어지는 곳이다.

35 컨테이너 양화작업을 계획할 때 고려해야 할 사항이 아닌 것은?

① 양화작업은 선미에서 선수방향으로 작업 진행
② 컨테이너크레인을 기준으로 가까운 곳에서 먼 곳으로 작업 진행
③ 컨테이너크레인을 기준으로 먼 곳에서 가까운 곳으로 작업 진행
④ 컨테이너크레인 운전자의 경험에 의한 임의적 작업 진행

적하작업은 선수에서 선미방향으로 하역작업을 진행한다.

36 컨테이너터미널의 주요시설에 대한 설명으로 틀린 것은?

① 안벽 : 컨테이너선이 접안하기 위한 시설
② 마샬링 야드 : 선적할 컨테이너를 정렬시켜 놓은 넓은 공간
③ 게이트 : 출입 컨테이너에 대한 세관검사를 위해 필요한 시설
④ 위생검사소 : 일반 공중위생에 위험이 초래될 가능성이 있는 화물에 대한 검사를 위해 설치

게이트(Gate) : Terminal Gate와 CY Gate가 있는데, Terminal Gate는 터미널을 출입하는 화물이나 빈 컨테이너 등이 통과하는 출입구를 말한다.

37 프런트-엔드 톱픽 로더 방식의 장·단점이 아닌 것은?

① 야드 내에서 컨테이너 이동을 신속하게 할 수 있다.
② 야드 내 어느 곳에서나 운영할 수 있다.
③ 최상의 유지비만 소요되면 쉬는 시간이 매우 짧다.
④ 무인자동화가 가능하다.

프런트-엔드 톱픽 로더 방식(Front-end Top-pick Loader System)
수출 컨테이너는 트럭에 의해 직접 컨테이너 장치장에 옮겨지며, Front-end Loader는 컨테이너를 트럭섀시로부터 옮겨서 지정된 장치장 위치에 갖다 놓는다. 수입 컨테이너는 야드 적재장소에서 Loader에 의해 직접 운반장비인 섀시에 인도되며, Front-end Loader는 장치장에 적재되는 컨테이너와 역순으로 야적 블록에서 컨테이너를 끌어낸다.

38 컨테이너터미널 시스템의 운영 형태 중 섀시시스템에 대한 설명으로 가장 옳은 것은?

① 컨테이너의 고단적재가 가능한 시스템이다.
② 터미널에서의 하역과 운반을 스트래들 캐리어 하나로 처리한다.
③ 컨테이너를 섀시 트레일러 위에 적재된 상태로 대기시켜 필요할 때 바로 수송이 가능하다.
④ 컨테이너 이동을 신속하게 할 수 있고 터미널 어느 곳에서나 운영할 수 있다.

39 컨테이너 적재 시 사용되는 코너 가이드(Corner Guide)에 대한 설명으로 틀린 것은?

① 비잠금 고박장치이다.

② 컨테이너의 수평 움직임을 막아준다.

③ '+'모양은 2개의 컨테이너에 대한 코너 가이드를 형성한다.

④ 적재물 표면 위로 어느 정도 돌출하기 때문에 접을 수 있는 해치커버에 사용하는 것은 부적합하다.

40 컨테이너터미널의 위치 선정요건에 해당하지 않는 것은?

① 기술수준이 높은 근로자의 확보가 가능한 곳이어야 한다.

② 내륙운송이 용이하여 물류비용이 저렴한 지점이어야 한다.

③ 컨테이너선의 접안이 용이하도록 수심이 낮은 곳이어야 한다.

④ 컨테이너선의 기항이 용이하고, 각 해상의 항로망이 집중되는 곳이어야 한다.

> **해설**
> 컨테이너터미널은 컨테이너 선박이 자유로이 접안 또는 이안할 수 있는 충분한 수심과 안벽시설이 갖추어져 있어, 컨테이너 하역에 관련한 여러 가지 기기 및 시설이 설치되어야 한다.

41 위험화물의 분류(IMDG에 의한 분류)상 제7등급 (Class 7) 물질은 무엇인가?

① 가 스

② 화약류

③ 인화성 액체

④ 방사선 물질

> **해설**
> **IMO가 제정한 위험물의 분류(IMDG Code)**

	화약류(Explosives)	
제1급	등급1.1	대폭발 위험성이 있는 물질 및 제품
	등급1.2	비산 위험성은 있지만, 대폭발 위험성은 없는 물질 및 제품
	등급1.3	화재위험성이 있고 또한 약한 폭풍 위험성이나 약한 비산 위험성 중 어느 한 쪽 또는 양쪽 모두의 위험성은 있지만, 대폭발 위험성은 없는 물질 및 제품
	등급1.4	심각한 위험성이 없는 물질 및 제품
	등급1.5	대폭발 위험성이 있는 매우 둔감한 물질
	등급1.6	대폭발 위험성이 없는 매우 둔감한 물질
제2급	가스류(Gases)	
	제2.1급	인화성 가스
	제2.2급	비인화성·비독성 가스
	제2.3급	독성 가스
제3급	인화성 액체(Flammable Liquids)	
제4급	가연성 물질(Flammable Solid, Spontaneous Combustible & Dangerous When Wet)	
	제4.1급	가연성 물질
	제4.2급	자연발화성 물질
	제4.3급	물과 접촉 시 인화성 가스를 방출하는 물질 (물 반응성 물질)
제5급	산화성 물질(Oxidizing Substances & Organic Peroxides)	
	제5.1급	산화성 물질
	제5.2급	유기과산화물
제6급	독물(Toxic & Infectious Substances)	
	제6.1급	독성 물질
	제6.2급	병독을 옮기기 쉬운 물질(전염성 물질)
제7급	방사성 물질(Radioactive Material)	
제8급	부식성 물질(Corrosive Substances)	
제9급	기타 위험물질 및 제품(Miscellaneous Dangerous Substances & Articles)	

42 선박안전법에서 규정한 양화장구용 와이어로프의 파괴강도에 대한 안전계수는 얼마 이상인가?

① 2　　　　　　　② 3

③ 4　　　　　　　④ 5

43 과전류 보호장치에 대한 설명으로 틀린 것은?

① 과전류 보호장치란 차단기, 퓨즈 및 보호계전기 등을 말한다.

② 접지선 외의 전로에 병렬로 연결하여 과전류 발생 시 전로를 자동으로 차단하도록 설치하여야 한다.

③ 차단기, 퓨즈는 계통에서 발생하는 최대과전류에 대하여 충분하게 차단할 수 있는 성능을 가져야 한다.

④ 전기계통상에서 상호 협조·보완되어 과전류를 효과적으로 차단하도록 하여야 한다.

44 레일 클램프의 슈가 비정상적으로 마모되는 사고가 발생했을 때 올바른 조치방법은?

① 가이드 롤러 확인

② 시스템 내에서의 누유에 대한 점검

③ 적절한 작업 범위를 위한 클램프 조정의 점검

④ 릴리프 밸브가 너무 낮게 맞춰 있지 않은지 확인

45 컨테이너터미널에서 발생하는 사고의 결과 중 개인적 손실이 아닌 것은?

① 소득의 손실　　　② 신체의 상해

③ 사기저하　　　　④ 보험비용의 증가

46 다음은 레일 클램프에 어떤 문제점이 발생했을 때 점검하는 사항인가?

> • 펌프 손상 확인
> • 릴리프 밸브 작동 확인
> • 오일 레벨 점검

① 압력 손실

② 펌프 소음

③ 브레이크의 미수축

④ 느리거나 불규칙한 동작

47 컨테이너터미널의 안전을 확보하기 위한 설계원칙에 해당하지 않는 것은?

① 작업지역과 비작업지역의 통합
② 차량에 의한 작업장소로의 이동
③ 보행자와 화물 취급장비의 분리
④ 컨테이너 수리지역의 분리

해설
컨테이너터미널의 안전을 확보하기 위한 설계원칙
• 작업지역과 비작업지역을 분명하게 분리하는 것
• 터미널 차량으로 작업원을 수송하는 것
• 보행자와 화물 취급장비를 분리하는 것
• 특별작업지역(컨테이너 수리지역 등)을 분리하는 것
• 안전한 이동이 가능하도록 안전 정류소를 설치하고 활성화하는 것
• 임시작업지역을 구분하는 것

48 항만근로자 위험물 취급수칙에 대한 설명으로 틀린 것은?

① 위험물 취급교육을 이수하고 경험이 있는 감독자를 배치한다.
② 표지부착이 불가한 벌크화물은 체크디지트(Check Digit)를 확인한 후 작업한다.
③ 위험물 관련규정(위험물 선박운송 저장규칙, 항만 내 위험물 취급 안전규칙)에 의거하여 양·적화한다.
④ 규정에 의거 적합하게 포장되고 위험물표지가 부착된 것만 취급한다.

해설
표지부착이 불가한 벌크화물은 선하증권 등을 확인한 후 작업한다.

49 컨테이너터미널의 일반안전수칙에 해당되지 않는 것은?

① 선박에는 반드시 2인 1조로 출입한다.
② 안전 핸드북에 제시되어 있는 규칙을 모두 따른다.
③ 근로자에게 주어진 추가 안전지시를 따른다.
④ 작업원이 수행하는 특정한 업무에 대해 구축된 작업안전시스템을 철저히 준수한다.

해설
컨테이너터미널의 일반안전수칙
• 안전 핸드북에 제시되어 있는 규칙을 모두 따른다.
• 근로자에게 주어진 추가 안전지시를 따른다.
• 작업원이 수행하는 특정한 업무에 대해 구축된 작업안전시스템을 철저히 준수한다.
• 근로자에게 제공된 모든 안전복장, 안전도구 그리고 안전장치를 사용한다.
• 터미널에서는 담배를 피워서는 안 된다.
• 안전에 관련된 문제들은 감독자 및 관리자와 최대한 협조한다.
• 작업 시 휴대용 라디오 청취 등 주의가 산만해질 수 있는 행동은 하지 않는다.
• 터미널의 배치도를 익힌다.
• 아무리 사소한 상해라도 모든 상해에 대하여 지체 없이 감독자에게 보고한다.
• 근로자에게 부상을 일으킬 수 있는 어떤 결함 또는 잠재적 위험을 발견했을 때는 가능한 한 빨리 감독자나 안전관리자에게 보고한다.

50 컨테이너 고박장치를 해체하는 사람을 무엇이라고 부르는가?

① 운전자
② 포 맨
③ 현장작업자
④ 래싱 맨

51 유압실린더를 교환 후 우선적으로 시행하여야 할 사항은?

① 엔진을 저속 공회전시킨 후 공기빼기 작업을 실시한다.
② 엔진을 고속 공회전시킨 후 공기빼기 작업을 실시한다.
③ 유압장치를 최대한 부하 상태로 유지한다.
④ 시험 작업을 실시한다.

52 유압장치의 단점에 대한 설명 중 틀린 것은?

① 관로를 연결하는 곳에서 작동유가 누출될 수 있다.
② 고압 사용으로 인한 위험성이 존재한다.
③ 작동유 누유로 인해 환경오염을 유발할 수 있다.
④ 전기, 전자의 조합으로 자동제어가 곤란하다.

해설
유압장치의 단점
• 작동유가 높은 압력이 될 때에는 파이프를 연결하는 부분에서 새기 쉽다.
• 고압 사용으로 인한 위험성 및 이물질(공기·먼지 및 수분)에 민감하다.
• 폐유에 의한 주변환경이 오염될 수 있다.
• 작동유의 온도 영향으로 정밀한 속도와 제어가 어렵다.
• 유압장치의 점검이 어렵다.
• 고장 원인의 발견이 어렵고, 구조가 복잡하다.

53 유압 작동부에서 오일이 새고 있을 때 일반적으로 먼저 점검해야 하는 것은?

① 밸브(Valve)
② 기어(Gear)
③ 플런저(Plunger)
④ 실(Seal)

해설
오일 누설의 원인 : 실의 마모와 파손, 볼트의 이완 등이 있다.

54 유압실린더에서 숨돌리기 현상이 생겼을 때 일어나는 현상이 아닌 것은?

① 작동 지연 현상이 생긴다.
② 피스톤 동작이 정지된다.
③ 오일의 공급이 과대해진다.
④ 작동이 불안정하게 된다.

해설
숨돌리기 현상 : 공기가 실린더에 혼입되면 피스톤의 작동이 불량해져서 작동시간의 지연을 초래하는 현상으로 오일공급 부족과 서징이 발생한다.

55 유압유의 점도에 대한 설명으로 틀린 것은?

① 온도가 상승하면 점도는 낮아진다.
② 점성의 정도를 표시하는 값이다.
③ 점도가 낮아지면 유압이 떨어진다.
④ 점성계수를 밀도로 나눈 값이다.

해설
④는 동점성계수를 말한다.
※ 점도는 오일의 끈적거리는 정도를 나타내며 온도가 높아지면 점도는 낮아지고, 온도가 낮아지면 점도는 증가한다.

56 유압장치의 구성요소가 아닌 것은?

① 제어밸브
② 오일탱크
③ 유압펌프
④ 차동장치

해설
차동장치는 동력전달장치이다.

57 유압모터의 속도를 감소하는 데 사용하는 밸브는?

① 체크밸브
② 디셀러레이션밸브
③ 변환밸브
④ 압력스위치

해설
디셀러레이션밸브
일반적으로 캠(Cam)으로 조작되는 유압밸브로 액추에이터의 속도를 서서히 감속시키는 밸브이다.

58 그림의 유압기호는 무엇을 표시하는가?

① 가변유압모터
② 유압펌프
③ 가변토출밸브
④ 가변흡입밸브

해설
유압펌프

59 건설기계 유압회로에서 유압유 온도를 알맞게 유지하기 위해 오일을 냉각하는 부품은?

① 어큐뮬레이터
② 오일쿨러
③ 방향제어밸브
④ 유압밸브

60 유압장치 내의 압력을 일정하게 유지하고 최고압력을 제한하여 회로를 보호해 주는 밸브는?

① 릴리프밸브
② 체크밸브
③ 제어밸브
④ 로터리밸브

해설
② 체크밸브 : 유압 회로에서 역류를 방지하고 회로 내의 잔류압력을 유지하는 밸브

01 컨테이너크레인과 관련된 용어를 바르게 설명한 것은?

① 감속기 : 치차를 이용한 속도 변환기
② 스팬 : 호이스트 기구의 수직 이동거리
③ 스프레더 : 트롤리 횡행 장치
④ 버퍼 : 그래브 등을 개폐시키는 장치

해설
② 스팬 : 바다측 레일 중심에서 육지측 레일 중심까지 거리
③ 스프레더 : 컨테이너를 집어서 이동하는 구조물
④ 버퍼 : 컨테이너크레인의 충격완화장치

02 트랜스퍼크레인에 대한 설명으로 가장 적절한 것은?

① 트랜스퍼크레인은 타이어식으로 디젤엔진에 의해서만 가동된다.
② 트랜스퍼크레인은 ISO 20, 40, 45피트의 컨테이너를 처리할 수 있다.
③ 한국산업표준에 의해 호이스트, 트롤리, 갠트리의 운전속도는 모든 장비가 동일하다.
④ 레일 위에서 주행할 수 있도록 제작된 장비를 RTTC라고 부른다.

해설
트랜스퍼크레인(Transfer Crane)은 고무타이어로 주행하는 RTGC와 레일 위를 주행하는 RMGC 방식이 있다.

03 엔진식 트랜스퍼크레인의 설명으로 적합하지 않은 것은?

① 블록 간의 이동이 자유롭다.
② 야드에서 컨테이너를 하역 및 적재한다.
③ RTTC(Rubber Tired Transfer Crane)로 불린다.
④ 야드와 크레인 스팬 사이를 왕복하면서 컨테이너 운반 작업을 한다.

해설
RTTC는 고무바퀴가 장착된 야드크레인으로 스팬이 6개의 컨테이너열과 1개의 트럭 차선에 이른다. 4단 혹은 5단 장치작업이 가능하고, 기동성이 뛰어나 적재장소가 산재해 있을 경우 이용하기 적당하며, 물동량 증가에 따라 추가투입이 가능하다.

04 컨테이너크레인에서 작업할 수 있는 컨테이너의 열(Row)과 크레인 아웃 리치(Out Reach)가 가장 바르게 연결된 것은?

① 13열 – 30[m]
② 16열 – 45[m]
③ 22열 – 50[m]
④ 25열 – 65[m]

해설
컨테이너크레인 A형 구조의 크기는 컨테이너 선박의 열 단위로 13열, 수정 A형 구조는 16열은 약 45[m], 18열은 약 50[m]이다.

05 크레인에 사용되는 ISO 수신호 기준에서 [보기]의 동작이 의미하는 것은?

┌─보기─────────────────────────┐
손바닥을 아래로 향하도록 하여 양팔을 뻗어 앞뒤로
수평이 되게 흔든다.
└──────────────────────────────┘

① 천천히 아래로
② 수평 거리를 지시하기
③ 일정 속도로 올리기
④ 긴급 중단(즉시 중단)

해설
① 천천히 아래로 : 한 손으로는 아래를 가리키도록 신호하고, 다른 쪽 손바닥은 위로 향한 채 정지한 상태로 둔다.
② 수평 거리를 지시하기 : 양팔을 몸체의 앞으로 수평 방향으로 뻗고 손바닥은 서로 마주 보게 한다.
③ 일정 속도로 화물을 들어올리기 : 한 팔을 머리 위로 들어 올려 주먹을 쥐고 한 손가락은 펴서 위로 향하게 한다. 팔뚝을 이용하여 수평적으로 작은 원을 그리도록 한다.

06 컨테이너크레인의 기계실에 설치되지 않는 장치는 무엇인가?

① 호이스트 감속기
② 레일 클램프
③ 트롤리 와이어드럼
④ 변압기

해설
기계실의 구성 부분을 크게 나누면 호이스트 구동장치, 트롤리 구동장치, 붐 호이스트 구동장치, 유지 및 보수용 크레인, 와이어로프 교환장치, 전기실, 기타 등으로 되어 있다.
※ 레일 클램프는 크레인이 작업 중 바람에 의해 밀리는 것을 방지하는 장치이다.

07 태풍 및 강풍 시 크레인 수직방향 전도방지장치는?

① 타이 다운
② 스토웨지 핀
③ 안티 스웨이
④ 로프 텐셔너

해설
타이 다운은 컨테이너크레인이 계류 위치에 있을 때 폭풍 또는 태풍의 영향으로 크레인이 전도되는 것을 방지하는 장치이다.

08 와이어로프에서 보통꼬임의 특성으로 옳지 않은 것은?

① 취급이 용이하여 선박, 육상 등에 많이 사용한다.
② 외부 소선의 접촉 길이가 짧아 소선의 마모가 크다.
③ 킹크(Kink)가 잘 발생하지 않는다.
④ 로프 자체의 변형이 크다.

해설
④ 로프 자체의 변형이 작다.

09 컨테이너크레인이 BTC(Bridge Type Crane)나 언로더(Unloader)와 구별되는 장치는?

① 스프레더   ② 버 킷
③ 훅   ④ 레 일

해설
컨테이너크레인이 BTC나 언로더 장비에 비해 독특한 점은 컨테이너를 전문적으로 하역하기 쉽도록 스프레더가 부착되어 있으며 일반화물이나 산물을 잘 처리할 수 있도록 BTC의 훅(Hook)이나 언로더의 버킷(Bucket)이 부착되어 있는 것과 대조를 이룬다.

10 컨테이너크레인의 안전장치 중 지상 안전장치에 해당하는 것은?

① 유도 전동기
② 인버터
③ 레일 클램프
④ 마스터 컨트롤러

해설
지상의 안전장치
• 폭주방지장치 : 레일 클램프, 앵커
• 전도방지장치 : 타이 다운

11 크레인작업표준신호지침에 따른 신호방법 중 방향을 가리키는 손바닥 밑에 집게손가락을 위로 해서 원을 그리며 호각을 "짧게, 길게" 취명하는 것은 무슨 신호인가?

① 수평 이동
② 천천히 이동
③ 위로 올리기
④ 아래로 내리기

해설
크레인작업표준신호지침에 따른 신호방법

수평이동	수신호	손바닥을 움직이고자 하는 방향의 정면으로 하여 움직인다.
	호각신호	강하고 짧게
위로 올리기	수신호	집게 손가락을 위로 해서 수평원을 크게 그린다.
	호각신호	길게 길게
아래로 내리기	수신호	팔을 아래로 뻗고(손끝이 지면을 향함) 2, 3회 적게 흔든다.
	호각신호	길게 길게

12 하역장비에 사용되는 기어오일은 일반적으로 몇 시간 가동 후에 교체하여야 하는가?

① 1,000시간
② 2,000시간
③ 3,000시간
④ 4,000시간

13 붐 래치가 설치된 곳은?

① 아펙스 빔
② 트롤리 거더
③ 헤드 블록
④ 백 스테이

해설
붐 래치는 붐에 올린 후 붐 와이어로프에 긴장을 주지 않고 보호하기 위해 붐을 걸어두는 장치로서 아펙스 빔 위에 설치되어 있다.

14 컨테이너크레인의 하역작업이 가능한 풍속의 한계는?

① 16[m/sec]
② 22[m/sec]
③ 49[m/sec]
④ 55[m/sec]

해설
풍속한계
• 운전 시 최대풍속 : 최대 16[m/sec]
• 계류 시 최대풍속 : 최대 70[m/sec]

15 선박안전법에서 규정하고 있는 와이어로프의 안전계수는?

① 5   ② 6

③ 7   ④ 8

해설

하역장구의 제한하중(선박안전법 시행규칙 별표 31)

구 분		안전계수
체 인		4.5
와이어로프		5
와이어로프 외의 로프		7
그 밖의 하역장구	제한하중이 10톤 이하인 것	5
	제한하중이 10톤 초과인 것	4

16 인크리멘탈 인코더 펄스 수가 100펄스와 1,000펄스의 차이점은?

① 화소수가 차이가 난다.

② 분해능이 차이가 난다.

③ 인코더의 크기가 차이가 난다.

④ 아무 관계가 없다.

해설

분해능은 인코더 축이 1회전할 때 나오는 펄스 수를 의미한다.

17 컨테이너크레인 동작 시 돌발 상황이 발생되었을 때 모든 제어회로를 차단시키는 장치는?

① 비상정지장치   ② 권상방지장치

③ 충돌방지장치   ④ 트롤리정지장치

해설

비상정지장치는 비상시 운행을 정지시키는 장치이다.

18 틸팅디바이스 장치의 구성요소에 대한 설명 중 틀린 것은?

① 실린더의 위치는 아날로그 값으로 검출된다.

② 4개의 실린더는 호이스트 와이어와 연결되어 있다.

③ 유압 작동유 탱크에는 레벨센서와 온도센서가 설치된다.

④ 유압모터는 실린더의 위치에 따라 정방향, 역방향으로 회전한다.

해설

유압모터는 작동유의 공급 위치를 바꿈으로써 정방향, 역방향으로 회전이 자유롭다.

19 다음 중 트렌딩의 설명으로 맞는 것은?

① 드라이브 외부의 상태를 확인한다.

② 주행 운전상황을 그림으로 표시한다.

③ 호이스트 운전상황을 그림으로 표시한다.

④ 실시간의 속도 및 전류를 그래프로 표시한다.

20 횡행(트롤리) 와이어로프 드럼에 부착되어 있는 하드웨어 센서는?

① 인코더
② 근접 센서
③ 레이저 센서
④ 로터리 리밋 스위치

해설
트롤리 동작의 검출 센서는 로터리 리밋 스위치와 인코더 펄스수를 가감함으로써 PLC의 고속 카운터 유닛에 펄스값을 인식할 수 있도록 되어 있으며 이것은 이동 거리를 측정하므로 하드웨어 센서 검출 방법과 소프트웨어 검출방법을 병행할 수 있는 특징이 있다. 따라서 트롤리의 속도에 따라 감속구간이 설정되므로 불필요한 저속운전을 피하여 안전효율 및 안전을 확보할 수 있다.

21 서로 다른 종류의 물체를 문지르면 두 물체가 전기를 띠게 되는 이유는?

① 전자들이 섞여 있기 때문에
② 전자들이 정지되어 있기 때문에
③ 전자들이 물체를 밀어내기 때문에
④ 전자들이 물체 사이를 이동하기 때문에

해설
물체를 마찰하면 마찰 전기가 생기는 것은 두 물체 사이에 전자가 이동하기 때문이다. 즉, 두 물체를 마찰시킬 경우 한쪽 물체에서 다른 쪽 물체로 전자(자유전자)가 이동하면 전자를 잃은 물체는 (+)전하로, 전자를 얻은 물체는 (−)전하로 대전된다.

22 스프레더의 유압펌프를 동작시키기 위한 조건이 아닌 것은?

① 컨트롤 온 상태일 경우
② 폴트 감지가 없을 경우
③ 컨트롤 오프 상태일 경우
④ 스프레더가 연결되어 있을 경우

23 컨테이너크레인에서 붐 래치 장치의 동작을 바르게 설명한 것은?

① 자체중량으로 내려오고, 유압에 의하여 올라간다.
② 유압으로 내려오고, 자체중량에 의하여 올라간다.
③ 자체중량에 의하여 내려오고 올라간다.
④ 유압에 의하여 내려오고 올라간다.

해설
붐 래치 장치는 크로스 타이 빔의 해상 쪽에서 돌출한 2조의 붐 래치 빔 선단에 각 한 조의 훅을 장치하여 유압 혹은 와이어 드럼에 의하여 작동시킨다. 붐을 고정할 때 붐 래치는 자체중량으로 내려온다. 붐을 내리기 위하여 붐 래치를 해제할 때에는 유압에 의하여 훅을 올리는 구조로 해야 한다.

24 인터록(Inter Lock) 회로를 바르게 설명한 것은?

① 전자 접촉기의 원활한 동작
② 스파크 발생 방지
③ 원활한 전원의 공급
④ 시스템 안전을 확보

해설
인터록 회로 : 2개의 입력 중에서 먼저 동작한 쪽이 우선이고 다른 쪽의 동작을 금지하는 회로

25 컨테이너크레인이 옆에 있는 다른 컨테이너크레인으로 근접 이동 시 감지하는 안전장치는?

① 주행 충돌방지센서

② 주행 좌·우측 정지센서

③ 선박 충돌방지센서

④ 케이블 완전 풀림센서

해설

크레인이 좌·우측으로 이동할 때 주위 작업원에게 크레인 이동을 알리는 사이렌과 경광등이 작동되며, 또 옆의 크레인과 충돌을 방지할 수 있는 충돌방지센서가 부착되어 이동 중에 발생되는 위험한 요소를 운전자에게 알려주는 기능도 있다.

26 키르히호프의 제1법칙은 무엇과 관련된 법칙인가?

① 전 압

② 전 류

③ 저 항

④ 전 력

해설

키르히호프(Kirchhoff)의 법칙

제1법칙은 전류가 흐르는 길에서 들어오는 전류와 나가는 전류의 합이 같다는 것이고, 제2법칙은 회로에 가해진 전원의 전압과 소비되는 전압강하의 합이 같다는 것이다.

27 틸팅 디바이스에서 스프레더의 기울기를 제어하는 밸브는?

① 압력제어밸브

② 유량제어밸브

③ 방향제어밸브

④ 속도제어밸브

해설

틸팅 디바이스에서 스프레더의 기울기를 제어하는 밸브인 솔레노이드 밸브는 방향제어밸브이다.

28 직류전동기의 주요 구성요소와 관계가 없는 것은?

① 토 크

② 전기자

③ 계 자

④ 정류자

해설

직류전동기의 구성요소

• 브러시 : 정류자와 접촉하여 전류를 외부로 보내는 부분

• 전기자 : 자속과 도체가 교체하여 기전력을 발생시키는 부분

• 계자 : 자기장을 형성하여 자속을 발생시키는 부분

• 정류자 : 브러시와 접촉하여 교류를 직류로 바꾸는 부분

29 컨테이너크레인 주동력 케이블 릴의 역할은?

① 주행동작을 따라 움직이며 고압의 전원을 공급한다.

② 주행동작을 따라 움직이며 저압의 전원을 공급한다.

③ 횡행동작을 따라 움직이며 고압의 전원을 공급한다.

④ 횡행동작을 따라 움직이며 저압의 전원을 공급한다.

해설

크레인의 주행동작이 이루어지면 주행속도에 비례하여 케이블 릴이 자동운전을 개시하는데 주행운전속도에 비례하여 케이블 릴이 동작하게 되며, 수전원(고압)을 공급하는 케이블의 장력을 검출할 수 있는 장력 측정용 리밋 스위치가 부착되어 안전한 크레인 운전이 되도록 한다.

30 전선 및 기계기구를 보호하기 위한 목적으로 전로에 과전류 차단기를 설치해야 하는 개소로 틀린 것은?

① 인입구
② 분기점
③ 간선의 전원측
④ 접지공사의 접지선

전로 및 기구보호를 위한 인입구, 간선의 전원측, 분기점에는 과전류 차단기를 시설한다.

31 컨테이너선의 크기에서 5,000[TEU]의 의미를 잘못 표현한 것은?

① 20피트 컨테이너 5,000개
② 40피트 컨테이너 2,500개
③ 20피트 컨테이너 2,000개, 40피트 컨테이너 1,500개
④ 20피트 컨테이너 2,000개, 40피트 컨테이너 3,000개

TEU(Twenty-foot Equivalent Units) : 길이 20피트, 높이 8피트, 폭 8피트짜리 컨테이너 1개를 말한다.

32 컨테이너터미널에서 본선 및 장치장의 작업흐름을 조정, 통제, 운영하는 업무를 총괄 수행하는 곳은?

① 컨테이너화물조작장(CFS)
② 컨트롤센터
③ 게이트
④ 정비창

① 컨테이너화물조작장(CFS) : 단일 화주의 화물이 컨테이너 1개에 채워지지 않는 소량화물(LCL화물)을 CFS에서 적입하거나 인출하는 장소이다.
③ 게이트(Gate) : 화물을 운반하는 공로차량을 통제하는 지점이다.

33 컨테이너크레인의 마스터 컨트롤러 스위치의 조작에 관한 설명으로 틀린 것은?

① 좌측 컨트롤러에서 앞으로 밀면 트롤리 전진, 뒤로 당기면 트롤리 후진이 된다.
② 우측 컨트롤러에서 앞으로 밀면 호이스트 상승, 뒤로 당기면 호이스트 하강이 된다.
③ 우측 컨트롤러는 선택에 의해 주행과 호이스트가 동작한다.
④ 제어전원은 컨트롤러가 중립 위치에 있을 때 투입된다.

② 우측 컨트롤러에서 앞으로 밀면 호이스트 하강, 뒤로 당기면 호이스트 상승이 된다.

34 자동화 컨테이너터미널의 장점과 가장 거리가 먼 것은?

① 인건비 절감
② 터미널 생산성 향상
③ 대고객 서비스 향상
④ 초기 시설 투자비 감소

자동화 컨테이너터미널의 장점
• 인건비 절감
• 운영비 절감
• 노동자들의 파업으로 인한 작업 중단 감소
• 산업재해 대폭 경감
• 24시간 무휴가동으로 생산성이 20~30[%] 향상
• 신뢰성 향상 등

35 컨테이너에 표시되어 있는 '22G1'에 대한 설명으로 틀린 것은?

① 일반용도 컨테이너이다.
② 폭이 8피트인 컨테이너이다.
③ 길이가 20피트인 컨테이너이다.
④ 높이가 9피트 6인치인 컨테이너이다.

④ 높이가 8피트 6인치인 컨테이너이다.
※ 22G1 −20' (20'×8'×8.6') GENERAL CARGO CONTAINER

36 선적(적화)을 위한 컨테이너를 목적지별 또는 선내의 적치계획에 따라 미리 정렬해 두는 곳을 무엇이라고 하는가?

① 냉동블록   ② 부두안벽
③ 보세장치장   ④ 마샬링 야드

마샬링 야드 : 선적할 컨테이너를 정렬시켜 놓은 넓은 공간

37 컨테이너터미널에서 컨테이너 화물의 양화작업 전반에 대한 계획 입안자는?

① 포 맨   ② 언더맨
③ 플래너   ④ 컨트롤맨

① 포맨 : 본선 작업 감독
② 언더맨 : 컨테이너 번호, 손상 유무 확인 및 양적하 작업시간 전산 처리

38 래싱(고박)이 필요한 곳이 아닌 것은?

① 컨테이너 선박의 상부 데크 적재물을 최종 고박
② 컨테이너 선박의 셀가이드 안에 고박
③ RO/RO 선박의 차량 적재 시 고박
④ 일반화물의 적재 시 고박

컨테이너를 컨테이너선의 선창에 선적하는 경우에는 컨테이너가 셀가이드에 따라 격납되기 때문에 특별히 고정시킬 필요가 없지만, 컨테이너를 갑판적하거나 일반 잡화를 선창 내에 적치할 때에는 선박의 흔들림으로 인하여 쓰러지거나 무너지는 일이 없도록 고정해야 한다.

39 육상의 크레인을 이용하여 컨테이너를 적·양화하는 작업방식은?

① RO/RO 방식
② LO/LO 방식
③ 멤브레인 방식
④ 스트래들 캐리어 방식

① RO/RO 방식 : 컨테이너를 실은 트레일러를 헤드로 견인하여 본선 안에서 헤드만 분리하고 트레일러를 적재하는 방식
③ 멤브레인 방식 : 구형 독립 탱크의 결점을 개선하기 위해서 개발된 방식
④ 스트래들 캐리어 방식 : 컨테이너를 컨테이너선에서 크레인으로 에이프런에 직접 내리고 스트래들 캐리어로 운반하는 방식

40 컨테이너터미널 운송시스템에서 야드 바닥에 컨테이너를 다단으로 쌓아 보관, 장치하는 방식은?

① 적재방식
② 탑재방식
③ 혼재방식
④ 대기방식

41 컨테이너크레인의 안전운전 규칙으로 틀린 것은?

① 자격이 있는 운전자들만 운전해야 한다.
② 장비 탑승 후 가장 먼저 좌우 5[m] 정도 주행한다.
③ 훈련받은 운전자만 운전하고 안전하게 운전해야 한다.
④ 승객을 절대 태우지 않아야 하고 안전하게 화물 취급을 해야 한다.

해설
장비가 안전하게 출입하도록 공간 확보를 가동 전에 필히 점검해야 한다.

42 컨테이너를 적재한 차량이 게이트를 통해 터미널에 들어갈 때 운전자에게 주어야 하는 지침사항으로 틀린 것은?

① 터미널 내에서의 컨테이너 상·하차 절차
② 컨테이너 잠금장치를 해제하는 장소와 시간
③ 컨테이너를 잠그고 시큐어링하는 장구의 종류와 개수
④ 터미널을 나가기 위해 게이트로 되돌아올 때의 운행 차로 및 방법

해설
게이트 안전 출입
터미널에 들어갈 때, 모든 운전자에게 다음 사항에 대하여 명확한 지침을 주어야 한다.
• 컨테이너 잠금장치를 해제하는 장소와 시간
• 인터체인지로 가는 루트
• 차량에서 컨테이너가 올려지고/내려지기 전·후에 따라야 할 절차
• 컨테이너를 잠그고 시큐어링하는 장소와 시간
• 터미널을 나가기 위해 게이트로 되돌아갈 때 따라가야 할 루트

43 하역작업 중 인명사고가 발생한 경우 부상자에 대한 위급상태를 알아보는 조치와 가장 거리가 먼 것은?

① 숨을 쉬는지 확인
② 기도가 열려 있는지 확인
③ 심박 및 출혈상태를 확인
④ 안전장구의 착용상태를 확인

해설
부상자, 환자의 상태조사와 자세교정

상태조사	자세교정
• 호흡확인 • 맥박확인 • 손상원인조사(의식이 없는 환자) • 손발의 움직임 확인 • 얼굴색, 피부색, 체온확인	• 편안하게 호흡이 되도록 머리와 어깨를 높여준다.

44 컨테이너터미널의 사고에 따른 손실로 틀린 것은?

① 작업지연
② 수리비용의 증가
③ 보험비용의 감소
④ 행정적인 업무의 증가

해설
사고의 결과

개인적 손실	항만/터미널의 손실
• 고통, 작업의 손실, 소득의 손실 • 수족의 상실, 직장생활의 종료 • 사망, 가장의 상실, 동료의 상실 • 사기저하	• 작업 방해 • 행정적인 업무 증가 • 변상(개인, 화주, 운송주에게) • 수리비용의 증가 • 보험비용의 증가

45 레일 클램프에 대한 설명으로 틀린 것은?

① 스프링의 힘에 의해 해제된다.

② 유압장치와 스프링이 결합되어 있다.

③ 실빔 중앙이나 보기의 중앙에 위치한다.

④ 제동(작동) 완료 시까지 5~30초의 시간이 걸린다.

해설
① 유압에 의해 해제된다.

46 컨테이너크레인 운전자의 작업 중 유의사항으로 틀린 것은?

① 하중을 사선으로 올리거나 끌지 않는다.

② 풍속 16[m/s] 이상일 경우 작업을 중지한다.

③ 스프레더를 규정된 높이 이상 권상시켜서는 안 된다.

④ 정격하중의 125[%]까지 성능검사에서 점검하기 때문에 125[%]를 기준으로 작업한다.

해설
④ 정격하중 이상의 작업은 절대로 행하여서는 안 된다.

47 선박 내 안전표지에 대한 설명으로 옳지 않은 것은?

① 금지표시는 어떤 것을 하지 말라는 엄격한 지시를 나타낸다.

② 경고표지는 어떤 일반적 위험의 형태를 나타낸다.

③ 필수표지는 관리자와 동행하에 출입 가능한 구역을 나타낸다.

④ 안전조건은 걷거나 일하기에 안전한 곳, 비상출입구의 위치 등을 나타낸다.

해설
안전표지의 구분 : 금지표지, 경고표지, 지시표지, 안내표지

48 위험물의 해상운송에 관한 국제통일규칙에 의한 위험물의 분류로 옳은 것은?

① Class 1 - 폭발물(화약류)

② Class 2 - 인화성 액체

③ Class 3 - 인화성 고체

④ Class 4 - 방사능 물질

해설
② Class 2 - 가스류
③ Class 3 - 인화성 액체
④ Class 4 - 가연성 물질

49 컨테이너크레인 가동 전에 하는 일상점검이 아닌 것은?

① 크레인 주변을 확인

② 각종 스위치를 확인

③ 각 부위의 윤활 상태를 확인

④ 갠트리 레일의 손상 여부를 확인

해설
컨테이너크레인 작업 전에 하는 일상점검
• 컨테이너크레인의 주변점검
• 윤활 상태 점검
• 각종 스위치 확인
• 와이어로프 점검
• 시운전

50 컨테이너크레인의 보기(Bogie)장치에 대한 설명으로 틀린 것은?

① 주행 구동부이다.

② 크레인 주행장치이다.

③ 감속기가 달려 있다.

④ 엔진으로 휠을 구동시킨다.

해설

보기(Bogie)는 주행장치이며 갠트리 드라이브 또는 트럭이라 하고, 갠트리용 모터, 스러스터브레이크, 감속기, 개방평기어, 휠(각 16개의 구동 휠과 종동 휠) 등의 갠트리장치를 부착하기 위한 것으로서 각 래그 밑의 메인 이퀄라이저 빔에 연결되어 있다. 작동은 1개의 모터에 연결된 감속기 출력축에 슈퍼기어를 부착하고 다시 슈퍼기어를 연결하여 기어 뒷면에 휠을 부착하여 2개의 휠을 구동한다. 16개의 구동 휠을 작동시키기 위해 8개의 모터가 부착되어 있다.

51 유압장치에서 일일 점검사항이 아닌 것은?

① 필터의 오염여부 점검

② 탱크의 오일량 점검

③ 호스의 손상여부 점검

④ 이음 부분의 누유 점검

52 유압유 관 내에 공기가 혼입되었을 때 일어날 수 있는 현상이 아닌 것은?

① 공동현상   ② 기화현상

③ 열화현상   ④ 숨돌리기현상

해설

공기가 작동유 관 내에 들어갔을 때 일어나는 현상

• 공동현상(Cavitation) : 유압유 속에 공기가 혼입되어 있을 때 펌프나 밸브를 통과하는 유압회로에 압력 변화가 생겨 저압부에서 기포가 포화상태가 되어 혼입되어 있던 기포가 분리되어 오일 속에 공동부가 생기는 현상을 말한다.

• 작동유의 열화 촉진 : 작동유 회로에 공기가 기포로 머물고 있으며 오일은 비압축성이나 공기는 압축성이므로 공기가 압축되면 열이 발생되고 온도가 상승된다. 이처럼 오일의 온도가 상승하면 유압유가 산화 작용을 촉진하여 중압이나 분해가 일어나고 고무 같은 물질이 생겨서 펌프, 밸브 실린더의 작동 불량을 초래한다.

• 숨돌리기현상 : 압력이 낮고 오일 공급량이 부족할수록 생기는 현상으로 이 현상이 생기면 피스톤 동작이 정지된다.

53 유압유의 압력을 제어하는 밸브가 아닌 것은?

① 릴리프밸브   ② 체크밸브

③ 리듀싱밸브   ④ 시퀀스밸브

해설

유압제어밸브

• 압력제어밸브 : 일의 크기제어

• 유량제어밸브 : 일의 속도제어

• 방향제어밸브 : 일의 방향제어(셔틀밸브, 체크밸브, 방향변환밸브 등)

54 유압장치에 주로 사용하는 펌프형식이 아닌 것은?

① 베인펌프   ② 플런저펌프

③ 분사펌프   ④ 기어펌프

해설

유압펌프는 펌프 1회전당 유압유의 이송량을 변화시킬 수 없는 정용량형 펌프와 변화시킬 수 있는 가변 용량형 펌프로 구분하며 기어펌프, 베인펌프, 피스톤펌프 등이 사용된다.

55 유압유의 온도가 과열되었을 때 유압계통에 미치는 영향으로 틀린 것은?

① 온도 변화에 의해 유압기기가 열변형되기 쉽다.
② 오일의 점도 저하에 의해 누유되기 쉽다.
③ 유압펌프의 효율이 높아진다.
④ 오일의 열화를 촉진한다.

해설
③ 작동유 온도 상승 시에는 열화 촉진과 점도 저하 등의 원인으로 펌프 효율이 저하된다.

56 유체 에너지를 이용하여 외부에 기계적인 일을 하는 유압기기는?

① 유압모터　　② 근접 스위치
③ 유압탱크　　④ 기동 전동기

해설
유압모터는 유체 에너지를 연속적인 회전운동으로 하는 기계적 에너지로 바꾸어 주는 기기를 말한다.

57 축압기(어큐뮬레이터)의 기능과 관계가 없는 것은?

① 충격 압력 흡수
② 유압 에너지 축적
③ 릴리프밸브 제어
④ 유압펌프의 맥동 흡수

해설
축압기(Accumulator)는 유압 에너지의 저장, 충격흡수 등에 이용된다.

58 유압장치 내부에 국부적으로 높은 압력이 발생하여 소음과 진동이 발생하는 현상은?

① 노이즈
② 벤트포트
③ 캐비테이션
④ 오리피스

해설
캐비테이션 현상
공동현상이라고도 하며 이 현상이 발생하면 소음과 진동이 발생하고 양정과 효율이 저하되는 현상이다.

59 유압 실린더 등의 중력에 의한 자유낙하 방지를 위해 배압을 유지하는 압력제어밸브는?

① 감압밸브
② 시퀀스밸브
③ 언로더밸브
④ 카운터밸런스밸브

60 유압장치에서 오일 여과기에 걸러지는 오염물질의 발생 원인으로 가장 거리가 먼 것은?

① 유압장치의 조립과정에서 먼지 및 이물질 혼입
② 작동 중인 기관의 내부 마찰에 의하여 생긴 금속가루 혼입
③ 유압장치를 수리하기 위하여 해체하였을 때 외부로부터 이물질 혼입
④ 유압유를 장기간 사용함에 있어 고온·고압하에서 산화 생성물이 생김

2017년 제 2 회 과년도 기출복원문제

※ 2017년부터는 CBT(컴퓨터 기반 시험)로 진행되어 수험자의 기억에 의해 문제를 복원하였습니다. 실제 시행문제와 일부 상이할 수 있음을 알려드립니다.

01 다음 중 지연 릴레이를 나타내는 전기기호는?

① —o▼o—

② —⊥—

③ —•✓o—

④ —o⊥o—

해설
전기기호

기 호	명 칭
—•✓o—	릴레이
—o▼o—	지연 릴레이
—⊥—	Normal Open 스위치
—o⊥o—	Normal Close 스위치

03 컨테이너크레인에서 레일 클램프의 기능으로 가장 알맞은 것은?

① 계류된 크레인이 바람에 의해 밀리는 것을 방지하는 장치

② 계류된 크레인이 풍압에 의해 전복되는 것을 예방하는 장치

③ 크레인의 작업위치를 조정하는 장치

④ 크레인이 작업 중 바람에 의해 밀리는 것을 방지하는 장치

해설
레일 클램프는 작업 시 컨테이너크레인을 정위치에 고정시킬 뿐만 아니라 돌풍으로 인해 컨테이너크레인이 레일 방향으로 미끄러지는 것을 방지하는 장치이다.

04 3상 유도전동기의 회전속도제어법에 속하지 않는 것은?

① 극수변환법

② 주파수제어법

③ 전압제어법

④ 계자제어법

해설
3상 유도전동기는 농형 유도전동기와 권선형 유도전동기로 나뉜다.
• 농형 유도전동기 속도제어
  – 전원주파변환법(VVVF)
  – 1차 전압제어법
  – 극수변환법
  – 종속접속법
• 권선형 유도전동기의 속도제어
  – 2차 저항제어법
  – 2차 여자제어법

02 컨테이너크레인의 운전실 좌·우 조작반에 표시되지 않는 것은?

① 스프레더의 길이

② 시스템 고장

③ 틸팅 디바이스 홈 포지션

④ 엔진 체크

05 야드에서의 컨테이너 적재방식 중 사용 장비에 따라 분류한 것이 아닌 것은?

① 온 섀시 방식(On Chassis System)
② 스트래들 캐리어 방식(Straddle Carrier System)
③ 트랜스퍼크레인 방식(Transfer Crane System)
④ 컨테이너크레인 방식(Container Crane System)

해설
컨테이너터미널의 하역방식
섀시 방식, 스트래들 캐리어 방식, 트랜스퍼크레인 방식, 혼합 방식, 지게차에 의한 방식

06 컨테이너크레인의 시스템을 전체적으로 감시하는 장치를 무엇이라고 하는가?

① 크레인 모니터링 시스템
② 컴퓨터 모니터링 시스템
③ 터치스크린 모니터링 시스템
④ 동작 감시 시스템

해설
크레인 모니터링 시스템은 컨테이너크레인의 시스템을 감시한다.

07 컨테이너크레인을 형태별로 분류한 6가지에 속하지 않는 것은?

① A형 구조
② 수정 A형 구조
③ 피더 형식 구조
④ 이중 중첩식 A형 구조

해설
컨테이너크레인 – 형태에 따른 분류
• A형 구조
• 수정 A형 구조
• 이중 중첩식 A형 구조
• 롱 스팬형 구조
• 롱 백리치 구조
• 롱 프로파일 구조

08 붐 호이스트 운전 실행 조건으로 틀린 것은?

① 호이스트가 작동하지 않을 때
② 주행이 작동하지 않을 때
③ 트롤리가 작동하지 않을 때
④ 붐 래치 핀이 풀려 있지 않을 때

해설
붐 호이스트 운전은 다음의 사항을 만족하면 실행한다.
• 호이스트가 작동하지 않을 때
• 주행이 작동하지 않을 때
• 트롤리가 작동하지 않을 때
• 붐 래치 핀이 풀려 있을 때

09 컨테이너크레인 운전 중 안전점검 사항이 아닌 것은?

① 비정상 소리, 소음, 진동, 속도
② 계기류 지싯값 이상 및 경보
③ 연기, 냄새, 불꽃
④ 비상정지 스위치

해설
각종 스위치 점검은 가동 전 점검사항이다.

10 유압유의 유체에너지(압력, 속도)를 기계적인 일로 변환시키는 유압장치는?

① 유압펌프
② 유압 액추에이터
③ 어큐뮬레이터
④ 유압밸브

11 브레이크용 전자석에서 전압강하가 많은 경우 발생하는 현상으로 옳은 것은?

① 접지저항이 높아진다.
② 충격이 발생한다.
③ 작동시간이 빨라진다.
④ 과열이 발생한다.

12 시퀀스 제어에서 각 응용회로에 대한 설명으로 틀린 것은?

① 자기 유지 회로 : 릴레이 자신의 접점에 의하여 동작 회로를 구성하고 스스로 동작을 유지하는 회로
② 인터록 회로 : 2개의 입력 중에서 먼저 동작한 쪽이 우선이고 다른 쪽은 나중에 동작하는 회로
③ 시간 지연 회로 : 입력 신호를 준 후에 설정된 시간만큼 늦게 출력이 변화하도록 설계된 회로
④ 일치 회로 : 2개의 상태가 같을 때에만 출력이 나타나는 회로

13 신호수의 업무로 틀린 것은?

① 본선 작업 중 선체 및 화물의 손상여부 확인 보고
② 작업 전·후 화물의 결박 해지상태 확인 보고
③ 장비 이동 시 각종 장애물 확인 보고
④ 하역도구의 운반, 관리 및 상태 확인 보고

14 컨테이너터미널에서 터미널 방문자에 대한 출입안전 교육 내용으로 틀린 것은?

① 출입자에게 출입루트가 표시된 터미널 계획을 알려준다.
② 컨테이너 운반장비의 빠른 이동에 따른 위험을 경고한다.
③ 단체 방문자들은 도보로 이동하게 한다.
④ 출입금지 구역에 대한 엄격한 조치를 경고한다.

15 그림의 유압기호에서 "A" 부분이 나타내는 것은?

① 오일 냉각기
② 스트레이너
③ 가변용량 유압펌프
④ 가변용량 유압모터

스트레이너는 유압기기 속에 혼입되어 있는 불순물을 제거하기 위해 사용된다.

: 유압펌프

16 유압장치 관련 용어에서 GPM이 나타내는 것은?

① 복동 실린더의 치수
② 계통 내에서 형성되는 압력의 크기
③ 흐름에 대한 저항의 세기
④ 계통 내에서 이동되는 유체(오일)의 양

GPM(Gallon Per Minute) : 분당 이송되는 오일양(갤런)

17 수동조작 자동복귀 접점을 사용하는 스위치는?

① 푸시버튼 스위치
② 선택 스위치
③ 캠 스위치
④ 압력 스위치

컨테이너크레인의 제어장치
• 일반 접점 또는 수동 접점 : 나이프 스위치, 절환 스위치, 캠 스위치 등
• 수동조작 자동복귀 접점 : 푸시버튼 스위치
• 기계적 접점 : 기계식 리밋 스위치
• 릴레이 접점 : 전자 릴레이, 소형 릴레이 등

18 교류 전압을 가하면 회전 자기장에 의해 토크가 발생하여 구동되는 전동기는?

① 타 여자 전동기
② 분권 전동기
③ 유도 전동기
④ 직권 전동기

①, ②, ④는 직류 전동기이다.

19 컨테이너의 재질에 따른 분류 중 특수화물을 적재하기 위한 컨테이너로서 강도가 강하고 내부식성 및 내마모성이 가장 강한 컨테이너는?

① FRP 컨테이너
② 철재 컨테이너
③ 알루미늄 컨테이너
④ 스테인리스 스틸 컨테이너

① FRP 컨테이너 : 국부강도가 뛰어난 것, 단열효과가 있는 것, 내용적을 크게 잡을 수 있는 것 등의 장점을 가진 반면 내구성이 약하고 중량이 무거운 것이 단점이다.
② 철재 컨테이너 : 저가라는 장점이 있으나 내구연수와 부식성에 문제가 있으며 가장 큰 결점은 중량이 무거운 것을 들 수 있다.
③ 알루미늄 컨테이너 : 경량이며, 내구성, 복원성, 유연성, 내부부식성에 강한 특성을 가지므로 양질의 재질이기는 하나 제조가격이 고가인 것이 최대 단점이다.

20 수입 컨테이너의 본선 하역에 있어서, 현장(포맨, 신호수, 언더맨 등)에 전달되는 서류가 아닌 것은?

① 본선 적부계획도(Stowage Plan)

② G/C 작업계획도(Working Schedule)

③ 작업진행표(Sequence List)

④ 컨테이너 선적목록(Container Loading List)

해설
컨테이너 선적목록(Container Loading List) : 선사에서 선적 마감을 KL-NET를 이용하여 EDI 문서로 전송하면 터미널에서는 수신 후 업무를 진행하는데 내용으로는 선명/항차, 컨테이너번호, 중량, B/L No., 양하항 등이 포함되어 있다.

21 PLC의 A/D카드에 입력하는 아날로그신호의 직류 전류값은 얼마인가?

① 2~10[mA]

② 2~15[mA]

③ 4~20[mA]

④ 5~40[mA]

22 컨테이너의 중량과 편하중을 측정하는 장치의 명칭은?

① 로드셀 장치

② 틸팅 디바이스

③ 스프레더

④ 케이블 릴

23 유압 작동유의 구비조건으로 맞는 것은?

① 내마모성이 작을 것

② 압축성이 좋을 것

③ 인화점이 낮을 것

④ 점도지수가 높을 것

해설
유압 작동유의 구비조건
• 동력을 확실하게 전달하기 위한 비압축성일 것
• 내연성, 점도지수, 체적탄성계수 등이 클 것
• 장시간 사용해도 화학적으로 안정될 것
• 밀도, 독성, 휘발성 등이 적을 것
• 열전도율, 장치와의 결합성, 윤활성 등이 좋을 것
• 인화점이 높고 온도변화에 대해 점도변화가 적을 것
• 내부식성, 방청성, 내화성, 무독성일 것

24 컨테이너크레인 주행장치의 인터록 조건이 아닌 것은?

① 앵커 핀의 제거

② 플리퍼의 상승

③ 레일 클램프의 풀림

④ 붐 호이스트 동작 상태

해설
플리퍼는 스프레더를 컨테이너에 용이하게 착상시킬 수 있도록 안내판 역할을 하는 장치이다.

25 와이어로프에서 보통꼬임의 특성으로 옳지 않은 것은?

① 취급이 용이하여 선박, 육상 등에 많이 사용한다.
② 외부 소선의 접촉 길이가 짧아 소선의 마모가 크다.
③ 킹크(Kink)가 잘 발생하지 않는다.
④ 로프 자체의 변형이 크다.

해설
④ 로프 자체의 변형이 작다.

26 컨테이너크레인과 관련된 용어를 바르게 설명한 것은?

① 감속기 : 치차를 이용한 속도 변환기
② 스팬 : 호이스트 기구의 수직 이동거리
③ 스프레더 : 트롤리 횡행 장치
④ 버퍼 : 그래브 등을 개폐시키는 장치

해설
② 스팬 : 바다측 레일 중심에서 육지측 레일 중심까지 거리
③ 스프레더 : 컨테이너를 집어서 이동하는 구조물
④ 버퍼 : 컨테이너크레인의 충격완화장치

27 유압모터의 용량을 나타내는 것은?

① 입구압력[kgf/cm²]당 토크
② 유압작동부 압력[kgf/cm²]당 토크
③ 주입된 동력[HP]
④ 체적[cm³]

해설
유압모터는 입구압력[kgf/cm²]당의 토크로 유압모터의 용량을 나타낸다.

28 컨테이너터미널에서 발생하는 사고의 결과 중 터미널의 손실이 아닌 것은?

① 작업 방해
② 개인, 화주 및 운송주 등에게의 변상
③ 보험비용의 증가
④ 하역 생산성 증대

해설
사고의 결과

개인적 비용	항만/터미널의 손실
• 고통, 작업의 손실, 소득의 손실 • 수족의 상실, 직장생활의 종료 • 사망, 가장의 상실, 동료의 상실 • 사기 저하	• 작업 방해 • 행정적인 업무 • 변상(개인, 화주, 운송주에게) • 수리비용 • 보험비용의 증가

29 컨테이너크레인의 기본동작을 설명한 것으로 틀린 것은?

① 호이스트 : 컨테이너가 상하로 이동
② 횡행 : 트롤리 및 운전실이 바다 또는 육지 쪽으로 이동
③ 붐 호이스트 : 붐의 상승 및 하강
④ 갠트리 : 크레인이 상하로 이동

해설
컨테이너크레인의 주요 동작
• 호이스트 권상/권하(Hoist Up/Down)
• 트롤리 전진/후진(Trolley Forward/Backward)
• 붐 업/다운(Boom Up/Down)
• 갠트리 우행/좌행(Gantry Right/Left)

30 컨테이너크레인 및 트랜스퍼크레인의 안전한 작업 방법으로 옳은 것은?

① 컨테이너크레인을 작업에 투입하기 위해 현장 신호수 또는 감독자 없이 단독으로 주행하였다.

② 야드에 적재된 컨테이너 반출 시 스프레더를 권상한 후 높이를 확인하지 않은 상태에서 트롤리 운전을 하였다.

③ 크레인의 주행로를 확인하지 않은 상태에서 넓이 초과 컨테이너를 야드 트레일러 위에 적재한 후 에이프런에 두었다.

④ 트랜스퍼크레인을 교차로 방향으로 주행 시 사각지대가 있어 정지 후 경고방송을 한 후 주행하였다.

31 컨테이너터미널 시스템의 운영 형태 중 섀시시스템에 대한 설명으로 가장 옳은 것은?

① 컨테이너의 고단적재가 가능한 시스템이다.

② 터미널에서의 하역과 운반을 스트래들 캐리어 하나로 처리한다.

③ 컨테이너를 섀시 트레일러 위에 적재된 상태로 대기시켜 필요할 때 바로 수송이 가능하다.

④ 컨테이너 이동을 신속하게 할 수 있고 터미널 어느 곳에서나 운영할 수 있다.

32 IMO가 제정한 위험물의 분류(IMDG Code)에서 Class 2에 해당하는 위험물은?

① 화약류(Explosives)

② 가스류(Gases)

③ 독물 및 전염성 물질류(Poisonous and Infectious)

④ 부식성 물질류(Corrosive)

해설

IMO가 제정한 위험물의 분류(IMDG Code)

제1급	화학류(Explosives)	
	등급 1.1	대폭발 위험성이 있는 물질 및 제품
	등급 1.2	비산 위험성은 있지만, 대폭발 위험성은 없는 물질 및 제품
	등급 1.3	화재 위험성이 있고 또한 약한 폭풍 위험성이나 약한 비산 위험성 중 어느 한쪽 또는 양쪽 모두의 위험성은 있지만, 대폭발 위험성은 없는 물질 및 제품
	등급 1.4	심각한 위험성이 없는 물질 및 제품
	등급 1.5	대폭발 위험성이 있는 매우 둔감한 물질
	등급 1.6	대폭발 위험성이 없는 매우 둔감한 물질
제2급	가스류(Gases)	
	제2.1급	인화성 가스
	제2.2급	비인화성 · 비독성 가스
	제2.3급	독성가스
제3급	인화성 액체(Inflammable Liquids)	
제4급	가연성 물질(Flammable Solid, Spontaneous Combustible & Dangerous When Wet)	
	제4.1급	가연성 물질
	제4.2급	자연발화성 물질
	제4.3급	물과 접촉 시 인화성 가스를 방출하는 물질(물 반응성 물질)
제5급	산화성 물질(Oxidizing Substances & Organic Peroxides)	
	제5.1급	산화성 물질
	제5.2급	유기과산화물
제6급	독물(Toxic & Infectious Substances)	
	제6.1급	독성 물질
	제6.2급	병독을 옮기기 쉬운 물질(전염성 물질)
제7급	방사성 물질(Radioactive & Material)	
제8급	부식성 물질(Corrosive Substances)	
제9급	기타 위험물질 및 제품(Miscellaneous Dangerous Substances & Articles)	

33 스프레더의 각 코너 쪽에 설치되어 있고 90° 회전을 하여 컨테이너의 코너 캐스팅 부분과 결합하여 컨테이너를 들어 올리는 역할을 하는 것은?

① 플리퍼(Flipper)

② 텔레스코픽(Telescopic)

③ 트위스트 록/언록(Twist Lock/Unlock)

④ 헤드블록(Head Block)

해설
스프레더의 주요 동작
- 플리퍼(Flipper) : 스프레더를 컨테이너에 근접시킬 때 트위스트 록이 컨테이너의 네 모서리에 잘 삽입될 수 있도록 안내 역할을 한다.
- 텔레스코픽(Telescopic) : 컨테이너의 길이에 따라 스프레더의 길이를 알맞게 조정하는 기능의 명칭이다.
- 트위스트 록/언록(Twist Lock/Unlock) : 컨테이너의 네 모서리에 콘을 끼워 90°로 회전하여 컨테이너 잠김과 풀림 상태를 확인한다.

34 도체와 저항의 관계를 설명한 것으로 옳은 것은?

① 도체의 단면적이 클수록 저항값은 증가한다.

② 반도체는 길이가 길수록 저항값이 감소한다.

③ 도체는 열에너지가 가해지면 저항값이 증가한다.

④ 반도체는 빛에너지가 가해지면 저항이 커진다.

해설
①, ② 도체의 저항값은 도체의 길이에 비례하고 단면적에 반비례한다.
④ 반도체는 빛에너지가 가해지면 저항이 감소하고 전기 전도성이 증가한다.

35 컨테이너를 선박으로부터 내리는 것을 무엇이라 하는가?

① 발 송　　　② 보 관

③ 적 화　　　④ 양 화

해설
- 양화 : 선박으로부터 화물을 내리는 것을 말한다.
- 적화 : 부선 또는 부두 위의 화물(컨테이너)을 선박에 적재하기까지의 작업을 말한다.

36 크레인작업표준신호지침에 따른 신호법 중 집게(검지)손가락을 위로 해서 수평원을 크게 그리며 호각을 "길게, 길게" 부는 신호방법은?

① 비상 정지

② 위로 올리기

③ 붐 위로 올리기

④ 천천히 조금씩 위로 올리기

해설
크레인작업표준신호지침 신호방법

구 분		신호방법
비상 정지	수신호	양손을 들어올려 크게 2, 3회 좌우로 흔든다.
	호각신호	아주 길게 아주 길게
붐 위로 올리기	수신호	팔을 펴 엄지손가락을 위로 향하게 한다.
	호각신호	짧게 짧게
천천히 조금씩 위로 올리기	수신호	한 손을 지면과 수평하게 들고 손바닥을 위쪽으로 하여 2, 3회 적게 흔든다.
	호각신호	짧게 짧게

37 유압장치에 사용되는 배관의 종류에 해당하지 않는 것은?

① 강 관
② 플라스틱관
③ 스테인리스관
④ 알루미늄관

해설
유압장치에 사용되는 배관의 종류 : 강관, 스테인리스관, 동관, 알루미늄관, 호스류

38 다음 중 트렌딩의 설명으로 맞는 것은?

① 드라이브 외부의 상태를 확인한다.
② 주행 운전상황을 그림으로 표시한다.
③ 호이스트 운전상황을 그림으로 표시한다.
④ 실시간의 속도 및 전류를 그래프로 표시한다.

39 컨테이너크레인에서 트롤리의 위치제어(거리측정)는 무엇에 의해 실행되는가?

① 모터에 설치된 가감산 부호기(Encoder)에 의해
② 트롤리 와이어 드럼에 부착된 리밋 스위치(Limit Switch)에 의해
③ 감속기어에 설치된 회전수 카운터(Revolution Counter)에 의해
④ 와이어 드럼에 부착된 광전소자(Photoelectric Element)에 의해

해설
운전자가 목표지점을 설정하고 목표위치 전단에서 속도에 비례하여 저속구간을 전동기에 부착된 인코더에 의해 거리를 측정하여 감속구간이 자동으로 제어될 수 있다.

40 컨테이너터미널에서 실시해야 할 최소한의 비상훈련에 대한 설명으로 옳지 않은 것은?

① 화재 : 장치장, 하역장비, 본선, 사무실, 위험물 등
② 응급처치 상황 : 신속한 장비의 구입, 서류소각 등
③ 화학물질 누출 : 호흡기구, 들것, 안경, 청소작업 등
④ 탈출 훈련 : 사무실, 작업장, 장치장, 장비 등

41 감전에 영향을 미치는 인자가 아닌 것은?

① 전 류
② 전 압
③ 저 항
④ 주파수

해설
감전에 영향을 미치는 인자 : 전류, 전압, 저항, 통전경로 등

42 전압, 온도, 속도, 압력, 유량 등과 같이 연속적으로 변화하는 물리량이나 데이터를 무엇이라고 하는가?

① 디지털양
② 위치제어량
③ 속도제어량
④ 아날로그양

해설
디지털양과 아날로그양
• 디지털양 : 0, 1, 2, 3과 같이 숫자로 나타낼 수 있는 비연속적으로 변화하는 양
• 아날로그양 : 전압, 전류, 온도, 속도, 압력, 유량 등과 같이 연속해서 변화하는 양

43 본선의 적부계획을 수립할 때 플래너(Planner)가 고려해야 할 요소 또는 원칙으로 거리가 먼 것은?

① 선박의 감항성 및 안전성 유지

② 컨테이너 적재 중량

③ 컨테이너 외부 도장 색

④ 본선 작업 시 양·적화작업 최소화

44 다음 그림의 명칭은?

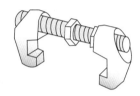

① 스크루 브리지 피팅

② 브라싱 피팅

③ 톱 소켓 피팅

④ 스페이서 스크루 피팅

45 항만법상 컨테이너크레인의 정기검사주기는 제조검사 또는 설치검사 후 몇 년 주기로 시행하여야 하는가?

① 2년   ② 3년

③ 5년   ④ 7년

46 컨테이너크레인에서 작업할 수 있는 컨테이너의 열(Row)과 크레인 아웃 리치(Out Reach)가 가장 바르게 연결된 것은?

① 13열 − 30[m]

② 16열 − 45[m]

③ 22열 − 50[m]

④ 25열 − 65[m]

47 유압 작동유의 점도가 지나치게 높을 때 나타날 수 있는 현상으로 가장 적합한 것은?

① 내부 마찰이 증가하고 온도가 상승한다.

② 누유가 많아진다.

③ 파이프 내의 마찰손실이 작아진다.

④ 펌프의 체적효율이 감소한다.

48 레일 클램프의 슈가 비정상적으로 마모되는 사고가 발생했을 때의 해결방안은?

① 시스템 내에서의 누유에 대한 점검
② 적절한 작업 범위를 위한 클램프 조정의 점검
③ 가이드 롤러 확인
④ 릴리프 밸브가 너무 낮게 맞춰 있지 않은지 확인

49 내경이 작은 파이프에서 미세한 유량을 조정하는 밸브는?

① 압력보상 밸브
② 니들 밸브
③ 바이패스 밸브
④ 스로틀 밸브

50 와이어로프의 교환시점으로 가장 적절한 것은?

① 와이어로프가 물에 빠졌을 때
② 와이어로프의 직경이 10[%] 감소했을 때
③ 와이어로프의 소선이 5[%] 절단됐을 때
④ 와이어로프에 도포한 그리스가 굳었을 때

해설
와이어로프 제조 시 로프지름 허용오차는 0~+7[%]이며, 지름이 7[%] 이상 감소하거나 10[%] 이상 절단되면 와이어로프를 교환한다.

51 유압원에서의 주회로부터 유압실린더 등이 2개 이상의 분기회로를 가질 때, 각 유압실린더를 일정한 순서로 순차 작동시키는 밸브는?

① 시퀀스 밸브
② 감압 밸브
③ 릴리프 밸브
④ 체크 밸브

해설
② 감압 밸브 : 밸브의 토출구 압력을 측정하는 밸브로 유체의 압력이 높을 경우 압력을 일정하게 유지하는 데 사용
③ 릴리프 밸브 : 회로의 압력을 일정하게 유지시키는 밸브
④ 체크 밸브 : 유압 회로에서 역류를 방지하고 회로 내의 잔류압력을 유지하는 밸브

52 자동화 컨테이너터미널의 장점과 가장 거리가 먼 것은?

① 인건비 절감
② 터미널 생산성 향상
③ 대고객 서비스 향상
④ 초기 시설 투자비 감소

해설
자동화 컨테이너터미널의 장점
• 인건비 절감
• 운영비 절감
• 노동자들의 파업으로 인한 작업 중단 감소
• 산업재해 대폭 경감
• 24시간 무휴가동으로 생산성이 20~30[%] 향상
• 신뢰성 향상 등

53 육상의 크레인을 이용하여 컨테이너를 적·양화하는 작업방식은?

① RO/RO 방식
② LO/LO 방식
③ 멤브레인 방식
④ 스트래들 캐리어 방식

해설
① RO/RO 방식 : 컨테이너를 실은 트레일러를 헤드로 견인하여 본선 안에서 헤드만 분리하고 트레일러를 적재하는 방식
③ 멤브레인 방식 : 구형 독립 탱크의 결점을 개선하기 위해서 개발된 방식
④ 스트래들 캐리어 방식 : 컨테이너를 컨테이너선에서 크레인으로 에이프런에 직접 내리고 스트래들 캐리어로 운반하는 방식

54 유압 장치에서 피스톤 펌프의 특징이 아닌 것은?

① 펌프 전체 효율이 기어 펌프보다 나쁘다.
② 구조가 복잡하고 가변용량 제어가 가능하다.
③ 가격이 고가이며 펌프 용량이 크다.
④ 고압, 초고압에 사용된다.

해설
피스톤 펌프
• 피스톤 펌프는 고속 운전이 가능하여 비교적 소형으로도 고압, 고성능을 얻을 수 있다.
• 여러 개의 피스톤으로 고속 운전하므로 송출압의 맥동이 매우 작고 진동도 작다.
• 송출 압력은 $100 \sim 300[kgf/cm^2]$이고, 송출량은 $10 \sim 50[L/min]$ 정도이다.
• 피스톤 펌프는 축 방향 피스톤 펌프와 반지름 방향 피스톤 펌프가 있다.
• 경사판의 경사각을 조절하여 유압유의 송출량을 조절한다.
※ 기어 펌프 : 형식이나 구조가 간단하고 흡인력이 크나, 소음이 다소 발생한다. 펌프의 전체효율은 약 85[%]이다.

55 한쪽 방향으로는 전류를 흐르게 하고 그 반대 방향으로는 전류의 흐름을 저지하는 것은?

① 다이오드
② 차단기
③ 콘덴서
④ 전 구

56 컨테이너터미널에서 본선 및 장치장의 작업흐름을 조정, 통제, 운영하는 업무를 총괄 수행하는 곳은?

① 컨테이너화물조작장(CFS)
② 컨트롤센터
③ 게이트
④ 정비창

해설
① 컨테이너화물조작장(CFS) : 단일 화주의 화물이 컨테이너 1개에 채워지지 않는 소량화물(LCL화물)을 CFS에서 적입하거나 인출하는 장소이다.
③ 게이트(Gate) : 화물을 운반하는 공로차량을 통제하는 지점이다.

57 유압장치에서 속도제어회로에 속하지 않는 것은?

① 미터-인 회로
② 미터-아웃 회로
③ 블리드 오프 회로
④ 블리드 온 회로

해설
속도제어 회로
• 미터-인 회로 : 공급 쪽 관로에 설치한 바이패스 관의 흐름을 제어함으로써 속도를 제어하는 회로
• 미터-아웃 회로 : 배출 쪽 관로에 설치한 바이패스 관로의 흐름을 제어함으로써 속도를 제어하는 회로
• 블리드 오프 회로 : 공급 쪽 관로에 바이패스 관로를 설치하여 바이패스로의 흐름을 제어함으로써 속도를 제어하는 회로

58 과전류 보호장치에 대한 설명으로 옳지 않은 것은?

① 과전류 보호장치란 차단기, 퓨즈 및 보호계전기 등을 말한다.

② 과전류 보호장치는 반드시 접지선 외의 전로에 병렬로 연결하여 과전류 발생 시 전로를 자동으로 차단하도록 설치하여야 한다.

③ 차단기, 퓨즈는 계통에서 발생하는 최대 과전류에 대하여 충분하게 차단할 수 있는 성능을 가져야 한다.

④ 과전류 보호장치가 전기계통상에서 상호 협조, 보완되어 과전류를 효과적으로 차단하도록 하여야 한다.

해설

과전류 차단장치(산업안전보건기준에 관한 규칙 제305조)
사업주는 과전류(정격전류를 초과하는 전류로서 단락(短絡)사고전류, 지락사고전류를 포함하는 것을 말한다)로 인한 재해를 방지하기 위하여 다음의 방법으로 과전류차단장치(차단기·퓨즈 또는 보호계전기 등과 이에 수반되는 변성기(變成器)를 말한다)를 설치하여야 한다.
• 과전류차단장치는 반드시 접지선이 아닌 전로에 직렬로 연결하여 과전류 발생 시 전로를 자동으로 차단하도록 설치할 것
• 차단기·퓨즈는 계통에서 발생하는 최대 과전류에 대하여 충분하게 차단할 수 있는 성능을 가질 것
• 과전류차단장치가 전기계통상에서 상호 협조·보완되어 과전류를 효과적으로 차단하도록 할 것

59 유압장치에서 일일 점검사항이 아닌 것은?

① 필터의 오염여부 점검
② 탱크의 오일량 점검
③ 호스의 손상여부 점검
④ 이음 부분의 누유 점검

60 선박 내 안전표지에 대한 설명으로 옳지 않은 것은?

① 금지표시는 어떤 것을 하지 말라는 엄격한 지시를 나타낸다.

② 경고표지는 어떤 일반적 위험의 상태를 나타낸다.

③ 필수표지는 관리자와 동행하에 출입 가능한 구역을 나타낸다.

④ 안전조건은 걷거나 일하기에 안전한 곳, 비상출입구의 위치 등을 나타낸다.

해설

안전표지의 구분 : 금지표지, 경고표지, 지시표지, 안내표지

01 컨테이너크레인의 구조물이 아닌 것은?

① 붐(Boom)
② 트롤리 거더(Trolley Girder)
③ 오륜(Fifth Wheel)
④ 포탈 빔(Portal Beam)

02 야드 트레일러에 대한 설명 중 틀린 것은?

① 트랙터와 섀시로 구분된다.
② 컨테이너터미널 내부에서 사용된다.
③ 도로주행용 육상 트레일러와 다른 장비로 구별된다.
④ 랜딩기어(Landing Gear) 장치가 부착되어 있다.

해설
야드 트레일러에는 자동 레이크 장치가 있고 육상 트레일러에는 보통 레이크 장치가 없고 랜딩기어가 부착되어 있다.

03 직류 전동기의 속도제어방법이 아닌 것은?

① 계자제어법
② 저항제어법
③ 전압제어법
④ 전력제어법

해설
직류 전동기의 속도제어방법 : 계자제어법, 저항제어법, 전압제어법

04 도체의 도전율에 대한 설명으로 옳은 것은?

① 고유저항의 역수로 나타내며 전류가 잘 흐르는 정도를 말한다.
② 도체에 열이 전달되는 정도를 말한다.
③ 전압을 그 물체의 고유저항으로 나눈 값을 말한다.
④ 고유저항과 같은 뜻으로 사용된다.

해설
도전율은 전하를 운반하는 입자의 수, 그 전하량과 이동도의 곱에 비례한다.

05 컨테이너크레인의 운전실에 있는 마스터 컨트롤러(Master Controller)의 조작을 잘못 설명한 것은?

① 좌측 컨트롤러는 트롤리 조작을 한다.
② 우측 컨트롤러는 호이스트와 갠트리를 조정한다.
③ 좌·우측 컨트롤러의 레버를 가운데에 두면 해당 장치가 정지된다.
④ 좌측 컨트롤러는 십자로 움직이며, 우측 컨트롤러는 일자로 움직인다.

1 ③ 2 ④ 3 ④ 4 ① 5 ④ **정답**

06 가변 용량형 유압 펌프의 기호 표시는?

① 　②

③ 　④

해설
유압장치 기호에서 검정 삼각형이 바깥을 향하면 펌프이고 원의 안쪽으로 향하면 모터이며, 화살표가 있으면 가변 용량형이고 화살표가 없으면 정용량형이 된다.

07 유압장치에서 비정상 소음이 나는 원인으로 가장 적합한 것은?

① 유압장치에 공기가 들어 있다.
② 유압펌프의 회전속도가 적절하다.
③ 무부하 운전 중이다.
④ 점도지수가 높다.

해설
유압펌프에 공기가 흡입되면 큰 소음이 발생하게 되고 그 소음은 높은 압력하에서 더 큰 소음을 발생시킨다.

08 컨테이너크레인 구동장치의 일상적인 점검 · 검사 방법에 대한 설명 중 틀린 것은?

① 작동 중 비정상적인 소음, 발열 및 진동이 없을 것
② 수시로 비상정지를 시켜 구동장치를 점검할 것
③ 회전부에 대한 방호장치가 양호할 것
④ 기초 지지대에 균열 및 부식 등 위험요소가 없을 것

해설
레일, 와이어로프장치, 브레이크장치, 감속기, 유압장치, 구동장치 등은 정기검사 방법에 의한다.

09 엔진식 트랜스퍼크레인의 설명으로 적합하지 않은 것은?

① 블록 간의 이동이 자유롭다.
② 야드에서 컨테이너를 하역 및 적재한다.
③ RTTC(Rubber Tired Transfer Crane)로 불린다.
④ 야드와 크레인 스팬 사이를 왕복하면서 컨테이너 운반작업을 한다.

해설
RTTC는 고무바퀴가 장착된 야드크레인으로 스팬이 6개의 컨테이너열과 1개의 트럭차선에 이른다. 4단 혹은 5단 장치작업이 가능하고, 기동성이 뛰어나 적재장소가 산재해 있을 경우 이용하기 적당하며, 물동량 증가에 따라 추가투입이 가능하다.

10 입력신호를 받고 동작할 때, 소정의 시간이 경과한 후에 회로를 개폐하는 접점은?

① 기계적 접점
② 릴레이 접점
③ 한시동작 접점
④ 동시복귀 접점

해설
① 기계적 접점 : 기계적 운동부분과 접촉하여 조작되는 접점
② 릴레이 접점 : 개폐접점을 동작시키는 것을 릴레이(Relay) 또는 계전기라 하며 그 기본 접점은 a접점, b접점, c접점이 있다.

11 컨테이너크레인의 횡행과 권상의 위치를 확인하기 위해 사용되는 계기는?

① 태코 제너레이터
② 인코더
③ 결상계전기
④ 차단기

12 컨테이너에 가해지는 응력이 아닌 것은?

① 고정적 응력
② 유동적 응력
③ 가동적 응력
④ 항해 중 응력

13 유압회로에서 소음이 나는 원인으로 가장 거리가 먼 것은?

① 회로 내 공기 혼입
② 유량 증가
③ 채터링 현상
④ 캐비테이션 현상

> **해설**
> 오일양이 부족하면 소음이 나고, 오일양이 많으면 소음이 나지 않는다.

14 IMO가 제정한 "위험물의 해상운송에 관한 국제통일규칙"은?

① ISPS CODE
② PSC CODE
③ IMDG CODE
④ CSC CODE

> **해설**
> IMO(국제해사기구) 총회결의로 채택된 IMDG CODE는 위험물의 해상운송에 관한 국제통일규칙이며, 현재 이 Code를 무시하고 위험물의 국제운송을 행하는 것은 곤란하다.

15 유압 실린더 등의 중력에 의한 자유낙하 방지를 위해 배압을 유지하는 압력제어밸브는?

① 감압밸브
② 시퀀스밸브
③ 언로더밸브
④ 카운터밸런스밸브

16 보통꼬임 와이어로프의 특성으로 틀린 것은?

① 접촉 길이가 짧아 소선의 마모가 쉽다.

② 킹크(Kink)가 잘 발생하지 않는다.

③ 하중을 걸었을 때 자전에 대한 저항성이 작다.

④ 취급이 용이하여 선박, 육상에 많이 사용한다.

> **해설**
> 보통꼬임 와이어로프의 특징
> • 보통꼬임은 스트랜드의 꼬임 방향과 로프의 꼬임 방향이 서로 반대인 것이다.
> • 소선의 외부 접촉 길이가 짧아 비교적 마모에 약하나, 킹크(Kink)가 생기는 것이 적다.
> • 로프의 변형이나 하중을 걸었을 때 자전에 대한 저항성이 크고 취급이 용이하여 기계, 건설, 선박, 수산 분야 등 다양하게 사용된다.

17 전기 스위치가 평상시 열려 있다가 외력이 가해지면 닫히는 접점은?

① a접점   ② b접점

③ c접점   ④ d접점

> **해설**
> 접 점
> • a접점 : 열려 있는 접점(Arbeit Contact/Make Contact), 상개접점(N,O접점 : Normal Open)은 평상시 열려 있다가 외력에 의해서 닫히는 접점
> • b접점 : 닫혀 있는 접점(Break Contact), 상폐접점(N.C접점 : Normal Close)은 평상시 닫혀 있다가 외력에 의해서 열리는 접점
> • c접점 : 변환되는 접점 또는 전환접점(a접점과 b접점의 혼합 형태, Change–Over–Contact)은 a접점과 b접점을 공유한 접점

18 선박의 부두 접안예정시간을 뜻하는 용어는?

① ETA   ② ETB

③ ETC   ④ ETD

> **해설**
> ② ETB(Estimated Time of Berthing) : 접안예정시간
> ① ETA(Estimated Time of Arrival) : 입항예정시각
> ③ ETC(Estimated Time of Completion) : 하역완료예정시각
> ④ ETD(Estimated Time of Departure) : 출항예정시각

19 신호방법 중 오른손으로 왼쪽을 감싸 2~3회 작게 흔드는 수신호의 의미는?

① 기다려라

② 신호불명

③ 작업완료

④ 주권사용

> **해설**
> ② 신호불명 : 운전자는 손바닥을 안으로 하여 얼굴 앞에서 2, 3회 흔든다.
> ③ 작업완료 : 거수경례 또는 양손을 머리 위에 교차시킨다.
> ④ 주권사용 : 주먹을 머리에 대고 떼었다 붙였다 한다.

20 컨테이너터미널에서 발생하는 사고의 결과 중 개인적 손실이 아닌 것은?

① 소득의 손실

② 신체의 상해

③ 사기 저하

④ 보험비용의 증가

> **해설**
> 사고의 결과
>
> | 개인적 비용 | 항만/터미널의 손실 |
> | --- | --- |
> | • 고통, 작업의 손실, 소득의 손실
• 수족의 상실, 직장생활의 종료
• 사망, 가장의 상실, 동료의 상실
• 사기 저하 | • 작업 방해
• 행정적인 업무
• 변상(개인, 화주, 운송주에게)
• 수리비용
• 보험비용의 증가 |

21 컨테이너터미널에서 위험물질의 취급 시 주의사항으로 틀린 것은?

① 작업구역 내에 위험표지를 설치한다.
② 발화물질의 휴대를 금지한다.
③ 악천후에는 작업을 중단한다.
④ 야간에는 백색 전주등으로 위험물 작업을 알린다.

해설
야간에는 적색 전주등으로 위험물 작업을 알린다.

22 유압모터의 장점이 아닌 것은?

① 효율이 기계식에 비해 높다.
② 무단계로 회전속도를 조절할 수 있다.
③ 회전체의 관성이 작아 응답성이 빠르다.
④ 동일출력 전동기에 비해 소형이 가능하다.

해설
유압모터의 장·단점

장점	• 속도제어가 용이하다. • 힘의 연속제어가 용이하다. • 운동방향제어가 용이하다. • 소형 경량으로 큰 출력을 낼 수 있다. • 속도나 방향의 제어가 용이하고 릴리프 밸브를 달면 기구적 손상을 주지 않고 급정지시킬 수 있다. • 2개의 배관만을 사용해도 되므로 내폭성이 우수하다.
단점	• 효율이 낮다. • 누설에 문제점이 많다. • 온도에 영향을 많이 받는다. • 작동유에 이물질이 들어가지 않도록 보수에 주의하지 않으면 안 된다. • 수명은 사용조건에 따라 다르므로 일정시간 후 점검해야 한다. • 작동유의 점도 변화에 의하여 유압모터의 사용에 제약을 받는다. • 소음이 크다. • 기동 시, 저속 시 운전이 원활하지 않다. • 인화하기 쉬운 오일을 사용하므로 화재에 위험이 높다. • 고장 발생 시 수리가 곤란하다.

23 전압, 온도, 속도, 압력, 유량 등과 같이 연속적으로 변화하는 물리량이나 데이터를 무엇이라고 하는가?

① 디지털양
② 위치제어량
③ 속도제어량
④ 아날로그양

해설
디지털양과 아날로그양
• 디지털양 : 0, 1, 2, 3과 같이 숫자로 나타낼 수 있는 비연속적으로 변화하는 양
• 아날로그양 : 전압, 전류, 온도, 속도, 압력, 유량 등과 같이 연속해서 변화하는 양

24 전기장치 보관 시 점검할 사항으로 맞지 않는 것은?

① 리밋 스위치의 기능 확인
② 전장 패널 고장 및 손상 여부
③ 전동기 변색 여부
④ 전기 커넥터의 꼬임 여부

해설
③ 전동기 장기간 보관, 휴지한 경우에는 절연저항을 측정하여 필요하면 권선의 건조처리를 한다.

25 컨테이너크레인 운전 중 야드 트랙터의 섀시가 틀어져 있으면 어떻게 조정해야 하는가?

① 트림을 조정하여 맞춘다.
② 리스트를 조정하여 맞춘다.
③ 스큐를 조정하여 맞춘다.
④ 전체를 조정하여 맞춘다.

해설
틸팅 디바이스의 기능
• 트림 동작 : 스프레더를 좌우(수평, 가로) 방향으로 기울이는 것
• 리스트 동작 : 스프레더를 전후(수직, 세로) 방향으로 기울이는 것
• 스큐 동작 : 스프레더를 시계 또는 반시계 방향으로 회전하는 것

21 ④ 22 ① 23 ④ 24 ③ 25 ③ **정답**

26 하역작업 중 인명사고가 발생한 경우 부상자에 대한 위급상태를 알아보는 조치와 가장 거리가 먼 것은?

① 숨을 쉬는지 확인
② 기도가 열려 있는지 확인
③ 심박 및 출혈상태를 확인
④ 안전장구의 착용상태를 확인

부상자, 환자의 상태조사와 자세교정

상태조사	자세교정
• 호흡확인 • 맥박확인 • 손상원인조사(의식이 없는 환자) • 손발의 움직임 확인 • 얼굴색, 피부색, 체온확인	편안하게 호흡이 되도록 머리와 어깨를 높여준다.

27 컨테이너크레인의 보기(Bogie)장치에 대한 설명으로 틀린 것은?

① 주행 구동부이다.
② 크레인 주행장치이다.
③ 감속기가 달려 있다.
④ 엔진으로 휠을 구동시킨다.

보기(Bogie)는 주행장치이며 갠트리 드라이브 또는 트럭이라 하고, 갠트리용 모터, 스러스터브레이크, 감속기, 개방평기어, 휠(각 16개의 구동 휠과 종동 휠) 등의 갠트리장치를 부착하기 위한 것으로써 각 래그 밑의 메인 이퀄라이저 빔에 연결되어 있다. 작동은 1개의 모터에 연결된 감속기 출력축에 슈퍼기어를 부착하고 다시 슈퍼기어를 연결하여 기어 뒷면에 휠을 부착하여 2개의 휠을 구동한다. 16개의 구동 휠을 작동시키기 위해 8개의 모터가 부착되어 있다.

28 운전실 내부 조작반에서 동시에 운전할 수 없는 동작은?

① 횡행동작과 권상동작
② 권하동작과 주행동작
③ 주행동작과 횡행동작
④ 횡행동작과 트림/리스트/스큐 동작

29 유압장치에서 오일 여과기에 걸러지는 오염물질의 발생 원인으로 가장 거리가 먼 것은?

① 유압장치의 조립과정에서 먼지 및 이물질 혼입
② 작동 중인 기관의 내부 마찰에 의하여 생긴 금속가루 혼입
③ 유압장치를 수리하기 위하여 해체하였을 때 외부로부터 이물질 혼입
④ 유압유를 장기간 사용함에 있어 고온·고압하에서 산화 생성물이 생김

30 안전보건표지에서 노란색 색채가 의미하는 것은?

① 금 지   ② 경 고
③ 지 시   ④ 안 내

안전보건표지의 색채 및 용도
• 빨간색 : 금지 또는 경고
• 노란색 : 경고
• 파란색 : 지시
• 녹색 : 안내

31 컨테이너크레인의 트롤리 및 호이스트 동작 시 구간 내에 들어왔을 때 위치를 확인해 주는 스위치(Switch)는?

① 토글(Toggle)

② 누름(Push)

③ 리밋(Limit)

④ 로터리(Rotary)

32 야드에서의 컨테이너 적재방식 중 사용 장비에 따라 분류한 것이 아닌 것은?

① 온 섀시 방식(On Chassis System)

② 스트래들 캐리어 방식(Straddle Carrier System)

③ 트랜스퍼크레인 방식(Transfer Crane System)

④ 컨테이너크레인 방식(Container Crane System)

> **해설**
> 컨테이너터미널의 하역방식
> 섀시 방식, 스트래들 캐리어 방식, 트랜스퍼크레인 방식, 혼합 방식, 지게차에 의한 방식

33 컨테이너에 표시되어 있는 '22G1'에 대한 설명으로 틀린 것은?

① 일반용도 컨테이너이다.

② 폭이 8피트인 컨테이너이다.

③ 길이가 20피트인 컨테이너이다.

④ 높이가 9피트 6인치인 컨테이너이다.

> **해설**
> ④ 높이가 8피트 6인치인 컨테이너이다.
> ※ 22G1-20′(20′×8′×8.6′) GENERAL CARGO CONTAINER

34 스프레더를 컨테이너에 용이하게 착상시킬 수 있도록 안내판 역할을 하는 장치는?

① 플리퍼

② 트위스트 록

③ 텔레스코픽

④ 틸팅 디바이스

> **해설**
> 스프레더 장치의 기능
> • 컨테이너를 잘 집을 수 있도록 네 모서리에 안내판 역할을 하는 플리퍼 기능
> • 컨테이너의 네 모서리에 콘을 끼워 90°로 회전하여 컨테이너 잠김과 풀림 상태를 확인하는 트위스트 록 기능
> • 컨테이너(20, 40, 45피트)에 맞출 수 있도록 늘이고 줄이는 텔레스코픽 기능

35 컨테이너를 적재한 차량이 게이트를 통해 터미널에 들어갈 때 운전자에게 주어야 하는 지침사항으로 틀린 것은?

① 터미널 내에서의 컨테이너 상·하차 절차

② 컨테이너 잠금장치를 해제하는 장소와 시간

③ 컨테이너를 잠그고 시큐어링하는 장구의 종류와 개수

④ 터미널을 나가기 위해 게이트로 되돌아올 때의 운행 차로 및 방법

> **해설**
> 게이트 안전 출입
> 터미널에 들어갈 때, 모든 운전자에게 다음 사항에 대하여 명확한 지침을 주어야 한다.
> • 컨테이너 잠금장치를 해제하는 장소와 시간
> • 인터체인지로 가는 루트
> • 차량에서 컨테이너가 올려지고/내려지기 전·후에 따라야 할 절차
> • 컨테이너를 잠그고 시큐어링하는 장소와 시간
> • 터미널을 나가기 위해 게이트로 되돌아갈 때 따라가야 할 루트

36 전기장치 중 부하전류의 개폐는 물론 과부하 및 단락 등의 사고일 경우 자동적으로 회로를 차단하는 기기는?

① 배선차단기(Non Fuse Breaker)
② 전자접촉기(Magnetic Contactor)
③ 플리커 타이머 릴레이(Flicker Timer Relay)
④ 비상스위치(Emergency Switch)

해설
③ 플리커 타이머 릴레이 : 신호 및 경보용으로 사용하기 위하여 전원을 투입하면 즉시 점멸이 설정된 시간 간격으로 계속 반복되는 릴레이이다.
④ 비상스위치 : 기기의 이상 시 전원을 급하게 차단할 목적으로 주로 사용하며, 메인 전원 스위치와 보통 직렬로 연결 사용된다.

37 와이어로프의 특성을 설명한 것으로 틀린 것은?

① 와이어로프에 하중을 가하면 늘어나며, 이러한 신율은 로프의 선정 및 장비를 설계할 때 대단히 중요하다.
② 와이어로프 최초 사용 시 적정하중을 가하면 스트랜드 및 소선이 불안정한 상태로 되는 경중가 현상이 일어난다.
③ 와이어로프는 로프를 구성하는 소선수와 스트랜드수가 많을수록 유연하다.
④ 와이어로프에 슬립 및 급제동 등으로 인해 충격하중이 가해지면 로프의 수명단축은 물론 절단사고의 원인이 된다.

38 컨테이너크레인의 호이스트 동작(Hoist Up) 인터록(Interlock)조건으로 옳지 않은 것은?

① 호이스트 하중 초과
② 호이스트 로프 처짐 발생
③ 상한 리밋 스위치 동작
④ 상한 비상정지 리밋 스위치 동작

해설
② 호이스트 편하중

39 위험물을 취급하는 경우 안전 조치사항에 해당되지 않는 것은?

① 위험표지 및 차단시설의 설치
② 위험물의 특성에 적합한 소화장치의 비치
③ 위험물 취급에 적합한 자격요건을 갖춘 안전관리자의 배치
④ 표지부착이 불가한 벌크상태의 위험물은 일반화물에 준하여 작업

해설
④ 표지부착이 불가한 벌크화물은 선하증권 등을 확인한 후 작업한다.

40 유압유의 온도가 과열되었을 때 유압계통에 미치는 영향으로 틀린 것은?

① 온도 변화에 의해 유압기기가 열변형되기 쉽다.
② 오일의 점도 저하에 의해 누유되기 쉽다.
③ 유압펌프의 효율이 높아진다.
④ 오일의 열화를 촉진한다.

해설
③ 작동유 온도 상승 시에는 열화 촉진과 점도 저하 등의 원인으로 펌프 효율이 저하된다.

41 직류 전동기의 주요 구성요소와 관계가 없는 것은?

① 토크(Torque)
② 전기자(Armature)
③ 계자(Field Magnet)
④ 정류자(Commutator)

해설
직류 전동기의 구성요소
• 계자 : 자기장을 형성하여 자속을 발생시키는 부분
• 전기자 : 자속과 도체가 교체하여 기전력을 발생시키는 부분
• 정류자 : 브러시와 접촉하여 교류를 직류로 바꾸는 부분
• 브러시 : 정류자와 접촉하여 전류를 외부로 보내는 부분

42 컨테이너크레인의 안전작업하중을 나타내며, 통상 포탈빔에 톤수단위로 표시되는 용어는?

① SWL(Safety Working Load)
② LSL(Land Side Load)
③ MWL(Max Working Load)
④ CWL(Cargo Working Load)

해설
SWL(Safety Working Load) : 안전작업하중, 안전사용하중, 정격하중

43 컨테이너크레인이 계류위치에 있을 때 풍압에 의해 그 자리에서 전복되는 것을 방지하는 장치는?

① 앵 커
② 타이다운
③ 레일 클램프
④ 차륜멈추개

해설
타이다운(Tie-down)
폭풍, 태풍 및 지진 등 자연재해로부터 컨테이너크레인 및 T/C를 보호하기 위하여 Rail 좌우 및 야드에 매설된 시설이다.

44 컨테이너터미널의 일반안전수칙에 해당되지 않는 것은?

① 선박에는 반드시 2인 1조로 출입한다.
② 안전 핸드북에 제시되어 있는 규칙을 모두 따른다.
③ 근로자에게 주어진 추가 안전지시를 따른다.
④ 작업원이 수행하는 특정한 업무에 대해 구축된 작업안전시스템을 철저히 준수한다.

해설
컨테이너터미널의 일반안전수칙
• 안전 핸드북에 제시되어 있는 규칙을 모두 따른다.
• 근로자에게 주어진 추가 안전지시를 따른다.
• 작업원이 수행하는 특정한 업무에 대해 구축된 작업안전시스템을 철저히 준수한다.
• 근로자에게 제공된 모든 안전복장, 안전도구 그리고 안전장치를 사용한다.
• 터미널에서는 담배를 피워서는 안 된다.
• 안전에 관련된 문제들은 감독자 및 관리자와 최대한 협조한다.
• 작업 시 휴대용 라디오 청취 등 주의가 산만해질 수 있는 행동은 하지 않는다.
• 터미널의 배치도를 익힌다.
• 아무리 사소한 상해라도 모든 상해에 대하여 지체 없이 감독자에게 보고한다.
• 근로자에게 부상을 일으킬 수 있는 어떤 결함 또는 잠재적 위험을 발견했을 때는 가능한 한 빨리 감독자나 안전관리자에게 보고한다.

45 유압실린더를 교환 후 우선적으로 시행하여야 할 사항은?

① 엔진을 저속 공회전시킨 후 공기빼기 작업을 실시한다.

② 엔진을 고속 공회전시킨 후 공기빼기 작업을 실시한다.

③ 유압장치를 최대한 부하 상태로 유지한다.

④ 시험 작업을 실시한다.

46 컨테이너터미널의 주요시설을 설명한 것으로 틀린 것은?

① 안벽 : 컨테이너선이 접안하기 위한 시설

② 마샬링 야드 : 선적할 컨테이너를 정렬시켜 놓은 넓은 공간

③ 게이트 : 출입 컨테이너에 대한 세관검사를 위해 필요한 시설

④ 위생검사소 : 일반 공중위생에 위험이 초래될 가능성이 있는 화물에 대한 검사를 위해 설치

해설
③ 게이트(Gate) : Terminal Gate와 CY Gate가 있는데, Terminal Gate는 터미널을 출입하는 화물이나 빈 컨테이너 등이 통과하는 출입구를 말한다.

47 컨테이너크레인에서 과속방지장치가 설치되어 있는 곳으로 틀린 것은?

① 갠트리 장치　　② 트롤리 장치

③ 호이스트 장치　　④ 레일 클램프 장치

해설
레일 클램프는 크레인이 작업 중 바람에 밀리는 것을 방지하기 위한 것으로 옥외의 크레인 본체를 주행 레일에 체결하여 고정시키는 안전장치이다.

48 유압장치에 주로 사용하는 펌프형식이 아닌 것은?

① 베인펌프　　② 플런저펌프

③ 분사펌프　　④ 기어펌프

해설
유압펌프는 펌프 1회전당 유압유의 이송량을 변화시킬 수 없는 정용량형 펌프와 변화시킬 수 있는 가변 용량형 펌프로 구분하며 기어펌프, 베인펌프, 피스톤펌프 등이 사용된다.

49 컨테이너를 육상에서 선박으로 또는 선박에서 육상으로 하역하는 장비는?

① 리치 스태커　　② 컨테이너크레인

③ 트랜스퍼크레인　　④ 스트래들 캐리어

해설
① 리치 스태커 : 컨테이너의 야적, 섀시에 적재, 짧은 거리 이송 등에 사용된다.

③ 트랜스퍼크레인 : 터미널 야드에서 트레일러 섀시 위에 상·하 차작업을 하는 장비이다.

④ 스트래들 캐리어 : 주 프레임 내에서 컨테이너를 올리고 운반하는 장비이다.

50 컨테이너크레인 안전운전을 위한 필요 조치사항이 아닌 것은?

① 항만시설장비 검사기준상 풍속 20[m/s]를 초과하는 경우 작업을 중지하고 타이다운을 체결한다.

② 스프레더를 규정된 인양고도보다 높이 올리지 않는다.

③ 트롤리나 호이스트를 연장시키기 위해 리밋 스위치를 이동시킨다.

④ 브레이크 상태를 점검하여 브레이크 슈를 조정한다.

해설
마스트 컨트롤러 스위치는 갠트리(주행), 트롤리(횡행), 호이스트(권상·하) 동작을 제어한다.

51 휠 브레이크 유압의 문제로 펌프소음이 발생하였을 시 해결방법이 아닌 것은?

① 오일 레벨의 확인
② 입구 스트레이너의 청결 점검
③ 유압유의 제작회사 점검
④ 적격 유압유인지 점검

펌프의 소음이 있을 시
• 석션 스트레이너가 적거나 막혀 있을 시
• 공기의 흡입이 없을 시
• 환류관에 출구가 유면 이하로 들어가거나 흡입과 입구에서 간격이 적당한지를 점검한다.
• 릴리프 밸브가 떨리거나 유량이 규정에 맞는지 점검한다.
• 펌프가 중심에 있거나 파손품이 없는가를 점검한다.
• 설치장소의 불량으로 떨림이나 소음이 없거나 배관 등에 진동이 없는지를 점검한다.

52 본선작업자의 선박출입을 위해 본선과 육상측을 연결하여 설치하는 현문 출입장치로 틀린 것은?

① 불워크(Bulwark) 사다리
② 현문 사다리
③ 갱웨이(Gangway)
④ 이동 사다리

불워크 사다리는 갱웨이로 대체되어 사용되는 것이 아니고 현문 사다리나 갱웨이에 이어져 선박 측 안쪽에 설치된 조그만 사다리를 말한다.
② 현문 사다리 : 배와 육상을 연결해 주는 사다리로 가장 좋은 선박출입 수단이다.
③ 갱웨이 : 선박과 부두의 높이가 그다지 차이가 나지 않을 때 선박과 부두를 연결하는 출입장치이다.
④ 이동 사다리 : 현문출입의 마지막 수단으로 더 안전한 수단(현문 사다리나 갱웨이 손상 시)이 없을 때 사용된다.

53 컨테이너 선적(적화)계획을 수립할 때 고려해야 할 사항과 가장 거리가 먼 것은?

① 게이트에서 본선까지의 거리 고려
② 장치장의 이동거리 최소화
③ 선박의 안정성 고려
④ 컨테이너 재배치의 최소화

컨테이너의 본선 적부 계획 시 고려해야 할 기본사항
• 기본적인 적화방향을 고려하여 효율적인 작업과정을 반영하여야 한다.
• 선박의 종류에 따른 컨테이너 적재 작업방법을 고려하여야 한다.
• 장치장의 이동거리를 최소화하고 선박의 안정성을 고려하여야 한다.
• 장비의 간섭을 최소화하고 컨테이너 재배치를 최소화해야 한다.

54 동일 레일상에 있는 크레인끼리 부딪치는 것을 방지하는 센서는?

① 풀림확인센서　　　② 폭주방지센서
③ 충돌방지센서　　　④ 트롤리센서

크레인이 좌·우측으로 이동할 때 주위 작업원에게 크레인 이동을 알리는 사이렌과 경광등이 작동되며, 또 옆의 크레인과 충돌을 방지할 수 있는 충돌방지센서가 부착되어 이동 중에 발생되는 위험한 요소를 운전자에게 알려 주는 기능도 있다.

55 유압장치에서 오일에 거품이 생기는 원인으로 가장 거리가 먼 것은?

① 오일탱크와 펌프 사이에서 공기가 유입될 때
② 오일이 부족하여 공기가 일부 흡입되었을 때
③ 펌프 축 주위의 흡입측 실(Seal)이 손상되었을 때
④ 유압유의 점도지수가 클 때

> **해설**
> 오일에 거품이 생기는 원인은 유압계통에 공기가 흡입되었을 때이다. 점도지수는 작동유의 온도에 대한 변화를 나타내는 값이다.

56 일반적인 컨테이너 전용선의 구조적인 특징을 설명한 것으로 틀린 것은?

① 해치(Hatch)가 넓다.
② 자체의 하역설비를 갖추고 있다.
③ 선창에 셀 가이드(Cell Guide)가 설치되어 있다.
④ 갑판적(On-deck Loading)이 가능하도록 설비되어 있다.

> **해설**
> 컨테이너 전용선은 신속한 운송이 요구되는 화물을 취급하므로 일반적으로 다른 종류의 화물선에 비해 속도가 빠르고, 일정한 항로를 정해진 일정에 따라 운항하는 정기선(Liner)으로 많이 운영되며, 주로 하역설비를 갖춘 항만 간을 운항하므로 본선에 크레인과 같은 하역장비를 설비할 필요성이 낮다.

57 유압장치 관련 용어에서 GPM이 나타내는 것은?

① 복동 실린더의 치수
② 계통 내에서 형성되는 압력의 크기
③ 흐름에 대한 저항의 세기
④ 계통 내에서 이동되는 유체(오일)의 양

> **해설**
> GPM(Gallon Per Minute) : 분당 이송되는 오일양(갤런)

58 수입 컨테이너의 야드 트랙터(Y/T)를 이용한 양화 절차로 옳은 것은?

① 양화 – 터미널 내 Y/T 이송 – 장치/보관 – 게이트 반출 – 화주
② 양화 – 장치/보관 – 터미널 내 Y/T 이송 – 게이트 반출 – 화주
③ 양화 – 터미널 내 Y/T 이송 – 게이트 반출 – 장치/보관 – 화주
④ 양화 – 장치/보관 – 게이트 반출 – 터미널 내 Y/T 이송 – 화주

59 PLC 구성 부품의 출력부하장치(Output Load Device)가 될 수 없는 것은?

① 솔레노이드 밸브
② 전자접촉기코일
③ 누름 버튼 스위치
④ 표시등

> **해설**
> 누름 버튼 스위치는 입력장치이다.

60 컨테이너터미널의 CFS에 대한 설명으로 틀린 것은?

① 작업장의 형태는 긴 창고형이다.
② 트럭 출입구가 여러 개 있다.
③ 소량화물들을 혼재하여 컨테이너에 적입한다.
④ 일반적으로 기중기를 사용하여 컨테이너에 적입한다.

> **해설**
> ④ 일반적으로 지게차를 사용하여 컨테이너에 적입한다.
> ※ CFS(Container Freight Station, 컨테이너화물조작장)
> 컨테이너 1개에 미달하는 소형화물이나, 출하지에서 컨테이너에 직접 적재하지 못한 대량화물의 수출을 위하여 특정 장소나 건물에 화물을 집적하였다가 목적지별로 동종화물을 선별하여 컨테이너에 적입하는 지역이다.

01 컨테이너크레인의 주행장치에 대한 설명으로 옳지 않은 것은?

① 크레인의 주행 동작이 이루어지면 케이블 릴은 주행 속도에 반비례하여 자동 운전을 개시한다.

② 좌·우측으로 크레인이 이동할 때 주위 작업원에게 크레인 이동을 알리는 사이렌과 경광등이 동작하도록 되어 있다.

③ 동일선상에 있는 크레인에 충돌방지 센서가 부착되어 이동 중에 발생되는 위험한 요소를 운전자에게 알려준다.

④ 주행장치에 설치된 각종 잠금장치를 해제해야 운전이 가능하도록 되어 있다.

> **해설**
> 주행 동작 시 발생되는 위상과 케이블 릴의 위상을 맞추어 동작하여 주행 운전속도에 비례하여 케이블 릴이 동작하게 되며, 수전전원을 공급하는 케이블의 장력을 검출할 수 있는 장력 측정용 LS가 부착되어 안전한 크레인 운전이 되도록 한다.

02 컨테이너크레인에 대한 설명으로 옳지 않은 것은?

① 컨테이너크레인은 컨테이너 터미널 및 부두에서 컨테이너를 전문적으로 처리하는 전용크레인이다.

② 트랜스퍼크레인은 터미널 야드에서 트레일러 섀시 위에 상·하차작업을 하는 장비이다.

③ 컨테이너크레인은 육상의 트레일러에서 해상의 선박으로 적화 또는 양화작업을 하는 장비이다.

④ ATC(Automatic Transfer Crane)는 컨테이너 야드에서 컨테이너를 무인으로 운반하는 대차를 말한다.

> **해설**
> ATC(Automatic Transfer Crane)는 컨테이너 야드의 하역장비 중에서 무인자동화되어 있는 장비이고, AGV(Automatic Guided Vehicle)는 컨테이너 야드에서 컨테이너를 무인으로 운반하는 대차를 말한다.

03 직류 전동기의 구성 요소 중 주 전류를 통하게 하며 회전력을 발생시키는 부분은?

① 계 자 ② 브러시
③ 전기자 ④ 정류자

> **해설**
> ③ 전기자 : 회전하는 부분으로 철심과 전기자 권선으로 되어 있다.
> ① 계자 : 자속을 얻기 위한 자장을 만들어 주는 부분으로 자극, 계자 권선, 계철로 되어 있다.
> ② 브러시 : 회전하는 정류자 표면에 접촉하면서, 전기자 권선과 외부 회로를 연결하여 주는 부분이다.
> ④ 정류자 : 전기자 권선에 발생한 교류전류를 직류로 바꾸어 주는 부분이다.

04 시퀀스 제어에 사용되는 지령용 기기에 속하지 않는 것은?

① 캠 스위치
② 압력 스위치
③ 토글 스위치
④ 텀블러 스위치

해설
제어 지령용 기기에는 푸시 버튼 스위치, 토글 스위치, 실렉터 스위치, 캠 스위치, 로터리 스위치, 키보드 스위치, 텀블러 스위치 등이 있다.

06 다음 컨테이너크레인의 운전장치에 대한 설명으로 옳지 않은 것은?

① 램프 테스터 스위치는 운전실 조작반의 전 램프류 점등상태 점검 및 운전실 조작반의 부저상태를 점검한다.
② 틸팅 메모리 포지션 스위치는 트림, 리스트, 스큐의 위치를 기억하는 것으로 틸팅의 위치를 새롭게 기억시킬 때 동작한다.
③ 동력 케이블이 다 풀린 경우에는 케이블 릴 풀림 경고 램프가 점등된다.
④ 위치제어가 동작되지 않는 상태이면 호이스트 비동기 램프가 점등된다.

해설
② 틸팅 메모리 세팅 스위치의 설명이고, 틸팅 메모리 포지션 스위치는 틸팅 디바이스의 기억된 위치로 반복해서 스프레더를 동작시킨다.

05 컨테이너 기기의 수도를 증명하는 서류로서 컨테이너를 터미널에 반입(또는 반출)할 때 교환되는 서류는?

① Dock Receipt
② Shipping Receipt
③ Delivery Order
④ Equipment Interchange Receipt

해설
④ Equipment Interchange Receipt : 기기수도증
① Dock Receipt : 부두수취증
② Shipping Request : 선적요청서
③ Delivery Order : 인도지시서

07 사고를 일으킬 수 있는 기계에 조작자의 신체 부위가 의도적으로 위험 밖에 있도록 하는 방호장치는 무엇인가?

① 차단형 방호장치
② 접근 반응형 방호장치
③ 위치 제한형 방호장치
④ 덮개형 방호장치

해설
덮개는 격리형 방호장치로 위험한 작업점과 작업자가 접촉되지 않도록 차단벽이나 덮개를 설치한다.

08 컨테이너크레인의 폭주방지장치는?

① 타이다운(Tie Down)

② 앵커(Anchor)

③ 붐 래치(Boom Latch)

④ 버퍼(Buffer)

해설
Anchor는 폭주방지장치로 작업 종료 또는 장시간 대기 중일 때, 기상이변으로 크레인 폭주에 의해 생기는 사고를 방지하기 위한 장치이다.

09 컨테이너크레인 모니터링 시스템에 나타나지 않는 내용은?

① 경보 내용

② 출근 내용

③ 통신 내용

④ 전원공급 내용

10 유압장치에서 비정상 소음이 나는 원인으로 가장 적합한 것은?

① 유압장치에 공기가 들어 있다.

② 유압펌프의 회전속도가 적절하다.

③ 무부하 운전 중이다.

④ 점도지수가 높다.

해설
유압펌프에 공기가 흡입되면 큰 소음이 발생하게 되고 그 소음은 높은 압력하에서 더 큰 소음을 발생시킨다.

11 컨테이너크레인의 스프레더에 대한 설명으로 틀린 것은?

① 스프레더의 각 코너(4곳)에 부착된 랜딩 핀(Landing Pin)이 최소 1개 이상 착상되면 트위스트 록 장치가 작동된다.

② 일반적으로 20, 40, 45피트 컨테이너의 하역에 사용된다.

③ 플리퍼(Flipper) 등을 사용함으로써 보다 정확하게 컨테이너를 잡을 수 있다.

④ 트위스트 록 핀(Twist Lock Pin)은 마모나 크랙 유무를 정기적으로 점검하여야 한다.

해설
트위스트 록
컨테이너 4곳의 코너 게스트(Corner Guest)에 콘(Cone)을 끼워 90°로 회전하여 잠금과 풀림 상태를 확인하는 기능으로 스프레더 내에 안전장치를 내장하여 컨테이너의 낙하를 방지할 수 있게 하였다.

12 엔진식 트랜스퍼크레인의 설명으로 적합하지 않은 것은?

① 블록 간의 이동이 자유롭다.

② 야드에서 컨테이너를 하역 및 적재한다.

③ RTTC(Rubber Tired Transfer Crane)로 불린다.

④ 야드와 크레인 스팬 사이를 왕복하면서 컨테이너 운반작업을 한다.

해설
RTTC는 고무바퀴가 장착된 야드크레인으로 스팬이 6개의 컨테이너열과 1개의 트럭차선에 이른다. 4단 혹은 5단 장치작업이 가능하고, 기동성이 뛰어나 적재장소가 산재해 있을 경우 이용하기 적당하며, 물동량 증가에 따라 추가투입이 가능하다.

13 크레인작업표준신호지침에 따른 신호방법 중 방향을 가리키는 손바닥 밑에 집게손가락을 위로 해서 원을 그리며 호각을 "짧게, 길게" 취명하는 것은 무슨 신호인가?

① 수평 이동
② 천천히 이동
③ 위로 올리기
④ 아래로 내리기

해설

크레인작업표준신호지침에 따른 신호방법

수평 이동	수신호	손바닥을 움직이고자 하는 방향의 정면으로 하여 움직인다.
	호각신호	강하고 짧게
위로 올리기	수신호	집게 손가락을 위로 해서 수평원을 크게 그린다.
	호각신호	길게 길게
아래로 내리기	수신호	팔을 아래로 뻗고(손끝이 지면을 향함) 2, 3회 적게 흔든다.
	호각신호	길게 길게

14 2개 이상의 분기회로에서 작동순서를 자동적으로 제어하는 밸브는?

① 시퀀스 밸브
② 릴리프 밸브
③ 언로드 밸브
④ 감압 밸브

해설

② 릴리프 밸브 : 회로 내의 유체 압력이 설정값을 초과할 때 배기시켜 회로 내의 유체 압력을 설정값 내로 일정하게 유지시키는 밸브
③ 언로드 밸브 : 일정한 조건하에서 펌프를 무부하(無負荷)로 하기 위하여 사용되는 밸브
④ 감압 밸브 : 공기압축기에서 공급되는 공기압을 보다 낮고 일정한 압력으로 감압하여 안정된 공기압을 공압기기에 공급하는 기능을 하는 밸브

15 선박 해치커버의 유형에 속하지 않는 것은?

① 멀티 풀(Multi-pull) 해치커버
② 싱글 풀(Single-pull) 해치커버
③ 접이식 해치커버
④ 플랜지식 해치커버

해설

해치커버(Hatch Cover)는 화물창 상부의 개구를 폐쇄하는 장치로 커버를 신속히 개폐할 수 있고, 충분한 강도를 가지며, 수밀이 양호하여 선박의 안전과 하역 시간의 단축 등에 큰 역할을 하고 있다. 해치커버의 종류에는 개폐방식에 따라 Side Rolling Type, Folding Type, Multi-folding Type, Low Stawing Folding Type, Single-flag Type, Pontoon Type 등이 있다.

16 컨테이너크레인 구동장치의 일상적인 점검·검사 방법에 대한 설명 중 틀린 것은?

① 작동 중 정상적이 아닌 소음, 발열 및 진동이 없을 것
② 수시로 비상정지를 시켜 구동장치를 점검할 것
③ 회전부에 대한 방호장치가 양호할 것
④ 기초 지지대에 균열 및 부식 등 위험요소가 없을 것

해설

레일, 와이어로프장치, 브레이크장치, 감속기, 유압장치, 구동장치 등은 정기검사 방법에 의한다.

17 컨테이너크레인의 시스템을 전체적으로 감시하는 장치를 무엇이라고 하는가?

① 크레인 모니터링 시스템
② 컴퓨터 모니터링 시스템
③ 터치스크린 모니터링 시스템
④ 동작 감시 시스템

해설
크레인 모니터링 시스템은 컨테이너크레인의 시스템을 감시한다.

18 컨테이너크레인이 옆에 있는 다른 컨테이너크레인으로 근접이동 시 감지하는 안전장치는?

① 주행충돌 방지센서
② 주행 좌·우측 정지센서
③ 선박충돌 방지센서
④ 케이블 완전 풀림센서

해설
크레인이 좌·우측으로 이동할 때 주위 작업원에게 크레인 이동을 알리는 사이렌과 경광등이 작동되며, 또 옆의 크레인과 충돌을 방지할 수 있는 충돌 방지 센서가 부착되어 이동 중에 발생되는 위험한 요소를 운전자에게 알려주는 기능도 있다.

19 컨테이너크레인에서 정상적인 트롤리 운전이 불가능한 경우는?

① 붐이 수평으로 내려져 있을 때
② 로프텐셔너(Rope Tensioner) 장치가 작동하지 않을 때
③ 붐 호이스트(Boom Hoist)의 상승 동작이 되지 않을 때
④ 운전실 접근 출입문이 닫혀 있을 때

해설
로프텐셔너(Rope Tensioner)
트롤리 프레임이 정지하고 있는 동안 트롤리용 와이어로프가 자중에 의해 처지는 것을 방지하여 트롤리 운전을 원활히 하기 위한 것이다.

20 직류 전동기의 주요 구성요소와 관계가 없는 것은?

① 토크(Torque)
② 전기자(Armature)
③ 계자(Field Magnet)
④ 정류자(Commutator)

해설
직류 전동기의 구성요소
• 계자 : 자기장을 형성하여 자속을 발생시키는 부분
• 전기자 : 자속과 도체가 교체하여 기전력을 발생시키는 부분
• 정류자 : 브러시와 접촉하여 교류를 직류로 바꾸는 부분
• 브러시 : 정류자와 접촉하여 전류를 외부로 보내는 부분

21 컨테이너크레인의 특성으로 옳지 않은 것은?

① 유지보수를 고려하여 가급적 간단한 구조로 설계하는 것이 좋다.
② 짧은 시간 동안에 많은 화물을 취급할 수 있다.
③ 다른 운송수단에 비해 운반물의 움직임이 복잡한 단점이 있다.
④ 동작에 필요한 강도 유지를 위해서는 구조가 간단하면서 효율성이 좋아야 한다.

해설
컨테이너크레인은 다른 운송수단에 비해 운반물의 움직임이 간단하고 짧은 시간에 많은 화물을 취급할 수 있는 장점이 있다.

22 컨테이너크레인의 주요 용어에 대한 설명으로 옳지 않은 것은?

① 주행이란 트롤리를 해상측 또는 육상측으로 이동시키는 것이다.

② 호이스팅하중이란 크레인의 구조 및 재료에 따라 가할 수 있는 최대의 하중이다.

③ 정격하중이란 권상하중에서 권상 장치의 중량을 뺀 하중이다.

④ 아웃리치란 해상측 레일 중심에서 트롤리가 해상측으로 최대로 나갈 수 있는 거리이다.

해설
주행이란 컨테이너크레인 전체가 이동하는 것이고, 횡행은 트롤리를 해상측 또는 육상측으로 이동시키는 것이다.

23 야드 트랙터(Yard Tractor)에 대한 설명으로 틀린 것은?

① 50[km/hr] 이하의 저속용이며, 가속도가 높은 고출력의 엔진을 사용한다.

② 작업의 간소화를 위해 운전사가 하차하지 않아도 유압으로 섀시의 전각을 들어올려 주행할 수 있다.

③ 항만하역장비가 아니므로 자동차관리법에 의하여 자동차로 등록 후 사용한다.

④ 부두와 컨테이너 야드 간에 컨테이너를 적재 운송하는 장비이다.

해설
야드 트랙터는 야드 섀시와 마찬가지로 부두 내에서만 사용하기 때문에 자동차로 등록할 필요가 없고, 항만법에 의한 항만시설장비로서 설치신고 후 사용이 가능하다.

24 다음 컨테이너의 계류장치에 대한 설명으로 옳지 않은 것은?

① 컨테이너크레인을 고정하는 수단은 Stowage Pin, Tie Down, 레일 클램프 3가지로 나눌 수 있다.

② Tie Down은 컨테이너크레인의 운용 중에 사용할 수 있는 장치이다.

③ 레일 클램프는 컨테이너크레인 운용 중에도 사용할 수 있는 장치로 자동차에 비유하면 브레이크와 같은 기능을 하는 장치이다.

④ 정지용 핀은 크레인의 수평이동 방지를, 타이다운은 크레인의 수직력을 방지한다.

해설
Stowage Pin, Tie Down은 컨테이너 작업종료 후 고정시켜 주는 장치로 실제 컨테이너크레인의 운용 중에 사용할 수 없는 장치이다.

25 횡행장치에 대한 설명으로 옳지 않은 것은?

① 횡행장치는 기계실 내에 설치되어 있다.

② 트롤리 하부에 설치된 스프레더에 운송물을 매달아 전동기의 속도제어로 운전한다.

③ 트롤리(Trolley)의 횡행방향 전·후진을 구동하는 장치이다.

④ 작동 원리는 모터의 정회전만을 이용하여 와이어로프로 구동한다.

해설
④ 작동 원리는 모터의 정회전과 역회전을 이용해 양쪽방향으로 와이어로프 드럼에 의한 와이어로프를 이용하여 구동한다.

26 컨테이너크레인에 대한 설명으로 옳지 않은 것은?

① 주행장치는 보기 또는 갠트리 장치로 불리고 있다.

② 틸팅 디바이스란 컨테이너의 놓인 상태에 따라 스프레더를 기울일 수 있는 장치이다.

③ 안티-스내그는 스프레더가 권상 시 홀드, 셀 가이드 등에 걸리면 동작한다.

④ 안티 스웨이 장치는 붐 호이스트의 흔들림을 제어하는 장치이다.

해설
안티 스웨이 장치는 헤드 블록과 스프레더의 흔들림을 제어하는 장치이다.

27 와이어로프 손상 방지를 위해 주의해야 할 사항 중 틀린 것은?

① 올바른 각도로 매달아 과하중이 되지 않도록 할 것

② 권상, 권하 작업 시 항상 적당한 받침을 둘 것

③ 불탄 짐은 가급적 피할 것

④ 하중을 매달 경우에는 가급적 한 줄로 매달 것

해설
한 줄로 매달기를 하면 짐이 회전할 위험이 있고, 또 회전에 의해 와이어로프의 꼬임이 풀어져 약해지므로 원칙적으로 해서는 안 된다.

28 다음 중 단상 유도전동기의 기동방법으로 옳지 않은 것은?

① 분상기동형

② 콘덴서기동형

③ 직권기동형

④ 셰이딩코일형

해설
단상 유도전동기의 종류를 기동장치에 따라 분류하면 분상기동형, 콘덴서기동형, 영구콘덴서형, 셰이딩코일형, 반발기동형 등이 있다.

29 검출 속도가 빠르고 수명이 길며 전자장 내의 와전류 형성에 의해 금속 물체를 검출하는 것은?

① 리밋 스위치

② 마이크로 스위치

③ 유도형 근접 스위치

④ 광전 스위치

해설
발진 코일로부터 전자계의 영향을 받아 유도에 의한 와전류가 금속체 내부에 발생하여 에너지를 빼앗아 발진 진폭의 감쇄를 가져온다.

30 압력이나 변형 등의 기계적인 양을 직접 저항으로 바꾸는 압력 센서는?

① 서미스터

② 리니어 인코더

③ 스트레인 게이지

④ 피스톤 브리지

해설
스트레인 게이지(Strain Gauge)는 피고정물이 받고 있는 응력, 압력, 힘, 변위 등의 피측정량을 게이지의 전기 저항 변화로 변환하는 것을 목적으로 하는 소자이다.

26 ④ 27 ④ 28 ③ 29 ③ 30 ③ **정답**

31 자동 제어에 대한 설명으로 맞지 않는 것은?

① 외란에 의한 출력값 변동을 입력 변수로 활용한다.
② 제어하고자 하는 변수가 계속 측정된다.
③ 개회로 제어(Open Loop) 시스템을 말한다.
④ 피드백(Feedback) 신호를 필요로 한다.

해설
개회로 제어(Open Loop) 시스템은 제어 개념을 말한다.

32 서보 기구의 제어량은?

① 위치, 방향, 자세
② 온도, 유량, 압력
③ 조성, 품질, 효율
④ 각도, 농도, 속도

해설
서보 기구 제어는 물체의 위치, 방위, 자세의 기계적 변위를 제어량으로 해서 목표 값의 임의 변화에 추종하도록 구성된 제어계이다.

33 미리 설정된 프로그램대로 조작하는 제어 방식은 다음 중 어느 것인가?

① 시퀀스제어 ② 피드백제어
③ 순차제어 ④ 프로세스제어

해설
① 시퀀스제어 : 미리 정해 놓은 제어동작 순서에 따라 각 단계의 제어를 순차적으로 진행
② 피드백제어 : 제어량의 값을 입력 측으로 되돌려, 이것을 목표 값과 비교하면서 제어량이 목표 값과 일치하도록 정정 동작을 하는 제어
③ 순차제어 : 자동 교환기의 제어 방법 중 하나로, 통화로가 상호 연결용 회로제어기에서 한 번에 한 단계씩 접속시키며 통화할 동안에는 각 스위치의 접속을 계속 유지시키는 기능
④ 프로세스제어 : 제어량이 온도, 압력, 유량 및 액면 등과 같은 일반 공업량일 때의 제어방식

34 일정 시간을 두고 다음 동작으로 이행할 때에 사용하는 것은?

① 무전압 보호장치
② 타임 릴레이
③ 역상보호 계전기
④ 전자 접촉기

해설
② 타임 릴레이 : 어떤 동작에서 다음의 동작으로 일정 시간을 두고 이행할 때에 사용하는 것

35 제어(Control)에 대한 설명 중 옳은 것은?

① 측정장치, 제어장치 등을 장비하는 것
② 어떤 목적에 적합하도록 대상이 되어 있는 것에 필요한 조작을 가하는 것
③ 어떤 양을 기준으로 하여 사용하는 양과 비교하여 수치나 부호로 표시하는 것
④ 입력신호보다 높은 레벨의 출력신호를 주는 것

해설
② 제어의 정의는 어떤 목적의 상태 또는 결과를 얻기 위해 대상에 필요한 조작을 가하는 것이다.

36 다음 밸브 중 관로에 설치한 힌지로 된 밸브판을 가진 밸브로 스톱 밸브 또는 역지 밸브로 사용되는 것은?

① 플랩 밸브
② 게이트 밸브
③ 리프트 밸브
④ 앵글 밸브

해설
① 플랩(Flap) 밸브는 게이트(Gate)가 미끄러지는 형태가 아니고 젖혀지면서 열리고 닫히는 형태의 밸브(역류방지용)

37 피스톤의 왕복 운동을 나사의 리드에 의해 피스톤이 축방향으로 일정 거리를 이동하면 나사의 직선 왕복 운동이 각운동으로 변환되는 공기압 액추에이터는?

① 래크와 피니언형
② 스크루형
③ 크랭크형
④ 요크형

해설
스크루형 액추에이터는 피스톤의 왕복 운동을 나사의 리드에 의해 피스톤이 축방향으로 일정 거리를 이동하면 나사의 직선 왕복 운동이 각운동으로 변환되는데, 100~370°의 회전 범위를 가진다.

38 공유압 변환기 사용 시 주의점으로 옳은 것은?

① 수평 방향으로 설치한다.
② 실린더나 배관 내의 공기를 충분히 뺀다.
③ 반드시 액추에이터보다 낮게 설치한다.
④ 열원에 가까이 설치한다.

해설
① 수직 방향으로 설치한다.
③ 액추에이터보다 높은 위치에 설치한다.
④ 열원의 근처에서 사용하지 않는다.

39 다음 중 유압 작동유의 점도가 너무 낮을 경우 발생되는 현상이 아닌 것은?

① 내부 누설 및 외부 누설
② 마찰 부분의 마모 증대
③ 정밀한 조절과 제어 곤란
④ 작동유의 응답성 저하

해설
점도가 너무 클 때 제어 밸브나 실린더의 응답성이 저하되어 작동이 활발하지 않게 된다.

40 유압 펌프가 기름을 토출하지 못하고 있다. 점검 항목이 아닌 것은?

① 오일 탱크에 규정량의 오일이 있는지 확인
② 흡입측 스트레이너 막힘 상태
③ 유압 오일의 점도
④ 릴리프 밸브의 압력 설정

해설
펌프에서 작동유가 나오지 않는 경우
• 펌프의 회전 방향과 원동기의 회전 방향이 다른 경우
• 작동유가 탱크 내에서 유면이 기준 이하로 내려가 있는 경우
• 흡입관이 막히거나 공기가 흡입되고 있는 경우
• 펌프의 회전수가 너무 작은 경우
• 작동유의 점도가 너무 큰 경우
• 여과기가 막혀 있는 경우

41 항만의 주요 기능이 아닌 것은?

① 해상·육상 연결지점

② 자원의 세계적 배분을 위한 국제 간 연결교차 지점

③ 교역 증대의 역할

④ 빠른 운송서비스의 첨병 역할

해설
항만의 주요 기능
- 승객 및 무역량 수송을 위한 해상·육상 연결지점
- 자원의 세계적 배분을 위한 국제 간 연결교차지점
- 교역 증대, 교통, 배분, 고용창출, 무역 창출, 국방, 도시개발, 공업생산 증대, 정치적 기능, 서비스산업 증진(창고, 금융, 보험, 대리점), 통관 등 기타

42 컨테이너의 조건 규정에 속하지 않는 것은?

① 내구성이 있고 반복 사용에 적합한 충분한 강도를 지닐 것

② 운송도중 내용화물의 단 하나의 운송 형태에 의해 화물의 운송을 용이하도록 설계

③ 운송형태의 전환 시 신속한 취급이 가능한 장치 구비

④ 화물의 적입과 적출이 용이하도록 설계

해설
운송도중 내용화물의 이적 없이 하나 또는 그 이상의 운송 형태에 의해 화물의 운송을 용이하도록 설계한다.

43 컨테이너 마킹에 관한 설명으로 옳은 것은?

① 검사기관명판에는 컨테이너를 검사한 도시의 검사기관이 표시된다.

② 컨테이너 마킹은 세관승인명판, 검사기관명판으로만 구성된다.

③ 세관승인명판은 TIR 조약과 컨테이너통관조약 (CCC)의 승인을 모두 받아야 한다.

④ 컨테이너에는 표면의 표식이 하나의 간판 역할을 하며 반드시 표식이 있어야만 움직일 수 있다.

해설
① 검사기관명판에는 컨테이너를 검사한 나라의 검사기관이 표시된다.
② 컨테이너 마킹은 세관승인명판, 검사기관명판, CSC 안전승인명판으로 구성된다.
③ 세관승인명판은 TIR 조약과 컨테이너통관조약(CCC) 중 하나의 승인을 받아야 한다.

44 외국에 있는 선사의 지점, 대리점으로부터 적화목록 등을 입수하면 선사는 컨테이너 터미널에 어떤 서류를 보내야 하는가?

① 화물 도착통지서

② 베이플랜

③ 적화목록

④ 부두수취증

해설
선사는 화주에게는 화물 도착통지를, 컨테이너 터미널에는 베이플랜을, 세관에는 적화목록을 보낸다.

45 산업재해율에 해당되지 않는 것은?

① 평균율 ② 도수율

③ 연천인율 ④ 강도율

해설
산업재해통계율
• 연천인율
• 도수율
• 강도율
• 환산강도율
• 환산도수율

46 다음 중 D급 화재의 종류는?

① 일반 화재

② 유류 화재

③ 전기 화재

④ 금속 화재

해설
화재의 분류
• A급 화재 : 일반 화재(목재, 석탄, 종이, 섬유)
• B급 화재 : 유류 화재(석유류)
• C급 화재 : 전기 화재
• D급 화재 : 금속 화재

47 다음 컨테이너크레인의 제어에 대한 설명으로 옳지 않은 것은?

① 크레인 모니터링 시스템은 컨테이너크레인의 시스템을 감시한다.

② 붐 호이스트 동작에 따른 검출센서는 리밋 스위치이다.

③ 컨테이너크레인의 전압 측정은 배전반에 있는 전압계에 전원만 투입되면 된다.

④ 붐 호이스트에는 수동식 트위스트 록, 안티-스웨이 시스템 반사경, 케이블 탭 등이 설치되어 있다.

해설
④는 헤드블록 위에 설치되어 있다.

48 정전기의 발생요인과 가장 관계가 먼 것은?

① 물질의 특성

② 물질의 분리 속도

③ 물질의 표면 상태

④ 물질의 온도

해설
정전기의 발생요인
• 물체의 특성
• 물체의 표면 상태
• 물체의 분리력
• 접촉 면적 및 압력
• 분리 속도

49 컨테이너 터미널 작업 시 보호구 착용에 대한 설명으로 옳지 않은 것은?

① 터미널에 출입하는 모든 보행자는 출입게이트에서 안전모를 지급받아 착용하여야 한다.

② 터미널에 출입하는 모든 보행자는 안전모, 안전화 및 안전대 등 적절한 개인보호장구를 착용하여야 한다.

③ 플랫트랙 등 특수 컨테이너의 하역에 종사하는 근로자는 안전대를 착용하여야 한다.

④ 야간작업 시 야드에서 작업하는 근로자는 야광띠를 상·하의에 부착하여야 한다.

해설
작업자는 작업조건에 따라 안전모, 안전화 및 안전대 등 적절한 개인보호장구를 착용하여야 하고, 안전모는 턱끈을 매어야 한다.

50 터미널의 하역운반장비 중 야드 트랙터(Yard Tractor) 운전 안전작업에 대한 설명으로 옳지 않은 것은?

① 운행 중에 졸음 및 신체적으로 이상이 있으면 일단 정지한 상태에서 적절한 예방조치를 취하여야 한다.

② 부두 내에서는 최고 시속 30[km] 이내로 운행하고, 중량물 작업 시에는 시속 10[km] 이내로 서행하여야 한다.

③ 운전자 이외의 근로자 1명 이외에는 탑승시켜서는 안 되며, 특히 빈 차량의 섀시에 근로자를 태워서는 안 된다.

④ 운행 중 야드 트랙터의 작동이 불량한 경우에는 작업을 중지하고, 지휘계통에 따라 보고한 후 정비하여야 한다.

해설
운전자 이외의 근로자를 탑승시켜서는 안 되며, 특히 빈 차량의 섀시에 근로자를 태워서는 안 된다.

51 컨테이너크레인에 대한 설명으로 옳지 않은 것은?

① 스프레더의 형식(ISO)은 20, 35, 40, 45피트이다.

② 운전가능 최대 풍속은 16[m/sec], 계류 최대풍속은 70[m/sec]이다.

③ 크기를 나타내는 기준은 아웃리치의 길이이다.

④ 실제 아웃리치 동작거리는 스프레더가 지상에서 권상 정지로터리 리밋 스위치까지의 거리를 말한다.

해설
④는 실제 호이스트 동작거리이다. 실제 아웃리치 동작거리는 해상측 레일에서 해상측 정지로터리 리밋 스위치까지의 거리를 말한다.

52 3상 권선형 유도 전동기의 전류 제한 및 속도 조정 목적으로 사용되는 것은?

① 브러시(Brush)

② 2차 저항기

③ 회전자(Rotor)

④ 슬립링(Slip Ring)

해설
2차 저항기는 권선형 전동기의 차측에 접속되어 제어반 또는 컨트롤러에 의해 저항값의 크기를 조절하여 전동기 속도를 제어하는 기구이다.

53 PLC의 성능이나 기능을 결정하는 중요한 프로그램으로 PLC 제작회사에서 직접 ROM에 써 넣는 것은?

① 데이터 메모리
② 시스템 메모리
③ 수치 연산 제어 메모리
④ 사용자 프로그램 메모리

해설
①, ④ RAM(Random Access Memory) 사용
② ROM(Read Only Memory) 사용

54 일반적인 안전대책 수립은 어떤 방법에 의해 실시되는가?

① 계획적 방법
② 통계적 방법
③ 경험적 방법
④ 사무적 방법

해설
통계적 방법은 재해율에 근거하여 대책을 수립한다.

55 컨베이어 작업 직전의 점검 사항이 아닌 것은?

① 볼트의 풀림 유무
② 방지장치 기능의 이상 유무
③ 풀리 기능의 이상 유무
④ 비상정지장치 기능의 이상 유무

56 횡행장치에 대한 설명으로 옳지 않은 것은?

① 바다 쪽에는 타이 빔에 설치되어 있으며, 이는 횡행로프 한 줄에 3개의 시브와 1개의 유압 실린더로 구성되어 있다.
② 횡행로프 긴장용 유압장치의 펌프는 크레인의 작업 중에 연속으로 회전하기 때문에 가변 피스톤펌프를 사용해야 한다.
③ 트롤리 와이어로프는 완만하게 처져 있어야 안전하다.
④ 크레인이 운전 중일 때 펌프는 항상 운전 상태로 되므로 유압 실린더에 유압압력이 유지되어 트롤리 와이어로프의 텐션을 유지시켜야 한다.

해설
트롤리 와이어로프가 처져 있으면 처진 로프가 감길 동안 트롤리는 움직이지 않으며 처진 로프가 감기고 나면 트롤리는 마스터 컨트롤러의 편향 각도에 따라 갑작스러운 출발을 하게 되며 스프레더에 매단 화물이 갑자기 흔들리게 되어 대단히 위험해진다.

57 직류 전동기가 저속으로 회전할 때 그 원인에 해당하지 않는 것은?

① 축받이의 불량
② 단상 운전
③ 코일의 단락
④ 과부하

해설
직류 전동기의 고장(전동기가 저속으로 회전할 때)
• 전기자 또는 정류자에서의 단락
• 축받이의 불량
• 전기자 코일의 단선
• 중성축으로부터 벗어난 위치에 브러시 고정
• 과부하

58 같은 직경의 와이어로프 중 소선수가 많아지면 와이어는 어떻게 되는가?

① 마모에 강해진다.
② 소선수가 많아져도 관계없다.
③ 뻣뻣해진다.
④ 부드러워진다.

해설

소선수가 많은 것은 굽힘응력이 작고 부드러워진다. 그러나 너무 가늘면 외주가 마모 절단되어 수명에 영향을 미친다.

59 미터 인 회로와 미터 아웃 회로의 공통점은?

① 릴리프 밸브를 통해 여분의 기름이 탱크로 복귀하지 않는다.
② 릴리프 밸브를 통해 여분의 기름이 탱크로 복귀하므로 유온이 떨어진다.
③ 릴리프 밸브를 통해 여분의 기름이 탱크로 복귀하므로 동력 손실이 크다.
④ 릴리프 밸브를 통해 여분의 기름이 탱크로 복귀하지 않으므로 동력 손실이 있다.

해설

• 미터 인 회로 : 유량제어밸브를 실린더 입구 측에 설치한 회로로 펌프 송출압은 릴리프 밸브의 설정압으로 정해지고 여분은 탱크로 방유, 동력 손실이 크다.
• 미터 아웃 회로 : 유량제어밸브를 실린더 출구 측에 설치한 회로로 펌프 송출압은 유량제어밸브에 의한 배압과 부하저항에 의해 결정되며, 동력 손실이 크다.

60 컨테이너 터미널에서 외부차량의 준수사항에 대한 설명으로 옳지 않은 것은?

① 야드 내에서 앞지르기를 하여서는 안 된다.
② 에이프런(Apron)에서 차량은 차량유도자의 지시에 따라 유도되어야 하며, 정지와 출발신호가 지켜져야 한다.
③ 지정된 주행선을 따라 운행하여야 하며, 작업장을 침범하여서는 안 된다.
④ 운행속도는 시속 50[km] 이내로 해야 한다.

해설

운행속도는 시속 30[km] 이내로 하고, 우천 등으로 시야가 나쁠 경우에는 속도를 50[%] 감속하여야 한다.

01 동일 레일상에 있는 크레인끼리 부딪치는 것을 방지하는 센서는?

① 풀림확인센서
② 폭주방지센서
③ 충돌방지센서
④ 트롤리센서

해설
크레인이 좌·우측으로 이동할 때 주위 작업원에게 크레인 이동을 알리는 사이렌과 경광등이 작동되며, 또 옆의 크레인과 충돌을 방지할 수 있는 충돌방지센서가 부착되어 이동 중에 발생되는 위험한 요소를 운전자에게 알려 주는 기능도 있다.

02 일반적인 컨테이너 전용선의 구조적인 특징을 설명한 것으로 틀린 것은?

① 해치(Hatch)가 넓다.
② 자체의 하역설비를 갖추고 있다.
③ 선창에 셀 가이드(Cell Guide)가 설치되어 있다.
④ 갑판적(On-deck Loading)이 가능하도록 설비되어 있다.

해설
컨테이너 전용선은 신속한 운송이 요구되는 화물을 취급하므로 일반적으로 다른 종류의 화물선에 비해 속도가 빠르고, 일정한 항로를 정해진 일정에 따라 운항하는 정기선(Liner)으로 많이 운영되며, 주로 하역설비를 갖춘 항만 간을 운항하므로 본선에 크레인과 같은 하역장비를 설비할 필요성이 낮다.

03 휠 브레이크 유압의 문제로 펌프소음이 발생하였을 시 해결방법이 아닌 것은?

① 오일 레벨의 확인
② 입구 스트레이너의 청결 점검
③ 유압유의 제작회사 점검
④ 적격 유압유인지 점검

해설
펌프의 소음이 있을 시
• 석션 스트레이너가 적거나 막혀 있을 시
• 공기의 흡입이 없을 시
• 환류관에 출구가 유면 이하로 들어가거나 흡입과 입구에서 간격이 적당한지를 점검한다.
• 릴리프 밸브가 떨리거나 유량이 규정에 맞는지 점검한다.
• 펌프가 중심에 있거나 파손품이 없는가를 점검한다.
• 설치장소의 불량으로 떨림이나 소음 발생 및 배관 등에 진동이 없는지를 점검한다.

04 본선작업자의 선박출입을 위해 본선과 육상 측을 연결하여 설치하는 현문 출입장치로 틀린 것은?

① 불워크(Bulwark) 사다리
② 현문 사다리
③ 갱웨이(Gangway)
④ 이동 사다리

해설
불워크 사다리는 갱웨이로 대체되어 사용되는 것이 아니고 현문 사다리나 갱웨이에 이어져 선박 측 안쪽에 설치된 작은 사다리를 말한다.
② 현문 사다리 : 배와 육상을 연결해 주는 사다리로 가장 좋은 선박출입 수단이다.
③ 갱웨이 : 선박과 부두의 높이가 크게 차이가 나지 않을 때 선박과 부두를 연결하는 출입장치이다.
④ 이동 사다리 : 현문 출입의 마지막 수단으로 더 안전한 수단(현문 사다리나 갱웨이 손상 시)이 없을 때 사용된다.

05 컨테이너터미널의 일반안전수칙에 해당되지 않는 것은?

① 선박에는 반드시 2인 1조로 출입한다.

② 안전 핸드북에 제시되어 있는 규칙을 모두 따른다.

③ 근로자에게 주어진 추가 안전지시를 따른다.

④ 작업원이 수행하는 특정한 업무에 대해 구축된 작업안전시스템을 철저히 준수한다.

해설

컨테이너터미널의 일반안전수칙

• 안전 핸드북에 제시되어 있는 규칙을 모두 따른다.
• 근로자에게 주어진 추가 안전지시를 따른다.
• 작업원이 수행하는 특정한 업무에 대해 구축된 작업안전시스템을 철저히 준수한다.
• 근로자에게 제공된 모든 안전복장, 안전도구 그리고 안전장치를 사용한다.
• 터미널에서는 담배를 피워서는 안 된다.
• 안전에 관련된 문제들은 감독자 및 관리자와 최대한 협조한다.
• 작업 시 휴대용 라디오 청취 등 주의가 산만해질 수 있는 행동은 하지 않는다.
• 터미널의 배치도를 익힌다.
• 아무리 사소한 상해라도 모든 상해에 대하여 지체 없이 감독자에게 보고한다.
• 근로자에게 부상을 일으킬 수 있는 어떤 결함 또는 잠재적 위험을 발견했을 때는 가능한 한 빨리 감독자나 안전관리자에게 보고한다.

06 안전보건표지에서 노란색 색채가 의미하는 것은?

① 금 지

② 경 고

③ 지 시

④ 안 내

해설

안전보건표지의 색채 및 용도

• 빨간색 : 금지 또는 경고
• 노란색 : 경고
• 파란색 : 지시
• 녹색 : 안내

07 컨테이너터미널의 CFS에 대한 설명으로 틀린 것은?

① 작업장의 형태는 긴 창고형이다.

② 트럭 출입구가 여러 개 있다.

③ 소량화물들을 혼재하여 컨테이너에 적입한다.

④ 일반적으로 기중기를 사용하여 컨테이너에 적입한다.

해설

④ 일반적으로 지게차를 사용하여 컨테이너에 적입한다.

08 컨테이너크레인의 보기(Bogie)장치에 대한 설명으로 틀린 것은?

① 주행 구동부이다.

② 크레인 주행장치이다.

③ 감속기가 달려 있다.

④ 엔진으로 휠을 구동시킨다.

해설

보기(Bogie)는 주행장치이며 갠트리 드라이브 또는 트럭이라 하고, 갠트리용 모터, 스러스터 브레이크, 감속기, 개방평기어, 휠(각 16개의 구동 휠과 종동 휠) 등의 갠트리장치를 부착하기 위한 것으로써 각 래그 밑의 메인 이퀄라이저 빔에 연결되어 있다. 작동은 1개의 모터에 연결된 감속기 출력축에 슈퍼기어를 부착하고 다시 슈퍼기어를 연결하여 기어 뒷면에 휠을 부착하여 2개의 휠을 구동한다. 16개의 구동 휠을 작동시키기 위해 8개의 모터가 부착되어 있다.

09 전기장치 보관 시 점검할 사항으로 맞지 않는 것은?

① 리밋스위치의 기능 확인

② 전장 패널 고장 및 손상 여부

③ 전동기 변색 여부

④ 전기 커넥터의 꼬임 여부

해설

③ 전동기 장기간 보관, 휴지한 경우에는 절연저항을 측정하여 필요하면 권선의 건조처리를 한다.

10 유압모터의 장점이 아닌 것은?

① 효율이 기계식에 비해 높다.

② 무단계로 회전속도를 조절할 수 있다.

③ 회전체의 관성이 작아 응답성이 빠르다.

④ 동일출력 전동기에 비해 소형이 가능하다.

해설

유압모터의 장·단점

장점	• 속도제어가 용이하다. • 힘의 연속제어가 용이하다. • 운동방향제어가 용이하다. • 소형 경량으로 큰 출력을 낼 수 있다. • 속도나 방향의 제어가 용이하고 릴리프 밸브를 달면 기구적 손상을 주지 않고 급정지시킬 수 있다. • 2개의 배관만을 사용해도 되므로 내폭성이 우수하다.
단점	• 효율이 낮다. • 누설에 문제점이 많다. • 온도에 영향을 많이 받는다. • 작동유에 이물질이 들어가지 않도록 보수에 주의하지 않으면 안 된다. • 수명은 사용조건에 따라 다르므로 일정시간 후 점검해야 한다. • 작동유의 점도 변화에 의하여 유압모터의 사용에 제약을 받는다. • 소음이 크다. • 기동 시, 저속 시 운전이 원활하지 않다. • 인화하기 쉬운 오일을 사용하므로 화재에 위험이 높다. • 고장 발생 시 수리가 곤란하다.

11 유압회로에서 소음이 나는 원인으로 가장 거리가 먼 것은?

① 회로 내 공기 혼입

② 유량 증가

③ 채터링 현상

④ 캐비테이션 현상

해설

오일양이 부족하면 소음이 나고, 오일양이 많으면 소음이 나지 않는다.

12 수입 컨테이너의 야드 트랙터(Y/T)를 이용한 양화 절차로 옳은 것은?

① 양화 – 터미널 내 Y/T 이송 – 장치/보관 – 게이트 반출 – 화주

② 양화 – 장치/보관 – 터미널 내 Y/T 이송 – 게이트 반출 – 화주

③ 양화 – 터미널 내 Y/T 이송 – 게이트 반출 – 장치/보관 – 화주

④ 양화 – 장치/보관 – 게이트 반출 – 터미널 내 Y/T 이송 – 화주

13 입력신호를 받고 동작할 때, 소정의 시간이 경과한 후에 회로를 개폐하는 접점은?

① 기계적 접점

② 릴레이 접점

③ 한시동작 접점

④ 동시복귀 접점

해설

① 기계적 접점 : 기계적 운동부분과 접촉하여 조작되는 접점

② 릴레이 접점 : 개폐접점을 동작시키는 것을 릴레이(Relay) 또는 계전기라 하며 그 기본 접점은 a접점, b접점, c접점이 있다.

14 컨테이너크레인의 운전실에 있는 마스터 컨트롤러(Master Controller)의 조작을 잘못 설명한 것은?

① 좌측 컨트롤러는 트롤리 조작을 한다.

② 우측 컨트롤러는 호이스트와 갠트리를 조정한다.

③ 좌·우측 컨트롤러의 레버를 가운데에 두면 해당 장치가 정지된다.

④ 좌측 컨트롤러는 십자로 움직이며, 우측 컨트롤러는 일자로 움직인다.

10 ① 11 ② 12 ① 13 ③ 14 ④ **정답**

15 자동화 컨테이너터미널의 장점과 가장 거리가 먼 것은?

① 인건비 절감

② 터미널 생산성 향상

③ 대고객 서비스 향상

④ 초기 시설 투자비 감소

해설

자동화 컨테이너터미널의 장점

• 인건비 절감

• 운영비 절감

• 노동자들의 파업으로 인한 작업 중단 감소

• 산업재해 대폭 경감

• 24시간 무휴가동으로 생산성이 20~30[%] 향상

• 신뢰성 향상 등

16 유압 작동유의 점도가 지나치게 높을 때 나타날 수 있는 현상으로 가장 적합한 것은?

① 내부 마찰이 증가하고 온도가 상승한다.

② 누유가 많아진다.

③ 파이프 내의 마찰손실이 작아진다.

④ 펌프의 체적효율이 감소한다.

해설

유압유의 점도

유압유의 점도가 너무 높을 경우	• 동력손실 증가로 기계효율의 저하 • 소음이나 공동현상 발생 • 유동저항의 증가로 인한 압력손실의 증대 • 내부 마찰의 증대에 의한 온도의 상승 • 유압기기 작동의 불활발
유압유의 점도가 너무 낮을 경우	• 내부 오일 누설의 증대 • 유압펌프, 모터 등의 용적효율 저하 • 기기마모의 증대 • 압력유지의 곤란 • 압력발생 저하로 정확한 작동불가

17 항만법상 컨테이너크레인의 정기검사주기는 제조검사 또는 설치검사 후 몇 년 주기로 시행하여야 하는가?

① 2년   ② 3년

③ 5년   ④ 7년

해설

정기검사의 실시 시기(항만시설장비 관리규칙 제4조)

• 정기검사는 제조검사 또는 설치검사에 대하여 시설장비 검사합격증을 발급한 날부터 2년이 되는 날의 앞뒤 30일 이내에 최초로 실시한다.

• 정기검사를 실시한 이후의 정기검사는 직전 정기검사에 대하여 시설장비 검사합격증을 발급한 날부터 2년이 되는 날의 앞뒤 30일 이내에 실시한다.

18 본선의 적부계획을 수립할 때 플래너(Planner)가 고려해야 할 요소 또는 원칙으로 거리가 먼 것은?

① 선박의 감항성 및 안전성 유지

② 컨테이너 적재 중량

③ 컨테이너 외부 도장 색

④ 본선 작업 시 양·적화작업 최소화

해설

본선의 적부계획(적부도, Stowage Plan)

본선에 화물을 적재하기 위한 적부설계로서, 검수사가 작성한 각 선창의 적재일람표를 일등항해사가 모아서 완성하고 양륙항별로 화물의 품명, 수량, 톤수 등을 기입하고 구별이 용이하도록 빛깔로 나타낸다.

19 컨테이너터미널에서 실시해야 할 최소한의 비상훈련에 대한 설명으로 옳지 않은 것은?

① 화재 : 장치장, 하역장비, 본선, 사무실, 위험물 등

② 응급처치 상황 : 신속한 장비의 구입, 서류소각 등

③ 화학물질 누출 : 호흡기구, 들것, 안경, 청소작업 등

④ 탈출 훈련 : 사무실, 작업장, 장치장, 장비 등

20 도체와 저항의 관계를 설명한 것으로 옳은 것은?

① 도체의 단면적이 클수록 저항값은 증가한다.
② 반도체는 길이가 길수록 저항값이 감소한다.
③ 도체는 열에너지가 가해지면 저항값이 증가한다.
④ 반도체는 빛에너지가 가해지면 저항이 커진다.

해설
①, ② 도체의 저항값은 도체의 길이에 비례하고 단면적에 반비례한다.
④ 반도체는 빛에너지가 가해지면 저항이 감소하고 전기 전도성이 증가한다.

21 크레인작업표준신호지침에 따른 신호법 중 집게 (검지)손가락을 위로 해서 수평원을 크게 그리며 호각을 "길게, 길게" 부는 신호방법은?

① 비상 정지
② 위로 올리기
③ 붐 위로 올리기
④ 천천히 조금씩 위로 올리기

해설
크레인작업표준신호지침 신호방법

구 분		신호방법
비상 정지	수신호	양손을 들어 올려 크게 2, 3회 좌우로 흔든다.
	호각신호	아주 길게 아주 길게
붐 위로 올리기	수신호	팔을 펴 엄지손가락을 위로 향하게 한다.
	호각신호	짧게 짧게
천천히 조금씩 위로 올리기	수신호	한 손을 지면과 수평하게 들고 손바닥을 위쪽으로 하여 2, 3회 작게 흔든다.
	호각신호	짧게 짧게

22 스프레더의 각 코너 쪽에 설치되어 있고 90° 회전을 하여 컨테이너의 코너 캐스팅 부분과 결합하여 컨테이너를 들어 올리는 역할을 하는 것은?

① 플리퍼(Flipper)
② 텔레스코픽(Telescopic)
③ 트위스트 록/언록(Twist Lock/Unlock)
④ 헤드 블록(Headblock)

해설
스프레더의 주요 동작
• 플리퍼(Flipper) : 스프레더를 컨테이너에 근접시킬 때 트위스트 록이 컨테이너의 네 모서리에 잘 삽입될 수 있도록 안내 역할을 한다.
• 텔레스코픽(Telescopic) : 컨테이너의 길이에 따라 스프레더의 길이를 알맞게 조정하는 기능의 명칭이다.
• 트위스트 록/언록(Twist Lock/Unlock) : 컨테이너의 네 모서리에 콘을 끼워 90°로 회전하여 컨테이너 잠김과 풀림 상태를 확인한다.

23 컨테이너크레인의 기본동작을 설명한 것으로 틀린 것은?

① 호이스트 : 컨테이너가 상하로 이동
② 횡행 : 트롤리 및 운전실이 바다 또는 육지 쪽으로 이동
③ 붐 호이스트 : 붐의 상승 및 하강
④ 갠트리 : 크레인이 상하로 이동

해설
컨테이너크레인의 주요 동작
• 호이스트 권상/권하(Hoist Up/Down)
• 트롤리 전진/후진(Trolley Forward/Backward)
• 붐 업/다운(Boom Up/Down)
• 갠트리 우행/좌행(Gantry Right/Left)

24 컨테이너터미널에서 발생하는 사고의 결과 중 터미널의 손실이 아닌 것은?

① 작업 방해
② 개인, 화주 및 운송주 등에게의 변상
③ 보험비용의 증가
④ 하역 생산성 증대

해설
사고의 결과

개인적 비용	항만/터미널의 손실
• 고통, 작업의 손실, 소득의 손실 • 수족의 상실, 직장생활의 종료 • 사망, 가장의 상실, 동료의 상실 • 사기 저하	• 작업 방해 • 행정적인 업무 • 변상(개인, 화주, 운송주에게) • 수리비용 • 보험비용의 증가

25 유압모터의 용량을 나타내는 것은?

① 입구압력[kgf/cm^2]당 토크
② 유압작동부 압력[kgf/cm^2]당 토크
③ 주입된 동력[HP]
④ 체적[cm^3]

해설
유압모터는 입구압력[kgf/cm^2]당의 토크로 유압모터의 용량을 나타낸다.

26 컨테이너의 재질에 따른 분류 중 특수화물을 적재하기 위한 컨테이너로서 강도가 강하고 내부식성 및 내마모성이 가장 강한 컨테이너는?

① FRP 컨테이너
② 철재 컨테이너
③ 알루미늄 컨테이너
④ 스테인리스 스틸 컨테이너

해설
① FRP 컨테이너 : 국부강도가 뛰어난 것, 단열효과가 있는 것, 내용적을 크게 잡을 수 있는 것 등의 장점을 가진 반면 내구성이 약하고 중량이 무거운 것이 단점이다.
② 철재 컨테이너 : 저가라는 장점이 있으나 내구연수와 부식성에 문제가 있으며 가장 큰 결점은 중량이 무거운 것을 들 수 있다.
③ 알루미늄 컨테이너 : 경량이며, 내구성, 복원성, 유연성, 내부 부식성에 강한 특성을 가지므로 양질의 재질이기는 하나 제조 가격이 고가인 것이 최대 단점이다.

27 PLC의 A/D 카드에 입력하는 아날로그신호의 직류 전류값은 얼마인가?

① 2~10[mA]
② 2~15[mA]
③ 4~20[mA]
④ 5~40[mA]

28 수입 컨테이너의 본선 하역에 있어서 현장(포맨, 신호수, 언더맨 등)에 전달되는 서류가 아닌 것은?

① 본선 적부계획도(Stowage Plan)
② G/C 작업계획도(Working Schedule)
③ 작업진행표(Sequence List)
④ 컨테이너 선적목록(Container Loading List)

해설
컨테이너 선적목록(Container Loading List) : 선사에서 선적 마감을 KL-NET를 이용하여 EDI 문서로 전송하면 터미널에서는 수신 후 업무를 진행하는데, 내용으로는 선명/항차, 컨테이너 번호, 중량, B/L No., 양하항 등이 포함되어 있다.

29 수동조작 자동복귀 접점을 사용하는 스위치는?

① 푸시버튼 스위치

② 선택 스위치

③ 캠 스위치

④ 압력 스위치

> **해설**
> **컨테이너크레인의 제어장치**
> • 일반 접점 또는 수동 접점 : 나이프 스위치, 절환 스위치, 캠 스위치 등
> • 수동조작 자동복귀 접점 : 푸시버튼 스위치
> • 기계적 접점 : 기계식 리밋 스위치
> • 릴레이 접점 : 전자 릴레이, 소형 릴레이 등

30 브레이크용 전자석에서 전압강하가 많은 경우 발생하는 현상으로 옳은 것은?

① 접지저항이 높아진다.

② 충격이 발생한다.

③ 작동시간이 빨라진다.

④ 과열이 발생한다.

31 컨테이너크레인의 시스템을 전체적으로 감시하는 장치를 무엇이라고 하는가?

① 크레인 모니터링 시스템

② 컴퓨터 모니터링 시스템

③ 터치스크린 모니터링 시스템

④ 동작 감시 시스템

> **해설**
> 크레인 모니터링 시스템은 컨테이너크레인의 시스템을 감시한다.

32 컨테이너크레인에서 레일 클램프의 기능으로 가장 알맞은 것은?

① 계류된 크레인이 바람에 의해 밀리는 것을 방지하는 장치

② 계류된 크레인이 풍압에 의해 전복되는 것을 예방하는 장치

③ 크레인의 작업위치를 조정하는 장치

④ 크레인이 작업 중 바람에 의해 밀리는 것을 방지하는 장치

> **해설**
> 레일 클램프는 작업 시 컨테이너크레인을 정위치에 고정시킬 뿐만 아니라 돌풍으로 인해 컨테이너크레인이 레일 방향으로 미끄러지는 것을 방지하는 장치이다.

33 컨테이너크레인의 운전실 좌우 조작반에 표시되지 않는 것은?

① 스프레더의 길이

② 시스템 고장

③ 틸팅 디바이스 홈 포지션

④ 엔진 체크

34 유압유의 온도가 과열되었을 때 유압계통에 미치는 영향으로 틀린 것은?

① 온도 변화에 의해 유압기기가 열변형되기 쉽다.
② 오일의 점도 저하에 의해 누유되기 쉽다.
③ 유압펌프의 효율이 높아진다.
④ 오일의 열화를 촉진한다.

해설
③ 작동유 온도 상승 시에는 열화 촉진과 점도 저하 등의 원인으로 펌프 효율이 저하된다.

35 유압유 관 내에 공기가 혼입되었을 때 일어날 수 있는 현상이 아닌 것은?

① 공동현상
② 기화현상
③ 열화현상
④ 숨 돌리기 현상

해설
공기가 작동유 관 내에 들어갔을 때 일어나는 현상
• 공동현상(Cavitation) : 유압유 속에 공기가 혼입되어 있을 때 펌프나 밸브를 통과하는 유압회로에 압력 변화가 생겨 저압부에서 기포가 포화상태가 되어 혼입되어 있던 기포가 분리되어 오일 속에 공동부가 생기는 현상을 말한다.
• 작동유의 열화 촉진 : 작동유 회로에 공기가 기포로 머물고 있으며 오일은 비압축성이나 공기는 압축성이므로 공기가 압축되면 열이 발생되고 온도가 상승된다. 이처럼 오일의 온도가 상승하면 유압유가 산화작용을 촉진하여 중합이나 분해가 일어나고 고무 같은 물질이 생겨서 펌프, 밸브 실린더의 작동 불량을 초래한다.
• 숨 돌리기 현상 : 압력이 낮고 오일 공급량이 부족할수록 생기는 현상으로 이 현상이 생기면 피스톤 동작이 정지된다.

36 컨테이너크레인 가동 전에 하는 일상점검이 아닌 것은?

① 크레인 주변을 확인
② 각종 스위치를 확인
③ 각 부위의 윤활 상태를 확인
④ 갠트리 레일의 손상 여부를 확인

해설
컨테이너크레인 작업 전에 하는 일상점검
• 컨테이너크레인의 주변 점검
• 윤활 상태 점검
• 각종 스위치 확인
• 와이어로프 점검
• 시운전

37 유압유의 압력을 제어하는 밸브가 아닌 것은?

① 릴리프밸브
② 체크밸브
③ 리듀싱밸브
④ 시퀀스밸브

해설
유압제어밸브
• 압력제어밸브 : 일의 크기제어
• 유량제어밸브 : 일의 속도제어
• 방향제어밸브 : 일의 방향제어(셔틀밸브, 체크밸브, 방향변환밸브 등)

38 하역작업 중 인명사고가 발생한 경우 부상자에 대한 위급상태를 알아보는 조치와 가장 거리가 먼 것은?

① 숨을 쉬는지 확인

② 기도가 열려 있는지 확인

③ 심박 및 출혈상태를 확인

④ 안전장구의 착용상태를 확인

해설

부상자, 환자의 상태조사와 자세교정

상태조사	자세교정
• 호흡 확인 • 맥박 확인 • 손상원인 조사(의식이 없는 환자) • 손발의 움직임 확인 • 얼굴색, 피부색, 체온 확인	편안하게 호흡이 되도록 머리와 어깨를 높여 준다.

39 선박 내 안전표지에 대한 설명으로 옳지 않은 것은?

① 금지표시는 어떤 것을 하지 말라는 엄격한 지시를 나타낸다.

② 경고표지는 어떤 일반적 위험의 형태를 나타낸다.

③ 필수표지는 관리자와 동행하에 출입 가능한 구역을 나타낸다.

④ 안전조건은 걷거나 일하기에 안전한 곳, 비상출입구의 위치 등을 나타낸다.

해설

안전표지의 구분 : 금지표지, 경고표지, 지시표지, 안내표지

40 유압장치에 주로 사용하는 펌프형식이 아닌 것은?

① 베인펌프

② 플런저펌프

③ 분사펌프

④ 기어펌프

해설

유압펌프는 펌프 1회전당 유압유의 이송량을 변화시킬 수 없는 정용량형 펌프와 변화시킬 수 있는 가변 용량형 펌프로 구분하며 기어펌프, 베인펌프, 피스톤펌프 등이 사용된다.

41 레일 클램프에 대한 설명으로 틀린 것은?

① 스프링의 힘에 의해 해제된다.

② 유압장치와 스프링이 결합되어 있다.

③ 실빔 중앙이나 보기의 중앙에 위치한다.

④ 제동(작동) 완료 시까지 5~30초의 시간이 걸린다.

해설

① 유압에 의해 해제된다.

42 육상의 크레인을 이용하여 컨테이너를 적·양화하는 작업방식은?

① RO/RO 방식

② LO/LO 방식

③ 멤브레인 방식

④ 스트래들캐리어 방식

해설

① RO/RO 방식 : 컨테이너를 실은 트레일러를 헤드로 견인하여 본선 안에서 헤드만 분리하고 트레일러를 적재하는 방식

③ 멤브레인 방식 : 구형 독립 탱크의 결점을 개선하기 위해서 개발된 방식

④ 스트래들캐리어 방식 : 컨테이너를 컨테이너선에서 크레인으로 에이프런에 직접 내리고 스트래들캐리어로 운반하는 방식

43 선적(적화)을 위한 컨테이너를 목적지별 또는 선내의 적치계획에 따라 미리 정렬해 두는 곳을 무엇이라고 하는가?

① 냉동블록
② 부두안벽
③ 보세장치장
④ 마샬링 야드

해설
마샬링 야드 : 선적할 컨테이너를 정렬시켜 놓은 넓은 공간

44 컨테이너선의 크기에서 5,000TEU의 의미를 잘못 표현한 것은?

① 20피트 컨테이너 5,000개
② 40피트 컨테이너 2,500개
③ 20피트 컨테이너 2,000개, 40피트 컨테이너 1,500개
④ 20피트 컨테이너 2,000개, 40피트 컨테이너 3,000개

45 컨테이너에 표시되어 있는 '22G1'에 대한 설명으로 틀린 것은?

① 일반용도 컨테이너이다.
② 폭이 8피트인 컨테이너이다.
③ 길이가 20피트인 컨테이너이다.
④ 높이가 9피트 6인치인 컨테이너이다.

해설
④ 높이가 8피트 6인치인 컨테이너이다.
※ 22G1-20′(20′×8′×8.6′) GENERAL CARGO CONTAINER

46 스프레더의 유압펌프를 동작시키기 위한 조건이 아닌 것은?

① 컨트롤 온 상태일 경우
② 폴트 감지가 없을 경우
③ 컨트롤 오프 상태일 경우
④ 스프레더가 연결되어 있을 경우

47 컨테이너크레인에서 붐 래치 장치의 동작을 바르게 설명한 것은?

① 자체중량으로 내려오고, 유압에 의하여 올라간다.
② 유압으로 내려오고, 자체중량에 의하여 올라간다.
③ 자체중량에 의하여 내려오고 올라간다.
④ 유압에 의하여 내려오고 올라간다.

해설
붐 래치 장치는 크로스 타이 빔의 해상 쪽에서 돌출한 2조의 붐 래치 빔 선단에 각 한 조의 훅을 장치하여 유압 혹은 와이어 드럼에 의하여 작동시킨다. 붐을 고정할 때 붐 래치는 자체중량으로 내려온다. 붐을 내리기 위하여 붐 래치를 해제할 때에는 유압에 의하여 훅을 올리는 구조로 해야 한다.

48 서로 다른 종류의 물체를 문지르면 두 물체가 전기를 띠게 되는 이유는?

① 전자들이 섞여 있기 때문에

② 전자들이 정지되어 있기 때문에

③ 전자들이 물체를 밀어내기 때문에

④ 전자들이 물체 사이를 이동하기 때문에

해설

물체를 마찰하면 마찰 전기가 생기는 것은 두 물체 사이에 전자가 이동하기 때문이다. 즉, 두 물체를 마찰시킬 경우 한쪽 물체에서 다른 쪽 물체로 전자(자유전자)가 이동하면 전자를 잃은 물체는 (+)전하로, 전자를 얻은 물체는 (−)전하로 대전된다.

49 붐 래치가 설치된 곳은?

① 아펙스 빔

② 트롤리 거더

③ 헤드 블록

④ 백 스테이

해설

붐 래치는 붐에 올린 후 붐 와이어로프에 긴장을 주지 않고 보호하기 위해 붐을 걸어 두는 장치로서 아펙스 빔 위에 설치되어 있다.

50 컨테이너크레인 주동력 케이블 릴의 역할은?

① 주행동작을 따라 움직이며 고압의 전원을 공급

② 주행동작을 따라 움직이며 저압의 전원을 공급

③ 횡행동작을 따라 움직이며 고압의 전원을 공급

④ 횡행동작을 따라 움직이며 저압의 전원을 공급

해설

크레인의 주행동작이 이루어지면 주행속도에 비례하여 케이블 릴이 자동운전을 개시하는데 주행운전속도에 비례하여 케이블 릴이 동작하게 되며, 수전원(고압)을 공급하는 케이블의 장력을 검출할 수 있는 장력 측정용 리밋 스위치가 부착되어 안전한 크레인 운전이 되도록 한다.

51 선박안전법에서 규정하고 있는 와이어로프의 안전계수는?

① 5

② 6

③ 7

④ 8

해설

하역장구의 제한하중(선박안전법 시행규칙 별표 31)

구 분		안전계수
체 인		4.5
와이어로프		5
와이어로프 외의 로프		7
그 밖의 하역장구	제한하중이 10[ton] 이하인 것	5
	제한하중이 10[ton] 초과인 것	4

52 컨테이너 마킹에 들어가지 않는 내용은?

① 검사기관명찰

② 세관승인표찰

③ CSC 안전승인

④ 하역회사명

해설

컨테이너 마킹은 CSC 안전승인명판, 검사기관명판, 세관승인명판으로 구성된다.

• CSC 안전승인명판
  – 승인국가, 승인번호, 승인연도, 제조일자, 제조업자의 컨테이너식별번호
  – 최대총중량, 허용총중량
  – 적화랭킹 테스트와 컨테이너 방벽의 적화 및 보관길이를 표시하는 테스트
  – 컨테이너 재검사를 받을 날짜

• 검사기관명판 : 컨테이너를 검사한 나라의 검사기관이 표시된다.

• 세관승인명판
  – 운송 도중 세관통상절차를 줄이기 위해 TIR조약, 컨테이너통관조약(CCC) 중 어느 하나의 승인을 받아야 한다.
  – 승인을 받은 국가명·승인번호·승인연도, 컨테이너형태, 제조업자식별번호 등이 표시된다.

53 시퀀스 회로도에서 2개의 입력 중 먼저 동작한 쪽이 우선이고 다른 쪽의 동작을 금지하는 회로는 어느 것인가?

① 자기유지 회로

② 정지우선 회로

③ 기동우선 회로

④ 인터록 회로

해설
① 자기유지 회로 : 릴레이 자신의 접점에 의하여 동작 회로를 구성하고 스스로 동작을 유지하는 회로
② 정지우선 회로 : 작동버튼과 정지버튼의 신호를 동시에 입력하면 해당 회로의 기능이 정지하는 회로
③ 기동우선 회로 : 작동버튼과 정지버튼을 동시에 입력하더라도 해당 회로의 기능이 정지되지 않는 회로

54 전압, 온도, 속도, 압력, 유량 등과 같이 연속적으로 변화하는 물리량이나 데이터를 무엇이라고 하는가?

① 디지털양

② 위치제어량

③ 속도제어량

④ 아날로그양

해설
디지털양과 아날로그양
• 디지털양 : 0, 1, 2, 3과 같이 숫자로 나타낼 수 있는 비연속적으로 변화하는 양
• 아날로그양 : 전압, 전류, 온도, 속도, 압력, 유량 등과 같이 연속해서 변화하는 양

55 컨테이너크레인 모니터링 시스템에 나타나지 않는 내용은?

① 경보내용

② 출근내용

③ 통신내용

④ 전원공급내용

해설
CMS(Crane Monitoring System)은 크레인의 운전, 고장상태를 모니터하여 기억・저장함으로써 운전상태를 분석하거나 고장원인 및 유지보수에 필요한 작업을 효과적으로 수행하는 데 도움이 될 수 있는 중요한 시스템이다.

56 물체의 전기저항 특성에 대한 설명으로 틀린 것은?

① 단면적이 증가하면 저항은 감소한다.

② 온도가 상승하면 전기저항이 감소하는 재료를 NTC라고 한다.

③ 도체의 저항은 온도에 따라 변한다.

④ 금속은 온도 상승에 따라 저항이 감소한다.

해설
금속은 온도의 상승에 따라 저항값이 증가하지만 탄소, 반도체 및 절연체 등은 감소한다.

57 레일 클램프의 일반적인 동작에 대해 바르게 설명한 것은?

① 잠김 : 스프링, 풀림 : 공압
② 잠김 : 공압, 풀림 : 스프링
③ 잠김 : 유압, 풀림 : 스프링
④ 잠김 : 스프링, 풀림 : 유압

해설
레일 클램프는 유압에 의해 해제되며, 스프링의 힘에 의해 제동(Clamping)된다.

58 컨테이너크레인 주행장치의 인터록 조건이 아닌 것은?

① 앵커 핀의 제거
② 플리퍼의 상승
③ 레일 클램프의 풀림
④ 붐 호이스트 동작 상태

해설
플리퍼는 스프레더를 컨테이너에 용이하게 착상시킬 수 있도록 안내판 역할을 하는 장치이다.

59 컨테이너크레인의 설계검사에서 지역별 최대순간풍속으로 맞는 것은?(단, 휴지상태(태풍)에 해당하는 경우로 지면상에서 20[m] 높이를 기준으로 하였을 때이다)

① 서해안 : 초당 40[m] 이상
② 목포 : 초당 50[m] 이상
③ 동해안, 남해안 : 초당 60[m] 이상
④ 울릉도 : 초당 70[m] 이상

해설
설계검사일반(항만시설장비검사기준 제6조)
풍하중 계산과 관련하여 풍속의 기준은 다음의 구분에 따라 적용한다.
• 작업상태에 해당하는 경우에는 지면상에서 20[m] 높이를 기준으로 최대순간풍속 초당 20[m] 이상으로 한다.
• 휴지상태(태풍)에 해당하는 경우에는 지면상에서 20[m] 높이를 기준으로 최대순간풍속은 다음과 같다.
  – 서해안 : 초당 55[m] 이상
  – 동해안·남해안 : 초당 60[m] 이상
  – 목포 : 초당 70[m] 이상
  – 울릉도 : 초당 75[m] 이상

60 배선용 차단기의 기능을 설명한 것으로 옳은 것은?

① 과부하 및 단락 발생 시 자동으로 회로를 차단
② 푸시버튼 스위치의 조작
③ 압력을 초과할 경우 동작하는 스위치
④ 레벨을 초과할 경우 동작하는 스위치

해설
배선용 차단기 : 부하전류의 개폐 및 과부하, 단락 등의 사고일 경우 자동적으로 회로를 차단하는 기기이다.

01 컨테이너크레인의 구름방지장치는?

① 타이다운(Tie Down)

② 앵커(Anchor)

③ 붐 래치(Boom Latch)

④ 버퍼(Buffer)

해설
앵커(Anchor)는 폭주방지장치로 작업 종료 또는 장시간 대기 중일 때, 기상이변으로 크레인 폭주에 의해 생기는 사고를 방지하기 위한 장치이다.

02 붐 래치 확인장치가 아닌 것은?

① 훅이 걸렸는지 확인하는 리밋스위치

② 훅이 올라가는 것을 확인하는 리밋스위치

③ 훅이 내려가는 것을 확인하는 리밋스위치

④ 훅에 로프가 벗어난 것을 확인하는 리밋스위치

해설
④ 훅 권상단 검출 리밋스위치가 포함되어 있다.

03 건설기계에서 유압 작동기(액추에이터)의 방향전환밸브로서 원통형 슬리브 면에 내접하여 축방향으로 이동하여 유로를 개폐하는 형식의 밸브는?

① 스풀 형식

② 포핏 형식

③ 베인 형식

④ 카운터밸런스 밸브 형식

해설
방향제어밸브는 구조면에서 볼(Ball)이나 피스톤을 시트에 붙였다 떼었다 하는 포핏형과 스풀을 축 둘레에서 회전시키는 로터리형, 그리고 스풀을 축방향으로 미끄럼 운동시키는 슬라이드 스풀형이 있으며, 조작방식에 따라 수동식, 기계식(캠식), 전자식, 파일럿식(유압식) 등이 있다.

04 유압장치에서 작동유의 오염은 유압기기를 손상시킬 수 있기 때문에 기기 속에 혼입되는 불순물을 제거하기 위해 사용되는 것은?

① 스트레이너

② 패 킹

③ 배수기

④ 릴리프 밸브

해설
스트레이너 : 비교적 큰 불순물을 제거하기 위하여 사용하며 유압 펌프의 흡입 측에 장치하여 오일탱크로부터 펌프나 회로에 불순물이 혼입되는 것을 방지한다.

05 와이어로프의 특성에 대한 설명으로 가장 거리가 먼 것은?

① 보통 꼬임(Ordinary Lay)은 스트랜드의 꼬임과 로프의 꼬임이 반대방향이다.

② 보통 꼬임(Ordinary Lay)은 외부 소선의 접촉 길이가 짧아 소선의 마모가 쉽다.

③ 랭 꼬임(Lang's Lay)은 마모에 대한 내구성은 좋으나 킹크(Kink)가 발생하기 쉽다.

④ 같은 굵기의 와이어로프인 경우 소선이 가늘고 많으면 유연성이 없어져 취급하기 어렵다.

해설
④ 같은 굵기의 와이어로프일지라도 소선이 가늘고 수가 많으면 유연성이 좋고 더 강하다.

06 컨테이너의 길이에 따라 스프레더의 길이를 알맞게 조정하는 기능의 명칭은?

① 헤드블록
② 빔
③ 트위스트 록
④ 텔레스코픽

해설
텔레스코픽(Telescopic) 기능
컨테이너(20, 40, 45피트 등)에 따라 스프레더를 알맞은 크기로 조정할 수 있도록 늘이고 줄이는 기능이다.

07 컨테이너터미널의 역할 및 조건에 대한 설명으로 옳지 않은 것은?

① 컨테이너 운송에 있어서 해상 및 육상 운송의 접점인 부두에 위치하고 있다.
② 컨테이너선에 컨테이너의 양·적화작업이 신속하게 이루어지도록 하는 장소를 말한다.
③ 대량의 컨테이너를 신속·정확하게 처리하기 위하여 각각의 작업과정을 합리적으로 제어하는 시스템을 보유해야 한다.
④ 항만이 아닌 내륙에 위치하여 컨테이너 화물의 저장과 취급에 대한 서비스를 제공하며, 수출입 통관업무가 이루어지는 곳을 가리킨다.

해설
Container Terminal은 부두에 위치하여 컨테이너 선박의 안전한 운항, 접안, 하역, 하역준비 등이 수행되며, 각종 관련 기기를 관리·보관할 수 있는 시설과 조직을 갖춘 장소를 말한다.

08 컨테이너크레인의 안전운전을 위한 필요 조치사항이 아닌 것은?

① 항만시설장비 검사기준상 풍속 20[m/s]를 초과하는 경우 작업을 중지하고 타이다운을 체결한다.
② 스프레더를 규정된 인양고도보다 높이 올리지 않는다.
③ 트롤리나 호이스트를 연장시키기 위해 리밋스위치를 이동시킨다.
④ 브레이크 상태를 점검하여 브레이크 슈를 조정한다.

해설
마스트 컨트롤러 스위치는 갠트리(주행), 트롤리(횡행), 호이스트(권상·하) 동작을 제어한다.

09 차단기의 종류가 아닌 것은?

① 배선용차단기(No Fuse Breaker)
② 기중차단기(Air Circuit Breaker)
③ 진공차단기(Vacuum Circuit Breaker)
④ 저항차단기(Resistance Breaker)

해설
차단기의 종류
• NFB(No Fuse Breaker) = MCCB(Molded Case Circuit Breaker)
• ACB(Air Circuit Breaker)
• VCB(Vacuum Circuit Breaker)
• GCB(Gas Circuit Breaker)

10 컨테이너크레인의 운전실 구비조건으로 틀린 것은?

① 운전실은 모든 위험으로부터 보호되어야 한다.

② 운전실은 넓고 열과 소음으로부터 차단되어야 한다.

③ 운전실과 스프레더 사이의 간격은 시야 확보를 위해 수직선상에 놓여야 한다.

④ 운전실 내 모든 전선과 케이블은 전선 트레이나 지지물에 의해 보호되어야 한다.

해설

크레인 운전실의 제작 및 안전기준(위험기계·기구 안전인증 고시 별표 2)

• 운전자가 안전한 운전을 할 수 있는 충분한 시야를 확보할 수 있을 것
• 운전자가 쉽게 조작할 수 있는 위치에 개폐기, 제어기, 브레이크, 경보장치 등을 설치할 것
• 운전자가 접촉하는 것에 의해 감전위험이 있는 충전부분에는 감전방지를 위한 덮개나 울을 설치할 것
• 분진이 현저하게 발산하는 장소에 설치하는 크레인의 운전실은 분진의 침입을 방지할 수 있는 구조일 것
• 물체의 낙하, 비래 등의 위험이 있는 장소에 설치되는 크레인의 운전대에는 안전망 등 안전한 조치를 할 것
• 운전실 등은 훅 등의 달기기구와 간섭되지 않아야 하며 흔들림이 없도록 견고하게 고정할 것
• 운전실에는 적절한 조명을 갖출 것
• 운전실의 바닥은 미끄러지지 않는 구조일 것
• 운전실에는 자연환기(창문열기) 또는 기계장치 등 환기장치를 갖출 것
• 운전실과 거더의 부착부분은 용접부의 균열이 없어야 하며, 부착 볼트는 확실하게 고정될 것
• 제어기에는 작동방향 등의 표시가 있을 것

11 트롤리용 와이어로프가 자중에 의해 처지는 것을 방지하여 트롤리 운전을 원활하게 하기 위한 장치는?

① 붐 래치(Boom Latch)

② 텔레스코픽(Telescopic)

③ 로프 텐셔너(Rope Tensioner)

④ 틸팅 디바이스(Tilting Device)

해설

① 붐 래치(Boom Latch) : 붐을 올린 후 붐 와이어로프에 긴장을 주지 않고 보호하기 위하여 붐을 걸어두는 장치
② 텔레스코픽(Telescopic) : 컨테이너의 길이에 따라 스프레더의 길이를 알맞게 조정하는 장치
④ 틸팅 디바이스(Tilting Device) : 작업 중 스프레더가 외란 혹은 화물의 편중 등으로 인하여 좌우 어느 한쪽으로 기울어짐을 방지하는 장치

12 비상정지 스위치에 대한 설명으로 옳은 것은?

① 기기나 장치에 이상 발생 시 이를 청각적으로 전달하기 위한 목적으로 사용된다.

② 램프의 점등 또는 소등에 따라 운전정지, 고장표시 등 기기나 회로 제어의 동작 상태를 배전반, 제어반 등에 표시하는 목적으로 사용된다.

③ 손잡이에 의해 접점개소를 설정할 수 있는 스위치로서 회로의 절환용으로 주로 사용된다.

④ 기기의 이상 시 전원을 신속하게 차단할 목적으로 주로 사용하며, 메인 전원 스위치와 직렬로 연결된다.

해설

비상정지 장치는 비상시 운행을 정지시키는 장치이다.

13 컨테이너에 다음과 같은 마킹(Marking)이 되어 있다면, 이 컨테이너에 적재할 수 있는 최대하중[kg]은?

MAX. GROSS	24,000kg 52,910lb
TARE	2,200kg 4,850lb
PAYLOAD	21,800kg 48,060lb
CUB. CAP	32.2cbm 1,137cft

① 2,200
② 21,800
③ 24,000
④ 32,200

해설
Payload는 운임의 대상이 되는 화물의 중량을 말한다.

14 본선작업자의 선박출입을 위해 본선과 육상 측을 연결하여 설치하는 현문 출입장치로 틀린 것은?

① 불워크(Bulwark) 사다리
② 현문 사다리
③ 갱웨이(Gangway)
④ 이동 사다리

해설
불워크 사다리는 갱웨이로 대체되어 사용되는 것이 아니고 현문 사다리나 갱웨이에 이어져 선박 측 안쪽에 설치된 조그만 사다리를 말한다.
② 현문 사다리 : 배와 육상을 연결해 주는 사다리로 가장 좋은 선박 출입 수단이다.
③ 갱웨이 : 선박과 부두의 높이가 그다지 차이가 나지 않을 때 선박과 부두를 연결하는 출입장치이다.
④ 이동 사다리 : 현문출입의 마지막 수단으로 더 안전한 수단(현문 사다리나 갱웨이 손상 시)이 없을 때 사용된다.

15 유압 작동유의 점도가 지나치게 높을 때 나타날 수 있는 현상으로 가장 적합한 것은?

① 내부 마찰이 증가하고 온도가 상승한다.
② 누유가 많아진다.
③ 파이프 내의 마찰손실이 작아진다.
④ 펌프의 체적효율이 감소한다.

해설

유압유의 점도가 너무 높을 경우	유압유의 점도가 너무 낮을 경우
• 동력손실 증가로 기계효율의 저하 • 소음이나 공동현상 발생 • 유동저항의 증가로 인한 압력손실의 증대 • 내부마찰의 증대에 의한 온도의 상승 • 유압기기 작동의 불활발	• 내부 오일 누설의 증대 • 유압펌프, 모터 등의 용적효율 저하 • 기기마모의 증대 • 압력유지의 곤란 • 압력발생 저하로 정확한 작동불가

16 유압장치에서 압력제어밸브가 아닌 것은?

① 릴리프밸브 ② 감압밸브
③ 시퀀스밸브 ④ 서보밸브

해설
서보밸브는 기계적 또는 전기적 입력 신호에 의해서 압력 또는 유량을 제어하는 밸브이다.

17 와이어로프의 교환시점으로 가장 적절한 것은?

① 와이어로프가 물에 빠졌을 때
② 와이어로프의 직경이 10[%] 감소했을 때
③ 와이어로프의 소선이 5[%] 절단됐을 때
④ 와이어로프에 도포한 그리스가 굳었을 때

해설
와이어로프 제조 시 로프지름 허용오차는 0~+7[%]이며, 지름이 7[%] 이상 감소하거나 10[%] 이상 절단되면 와이어로프를 교환한다.

18 우리나라 남해안 지방에 설치되는 컨테이너크레인의 앵커 및 타이다운의 최대순간풍속 기준은?

① 30[m/s] 이상

② 40[m/s] 이상

③ 50[m/s] 이상

④ 60[m/s] 이상

해설

설계검사 일반(항만시설장비 검사기준 제6조)

풍하중 계산과 관련하여 풍속의 기준은 다음의 구분에 따라 적용한다.

• 작업상태에 해당하는 경우에는 지면상에서 20[m] 높이를 기준으로 최대순간풍속 초당 20[m] 이상으로 한다.

• 휴지상태(태풍)에 해당하는 경우에는 지면상에서 20[m] 높이를 기준으로 최대순간풍속은 다음과 같다.

 – 서해안 : 초당 55[m] 이상

 – 동해안·남해안 : 초당 60[m] 이상

 – 목포 : 초당 70[m] 이상

 – 울릉도 : 초당 75[m] 이상

19 크레인 제어기에서 받아들일 수 있는 양으로 0 또는 1과 같이 숫자로 나타낼 수 있는 비연속적인 양은?

① 아날로그양

② 위치제어량

③ 디지털양

④ 속도제어량

해설

디지털양과 아날로그양

• 디지털양 : 0, 1, 2, 3과 같이 숫자로 나타낼 수 있는 비연속적으로 변화하는 양

• 아날로그양 : 전압, 전류, 온도, 속도, 압력, 유량 등과 같이 연속해서 변화하는 양

20 다음의 컨테이너 넘버를 설명한 것으로 틀린 것은?

HLCU 123 456 9

① 영문 HLCU 4자리는 ISO 6346에 의해 국제적으로 공인되어 있으며, 컨테이너 소유자 표시이다.

② 숫자 123 456은 제작업자에게 컨테이너 제작을 의뢰할 때 컨테이너 소유자가 선택하게 된다.

③ 9는 맨 마지막 11번째에 두며, 앞 10자리(영문자와 숫자)의 오류유무를 검사하기 위하여 사용한다.

④ 숫자 123 456 중 첫 번째 자리는 제작업자의 표시로서 제작업자의 고유번호를 기입한다.

해설

숫자 123 456 중 첫 번째 자리는 소유자의 코드 표시로서 소유자 고유약자를 기입한다.

21 트랜스퍼크레인(Transfer Crane)에 대한 설명으로 틀린 것은?

① 트랜스퍼크레인(Transfer Crane)은 고무타이어로 주행하는 RTGC와, 레일 위를 주행하는 RMGC 방식이 있다.

② 컨테이너 야드가 부족한 경우 야드의 효율을 높이기 위해 사용되는 시스템이다.

③ 앞으로 무인자동화 터미널에 대비하기 위해서는 RMGC가 유리하다.

④ 7단 이상의 고단적 적재에는 RMGC보다 RTGC가 유리하다.

해설

RMGC(Rail Mounted Gantry Crane)는 자동화, 유지보수비 절감 및 고단적의 이점이 있다(적재능력 : 9단 10열).

22 컨테이너선 하역작업 안전사고의 약 40[%]를 차지하는 작업으로 가장 많은 인원이 투입되는 작업은?

① 크레인 신호 작업

② 래싱 해체 및 설치 작업

③ 해치커버 개폐 작업

④ 컨테이너 검수 작업

해설

Lashing(고박) : 컨테이너 래싱용 고리를 이용하여 로프, 밴드 또는 그물 등을 사용하여 화물을 고정시키는 작업이다.

23 컨테이너 하역작업에서의 안전보호구로 틀린 것은?

① 안전모   ② 방수복

③ 라디오   ④ 귀마개

해설

안전보호구 : 안전복장, 안전모, 안전화, 방수복 · 방풍복, 안전장갑, 마스크, 보호안경, 귀마개 등

24 컨테이너터미널 사고의 결과에서 항만/터미널의 손실에 대한 내용으로 틀린 것은?

① 작업지연

② 작업단계 감소

③ 행정업무 증가

④ 수리비용 증가

해설

사고의 결과

개인적 비용	항만/터미널의 손실
• 고통, 작업의 손실, 소득의 손실 • 수족의 상실, 직장생활의 종료 • 사망, 가장의 상실, 동료의 상실 • 사기 저하	• 작업 방해 • 행정적인 업무 • 변상(개인, 화주, 운송주에게) • 수리비용 • 보험비용의 증가

25 컨테이너터미널에서 발생하는 사고의 결과 중 개인적 손실이 아닌 것은?

① 소득의 손실

② 신체의 상해

③ 사기저하

④ 보험비용의 증가

해설

24번 해설 참고

26 유압 작동유의 구비조건으로 맞는 것은?

① 내마모성이 작을 것

② 압축성이 좋을 것

③ 인화점이 낮을 것

④ 점도지수가 높을 것

해설

유압 작동유의 구비조건

• 동력을 확실하게 전달하기 위한 비압축성일 것

• 내연성, 점도지수, 체적탄성계수 등이 클 것

• 장시간 사용해도 화학적으로 안정될 것

• 밀도, 독성, 휘발성 등이 적을 것

• 열전도율, 장치와의 결합성, 윤활성 등이 좋을 것

• 인화점이 높고 온도변화에 대해 점도변화가 적을 것

• 내부식성, 방청성, 내화성, 무독성일 것

27 운전실 내부 조작반에서 동시에 운전할 수 없는 동작은?

① 횡행동작과 권상동작
② 권하동작과 주행동작
③ 주행동작과 횡행동작
④ 횡행동작과 트림/리스트/스큐 동작

28 선박 위에 기울어지거나 비틀어져 놓여 있는 컨테이너를 똑바로 들어올리기 위해 컨테이너와 동일하게 스프레더를 기울이거나 비틀게 하는 장치는?

① 케이블 릴
② 레일 클램프
③ 트위스트 록
④ 틸팅 디바이스

해설
④ 틸팅 디바이스 : 작업 중 스프레더가 외란 혹은 화물의 편중 등으로 인하여 좌우 양쪽 중 어느 한쪽으로 기울어짐을 방지하는 장치이다.
② 레일 클램프 : 크레인이 작업 중 바람에 의해 밀리는 것을 방지하는 장치이다.
③ 트위스트 록 : 헤드블록과 스프레더를 연결하는 장치이다.

29 RTGC의 운전 점검 중 해당하지 않는 것은?

① 호이스트 작동여부 점검
② 트롤리 작동여부 점검
③ 스톰 앵커 체결상태 점검
④ 와이어로프 소손 상태 및 시브 이탈 점검

해설
정지용 핀(Storm Anchor)
• 크레인이 계류위치에 있을 때, 즉 작업을 하지 않고 계류되어 있을 때 바람에 의해 밀리지 않도록 하기 위한 장치로 일주 방지 장치라고도 한다.
• 작업을 하기 전에는 반드시 정지핀을 풀고 운전 중에는 앵커가 낙하하지 않도록 원위치를 확인해야 한다.
• 작업을 중단하거나 운전사가 잠시라도 자리를 비우고 크레인을 떠나는 경우에는 반드시 정지핀을 이용하여 크레인을 계류시켜야 한다.

30 컨테이너크레인 트롤리 등에 사용되는 인크리멘탈 인코더(Incremental Encoder)에서 발생하는 파형은?

① 사인파형   ② 코사인파형
③ 맥류파형   ④ 펄스파형

해설
인크리멘탈 인코더(Incremental Encoder) 출력값
디지털 상댓값 출력, 회전각의 변화에 따라 펄스가 출력된다.

31 전기 스위치가 평상시 열려 있다가 외력이 가해지면 닫히는 접점은?

① a접점   ② b접점
③ c접점   ④ d접점

해설
접 점
• a접점 : 열려 있는 접점(Arbeit Contact/Make Contact), 상개접점(NO접점 : Normal Open)은 평상시 열려 있다가 외력에 의해서 닫히는 접점임
• b접점 : 닫혀 있는 접점(Break Contact), 상폐접점(NC접점 : Normal Close)은 평상시 닫혀 있다가 외력에 의해서 열리는 접점임
• c접점 : 변환되는 접점 또는 전환접점(a접점과 b접점의 혼합형태, Change-over-contact)은 a접점과 b접점을 공유한 접점임

32 컨테이너크레인의 케이블 릴(Cable Reel) 동작이 되지 않는 이유와 관계없는 것은?

① 전자접촉기 고장
② 전자과부하계전기 동작
③ 작동유압유 부족
④ 전동기 과열

해설
케이블 릴 전자접촉기가 작동되지 않는 이유
• 케이블 릴 회로 브레이크 개방, 온도 릴레이가 트립되거나 전자접촉기 결함 발생 시
• DEFUG 또는 DEFU 1 결함 감지 시
• 제어 Off 시

34 컨테이너터미널에서 실시해야 할 최소한의 비상훈련에 대한 설명으로 옳지 않은 것은?

① 화재 : 장치장, 하역장비, 본선, 사무실, 위험물 등
② 응급처치 상황 : 신속한 장비의 구입, 서류소각 등
③ 화학물질 누출 : 호흡기구, 들것, 안경, 청소작업 등
④ 탈출 훈련 : 사무실, 작업장, 장치장, 장비 등

해설
컨테이너터미널에서 실시해야 할 최소한의 비상훈련
• 화재 : 장치장, 하역장비, 본선, 사무실, 위험물 등
• 구조 : 선박의 홀드, 장치장, 컨테이너크레인, 화재지역
• 응급처치 상황 : 다양한 부상 정도를 포함한 사고의 모의훈련
• 화학물질 누출 : 호흡기구, 들것, 안경, 안면마스크, 청소작업 등
• 외부원조(소방대, 앰뷸런스, 경찰)를 포함한 비상훈련
• 탈출 훈련 : 사무실, 작업장, 장치장, 장비 등

33 선박이 물에 떠 있을 때 물에 잠기지 않는 선체의 높이, 즉 수면과 갑판 상면과의 거리를 무엇이라 하는가?

① 용 골
② 건 현
③ 흘 수
④ 트 림

해설
① 용골 : 선박 바닥의 중앙을 받치는 길고 큰 재목
③ 흘수 : 물속에 잠긴 선체의 깊이
④ 트림 : 선수흘수와 선미흘수의 차로 선박 길이방향의 경사를 나타낸다.

35 CFS에서의 화물취급에 대한 설명으로 옳지 않은 것은?

① 위험화물을 취급할 때는 IMO 위험화물 코드에서 지시하는 요구사항을 따른다.
② CFS 근로자는 그들이 수행하는 작업에 알맞은 보호 장구를 착용하여야 한다.
③ 램프(Ramp) 등 창고의 출입수단은 1/10 이상의 경사도가 있어서는 안 된다.
④ 화물취급자는 자기체중의 1/10 이상 들어 올리면 원칙적으로 안 된다.

해설
④ 화물취급자는 너무 무거운 하중을 들어 올리지 말아야 한다. 화물이 자기체중의 1/2 이상이면 그것을 들어 올리거나 운반하는 데 도움을 요청하여야 한다.

36 컨테이너터미널 야드 내 안전 규칙 중 틀린 것은?

① 타이어가 설치된 장비는 코너에서 정속운전을 한다.

② 교통 규칙을 준수한다.

③ 운전자 외 탑승을 금지한다.

④ 날씨 상태를 주시하며 운전한다.

해설

차량, 기계, 장비는 항상 지정된 교통 흐름에 따라 표시된 안전노선을 운전해야 한다.

37 컨테이너크레인의 충격완화장치는?

① 타이다운(Tie Down)

② 버퍼(Buffer)

③ 붐 래치(Boom Latch)

④ 스프레더(Spreader)

해설

② 버퍼(Buffer) : 크레인의 주행(Gantry)과 횡행(Trolley) 시 크레인 간 또는 크레인과 엔드스토퍼 간의 충돌에 대비한 안전장치

① 타이다운 : 크레인 전도를 방지하는 장치

③ 붐 래치 : 붐 기립 시 안전과 붐 와이어의 보호를 위해 훅을 이용하여 붐을 걸어둘 수 있는 장치

④ 스프레더 : 컨테이너를 집어서 이동하는 구조물

38 와이어로프 꼬임의 종류에 해당하지 않는 것은?

① 보통Z꼬임

② 보통S꼬임

③ 랭(Lang's)Z꼬임

④ 랭(Lang's)R꼬임

해설

와이어로프의 꼬임법과 용도

• 로프의 꼬임과 스트랜드의 꼬임 관계에 따른 구분 : 보통꼬임, 랭꼬임

• 와이어로프의 꼬임방향에 따른 구분 : S꼬임, Z꼬임

• 소선의 종류에 따른 구분 : E종, A종

39 신호방법 중 주먹을 머리에 대고 떼었다 붙였다 하는 수신호의 의미는?

① 기다려라

② 보권 사용

③ 주권 사용

④ 작업 시작

해설

③ 주권 사용 : 주먹을 머리에 대고 떼었다 붙였다 한다.

① 기다려라 : 오른손으로 왼손을 감싸 2, 3회 약하게 흔든다.

② 보권 사용 : 팔꿈치에 손바닥을 떼었다 붙였다 한다.

④ 작업 시작 : 손을 올린다.

40 철도운송 하역을 위해 열차 위에 컨테이너를 하역하는 장비는?

① RMQC(Rail Mounted Quayside Crane)

② BTC(Bridge Type Crane)

③ LSTC(Long Span Type Crane)

④ RMGC(Rail Mounted Gantry Crane)

해설

RMGC는 레일 위에 고정되어 있어 컨테이너의 적재 블록을 자유로이 바꿀 수가 없기 때문에 RTGC에 비해 작업의 탄력성이 떨어지나, 주행 및 정지를 정확하게 할 수 있고 고속으로 인한 높은 생산성, 그리고 레일 폭이 넓어서 컨테이너 적재량을 증대시킬 수 있는 가능성이 매우 크다.

41 브레이크용 전자석에서 전압강하가 많은 경우 발생하는 현상으로 옳은 것은?

① 접지저항이 높아진다.
② 충격이 발생한다.
③ 작동시간이 빨라진다.
④ 과열이 발생한다.

42 전기에서 두 점 사이의 전위차란?

① 단위시간에 전기량이 일하는 일의 양
② 단위시간에 흐르는 전기량
③ 두 점 사이에 작용한 전기적인 힘
④ 두 점 사이의 전기적 위치에너지

해설
전류는 전위가 높은 곳에서 낮은 곳으로 흐르고 이때 전위의 차를 전위차 또는 전압이라 한다.

43 스프레더의 작동상태를 표시해 주는 스프레더 표시 램프로 확인할 수 없는 사항은?

① 스프레더 착상(Spreader Landed)
② 트위스트 콘의 록 또는 언록(Lock 또는 Unlock)
③ 스프레더의 신축(Telescopic)
④ 플리퍼의 상승 또는 하강

해설
스프레더의 작동상태를 표시해 주는 스프레더 표시 램프
• S1 : 스프레더가 착상되면 운전실의 표시등은 청색으로 점등된다.
• S2 : 트위스트 록이 록(Lock)되면 적색으로 점등된다.
• S3 : 트위스트 록이 언록(Unlock)되면 램프는 황색으로 점등된다.
• S4 : 플리퍼 4개 모두가 위로 상승되면 램프는 오렌지색으로 점등된다.

44 컨테이너의 래싱방법 중 갑판적 컨테이너의 가장 상단에 적재한 컨테이너끼리 단단히 체결하는 방법은?

① 브리지 피팅(Bridge Fitting)
② 코너 피팅(Corner Fitting)
③ 중간 스태킹
④ 코너 가이드(Corner Guides)

해설
브리지 피팅은 적재된 컨테이너의 최상단 네 귀퉁이를 측면의 컨테이너와 체결하여 상호 결박하는 방법이다.
※ 코너 피팅 : 컨테이너를 적치하고 들어 올려놓기 위하여 컨테이너의 상·하부 구석 코너에 위치한 철물구조로서 컨테이너의 Securing 및 Handling에 사용한다.

45 CY 작업 시 2단 컨테이너 위에 올라갈 때 안전도가 가장 낮은 방법은?

① A형 안전 사다리
② 사이먼 호이스트
③ 이동용 플랫폼
④ 타워와 조립식 플랫폼

해설
고소작업 안전
• 3단, 4단 높이의 컨테이너 더미 또는 조명탑 같은 높은 곳에 올라갈 때는 사이먼 호이스트 또는 타워 호이스트 같은 동력 호이스트를 이용한다.
• 리프트 트럭에 소형 플랫폼을 장치하여 이용한다.
• 이동용 플랫폼을 이용한다.
• 타워와 조립식 플랫폼을 이용한다.
• 컨테이너 지붕에 오를 때에도 사다리를 이용하고 문짝을 타고 올라가서는 안 된다.
• 컨테이너 2단까지 승강할 때에 사다리 사용이 가능하나 컨테이너 3단 이상부터 래싱 케이지를 이용해야 한다. 2[m] 이상 높이는 안전성이 확보된 고소작업대를 사용해야 한다.

46 컨테이너크레인의 가동 전 점검사항에 해당되지 않는 것은?

① 크레인 주요부위의 비파괴 검사

② 윤활 상태 점검

③ 와이어로프 점검

④ 각종 스위치 점검

해설

컨테이너크레인 점검사항

가동 전 점검사항	가동 중 점검사항	가동 후 점검사항
• 크레인 주변 점검 • 윤활 상태 점검 • 와이어로프 점검 • 각종 스위치 점검 • 시운전	• 안전운전 • 충격을 피하는 운전 • 크레인에 명기된 사항의 한계를 초과하지 않는 운전	• 크레인을 제 위치에 고정 • 전장품 • 스프레더 • 기타 부품의 점검

47 레일 클램프(Rail Clamp)의 작동형식에 따른 분류에 해당되지 않는 것은?

① 휠 브레이크 형식

② 레일 클램핑 형식

③ 휠 초크 형식

④ 레일 리프트 형식

해설

레일 클램프의 형식

• 휠 브레이크형

• 레일 클램핑형

• 휠 초크형

48 회로 내 유체의 흐름 방향을 제어하는 데 사용되는 밸브는?

① 교축밸브　　② 셔틀밸브

③ 감압밸브　　④ 순차밸브

해설

방향제어밸브 : 셔틀밸브, 체크밸브, 방향변환밸브

① 교축밸브(스로틀밸브) : 유량제어밸브

③ 감압밸브 : 공기압축기에서 공급되는 공기압을 보다 낮은 일정의 적정한 압력으로 감압하여 안정된 공기압으로 하여 공압기기에 공급하는 기능을 하는 밸브

④ 순차밸브(시퀀스밸브) : 유압원에서의 주회로부터 유압 실린더 등이 2개 이상의 분기회로를 가질 때, 각 유압 실린더를 일정한 순서로 순차 작동시키는 밸브

49 기어식 유압펌프의 특징이 아닌 것은?

① 구조가 간단하다.

② 유압 작동유의 오염에 비교적 강한 편이다.

③ 플런저 펌프에 비해 효율이 떨어진다.

④ 가변 용량형 펌프로 적당하다.

해설

기어펌프는 구조가 간단하여 기름의 오염에도 강하다. 그러나 누설방지가 어려워 효율이 낮으며 가변 용량형으로 제작할 수 없다.

50 야드크레인의 역할로 틀린 것은?

① 컨테이너를 적재하여 본선크레인까지 운송한다.

② 육상 트레일러에 상차된 컨테이너를 야드에 적재한다.

③ 야드에 적재된 컨테이너를 육상 트레일러에 상차한다.

④ 선박에 양·적화될 컨테이너를 야드 트레일러에 상·하차한다.

해설

C/C(컨테이너크레인)는 배에서 컨테이너를 내리거나 싣는 작업을 하는 크레인이고 트랜스퍼크레인(Transfer Crane, 야드크레인)은 야드 내에서 트레일러나 섀시 등의 상·하차를 하는 크레인이다.

51 컨테이너크레인에 설치된 안전장치 중 계류장치가 아닌 것은?

① 레일 클램프(Rail Clamp)
② 타이 다운(Tie Down)
③ 앵커(Anchor)
④ 호이스트 브레이크(Hoist Brake)

해설
계류장치
• 폭주방지장치 : 레일 클램프, 앵커
• 전도방지장치 : 타이 다운(턴버클로 조정)

52 배선용 차단기의 기능을 설명한 것으로 옳은 것은?

① 과부하 및 단락 발생 시 자동으로 회로를 차단
② 푸시버튼 스위치의 조작
③ 압력을 초과할 경우 동작하는 스위치
④ 레벨을 초과할 경우 동작하는 스위치

해설
배선용 차단기 : 부하전류의 개폐 및 과부하, 단락 등의 사고일 경우 자동적으로 회로를 차단하는 기기이다.

53 레일 클램프의 일반적인 동작에 대해 바르게 설명한 것은?

① 잠김 : 스프링, 풀림 : 공압
② 잠김 : 공압, 풀림 : 스프링
③ 잠김 : 유압, 풀림 : 스프링
④ 잠김 : 스프링, 풀림 : 유압

해설
레일 클램프는 유압에 의해 해제되며, 스프링의 힘에 의해 제동(Clamping)된다.

54 시퀀스 회로도에서 2개의 입력 중 먼저 동작한 쪽이 우선이고 다른 쪽의 동작을 금지하는 회로는 어느 것인가?

① 자기유지 회로
② 정지우선 회로
③ 기동우선 회로
④ 인터록 회로

해설
① 자기유지 회로 : 릴레이 자신의 접점에 의하여 동작 회로를 구성하고 스스로 동작을 유지하는 회로
② 정지우선 회로 : 작동버튼과 정지버튼의 신호를 동시에 입력하면 해당 회로의 기능이 정지하는 회로
③ 기동우선 회로 : 작동버튼과 정지버튼을 동시에 입력하더라도 해당 회로의 기능이 정지되지 않는 회로

55 컨테이너터미널의 주요시설에 대한 설명으로 틀린 것은?

① 안벽 : 컨테이너선이 접안하기 위한 시설
② 마샬링 야드 : 선적할 컨테이너를 정렬시켜 놓은 넓은 공간
③ 게이트 : 출입 컨테이너에 대한 세관검사를 위해 필요한 시설
④ 위생검사소 : 일반 공중위생에 위험이 초래될 가능성이 있는 화물에 대한 검사를 위해 설치

해설
게이트(Gate) : Terminal Gate와 CY Gate가 있는데, Terminal Gate는 터미널을 출입하는 화물이나 빈 컨테이너 등이 통과하는 출입구를 말한다.

56 선박안전법에서 규정한 양화장구용 와이어로프의 파괴강도에 대한 안전계수는 얼마 이상인가?

① 2　　　　　　　② 3

③ 4　　　　　　　④ 5

해설

하역장구의 제한하중(선박안전법 시행규칙 별표 31)

구 분		안전계수
체 인		4.5
와이어로프		5
와이어로프 외의 로프		7
그 밖의 하역장구	제한하중이 10[ton] 이하인 것	5
	제한하중이 10[ton] 초과인 것	4

57 유압실린더에서 숨돌리기 현상이 생겼을 때 일어나는 현상이 아닌 것은?

① 작동 지연 현상이 생긴다.

② 피스톤 동작이 정지된다.

③ 오일의 공급이 과대해진다.

④ 작동이 불안정하게 된다.

해설

숨돌리기 현상 : 공기가 실린더에 혼입되면 피스톤의 작동이 불량해져서 작동시간의 지연을 초래하는 현상으로 오일공급 부족과 서징이 발생한다.

58 컨테이너크레인에서 작업할 수 있는 컨테이너의 열(Row)과 크레인 아웃 리치(Out Reach)가 가장 바르게 연결된 것은?

① 13열 – 30[m]

② 16열 – 45[m]

③ 22열 – 50[m]

④ 25열 – 65[m]

해설

컨테이너크레인 A형 구조의 크기는 컨테이너 선박의 열 단위로 13열, 수정 A형 구조는 16열은 약 45[m], 18열은 약 50[m]이다.

59 방향제어밸브의 종류에 해당하지 않는 것은?

① 셔틀밸브

② 교축밸브

③ 체크밸브

④ 방향변환밸브

해설

교축밸브(스로틀밸브)는 유량제어밸브이다.

60 컨테이너크레인이 BTC(Bridge Type Crane)나 언로더(Unloader)와 구별되는 장치는?

① 스프레더

② 버 킷

③ 훅

④ 레 일

해설

컨테이너크레인이 BTC나 언로더 장비에 비해 독특한 점은 컨테이너를 전문적으로 하역하기 쉽도록 스프레더가 부착되어 있으며 일반화물이나 산물을 잘 처리할 수 있도록 BTC의 훅(Hook)이나 언로더의 버킷(Bucket)이 부착되어 있는 것과 대조를 이룬다.

01 컨테이너크레인의 주요 용어에 대한 설명으로 옳지 않은 것은?

① Portal Rear Leg는 크레인 후단을 지지하는 기둥이다.

② Girder는 크레인 상부를 지지한다.

③ Boom은 상부 전후를 지지 및 트롤리대차의 이동 통로이다.

④ Tie Down은 바람이 불 때 크레인의 뒤집힘을 방지하는 장치이다.

해설
② Girder : 크레인 후부를 지지하고, Cross Tie Beam은 크레인 상부를 지지한다.
※ Fore Stay : 전단 Boom 지지, Back Stay : 후단 Boom 지지

02 붐 호이스트 장치에 대한 설명으로 옳지 않은 것은?

① 붐 호이스트의 PBS를 작동하면 표시등이 점등되고 붐은 저속으로 호이스트 다운을 시작한다.

② 상단에서 붐 레버의 2개 훅을 밀어 올리면 상승한 LS가 감지되어 표시등이 점등된다.

③ 붐 래치용 호이스트 다운 표시등이 점등되고, 붐 호이스트 PBS를 동작하면 붐은 저속으로 호이스트 다운되면서 붐 리치에 걸린다.

④ 스프레더가 호이스트 하한 LS에서 최소한 8[m] 이하에 있는지 확인한 후 운전한다.

해설
④ 붐 호이스트 운전은 스프레더가 호이스트 상한 LS에서 최소한 3[m] 이하에 있는지 확인한 후에 한다.

03 윤활제의 구비조건으로 틀린 것은?

① 유동성이 좋을 것

② 점도가 클 것

③ 화학적으로 안정할 것

④ 인화점이 높을 것

해설
윤활제의 구비조건
• 유동성이 좋을 것
• 적당한 점도를 가질 것
• 가격이 쌀 것
• 고온에서 변질되지 않을 것
• 인화점이 높을 것

04 와이어로프는 KS규격 어디에 있는가?

① KS D

② KS H

③ KS B

④ KS A

해설
와이어로프는 KS D 3514에서 규정하고 있다.
① KS D : 금속 분야
② KS H : 식료품 분야
③ KS B : 기계 분야
④ KS A : 기본 분야

05 컨테이너 전도방지 장치(Tie Down)에 대한 설명으로 옳지 않은 것은?

① Tie Down은 폭풍 또는 태풍의 영향으로 크레인이 전도되는 것을 방지하는 것이다.
② 크레인의 다리 부분에 아이 플레이트(Eye Plate)와 주행로 지면에 매설된 기초금속에 턴버클을 서로 연결하고 크레인 계류 시에는 보기 측면에 준비된 스패너(Spanner)로 턴버클을 조여서 고정시킬 수 있다.
③ 크레인의 각 다리 부분에 두 줄씩 바다 쪽에 1조, 육지 쪽에 2조를 설치하고 있다.
④ 턴 버클(Turn Buckle)로 지면의 기초금속과 연결하여 49[m/sec]의 풍속에 견딜 수 있게 설계되어 있다.

해설
③ 크레인의 각 다리 부분에 두 줄씩 바다 쪽에 2조, 육지 쪽에 1조를 설치하고 있다.

06 훅에 대한 설명으로 틀린 것은?

① 훅에 사용하는 재료는 기계구조용 탄소강을 쓴다.
② 매다는 하중이 50톤 이상인 것에서는 양쪽 현수 훅이 사용된다.
③ 훅의 안전계수는 5 이상이다.
④ 훅에 와이어로프가 걸리는 부분의 마모자국 깊이가 7[%]가 되면 교환하여야 한다.

해설
④ 훅에 와이어로프가 걸리는 부분의 마모 깊이가 2[mm] 정도되면 평활하게 다듬질하여 사용한다.

07 다음 스프레더(Spreader)의 기능 중 플리퍼 동작에 대한 설명으로 옳지 않은 것은?

① 컨테이너의 네 모서리를 잡아서 들어 올리는 붐 래치의 역할이다.
② 스프레더를 컨테이너에 근접시킬 때 트위스트 록이 컨테이너의 네 모서리에 잘 삽입될 수 있도록 안내 역할을 한다.
③ 운전실에는 표시등이 점등되어 플리퍼가 상승 또는 하강상태를 알려주어 운전자에게 운전에 관한 도움을 준다.
④ 플리퍼 하강 운전 시 운전자는(플리퍼마다 1개씩 있는) 4개의 선택 스위치를 사용하여 플리퍼를 선정해야 한다.

해설
①는 트위스트 록 동작의 역할이다.

08 다음은 전동기 분해 순서를 열거한 것이다. 바르게 열거한 항목은?

> ⊙ 외선 커버의 급유용 그리스 니플과 부속 파이프 및 외선 커버를 분해한다.
> ⓛ 고정자와 회전자를 분리한 후 베어링을 뽑는다.
> ⓒ 슬립링 측의 측함 커버 취부 볼트를 뽑은 후 슬립링 측의 베어링을 분해한다.
> ⓔ 외선 팬을 뽑고 브래킷을 분리시킨다.

① ⊙ - ⓛ - ⓒ - ⓔ
② ⊙ - ⓒ - ⓛ - ⓔ
③ ⓔ - ⊙ - ⓛ - ⓒ
④ ⊙ - ⓒ - ⓔ - ⓛ

해설
전동기 분해 순서
• 외선 커버의 급유용 그리스 니플과 부속 파이프 및 외선 커버를 분해한다.
• 슬립링 측의 측함 커버 취부 볼트를 뽑은 후 슬립링 측의 베어링을 분해한다.
• 외선 팬을 뽑고 브래킷을 분리시킨다.
• 고정자와 회전자를 분리한 후 베어링을 뽑는다.

09 컨테이너크레인의 주행장치에 대한 설명으로 옳지 않은 것은?

① 크레인의 주행 동작이 이루어지면 케이블 릴은 주행 속도에 반비례하여 자동 운전을 개시한다.

② 좌·우측으로 크레인이 이동할 때 주위 작업원에게 크레인 이동을 알리는 사이렌과 경광등이 동작하도록 되어 있다.

③ 동일선상에 있는 크레인에 충돌방지 센서가 부착되어 이동 중에 발생되는 위험한 요소를 운전자에게 알려준다.

④ 주행장치에 설치된 각종 잠금장치를 해제해야 운전이 가능하도록 되어 있다.

해설
주행 동작 시 발생되는 위상과 케이블 릴의 위상을 맞추어 동작하여 주행 운전속도에 비례하여 케이블 릴이 동작하게 되며, 수전전원을 공급하는 케이블의 장력을 검출할 수 있는 장력 측정용 LS가 부착되어 안전한 크레인 운전이 되도록 한다.

10 같은 직경의 와이어로프 중 소선수가 많아지면 와이어는 어떻게 되는가?

① 마모에 강해진다.
② 소선수가 많아져도 관계없다.
③ 뻣뻣해진다.
④ 부드러워진다.

해설
소선수가 많은 것은 굽힘응력이 작고 부드러워진다. 그러나 너무 가늘면 외주가 마모 절단되어 수명에 영향을 미친다.

11 시퀀스 제어용 기기로만 짝지어진 것은?

① 전자 접촉기 – 전자 릴레이 – 타이머
② 교류 발전기 – 전자 릴레이 – 과부하 계전기
③ 전자 접촉기 – 전자 릴레이 – 유도 전동기
④ 전자 접촉기 – 직류전동기 – 타이머

해설
시퀀스 제어란 미리 정해진 순서, 또는 일정한 논리에 의해 정해진 순서에 따라, 제어의 각 단계를 순차적으로 추진해가는 제어를 말한다.

※ 시퀀스 제어용 기기

기기 명칭	기능 및 기기 예
조작용	인간의 명령을 제어 시스템에 전달하는 역할 예 버튼 스위치, 토글 스위치
제어용	조작용 기기로부터 신호를 받아 제어 대상에 원하는 동작을 하게 하기 위한 제어 신호를 발생시키는 역할 예 전자 릴레이, 타이머, 프로그래머블 컨트롤러 등
구동용	제어용 기기의 출력 신호에 따라 제어 대상을 직접 구동하기 위해 전압과 전류 레벨을 높이는 역할 예 전자 접촉기, 전자 개폐기, SSR, 서보 모터 등
검출·보호용	제어 대상의 상태를 각종 센서로 검출하여 제어 시스템에 정보를 전달하는 역할 예 각종 센서
표시·경고용	인간에게 제어 시스템의 상태나 이상 유무를 알리는 데 필요한 상태를 표시하거나 소리를 발생시키거나 하는 역할 예 램프나 발광 다이오드, 벨이나 버저 등

12 스프레더가 컨테이너 작업 중 어떤 물체에 걸려서 하중을 받을 때, 와이어로프에 순간적으로 가해지는 하중 또는 운동에너지를 흡수하여 로프에 가해지는 충격을 최소화시켜 주는 장치를 무엇이라고 하는가?

① 틸팅 디바이스
② 안티 스내그
③ 트림, 리스트, 스큐 장치
④ 실린더 홈 위치

해설
안티 스내그(Anti-snag) 조정장치는 스내그 하중으로부터 운동에너지를 흡수하여 크레인에 미칠 충격을 최소화하기 위한 장치이다.

13 훅의 상태가 불량하면 위험한 사고의 원인이 된다. 다음 중 훅을 교환해야 할 상태를 육안으로 가장 간단하고 쉽게 확인할 수 있는 것은?

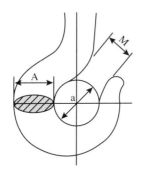

① M의 치수가 a의 치수와 같아진 것
② A부분의 균열을 확인하기 위하여 비파괴 검사한 것
③ 보기 그림에서 M의 치수가 A의 치수보다 커진 것
④ 훅의 A의 치수 마모가 원치수의 20[%]인 것

해설
훅의 변형량은 훅의 정격하중의 2배를 정하중으로 작용시켰을 때 0.25[%] 이하이어야 하므로 그림에서 M과 a의 치수가 같아진 경우는 0.25[%] 이상 벌어짐을 나타내므로 교환해야 한다.

14 신호방법 중 오른손으로 왼쪽을 감싸 2~3회 작게 흔드는 수신호의 의미는?

① 기다려라   ② 신호불명
③ 작업완료   ④ 주권사용

해설
② 신호불명 : 운전자는 손바닥을 안으로 하여 얼굴 앞에서 2, 3회 흔든다.
③ 작업완료 : 거수경례 또는 양손을 머리 위에 교차시킨다.
④ 주권사용 : 주먹을 머리에 대고 떼었다 붙였다 한다.

15 인크리멘탈 인코더 펄스 수가 100펄스와 1,000펄스의 차이점은?

① 화소수가 차이가 난다.
② 분해능이 차이가 난다.
③ 인코더의 크기가 차이가 난다.
④ 아무 관계가 없다.

해설
분해능은 인코더 축이 1회전할 때 나오는 펄스 수를 의미한다.

16 컨테이너터미널에서 발생하는 사고의 결과 중 터미널의 손실이 아닌 것은?

① 작업 방해
② 개인, 화주 및 운송주 등에게의 변상
③ 보험비용의 증가
④ 하역 생산성 증대

해설
사고의 결과

개인적 비용	항만/터미널의 손실
• 고통, 작업의 손실, 소득의 손실 • 수족의 상실, 직장생활의 종료 • 사망, 가장의 상실, 동료의 상실 • 사기 저하	• 작업 방해 • 행정적인 업무 • 변상(개인, 화주, 운송주에게) • 수리비용 • 보험비용의 증가

17 도체와 저항의 관계를 설명한 것으로 옳은 것은?

① 도체의 단면적이 클수록 저항값은 증가한다.

② 반도체는 길이가 길수록 저항값이 감소한다.

③ 도체는 열에너지가 가해지면 저항값이 증가한다.

④ 반도체는 빛에너지가 가해지면 저항이 커진다.

해설

①, ② 도체의 저항값은 도체의 길이에 비례하고 단면적에 반비례한다.

④ 반도체는 빛에너지가 가해지면 저항이 감소하고 전기 전도성이 증가한다.

18 전동기가 입력 20[kW]로 운전하여 23[HP]의 동력을 발생하고 있을 때 전동기의 효율은?(단, 1[HP]는 746[W])

① 64.8[%]　　　② 85.8[%]

③ 87[%]　　　④ 96[%]

해설

출력 = 746[W] × 23[HP] = 17,158[W]

입력 = 20[kW] × 1,000 = 20,000[W]이므로

$\frac{17,158}{20,000}$ × 100 = 85.79[%]이다.

19 와이어로프의 손질 방법에 대한 설명 중 틀린 것은?

① 와이어로프의 외부는 항상 기름칠을 하여 둔다.

② 킹크된 부분은 즉시 교체한다.

③ 비에 젖었을 때는 수분을 마른 걸레로 닦은 후 기름을 칠하여 둔다.

④ 와이어로프의 보관 장소로는 직접 햇빛이 닿는 곳이 좋다.

해설

와이어로프의 보관상의 주의사항

• 습기가 없고 지붕이 있는 곳을 택할 것

• 로프가 직접 지면에 닿지 않도록 침목 등으로 받쳐 30[cm] 이상의 틈을 유지하면서 보관할 것

• 직사광선이나 열, 해풍 등을 피할 것

• 산이나 황산가스에 주의하여 부식 또는 그리스의 변질을 막을 것

• 한번 사용한 로프를 보관할 때는 표면에 묻은 모래, 먼지 및 오물 등을 제거 후 로프에 그리스를 바른 후 보관할 것

• 눈에 잘 띄고 사용이 빈번한 장소에 보관할 것

20 줄걸이 작업의 안전사항에 관하여 틀린 것은?

① 정지 시 역 브레이크는 되도록 쓰지 말 것

② 가능한 한 매다는 물체의 중심을 높게 할 것

③ 매다는 물체의 중량 판정을 정확히 할 것

④ 한 가닥으로 중량물을 인양하지 말 것

해설

물체의 무게중심을 훅과 일치시킨다.

※ 화물의 줄걸이 요령

• 중심위치를 고려할 것

• 줄걸이 와이어로프가 미끄러지지 않도록 할 것

• 화물이 미끄러져 떨어지지 않도록 할 것

• 각이 진 화물은 보호대를 사용할 것

21 권선형 유도 전동기의 극수가 3극, 60[Hz]이면 정격회전 속도는 몇 [rpm]인가?(단, 슬립은 3[%])

① 2,246 ② 2,280
③ 2,314 ④ 2,328

$$\frac{120 \times 60}{3극} \times 0.97 = 2,400 \times 0.97 = 2,328[rpm]$$

(슬립 3[%]이므로 0.97로 계산)

22 수전반 또는 보호반 내에 설치된 직접적인 안전장치는?

① 주 전자 접촉기
② 주 나이프 스위치
③ 누름단추 스위치
④ 표시등

주 전자 접촉기는 제어반에 있고, 누름단추 스위치나 표시등은 운전실 계기판에 있으며 주 나이프 스위치는 수전반 또는 보호반에 설치되어 있다.

23 다음 시퀀스 회로를 논리식으로 나타낸 것은?

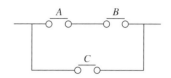

① $A \cdot B \cdot C$
② $(A \cdot B) + C$
③ $A \cdot (B + C)$
④ $(A + B) \cdot C$

A와 B는 직렬(AND)로 연결되어 있으며 C와 병렬(OR)로 연결되어 있으므로 논리식은 $(A \cdot B) + C$이다.

24 저항 30[Ω]의 전기회로에 100[V]의 전압을 가할 때 흐르는 전류 I[A]는 약 얼마인가?

① 3.3 ② 2.5
③ 2.1 ④ 1.2

$V = IR$
$100 = I \times 30[Ω]$
$I \fallingdotseq 3.3[A]$

25 브레이크용 전자석에서 전압강하가 많은 경우 발생하는 현상으로 옳은 것은?

① 접지저항이 높아진다.
② 충격이 발생한다.
③ 작동시간이 빨라진다.
④ 과열이 발생한다.

26 유압 작동유의 구비조건으로 맞는 것은?

① 내마모성이 작을 것

② 압축성이 좋을 것

③ 인화점이 낮을 것

④ 점도지수가 높을 것

해설

유압 작동유의 구비조건
- 동력을 확실하게 전달하기 위한 비압축성일 것
- 내연성, 점도지수, 체적탄성계수 등이 클 것
- 장시간 사용해도 화학적으로 안정될 것
- 밀도, 독성, 휘발성 등이 적을 것
- 열전도율, 장치와의 결합성, 윤활성 등이 좋을 것
- 인화점이 높고 온도변화에 대해 점도변화가 적을 것
- 내부식성, 방청성, 내화성, 무독성일 것

27 야드에서의 컨테이너 적재방식 중 사용 장비에 따라 분류한 것이 아닌 것은?

① 스트래들 캐리어 방식

② 온 섀시 방식

③ 컨테이너크레인 방식

④ 트랜스퍼크레인 방식

해설

컨테이너터미널의 하역방식

섀시 방식, 스트래들 캐리어 방식, 트랜스퍼크레인 방식, 혼합 방식, 지게차에 의한 방식

28 안전보건표지에서 노란색 색채가 의미하는 것은?

① 금 지 ② 경 고

③ 지 시 ④ 안 내

해설

안전보건표지의 색채 및 용도
- 빨간색 : 금지 또는 경고
- 노란색 : 경고
- 파란색 : 지시
- 녹색 : 안내

29 도체에 t초 동안 Q[C]의 전하(전기량)가 이동하였다면, 이때 흐른 전류 I[A]는?

① $I = \dfrac{Q}{t}$ ② $I = \dfrac{t}{Q}$

③ $I = \dfrac{1}{Qt}$ ④ $I = Qt$

해설

전 류

단위시간[sec] 동안에 도체의 단면을 이동한 전하량(전기량)으로 나타내며 t[sec] 동안에 Q[C]의 전하가 이동하였다면,

$I = \dfrac{Q}{t}$[A], $I = \dfrac{Q}{t}$[C/s], $Q = I \cdot t$[C]이다.

30 횡행(트롤리) 와이어로프 드럼에 부착되어 있는 하드웨어 센서는?

① 인코더

② 근접 센서

③ 레이저 센서

④ 로터리 리밋 스위치

해설

트롤리 동작의 검출 센서는 로터리 리밋 스위치와 인코더 펄스수를 가감함으로써 PLC의 고속 카운터 유닛에 펄스값을 인식할 수 있도록 되어 있으며 이것은 이동 거리를 측정하므로 하드웨어 센서 검출방법과 소프트웨어 검출방법을 병행할 수 있는 특징이 있다. 따라서 트롤리의 속도에 따라 감속구간이 설정되므로 불필요한 저속운전을 피하여 안전효율 및 안전을 확보할 수 있다.

31 컨테이너터미널에서 에이프런(Apron)과 야드(CY) 사이의 부두이송작업과 관련된 장비가 아닌 것은?

① 스트래들 캐리어(Straddle Carrier)
② 모바일크레인(Mobile Crane)
③ 야드 트랙터(Yard Tractor)
④ 야드 트레일러(Yard Trailer)

해설
모바일크레인(휠크레인, Wheel Crane) : 부두, 공장 구내, 공사 현장 내 등에서 비교적 소하중 · 저양정의 하역용 크레인
① 스트래들 캐리어 : 컨테이너를 안벽이나 야드에서 자유로이 이동 및 적재가 가능한 장비
③ 야드 트랙터 : 컨테이너 야드에서 섀시에 적재된 컨테이너를 운송하는 데 사용되는 장비
④ 야드 트레일러(Yard Trailer) : 야드 내에서 벌크화물, 중량화물을 운송하는 데 쓰임

32 컨테이너 슬롯 주소 시스템의 순서로 옳은 것은?

① Bay-Row-Tier
② Row-Bay-Tier
③ Bay-Tier-Row
④ Tier-Bay-Row

해설
컨테이너의 적부 위치 – 6자리 숫자로 표시
16 03 82
ⓐ ⓑ ⓒ
ⓐ Bay 번호(선체의 종방향 표시)
ⓑ Row 번호(선박의 횡방향 표시)
ⓒ Tier 번호(선저로부터의 높이)
※ 마샬링 야드에는 컨테이너 크기에 맞춰 백색 또는 황색 구획선 이 그어져 있는데 한 칸을 슬롯(Slot)이라 한다.

33 다음 그림의 회로 명칭으로 맞는 것은?

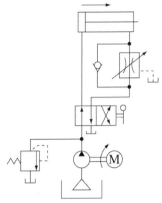

① 미터-인 회로
② 미터-아웃 회로
③ 블리드-오프 회로
④ 블리드-온 회로

해설
미터-아웃 회로는 유량제어 밸브를 실린더 출구 측에 설치한 회로로서, 펌프 송출압은 유량제어 밸브에 의한 배압과 부하저항에 의해 결정된다. 동력 손실이 크다.

34 선박이 물에 떠 있을 때 물에 잠기지 않는 선체의 높이, 즉 수면과 갑판 상면과의 거리를 무엇이라 하는가?

① 용 골   ② 건 현
③ 흘 수   ④ 트 림

해설
① 용골 : 선박 바닥의 중앙을 받치는 길고 큰 재목
③ 흘수 : 물속에 잠긴 선체의 깊이
④ 트림 : 선수흘수와 선미흘수의 차로 선박 길이방향의 경사를 나타낸다.

35 다음 중 강도율을 나타내는 것은?

① 연근로시간 1,000시간당 발생한 재해자수
② 연근로시간 1,000,000시간당 발생한 재해자수
③ 연근로시간 1,000시간당 발생한 근로손실일수
④ 연근로시간 1,000,000시간당 발생한 재해건수

해설

$$강도율(SR) = \frac{근로손실일수}{연근로시간수} \times 1,000$$

36 시퀀스 제어 기기에서 문자기호로 LS는 무엇을 뜻하는가?

① 리밋스위치   ② 전자계전기
③ 표시등   ④ 공기차단기

해설

시퀀스 제어 기기에서 사용하는 문자기호
• 배선용차단기(CB ; Circuit Breaker)
• 전자계전기(CR ; Contact Relay)
• 전자접촉기(MC ; Magnetic Contact)
• 전자개폐기(MS ; Magnetic Switch)
• 리밋스위치(LS ; Limit Switch)
• 푸시버튼스위치(PS ; Pushbutton Switch)
• 표시등(PL ; Pilot Lamp)

37 다음 중 전자접촉기의 개폐 동작 불량 원인으로 틀린 것은?

① 전압 강하가 크다.
② 접점의 마모가 크다.
③ 전동기의 속도가 너무 빠르다.
④ 조작회로가 고장이다.

해설

전자접촉기의 개폐 동작 불량 원인
• 전압 강하가 크다.
• 보조 접점과의 접촉 불량이다.
• 접점이 과다 마모되었다.
• 코일이 끊어졌다.
• 인터록이 파손되었다.
• 조작회로가 고장이다.

38 유압에서 압력 보상, 충격 흡수, 맥동 방지를 위해 어큐뮬레이터를 사용한다. 다음 중 어큐뮬레이터에 충전하여 사용하는 가스는?

① 산 소   ② 수 소
③ 염 소   ④ 질 소

해설

봉입가스는 질소 가스 등으로 불활성 가스 또는 공기압(저압용)을 사용하며, 산소 등의 폭발성 기체를 사용해서는 안 된다.

39 다음 기호의 명칭으로 맞는 것은?

① 적산 유량계
② 마그네트 세퍼레이터
③ 압력 스위치
④ 아날로그 변환기

해설

적산 유량계	마그네트 세퍼레이터	압력 스위치
⊗	▭	⊿

40 왕복형 공기 압축기의 특징으로 맞는 것은?

① 진동이 적다.

② 고압에 적합하다.

③ 소음이 적다.

④ 맥동이 적다.

해설

왕복형 공기 압축기 : 크랭크축을 회전시켜 피스톤의 왕복운동으로 압력을 발생

• 가장 일반적으로 사용된다.

• 1단 압축 1.2[MPa], 2단 압축 3[MPa], 3단 압축은 22[MPa]까지 고압이 발생한다.

• 냉각 방법으로는 공랭식(소형압축기)과 수랭식(중형압축기)이 있다.

41 유압 장치에서 피스톤 펌프의 특징이 아닌 것은?

① 펌프 전체 효율이 기어 펌프보다 나쁘다.

② 구조가 복잡하고 가변용량 제어가 가능하다.

③ 가격이 고가이며 펌프 용량이 크다.

④ 고압, 초고압에 사용된다.

해설

• 피스톤 펌프는 고속 운전이 가능하여 비교적 소형으로도 고압, 고성능을 얻을 수 있다.

• 여러 개의 피스톤으로 고속 운전하므로 송출압의 맥동이 매우 작고 진동도 작다.

• 송출 압력은 100~300[kgf/cm²]이고, 송출량은 10~50[L/min] 정도이다.

• 피스톤 펌프는 축 방향 피스톤 펌프와 반지름 방향 피스톤 펌프가 있다.

• 경사판의 경사각을 조절하여 유압유의 송출량을 조절한다.

※ 기어 펌프 : 형식이나 구조가 간단하고 흡인력이 크나, 소음이 다소 발생한다. 펌프의 전체효율은 약 85[%]이다.

42 드라이 컨테이너의 천장과 측벽을 제거하여 바닥 구조와 네 모퉁이의 지주만으로 강도를 유지하는 컨테이너로서 대형화물, 장척물, 중량물 등의 화물 운송에 적합한 것은?

① 22G0   ② 22R0

③ 22U0   ④ 22P0

해설

Container ISO-Codes	ISO Type	Description
22G0	General	가장 많이 보급되어 있으며, 다종류의 일반화물 수송에 사용된다.
22R0	Reefer	냉동·냉장화물(과일, 야채, 고기, 어패류등의 신선식품, 필름 등의 화성품)의 수송을 대상으로 일반적으로 냉동화물을 내장, 지정온도를 유지할 수 있다.
22U0	Open Top	높은 화물, 중량물의 수송을 대상으로, 지붕 부분을 개방할 수 있어 상부에서의 하역이 가능하다.
22P0	Flat Rack	장척물, 중량물, 또는 컨테이너에 채울 수 없는 대형 화물을 대상으로 지붕 부분, 양측면이 없어 좌우 및 위쪽으로부터 하역이 가능한 구조가 되고 있다.

43 컨테이너터미널에서 실시해야 할 최소한의 비상훈련에 대한 설명으로 옳지 않은 것은?

① 화재 : 다양한 부상정도를 포함한 사고의 모의훈련

② 탈출 훈련 : 사무실, 작업장, 장치장, 장비 등

③ 화학물질 누출 : 호흡기구, 들것, 안경, 청소작업 등

④ 구조 : 선박의 홀드, 장치장, 컨테이너크레인, 화재지역

해설

컨테이너터미널에서 실시해야 할 최소한의 비상훈련

• 화재 : 장치장, 하역장비, 본선, 사무실, 위험물 등

• 구조 : 선박의 홀드, 장치장, 컨테이너크레인, 화재지역

• 응급처치 상황 : 다양한 부상정도를 포함한 사고의 모의훈련

• 화학물질 누출 : 호흡기구, 들것, 안경, 안면마스크, 청소작업 등

• 외부원조(소방대, 앰뷸런스, 경찰)를 포함한 비상훈련

• 탈출 훈련 : 사무실, 작업장, 장치장, 장비 등

44 컨테이너크레인 작업 중에 조치해야 할 사항에 해당되는 것은?

① 컨테이너크레인의 주변 점검
② 윤활 상태 점검
③ 각종 스위치 확인
④ 규정된 양정 이상 감아올리기 금지

해설
컨테이너크레인 점검사항

가동 전 점검사항	가동 중 점검사항	가동 후 점검사항
• 크레인 주변 점검 • 윤활 상태 점검 • 와이어로프 점검 • 각종 스위치 점검 • 시운전	• 안전운전 • 충격을 피하는 운전 • 크레인에 명기된 사항의 한계를 초과하지 않는 운전	• 크레인을 제 위치에 고정 • 전장품 • 스프레더 • 기타 부품의 점검

45 유압장치의 단점에 대한 설명 중 틀린 것은?

① 관로를 연결하는 곳에서 작동유가 누출될 수 있다.
② 고압 사용으로 인한 위험성이 존재한다.
③ 작동유 누유로 인해 환경오염을 유발할 수 있다.
④ 전기, 전자의 조합으로 자동제어가 곤란하다.

해설
유압장치의 단점
• 작동유가 높은 압력이 될 때에는 파이프를 연결하는 부분에서 새기 쉽다.
• 고압 사용으로 인한 위험성 및 이물질(공기·먼지 및 수분)에 민감하다.
• 폐유에 의한 주변 환경이 오염될 수 있다.
• 작동유의 온도 영향으로 정밀한 속도와 제어가 어렵다.
• 유압장치의 점검이 어렵다.
• 고장 원인의 발견이 어렵고, 구조가 복잡하다.

46 컨테이너터미널의 일반안전수칙으로 옳은 것은?

① 사소한 상해라면 감독자에게 보고하지 않아도 된다.
② 안전 핸드북에 제시되어 있는 규칙을 모두 따르지 않아도 된다.
③ 터미널에서는 담배를 피워서는 안 된다.
④ 안전에 관련된 문제들은 감독자 및 관리자와 최소한으로만 협조한다.

해설
컨테이너터미널의 일반안전수칙
• 안전 핸드북에 제시되어 있는 규칙을 모두 따른다.
• 근로자에게 주어진 추가 안전지시를 따른다.
• 작업원이 수행하는 특정한 업무에 대해 구축된 작업안전시스템을 철저히 준수한다.
• 근로자에게 제공된 모든 안전복장, 안전도구 그리고 안전장치를 사용한다.
• 터미널에서는 담배를 피워서는 안 된다.
• 안전에 관련된 문제들은 감독자 및 관리자와 최대한 협조한다.
• 작업 시 휴대용 라디오 청취 등 주의가 산만해질 수 있는 행동은 하지 않는다.
• 터미널의 배치도를 익힌다.
• 아무리 사소한 상해라도 모든 상해에 대하여 지체 없이 감독자에게 보고한다.
• 근로자에게 부상을 일으킬 수 있는 어떤 결함 또는 잠재적 위험을 발견했을 때는 가능한 한 빨리 감독자나 안전관리자에게 보고한다.

47 안전보건표지의 종류와 형태에서 그림의 안전표지판이 나타내는 것은?

① 보행금지
② 작업금지
③ 출입금지
④ 사용금지

해설

보행금지	출입금지
(보행금지 표지)	(출입금지 표지)

48 산소 결핍이라 함은 공기 중의 산소 농도가 몇 [%] 미만인 상태를 말하는가?

① 16   ② 17

③ 18   ④ 19

해설
산소 결핍증이란 산소 농도가 18[%] 미만인 것을 말하며, 산소 농도가 16[%] 미만일 경우는 직결식 방진 · 방독 마스크 착용을 금지한다.

49 분말 소화제의 소화 효과 중에서 주요 작용은?

① 연소 억제 작용

② 화염의 불안정화 작용

③ 희석 작용

④ 냉각 작용

해설
분말 소화제는 $NaHCO_3$(중탄산나트륨), $NH_4H_2PO_4$(인산염)이다.

50 피뢰기가 반드시 가져야 할 성능 중 틀린 것은?

① 방전개시전압이 높을 것

② 뇌전류 방전능력이 클 것

③ 속류 차단을 확실하게 할 수 있을 것

④ 반복 동작이 가능할 것

해설
① 피뢰기는 충격개시전압과 방전개시전압이 낮아야 한다.

51 드릴 작업 시의 행동 내용 중 불안정한 행동이 아닌 것은?

① 절삭 중에 브러시로 칩을 털어낸다.

② 드릴을 회전시키고 테이블을 조정한다.

③ 장갑을 끼고 작업한다.

④ 작은 구멍을 뚫고 큰 구멍을 뚫는다.

해설
드릴날로 큰 구멍을 뚫고자 할 때는 먼저 재료에 직경이 작은 구멍을 뚫고 난 후 큰 드릴을 사용하여 구멍을 뚫는다.

52 다음은 보호구를 선택할 때의 주의사항을 설명했다. 틀린 것은?

① 귀마개 – 피부에 유해한 영향을 주지 않는 것일 것

② 안전모 – 내전, 내수, 내충격에 강한 것일 것

③ 보안경 – 상해 등을 주는 각이나 요철이 없고 불쾌감이 없을 것

④ 방진마스크 – 흡 · 배기 저항이 높은 것일 것

해설
방진마스크의 선정기준
• 여과효율이 좋을 것
• 흡 · 배기 저항이 낮을 것
• 사용적이 적을 것
• 중량이 가벼울 것
• 시야가 넓을 것
• 안면 밀착성이 좋을 것
• 피부 접촉 부분의 고무 질이 좋을 것

53 작업장 내의 정전기로 인한 폭발 방지를 위해 점검해야 할 사항 중 옳지 않은 것은?

① 작업장 내의 습도는 60~70[%]를 유지하고 있는가

② 도전성 마루이며 분체의 퇴적은 없는가

③ 누설저항은 100[Ω] 이하인가

④ 작업자가 대전방지복 및 구두를 착용하고 있는가

해설
③ 누설저항이 있어서는 안 된다.

54 본선 작업 중 갑판 적재 작업 시 안전에 대한 설명으로 옳지 않은 것은?

① 컨테이너 적재단 위로의 진입은 래싱 케이지, 스프레더(래싱 작업자 운반용으로 설계된 것), 이동식사다리를 사용하여야 한다.

② 작업 시 래싱 케이지나 스프레더에 추락방지용 안전대를 부착한 후 작업하여야 한다.

③ 래싱 케이지나 스프레더에 승강할 때에는 선박의 불워크(Bulwark)에서 승강하여서는 안 된다.

④ 이동식사다리는 3단 이상의 컨테이너를 승강하는 데 사용한다.

해설
케이지나 스프레더 사용이 쉽지 않은 경우, 이동식사다리를 사용하여 컨테이너 위나 작업하고자 하는 화물 위치로 접근하여야 하며, 이동식사다리는 3단 이상의 컨테이너를 승강하는 데 사용하여서는 안 된다.

55 차동식 분포형 열전기식 감지기의 작동 원리는 2종의 금속을 양단에 결합하여 양단에 온도차를 주었을 때 기전력이 발생하는 원리를 이용한 것이다. 이 원리를 무엇이라고 하는가?

① 톰슨 효과(Thomson Effect)

② 제벡 효과(Seebeck Effect)

③ 홀 효과(Hall Effect)

④ 핀치 효과(Pinch Effect)

해설
제벡 효과(Seebeck Effect) : 두 가지 물질이 있을 때 한쪽 접점을 고온으로, 다른 접점을 저온으로 가열하면 전류가 흐르는 현상을 말한다.

56 근로자에게 접촉될 위험이 있는 전기 기계 및 기구에 부속한 코드는 어떤 것을 사용하여야 하는가?

① 물에 대하여 안전한 것을 사용한다.

② 온도에 대하여 안전한 것을 사용한다.

③ 오일에 대하여 안전한 것을 사용한다.

④ 나무의 접촉에 대하여 안전한 것을 사용한다.

해설
물에 의한 감전을 예방하기 위해 방수형으로 된 기기나 기구를 사용해야 한다.

57 화물집하장(CFS) 지게차 운전 안전작업에 대한 설명으로 옳지 않은 것은?

① 주행 시 지게차 포크를 가능하면 지면에 가깝게 내린 상태에서 운행한다.

② 지게차는 일반화물만 취급하여야 하며, 컨테이너에 알맞은 포크 등을 부착한 후 빈 컨테이너 작업만 하여야 한다.

③ 경사진 곳을 운행하는 경우에 오를 때는 후진 주행하여야 한다.

④ 지게차 포크 끝단으로 컨테이너를 밀거나 끌어서는 안 된다.

해설
경사진 곳을 운행하는 경우에 오를 때는 전진 주행, 내려올 때는 후진 주행하여야 하며, 신호수의 지시에 따라야 한다.

58 2개 이상의 분기회로에서 작동순서를 자동적으로 제어하는 밸브는?

① 시퀀스 밸브
② 릴리프 밸브
③ 언로드 밸브
④ 감압 밸브

해설
② 릴리프 밸브 : 회로 내의 유체 압력이 설정값을 초과할 때 배기시켜 회로 내의 유체 압력을 설정값 내로 일정하게 유지시키는 밸브
③ 언로드 밸브 : 일정한 조건하에서 펌프를 무부하(無負荷)로 하기 위하여 사용되는 밸브
④ 감압 밸브 : 공기압축기에서 공급되는 공기압을 보다 낮고 일정한 압력으로 감압하여 안정된 공기압을 공압기기에 공급하는 기능을 하는 밸브

59 과전류 보호장치에 대한 설명으로 옳지 않은 것은?

① 과전류 보호장치란 차단기, 퓨즈 및 보호계전기 등을 말한다.

② 과전류 보호장치는 반드시 접지선 외의 전로에 병렬로 연결하여 과전류 발생 시 전로를 자동으로 차단하도록 설치하여야 한다.

③ 차단기, 퓨즈는 계통에서 발생하는 최대 과전류에 대하여 충분하게 차단할 수 있는 성능을 가져야 한다.

④ 과전류 보호장치가 전기계통상에서 상호 협조·보완되어 과전류를 효과적으로 차단하도록 하여야 한다.

해설
과전류 차단장치(산업안전보건기준에 관한 규칙 제305조)
사업주는 과전류(정격전류를 초과하는 전류로서 단락(短絡)사고전류, 지락사고전류를 포함하는 것을 말한다)로 인한 재해를 방지하기 위하여 다음의 방법으로 과전류 차단장치(차단기·퓨즈 또는 보호계전기 등과 이에 수반되는 변성기(變成器)를 말한다)를 설치하여야 한다.
• 과전류 차단장치는 반드시 접지선이 아닌 전로에 직렬로 연결하여 과전류 발생 시 전로를 자동으로 차단하도록 설치할 것
• 차단기·퓨즈는 계통에서 발생하는 최대 과전류에 대하여 충분하게 차단할 수 있는 성능을 가질 것
• 과전류 차단장치가 전기계통상에서 상호 협조·보완되어 과전류를 효과적으로 차단하도록 할 것

60 실(Seal)의 구분에서 밀봉장치 중 고정부분에만 사용되는 것으로 정확하게 표현된 것은?

① 패 킹
② 로드 실
③ 개스킷
④ 매커니컬 실

해설
실(Seal)
• Gasket : 밀봉부분이 고정되어 있을 경우(고정부분)에 사용되는 Seal을 의미
• Packing : 밀폐부분에 움직일 여유가 있는 경우(운동부분)에 사용되는 Seal을 의미

01 컨테이너크레인에 대한 설명으로 옳지 않은 것은?

① 피더 형식은 권상 높이 20[m], 아웃 리치 30[m], 트롤리 120[m/min]이다.

② 스팬은 육상측으로 최대로 나갈 수 있는 거리를 말한다.

③ 호이스트 이동거리는 인양 높이에서 스프레더가 화물창(선내) 내에 최대로 내려갈 수 있는 거리를 말한다.

④ 스팬은 해상측 레일에서 육상측 레일까지의 거리를 말한다.

해설
- 스팬 : 해상측 레일 중심에서 육상측 레일 중심까지 거리
- 백 리치(Back Reach) : 육지측 붐으로 최대로 나갔을 때, 육지측 레일 중심에서 스프레더 중심까지의 거리
- 아웃 리치(Out Reach) : 스프레더가 바다측으로 최대로 진행되었을 때, 바다측 레일 중심에서 스프레더 중심까지의 거리로, 힌지(Hinge) 부분에서 스프레더가 바다측으로 최대로 나갈 수 있는 거리

02 다음 중 줄걸이용 와이어로프(Wire Rope)의 구성 요소가 아닌 것은?

① 철 심

② 스트랜드(Strand)

③ 심 강

④ 소 선

해설
일반적으로 사용되는 로프의 형상은 심강 둘레를 3~8개의 스트랜드(Strand)가 둘러싸고 있다. 스트랜드를 구성하는 것을 소선이라 하며 스트랜드가 여러 개 모여 와이어로프를 형성한다.

03 쿨롱(Coulomb)의 법칙에 대한 설명으로 옳지 않은 것은?

① 작용하는 힘의 크기는 매질의 종류에 의해 정해진다.

② 두 전하 사이에 작용하는 힘의 크기는 두 전하 간 거리의 제곱에 비례한다.

③ 두 전하 사이에 작용하는 힘의 크기는 두 전하의 크기에 비례한다.

④ 두 전하를 연결하는 직선상에서 같은 종류의 전하 사이에는 반발력이 작용한다.

해설
쿨롱(Coulomb)의 법칙
두 점의 전하 사이에 작용하는 정전기력의 크기는 두 전하(전기량)의 곱에 비례하고, 전하 사이 거리의 제곱에 반비례한다.
$$F = \frac{1}{4\pi\varepsilon_0}\frac{Q_1Q_2}{r^2}\,[\text{N}]$$

04 다음 중 프로세스 제어 시스템에서 조작부의 구비 조건으로 옳지 않은 것은?

① 가격이 저렴할 것

② 제어신호에 정확히 동작할 것

③ 주위 환경과 사용조건에 충분히 견딜 것

④ 응답성이 좋고 히스테리시스가 클 것

해설
조작부(Final Control Element)의 구비조건
- 제어신호에 정확히 동작할 것
- 주위 환경과 사용조건에 충분히 견딜 것
- 보수점검이 용이할 것
- 가격이 저렴할 것

05 펌프에 관한 설명으로 옳은 것은?

① 반경방향으로 유체를 흡입하고 축방향으로 토출시키는 펌프는 축류식 펌프이다.

② 양흡입 펌프는 유량을 감소시킨다.

③ 다단 펌프는 유량을 증가시킨다.

④ 양흡입 펌프는 축추력이 발생되지 않는다.

해설
① 축방향으로 유체를 흡입하고 축방향으로 토출시키는 펌프는 축류식 펌프이다.
② 양흡입 펌프는 유량을 증가시킨다.
③ 다단 펌프는 양정을 증가시킨다.

06 펌프 운전 시 캐비테이션(Cavitation) 발생 없이 펌프가 안전하게 운전되고 있는가를 나타내는 척도로 사용되는 것은?

① 유효흡입수두(NPSH)

② 전양정(Total Head)

③ 수동력(L_W)

④ 비속도(N_S)

해설
유효흡입수두(NPSH ; Net Positive Suction Head) : 회전차 입구 부근의 압력이 낮아지면 펌프 내에 캐비테이션이 발생한다. 펌프 입구기준면에서 전압과 포화증기압과의 차는 펌프의 캐비테이션 발생에 대한 여유를 나타낸다. 이 압력차의 수두 표시를 유효흡입수두라 하며, 이것으로 펌프의 흡입 성능을 평가한다.

07 컨테이너 터미널 작업 시 차량운행에 대한 설명으로 옳지 않은 것은?

① 표시된 도로와 지정된 통행로를 준수하여야 하며, 야적장을 가로질러 횡단하여서는 안 된다.

② 터미널 내의 모든 하역기계는 방향지시기를 갖춰야 하지만 경보장치는 하지 않아도 된다.

③ 터미널 내에서 운행하는 모든 리치 스태커, 프런트 엔드 톱픽 로더는 사각지대 없이 운전자가 후방을 주시할 수 있도록 후방 카메라를 부착하여야 한다.

④ 경사면에서 리치 스태커나 프런트 엔드 톱픽 로더로 컨테이너를 싣고 운행할 때에는 컨테이너가 경사면의 위로 향하도록 하여 올라가거나 내려가도록 하여야 한다.

해설
터미널 내의 모든 차량 및 하역기계는 전조등, 후미등, 방향지시기 및 경보장치를 갖추어야 한다.

08 다음은 소화효과에 대한 설명 중 옳지 않은 것은?

① 할로겐화 탄화수소를 사용하는 경우의 주요 소화효과는 산소의 공급 차단에 의한 질식효과이다.

② 소화 분말을 사용하는 경우의 주요 소화효과는 연소의 억제, 냉각, 질식효과와 가열에 의해 발생하는 탄산가스에 의한 질식효과이다.

③ 물을 수증기의 형태로 사용하는 경우의 주요 소화효과는 산소의 공급 차단에 의한 질식효과이다.

④ 불활성 기체를 사용하는 경우의 주요 소화효과는 연소 범위에 영향을 주는 희석효과이다.

해설
소화효과 : 가연물 제거, 산소의 차단, 냉각효과, 열량의 공급 차단
③ 물은 냉각효과가 크다.

09 정전작업 전 조치사항이 아닌 것은?

① 작업 지휘자 임명

② 잔류 전하 방전

③ 전류 전파 조치

④ 단락 접지

해설

정전작업 전 조치사항
- 작업 지휘자 임명
- 잔류 전하 방전
- 단락 접지
- 검전기로 정전 여부 확인
- 활선의 표시
- 감시인 배치

10 다음 중 두 물질이 혼합하면 위험성이 커져서 상호 혼합금지 위험물로 규정된 것이 아닌 것으로 짝지어진 것은?

① 인화 액체 – 과산화나트륨

② 아세톤 – 아세틸렌

③ 사이안화물 – 산류

④ 탄화칼슘 – 물

해설

두 물질이 결합하면 격렬히 화학반응을 일으키는 물질은 위험물이다. 아세틸렌과 아세톤은 서로 친화력이 커서 폭발할 위험이 없다.

11 다음 중 비파괴 검사가 아닌 것은?

① 초음파 검사

② 압축 검사

③ 자분 검사

④ 방사선 투과 검사

해설

비파괴 검사 : 내압 검사, 초음파 검사, 자분 검사, 방사선 검사

12 사고의 발생과 필연적인 인과관계를 맺고 있는 재해의 원인은 통상적으로 직접적 원인과 간접적 원인으로 나누어지는데, 다음 중 간접적 원인에 해당되지 않는 것은?

① 관리적 원인

② 기술적 원인

③ 인간적 원인

④ 물적 원인

해설

- 직접적 원인 : 인적, 물적 원인
- 간접적 원인 : 기술적, 인간적, 관리적 원인

13 근로자가 300명인 어느 사업장에 1년에 5명의 사상자가 발생하였을 때, 연천인율은?

① 13.85

② 16.67

③ 22.14

④ 15.26

해설

$$연천인율 = \frac{사상자수}{1년간\ 평균근로자수} \times 1,000$$

$$= \frac{5}{300} \times 1,000$$

$$\fallingdotseq 16.67$$

14 다음 중 산업안전 사용 목적과 다르게 쓰인 안전표지는?

① 방향표지

② 안내표지

③ 지시표지

④ 금지표지

해설

안전보건표지에는 금지표지, 경고표지, 안내표지, 지시표지가 있다. 방향표지는 교통표지에 해당된다.

15 선박에 실린 화물을 고정시키는 작업을 무엇이라 하는가?

① 배닝(Vanning)

② 스태킹(Stacking)

③ 래싱(Lashing)

④ 디배닝(Devanning)

해설
③ 래싱(Lashing) : 운송기기에 실린 화물을 고정시키는 작업
① 배닝(Vanning) : 컨테이너에 물건을 싣는 작업
④ 디배닝(Devanning) : 컨테이너에서 물건을 내리는 작업

16 컨테이너 전용부두에서 적양작업에 사용하는 크레인에 대한 설명으로 올바른 것은?

① 지브에서 화물을 달아 올리는 크레인을 총칭하며 지브 크레인(Jib Crane), 끌어당김(인입식)크레인, 자주크레인(Mobile Crane), 데릭(Derrick) 등이 있다.

② 고가 주행궤도를 따라 주행하는 크레인으로 천장크레인, 특수천장크레인이 있다.

③ 주행하는 다리를 지주로 하여 상부층에 트롤리가 있어 레일 위를 크레인이 왕래한다.

④ 밑에는 주행레일이 있고 위에는 가이드레일이 있는 통로 안에서 주행장치로 주행하며 승강장치와 포크장치를 이용하여 입·출고 작업을 한다.

17 관세법상 통관을 위한 물품을 일시 장치하는 장소로서 세관장이 지정하는 구역은?

① 보세창고

② 지정보세구역

③ CFS

④ CY

해설
지정장치장(관세법 제169조, 제170조, 제172조)
지정장치장(지정보세구역)은 통관을 하려는 물품을 일시 장치하기 위한 장소로서 세관장이 지정하는 구역이다. 지정장치장에 물품을 장치하는 기간은 6개월의 범위에서 관세청장이 정하며, 지정장치장에 반입한 물품은 화주 또는 반입자가 그 보관의 책임을 진다.
① 보세창고 : 외국 물품이나 통관을 하고자 하는 물품을 장치하기 위한 구역이다.
③ CFS : 트럭 또는 철도로 반입된 LCL 화물을 보관, 분류해서 통관수속을 마친 후 FCL(컨테이너 단위) 화물로 만드는 작업장이다.
④ CY : 컨테이너 야드는 경계선이 명확하지 않으나 마샬링 야드의 배후에 배치되어 있으며, 마샬링 야드까지 포함하여 컨테이너 야드라고도 한다.

18 유압의 방향제어 밸브 중 슬라이드 밸브 구조의 특징은?

① 작동거리가 짧다.

② 섭동 저항이 작다.

③ 밸브 변환에 큰 힘이 필요하다.

④ 밀봉이 우수하다.

해설
슬라이드 밸브(미끄럼식) : 밸브 몸통과 밸브체가 미끄러져 개폐작용을 하는 형식으로, 스풀 밸브를 평면적으로 한 구조이다. 연결구가 세로 슬라이드, 세로 평 슬라이드, 판 슬라이드에 의하여 연결되거나 차단된다.
• 압력에 따른 힘을 거의 받지 않아 작은 힘으로도 밸브를 변환할 수 있다.
• 밸브의 섭동면은 랩 다듬질하여 실 부분을 스프링으로 누르기 때문에 누설량은 거의 없다.
• 작동거리가 길고 섭동 저항이 커서 조작력이 크므로 주로 수동조작 밸브에 사용한다.

19 회로의 전압을 측정하는 데 적합한 계기는?

① 메가테스터 ② 저항측정기
③ 전류테스터 ④ 멀티테스터

20 PLC에 내장된 프로그램에 따라 입력신호가 만족되면 해당 출력신호를 발생하기 위해 연속적으로 프로그램을 진행하는 과정은?

① 스캐닝 ② 프로그램 카운터
③ 인출 사이클 ④ 실행 사이클

21 압축기는 변동하는 공기의 수요에 공급량을 맞추기 위해 적절한 조절방식에 의해 제어되는데, 다음 중 무부하 조절방식이 아닌 것은?

① 차단 조절방식
② 속도 조절방식
③ 배기 조절방식
④ 그립-암 조절방식

22 다음 회로의 명칭은?

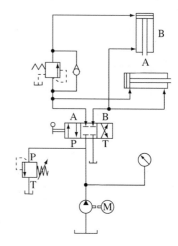

① 미터아웃 회로
② 블리드 오프 회로
③ 시퀀스 회로
④ 카운터 밸런스 회로

23 선박의 톤수에 대한 내용으로 맞지 않는 것은?

① 선박의 크기는 선박 자체의 용적이나 중량으로 나타내며, 화물선의 경우에는 선박에 적재할 수 있는 화물의 양이나 용적으로 표시한다.
② 중량톤의 단위로는 주로 MT, LT, ST가 사용된다.
③ 용적톤은 선박과 물류에 두루 사용되며, 선박의 용적을 톤으로 환산할 때에는 $100[ft^3]$를 1톤으로 한다.
④ 순톤수는 항만세, 톤세, 운하통과료, 등대사용료, 항만시설사용료 등 모든 세금과 수수료의 산출기준이 된다.

24 물류 관련 하역기기 및 하역 용어에 대한 설명 중 옳지 않은 것은?

① 단위탑재 수송용기(ULD ; Unit Load Device) : 종래의 벌크화물을 항공기의 탑재에 적합하도록 설계한 일종의 화물운송용기로 단위탑재용기인 컨테이너나 팰릿을 말한다.

② 언로더(Unloader) : 부두에서 본선으로부터 석탄, 광석 등의 벌크화물을 부리기 위해 만들어진 기중기로서, 트럭 수송에 있어서 1개 이상의 팰릿을 한 번에 내리는 기계도 언로더(Unloader)라고 한다.

③ 스트래들 캐리어(Straddle Carrier) : 컨테이너 하역장비의 일종으로 컨테이너 터미널이나 야적장에서 컨테이너의 수평이동 또는 다단 적재 시 사용된다.

④ 트랜스테이너 방식(Transtainer System) : 트랜스테이너에 의해 선박에서 적·양하된 컨테이너를 갠트리크레인에 보관하는 방식이다.

해설
트랜스테이너 방식은 컨테이너선에서 야드 섀시에 탑재한 컨테이너를 마샬링 야드에 이동시켜 트랜스테이너에 의해 선박에서 적·양하된 컨테이너를 보관하는 방식이다.

25 컨테이너 종류별 그 운반대상 화물을 연결한 것으로 적절하지 않은 것은?

① Reefer Container – 화학품, 유류
② Hanger Container – 의류, 봉제품
③ Flat Rack Container – 목재, 기계류, 승용차
④ Open Top Container – 기계, 철강제품, 판유리

해설
Reefer Container는 과일, 채소, 냉동화물 등을 적재하며, 화학품이나 유류는 Tank Container를 이용한다.

26 불안전한 상태와 불안전 행위를 제거하는 안전관리의 대책에는 적극적인 대책과 소극적인 대책이 있다. 다음 중 소극적인 대책에 해당하는 것은?

① 보호구의 사용
② 표준동작의 작성·실시
③ 위험공정의 배제
④ 정리정돈, 점검·정비

해설
보호구 착용은 2차적인 수단이며, 근원적으로 1차적 요인을 없애는 것이 중요하다.

27 다음의 소화제(消火劑) 중에서 A급 화재에 가장 효과적인 것은?

① 질소 또는 탄산가스 등의 불연성 기체
② 물 또는 물을 많이 함유한 용액
③ 중탄산나트륨과 황산알루미늄을 주성분으로 한 기포제
④ 할로겐화 탄화수소를 주성분으로 한 증발성 액체

해설
A급 화재(일반화재)에는 냉각효과가 큰 물을 사용한다.

28 전류는 발열, 방전 등의 현상을 수반하는데, 전력량 2[kWh]를 열량으로 환산하면 약 몇 [kcal]인가?

① 980 ② 1,240
③ 860 ④ 1,720

해설
전력량 1[kWh]는 1[kW]의 전력을 1시간 사용했을 때의 전력량이며, 열에너지로 환산하면 860[kcal]에 해당된다. 따라서 2[kWh]를 열량으로 환산하면 860 × 2 = 약 1,720[kcal]가 된다.

29 청소, 수리, 조정 작업 시 기계의 운전 방법은?

① 선회 운전
② 저속 운전
③ 정 지
④ 순환 운전

해설
기계에 청소, 수리, 조정 검사 등을 할 때는 반드시 기계 운전을 정지시키고 작업한다.

30 안전 집단교육 중 가장 효율적인 교육 방법은?

① 계몽 선전
② 강연에 의한 교육
③ 일반안전교육
④ 토의에 의한 교육

해설
토의식 교육 : 문제해결훈련, 사례연구, 심포지엄, 공개토론회

31 선박 위에 기울어지거나 비틀어져 놓여 있는 컨테이너를 똑바로 들어 올리기 위해 컨테이너와 동일하게 스프레더를 기울이거나 비틀게 하는 장치는?

① 틸팅 디바이스
② 트위스트 록
③ 타이 빔
④ 로드 핀

해설
• 트위스트 록 : 컨테이너 4곳의 코너 게스트(Corner Guest)에 콘(Cone)을 끼워 90°로 회전하여 잠금과 풀림 상태를 확인하는 장치로 컨테이너의 낙하를 방지한다.
• 타이 빔 : 바다 쪽에 설치되어 횡행로프 한 줄에 3개의 시브와 1개의 유압 실린더로 구성된 횡행장치이다.

32 트랜스퍼크레인에 대한 설명으로 가장 적절한 것은?

① 트랜스퍼크레인은 ISO 20, 40, 45피트의 컨테이너를 처리할 수 있다.
② 트랜스퍼크레인은 타이어식으로 디젤엔진에 의해서만 가동된다.
③ 호이스트, 트롤리, 갠트리 운전속도는 한국산업표준에 정해져 있어 어느 장비나 동일하다.
④ 레일 위에서 주행할 수 있도록 제작된 장비를 RTTC라고 부른다.

해설
• 트랜스퍼크레인에는 레일식인 RMGC(Rail Mounted Gantry Crane)와 타이어식인 RTGC(Rubber Tired Gantry Crane) 등이 있고, 이 외에도 무인자동화용과 철송용 트랜스퍼크레인도 있다.
• 트랜스퍼크레인의 갠트리 운전속도(이동속도)는 장비에 따라 다르다.
• 레일 위에서 주행할 수 있도록 레일 위에 고정되어 있는 장비는 RMGC(Rail Mounted Gantry Crane)이다.

33 컨테이너크레인에서 작업할 수 있는 컨테이너의 열(Row)과 크레인 아웃 리치(Out Reach)가 가장 바르게 연결된 것은?

① 24열 – 70m
② 16열 – 45m
③ 18열 – 60m
④ 13열 – 30m

해설
컨테이너크레인 A형 구조의 크기는 컨테이너 선박의 열 단위로 13열, 수정 A형 구조는 16열은 약 45[m], 18열은 약 50[m]이다.

34 다음 중 트롤리의 종류에 해당하지 않는 것은?

① 세미로프(Semi-rope) 트롤리
② 크랩(Crab) 트롤리
③ 하프로프(Half Rope) 트롤리
④ 와이어로프(Wire Rope) 트롤리

해설
• 세미로프(Semi-rope) 트롤리 : 트롤리만 와이어로프로 작동시키고 호이스트 장치를 별도로 장치하는 방식이다.
• 크랩(Crab) 트롤리 : 맨 트롤리 방식과 유사하나 운전실이 트롤리 프레임에 붙어 있지 않고 호이스트 장치와 트롤리 장치를 함께 트롤리 프레임 위에 장착하는 방식이다.
• 와이어로프(Wire Rope) 트롤리 : 트롤리용 와이어로프 드럼을 별도로 장치하고 이 와이어 드럼을 회전시켜 트롤리 프레임 양쪽에 고정되어 있는 와이어로프를 풀고 감으면서 트롤리를 이동시키는 방식이다.

35 컨테이너크레인의 운전실에 있는 마스터 컨트롤러 (Master Controller)의 조작에 대한 설명으로 옳은 것은?

① 좌측 컨트롤러는 호이스트와 갠트리를 조정한다.
② 좌·우측 컨트롤러의 레버를 가운데에 두면 해당 장치가 정지된다.
③ 좌측 컨트롤러는 십자로 움직이며, 우측 컨트롤러는 일자로 움직인다.
④ 우측 컨트롤러는 트롤리 조작을 한다.

36 국제해상위험물규칙에서 위험물이 관련된 사고 시 사용해야 하는 의료응급처리 지침번호를 나타내는 것은?

① EMS No.
② Packing No.
③ MFAG No.
④ UN No.

37 유압장치에서 피스톤 펌프의 특징이 아닌 것은?

① 구조가 복잡하고 가변용량 제어가 가능하다.
② 펌프 전체 효율이 기어 펌프보다 나쁘다.
③ 비교적 소형으로도 고압, 고성능을 얻을 수 있으나 고가이다.
④ 경사판의 경사각을 조절하여 유압유의 송출량을 조절한다.

해설
피스톤 펌프
• 피스톤 펌프는 고속 운전이 가능하여 비교적 소형으로도 고압, 고성능을 얻을 수 있다.
• 여러 개의 피스톤으로 고속 운전하므로 송출압의 맥동이 매우 작고 진동도 작다.
• 송출 압력은 100~300[kgf/cm²]이고, 송출량은 10~50[L/min] 정도이다.
• 피스톤 펌프는 축 방향 피스톤 펌프와 반지름 방향 피스톤 펌프가 있다.
• 경사판의 경사각을 조절하여 유압유의 송출량을 조절한다.
※ 기어 펌프 : 형식이나 구조가 간단하고 흡인력이 크나, 소음이 다소 발생한다. 펌프의 전체 효율은 약 85[%]이다.

38 화물취급자가 화물을 들어 올리거나 운반할 때, 타인의 도움을 요청해야 하는 최소 중량은?

① 화물이 자기 체중의 1/2 이상
② 화물이 자기 체중의 1/4 이상
③ 화물이 자기 체중의 1/6 이상
④ 화물이 자기 체중의 1/8 이상

해설
화물취급자는 너무 무거운 하중을 들어 올리지 말아야 한다. 화물이 자기 체중의 1/2 이상이면, 그것을 들어 올리거나 운반하는 데 도움을 요청하여야 한다.

39 지붕의 대부분이 개방되어 있는 컨테이너로서 어느 정도의 수밀성을 갖도록 가공한 플라스틱 시트 (Tarpaulin) 등으로 지붕을 덮은 것은?

① 43G0

② 42P0

③ 42R0

④ 43U0

41 선박 출입수단인 현문 사다리의 기울기는 몇 도(°) 이하여야 하는가?

① 70°

② 50°

③ 60°

④ 40°

42 컨테이너크레인에 설치된 와이어로프가 아닌 것은?

① 붐 와이어로프

② 거더 와이어로프

③ 호이스트 와이어로프

④ 트롤리 와이어로프

40 컨테이너 터미널에서 실시해야 할 최소한의 비상훈련에 대한 설명으로 옳지 않은 것은?

① 구조 : 선박의 홀드, 장치장, 컨테이너크레인, 화재지

② 응급처치 상황 : 신속한 장비의 구입, 서류 소각 등

③ 화학물질 누출 : 호흡기구, 들것, 안경, 청소작업 등

④ 탈출훈련 : 사무실, 작업장, 장치장, 장비 등

해설
컨테이너터미널에서 실시해야 할 최소한의 비상훈련
• 화재 : 장치장, 하역장비, 본선, 사무실, 위험물 등
• 구조 : 선박의 홀드, 장치장, 컨테이너크레인, 화재지
• 응급처치 상황 : 다양한 부상 정도를 포함한 사고의 모의훈련
• 화학물질 누출 : 호흡기구, 들것, 안경, 안면마스크, 청소작업 등
• 외부원조(소방대, 앰뷸런스, 경찰)를 포함한 비상훈련
• 탈출훈련 : 사무실, 작업장, 장치장, 장비 등

43 크레인작업 표준신호지침에 따른 신호법 중 집게 (검지)손가락을 위로 해서 수평원을 크게 그리며 호각을 "길게, 길게" 부는 신호방법은?

① 물건 걸기

② 위로 올리기

③ 천천히 조금씩 위로 올리기

④ 정 지

해설
• 물건 걸기 : 양쪽 손을 몸 앞에다 대고 두 손을 깍지 끼며 호각을 길게, 짧게 분다.
• 천천히 조금씩 위로 올리기 : 한 손을 지면과 수평하게 들고 손바닥을 위쪽으로 하여 2, 3회 적게 흔들고, 호각을 짧게, 짧게 분다.
• 정지 : 한 손을 들어 올려 주먹을 쥐고, 호각을 아주 길게 분다.

44 야드 크레인에서 SWL 50LT의 의미는?

① 연속적재하중 50LT를 의미한다.

② 최소작업하중 50LT를 의미한다.

③ 최대정격하중 50LT를 의미한다.

④ 안전작업하중 50LT를 의미한다.

해설

SWL(Safety Working Load) : 안전작업하중, 안전사용하중, 정격하중

45 3상 유도전동기의 회전속도 제어법에 속하지 않는 것은?

① 계자제어법

② 종속접속법

③ 저항제어법

④ 주파수 제어법

해설

3상 유도전동기는 농형 유도전동기와 권선형 유도전동기로 나뉜다.

• 농형 유도전동기 속도제어
 – 전원주파수변환법(VVVF)
 – 1차 전압제어법
 – 극수변환법
 – 종속접속법

• 권선형 유도전동기의 속도제어
 – 2차 저항제어법
 – 2차 여자제어법

46 저항 20[Ω]의 전기회로에 50[V]의 전압을 가할 때 흐르는 전류[A]는?

① 1.3 ② 1.8

③ 2.5 ④ 3.2

해설

저항 : 전압과 전류의 비

$$R[\Omega] = \frac{V}{I} \rightarrow 20 = \frac{50}{x}$$

$$\therefore x = 2.5[A]$$

47 컨테이너 터미널의 안벽에 접한 부분으로 하역 장비(Gantry Crane 등)가 설치되어 있는 곳은?

① 컨테이너 야드(Container Yard)

② 에이프런(Apron)

③ 컨테이너 화물 조작장(CFS)

④ 마샬링 야드(Marshalling Yard)

해설

• 화물집하장(Marshalling Yard) : 컨테이너선에 컨테이너를 선적하거나 양륙하기 위하여 작업 순서에 따라 컨테이너를 정렬시켜 놓은 넓은 공간을 말한다.

• 컨테이너 화물 조작장(CFS ; Container Freight Station) : 단일 화주의 화물이 컨테이너 1개에 채워지지 않는 소량 화물(LCL 화물 ; Less Than a Container Loaded Cargo)을 적입하거나 인출하고, 트럭 또는 철도로 반입된 LCL 화물을 보관, 분류해서 통관수속을 마친 후 FCL(컨테이너 단위) 화물로 만드는 작업장이다.

• 컨테이너 야드(Container Yard) : 적재된 컨테이너를 인수, 인도, 보관하는 야적장이다.

48 주행충돌방지장치에 적용된 센서에서 가장 우선적으로 고려해야 할 사항은?

① 거리측정 ② 반응성 측정

③ 강도측정 ④ 기계측정

49 컨테이너 기기의 수도를 증명하는 서류로서 컨테이너를 터미널에 반입(또는 반출)할 때, 교환되는 서류는?

① Booking Note

② Delivery Order

③ Equipment Interchange Receipt

④ Shipping Order

해설

③ Equipment Interchange Receipt : 기기수도증
① Booking Note : 선적예약서, 예약일람표
② Delivery Order : 인도지시서
④ Shipping Order : 선적지시서

50 컨테이너 터미널에서 사용되는 Bay Plan에 표시되지 않는 사항은?

① 적·양하지　　② 화물적재톤수

③ 컨테이너 번호　　④ 화주명

해설

베이플랜(Bay Plan)
선박의 홀드와 데크상에 적재된 컨테이너의 세부적인 사항을 나타낸 것이다. 적·양하지, 선적항별로 표시, 화물적재톤수 및 컨테이너 번호를 기재하여 작업 시의 화물무게 또는 하역을 위한 하중표를 기록하여 복원성계산 등의 근거를 제공한다.

51 강철제의 용기에 기체를 봉입한 고무 주머니를 넣은 구조로 되어 있는 축압기는?

① 블래더식　　② 다이어프램식

③ 피스톤식　　④ 스프링가압식

해설

축압기의 종류
• 가스부하식 : 피스톤형, 다이어프램형, 블래더형
• 비(非)가스부하식 : 스프링형, 직압형, 중추식

52 스프레더의 주요동작을 수행하는 장치가 아닌 것은?

① 텔레스코픽(Telescopic) 장치

② 제동(Brake) 장치

③ 트위스트 록(Twist Lock) 장치

④ 플리퍼(Flipper) 장치

해설

스프레더의 주요 동작
• 플리퍼(Flipper) : 스프레더를 컨테이너에 근접시킬 때 트위스트 록이 컨테이너의 네 모서리에 잘 삽입될 수 있도록 안내 역할을 한다.
• 텔레스코픽(Telescopic) : 컨테이너의 길이에 따라 스프레더의 길이를 알맞게 조정하는 기능의 명칭이다.
• 트위스트 록/언록(Twist Lock/Unlock) : 컨테이너의 네 모서리에 콘을 끼워 90°로 회전하여 컨테이너 잠김과 풀림 상태를 확인한다.

53 운전실의 트위스트 록 바이패스(Twist Lock By-pass) 스위치를 사용할 때 발생하는 현상은?

① 트위스트 록이 작동되지 않는다.

② 트위스트 록이 순간적으로 풀린다.

③ 스프레더가 컨테이너에 착상되어 있지 않아도 트위스트 록 장치가 작동한다.

④ 트위스트 록을 작동시키기 위한 착상 리밋 스위치가 작동하지 않는다.

해설

트위스트 록(Lock)의 제어 방법
• 트위스트 록은 운전실(Cabin) 내의 오른쪽 콘솔에 설치되어 있는 스위치에 의해 조작된다.
• 스프레더에 있는 4개의 트위스트 록 모두가 컨테이너 위에 정확히 착상되지 않으면 착상 리밋 스위치에 의해 특·상에 미달하는 것은 록/언록 작동이 되지 않는다.
• 바이패스 스위치 사용 시 스프레더가 컨테이너에 착상되어 있지 않아도 트위스트 록 장치가 작동한다.

54 컨테이너크레인의 붐 인양장치가 작동되지 않을 경우 확인해야 할 사항과 가장 거리가 먼 것은?

① 붐 래치 핀(Latch Pin)이 훅(Hook)에서 걸려 있는지 확인한다.
② 트롤리가 주차(정지) 위치에 있는지 확인한다.
③ 붐 와이어로프가 활차에서 탈선되어 있는지 확인한다.
④ 레일 클램프가 잠겨 있는지 확인한다.

해설
붐 호이스트 운전의 실행 조건
• 붐 래치 핀이 풀려 있을 때
• 주행이 작동하지 않을 때
• 트롤리가 작동하지 않을 때
• 호이스트가 작동하지 않을 때
※ 레일 클램프 : 작업 시 컨테이너크레인을 정위치에 고정시킬 뿐만 아니라 돌풍으로 인해 컨테이너크레인이 레일 방향으로 미끄러지는 것을 방지하는 장치이다.

55 와이어로프의 폐기기준에 대한 설명으로 옳지 않은 것은?

① 한 꼬임에서 소선의 수가 10[%] 이상 절단된 것
② 지름의 감소가 공칭지름의 5[%]를 초과한 것
③ 열에 의해 손상된 것
④ 킹크된 것

해설
와이어로프의 폐기기준
• 와이어로프 파손, 변형으로 인하여 기능, 내구력이 없어진 것
• 와이어의 한 꼬임에서 소선 수의 10[%] 이상이 절단된 것
• 마모로 인하여 직경이 공칭지름의 7[%] 이상 감소된 것
• 킹크가 생긴 것
• 현저하게 부식되거나 변형된 것
• 열에 의해 손상된 것

56 컨테이너크레인에 사용되는 싱글 스프레더의 착상용 리밋 스위치의 개수는?

① 4개　　　　　② 5개
③ 6개　　　　　④ 7개

57 수입 컨테이너의 본선 하역에 있어서 현장(포맨, 신호수, 언더맨 등)에 전달되는 서류가 아닌 것은?

① 작업진행표(Sequence List)
② 본선 적부계획도(Stowage Plan)
③ 컨테이너 선적목록(Container Loading List)
④ G/C 작업계획도(Working Schedule)

해설
컨테이너 선적목록(Container Loading List) : 선사에서 선적 마감을 KL-NET를 이용하여 EDI 문서로 전송하면 터미널에서는 수신 후 업무를 진행한다. 내용으로는 선명/항차, 컨테이너번호, 중량, B/L No., 양하항 등이 포함된다.

58 유압장치에서 비정상 소음이 나는 원인으로 가장 적합한 것은?

① 무부하 운전 중이다.

② 점도지수가 높다.

③ 유압장치에 공기가 들어 있다.

④ 유압펌프의 회전속도가 적절하다.

해설
유압펌프에 공기가 흡입되면 큰 소음이 발생하고, 그 소음은 높은 압력하에서 더 큰 소음을 발생시킨다.

60 컨테이너크레인에서 틸팅 디바이스의 실린더 위치를 체크하는 센서는?

① 충돌방지 센서

② 리드 센서

③ 레이저 센서

④ 인코더

59 요동형 액추에이터의 기호 표시는?

① ②

③ ④

01 트랜스퍼크레인(Transfer Crane)의 설명으로 옳지 않은 것은?

① 컨테이너 야드에서 컨테이너를 야드에 장치하거나, 적치된 컨테이너를 섀시(Chassis)에 실어 주는 작업을 하는 컨테이너 이동장비이다.

② 컨테이너 선박(Container Ship)으로부터 하역된 컨테이너 박스를 스프레더를 이용하여 이송, 적재한다.

③ RTGC는 야드 부분의 자동화가 용이한 장점이 있다.

④ 야드 섀시(Yard Chassis)나 트럭 섀시(Truck Chassis)에 올리거나 내리는 일을 하며 다른 야적 장소로 옮기는 작업을 한다.

해설
③ 기존 터미널에서는 RTGC를 주로 사용했으나, 최근 개발되는 터미널에서는 야드 부분의 자동화가 용이하고 유가 상승으로 에너지 절감이 가능한 레일식의 RMGC를 많이 사용한다.

02 다음 중 스프레더의 주요 동작이 아닌 것은?

① 플리퍼 업/다운

② 텔레스코픽

③ 트위스트 록/언록

④ 헤드 업/다운

해설
스프레더의 주요 동작
• 플리퍼(Flipper) : 스프레더를 컨테이너에 근접시킬 때 트위스트 록이 컨테이너의 네 모서리에 잘 삽입될 수 있도록 안내 역할을 한다.
• 텔레스코픽(Telescopic) : 컨테이너의 길이에 따라 스프레더의 길이를 알맞게 조정하는 장치이다.
• 트위스트 록/언록(Twist Lock/Unlock) : 컨테이너의 네 모서리에 콘을 끼워 90°로 회전하여 컨테이너의 잠김과 풀림 상태를 확인한다.

03 2개 이상의 분기회로에서 작동 순서를 자동으로 제어하는 밸브는?

① 시퀀스밸브

② 릴리프밸브

③ 언로드밸브

④ 감압밸브

해설
② 릴리프밸브 : 회로 내의 유체 압력이 설정값을 초과할 때 배기시켜 회로 내의 유체 압력을 설정값 내로 일정하게 유지시키는 밸브
③ 언로드밸브 : 일정한 조건하에서 펌프를 무부하(無負荷)로 하기 위해 사용되는 밸브
④ 감압밸브 : 공기압축기에서 공급되는 공기압을 보다 낮고 일정한 압력으로 감압하여 안정된 공기압을 공압기기에 공급하는 밸브

04 컨테이너크레인 작업 중에 조치해야 할 사항에 해당되는 것은?

① 컨테이너크레인의 주변 점검

② 윤활 상태 점검

③ 각종 스위치 확인

④ 규정된 양정 이상 감아올리기 금지

해설
컨테이너크레인 점검사항

가동 전 점검사항	가동 중 점검사항	가동 후 점검사항
• 크레인 주변 점검	• 안전운전	• 크레인을 제 위치에 고정
• 윤활 상태 점검	• 충격을 피하는 운전	• 전장품
• 와이어로프 점검	• 크레인에 명기된 사항의 한계를 초과하지 않는 운전	• 스프레더
• 각종 스위치 점검		• 기타 부품의 점검
• 시운전		

05 와이어로프의 보관 방법에 대한 설명 중 틀린 것은?

① 습기가 없고 지붕이 있는 곳에 보관해야 한다.

② 직사광선이나 열, 해풍 등을 피해야 한다.

③ 로프가 직접 지면에 닿지 않도록 침목 등으로 받쳐 둔다.

④ 한 번 사용한 로프를 보관할 때는 표면에 묻은 그리스를 제거하여 보관한다.

해설

와이어로프 보관 시 주의사항

• 습기가 없고 지붕이 있는 곳을 선택할 것
• 로프가 직접 지면에 닿지 않도록 침목 등으로 받쳐 30[cm] 이상의 틈을 유지하면서 보관할 것
• 직사광선이나 열, 해풍 등을 피할 것
• 산이나 황산가스에 주의하여 부식 또는 그리스의 변질을 막을 것
• 한 번 사용한 로프를 보관할 때는 표면에 묻은 모래, 먼지 및 오물 등을 제거 후 로프에 그리스를 바른 후 보관할 것
• 눈에 잘 띄고 사용이 빈번한 장소에 보관할 것

06 인크리멘탈 인코더 펄스 수가 100펄스와 1,000펄스의 차이점은?

① 화소 수가 차이가 난다.

② 분해능이 차이가 난다.

③ 인코더의 크기가 차이가 난다.

④ 아무 관계가 없다.

해설

분해능은 인코더 축이 1회전할 때 나오는 펄스 수를 의미한다.

07 컨테이너크레인에 설치된 안전장치 중 계류장치가 아닌 것은?

① 레일 클램프(Rail Clamp)

② 타이 다운(Tie Down)

③ 앵커(Anchor)

④ 호이스트 브레이크(Hoist Brake)

해설

계류장치

• 폭주방지장치 : 레일 클램프, 앵커
• 전도방지장치 : 타이 다운(턴버클로 조정)

08 배선용 차단기의 기능에 대한 설명으로 옳은 것은?

① 과부하 및 단락 발생 시 자동으로 회로를 차단

② 푸시버튼 스위치의 조작

③ 압력을 초과할 경우 동작하는 스위치

④ 레벨을 초과할 경우 동작하는 스위치

해설

배선용 차단기 : 부하전류의 개폐 및 과부하, 단락 등의 사고가 발생할 때 자동으로 회로를 차단하는 기기이다.

09 컨테이너크레인 트롤리 등에 사용되는 인크리멘탈 인코더(Incremental Encoder)에서 발생하는 파형은?

① 사인파형

② 코사인파형

③ 맥류파형

④ 펄스파형

해설

인크리멘탈 인코더(Incremental Encoder) 출력값

디지털 상댓값 출력, 회전각의 변화에 따라 펄스가 출력된다.

10 선박 위에 기울어지거나 비틀어져 놓여 있는 컨테이너를 똑바로 들어올리기 위해 컨테이너와 동일하게 스프레더를 기울이거나 비틀게 하는 장치는?

① 케이블 릴
② 레일 클램프
③ 트위스트 록
④ 틸팅 디바이스

해설

④ 틸팅 디바이스 : 작업 중 스프레더가 외란 혹은 화물의 편중 등으로 인하여 좌우 양쪽 중 어느 한쪽으로 기울어짐을 방지하는 장치이다.
② 레일 클램프 : 크레인이 작업 중 바람에 의해 밀리는 것을 방지하는 장치이다.
③ 트위스트 록 : 헤드 블록과 스프레더를 연결하는 장치이다.

11 트롤리용 와이어로프에 장력을 주어 자중에 의해 처지는 것을 방지하여 트롤리 운전을 원활하게 하기 위한 장치는?

① 붐 래치(Boom Latch)
② 텔레스코픽(Telescopic)
③ 로프 텐셔너(Rope Tensioner)
④ 틸팅 디바이스(Tilting Device)

해설

① 붐 래치(Boom Latch) : 붐을 올린 후 붐 와이어로프에 긴장을 주지 않고 보호하기 위하여 붐을 걸어두는 장치
② 텔레스코픽(Telescopic) : 컨테이너의 길이에 따라 스프레더의 길이를 알맞게 조정하는 장치
④ 틸팅 디바이스(Tilting Device) : 작업 중 스프레더가 외란 혹은 화물의 편중 등으로 인하여 좌우 어느 한쪽으로 기울어짐을 방지하는 장치

12 컨테이너의 길이에 따라 스프레더의 길이를 알맞게 조정하는 장치는?

① 헤드 블록
② 빔
③ 트위스트 록
④ 텔레스코픽

해설

텔레스코픽(Telescopic) 기능
컨테이너(20, 40, 45피트 등)에 따라 스프레더를 알맞은 크기로 조정할 수 있도록 늘이고 줄이는 장치이다.

13 붐 래치가 설치된 곳은?

① 아펙스 빔
② 트롤리 거더
③ 헤드 블록
④ 백 스테이

해설

붐 래치는 붐에 올린 후 붐 와이어로프에 긴장을 주지 않고 보호하기 위해 붐을 걸어두는 장치로서 아펙스 빔 위에 설치한다.

14 컨테이너에 표시되어 있는 '22G1'에 대한 설명으로 틀린 것은?

① 일반용도 컨테이너이다.
② 폭이 8피트인 컨테이너이다.
③ 길이가 20피트인 컨테이너이다.
④ 높이가 9피트 6인치인 컨테이너이다.

해설

④ 높이가 8피트 6인치인 컨테이너이다.
※ 22G1 -20' (20'×8'×8.6') GENERAL CARGO CONTAINER

15 스프레더의 유압펌프를 동작시키기 위한 조건이 아닌 것은?

① 컨트롤 온 상태일 경우
② 폴트 감지가 없을 경우
③ 컨트롤 오프 상태일 경우
④ 스프레더가 연결되어 있을 경우

16 컨테이너크레인 가동 전에 하는 일상점검이 아닌 것은?

① 크레인 주변을 확인한다.
② 각종 스위치를 확인한다.
③ 각 부위의 윤활 상태를 확인한다.
④ 갠트리 레일의 손상 여부를 확인한다.

해설
컨테이너크레인 작업 전에 하는 일상점검
• 컨테이너크레인의 주변 점검
• 윤활 상태 점검
• 각종 스위치 확인
• 와이어로프 점검
• 시운전

17 유압모터의 장점이 아닌 것은?

① 효율이 기계식에 비해 높다.
② 무단계로 회전속도를 조절할 수 있다.
③ 회전체의 관성이 작아 응답성이 빠르다.
④ 동일한 출력 전동기에 비해 소형이 가능하다.

해설
유압모터의 장점
• 속도제어가 용이하다.
• 힘의 연속제어가 용이하다.
• 운동방향제어가 용이하다.
• 소형 경량으로 큰 출력을 낼 수 있다.
• 속도나 방향의 제어가 용이하고 릴리프 밸브를 달면 기구적 손상을 주지 않고 급정지시킬 수 있다.
• 2개의 배관만을 사용해도 되므로 내폭성이 우수하다.

18 컨테이너크레인의 제어에 대한 설명으로 옳지 않은 것은?

① 크레인 모니터링 시스템은 컨테이너크레인의 시스템을 감시한다.
② 붐 호이스트 동작에 따른 검출센서는 리밋 스위치이다.
③ 컨테이너크레인의 전압 측정은 배전반에 있는 전압계에 전원만 투입하면 된다.
④ 붐 호이스트에는 수동식 트위스트 록, 안티-스웨이 시스템 반사경, 케이블 탭 등이 설치되어 있다.

해설
④는 헤드 블록 위에 설치되어 있다.

19 크레인작업표준신호지침에 따른 신호방법 중 방향을 가리키는 손바닥 밑에 집게손가락을 위로 해서 원을 그리며 호각을 '짧게, 길게' 취명하는 신호는?

① 수평 이동
② 천천히 이동
③ 위로 올리기
④ 아래로 내리기

해설
크레인작업표준신호지침에 따른 신호방법

수평이동	수신호		손바닥을 움직이고자 하는 방향의 정면으로 하여 움직인다.
	호각신호		강하고 짧게
위로 올리기	수신호		집게 손가락을 위로 해서 수평원을 크게 그린다.
	호각신호		길게 길게
아래로 내리기	수신호		팔을 아래로 뻗고(손끝이 지면을 향함) 2, 3회 적게 흔든다.
	호각신호		길게 길게

20 유압장치에서 비정상 소음이 나는 원인으로 옳은 것은?

① 유압장치에 공기가 들어 있다.

② 유압펌프의 회전속도가 적절하다.

③ 무부하 운전 중이다.

④ 점도지수가 높다.

> **해설**
> 유압펌프에 공기가 흡입되면 큰 소음이 발생하고, 그 소음은 높은 압력하에서 더 큰 소음을 발생시킨다.

21 가변 용량형 유압 펌프의 기호 표시는?

① 　②

③ 　④

> **해설**
> 유압장치 기호에서 검정 삼각형이 바깥을 향하면 펌프이고 원의 안쪽으로 향하면 모터이며, 화살표가 있으면 가변 용량형이고 화살표가 없으면 정용량형이 된다.

22 컨테이너 선적(적화)계획을 수립할 때 고려해야 할 사항이 아닌 것은?

① 게이트에서 본선까지의 거리 고려

② 장치장의 이동거리 최소화

③ 선박의 안정성 고려

④ 컨테이너 재배치의 최소화

> **해설**
> 컨테이너의 본선 적부계획 시 고려해야 할 기본사항
> • 기본적인 적화 방향을 고려해 효율적인 작업과정을 반영해야 한다.
> • 선박의 종류에 따른 컨테이너 적재 작업방법을 고려해야 한다.
> • 장치장의 이동거리를 최소화하고 선박의 안정성을 고려해야 한다.
> • 장비의 간섭을 최소화하고 컨테이너 재배치를 최소화해야 한다.

23 컨테이너를 육상에서 선박으로 또는 선박에서 육상으로 하역하는 장비는?

① 리치 스태커

② 컨테이너크레인

③ 트랜스퍼크레인

④ 스트래들 캐리어

> **해설**
> ① 리치 스태커 : 컨테이너의 야적, 섀시에 적재, 짧은 거리 이송 등에 사용하는 장비이다.
> ③ 트랜스퍼크레인 : 터미널 야드에서 트레일러 섀시 위에 상・하차 작업을 하는 장비이다.
> ④ 스트래들 캐리어 : 주 프레임 내에서 컨테이너를 올리고 운반하는 장비이다.

24 컨테이너를 선박으로부터 내리는 작업은?

① 발 송

② 보 관

③ 적 화

④ 양 화

> **해설**
> ④ 양화 : 선박으로부터 화물을 내리는 작업이다.
> ③ 적화 : 부선 또는 부두 위의 화물(컨테이너)을 선박에 적재하기까지의 작업이다.

25 컨테이너터미널에서 터미널 방문자에 대한 출입 안전교육 내용으로 틀린 것은?

① 출입자에게 출입 루트가 표시된 터미널 계획을 알려준다.

② 컨테이너 운반장비의 빠른 이동에 따른 위험을 경고한다.

③ 단체 방문자들은 도보로 이동하게 한다.

④ 출입금지 구역에 대한 엄격한 경고조치를 한다.

해설
단체 방문에 대해서는 사전허가를 얻고, 별도로 터미널 버스를 이용한다.

26 시퀀스 제어에서 각 응용회로에 대한 설명으로 옳지 않은 것은?

① 자기 유지 회로 : 릴레이 자신의 접점에 의하여 동작 회로를 구성하고 스스로 동작을 유지하는 회로

② 인터록 회로 : 2개의 입력 중에서 먼저 동작한 쪽이 우선이고 다른 쪽은 나중에 동작하는 회로

③ 시간 지연 회로 : 입력 신호를 준 후에 설정된 시간만큼 출력이 늦게 변화하도록 설계된 회로

④ 일치 회로 : 2개의 상태가 같을 때만 출력이 나타나는 회로

해설
인터록 회로 : 2개의 입력 중에서 먼저 동작한 쪽이 우선이고 다른 쪽은 동작을 금지하는 회로

27 유압실린더 등의 중력에 의한 자유낙하 방지를 위해 배압을 유지하는 압력제어밸브는?

① 감압밸브

② 시퀀스밸브

③ 언로더밸브

④ 카운터밸런스밸브

28 유압유의 유체에너지(압력, 속도)를 기계적인 일로 변환시키는 유압장치는?

① 유압펌프

② 유압 액추에이터

③ 어큐뮬레이터

④ 유압밸브

해설
유압 액추에이터 : 유압밸브에서 기름을 공급받아 실질적으로 일을 하는 장치로서, 직선운동을 하는 유압실린더와 회전운동을 하는 유압모터로 분류된다.

29 컨테이너터미널 운송시스템에서 야드 바닥에 컨테이너를 다단으로 쌓아 보관, 장치하는 방식은?

① 적재방식

② 탑재방식

③ 혼재방식

④ 대기방식

30 유압장치의 구성요소가 아닌 것은?

① 제어밸브 ② 오일탱크
③ 유압펌프 ④ 차동장치

해설
차동장치는 동력전달장치이다.

31 수입 컨테이너에는 스트래들 캐리어를 사용하고, 수출 컨테이너를 야드에 직접 선측까지 운반할 경우에는 트랜스퍼크레인을 사용하여 작업의 효율성을 높이는 방식은?

① 혼합중계방식(Combination System)
② 트랜스퍼크레인 방식(Transfer Crane System)
③ 리치 스태커 방식(Reach Stacker System)
④ 프런트 엔드 톱픽 로더 방식(Front-end Top-pick Loader System)

해설
컨테이너터미널 야드 장비 운영시스템
• 트랙터-트레일러(섀시) 시스템(Tractor-Trailer System) : 대형 트랙터와 이것을 견인하는 트레일러로 구성되어 각 트레일러는 20피트 또는 40피트 컨테이너의 수송에 적합하도록 설계되었다.
• Straddle Carrier System : 컨테이너를 양각 사이에 들어 올려 크레인 아랫부분으로부터 이동시켜 CY(Container Yard) 내에서 일단 지상 또는 다른 컨테이너상에 다단으로 장치하였다가 화물을 인도할 때 다시 S/C(Straddle Carrier)로 집어서 섀시 위에 올려놓는 방식이다.
• Transfer Crane System : 타이어나 레일에 의해 전후 방향으로만 이동하여 양륙된 컨테이너 야드까지는 트랙터와 섀시로 운반하고, 장치장에서는 3~5단 적재가 가능한 트랜스테이너가 컨테이너 장치, 반입, 반출작업을 행하는 방식이다.
• Front-end Top-pick Loader System : 수출 컨테이너는 트럭에 의해 직접 컨테이너 장치장에 옮겨지며, Front-end Loader는 컨테이너를 트럭 섀시로부터 옮겨서 지정된 장치장 위치에 갖다 놓는다. 수입 컨테이너는 야드 적재장소에서 Loader에 의해 직접 운반장비인 섀시에 인도되며, Front-end Loader는 장치장에 적재되는 컨테이너와 역순으로 야적 블록에서 컨테이너를 끌어낸다.
• Combination System : S/C와 T/C를 혼합하여 사용하는 것으로 수입 컨테이너에는 스트래들 캐리어를 사용하고, 수출 컨테이너를 야드에 직접 선측까지 운반할 경우에는 트랜스퍼크레인을 사용하여 작업의 효율성을 높이는 방식이다.

32 비잠금 고박장치로 컨테이너 적재 시 컨테이너의 수평 움직임을 막아 주는 장치는?

① 코너 가이드(Corner Guide)
② 셀 가이드(Cell Guide)
③ 코너 피팅(Corner Fitting)
④ 갱웨이(Gangway)

33 컨테이너크레인이 작업 중 바람에 밀리는 것을 방지하는 장치는?

① 그래브(Grab)
② 타이 다운(Tie Down)
③ 레일 클램프(Rail Clamp)
④ 브레이크(Brake)

해설
레일 클램프는 컨테이너크레인이 작업 중 바람에 의해 밀리는 것을 방지하는 장치이며, 타이 다운은 컨테이너크레인이 계류 위치에 있을 때 폭풍 또는 태풍의 영향으로 크레인이 전도되는 것을 방지하는 장치이다.

34 컨테이너크레인에 대한 육안검사 항목이 아닌 것은?

① 운전 중 전원 차단 및 제어장치의 이상
② 감속기 박스 및 유압장치의 누유 상태
③ 헤드 블록 및 스프레더의 균열, 변형, 잘림 여부 등
④ 운전실 조작반의 램프 점등 상태

해설
운전 중 전원 차단 및 제어장치의 이상은 On/Off하여 속도 및 동작 상태를 검사하여 파악한다.

35 컨테이너의 중량과 편하중을 측정하는 장치는?

① 로드셀 장치

② 틸팅 디바이스

③ 스프레더

④ 케이블 릴

36 기동전동기의 구비조건으로 옳지 않은 것은?

① 출력이 작을 것

② 속도조정 및 역회전 등에 충분히 견딜 수 있을 것

③ 용량에 비해 소형일 것

④ 전원을 얻기 쉬울 것

> **해설**
> **기동전동기의 구비조건**
> • 기동회전력이 클 것
> • 기계적 충격에 잘 견딜 것
> • 소형 및 경량이고 출력이 클 것
> • 전원 용량이 적어도 될 것
> • 진동에 잘 견딜 것

37 컨테이너 하역작업에서의 안전보호구로 옳지 않은 것은?

① 안전모

② 방수복

③ 라디오

④ 귀마개

> **해설**
> **안전보호구** : 안전복장, 안전모, 안전화, 방수복 · 방풍복, 안전장갑, 마스크, 보호안경, 귀마개 등

38 컨테이너터미널의 주요 3가지 활동과 가장 거리가 먼 것은?

① 컨테이너 도착

② 컨테이너 보관

③ 컨테이너 발송

④ 컨테이너 운송

> **해설**
> 컨테이너터미널은 해상 운송과 육상 운송의 접점에 있는 항구 앞 장소로서 본선 하역, 하역 준비, 화물 보관, 컨테이너 및 컨테이너화물의 접수, 각종 기계의 보관에 관련되는 일련의 장비를 갖춘 지역이다.

39 컨테이너터미널의 본선 하역작업 시 주의사항으로 옳지 않은 것은?

① 양화할 때는 선수에서 선미 방향으로 작업을 한다.

② 장척화물이나 중량화물 작업 시에는 트위스트 록, 새클(Shackle) 또는 훅이 컨테이너의 코너 피팅에 완벽하게 걸려 있는지 확인 후 작업한다.

③ 컨테이너 적 · 양화작업 중 급격하게 감아올리거나 내려서는 안 된다.

④ 컨테이너의 총중량이 정격하중을 초과하였다면 인양작업을 해서는 안 된다.

> **해설**
> 양화할 때는 선미에서 선수 방향, 적화할 때는 선수에서 선미 방향으로 작업을 한다.

40 직류와 교류를 설명한 것으로 옳은 것은?

① 직류는 전압이 시간에 관계없이 일정하고, 교류는 전압이 시간에 따라 주기적으로 변화한다.

② 직류와 교류는 모두 전압이 시간에 따라 변화한다.

③ 직류는 전압이 시간에 따라 변화하고, 교류는 전압이 시간에 관계없이 일정하다.

④ 직류는 전압을 의미하고, 교류는 전류를 의미한다.

해설

직류와 교류의 차이점

• 직류 : 전압이나 전류가 시간의 변화에 관계없이 크기와 방향이 일정한 크기를 갖는다.

• 교류 : 전압이나 전류가 시간의 변화에 따라 크기와 방향이 주기적으로 변하는 사인파의 형상을 갖는다.

41 컨테이너 하역작업용 장비가 아닌 것은?

① RMGC(Rail Mounted Gantry Crane)

② RTGC(Rubber Tired Gantry Crane)

③ R/S(Reach Stacker)

④ CSU(Continuous Ship Unloader)

해설

CSU(Continuous Ship Unloader)는 원료를 싣고 있는 선박에서 원료를 하역하는 장비로 항만 하역설비 중의 하나이다.

42 컨테이너크레인 구동장치의 일상적인 점검 · 검사 방법에 대한 설명으로 옳지 않은 것은?

① 작동 중 비정상적인 소음, 발열 및 진동이 없을 것

② 수시로 비상정지를 작동시켜 구동장치를 점검할 것

③ 회전부에 대한 방호장치가 양호할 것

④ 기초 지지대에 균열 및 부식 등 위험요소가 없을 것

43 다음 ( ) 안에 들어갈 용어를 순서대로 나열한 것은?

> 레일 클램프는 ( )에 의해 해제되며, ( )에 의해 제동(Clamping)된다.

① 전기, 관성력

② 관성력, 전기

③ 유압, 스프링의 힘

④ 스프링의 힘, 유압

해설

Rail Clamp는 주행 동작용 마스터 컨트롤러를 좌우로 동작할 때 유압 실린더에 작동유를 공급하여 스프링 장력보다 강한 압력이 발생되면 클램프는 풀림 상태가 되어 주행 운전 시 마찰력을 제거하고, 주행 운전이 완료되면 실린더의 작동유가 리턴되어 드레인되고 레일 클램프는 스프링 장력에 의해 잠김 상태가 된다.

44 컨테이너크레인에서 호이스트 와이어로프의 길이를 일정 범위 내에서 조정하여 스프레더를 중심축에서 앞뒤, 좌우 방향으로 조정하여 컨테이너를 원활히 잡을 수 있도록 해 주는 장치는?

① 로프 텐셔너

② 트림/리스트/스큐 조정장치

③ 스프레더 케이블 릴 장치

④ 로프 슬랙 감지장치

해설

Trim, List, Skew(트림, 리스트, 스큐) 조정장치는 Tilting Device(틸팅 디바이스)에 해당한다.

45 리치 스태커와 포크 리프트에 관한 설명으로 옳은 것은?

① 리치 스태커와 포크 리프트는 운송용으로 가장 적합하다.
② 리치 스태커는 컨테이너를 회전시키는 기능이 있으나 포크 리프트는 회전시키는 기능이 없어 고단 적재 시 숙련이 요구된다.
③ 리치 스태커와 포크 리프트는 적컨테이너, 공컨테이너를 모두 처리할 수 있으나 공컨테이너 처리 시 리치 스태커가 더 경제적이다.
④ 포크 리프트의 마스트에 스프레더를 부착하면 리치 스태커가 된다.

해설
① 리치 스태커는 컨테이너의 적재 및 위치 이동, 교체 등에 사용되는 장비이고, 포크 리프트는 포크를 이용하여 화물을 취급, 운반하는 장비이다.
③ 리치 스태커는 긴 붐(Boom)을 이용하여 컨테이너를 야드에 적치 또는 하역작업을 하는 데 주로 사용하고 Full Container를 취급할 수 있는 장비이다.
④ 리치 스태커는 지게차의 일종으로 붐 끝단에 스프레더를 장착한 차량계 하역운반기계이다.

46 직류 전동기의 구성요소 중 브러시와 접촉하여 교류를 직류로 바꿔 주는 장치는?

① 토크(Torque)
② 전기자(Armature)
③ 계자(Field Magnet)
④ 정류자(Commutator)

해설
직류 전동기의 구성요소
• 계자 : 자기장을 형성하여 자속을 발생시키는 장치
• 전기자 : 자속과 도체가 교체하여 기전력을 발생시키는 장치
• 정류자 : 브러시와 접촉하여 교류를 직류로 바꾸는 장치
• 브러시 : 정류자와 접촉하여 전류를 외부로 보내는 장치

47 컨테이너크레인에서 정상적인 트롤리 운전이 불가능한 경우는?

① 붐이 수평으로 내려져 있을 때
② 로프 텐셔너(Rope Tensioner) 장치가 작동하지 않을 때
③ 붐 호이스트(Boom Hoist)의 상승 동작이 되지 않을 때
④ 운전실 접근 출입문이 닫혀 있을 때

해설
로프 텐셔너(Rope Tensioner)
트롤리 프레임이 정지하고 있는 동안 트롤리용 와이어로프가 자중에 의해 처지는 것을 방지하여 트롤리 운전을 원활하게 하기 위한 장치이다.

48 컨테이너크레인이 계류 위치에 있을 때, 풍압에 의해 전복되는 것을 방지하는 장치는?

① 앵 커
② 타이다운
③ 레일 클램프
④ 차륜멈추개

해설
타이다운(Tie-down)
폭풍, 태풍 및 지진 등 자연재해로부터 컨테이너크레인 및 T/C를 보호하기 위하여 레일 좌우 및 야드에 매설된 시설이다.

49 PLC의 주요 구성요소에 해당하지 않는 것은?

① 메모리
② 전원장치
③ 정류장치
④ 중앙처리장치

해설
PLC는 입력감지장치, 출력부하장치, 중앙처리장치, 메모리장치, 전원장치, 프로그래밍장치 등으로 구성된다.

50 다음 중 전압의 단위로 옳은 것은?

① V   ② A
③ W   ④ N

해설
② [A](암페어) : 전류의 단위
③ [W](와트) : 전력의 단위
④ [N](뉴턴) : 힘의 단위

51 수동조작 자동복귀 접점을 사용하는 스위치는?

① 푸시버튼 스위치   ② 선택 스위치
③ 캠 스위치   ④ 압력 스위치

해설
컨테이너크레인의 제어장치
• 일반 접점 또는 수동 접점 : 나이프 스위치, 절환 스위치, 캠 스위치 등
• 수동조작 자동복귀 접점 : 푸시버튼 스위치
• 기계적 접점 : 기계식 리밋 스위치
• 릴레이 접점 : 전자 릴레이, 소형 릴레이 등

52 전기장치 보관 시 점검할 사항으로 옳지 않은 것은?

① 리밋 스위치의 기능 확인
② 전장 패널 고장 및 손상 여부
③ 전동기 변색 여부
④ 전기 커넥터의 꼬임 여부

해설
③ 전동기를 장기간 보관, 휴지한 경우에는 절연저항을 측정하여 필요하면 권선의 건조처리를 한다.

53 선박 해치커버의 유형에 속하지 않는 것은?

① 멀티 풀(Multi-pull) 해치커버
② 싱글 풀(Single-pull) 해치커버
③ 접이식 해치커버
④ 플랜지식 해치커버

해설
해치커버(Hatch Cover)는 화물창 상부의 개구를 폐쇄하는 장치로 커버를 신속히 개폐할 수 있고, 충분한 강도를 가지며, 수밀이 양호하여 선박의 안전과 하역 시간의 단축 등에 큰 역할을 한다. 해치커버의 종류에는 개폐방식에 따라 Side Rolling Type, Folding Type, Multi-folding Type, Low Stawing Folding Type, Single-flag Type, Pontoon Type 등이 있다.

54 컨테이너터미널의 역할 및 조건에 대한 설명으로 옳지 않은 것은?

① 컨테이너 운송에 있어서 해상 및 육상 운송의 접점인 부두에 위치한다.
② 컨테이너선에 컨테이너의 양·적화작업이 신속하게 이루어지는 장소이다.
③ 대량의 컨테이너를 신속·정확하게 처리하기 위하여 각각의 작업과정을 합리적으로 제어하는 시스템을 보유해야 한다.
④ 항만이 아닌 내륙에 위치하여 컨테이너 화물의 저장과 취급에 대한 서비스를 제공하며, 수출입 통관업무가 이루어지는 곳이다.

해설
컨테이너터미널은 부두에 위치하여 컨테이너 선박의 안전한 운항, 접안, 하역, 하역 준비 등이 수행되며, 각종 관련 기기를 관리·보관할 수 있는 시설과 조직을 갖춘 장소이다.

55 야드에서의 컨테이너 적재방식 중 사용 장비에 따라 분류한 것이 아닌 것은?

① 온 섀시 방식(On Chassis System)
② 스트래들 캐리어 방식(Straddle Carrier System)
③ 트랜스퍼크레인 방식(Transfer Crane System)
④ 컨테이너크레인 방식(Container Crane System)

해설
컨테이너터미널의 하역방식
섀시 방식, 스트래들 캐리어 방식, 트랜스퍼크레인 방식, 혼합 방식, 지게차에 의한 방식

56 유압 실린더의 종류가 아닌 것은?

① 단동형　　　　② 복동형
③ 레이디얼형　　④ 다단형

해설
유압 실린더의 종류 : 단동형, 복동형, 다단형, 단동형 캠, 복동형 캠

57 와이어로프의 안전계수에 대한 설명으로 옳은 것은?

① 안전계수 = $\dfrac{절단하중}{안전하중}$

② 안전계수 = $\dfrac{정격하중}{안전하중}$

③ 안전계수 = $\dfrac{절단하중 \times 정격하중}{와이어로프 가닥수 + 훅 블록의 무게}$

④ 안전계수 = $\dfrac{절단하중 + 정격하중}{와이어로프 가닥수 \times 훅 블록의 무게}$

58 엔진식 트랜스퍼크레인의 설명으로 옳지 않은 것은?

① 블록 간의 이동이 자유롭다.
② 야드에서 컨테이너를 하역 및 적재한다.
③ RTTC(Rubber Tired Transfer Crane)로 불린다.
④ 야드와 크레인 스팬 사이를 왕복하면서 컨테이너 운반작업을 한다.

59 컨테이너크레인에서 틸팅 디바이스의 실린더 위치를 체크하는 센서는?

① 인코더　　　　② 리드 센서
③ 오토 센서　　　④ 근접 센서

60 유압기기 속에 혼입되는 불순물을 제거하기 위해 사용되는 장치는?

① 스트레이너　　② 패 킹
③ 배수기　　　　④ 릴리프밸브

01 컨테이너크레인의 스프레더에 대한 설명으로 틀린 것은?

① 스프레더의 각 코너(4곳)에 부착된 랜딩 핀(Landing Pin)이 최소 1개 이상 착상되면 트위스트 록 장치가 작동된다.

② 일반적으로 20, 40, 45피트 컨테이너의 하역에 사용된다.

③ 플리퍼(Flipper) 등을 사용함으로써 보다 정확하게 컨테이너를 잡을 수 있다.

④ 트위스트 록 핀(Twist Lock Pin)은 마모나 크랙 유무를 정기적으로 점검하여야 한다.

해설

트위스트 록
컨테이너의 4곳의 코너 게스트(Corner Guest)에 콘(Cone)을 끼워 90°로 회전하여 잠금과 풀림 상태를 확인하는 기능으로 스프레더 내에 안전장치를 내장하여 컨테이너의 낙하를 방지할 수 있게 하였다.

02 컨테이너크레인에서 호이스트 와이어로프의 길이를 일정범위 내에서 조정하여 스프레더를 중심축에서 앞뒤, 좌우 방향으로 조정하여 컨테이너를 원활히 잡을 수 있도록 해주는 장치는?

① 로프 텐셔너

② 트림/리스트/스큐 조정장치

③ 스프레더 케이블 릴 장치

④ 로프 슬랙 감지장치

해설

Trim, Skew, List(트림, 스큐, 리스트) 조정장치는 Tilting Device (틸팅 디바이스)에 해당한다.

03 와이어로프의 특성에 대한 설명으로 가장 거리가 먼 것은?

① 보통 꼬임(Ordinary Lay)은 스트랜드의 꼬임과 로프의 꼬임이 반대방향이다.

② 보통 꼬임(Ordinary Lay)은 외부 소선의 접촉 길이가 짧아 소선의 마모가 쉽다.

③ 랭 꼬임(Lang's Lay)은 마모에 대한 내구성은 좋으나 킹크(Kink)가 발생하기 쉽다.

④ 같은 굵기의 와이어로프인 경우 소선이 가늘고 많으면 유연성이 없어져 취급하기 어렵다.

해설

④ 같은 굵기의 와이어로프일지라도 소선이 가늘고 수가 많으면 유연성이 좋고 더 강하다.

04 컨테이너를 전용으로 취급하는 크레인으로 부두 안벽의 레일 상에 설치되어 있는 하역장비는?

① Reach Stacker

② RTGC

③ Container Crane

④ Transfer Crane

해설

① Reach Stacker : 컨테이너 야적장 등에서 컨테이너를 적재 또는 양하하는 데 사용하는 이동식 장비

② RTGC : 트랜스퍼크레인의 일종으로 타이어식 갠트리크레인 (Rubber Tired Gantry Crane)

④ Transfer Crane : 터미널 야드에서 트레일러 섀시 위에 상·하 차작업을 하는 장비

05 컨테이너크레인이 계류위치에 있을 때 풍압에 의해 그 자리에서 전복되는 것을 방지하는 장치는?

① 앵 커
② 타이다운
③ 레일 클램프
④ 차륜멈추개

해설
타이다운(Tie-down)
폭풍, 태풍 및 지진 등 자연재해로부터 컨테이너크레인 및 T/C를 보호하기 위하여 레일 좌우 및 야드에 매설된 시설이다.

06 컨테이너크레인에서 정상적인 트롤리 운전이 불가능한 경우는?

① 붐이 수평으로 내려져 있을 때
② 로프텐셔너(Rope Tensioner) 장치가 작동하지 않을 때
③ 붐 호이스트(Boom Hoist)의 상승 동작이 되지 않을 때
④ 운전실 접근 출입문이 닫혀 있을 때

해설
로프텐셔너(Rope Tensioner)
트롤리 프레임이 정지하고 있는 동안 트롤리용 와이어로프가 자중에 의해 처지는 것을 방지하여 트롤리 운전을 원활히 하기 위한 것이다.

07 PLC의 주요 구성요소에 해당하지 않는 것은?

① 메모리
② 전원장치
③ 정류장치
④ 중앙처리장치

해설
PLC는 입력감지장치, 출력부하장치, 중앙처리장치, 메모리장치, 전원장치, 프로그래밍장치 등으로 구성된다.

08 스프레더가 컨테이너 작업 중 어떤 물체에 걸려서 하중을 받을 때, 와이어로프에 순간적으로 가해지는 하중 또는 운동에너지를 흡수하여 로프에 가해지는 충격을 최소화시켜 주는 장치를 무엇이라고 하는가?

① 틸팅 디바이스
② 안티 스내그
③ 트림, 리스트, 스큐 장치
④ 실린더 홈 위치

해설
안티 스내그(Anti-snag) 조정장치는 스내그 하중으로부터 운동에너지를 흡수하여 크레인에 미칠 충격을 최소화하기 위한 장치이다.

09 컨테이너크레인의 주행장치에 대한 설명이 아닌 것은?

① 운전실의 MCS(Master Controller Switch)를 좌·우측으로 조작하면 크레인이 주행한다.

② 크레인이 주행할 때는 일반적으로 사이렌과 경광 등이 자동으로 작동한다.

③ 주행을 시작하면 케이블 릴(Cable Reel)은 자동으로 정지된다.

④ 주행과 관련된 각종 잠금장치가 해제되어야만 운전이 가능하도록 인터록되어 있다.

해설
주행 동작 시 발생되는 위상과 케이블 릴의 위상을 맞추어 동작하므로 주행 운전속도에 비례하여 케이블 릴이 동작하게 되며, 수전 전원을 공급하는 케이블의 장력을 검출할 수 있는 장력 측정용 리밋 스위치가 부착되어 안전한 크레인 운전이 되도록 한다.

10 컨테이너크레인에서 붐 래치 장치의 동작을 바르게 설명한 것은?

① 자체중량으로 내려오고, 유압에 의하여 올라간다.

② 유압으로 내려오고, 자체중량에 의하여 올라간다.

③ 자체중량에 의하여 내려오고 올라간다.

④ 유압에 의하여 내려오고 올라간다.

11 컨테이너에 표시되어 있는 '22G1'에 대한 설명으로 틀린 것은?

① 일반용도 컨테이너이다.

② 폭이 8피트인 컨테이너이다.

③ 길이가 20피트인 컨테이너이다.

④ 높이가 9피트 6인치인 컨테이너이다.

해설
④ 높이가 8피트 6인치인 컨테이너이다.
※ 22G1 – 20′(20′×8′×8.6′) GENERAL CARGO CONTAINER

12 40피트형 컨테이너의 길이를 [m]로 환산하면 약 얼마인가?

① 3

② 6

③ 12

④ 16

해설
40피트 ÷ 3.2808 ≒ 12[m]

13 컨테이너크레인 안전운전을 위한 필요 조치사항이 아닌 것은?

① 항만시설장비 검사기준상 풍속 20[m/s]를 초과하는 경우 작업을 중지하고 타이다운을 체결한다.

② 스프레더를 규정된 인양고도보다 높이 올리지 않는다.

③ 트롤리나 호이스트를 연장시키기 위해 리밋 스위치를 이동시킨다.

④ 브레이크 상태를 점검하여 브레이크 슈를 조정한다.

해설
마스트 컨트롤러 스위치는 갠트리(주행), 트롤리(횡행), 호이스트(권상·하) 동작을 제어한다.

14 유압이 규정치보다 높아질 때 작동하여 계통을 보호하는 밸브는?

① 릴리프 밸브

② 리듀싱 밸브

③ 카운터 밸런스 밸브

④ 시퀀스 밸브

해설
② 리듀싱 밸브 : 감압 밸브
③ 카운터 밸런스 밸브 : 역류 가능
④ 시퀀스 밸브 : 2개 이상의 유압 실린더를 사용하는 유압 회로에서 미리 정해 놓은 순서에 따라 실린더를 작동시키는 역할

15 트랜스퍼크레인에 대한 설명으로 틀린 것은?

① 컨테이너 야드의 자동화가 추진되면서 레일식보다 타이어식이 더 많이 채택되고 있다.

② 트랜스퍼크레인의 적재능력은 5단 6열이 주종이나 필요에 따라 6단 또는 7열로 증대시킬 수도 있다.

③ 트랜스퍼크레인의 연료는 환경성 및 경제성 때문에 경유(엔진)에서 전기(전동기)로 전환되어 가고 있다.

④ 트랜스퍼크레인의 정격하중은 주로 40.6톤이 채택되고 있다.

해설
기존 터미널에는 RTGC(타이어식 갠트리크레인)를 주로 사용하였으나, 최근 개발되는 터미널에서는 RMGC를 많이 선택하여 야드 부분의 자동화가 용이하고 유가상승으로 인한 에너지 절감이 가능한 RMGC(레일식 갠트리크레인)를 많이 사용하고 있다.

16 와이어로프에 대한 설명으로 틀린 것은?

① 비침투성 윤활유로 정기적인 도포를 해준다.

② 와이어로프의 주요 구성품은 Wire, Strand, Core이다.

③ 파단소선의 수량, 파단소선의 위치는 교환기준이 된다.

④ 정기적인 직경 측정 및 외관검사를 해야 한다.

해설
와이어로프 윤활유는 로프에 잘 스며들도록 침투력이 있어야 한다.

17 비상정지 스위치에 대한 설명으로 옳은 것은?

① 기기나 장치에 이상 발생 시 이를 청각적으로 전달하기 위한 목적으로 사용된다.

② 램프의 점등 또는 소등에 따라 운전정지, 고장표시 등 기기나 회로 제어의 동작 상태를 배전반, 제어반 등에 표시하는 목적으로 사용된다.

③ 손잡이에 의해 접점개소를 설정할 수 있는 스위치로서 회로의 절환용으로 주로 사용된다.

④ 기기의 이상 시 전원을 신속하게 차단할 목적으로 주로 사용하며, 메인 전원 스위치와 직렬로 연결된다.

해설
비상정지 장치는 비상시 운행을 정지시키는 장치이다.

18 전자석에 의한 철편의 흡인력을 이용하여 접점을 개폐시키는 기기로서 전력이 큰 회로에 사용되는 것은?

① 배선용 차단기(Circuit Breaker)
② 전자 접촉기(Magnetic Contactor)
③ 전자 릴레이(Relay)
④ 타이머(Timer)

해설
전자 접촉기는 전자 릴레이에 비해 개폐하는 회로의 전력이 매우 큰 전력회로 등에 사용되며, 빈번한 개폐조작에도 충분히 견딜 수 있는 구조로 되어 있다.
① 배선용 차단기(Circuit Breaker) : 회로 보호용 개폐기로서 퓨즈를 대체하여 여러 분야에서 폭넓게 사용되고 있다.
③ 전자 릴레이(Relay) : 전자석에 의한 철편의 흡인력을 이용해서 접점을 개폐하는 기능을 가진 소자로서 전자 계전기 또는 간단히 릴레이라고도 한다.
④ 타이머(Timer) : 전기적 또는 기계적인 압력이 부여되면, 전자 릴레이와는 달리 미리 정해진 시간을 경과한 후에 그 접점이 개로 또는 폐로되는 인위적으로 시간지연을 만드는 전자 릴레이라 할 수 있다.

19 컨테이너터미널의 CY작업에서 구내 이적에 해당하지 않는 것은?

① 손상된 컨테이너를 컨테이너 수리구역으로 이송
② CFS에서 적입 완료한 컨테이너를 CY로 이송
③ 게이트(Gate)를 통해 반입된 컨테이너를 CY로 이송
④ 소량 화물들을 적입하기 위해 공 컨테이너를 CFS로 이송

해설
컨테이너터미널의 주요시설 및 기능
• CY : 컨테이너의 하역작업 전후 컨테이너의 인도·인수 및 보관을 위해 컨테이너를 쌓아두는 장소로 항만 내에 존재한다.
• CFS : 컨테이너 1개에 미달하는 소형화물이나, 출하지에서 컨테이너에 직접 적재하지 못한 대량화물의 수출을 위하여 특정 장소나 건물에 화물을 집적하였다가 목적지별로 동종화물을 선별하여 컨테이너에 적입하는 장소이다.
• Gate : 반·출입 컨테이너의 필요서류 접수, 봉인 및 컨테이너 손상 유무 검사, 컨테이너의 무게측정 등을 수행하는 곳으로 컨테이너터미널과 내륙 운송회사 간에 책임의 한계선이기도 하다.

20 컨테이너 전용선의 래싱(고박)에 관한 설명으로 틀린 것은?

① 래싱 콘의 손잡이가 안쪽으로 들어가 버린 경우 언록을 시킬 방법이 없어 산소절단을 해야 한다.
② 전용선의 홀드에는 셀 가이드가 설치되어 있어 고박작업을 해주어야 한다.
③ 신형 선박은 갑판 위에 콘이 거의 고정되어 있어 래싱 작업량을 줄여준다.
④ 콘은 나라마다 규격과 모양이 조금씩 다르게 제작된다.

해설
컨테이너를 컨테이너선의 선창에 선적하는 경우에는 컨테이너가 셀 가이드(Cell Guide)에 따라 격납되기 때문에 특별히 고정시킬 필요가 없지만, 컨테이너를 갑판적하거나 일반잡화를 선창 내에 적치할 때에는 선박의 흔들림으로 인하여 쓰러지거나 무너지는 일이 없도록 고정해야 한다.

21 그림의 유압기호는 무엇을 표시하는가?

① 오일 쿨러
② 유압 탱크
③ 유압 펌프
④ 유압 밸브

해설
기호는 정용량 유압 펌프(화살표 없음)이다.

22 컨테이너 하역작업용 장비가 아닌 것은?

① RMGC(Rail Mounted Gantry Crane)

② RTGC(Rubber Tired Gantry Crane)

③ R/S(Reach Stacker)

④ CSU(Continuous Ship Unloader)

CSU(Continuous Ship Unloader) : 원료를 싣고 있는 선박으로부터 원료를 하역하는 장비로 항만 하역설비 중의 하나이다.

23 직류와 교류를 설명한 것으로 옳은 것은?

① 직류는 전압이 시간에 관계없이 일정하고, 교류는 전압이 시간에 따라 주기적으로 변화한다.

② 직류와 교류는 모두 전압이 시간에 따라 변화한다.

③ 직류는 전압이 시간에 따라 변화하고, 교류는 전압이 시간에 관계없이 일정하다.

④ 직류는 전압을 의미하고, 교류는 전류를 의미한다.

직류와 교류의 차이점
• 직류 : 전압이나 전류가 시간의 변화에 관계없이 크기와 방향이 일정한 크기를 가진다.
• 교류 : 전압이나 전류가 시간의 변화에 따라 크기와 방향이 주기적으로 변하는 모양이 사인파의 형상을 갖는다.

24 컨테이너크레인에 설치되는 전동기 중 스페이스 히터를 내부에 설치해야 하는 전동기는?

① 용량 7.5[kW] 이상

② 용량 5.5[kW] 이상

③ 용량 4.0[kW] 이상

④ 용량 3.0[kW] 이상

용량이 7.5[kW] 이상인 전동기는 스페이스 히터와 온도 감지장치를 설치하고 과전류, 과온도 및 결상에 대한 보호장치를 갖추어야 한다.

25 도체의 저항 값을 구하는 식으로 옳은 것은?(단, R : 저항, ρ : 고유저항, A : 도체의 단면적, l : 도체의 길이)

① $R = \rho \dfrac{l}{A}$ ② $R = \dfrac{l}{A}$

③ $R = \rho \dfrac{A}{l}$ ④ $R = \dfrac{1}{\rho}$

도체의 전기저항은 그 재료의 종류, 온도, 길이, 단면적 등에 의해 결정된다. 도체의 고유저항 및 길이에 비례하고, 단면적에 반비례한다.

26 컨테이너 터미널의 주요 3가지 활동과 가장 거리가 먼 것은?

① 컨테이너 도착

② 컨테이너 보관

③ 컨테이너 발송

④ 컨테이너 운송

컨테이너터미널은 해상 운송과 육상 운송의 접점에 있는 항구 앞 장소로서 본선 하역, 하역 준비, 화물 보관, 컨테이너 및 컨테이너화물의 접수, 각종 기계의 보관에 관련되는 일련의 장비를 갖춘 지역이다.

27 위험물을 취급하는 경우 안전 조치사항에 해당하지 않는 것은?

① 위험표지 및 차단시설의 설치
② 위험물의 특성에 적합한 소화장치의 비치
③ 위험물 취급에 적합한 자격요건을 갖춘 안전관리자의 배치
④ 표지부착이 불가한 벌크상태의 위험물은 일반화물에 준하여 작업

해설
④ 표지부착이 불가한 벌크화물은 선하증권 등을 확인한 후 작업한다.

28 전기장치 중 부하전류의 개폐는 물론 과부하 및 단락 등의 사고일 경우 자동적으로 회로를 차단하는 기기는?

① 배선차단기(No Fuse Breaker)
② 전자접촉기(Magnetic Contactor)
③ 플리커 타이머 릴레이(Flicker Timer Relay)
④ 비상스위치(Emergency Switch)

해설
③ 플리커 타이머 릴레이 : 신호 및 경보용으로 사용하기 위하여 전원을 투입하면 즉시 점멸이 설정된 시간 간격으로 계속 반복되는 릴레이이다.
④ 비상스위치 : 기기의 이상 시 전원을 급하게 차단할 목적으로 주로 사용하며, 메인 전원 스위치와 보통 직렬로 연결 사용된다.

29 방향제어밸브의 종류에 해당하지 않는 것은?

① 셔틀 밸브   ② 교축 밸브
③ 체크 밸브   ④ 방향 변환 밸브

해설
교축 밸브(스로틀 밸브)는 유량제어밸브이다.

30 유압모터의 용량을 나타내는 것은?

① 입구압력[kgf/cm^2]당 토크
② 유압작동부 압력[kgf/cm^2]당 토크
③ 주입된 동력[HP]
④ 체적[cm^3]

해설
유압모터는 입구압력[kgf/cm^2]당 토크로 유압모터의 용량을 나타낸다.

31 유압 작동유의 구비조건으로 맞는 것은?

① 내마모성이 작을 것
② 압축성이 좋을 것
③ 인화점이 낮을 것
④ 점도지수가 높을 것

해설
유압 작동유의 구비조건
• 동력을 확실하게 전달하기 위한 비압축성일 것
• 내연성, 점도지수, 체적탄성계수 등이 클 것
• 장시간 사용해도 화학적으로 안정될 것
• 밀도, 독성, 휘발성 등이 적을 것
• 열전도율, 장치와의 결합성, 윤활성 등이 좋을 것
• 인화점이 높고 온도변화에 대해 점도변화가 적을 것
• 내부식성, 방청성, 내화성, 무독성일 것

32 기동전동기의 구비조건으로 맞지 않는 것은?

① 출력이 적을 것

② 속도조정 및 역회전 등에 충분히 견딜 수 있도록 할 것

③ 용량에 비해 소형일 것

④ 전원을 얻기 쉬울 것

해설
기동전동기의 구비조건
• 기동회전력이 클 것
• 기계적 충격에 잘 견딜 것
• 소형 및 경량이고 출력이 클 것
• 전원 용량이 적어도 될 것
• 진동에 잘 견딜 것

33 자기장 속에 있는 도선에 전류가 흐르면 도선은 전류와 자기장 방향에 수직방향으로 힘을 받는다. 이를 무엇이라고 하는가?

① 흡인력   ② 전자력

③ 회전력   ④ 저항력

해설
전자력 : 자기장 내에 있는 도체에 전류를 흘릴 때 작용하는 힘

34 컨테이너크레인 트롤리 등에 사용되는 인크리멘탈 인코더(Incremental Encoder)에서 발생하는 파형은?

① 사인파형   ② 코사인파형

③ 맥류파형   ④ 펄스파형

해설
인크리멘탈 인코더(Incremental Encoder) 출력값
디지털 상댓값 출력, 회전각의 변화에 따라 펄스가 출력된다.

35 전기 스위치가 평상시 열려 있다가 외력이 가해지면 닫히는 접점은?

① a접점

② b접점

③ c접점

④ d접점

해설
접 점
• a접점 : 열려 있는 접점(Arbeit Contact/Make Contact), 상개접점(NO접점 : Normal Open)은 평상시 열려 있다가 외력에 의해서 닫히는 접점
• b접점 : 닫혀 있는 접점(Break Contact), 상폐접점(NC접점 : Normal Close)은 평상시 닫혀 있다가 외력에 의해서 열리는 접점
• c접점 : 변환되는 접점 또는 전환접점(a접점과 b접점의 혼합형태, Change-over-contact)은 a접점과 b접점을 공유한 접점

36 IMO가 제정한 "위험물의 해상운송에 관한 국제통일규칙"은?

① ISPS Code

② PSC Code

③ IMDG Code

④ CSC Code

해설
IMO(국제해사기구) 총회결의로 채택된 IMDG Code는 위험물의 해상운송에 관한 국제통일규칙이며, 현재 이 Code를 무시하고 위험물의 국제운송을 행하는 것은 곤란하다.

37 유압유의 유체에너지(압력, 속도)를 기계적인 일로 변환시키는 유압장치는?

① 유압펌프
② 유압 액추에이터
③ 어큐뮬레이터
④ 유압밸브

> **해설**
> 유압 액추에이터 : 유압밸브에서 기름을 공급받아 실질적으로 일을 하는 장치로서 직선운동을 하는 유압실린더와 회전운동을 하는 유압모터로 분류된다.

38 일반적인 오일탱크의 구성품이 아닌 것은?

① 스트레이너
② 유압태핏
③ 드레인 플러그
④ 배플 플레이트

> **해설**
> 오일탱크 구성품
> 주유구, 유면계, 펌프 흡입관, 공기 청정기, 분리판, 드레인 콕, 측판, 드레인관, 리턴관, 필터(엘리먼트), 스트레이너 등

39 유압펌프의 기능을 설명한 것으로 가장 적합한 것은?

① 유압회로 내의 압력을 측정하는 기구이다.
② 어큐뮬레이터와 동일한 기능을 한다.
③ 유압에너지를 동력으로 변환한다.
④ 원동기의 기계적 에너지를 유압에너지로 변환한다.

> **해설**
> 유압펌프는 기계적 에너지를 유압에너지로, 유압모터는 유압에너지를 기계적 에너지로 변환한다.

40 컨테이너터미널의 시설에 포함되지 않는 것은?

① 에이프런(Apron)
② 통제실(Control Center)
③ 컨테이너 화물 조작장(CFS)
④ ODCY(Off-Dock Container Yard)

> **해설**
> ODCY : 항만 밖 컨테이너 장치장

41 컨테이너의 래싱방법 중 갑판적 컨테이너의 가장 상단에 적재한 컨테이너끼리 단단히 체결하는 방법은?

① 브리지 피팅(Bridge Fitting)
② 코너 피팅(Corner Fitting)
③ 중간 스태킹
④ 코너 가이드(Corner Guides)

> **해설**
> 브리지 피팅은 적재된 컨테이너의 최상단 네 귀퉁이를 측면의 컨테이너와 체결하여 상호 결박하는 방법이다.
> ※ 코너 피팅 : 컨테이너를 적치하고 들어 올려놓기 위하여 컨테이너의 상·하부 구석 코너에 위치한 철물구조로서 컨테이너의 Securing 및 Handling에 사용한다.

42 컨테이너크레인을 가동 후 제 위치에 고정시키기 위한 방법 중 틀린 것은?

① 붐을 올리고 래치의 해지를 확인한다.
② 레일 클램프의 제동상태를 확인한다.
③ 스토웨지 핀을 잠근다.
④ 트롤리를 정지 위치에 정지시킨다.

해설
① 붐을 올리고 래치가 걸린 것을 확인한다.

43 PLC 구성 부품의 출력부하장치(Output Load Device)가 될 수 없는 것은?

① 솔레노이드 밸브
② 전자접촉기 코일
③ 누름 버튼 스위치
④ 표시등

해설
누름 버튼 스위치는 입력장치이다.

44 수입 컨테이너의 본선 하역에 있어서, 현장(포맨, 신호수, 언더맨 등)에 전달되는 서류가 아닌 것은?

① 본선 적부계획도
② G/C 작업계획도
③ 작업진행표
④ 컨테이너 선적목록

해설
컨테이너 선적목록(Container Loading List) : 선사에서 선적 마감을 KL-NET를 이용하여 EDI 문서로 전송하면 터미널에서는 수신 후 업무를 진행하는데 내용으로는 선명/항차, 컨테이너번호, 중량, B/L No., 양하항 등이 포함되어 있다.

45 컨테이너 양화작업을 계획할 때 고려해야 할 사항이 아닌 것은?

① 양화작업은 선미에서 선수방향으로 작업 진행
② 컨테이너크레인을 기준으로 가까운 곳에서 먼 곳으로 작업 진행
③ 컨테이너크레인을 기준으로 먼 곳에서 가까운 곳으로 작업 진행
④ 컨테이너크레인 운전자의 경험에 의한 임의적 작업 진행

해설
적하작업은 선수에서 선미방향으로 하역작업을 진행한다.

46 레일 클램프의 슈가 비정상적으로 마모되는 사고가 발생했을 때 올바른 조치방법은?

① 가이드 롤러 확인
② 시스템 내에서의 누유에 대한 점검
③ 적절한 작업 범위를 위한 클램프 조정의 점검
④ 릴리프 밸브가 너무 낮게 맞춰 있지 않은지 확인

47 컨테이너 고박장치를 해체하는 사람을 무엇이라고 부르는가?

① 운전자

② 포 맨

③ 현장작업자

④ 래싱 맨

48 피스톤의 왕복 운동을 나사의 리드에 의해 피스톤이 축방향으로 일정 거리를 이동하면 나사의 직선 왕복 운동이 각운동으로 변환되는 공기압 액추에이터는?

① 래크와 피니언형

② 스크루형

③ 크랭크형

④ 요크형

스크루형 액추에이터는 피스톤의 왕복 운동을 나사의 리드에 의해 피스톤이 축방향으로 일정 거리를 이동하면 나사의 직선 왕복 운동이 각운동으로 변환되는데, 100~370°의 회전 범위를 가진다.

49 래싱(고박)이 필요한 곳이 아닌 것은?

① 컨테이너 선박의 상부 데크 적재물을 최종 고박

② 컨테이너 선박의 셀가이드 안에 고박

③ RO/RO 선박의 차량 적재 시 고박

④ 일반화물의 적재 시 고박

컨테이너를 컨테이너선의 선창에 선적하는 경우에는 컨테이너가 셀가이드에 따라 격납되기 때문에 특별히 고정시킬 필요가 없지만, 컨테이너를 갑판적하거나 일반 잡화를 선창 내에 적치할 때에는 선박의 흔들림으로 인하여 쓰러지거나 무너지는 일이 없도록 고정해야 한다.

50 컨테이너터미널 운송시스템에서 야드 바닥에 컨테이너를 다단으로 쌓아 보관, 장치하는 방식은?

① 적재방식   ② 탑재방식

③ 혼재방식   ④ 대기방식

51 컨테이너를 적재한 차량이 게이트를 통해 터미널에 들어갈 때 운전자에게 주어야 하는 지침사항으로 틀린 것은?

① 터미널 내에서의 컨테이너 상·하차 절차

② 컨테이너 잠금장치를 해제하는 장소와 시간

③ 컨테이너를 잠그고 시큐어링하는 장구의 종류와 개수

④ 터미널을 나가기 위해 게이트로 되돌아올 때의 운행 차로 및 방법

게이트 안전 출입
터미널에 들어갈 때, 모든 운전자에게 다음 사항에 대하여 명확한 지침을 주어야 한다.
• 컨테이너 잠금장치를 해제하는 장소와 시간
• 인터체인지로 가는 루트
• 차량에서 컨테이너가 올려지고/내려지기 전·후에 따라야 할 절차
• 컨테이너를 잠그고 시큐어링하는 장소와 시간
• 터미널을 나가기 위해 게이트로 되돌아갈 때 따라가야 할 루트

52 위험물의 해상운송에 관한 국제통일규칙에 의한 위험물의 분류로 옳은 것은?

① Class 1 – 폭발물(화약류)
② Class 2 – 인화성 액체
③ Class 3 – 인화성 고체
④ Class 4 – 방사능 물질

해설
② Class 2 – 가스류
③ Class 3 – 인화성 액체
④ Class 4 – 가연성 물질

54 크레인작업표준신호지침에 따른 신호방법 중 방향을 가리키는 손바닥 밑에 집게손가락을 위로 해서 원을 그리며 호각을 "짧게, 길게" 취명하는 것은 무슨 신호인가?

① 수평 이동
② 천천히 이동
③ 위로 올리기
④ 아래로 내리기

해설
크레인작업표준신호지침에 따른 신호방법

수평 이동	수신호		손바닥을 움직이고자 하는 방향의 정면으로 하여 움직인다.
	호각신호	강하고 짧게	
위로 올리기	수신호		집게 손가락을 위로 해서 수평원을 크게 그린다.
	호각신호	길게 길게	
아래로 내리기	수신호		팔을 아래로 뻗고(손끝이 지면을 향함) 2, 3회 적게 흔든다.
	호각신호	길게 길게	

53 컨테이너크레인 운전자의 작업 중 유의사항으로 틀린 것은?

① 하중을 사선으로 올리거나 끌지 않는다.
② 풍속 16[m/s] 이상일 경우 작업을 중지한다.
③ 스프레더를 규정된 높이 이상 권상시켜서는 안 된다.
④ 정격하중의 125[%]까지 성능검사에서 점검하기 때문에 125[%]를 기준으로 작업한다.

해설
④ 정격하중 이상의 작업은 절대로 행하여서는 안 된다.

55 정전기의 발생요인과 가장 관계가 먼 것은?

① 물질의 특성
② 물질의 분리 속도
③ 물질의 표면 상태
④ 물질의 온도

해설
정전기의 발생요인
• 물체의 특성
• 물체의 표면 상태
• 물체의 분리력
• 접촉 면적 및 압력
• 분리 속도

56 일반적인 안전대책 수립은 어떤 방법에 의해 실시되는가?

① 계획적 방법
② 통계적 방법
③ 경험적 방법
④ 사무적 방법

해설
통계적 방법은 재해율에 근거하여 대책을 수립한다.

57 안전보건표지에서 노란색 색채가 의미하는 것은?

① 금 지   ② 경 고
③ 지 시   ④ 안 내

해설
안전보건표지의 색채 및 용도
• 빨간색 : 금지 또는 경고
• 노란색 : 경고
• 파란색 : 지시
• 녹색 : 안내

58 전기장치 보관 시 점검할 사항으로 옳지 않은 것은?

① 리밋 스위치의 기능 확인
② 전장 패널 고장 및 손상 여부
③ 전동기 변색 여부
④ 전기 커넥터의 꼬임 여부

해설
③ 전동기를 장기간 보관, 휴지한 경우에는 절연저항을 측정하여 필요하면 권선의 건조처리를 한다.

59 컨테이너크레인에서 레일 클램프의 기능으로 가장 알맞은 것은?

① 계류된 크레인이 바람에 의해 밀리는 것을 방지하는 장치
② 계류된 크레인이 풍압에 의해 전복되는 것을 예방하는 장치
③ 크레인의 작업위치를 조정하는 장치
④ 크레인이 작업 중 바람에 의해 밀리는 것을 방지하는 장치

해설
레일 클램프는 작업 시 컨테이너크레인을 정위치에 고정시킬 뿐만 아니라 돌풍으로 인해 컨테이너크레인이 레일 방향으로 미끄러지는 것을 방지하는 장치이다.

60 컨테이너크레인 주행장치의 인터록 조건이 아닌 것은?

① 앵커 핀의 제거
② 플리퍼의 상승
③ 레일 클램프의 풀림
④ 붐 호이스트 동작 상태

해설
플리퍼는 스프레더를 컨테이너에 용이하게 착상시킬 수 있도록 안내판 역할을 하는 장치이다.

[국가기술자격 실기시험]

자격종목	컨테이너크레인운전기능사 (컨테이너크레인식)	과제명	적 · 양화작업

※ 시험시간 : 6분, 항목별 배점 : 적화작업 50점, 양화작업 50점

1. 요구사항

시험위원의 지시에 따라 다음의 작업순서대로 컨테이너크레인(C/C)을 운전하여 컨테이너 적 · 양화작업을 수행하십시오.

가. 작업순서(도면 참조)

1) 주어진 장비를 운전하여 트롤리 및 스프레더를 주차위치에서 A지점으로 이동하면서 플리퍼를 내립니다.

2) A지점의 2단에 적재(1단 컨테이너와 트위스트 록에 의해 연결)되어 있는 컨테이너를 스프레더로 잡은 후, 권상하면서 플리퍼를 올리고 B지점의 장애물(위쪽 약 1[m] 지점)을 넘어 C지점의 홀드에 적재합니다.

3) 빈 스프레더로 1[m] 이상 권상한 후, 다시 권하합니다.

4) C지점의 홀드에 있는 컨테이너를 스프레더로 잡아 권상하여 B지점의 장애물(위쪽 약 1[m] 지점)을 넘은 후, A지점의 2단에 적재(트위스트 록 콘에 삽입)합니다.

5) 트롤리 및 스프레더를 주차위치로 이동하여 작업을 끝마칩니다.

나. 작업방법

1) 권상 : 홀드 바닥면(또는 컨테이너)에서 약 30[cm]를 권상하여 일단 정지하고, 이상 유무를 확인한 후 계속 권상작업을 하도록 합니다.

2) 권하 : 권하용 와이어로프가 장력을 유지한 상태에서 홀드 바닥면(또는 컨테이너)의 약 30[cm] 위에서 일단 정지하여 컨테이너(또는 스프레더)의 안정상태를 확인한 후 권하합니다.

2. 수험자 유의사항

1) 휴대폰 및 시계류(손목시계, 스톱워치 등)는 시험시작 전 시험감독위원에게 제출합니다.

2) 시험시간은 감독위원의 시험 시작을 알리는 호각신호에서부터 작업종료 후 트롤리 및 스프레더를 주차위치로 이동시키고 모든 작업조종레버에서 손을 뗐을 때까지입니다.

   (단, 수험자가 작업준비를 완료한 후 시험위원에게 손을 들어 의사표현을 하면 시험위원이 이를 확인한 후 호각신호를 하며, 호각신호 이후의 모든 행위는 시험시간에 포함됩니다)

   ※ 주차위치 : 트롤리는 Parking Position, 스프레더는 지면에서 약 10[m] 지점

3) 초기 권상(또는 권하하여 착지)할 때의 속도는 2단 이상이 되지 않도록 주의하여야 합니다.

4) 호이스트 및 트롤리의 동작을 구분하지 말고 복합 연결동작으로 작업을 하여야 합니다.

5) 스프레더로 컨테이너를 잡을 때 또는 홀드, 컨테이너 상단 등에 컨테이너를 놓을 때 충격이 최소화되도록 운전하여야 합니다.

6) 스프레더 표시장치(램프)를 확인한 후 해당 동작을 실시하여야 합니다.

   (트위스트 록, 트위스트 언록, 착상, 플리퍼 업 등)

7) 컨테이너를 들고 있는 상태에서는 어떤 경우에도 트위스트 록 장치를 풀림에 놓아서는 안 됩니다.

8) 감독위원의 지시에 따라 시험장소로의 출입 및 장비운전을 하여야 합니다.

9) 음주하여 취한 상태(주취상태) 및 음주 측정을 거부하는 경우 실기시험에 응시할 수 없습니다.

   (주취상태 : 도로교통법에서 정하는 혈중알코올농도 0.03[%] 이상)

10) 장비운전 중 이상소음이나 진동 등의 위험사항이 발생되면, 즉시 운전을 중지하고 감독위원에게 보고하여야 합니다.

11) 장비운전 중 안전수칙을 준수하여 사고가 발생되지 않도록 유의하여야 합니다.

12) 컨테이너크레인의 작업구간 내에는 일체 접근해서는 안 됩니다.

13) 감독위원의 지시(호각신호 등)가 있을 때에는 즉시 정지하여야 합니다.

14) 다음과 같은 경우에는 채점 대상에서 제외하고 불합격처리 합니다.

   • 기권 : 수험자 본인이 기권 의사를 표시하는 경우

   • 실 격

   가) 시험 전 과정을 응시하지 않은 경우

   나) 운전조작이 극히 미숙하여 안전사고 발생 및 장비손상이 우려되는 경우

   다) 요구사항의 작업순서대로 운전하지 않은 경우

   　　 - 시험시작 직후, 스프레더가 1[m] 이상 상승하거나 1[m] 이상 전진하는 경우 등

   라) 시험시간을 초과하는 경우

   마) 트롤리 횡행동작 중 트롤리가 버퍼에 충돌하는 경우

   바) A지점의 컨테이너에 스프레더가 착상되기 전까지 플리퍼를 내리지 않은 경우

사) 스프레더를 컨테이너에 착상(또는 컨테이너를 C지점의 홀드 바닥면 및 A지점의 컨테이너 위에 적재)시킬 때 강한 충격을 가하는 경우

아) 적화작업 중 스프레더가 B지점의 장애물을 지날 때까지 플리퍼를 올리지 않은 경우

자) 작업 중 컨테이너(스프레더, 와이어로프 등 포함)가 B지점의 장애물을 건드리는 경우, 중심선에서 전후로, 흔들림이 2[m]를 초과하는 경우 및 너무 전진하여 E지점의 홀드 바깥쪽을 벗어난 경우

차) 컨테이너를 C지점의 홀드에 적재할 때 셀 가이드에 강한 충격을 가하는 경우

카) 빈 스프레더 권상 시 콘을 해제(트위스트 언록)하지 않고 30[cm] 이상 권상하는 경우

타) A지점의 2단에 컨테이너 적재 시 트위스트 록이 코너 피팅에 들어가지 않은 경우

파) 작업이 종료된 후 트롤리가 전후로, 스프레더가 상하로 주차위치에서 3[m] 이상 벗어난 경우

3. 도면(코스)

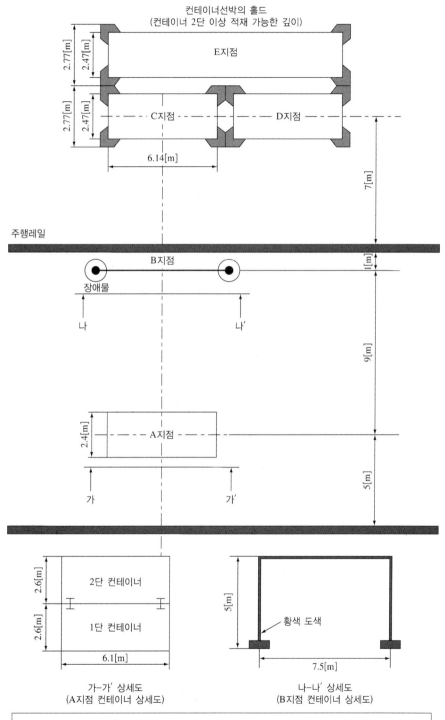

컨테이너선박의 홀드
(컨테이너 2단 이상 적재 가능한 깊이)

E지점

2.77[m]
2.47[m]

2.77[m]
2.47[m]

C지점   D지점

6.14[m]

7[m]

주행레일

B지점

장애물

나   나′

1[m]

9[m]

A지점

2.4[m]

가   가′

5[m]

2.6[m]
2단 컨테이너

2.6[m]
1단 컨테이너

6.1[m]

가-가′ 상세도
(A지점 컨테이너 상세도)

5[m]

황색 도색

7.5[m]

나-나′ 상세도
(B지점 컨테이너 상세도)

• A지점의 1단 컨테이너 위에 설치된 트위스트 록 콘은 2단 컨테이너의 하부 코너 피팅에 삽입됨
• 컨테이너크레인은 아웃리치, 스팬 및 백리치를 포함하여 트롤리 횡행거리가 30[m] 이상
• 주행 레일의 길이는 40[m] 이상

[국가기술자격 실기시험]

자격종목	컨테이너크레인운전기능사 (트랜스퍼크레인식)	과제명	적·양화작업

※ 시험시간 : 6분, 항목별 배점 : 적화작업 50점, 양화작업 50점

1. 요구사항

시험위원의 지시에 따라 다음의 작업순서대로 트랜스퍼크레인(T/C)을 운전하여 컨테이너 적·양화작업을 수행하십시오.

가. 작업순서(도면 참조)

1) 주어진 장비를 운전하여 스프레더를 주차위치에서 A지점으로 이동합니다.
2) A지점의 2단에 적재되어 있는 컨테이너를 스프레더로 잡아 권상하여 B지점의 장애물(위쪽 약 1[m] 지점)을 넘은 후, C지점에 적치합니다.
3) 빈 스프레더로 1[m] 이상 권상한 후, 다시 권하합니다.
4) C지점의 컨테이너를 스프레더로 잡아 권상하여 B지점의 장애물(위쪽 약 1[m] 지점)을 넘은 후, A지점의 2단에 적재(트위스트 록 콘에 삽입)합니다.
5) 스프레더를 주차위치로 이동하여 작업을 끝마칩니다.

나. 작업방법

1) 권상 : 지면(또는 컨테이너)에서 약 30[cm]를 권상하여 일단 정지하고, 이상 유무를 확인한 후 계속 권상작업을 하도록 합니다.
2) 권하 : 권하용 와이어로프가 장력을 유지한 상태에서 지면(또는 컨테이너)의 약 30[cm] 위에서 일단 정지하여 컨테이너(또는 스프레더)의 안정상태를 확인한 후 권하합니다.

2. 수험자 유의사항

1) 휴대폰 및 시계류(손목시계, 스톱워치 등)는 시험시작 전 시험감독위원에게 제출합니다.
2) 시험시간은 감독위원의 시험 시작을 알리는 호각신호에서부터 작업종료 후 스프레더를 주차위치로 이동시키고 모든 작업조종레버에서 손을 뗐을 때까지입니다.
  (단, 수험자가 작업준비를 완료한 후 시험위원에게 손을 들어 의사표현을 하면 시험위원이 이를 확인한 후 호각신호를 하며, 호각신호 이후의 모든 행위는 시험시간에 포함됩니다)
  ※ 주차위치 : 스프레더 하단의 가로방향 중심선이 B지점 넘기 장애물의 줄과 일치한 상태에서 넘기 장애물 위쪽 약 5[m] 지점
3) 초기 권상(또는 권하하여 착지)할 때의 속도는 2단 이상이 되지 않도록 주의하여야 합니다.
4) 호이스트 및 트롤리의 동작을 구분하지 말고 복합 연결동작으로 작업을 하여야 합니다.
5) 스프레더로 컨테이너를 잡을 때 또는 야드, 컨테이너 상단 등에 컨테이너를 놓을 때에는 충격이 최소화되도록 운전하여야 합니다.
6) 스프레더 표시장치(램프)를 확인한 후 해당 동작을 실시하여야 합니다.
  (트위스트 록, 트위스트 언록, 착상, 플리퍼 업 등)
7) 컨테이너를 들고 있는 상태에서는 어떤 경우에도 트위스트 록 장치를 풀림에 놓아서는 안 됩니다.
8) 감독위원의 지시에 따라 시험장소로의 출입 및 장비운전을 하여야 합니다.
9) 음주하여 취한 상태(주취상태) 및 음주 측정을 거부하는 경우 실기시험에 응시할 수 없습니다.
  (주취상태 : 도로교통법에서 정하는 혈중알코올농도 0.03[%] 이상)
10) 장비운전 중 이상소음이나 진동 등의 위험사항이 발생되면, 즉시 운전을 중지하고 감독위원에게 보고하여야 합니다.
11) 장비운전 중 안전수칙을 준수하여 사고가 발생되지 않도록 유의하여야 합니다.
12) 트랜스퍼크레인의 작업구간 내에는 일체 접근해서는 안 됩니다.
13) 감독위원의 지시(호각신호 등)가 있을 때에는 즉시 장비운전을 정지하여야 합니다.
14) 다음과 같은 경우에는 채점 대상에서 제외하고 불합격처리 합니다.
  • 기권 : 수험자 본인이 기권 의사를 표시하는 경우
  • 실 격
  가) 시험 전 과정을 응시하지 않은 경우
  나) 운전조작이 극히 미숙하여 안전사고 발생 및 장비손상이 우려되는 경우
  다) 요구사항의 작업순서대로 운전하지 않은 경우
    – 시험시작 직후, 스프레더가 1[m] 이상 상승하거나 1[m] 이상 전진하는 경우 등
  라) 시험시간을 초과하는 경우
  마) 트롤리 횡행동작 중 트롤리가 버퍼에 충돌하는 경우

바) 스프레더를 컨테이너에 착상(또는 컨테이너를 C지점의 지면 및 A지점의 컨테이너 위에 적재)시킬 때 강한 충격을 가하는 경우

사) 작업 중 컨테이너(스프레더, 와이어로프 등 포함)가 B지점의 장애물을 건드리는 경우, 중심선에서 전후 흔들림이 2[m]를 초과하는 경우 및 너무 전진하여 E지점의 장애물 바깥쪽을 벗어난 경우

아) 스프레더 또는 컨테이너가 D, E 장애물을 건드리는 경우

자) 컨테이너 착지 시 C지점의 외측라인을 벗어난 경우

차) 빈 스프레더 권상 시 콘을 해제(트위스트 언록)하지 않고 30[cm] 이상 권상하는 경우

카) A지점의 2단에 컨테이너 적재 시 트위스트 록 콘이 코너 피팅에 들어가지 않은 경우

타) 작업이 종료된 후 스프레더가 주차위치에서 전후상하로 3[m] 이상 벗어난 경우

3. 도면(코스)

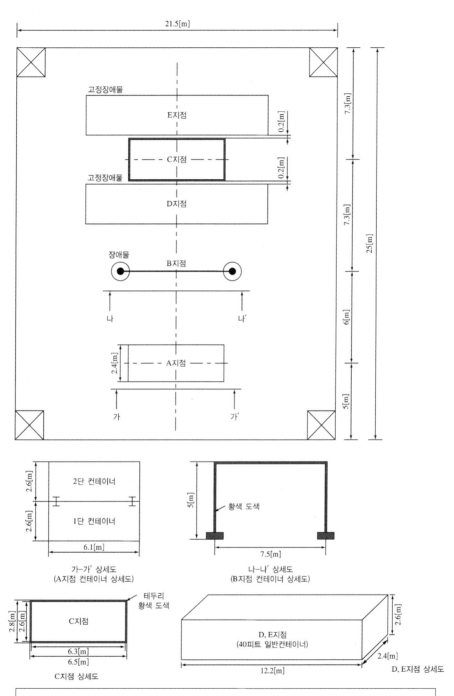

가-가′ 상세도
(A지점 컨테이너 상세도)

나-나′ 상세도
(B지점 컨테이너 상세도)

C지점 상세도

D, E지점 상세도

- A지점의 1단 컨테이너 위에 설치된 트위스트 록 콘은 2단 컨테이너의 하부 코너 피팅에 삽입됨
- 트랜스퍼크레인의 스팬은 23[m] 이상
- 주행로는 21[m] 이상

참 / 고 / 문 / 헌

- 감전재해사례와 대책
- 김영호 외, "컨테이너 크레인의 CMS에 관한 연구", 한국항만학회 '98 추계학술대회논문집, pp.145-151, 1998
- 김현, 신승식, 송용석, "컨테이너 하역론", 박영사, 2009. 2
- 논문 쐐기형 레일클램프에 관한 연구 김병진, 2003. 12
- 박경택, 김선호, 김두형, "고속 컨테이너 하역시스템의 하역방법에 관한 연구", 한국항만학회, pp.167-174, 1998
- 산업안전대사전, 최상복, 도서출판 골드
- 손정기, "RMQC 동작 및 제어반에 관한 연구", 제1권, 1998
- 오제상 외, "항공기 시뮬레이터 개발환경 및 구성기술 발전 전망", 국과연, 1994
- 이만형, 홍금식, 손성철, "컨테이너 크레인의 모델링 및 제어에 관한 연구.", KACC, pp.60-612, 1995
- 이용운 외, "컨테이너 크레인", 한국항만부산연수원, 1997.
- 점화원 등의 관리수칙
- 정경채, "크레인의 진동 저감을 위한 제어기 개발용 시뮬레이터", 대한전기 학회 논문지, Vol. B, pp.1161-1163, 1996
- 중앙소방학교 2012년도 소방사 신임교육과정
- 최천일, 김주일, 윤석준, "시뮬레이터 창밖시계 실시간 처리에 관한 연구", 제2회 모의훈련 체계 세미나 및 전시회 1994
- S. Yasunobu, "Automatic Container Crane Operation Based on a Predictive Fuzzy Control", 계측자동제어학회논문집, Vol.22, No.10, pp.60-67, 1986
- Wright Sweet, "Open GL Super Bible", 에프원

참 / 고 / 사 / 이 / 트

- http://kptib.com 한국항만연수원
- http://www.komdi.or.kr/ 한국해사위험물검사원
- http://www.boxjoin.com/bic-korean.php
- http://www.kosha.or.kr 한국산업안전보건공단

Win-Q 컨테이너크레인운전기능사 필기 단기합격

개정13판1쇄 발행	2025년 01월 10일 (인쇄 2024년 09월 12일)
초 판 발 행	2012년 07월 10일 (인쇄 2012년 05월 07일)
발 행 인	박영일
책 임 편 집	이해욱
편 저	최평희
편 집 진 행	윤진영, 김혜숙
표지디자인	권은경, 길전홍선
편집디자인	정경일, 심혜림
발 행 처	(주)시대고시기획
출 판 등 록	제10-1521호
주 소	서울시 마포구 큰우물로 75 [도화동 538 성지 B/D] 9F
전 화	1600-3600
팩 스	02-701-8823
홈 페 이 지	www.sdedu.co.kr

I S B N	979-11-383-7853-6(13550)
정 가	26,000원

한눈에 이해할 수 있도록
체계적으로 정리한 핵심이론

철저한 시험유형 파악으로
만든 필수확인문제

국가직·지방직 등
최신 기출문제와 상세 해설

기술직 공무원 건축계획
별판 | 30,000원

기술직 공무원 전기이론
별판 | 23,000원

기술직 공무원 전기기기
별판 | 23,000원

기술직 공무원 생물
별판 | 20,000원

기술직 공무원 임업경영
별판 | 20,000원

기술직 공무원 조림
별판 | 20,000원

※도서의 이미지와 가격은 변경될 수 있습니다.

안전보건표지의 종류와 형태

1. 금지표지	101 출입금지	102 보행금지	103 차량통행금지	104 사용금지	105 탑승금지	106 금연
107 화기금지	108 물체이동금지	2. 경고표지	201 인화성물질경고	202 산화성물질경고	203 폭발성물질경고	204 급성독성물질경고
205 부식성물질경고	206 방사성물질경고	207 고압전기경고	208 매달린물체경고	209 낙하물경고	210 고온경고	211 저온경고
212 몸균형상실경고	213 레이저광선경고	214 발암성·변이원성·생식독성·전신독성·호흡기과민성물질경고	215 위험장소경고	3. 지시표지	301 보안경착용	302 방독마스크착용
303 방진마스크착용	304 보안면착용	305 안전모착용	306 귀마개착용	307 안전화착용	308 안전장갑착용	309 안전복착용
4. 안내표지	401 녹십자표지	402 응급구호표지	403 들것	404 세안장치	405 비상용기구	406 비상구
407 좌측비상구	408 우측비상구	5. 관계자외 출입금지	501 허가대상물질 작업장 관계자외 출입금지 (허가물질 명칭)제조/사용/보관 중 보호구/보호복 착용 흡연및 음식물 섭취금지	502 석면취급/해제 작업장 관계자외 출입금지 석면취급/해제 중 보호구/보호복 착용 흡연및 음식물 섭취금지		503 금지대상물질의 취급 실험실 등 관계자외 출입금지 발암물질취급 중 보호구/보호복 착용 흡연및 음식물 섭취금지
6. 문자추가시 예시문	휘발유화기엄금					